Blender
3Dアバター
メイキング・テクニック

Benjamin 著

はじめに

本書は、オープンソース統合3DCGソフトウェア「Blender」を使用してVRM形式の3Dアバターを制作する入門書です。
解説で使用するBlenderは、Version 3.1.2となります。バージョンによってインターフェイスや操作方法などが多少異なる場合があります。特に初心者など操作にまだ慣れていない方は、解説で使用したバージョンと同じBlenderを使用して、本書を読み進めていただくことをおすすめします。

昨今、話題となっている3次元仮想空間「メタバース」ですが、VR（仮想現実）やAR（拡張現実）の技術革新、通信技術の発達・普及によりさらなる進化を続けています。ゲームやイベントなどエンターテインメントだけでなく、ファッションや家電メーカーなどのさまざまな業界からも参入が相次いでおり、注目度が高まっています。
注目のメタバースに合わせて需要が高まっているのが、「3Dアバター」です。ユーザーやプレイヤーの分身として仮想空間で過ごしたり、他のユーザーやプレイヤーとコミュニケーションを取ったりするアバターは非常に重要な役割を果たしています。
アバターは自身を投影した外見とは限らず、自由に設定することができるため、性別はもちろん現実世界とは全く異なる外見のキャラクターとなって、メタバースを楽しみたいと考える方も多いはずです。
メタバースのサービスによっては、数多くの異なる形状が用意された目や口、髪型など各パーツを組み合わせてアバターの外見をカスタマイズできる場合もあります。しかしそれでは物足りず、完全なオリジナルアバターの制作に挑戦してみたい、そんな願望を抱く方もいらっしゃることでしょう。そのような方々のために、本書では3Dアバター制作の一連の工程を解説します。

メタバース以外にもユーザー自身の動きや表情に連動した3Dアバターが、ライブ配信を行ったりゲーム実況をしたりと活躍の場を広げています。
しかし、これまではアバターとして使用している3Dデータのファイルフォーマットがそれぞれのアプリやサービスによって異なっていたり、フォーマットが同じでも制作者によって構造が異なっていたりと、互換性が低く同じアバターを使用する場合は、各アプリやサービスに合わせた調整や再構築を行う必要がありました。
そこで登場したのが、人型3Dアバターに特化したフォーマット「VRM」です。この規格に則ってアバターを制作することで、各アプリやサービス間での調整等の必要がなく、チャットや動画、ゲームなどさまざまな場面でスムーズに利用することができるようになりました。

VRM形式の3Dアバターを制作するために特別な機材や高額なアプリを用意する必要はありません。オープンソースソフトウェア「Blender」さえあれば完全オリジナルのアバターを制作することができます。Blenderは、無償で利用できるにも関わらず、本格的かつ商用のハイエンドクラスと肩を並べるほどの高機能で、海外の大手ゲーム開発会社や国内のアニメ制作会社などからも支持されています。
Blenderひとつあれば、アドオン（機能拡張）をインストールすることで、モデリングやテクスチャ制作だけでなく、VRM形式のエクスポートが可能となります。

高機能なBlenderを習得するのはもちろん容易ではありませんが、本書では、3DCG制作初心者の方でも無理のないように、3Dアバター制作に特化した内容になっています。表情の変化や喋るときの口の動き、骨格の構築、揺れるスカートなど制作の一連のプロセスを、順を追って丁寧に解説するように心がけています。
解説で使用したBlenderファイルなどは、ダウンロードで入手できます。各工程を段階的に保存した複数のBlenderファイルになっており、途中の段階から内容を確認することができるため、復習など繰り返し学習する際にも便利です。本書の解説と合わせてご参照いただければ、より理解を深めていただけることと思います。

お気に入りのオリジナル3Dアバターを作成して是非楽しんでください。本書が、3Dアバター制作に興味をお持ちの方々にとって、挑戦する足掛かりとなり、一人でも多くの方のお役に立てれば幸いです。

2022年 夏

Benjamin（ベンジャミン）

Blender 3D Avatar Making Technique

CONTENTS

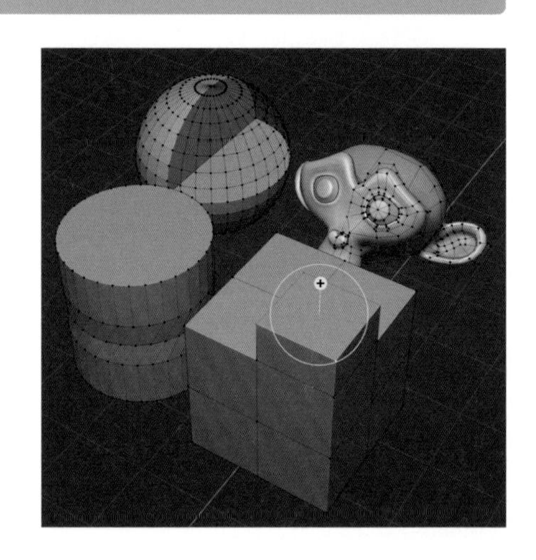

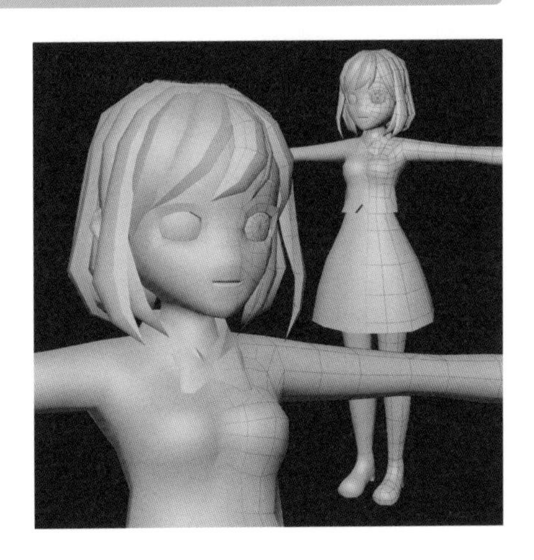

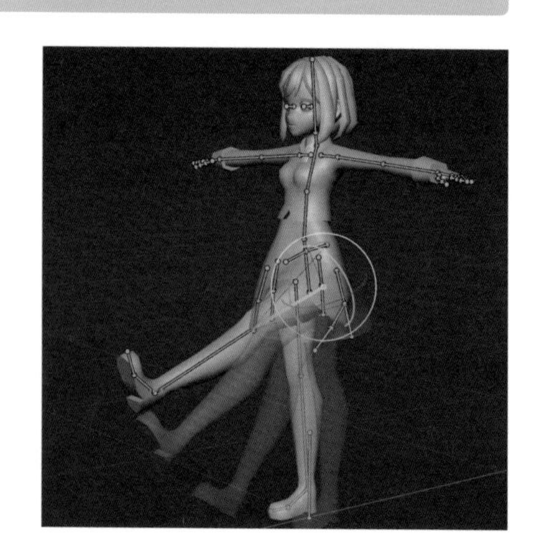

PART 7　VRMセットアップ

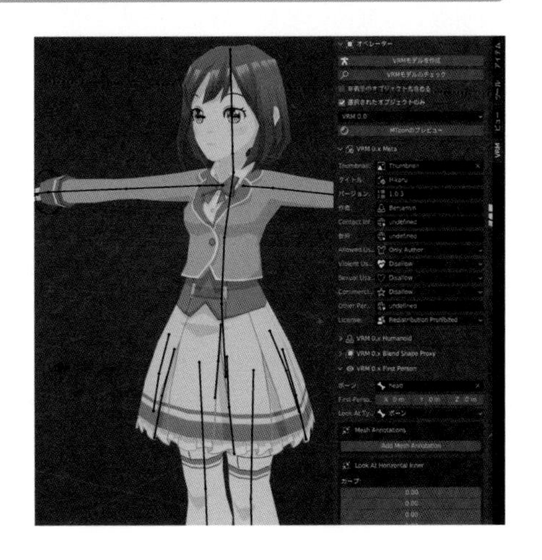

PART 8　VRMモデルの活用

本書の使い方

本書は、Blenderのビギナーからステップアップを目指すユーザーを対象にしています。
作例の制作を実際に進めることで、Blenderの操作やテクニックをマスターすることができます。

●注意事項

Blenderはバージョンアップのサイクルが早く、本書で解説している各機能も改良が加えられています。最新版では機能の名称や設定方法が異なる場合や、機能自体が排除されている場合があります。あらかじめご了承ください。

●キーボードショートカットについて

本書のキーボードショートカットの記載は、Windowsによるものです。Macユーザーは、キー操作を次のように置き換えて読み進めてください。また、マウスはホイール付きで、ホイールがクリックできるタイプを使用してください。
また、巻末の「主に使用するショートカットキー」(356ページ)も併せてご参照ください。

Windows		Mac
Ctrl キー	➡	control キー(ファイルの保存やアプリケーションの終了など、一部の機能については command キー)
Alt キー	➡	option キー

PART 1

Blenderの基礎知識

高機能3DCGソフトウェア「Blender（ブレンダー）」には数多くの機能が搭載されています。そのためインターフェイスの情報量は非常に多く敬遠されがちですが、Blenderの素晴らしさを知っていただくため、ここでは3DCG制作を行うにあたって必要最低限の機能を紹介します。要点を押さえて基本的な操作から学習すれば、決して難しいことはありません。

SECTION 1.1 Blenderとは

オランダ生まれのBlenderは、商用のハイエンドクラスと肩を並べるほどの高機能3DCGソフトウェアです。また、オープンソースなので無料で使用することができ、気軽に挑戦できます。

オープンソース&マルチプラットフォーム

Blenderは、モデリングやレンダリングなど基本的な機能の他にも、アニメーションやコンポジット、各種シミュレーションなどを搭載する、本格的かつ商用のハイエンドクラスと肩を並べるほどの高機能3DCGソフトウェアです。WindowsやmacOS、Linux といった幅広いプラットフォームに対応しており、ほとんどの一般的なパソコンで使用できます。

また、GPLに基づくオープンソース・ソフトウェアとして開発・配布されているため、無料で使用することができ、商用/非商用に関わらず自由に利用することができます。

さらに、オープンソース・ソフトウェアのため世界中のプログラマにより日々改良が加えられるので、一般的なソフトウェアでは考えられないほどバージョンアップが早く、頻度も非常に高く、次々と新たな機能が搭載されていきます。

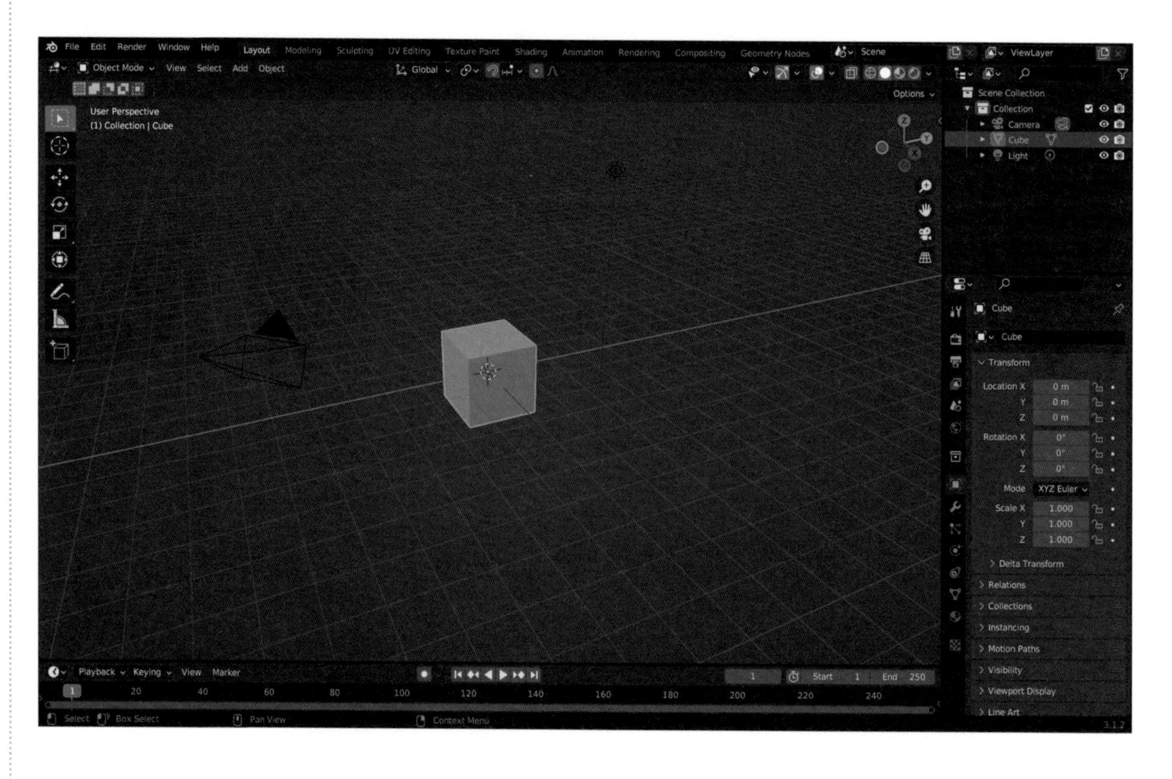

Blenderでできること

統合3DCGソフトウェア「**Blender**」は、オープンソースで無料で利用できるにも関わらず、すべてを使いこなすのは不可能と思わせるほど膨大な機能が搭載されています。ここでは、その機能の中から代表的なものを紹介します。

モデリング(Modeling)

画面内の仮想3D空間で、モデル(物体)の形状を造り上げていく作業を**モデリング**といいます。

モデリングの方式としては、ポリゴンと呼ばれる三角形面あるいは四角形面を組み合わせて形状を造り上げていく現在最もポピュラーな**ポリゴンモデリング**と、工業製品の設計などに用いられるスプライン曲線を利用して形状を造り上げる**スプラインモデリング**が主に挙げられ、Blenderではどちらの方式にも対応しています。

マテリアル(Material)

モデルに対して色や光沢など**表面材質**(**マテリアル**)を設定することが可能です。透明度や反射率、屈折率、自己発光など細かな設定が可能でさまざまな材質を表現することができます。

さらに、フォトリアルな人間の肌や大理石といった半透明な物体を表現するSSS(サブ・サーフェイス・スキャッタリング)機能まで搭載されています。

テクスチャマッピング（Texture mapping）

マテリアルだけでは表現できない絵柄などは、画像を**テクスチャ**としてモデルに貼り付けることで、ディテールの作り込みを行うことができます。

さらに絵柄として画像を貼り付けるだけでなく、モデリングでは再現が難しい細かい凹凸を擬似的に表現したり、モデルを部分的に透明にしたり、光沢の有無を部分的にコントロールすることも可能です。

レンダリング（Rendering）

画面内の仮想3D空間で制作したモデルを、撮影するように画像として書き出すことを**レンダリング**といいます。実際の撮影と同じくカメラのアングルや画角、背景の処理など細かな設定を行うことができます。

また、作品の雰囲気やテイストなどを左右するライティングについても各種機能が搭載されています。

さらに、奥行き感のあるシーンを再現できる被写界深度の設定や、光があふれ出ているようなブルームエフェクトなど、さまざまな演出や効果を加えることができます。

アニメーション（Animation）

静止画だけでなく、移動や回転などによる**アニメーション**を動画として書き出すことが可能です。

移動や回転などの単純なアニメーションから、ラインに沿って移動するパスアニメーションや、マテリアルで設定した色を時間の経過とともに変化させるなど、さまざまなアニメーションを設定できます。

また、高速で移動する物体の残像を表示させるモーションブラーなど、アニメーションにエフェクトを加えることもできます。

シミュレーション（Simulation）

本格的かつ商用のハイエンドクラスの3DCGソフトと同様に、力学を用いた流体や風、煙、重力、摩擦などの物理シミュレーションを行うことが可能です。物体の硬さや重さといった細かな設定を行うことで、非常にリアリティのある液体や布などを表現できます。

また、各種用意されているプリセットを利用すれば、難しい設定を行わず手軽にシミュレーションを試すことが可能です。

スカルプト(Sculpt)

スカルプトとはモデリング技法の一種で、粘土細工のようにモデルをマウスポインターでなぞることで凹凸を付け、造形を行う機能です。

球体などの単純な形状から人間などの複雑な形状を造形することも可能ですが、通常のモデリングでベースとなる形状を作成し、それに対してスカルプトでディテールの作り込みを行う手法もあります。

パーティクル(Particle)

パーティクルとは、発生源として設定したオブジェクトから大量の粒子を発生させることができる機能です。それら粒子の形状を変更することで群集を表現したり、粒子を連続的に発生させることで髪の毛を表現することができます。

さらにBlenderでは、パーティクルで生成した髪の毛をくしでとかして整えたり、カットして長さを調整したり、ヘアースタイリングを行うことができます。

これらの機能の他にも、制作した動画や静止画、撮影した実写動画を用いたビデオ編集やアドオンによる機能拡張、Python APIでの柔軟なカスタマイズなど、オープンソース・ソフトウェアとしては考えられないような機能が、Blenderには多数搭載されています。

SECTION 1.2 Blenderの導入

お使いのパソコンで実際にBlenderをご利用になれるように、入手からインストール、インストール後の環境設定までを紹介します。

動作環境

本書は、BlenderのWindows版、version 3.1.2で解説を行います。バージョンによってインターフェイスや操作方法などが多少異なる場合があります。特に初心者など操作にまだ慣れていない方は、解説で使用したバージョンと同じBlenderを使用して、本書を読み進めていただくことをおすすめします。

Blender 3.1.2は、Windows 8.1/10/11、macOS 10.13 Intel以降・11.0 Apple Silicon以降、またLinuxで利用できます。

最低動作環境	
CPU	64ビット 4コアプロセッサ(SSE2以上)
メモリ	8GB
ディスプレイ	1920×1080ピクセル
グラフィックス	OpenGL 4.3、2GBメモリ搭載

推奨動作環境	
CPU	64ビット 8コアプロセッサ
メモリ	32GB
ディスプレイ	2560×1440ピクセル
グラフィックス	8GBメモリ搭載

詳しくは、以下のURLの公式Webサイト(英語)をご参照ください。

https://www.blender.org/download/requirements/

入手方法

Blenderを入手するにはまず、公式Webサイトにアクセスします。

ホームの **[Download Blender]** をクリックするとダウンロードページへ進みます。

公式Webサイト

https://www.blender.org/

⚠ 本書執筆時点とはサイトのデザインやダウンロード方法が異なっている場合があります。

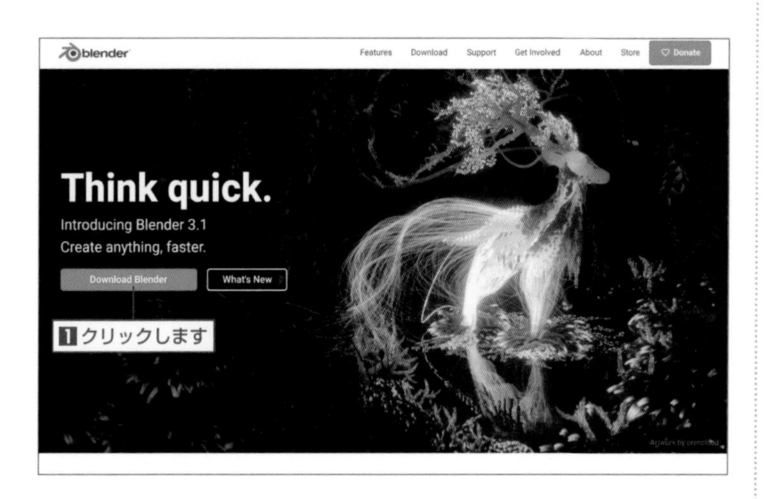

ダウンロードページの［Download Blender 3.1.2］をクリックしてインストーラーを入手してください。

Zip版は1台のパソコンで複数のバージョンを使用することが可能です。また、アンインストールはパソコンの**「コントロールパネル」**からではなく、該当フォルダを削除するだけなので容易です。インストーラー版とソフトの機能に違いはありませんので、お好みでお選びください。

Zip版や以前のバージョンは、以下のURLよりダウンロードすることが可能です。

https://download.blender.org/release/

インストール

1 ダウンロードしたインストーラーのアイコンをダブルクリックしてインストーラーを実行し、表示されたウィンドウ内の指示に従ってインストールを行います。

2 ライセンスの利用許諾について、同意する場合は [I accept the terms in the License Agreement] にチェックを入れ、[Next] ボタンをクリックして次に進みます。

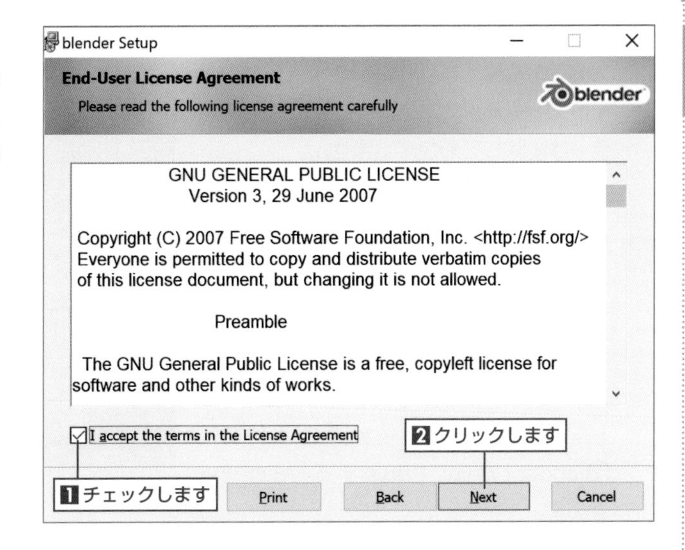

3 Blenderのインストール先を確認し、[Next] ボタンをクリックして次に進みます。インストール先を変更する場合は、[Browse] ボタンをクリックして指定します。

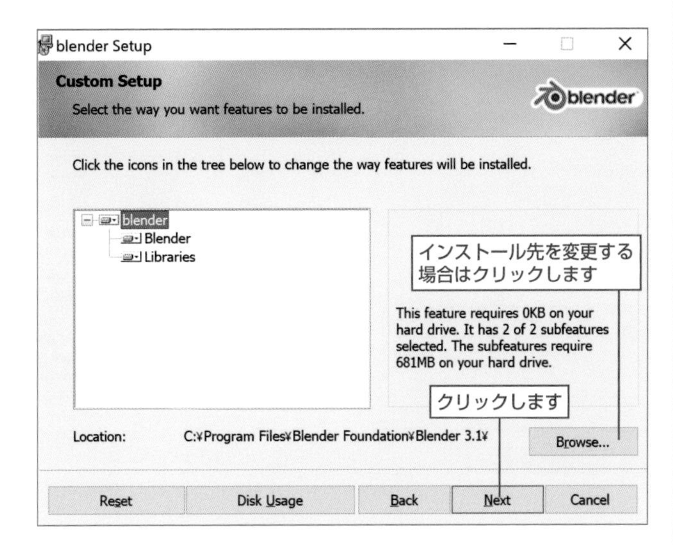

4 [Install] ボタンをクリックし、インストールを実行します。指定先にBlenderのインストールが開始されるので、完了するまで数分待ちます。

⚠ インストーラーを実行する際、「ユーザーアカウント制御」ウィンドウが表示される場合があります。その際は、[はい] ボタンを選択してインストールを続行してください。

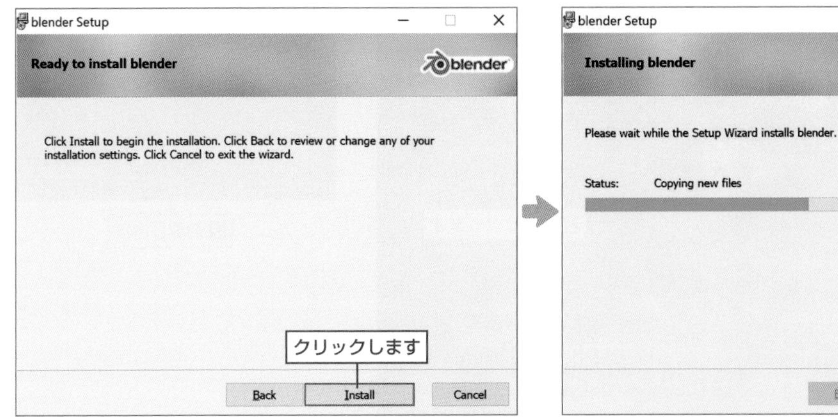

5 [Finish] ボタンをクリックして、インストールを終了します。
インストールが完了したら、インストーラーは削除してもかまいません。

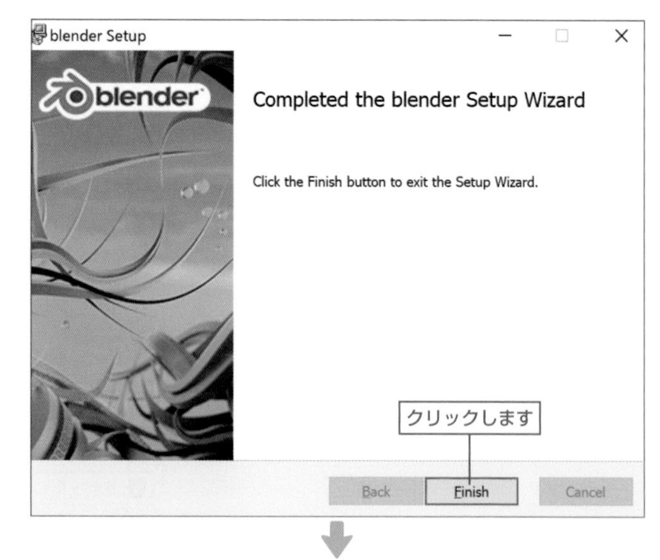

6 指定したインストール先に生成された「Blender 3.1」フォルダ内にある "blender.exe" をダブルクリックするとBlenderが起動します。
デスクトップに追加されたショートカットアイコンやスタートメニューの「Blender」からでも起動することができます。

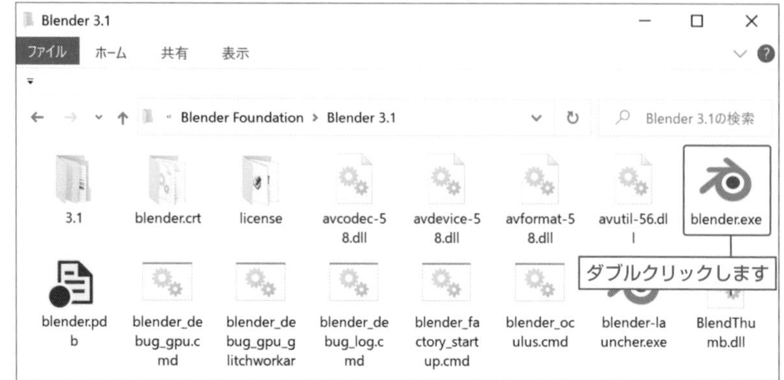

環境設定

日本語化

Blenderを起動すると画面中央にスプラッシュウィンドウが表示されます。

初めてBlenderを起動した際は、図のようなスプラッシュウィンドウが表示されます。[Language] から [Japanese (日本語)] を選択すると日本語化することができます。

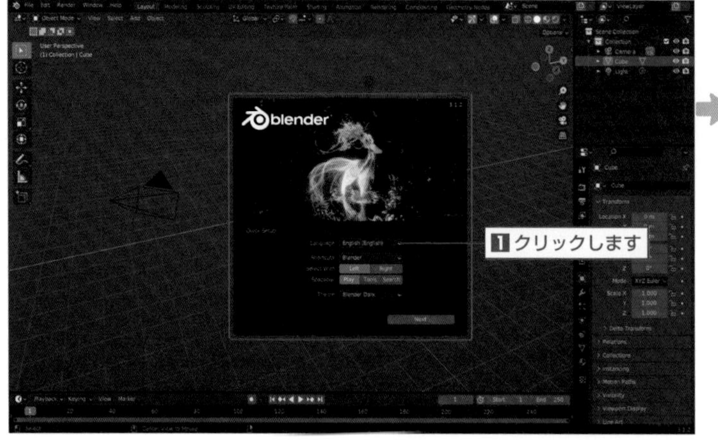

これまでにBlenderを起動していてスプラッシュウィンドウの表示内容が異なる場合は、以下の手順で日本語化することができます。

1 Blenderのインターフェイスはデフォルトでは英語表記となっていますが、日本語化することが可能です。本書では日本語化したBlenderで解説を進めます。
インターフェイスを日本語に変更するには、ヘッダーの **[Edit]** から **[Preferences]** を選択し、**[Blender Preferences]** ウィンドウを表示します。

2 左側のリストにある **[Interface]** を左クリックします。
「Translation」の **[Language]** メニューから **[Japanese (日本語)]** を選択すると、インターフェイスが日本語で表示されます。

3 設定内容は自動的に保存されるため、Blenderを終了し、再度起動しても日本語化された状態になります。
設定が完了したら右上にある × をクリックして、**[Blenderプリファレンス]** ウィンドウを閉じます。

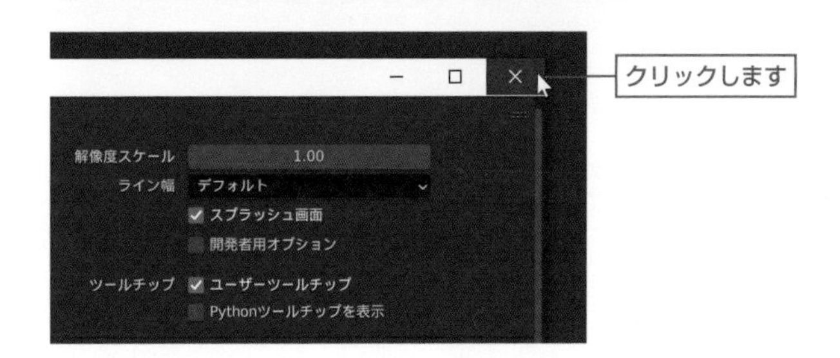

テンキーがない場合

頻繁に使用する視点変更のショートカットは、デフォルトでテンキーに割り当てられています。ノートパソコンなどテンキーがない場合は、テンキーをキーボード上部にある 1 ～ 0 キーに割り当てることをおすすめします。

ヘッダーの **[編集]** から **[プリファレンス]** を選択し、**[Blenderプリファレンス]** ウィンドウを表示させます。ウィンドウの左側にある **[入力]** を左クリックし、**「キーボード」** の **[テンキーを模倣]** にチェックを入れて有効にします。

これによって、テンキーがキーボード上部にある 1 ～ 0 キーに割り当てられるためスムーズな視点切り替えが可能となります。

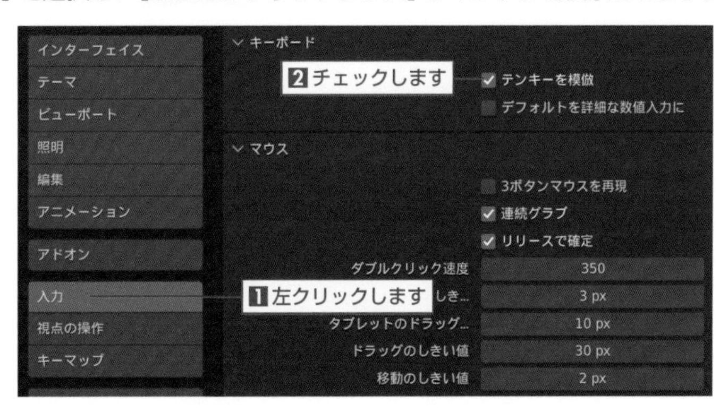

SECTION 1.3 インターフェイス

Blenderは膨大な機能が搭載されていることもあり、画面の情報量も多く敬遠されがちですが、各ウィンドウの役割を理解して要点を押さえ、基本的な操作を学習すれば、決して難しいことはありません。

名称と役割

Blenderの起動時に表示される画面について説明します。

ヘッダーメニュー
ファイルの保存や外部ファイルの読み込み、レンダリングの実行といった基本的なメニューが用意されています。

ワークスペース切り替えタブ
上部の各タブを左クリックすることで、モデリングやアニメーション、レンダリングなどそれぞれの編集作業に適した画面レイアウト（ワークスペース）に切り替えることができます。

アウトライナー
シーンに配置されているすべてのオブジェクトが一覧表示されています。

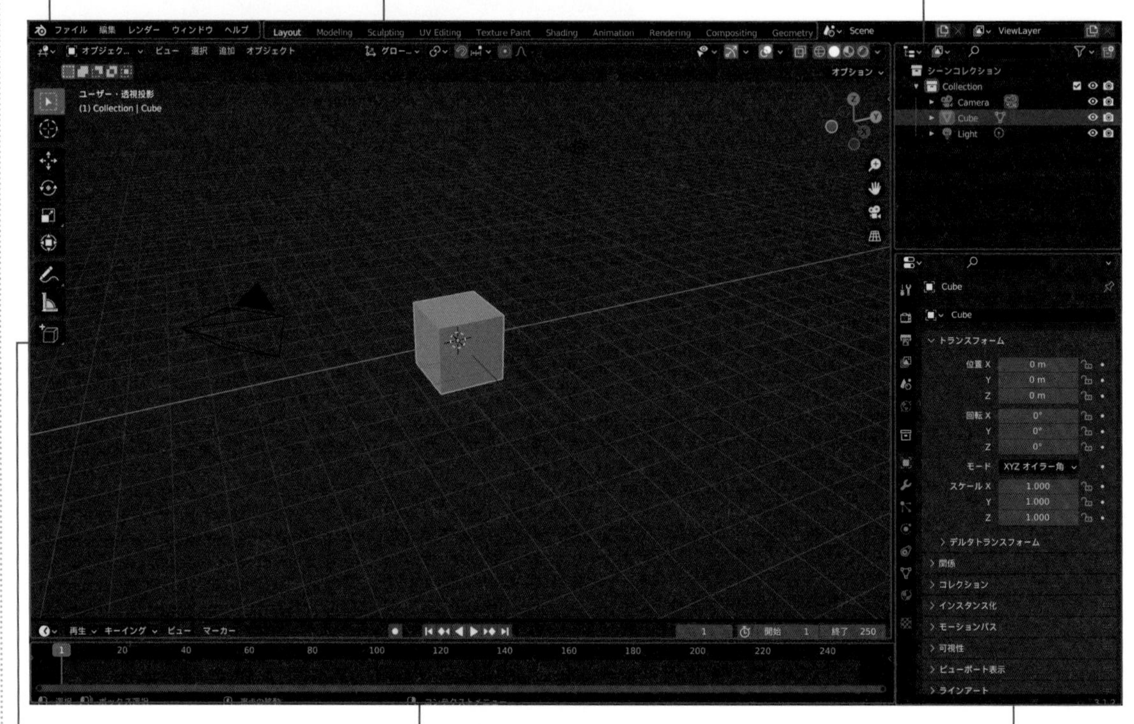

3Dビューポート
モデリングやシーン構築など、3DCG制作でメインの作業エリアです。

タイムライン
アニメーションの再生や再生時間の制御などアニメーションを制作する際に使用します。

プロパティ
各種プロパティが表示されています。左側のアイコンをクリックすると、表示項目を切り替えることができます。

TIPS シーン（Scene）について

3Dビューポートに表示されている仮想3D空間には、作成するオブジェクトの他にカメラやライトが配置されており、この空間を「シーン」と呼びます。被写体となるモデルやそれらを取り囲む背景、空間の雰囲気を演出する照明など、この3D空間に文字通り“場面”を構築していきます。

PART 1

ヘッダーメニュー

「ファイル」メニュー

新規ファイル、既存ファイルを開いたり、ファイルの保存や外部ファイルの読み込みなどを行います。

Blenderを終了する場合も、**「ファイル」**メニューから行います。

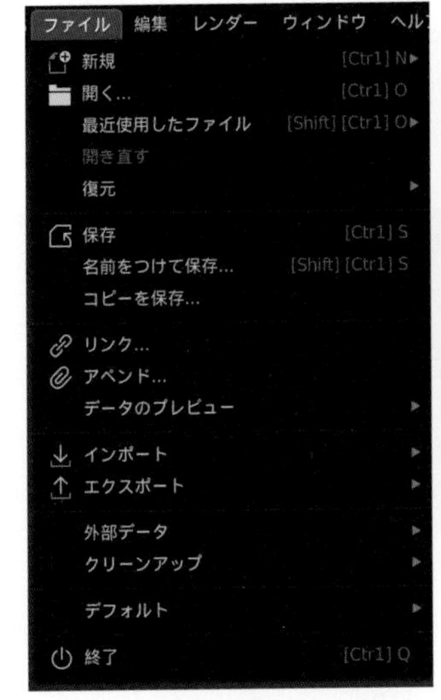

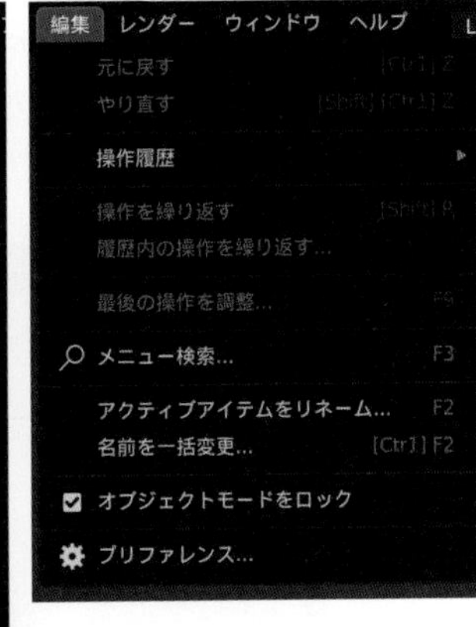

「編集」メニュー

操作の取り消しや操作の繰り返し、環境設定などを行います。

「レンダー」メニュー

画像、アニメーションのレンダリング実行や、すでにレンダリングした画像やアニメーションの再度表示などを行います。

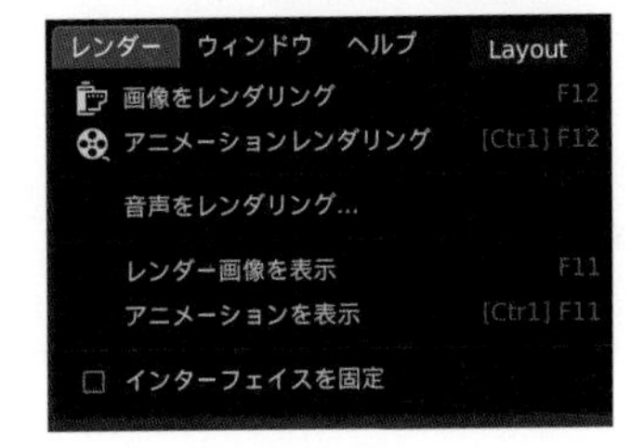

「ウィンドウ」メニュー

新規ウィンドウの表示（同ファイルの別ウィンドウ表示）や全画面表示の切り替え、ワークスペースの切り替えなどを行います。

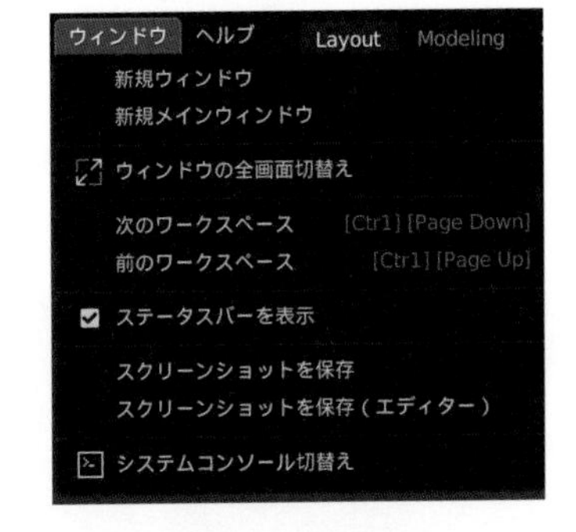

「ヘルプ」メニュー

マニュアルサイトやBlender公式サイトへの移動などを行います。

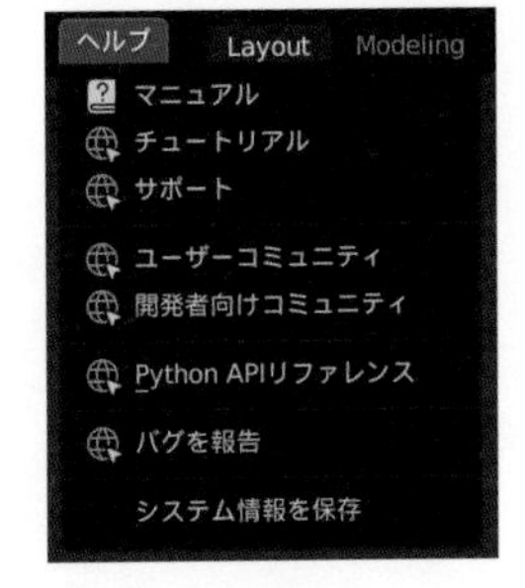

3Dビューポート

モデリングやシーン構築など、3DCG制作でメインの作業エリアとなる3Dビューポートには、デフォルトでカメラとライト、立方体のオブジェクト「Cube」が配置されています。立方体は選択されている状態になっており、オレンジ色のアウトラインが表示されています。また、原点（赤のラインと緑のラインが交差している部分）には3Dカーソルが表示されています。

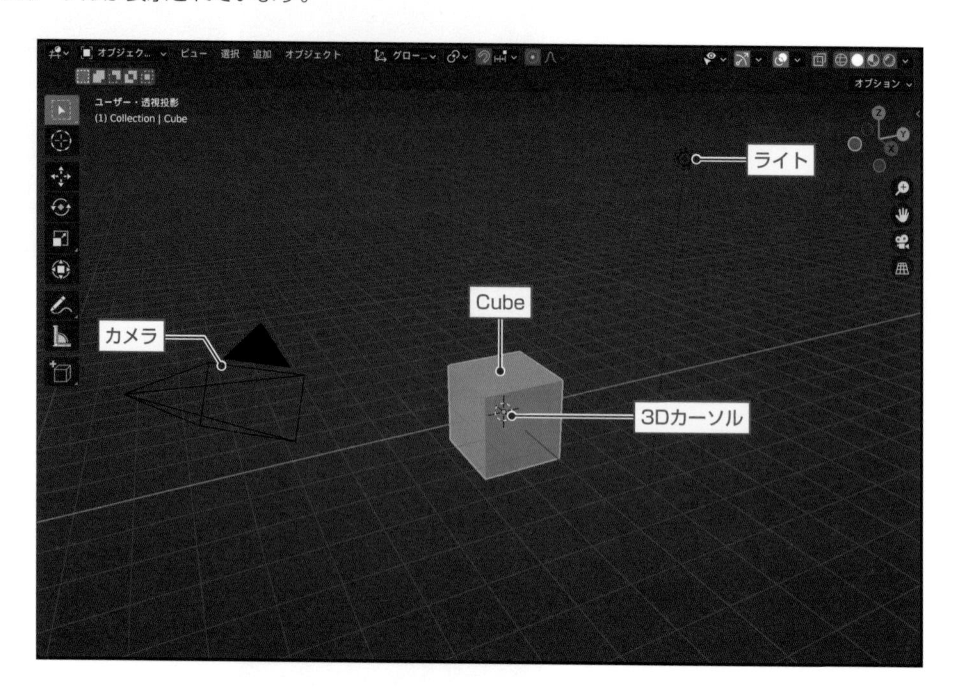

3Dビューポートの左側には「**ツールバー**」が表示されており、各エディタータイプやモードによって編集に便利なツールが格納されています。デフォルトでは非表示になっていますが右側には「**サイドバー**」があり、選択中のオブジェクトの位置や角度、3Dビューポートの画角など各種プロパティの確認および変更を行うことができます。

3Dビューポートのヘッダーにある **[ビュー]** から **[ツールバー]**（T キー）と **[サイドバー]**（N キー）を選択することで、それぞれ表示／非表示の切り替えができます。

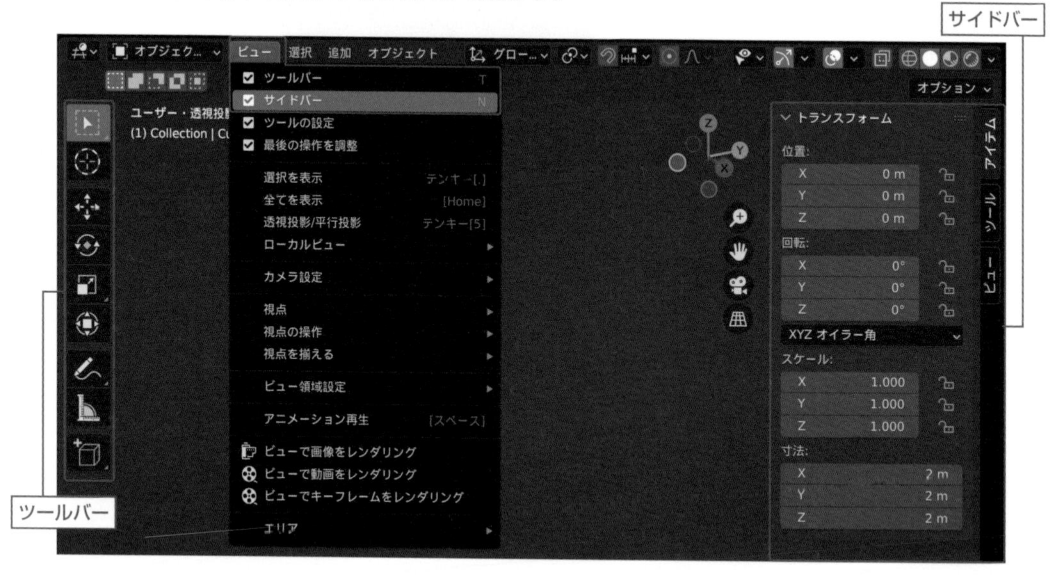

アウトライナー

アウトライナーには、シーンに配置されているすべてのオブジェクトがツリー状に一覧表示されています。

各オブジェクト名を左クリックすると選択できます。Shiftキーを押しながら左クリックして、複数のオブジェクトを同時に選択できます。

右上の「フィルター」アイコン を左クリックすると、**[制限の切替え]** 項目を追加できます。各アイコンを左クリックして有効（青色）にするとアウトライナー上に表示され、制限の切り替えができるようになります。

主に使用される **[制限の切替え]** は以下のとおりです。

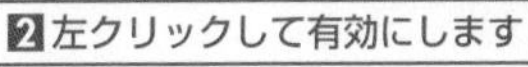

「選択の可／不可」

誤って移動してしまわないようにロックすることができます。

「3Dビュー上での表示／非表示」

モデリングの際、他のオブジェクトが邪魔で作業しづらい場合などに非表示にすると便利です。

「レンダリング時の表示／非表示」

テストレンダリングなど不要なオブジェクトを非表示にすることでレンダリング時間の短縮になります。

プロパティ

レンダリングの画像サイズや保存形式などの設定項目、オブジェクトのマテリアルの色や光沢などの設定項目といった各種プロパティの確認および変更を行うことができます。

左側のアイコンを左クリックすることで、項目の切り替えができます。3Dビューポートと同様に、制作時によく使用するエディターです。

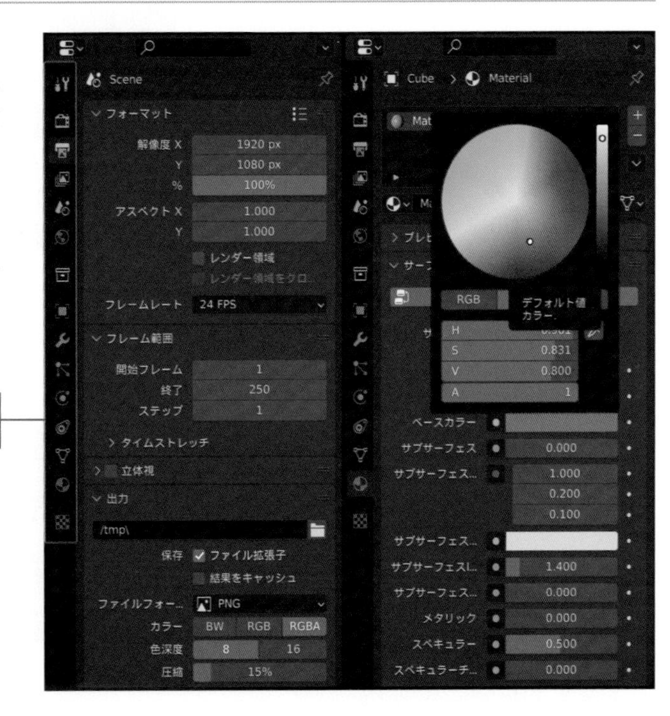

エディタータイプ

各エディターの左上には、エディタータイプメニューが設置されており、表示されるエディターのタイプを切り替えることができます。

デフォルトで表示されている**「3Dビューポート」**や**「アウトライナー」**、**「プロパティ」**の他に、マテリアルの編集を行う**「シェーダーエディター」**、画像の管理・編集を行う**「画像エディター」**など各種編集を行うエディターが用意されています。

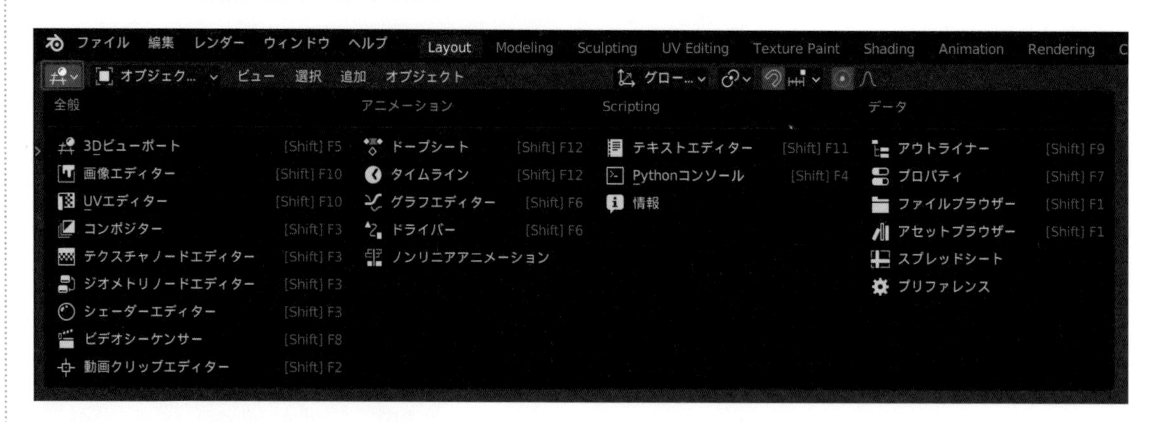

カスタマイズ

Blenderでは、インターフェイスの画面配置を各自使いやすいように変更することが可能です。

サイズ変更

各エディターの境界にマウスポインターを合わせると、ポインターが**「矢印」**に変わります。その状態で、マウス左ボタンで垂直または水平方向にドラッグすると、サイズを変更できます。

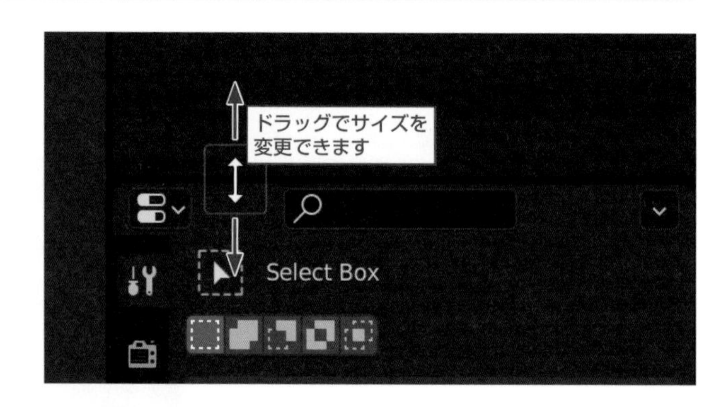

サイズ変更などによってヘッダーに配置されている項目が隠れて見えなくなってしまった場合は、マウスポインターをヘッダーに合わせてマウスホイールを回転することで横スクロールし、隠れている項目を表示させることができます。

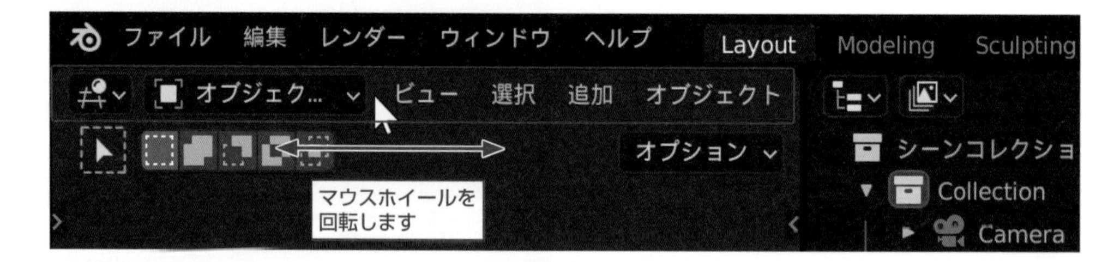

分割

各エディターの四隅にマウスポインターを合わせると、ポインターが**「十字」**に変わります。
その状態で、マウス左ボタンで垂直または水平方向にドラッグすると、エディターを分割できます。

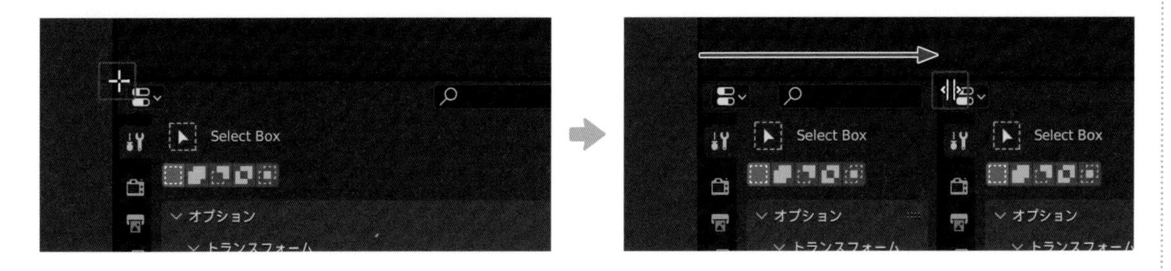

統合

各エディターの四隅にマウスポインターを合わせると、ポインターが**「十字」**に変わります。
その状態で、マウス左ボタンで統合したいエディターの方向にドラッグすると矢印が表示されるので、どちらに統合するかを選択します。

カスタマイズの保存

カスタマイズしたインターフェイスの画面配置を今後も使用したい場合は、ヘッダーの**[ファイル]**➡**[デフォルト]**から**[スタートアップファイルを保存]**を選択して保存します。
デフォルトの画面配置に戻す場合は、ヘッダーの**[ファイル]**➡**[デフォルト]**から**[初期設定を読み込む]**を選択し、続けて**[スタートアップファイルを保存]**を選択して保存します。なお、**[初期設定を読み込む]**を選択すると環境設定で行った日本語化などもデフォルトの状態に戻るので再設定が必要となります。

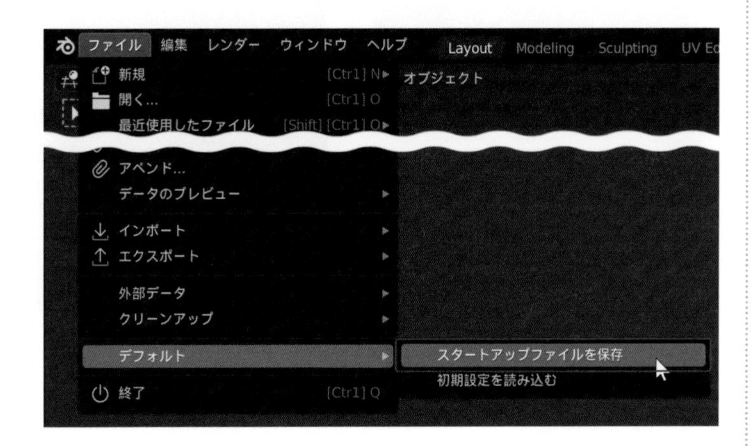

SECTION 1.4 基本操作

ここでは、3DCGソフト「Blender」の基本的な操作方法を初心者の方にもわかりやすく解説します。これから行うモデリングなど各編集をスムーズに行うために、基本操作をしっかりマスターしましょう。

ファイルの新規作成

ヘッダーメニューの **[ファイル]** ➡ **[新規]**（Ctrl + N キー）から **[全般]** を選択すると、新規でファイルが作成されます。

現在開いているファイルは閉じることになるので、編集を加えている場合はファイルを保存してから新規ファイルを作成しましょう。保存の必要がなければ **[全般]** を選択後、**「保存」** ダイアログが表示されるので **[保存しない]** を左クリックすれば、新規ファイルが作成されます。

既存ファイルを開く

既存ファイルを開く場合は、ヘッダーメニューの **[ファイル]** から **[開く]**（Ctrl + O キー）を選択します。**[新規]** と同様、現在開いているファイルは閉じることになります。

[開く] を選択すると **[Blenderファイルビュー]** ダイアログが表示されるので、ファイルを指定し、**[開く]** を左クリックします。

ファイルの保存

ファイルの保存を行う場合は、ヘッダーメニューの **[ファイル]** から **[保存]**（Ctrl ＋ S キー）を選択します。他にも **[名前をつけて保存]**（Shift ＋ Ctrl ＋ S キー）や **[コピーを保存]**（Ctrl ＋ Alt ＋ S キー）などがあります。

初めてファイルを保存する場合や、**[名前をつけて保存]** や **[コピーを保存]** を選択した場合は、**[Blender ファイルビュー]** ダイアログが表示されるので、保存先とファイル名を指定し、**[Blender ファイルを保存]** を左クリックして保存を実行します。

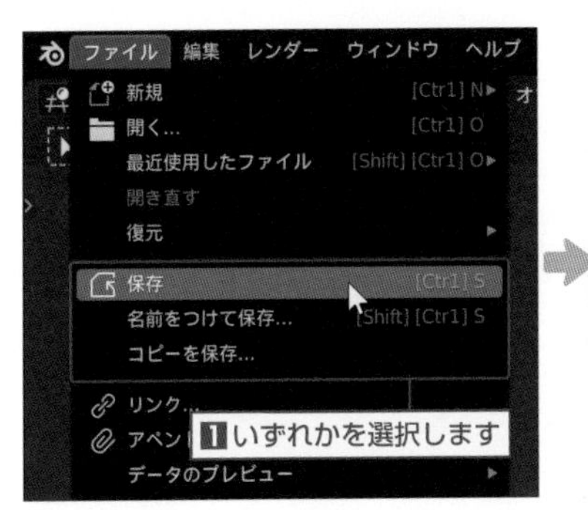

バックアップ・ファイルについて

Blenderは、保存した「.blend」ファイルと同じ階層に「.blend1」というバックアップ・ファイルが自動生成されます。

もし、このバックアップ・ファイルを使用する場合は、末尾の数字を削除して「.blend」に変更します。

> **TIPS 「名前をつけて保存」と「コピーを保存」の違い**
>
> 「名前をつけて保存」と「コピーを保存」でそれぞれファイルを保存した場合では、保存後に継続して開いているファイルが異なることになります。例えば "A" という名前のファイルを編集後に「名前をつけて保存」で名前を "B" と付けた場合、保存後に名前が "B" のファイルが開いている状態になります。対して同条件にて「コピーを保存」で保存した場合は、保存後に名前が "A" のファイルが開いている状態になります。

終了

ヘッダーメニューの **[ファイル]** から **[終了]**（Ctrl ＋ Q キー）を選択すると、Blenderを終了することができます。

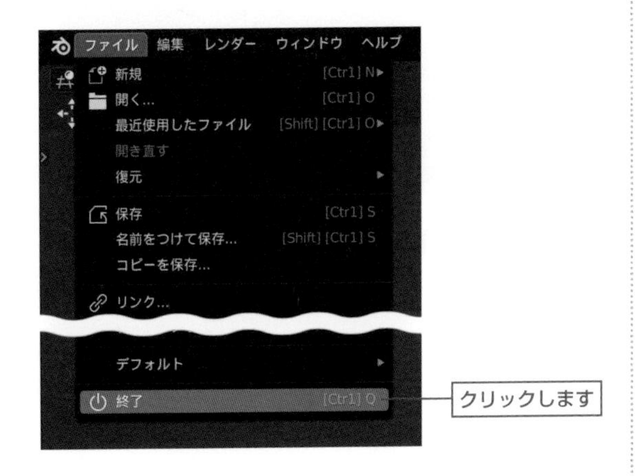

視点変更

視点切り替え

3Dビューポートのヘッダーにある**[ビュー]** ➡ **[視点]** から **[前]** や **[右]** などを選択することで、フロントビューやライトビューなどの視点を切り替えることができます。

[カメラ] を選択すると、カメラからの視点に切り替わります。そのため、カメラ視点に切り替える場合は、シーン内にカメラが配置されている必要があります。

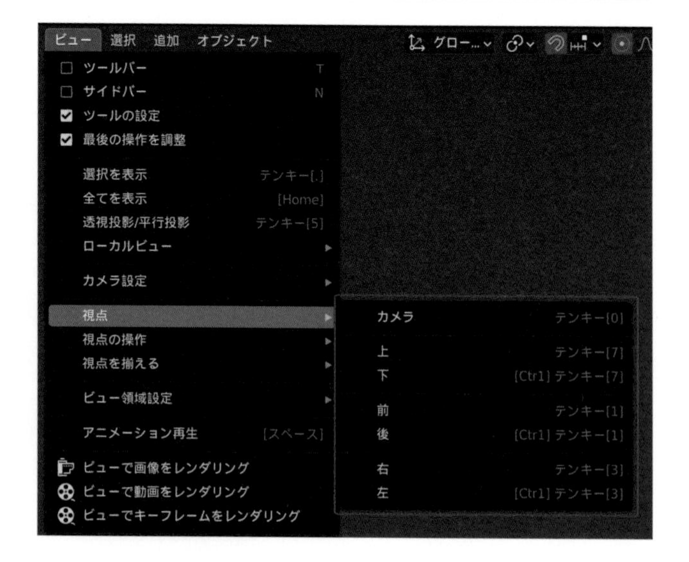

視点の回転と移動

マウス中央ボタンのドラッグで視点の回転、マウスホイールの回転でズームイン／ズームアウトします。また、Shift キーを押しながらマウス中央ボタンをドラッグすると、視点の平行移動ができます。

視点の回転

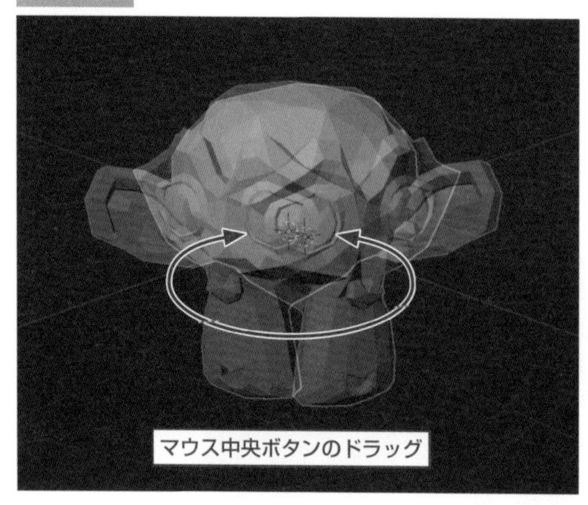

ズームイン／ズームアウト

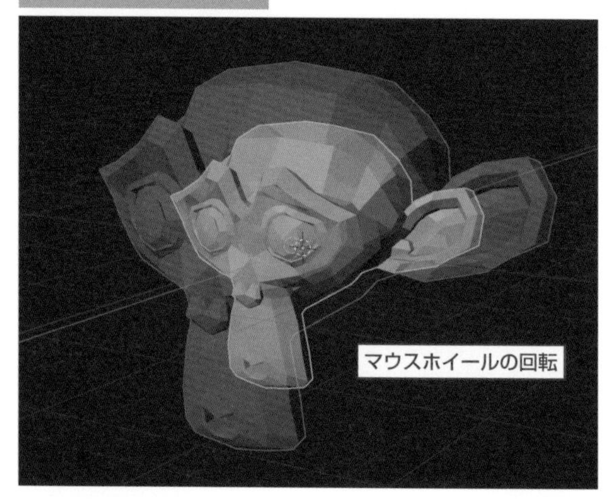

視点の平行移動

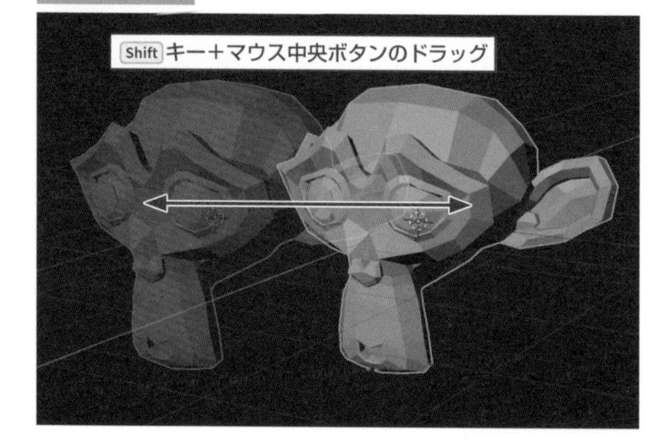

TIPS 視点回転のコツ

視点の回転は、3Dビューポートの画面の中心が基点となります。
オブジェクトを左クリックで選択し、3Dビューポートのヘッダーにある［ビュー］➡［視点を揃える］から［アクティブに注視］を選択すると、選択しているオブジェクトが基点となる画面の中心に表示されます。

1 選択します

2 選択します

オブジェクト単位ではなく、特定の部位を注視する場合は、フロントビューやライトビューで特定の部位を画面の中心に表示させることで、その部位を注視しながら視点回転ができるようになります。

頭部を注視する場合

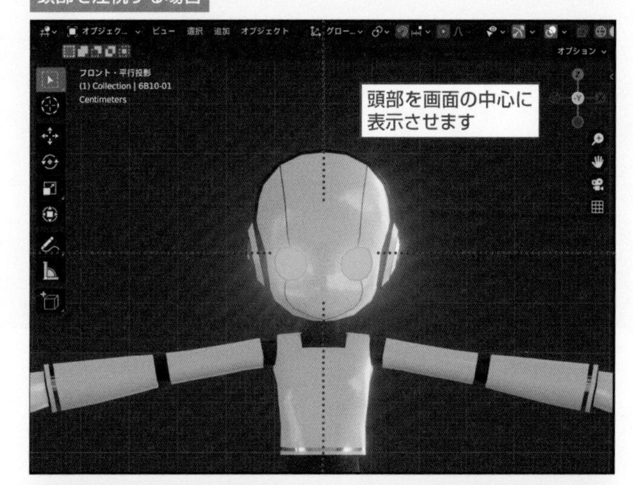

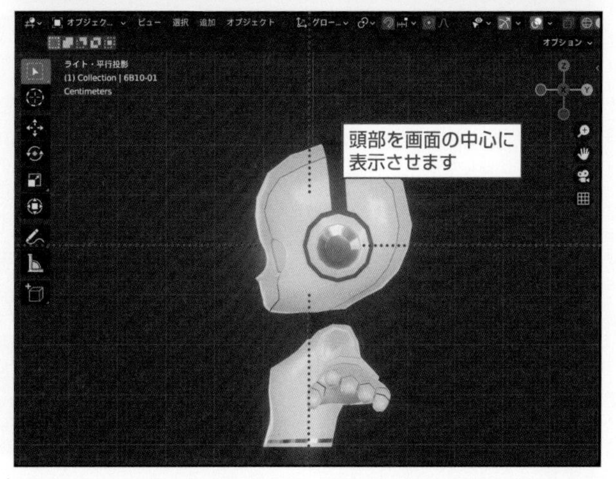

投影法切り替え

3Dビューポートのヘッダーにある **[ビュー]** から **[透視投影／平行投影]**（テンキー5）を選択すると、投影法を切り替えることができます。

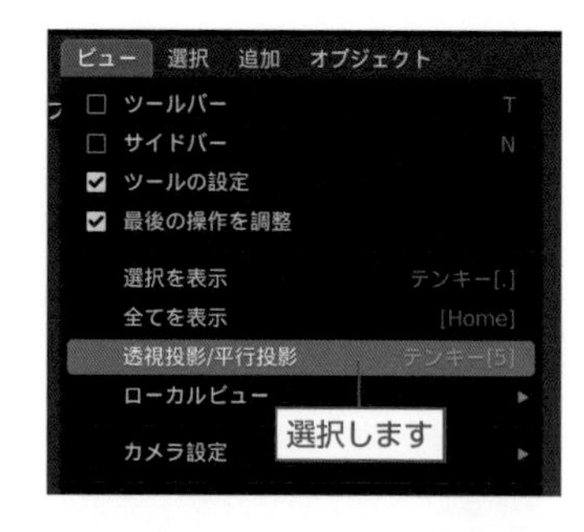

透視投影とは、大きさが同じオブジェクトでも遠くにあるほど小さく見える遠近法で表示される投影法で、私たちが普段見慣れている肉眼と同様の見え方になります。平行投影とは、いくら遠くにあるオブジェクトでも表示される大きさは変わりません。そのため、複数のオブジェクトの大きさを比較する場合などに役立ちます。

透視投影の場合でも、視点切り替え（上下、前後、左右）を行うと自動的に平行投影へ切り替わります。

現在の投影法は、3Dビューポートの左上に表示されます。

透視投影

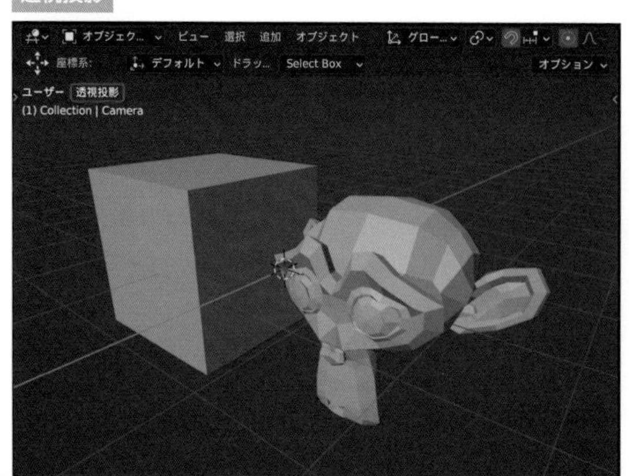

平行投影

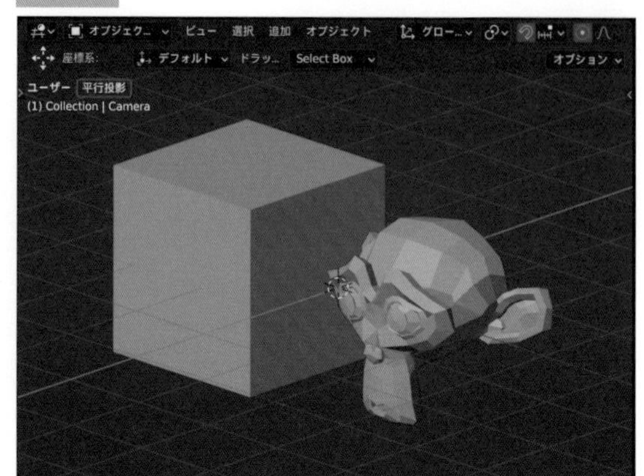

ナビゲート

3Dビューポート右上のナビゲートを使用して視点変更することも可能です。

座標軸の先端にある **[X] [Y] [Z]**、対称の赤色、緑色、青色の円、それぞれを左クリックすると各方向からの視点に切り替わります。また、座標軸にマウスポインターを合わせると白い円が表示されるので、マウス左ボタンでドラッグして視点の回転を行うことができます。

座標軸下部の各アイコンで、ズームイン／ズームアウト、視点の平行移動、カメラ視点へ切り替え、投影法の切り替えを行うことができます。

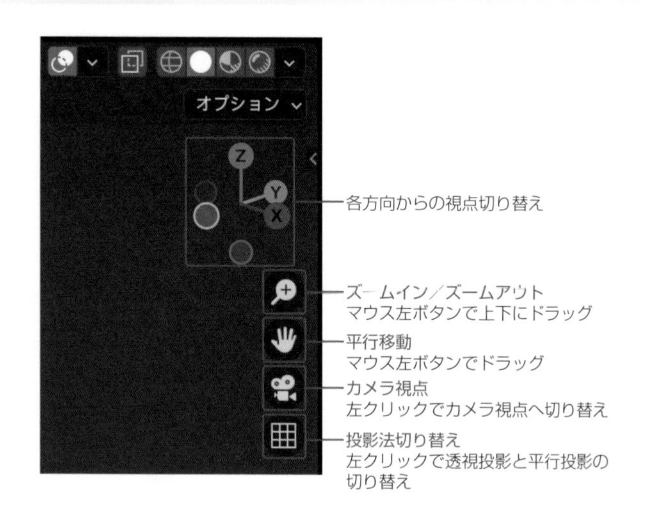

視点変更のショートカットキー

視点変更は編集作業中に何度も行う行為のため、スムーズな操作が可能なショートカットキーによる視点変更をおすすめします。

ショートカットキー	操作内容
1	正面から見た視点(フロントビュー)に切り替えます。
3	右側から見た視点(ライトビュー)に切り替えます。
7	上から見た視点(トップビュー)に切り替えます。
Ctrl + 1	背面から見た視点(バックビュー)に切り替えます。
Ctrl + 3	左側から見た視点(レフトビュー)に切り替えます。
Ctrl + 7	下から見た視点(ボトムビュー)に切り替えます。
2	視点を下方向に15°単位で回転します。
4	視点を左方向に15°単位で回転します。
6	視点を右方向に15°単位で回転します。
8	視点を上方向に15°単位で回転します。
Ctrl + 2	視点を下方向に平行移動します。
Ctrl + 4	視点を左方向に平行移動します。
Ctrl + 6	視点を右方向に平行移動します。
Ctrl + 8	視点を上方向に平行移動します。
Shift + 4	視点を反時計回りに回転します。
Shift + 6	視点を時計回りに回転します。
0	カメラから見た視点(カメラビュー)に切り替えます。
.(ピリオド)	選択しているオブジェクトに視点を移動します。
5	3Dビューでの投影方法を透視投影と平行投影で切り替えます。

⚠ 本書の巻末に「主に使用するショートカットキー」(356ページ)を掲載していますので、併せてご参照ください。

オブジェクトの選択

オブジェクトは、マウスポインターを合わせて左クリックすると選択できます。Shiftキーを押しながら左クリックすると、複数のオブジェクトを同時に選択できます。

選択した状態のオブジェクトは、オレンジ色のアウトラインで囲まれます。複数選択の場合、薄いオレンジ色の線で囲まれているオブジェクトが、最後に選択されたことを表しています。

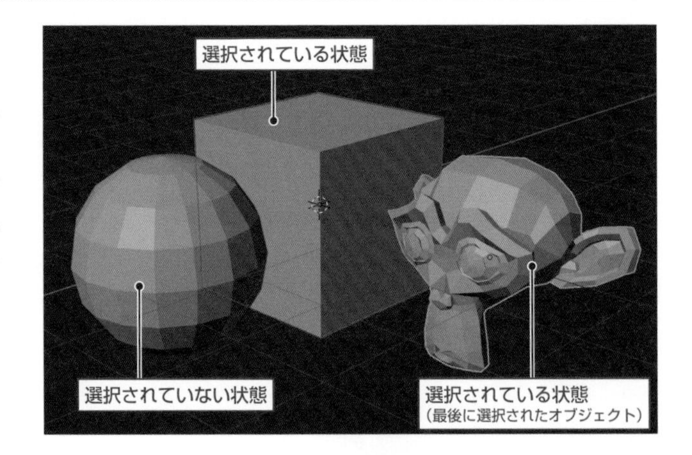

全選択

3Dビューポートのヘッダーにある **[選択]** から **[すべて]**（Aキー）を選択すると、シーンに配置されているすべてのオブジェクトが選択されます。すべての選択を解除する場合は、3Dビューポートのヘッダーにある **[選択]** から **[なし]**（Alt＋Aキー）を選択します。

または、Aキーを素早く2回押すかシーンの何もない部分を左クリックしても、すべての選択を解除できます。

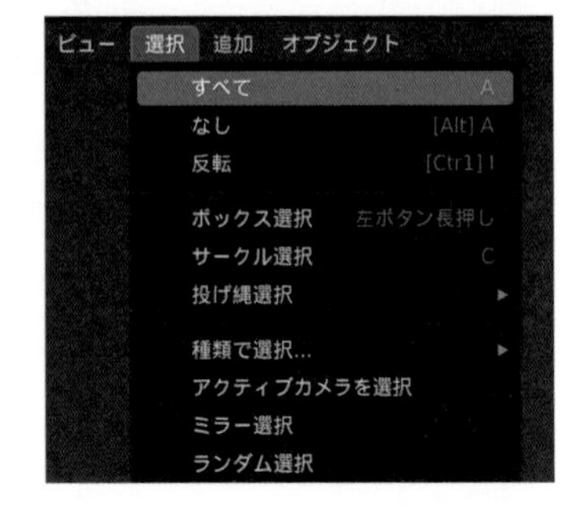

反転

3Dビューポートのヘッダーにある **[選択]** から **[反転]**（Ctrl＋Iキー）を選択すると選択状態が反転され、選択されていたオブジェクトが選択解除になり、選択されていなかったオブジェクトが選択した状態になります。

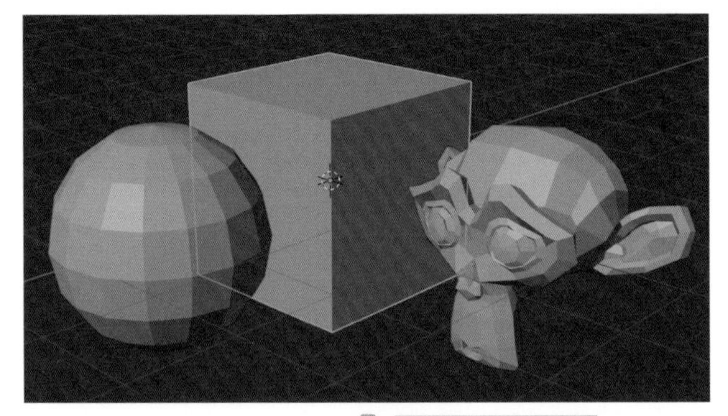

[反転] を選択します

ボックス選択

3Dビューポートのヘッダーにある **[選択]** から **[ボックス選択]**（B キー）を選択すると、マウスポインターを中心として十字に点線が表示されます。

その状態でマウス左ボタンでドラッグすると、囲んだ矩形の内側に含まれるオブジェクトを選択できます。

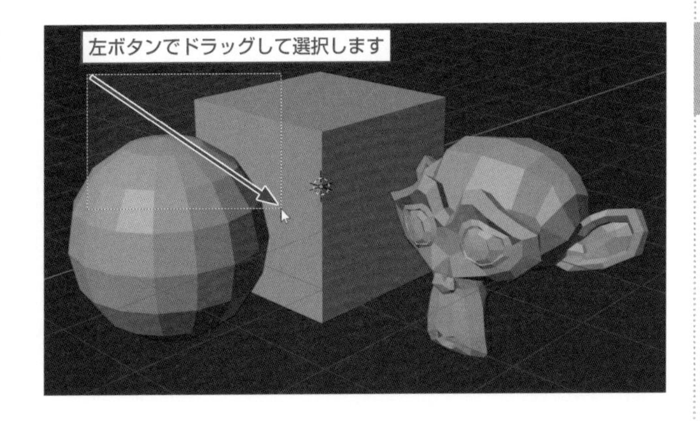

サークル選択

3Dビューポートのヘッダーにある **[選択]** から **[サークル選択]**（C キー）を選択すると、マウスポインターを中心として円状に点線が表示されます。その状態でマウス左ボタンでドラッグすると、なぞったオブジェクトを選択できます（オブジェクトの原点とサークルが重なると選択状態となります）。

選択範囲となる円状の点線は、マウスホイールの回転で大きさを変更できます。

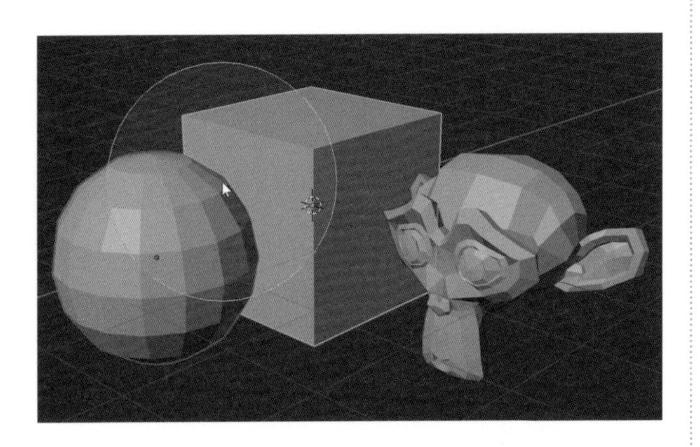

投げ縄選択

3Dビューポートのヘッダーにある **[選択]** ➡ **[投げ縄選択]** から **[セット]** を選択すると、マウス左ボタンのドラッグでオブジェクト（の原点）を囲むと選択されます。

また、追加で選択（**[拡張]**）や一部選択を解除（**[減算]**）することもできます。

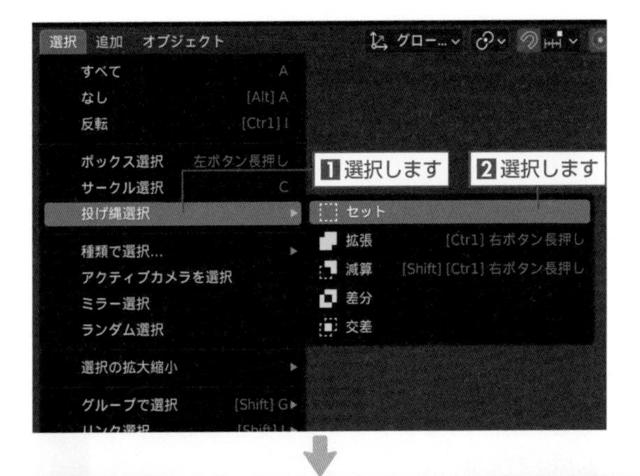

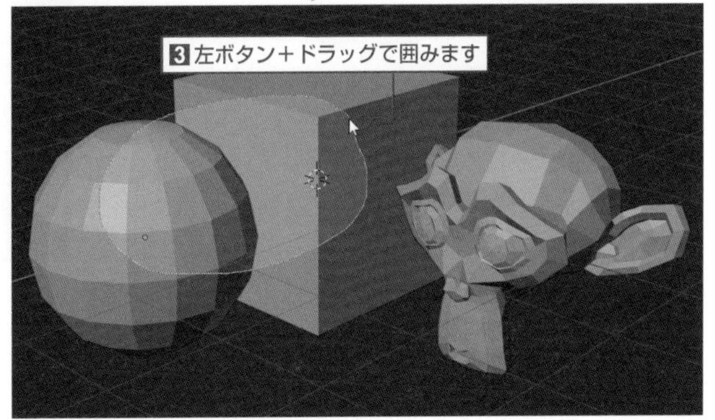

選択ツール

ツールバーの上部には、選択ツールが格納されています。ツールにマウスポインターを合わせてマウス左ボタンを長押しすると、選択方式を変更することができます。

選択ツール以外が有効な状態でWキーを押すと、選択ツールが有効になります。また、いずれかの選択ツールが有効な状態でWキーを押すと、選択方式を切り替えることができます。

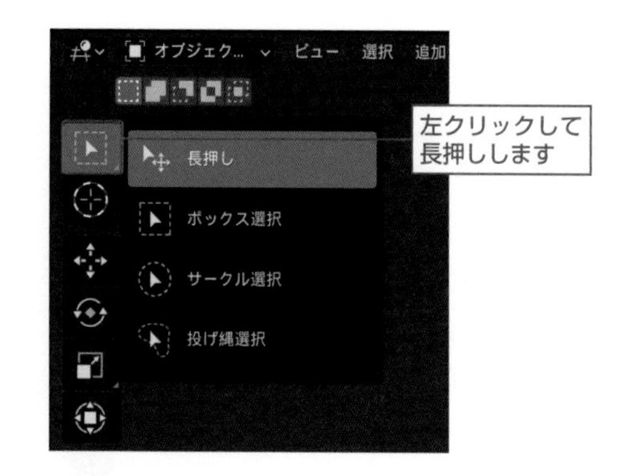

選択モード

3Dビューポートのヘッダーにある **[モード]** から選択モードを切り替えることができます。

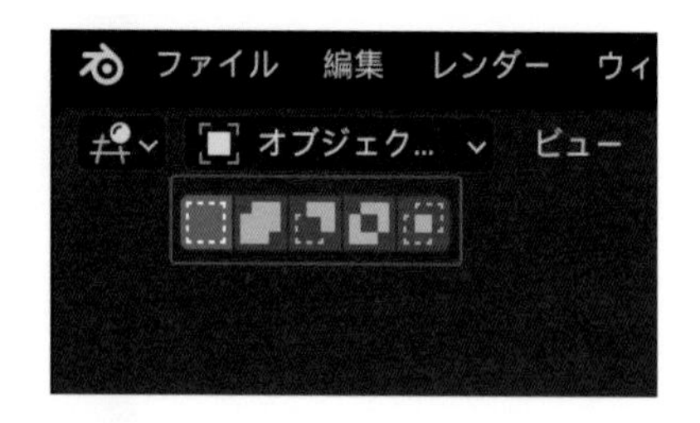

[セット] ツール
指定した箇所のみを選択します。

[拡張] ツール
すでに選択している箇所と合わせて指定した箇所を追加で選択します。

[減算] ツール
すでに選択している箇所から指定した箇所の選択を解除します。

[差分] ツール
指定した箇所の選択を反転します。

[交差] ツール
すでに選択している箇所と指定した箇所の重複箇所を選択します。

オブジェクトの編集

追加

3Dビューポートのヘッダーにある **[追加]**（Shift＋Aキー）から任意のオブジェクトを選択すると、シーンに追加されます。

追加するオブジェクトは、3Dカーソルの位置に配置されるため、オブジェクトを追加する際は、基本的に3Dカーソルを原点に移動するようにしましょう。3Dカーソルを原点に移動するには、3Dビューポートのヘッダーにある **[オブジェクト]** ➡ **[スナップ]** から **[カーソル→ワールド原点]** を選択します。

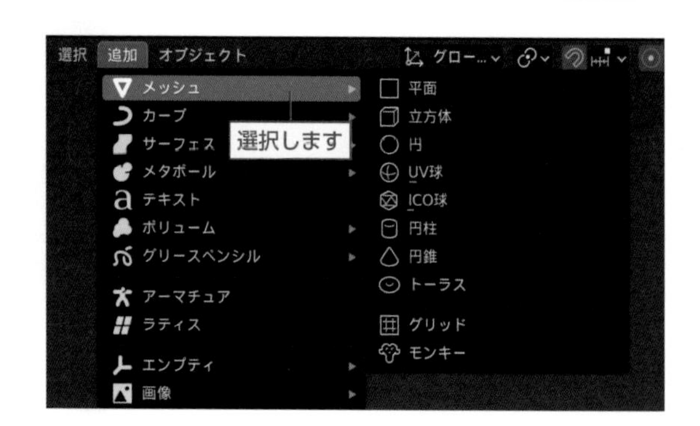

削除

オブジェクトを削除する場合は、左クリックで該当のオブジェクトを選択し、3Dビューポートのヘッダーにある**[オブジェクト]**から**[削除]**を選択します。

ショートカットキーのXキーを押した場合は、**「削除の確認」**ダイアログが表示されるので、**[削除]**を左クリックするか、Enterキーを押すと削除が実行されます。

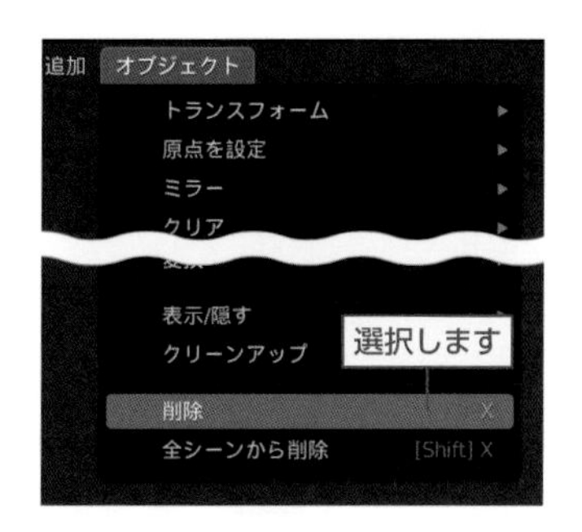

移動／回転／スケール

❶移動

移動したいオブジェクトを左クリックで選択し、3Dビューポートのヘッダーにある**[オブジェクト]** ➡ **[トランスフォーム]**から**[移動]**（Gキー）を選択すると、マウスポインターの移動に合わせてオブジェクトを移動することができます。左クリックで実行、右クリックでキャンセルとなります。

❷回転

回転したいオブジェクトを左クリックで選択し、3Dビューポートのヘッダーにある**[オブジェクト]** ➡ **[トランスフォーム]**から**[回転]**（Rキー）を選択すると、マウスポインターの移動に合わせてオブジェクトを回転することができます。現在の視点を軸に回転されます。左クリックで実行、右クリックでキャンセルとなります。

❸スケール

サイズ変更したいオブジェクトを左クリックで選択し、3Dビューポートのヘッダーにある**[オブジェクト]** ➡ **[トランスフォーム]**から**[スケール]**（Sキー）を選択すると、マウスポインターの移動に合わせてオブジェクトを拡大縮小できます。左クリックで実行、右クリックでキャンセルとなります。

それぞれ移動・回転・拡大縮小の操作を行う際に、XYZキーのいずれかを押すと、その座標軸に合わせてラインが表示され、各軸方向のみに制限をかけることが可能です。

Ctrlキーを押しながら操作すると、単位を制限しながら移動や回転、拡大縮小を行うことができます。

Shiftキーを押しながら操作すると、変化量が減り、微調整が可能となります。

3Dビューポートの左上には、編集の際に移動量・角度・スケールと制限をかけた軸方向が表示されます。

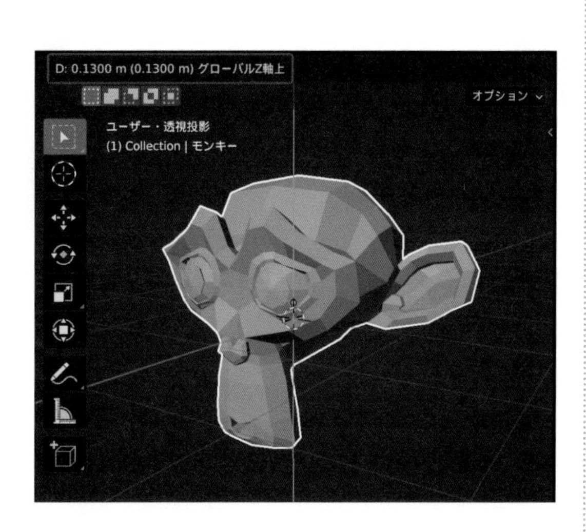

ツールによる編集も可能です。座標軸に合わせて赤色、緑色、青色のラインが表示され、マウス左ボタンのドラッグで各軸方向に制限をかけた編集を行うことができます。

[移動] ツール中央の白い円は現在の視点から見た平行移動、**[回転]** ツールの白い円は現在の視点から見て平行に回転、**[スケール]** ツールの白い円は比率を変えずに拡大縮小となります。

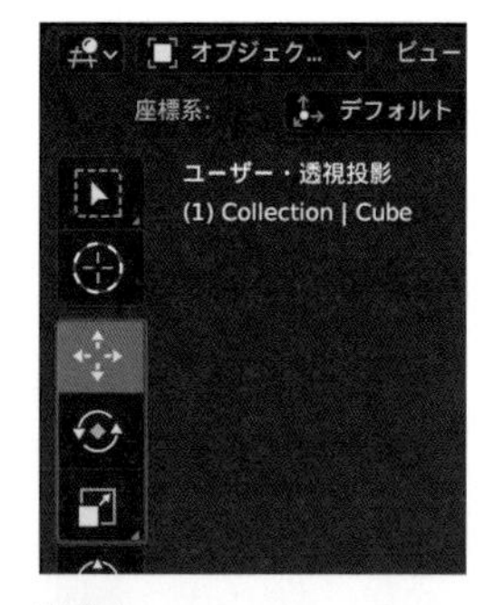

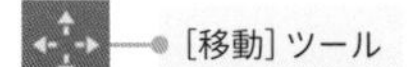

[スケール] ツール

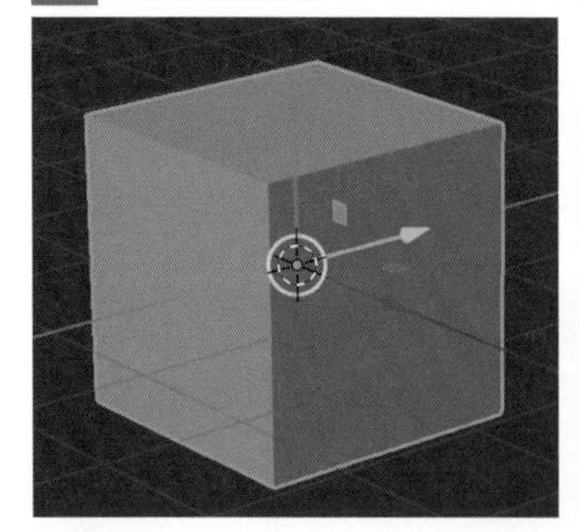

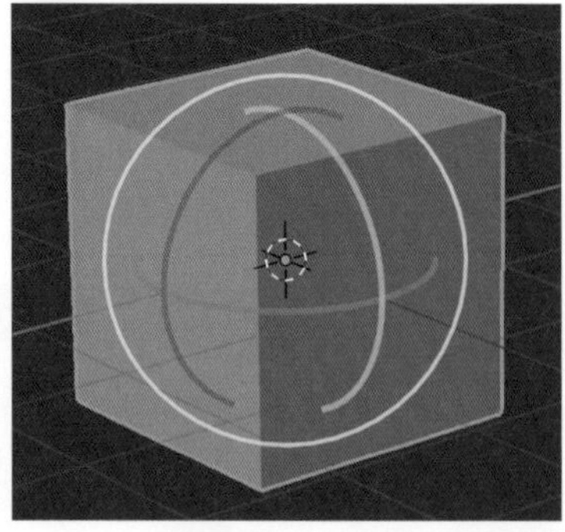

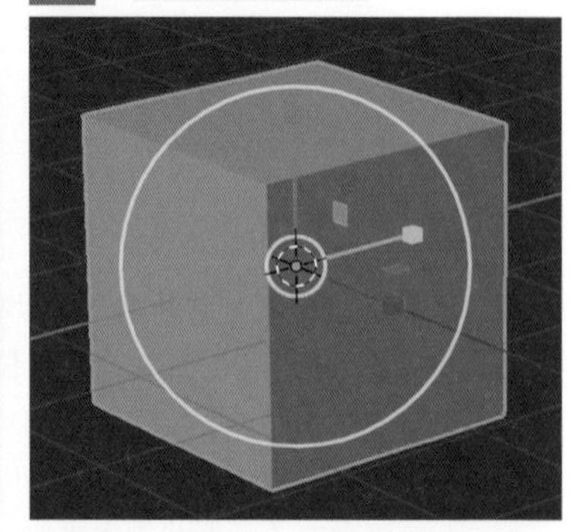

移動／回転／スケールに限らず編集を行った直後には、3Dビューポートの左下にパネルが表示されます。▶を左クリックするとパネルの開閉を行うことができます。

このパネルでは、直前に行った編集の調整を行うことができます。パネルが表示されるのは編集を行った直後で、別の操作を行うとパネルは消えてしまいます。

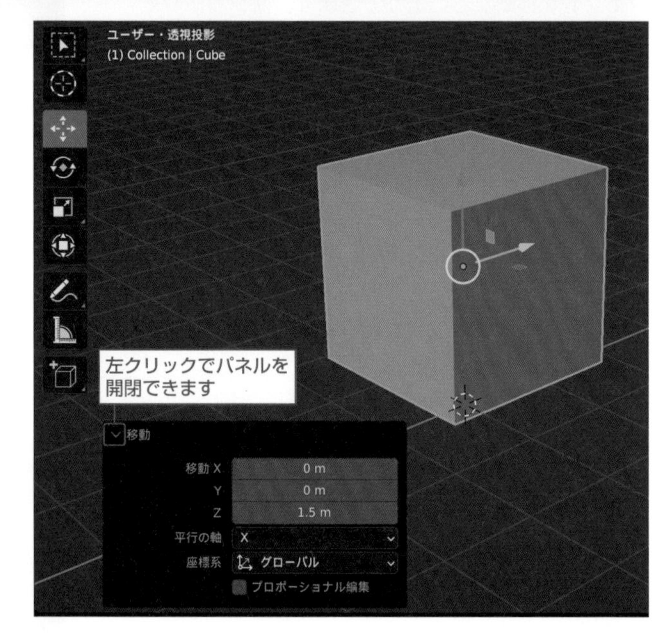

複製

オブジェクトを左クリックで選択し、3Dビューポートのヘッダーにある **[オブジェクト]** から **[オブジェクトを複製]**（Shift＋Dキー）を選択すると、マウスポインターに合わせてオブジェクトが複製されるので、左クリックで位置を決定します。右クリックするとマウスポインターの位置に関係なく複製元と同じ位置に複製されます。

⚠ 右クリックで実行すると同じ位置に複製されるため、完全に重なってわかりづらいので注意しましょう。

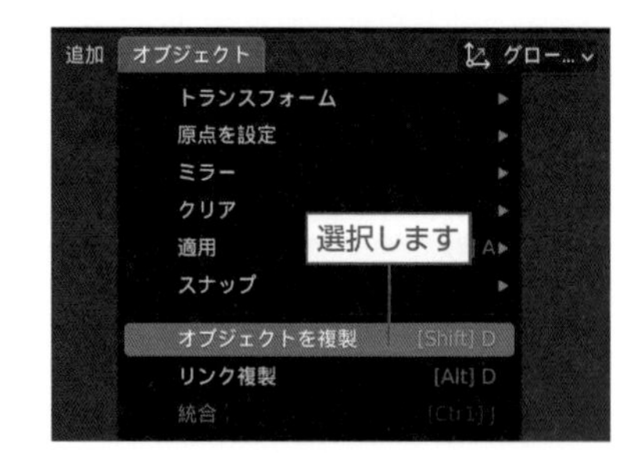

シェーディング

シェーディング（Shading）とは、**「陰影処理」**とも呼ばれ、3次元コンピュータグラフィックス（3DCG）における光源の位置や強さによって物体表面に色の濃淡や陰影を付けて、より立体的に表示させる技法のことです。

シェーディングの切り替え

3Dビューポートに配置されているオブジェクトはデフォルトでは、**「ソリッド」**モードで表示されており、面で覆われて陰影が表示された状態になっています。

表示されるシェーディングは、3Dビューポートのヘッダーにある**［シェーディング切り替え］**アイコンで切り替えることができます。

デフォルトの**［ソリッド］**を含めて、4種類の表示モードが用意されています。

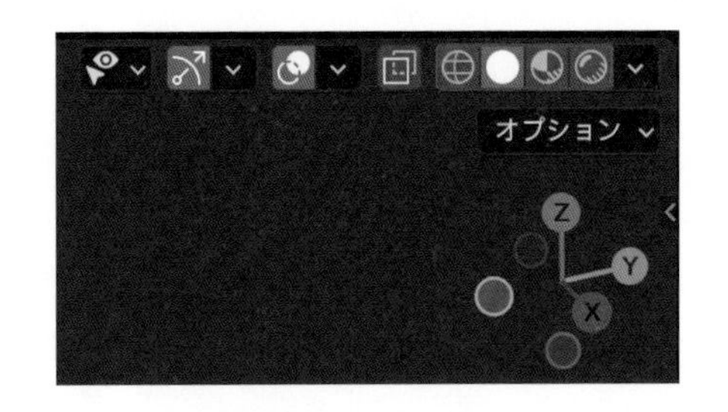

 ワイヤーフレーム

面が非表示となり、オブジェクトが辺のみで表示されます。**「透過表示」**（44ページ参照）がデフォルトで有効になっており、本来は隠れて見えない裏側の辺も表示されます。

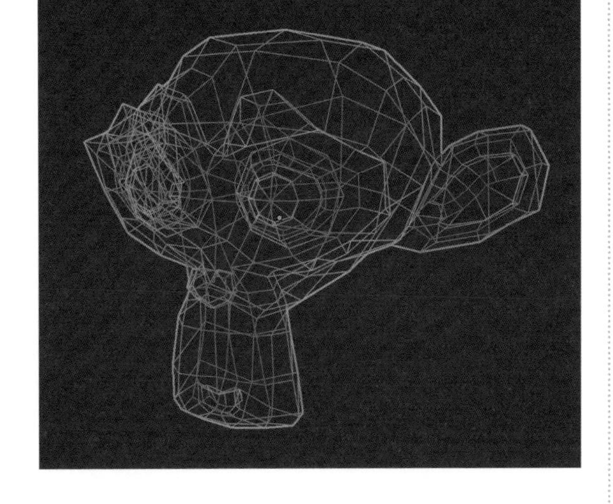

オブジェクトは面で覆われて陰影が表示された状態になります。

プリセットとして数種類のMatCap（Material Capture）が用意されており、右側のプルダウンメニューから切り替えることができます。

制作中のモデルへ簡易的に設定可能なマテリアルで、より凹凸が認識しやすく、より仕上がりに近い状態でモデリングなど編集を行うことができます。

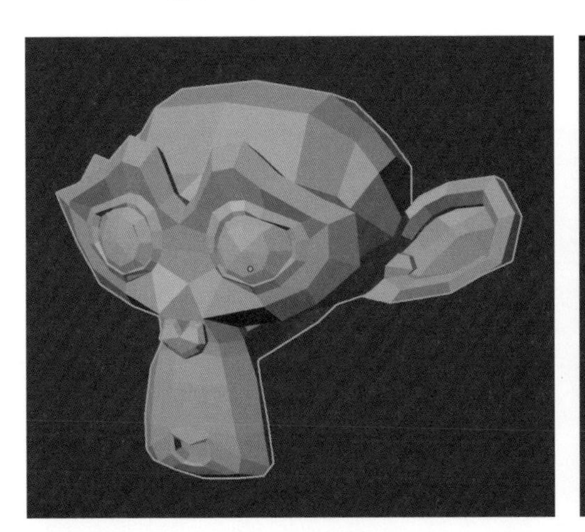

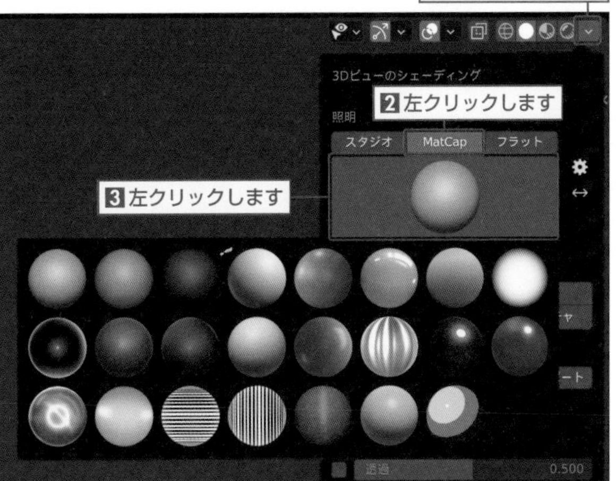

マテリアルプレビュー

オブジェクトに対して設定したマテリアルが表示されます。プリセットとして数種類のライティング環境が用意されており、右側のプルダウンメニューから切り替えることができます。

ライティングなどの設定を行わなくても、反射や光沢など現在設定されているマテリアルを簡易的に確認できます。

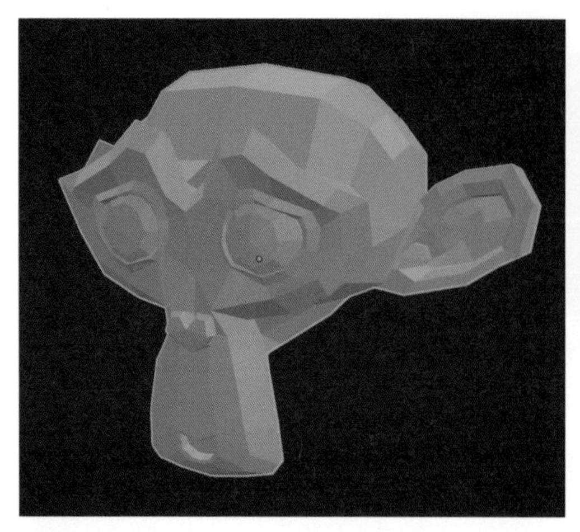

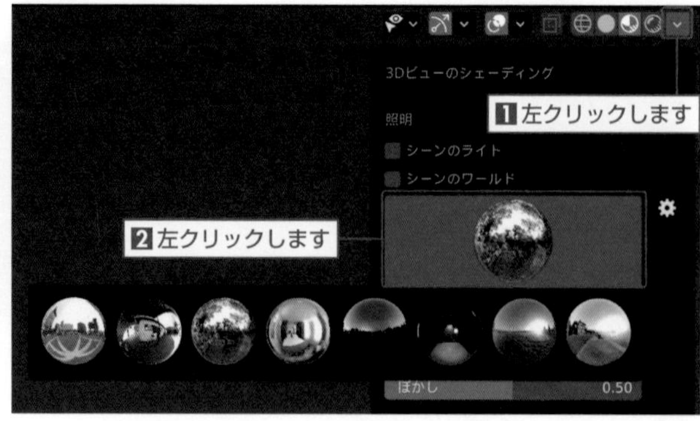

レンダー

レンダリングと同様の環境でリアルタイム表示されます。

編集を行いながらでもレンダリングと同様の結果が表示されて非常に便利ですが、PCのスペックによっては動作が鈍くなる場合があります。また、レンダリングと同様の環境での表示になるため、事前にライティングなどの設定が必要となります。

ショートカットキー

Blenderでは、ほとんどの操作と機能にショートカットキーが割り当てられています。それらのショートカットキーは、メニューの各項目の右側に記載されています。よく使用する項目のショートカットキーは、覚えておくと作業もスムーズに行え非常に便利です。

また、本書の巻末（356ページ参照）によく使うショートカットキーの一覧を掲載しているので、参考にしてください。

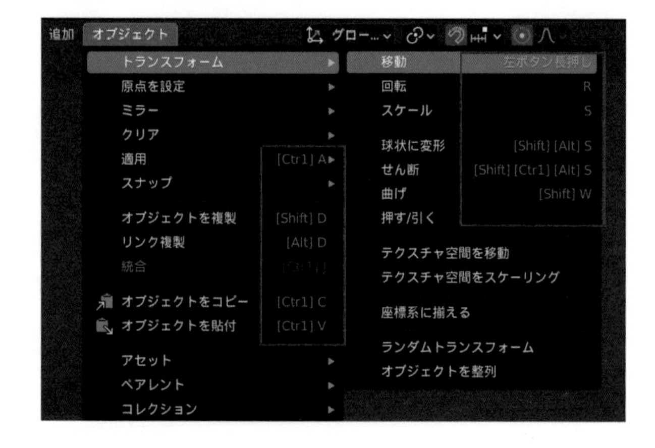

SECTION 1.5 3Dアバターの制作

ここでは、3Dアバター制作について一連の流れを簡単に紹介します。制作全体の流れを把握することで、各工程の関係性や必要性などこれから行う編集内容の理解がより深まるはずです。

1 モデリング (63ページ〜)

人物キャラクターのモデリングを行います。まず胴体、手足の順に作成し、編集に慣れてから重要な顔(頭部)を作成します。

頭身など全体のバランスが崩れないように下絵を参考に編集を行います。

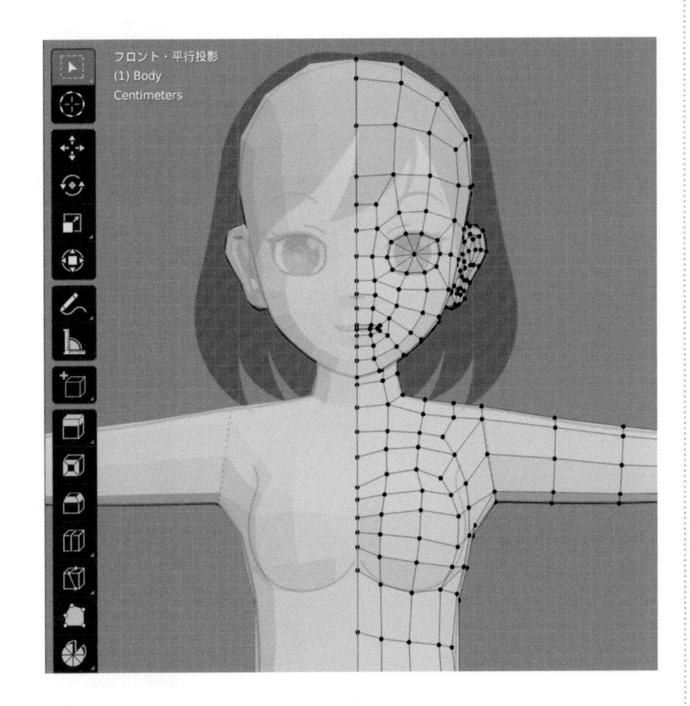

2 テクスチャ&マテリアル (195ページ〜)

衣装や瞳などの絵柄をテクスチャとして貼り付けます。テクスチャは、3Dオブジェクトに直接ペイントして制作できるテクスチャペイント機能を使用します。

マテリアルはアウトラインやシャープな陰を設定することでセルルックに仕上げます。

③ シェイプキー（263ページ〜）

形状の変形を記録できる機能**「シェイプキー」**を用いて、Webカメラの顔認識によるフェイストラッキング・リップシンクを想定したまばたきやウィンク、母音の口の動きなどを設定します。

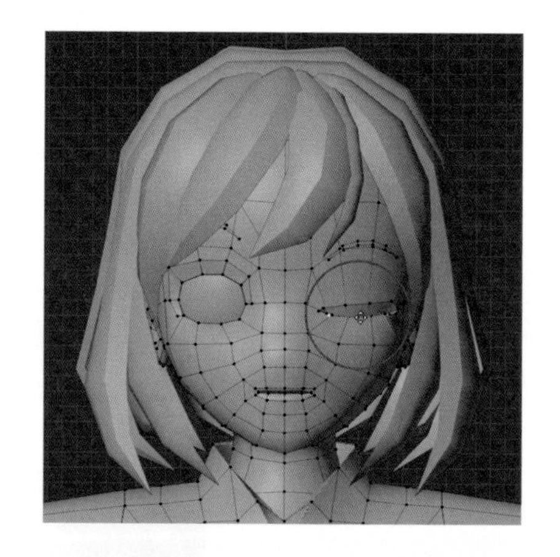

④ リギング（273ページ〜）

作成したキャラクターを人間と同じように動かすため、骨格を作成してキャラクターと連動させることで、各関節で曲げたり捻ったりできるようにします。

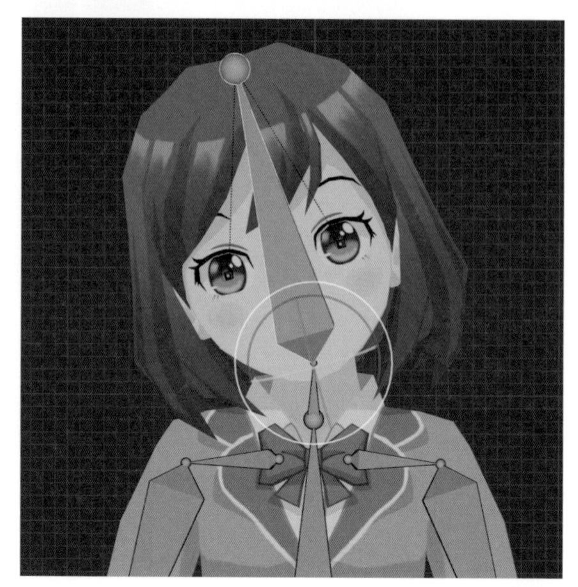

⑤ VRMセットアップ（315ページ〜）

配信ツールやメタバースの3Dアバターに使用するためのVRM形式書き出しの準備として、シェイプキーの適用やキャラクターの動きに合わせて揺れるスカートなどの設定を行います。

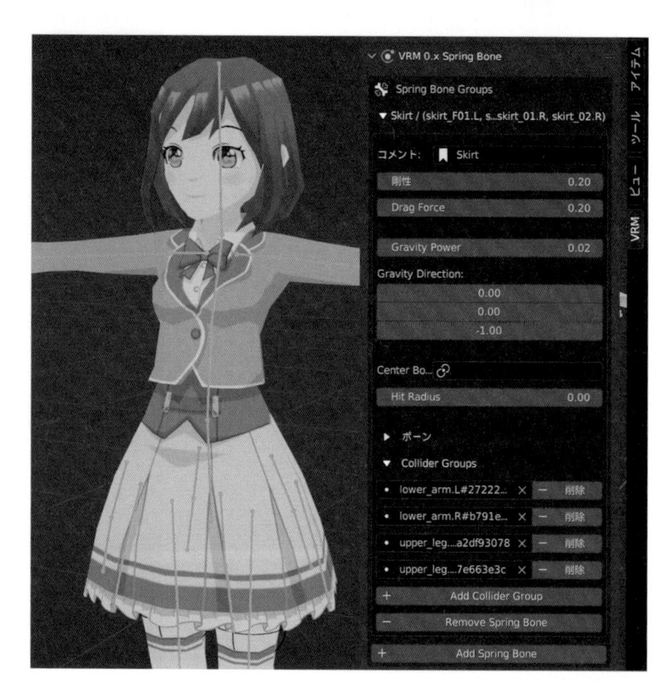

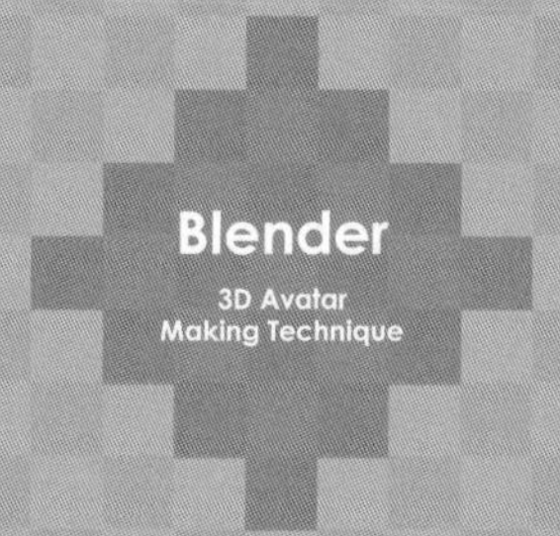

PART 2

モデリング入門

モデリングは、3DCG制作における最初の工程でありながら、覚える機能や実践で身に付けることなど、学習内容が他の作業と比べて非常にボリュームのある工程で、作品のクオリティを左右する重要な工程の1つです。
初めて3DCG制作に挑戦する方にもわかりやすく、モデリングの基礎知識、基本操作、さらにBlenderに搭載されている便利で優れた機能を紹介します。

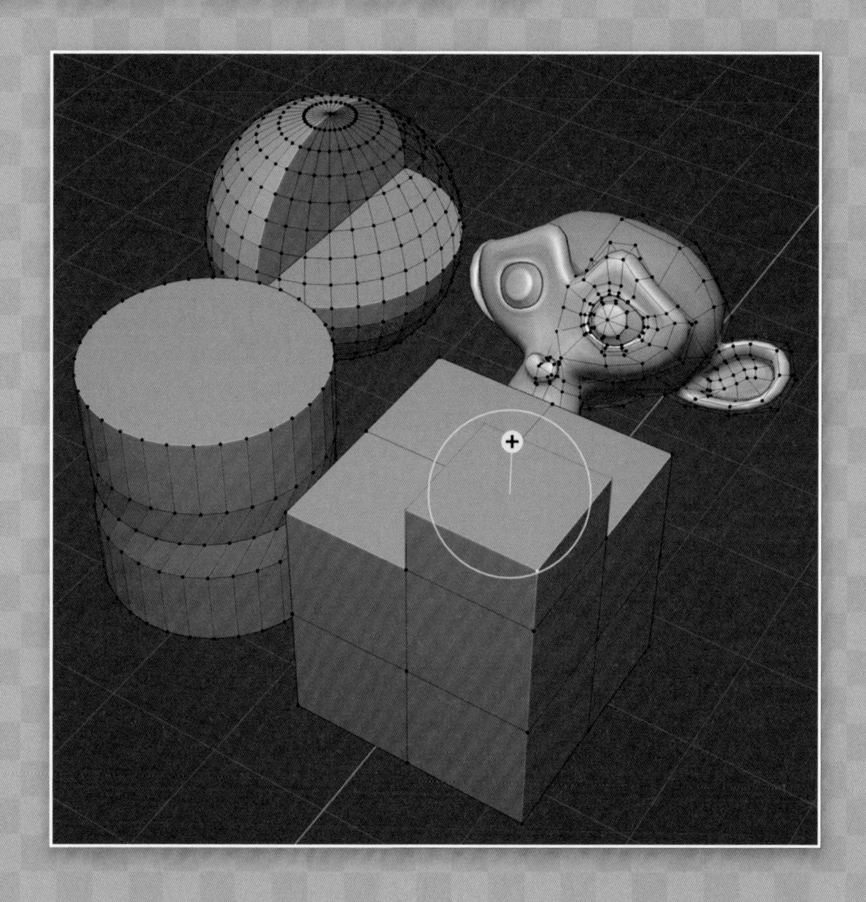

SECTION 2.1 モデリングの基礎知識

画面内の仮想3D空間に立体物を形成する作業を「モデリング」といいます。モデリングの方式としては、ポリゴンと呼ばれる三形面あるいは四形面を組み合わせて形成する「ポリゴンモデリング」、スプライン曲線を利用した「スプラインモデリング」、粘土細工のようにマウスポインターでなぞって凹凸をつける「スカルプモデリング」などがあり、もちろんBlenderではこれらすべての方式に対応しています。
なかでもポリゴンモデリングは、比較的扱いやすく多くのアプリと互換性もあり、最もポピュラーな方式といえます。3Dアバターもポリゴンモデリングを用いて作成します。

Blenderでは、**頂点**（バーテックス）、**辺**（エッジ）、**面**（フェイス）の3つの要素で構成されているオブジェクトを**メッシュ**と呼びます。このことから、Blenderではポリゴンモデリングを**メッシュモデリング**と呼びます。

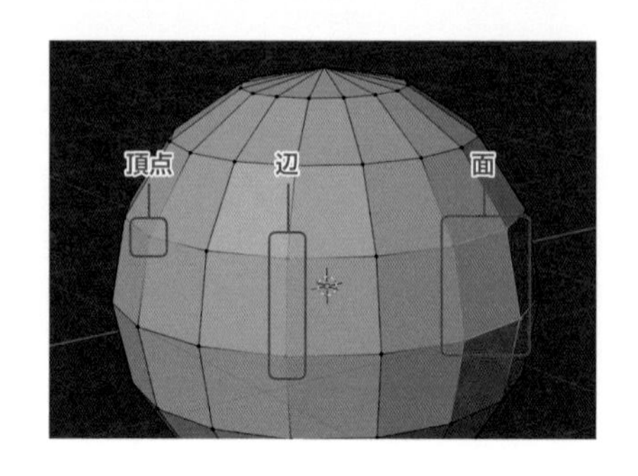

オブジェクトモードと編集モード

モードの切り替え

Blenderの3DCG制作は、オブジェクトモードと編集モードの2つのモードが要となり、頻繁にモードの切り替えを行うことになります。

モードの切り替えは、まず編集を行うオブジェクトを左クリックで選択します。オブジェクトが選択された状態で、3Dビューポートのヘッダーにあるモード切り替えメニューから **[編集モード]** を選択するか、マウスポインターを3Dビューポートに合わせて Tab キーを押すと、編集モードに切り替わります。再度 Tab キーを押すとオブジェクトモードに戻ります。

カメラやライトオブジェクトでは編集モードに切り替えられません。また、 Shift キー＋左クリックで複数のオブジェクトを選択した状態で編集モードに切り替えると、複数のオブジェクトを同時に編集できます。

オブジェクトモード

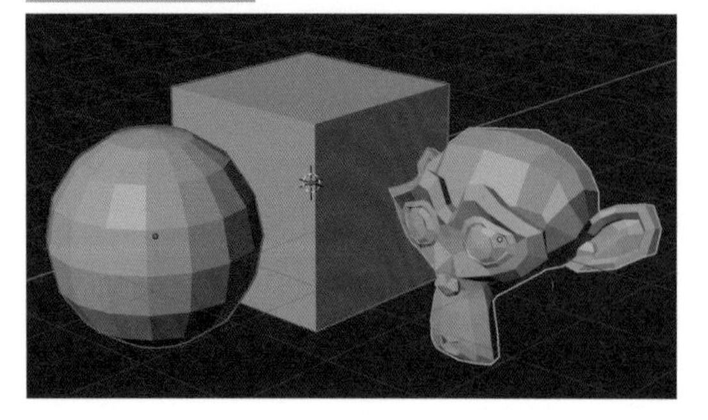

編集モード

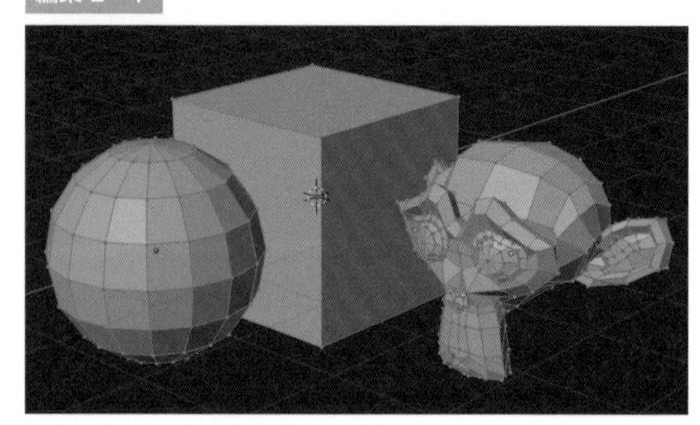

オブジェクトモードと編集モードの違い

オブジェクトモードは、カメラやライトも含めて、シーン内に配置されているすべてのオブジェクトの位置や角度、サイズ、そしてプロパティなどを調整することができます。

オブジェクトモードでは、オブジェクトがひと固まりとして扱われるため、部分的に1つの面だけを回転したり、拡大縮小したりすることはできません。

対して編集モードは、特定のオブジェクトの頂点や辺、面を個々に取り扱うことが可能で、部分的な編集ができるため、オブジェクトの形状を自由に変更することができます。

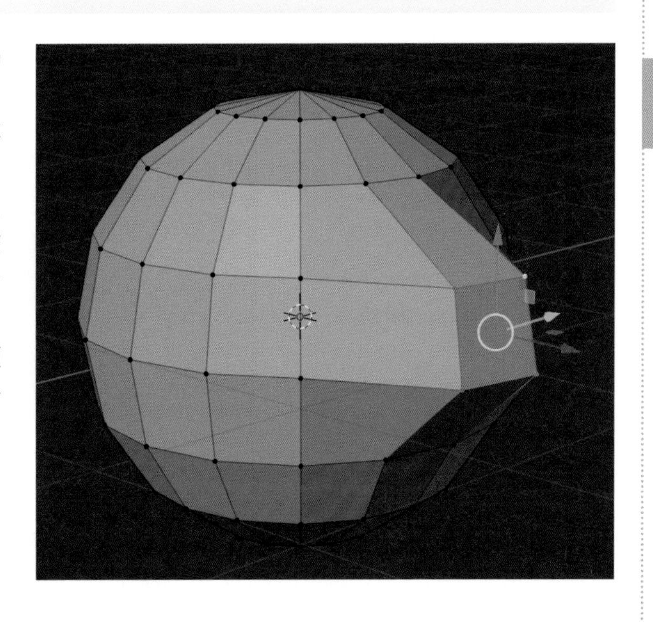

メッシュの選択

全選択および選択解除、選択範囲の反転、ボックス選択、サークル選択、投げ縄選択の操作は、基本的にオブジェクトモードと同様です（32ページ参照）。

選択モード

オブジェクトモードではオブジェクトごとの選択となりますが、編集モードでは頂点や辺、面といった部分的な選択が可能となります。

3Dビューポートのヘッダーにある **[選択モード切り替え]** を左クリックで有効にすると、（左から）頂点、辺、面それぞれの選択モードに切り替わります。

[選択モード切り替え] を Shift キー＋左クリックで複数選択すると、すべての要素を同時に選択することができます。

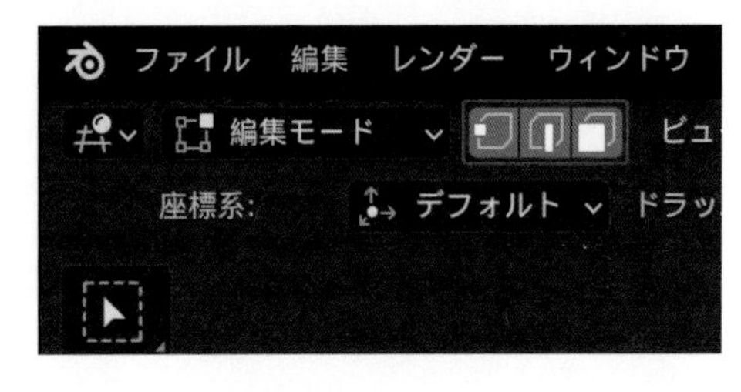

「頂点選択」モード

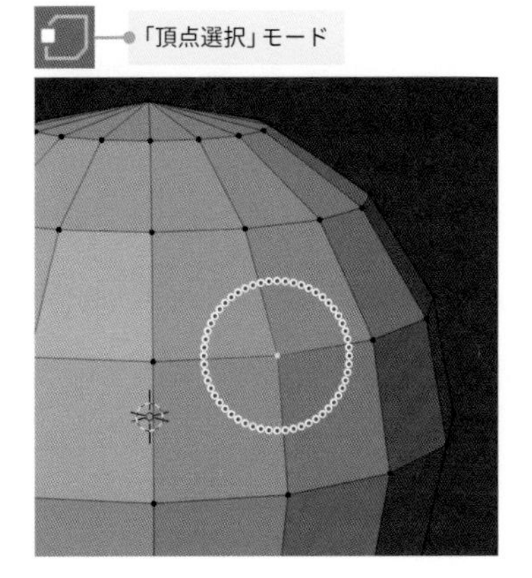

「辺選択」モード

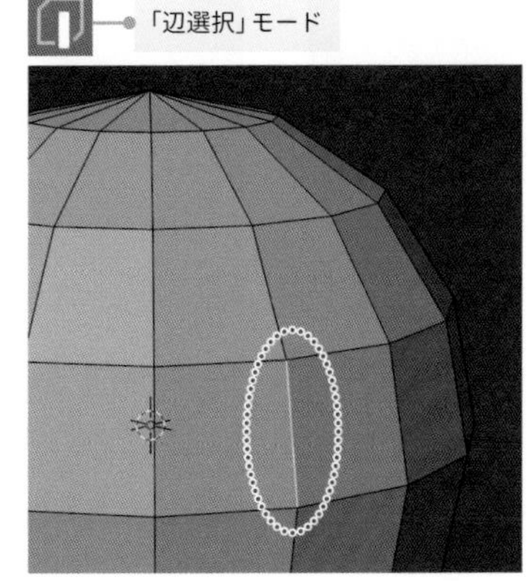

「面選択」モード

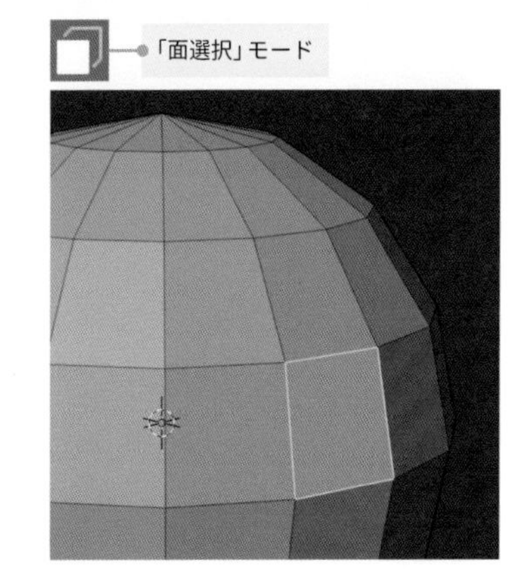

3Dビューポートのヘッダーにある**「透過表示」**（Alt＋Zキー）を有効にすると、裏側で隠れていた頂点などが表示されて、選択できるようになります。

シェーディングを**「ワイヤーフレーム」**に切り替えると、自動的に**「透過表示」**が有効になります。

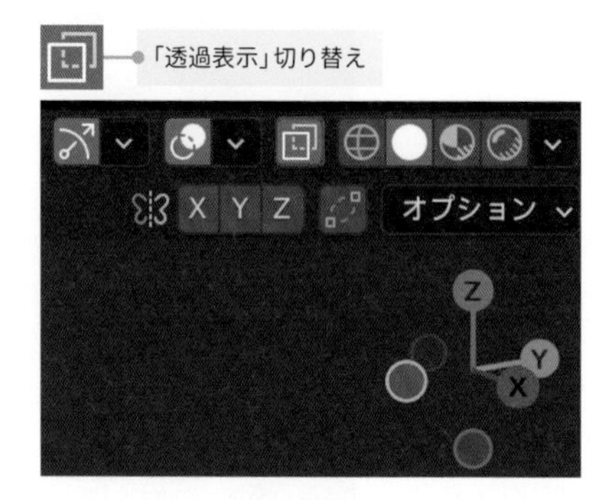

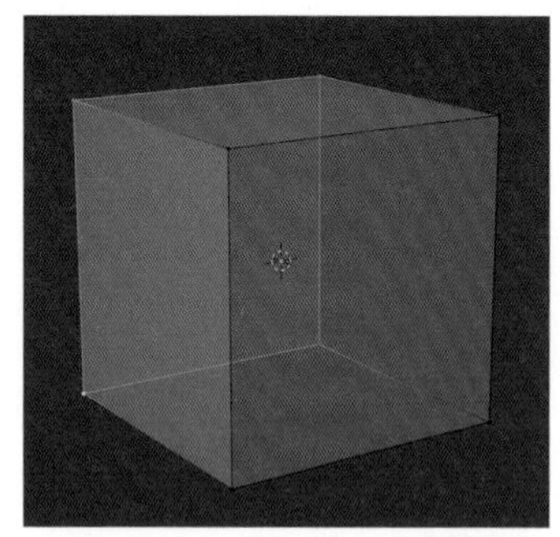

リンク選択

メッシュのいずれかを選択した状態で3Dビューポートのヘッダーにある**［選択］➡［リンク選択］**から**［リンク］**（Ctrl＋Lキー）を選択すると、つながったメッシュのみが選択されます。重なっているメッシュを選択するときに便利です。

また、マウスポインターを合わせてLキーを押すと、同様の選択が可能です。

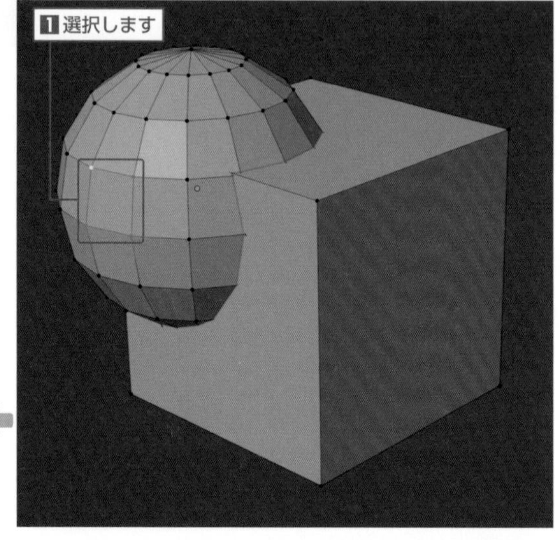

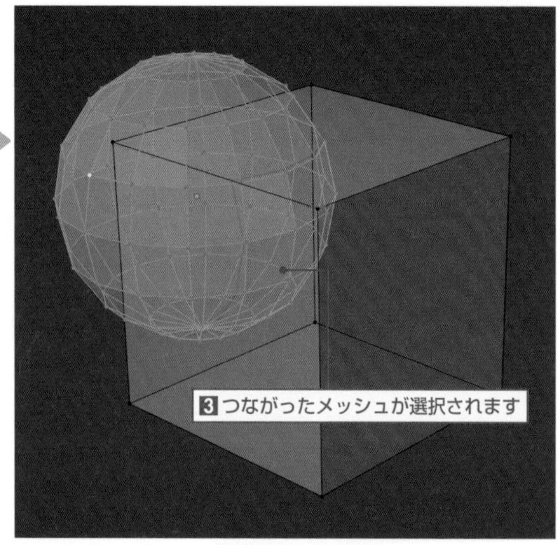

⚠ 図は裏側のメッシュを表示するため、透過表示になっています。

ループ選択

一列につながった二つ以上の頂点またはいずれか一辺を選択した状態で3Dビューポートのヘッダーにある**[選択]** ➡ **[ループ選択]** から **[辺ループ]** を選択すると、縦または横一列のループ状に選択されます。

また、Altキーを押しながら左クリックすると、同様の選択が可能です。Shift＋Altキーを押しながら左クリックすると、複数の列を同時に選択できます。

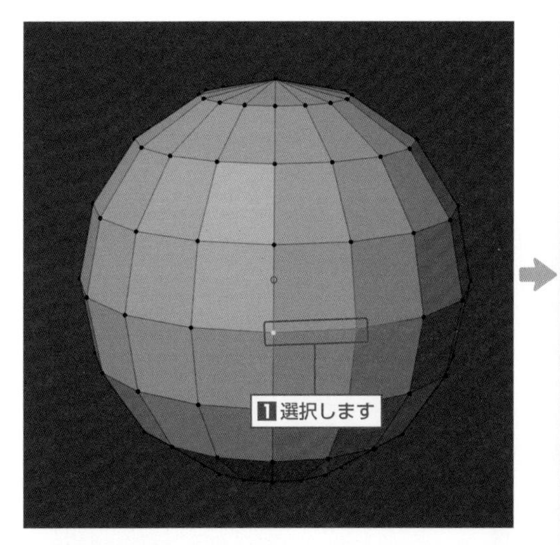

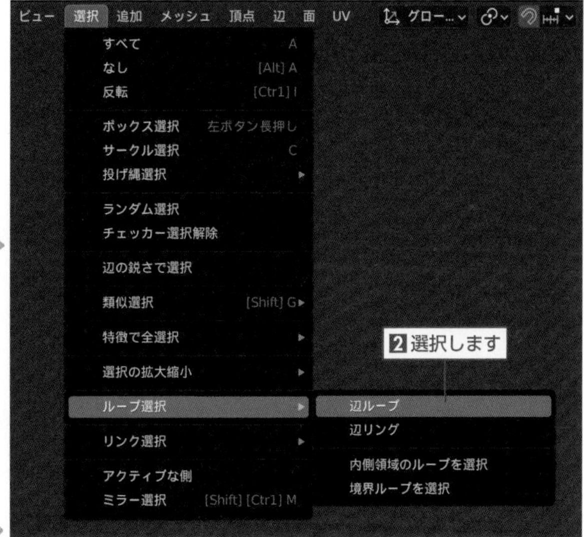

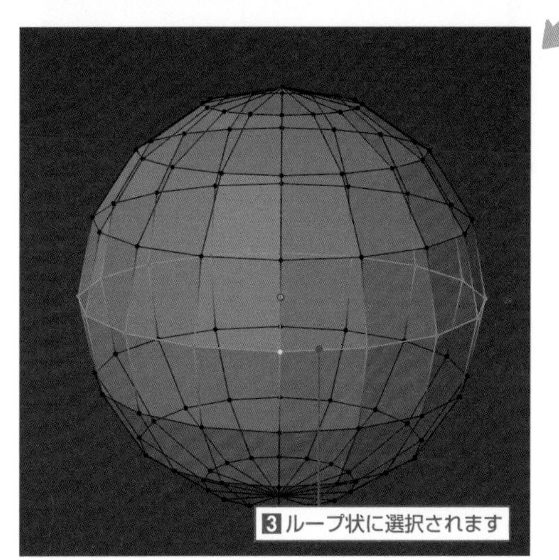

⚠ 図は裏側のメッシュを表示するため、透過表示になっています。

メッシュの編集

移動／回転／スケール、複製の操作は、基本的にオブジェクトモードと同様です（35ページ参照）。

TIPS オブジェクトモードでの編集と編集モードでの編集の違い

オブジェクトモードで変形などの編集を行った場合、その情報は記録されており、元に戻すことが可能です。サイドバー（N キー）の「アイテム」タブにある「トランスフォーム」パネルで編集後の情報を確認できます。

編集された値は、3Dビューポートのヘッダーにある［オブジェクト］から［適用］（Ctrl + A キー）を選択すると、位置や回転、スケールのデフォルト値として適用できます。

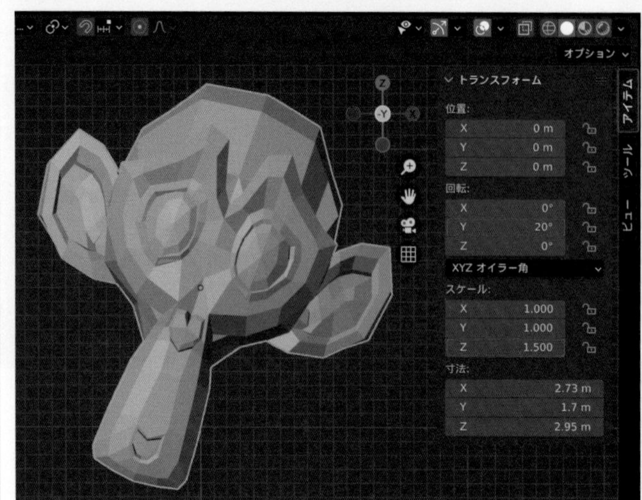

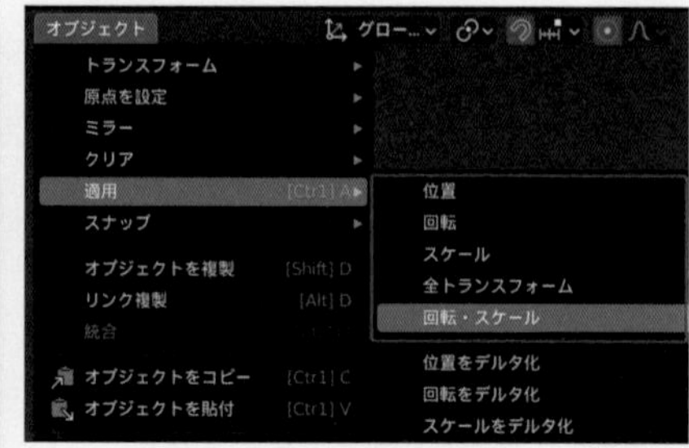

それに対して、編集モードで変形などの編集を行った場合は、デフォルト値を直接編集していることになるため、「トランスフォーム」パネルの情報（位置、回転、スケール）に変化はありません。

サイドバーの「トランスフォーム」パネル（位置、回転、スケール）の値がデフォルト値になっていない状態で、モディファイアー（56ページ参照）の設定などを行うと、設定内容によっては意図しない結果になったり不具合が発生することがあります。基本的にオブジェクトモードで編集を行った場合は、最終的にデフォルト値として適用するようにしましょう。

削除

メッシュを選択して、3Dビューポートのヘッダーにある **[メッシュ] ➡ [削除]**（X キー）から頂点や辺などの該当する項目を選択すると、メッシュが削除されます。

[頂点] は、選択した頂点と併せてつながっている辺や面も削除します。**[辺]** は、選択した辺と併せてつながっている面も削除します。**[面]** は、選択した面を削除します。

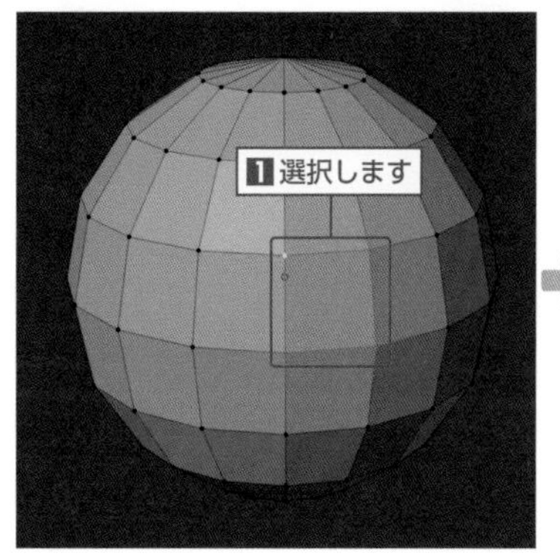

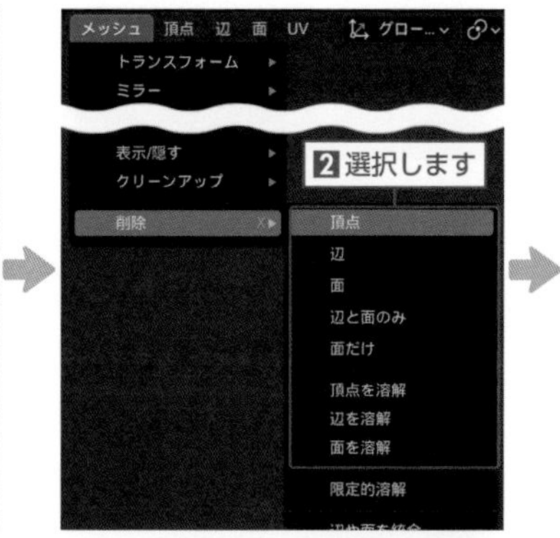

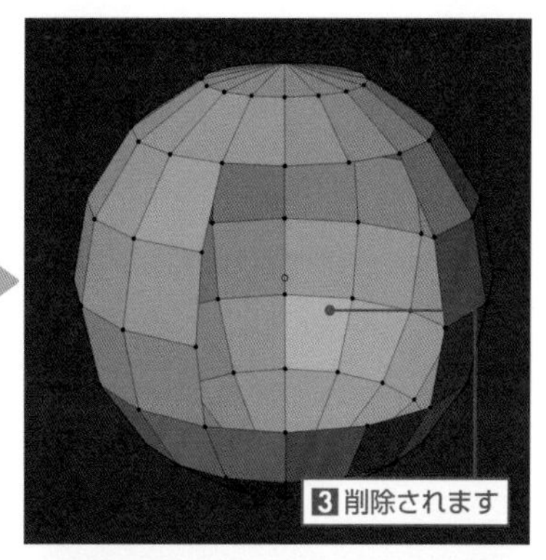

その他、辺は残して面のみを削除する **[面だけ]** や、つながっている面は残して選択した辺のみを削除する **[辺を溶解]** などがあります。

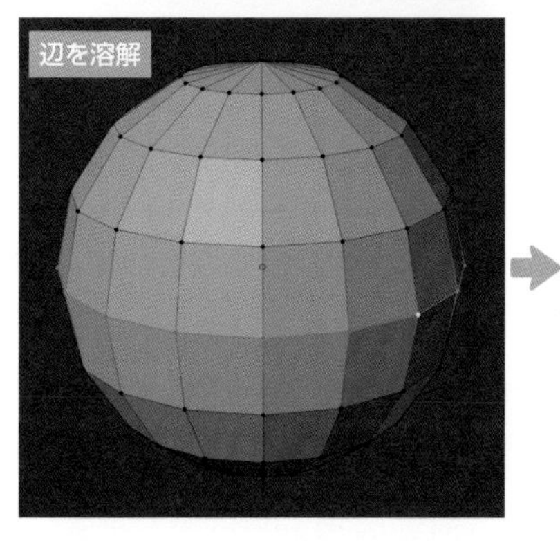

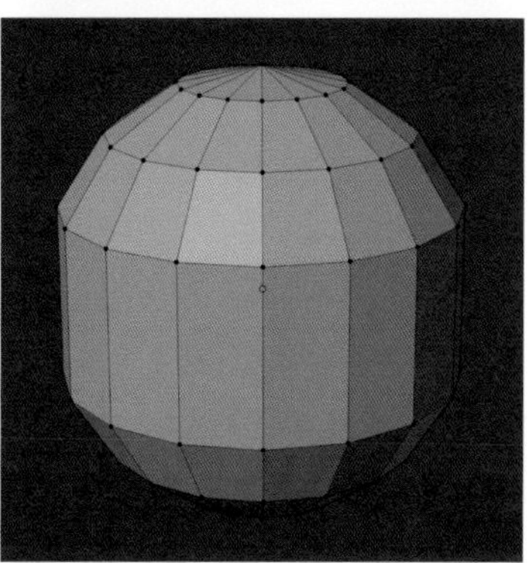

表示/隠す

メッシュを選択して、3Dビューポートのヘッダーにある **[メッシュ] ➡ [表示/隠す]** から **[選択物を隠す]**（H キー）を選択すると、メッシュが非表示になります。

削除と同様に頂点の非表示は、選択した頂点と併せてつながっている辺や面も非表示となります。辺の場合は、選択した辺と併せてつながっている面も非表示となります。面の場合は、選択した面が非表示となります。

再度表示させる場合は、**[隠したものを表示]**（Alt ＋ H キー）を選択します。

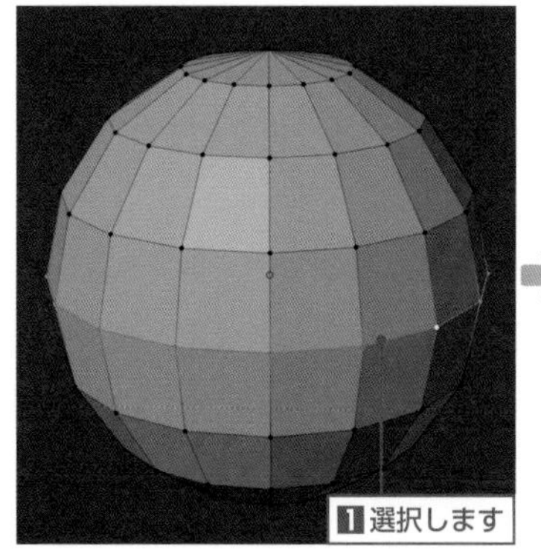

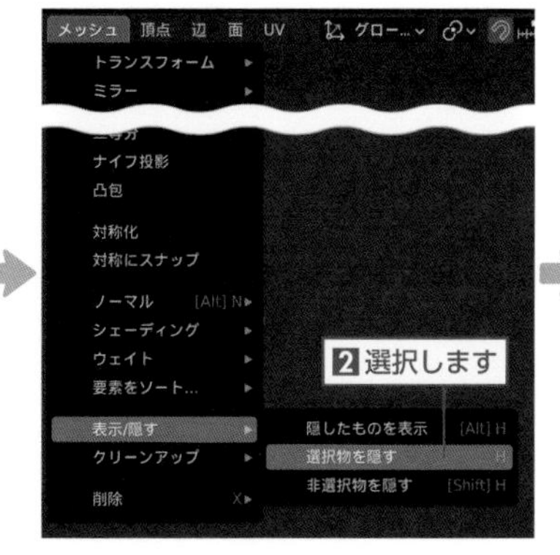

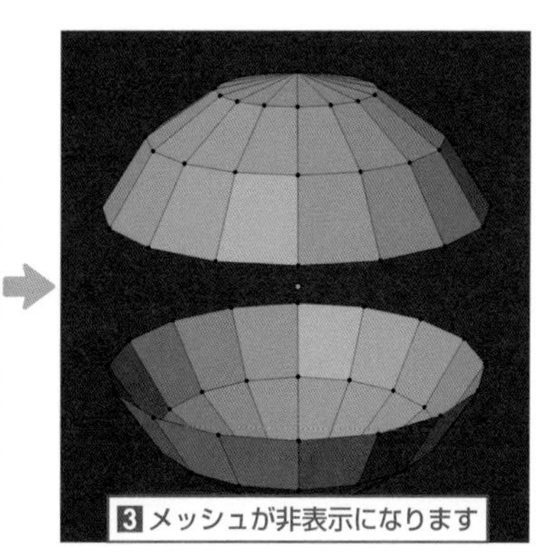

細分化

辺または面を選択して、3Dビューポートのヘッダーにある **[辺]** から **[細分化]** を選択すると、メッシュが均等に分割されます。

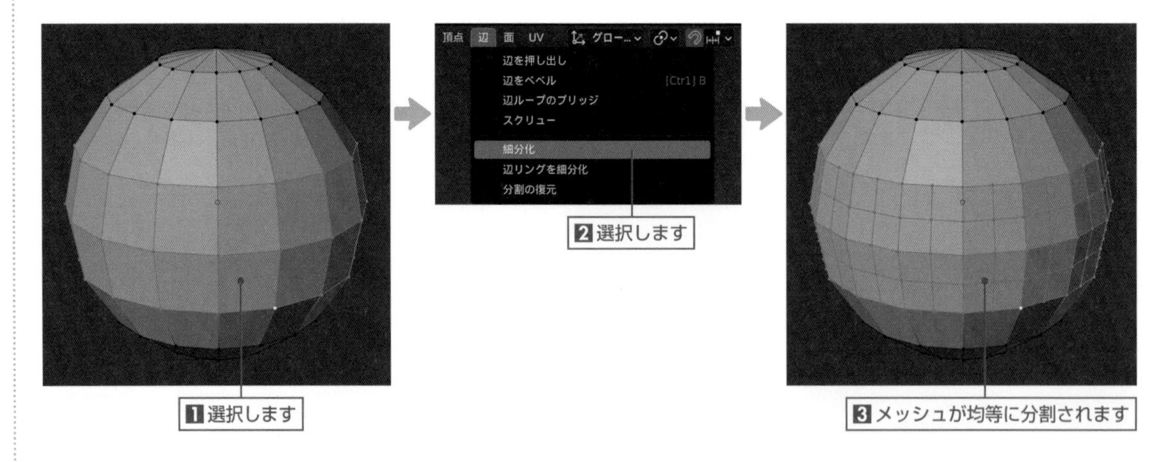

分離

メッシュを選択し、3Dビューポートのヘッダーにある **[メッシュ]** ➡ **[分離]**（P キー）から **[選択]** を選択すると、現在のオブジェクトから分離され、別オブジェクトとして扱われるようになります。

一旦、別オブジェクトになったメッシュは、編集ができなくなります。編集するには、オブジェクトモードに切り替え、分離で別オブジェクトになったメッシュを選択して編集モードに切り替える必要があります。

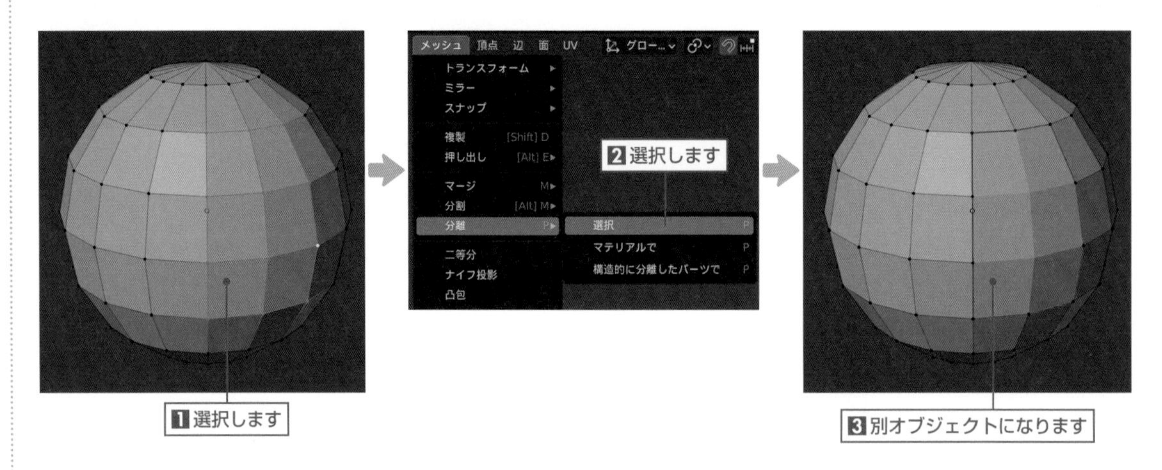

分割

メッシュを選択し、3Dビューポートのヘッダーにある **[メッシュ]** ➡ **[分割]** から **[選択]**（Yキー）を選択すると、元の形状から切り離されます。**[分離]** とは異なり、同一オブジェクトとして扱われています。

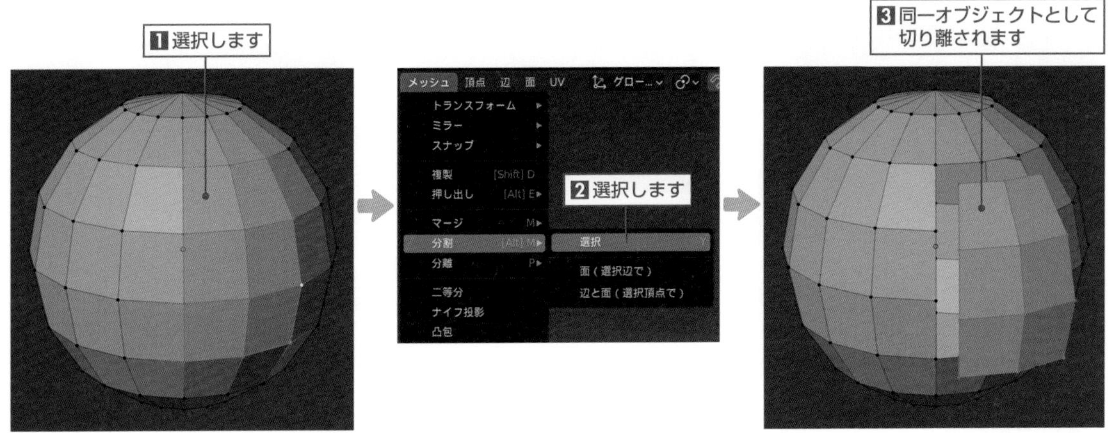

⚠ 図は、分割後にメッシュを移動しています。

頂点・辺・面の作成

メッシュが何も選択されていない状態で Ctrl ＋右クリックすると、クリックした位置に頂点が作成されます。

２点の頂点を選択し、3Dビューポートのヘッダーにある **[頂点]** から **[頂点から新規辺/面作成]**（Fキー）を選択すると、辺が作成されつながった状態になります。３点以上の頂点または複数の辺を選択し、同様の操作を行うと面が張られます。

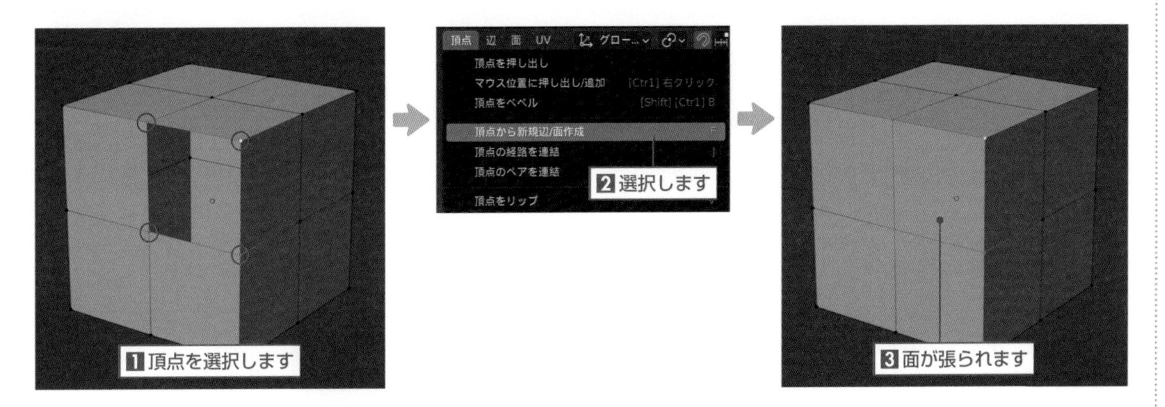

頂点の連結

2つの頂点を選択し、3Dビューポートのヘッダーにある **[頂点]** から **[頂点の経路を連結]**（J キー）を選択すると、2つの頂点を辺でつなぎ、面を分割します（2つの頂点の間には面が必要です）。

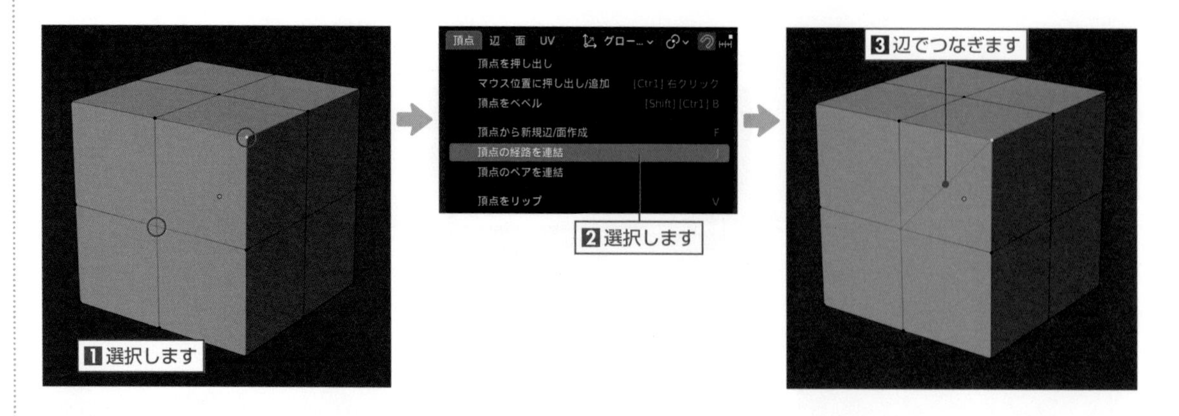

頂点のマージ

頂点や辺、面を選択し、3Dビューポートのヘッダーにある **[メッシュ]** ➡ **[マージ]**（M キー）から該当する項目を選択すると、頂点が結合されます。

「中心に」を選択した場合

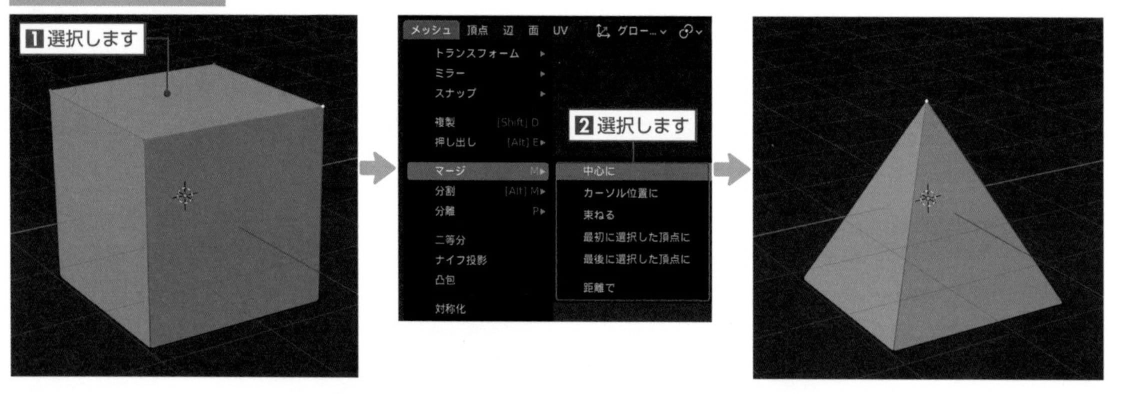

主なモデリングツール

3Dビューポートの左側のツールバーには、各種ツールが格納されています。編集モードに切り替えると、モデリングでよく使用するツールが表示されます。

ツールバーの表示／非表示の切り替えは、3Dビューポートのヘッダーにある **[ビュー]** から **[ツールバー]**（T キー）を選択します。

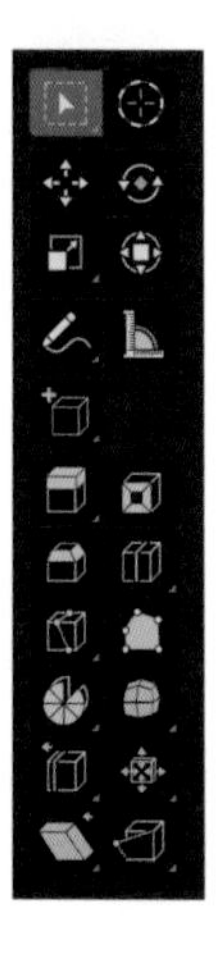

いくつかのツールは、3Dビューポートのヘッダーからでも同様の機能を選択することができます（操作方法が若干異なる場合があります）。

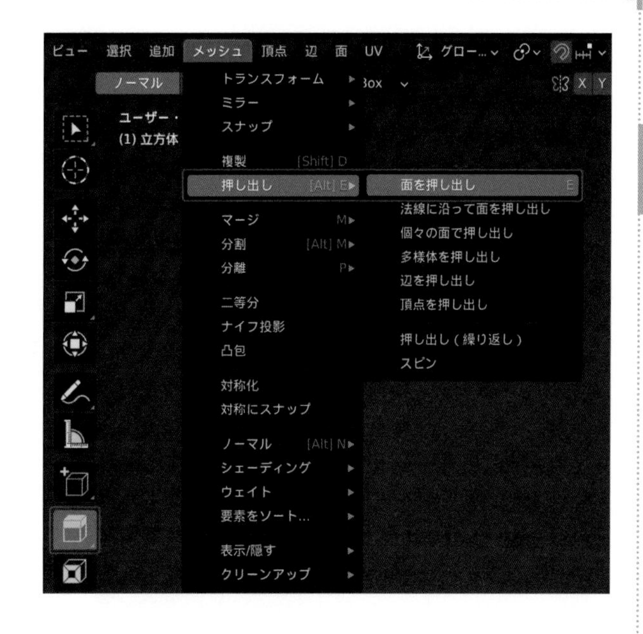

押し出し

メッシュを選択して、**[押し出し（領域）]** ツールを有効にします。

ライン先端にある ✚ アイコンをマウス左ボタンでドラッグするとラインの方向にメッシュを押し出すことができます。

ドラッグ中に X Y Z キーを押すと、それぞれの座標軸方向に制限をかけて押し出すことが可能です。1度押すと**「グローバル座標」**、2度押すと**「ローカル座標」**、3度押すと制限の解除となります。

また、白い円の内側でマウス左ボタンのドラッグを行うと、制限なくドラッグする方向にメッシュを押し出すことができます。

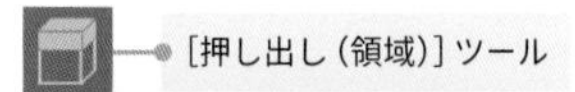

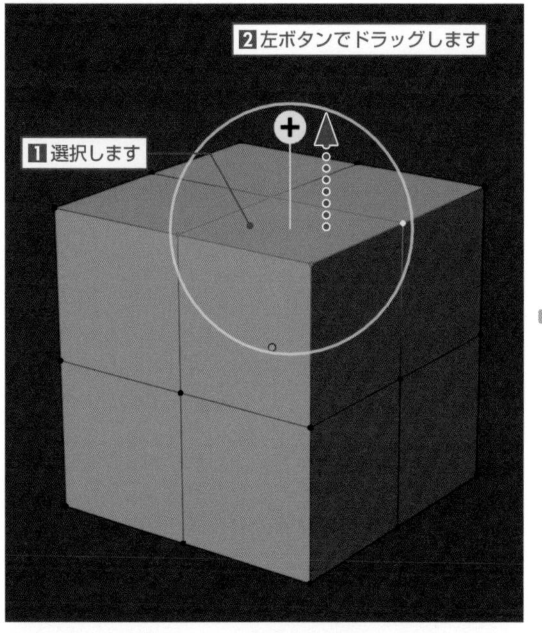

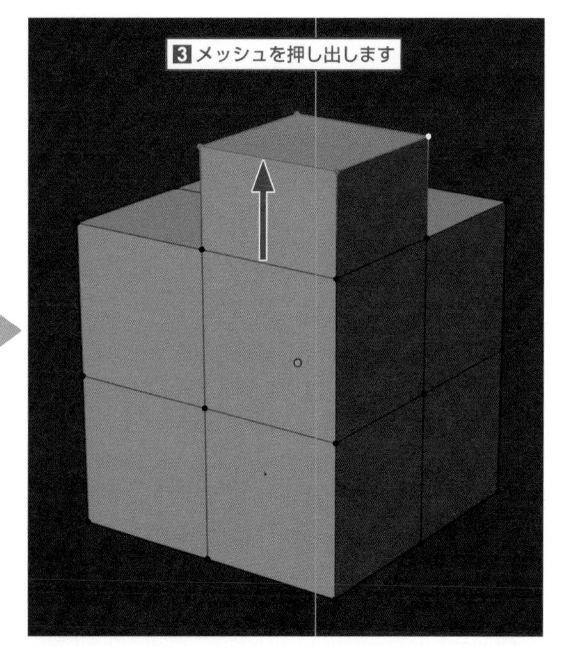

⚠ グローバル座標とローカル座標については、307ページを参照してください。

面を差し込む

面を選択して **[面を差し込む]** ツールを有効にします。

黄色い円の内側で内側に向かってマウス左ボタンのドラッグを行うと、面の内側に新たな面を差し込むことができます。複数の面を選択した状態でも面を差し込むことができます。

複数の面を選択している場合、ドラッグ中に I キーを押すと、個別に面を差し込むことができます。

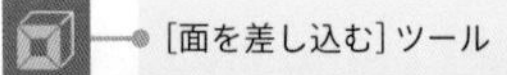

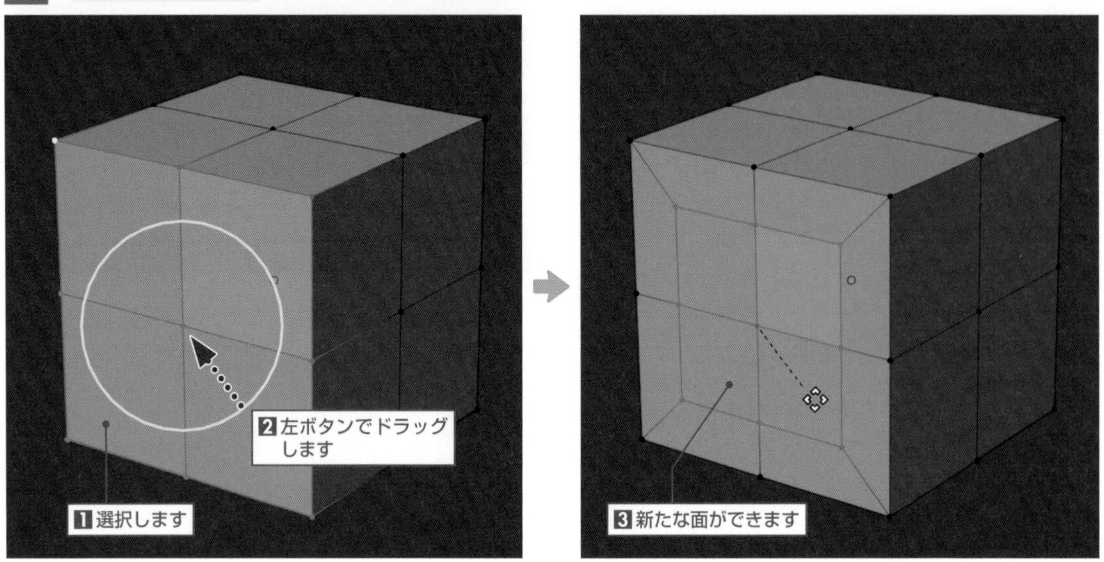

ベベル

辺を選択して **[ベベル]** ツールを有効にします。

ライン先端にある黄色い丸をマウス左ボタンでドラッグすると、面取りや角に丸みを付けることができます。

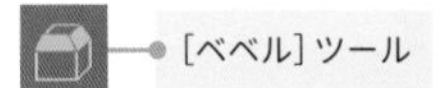

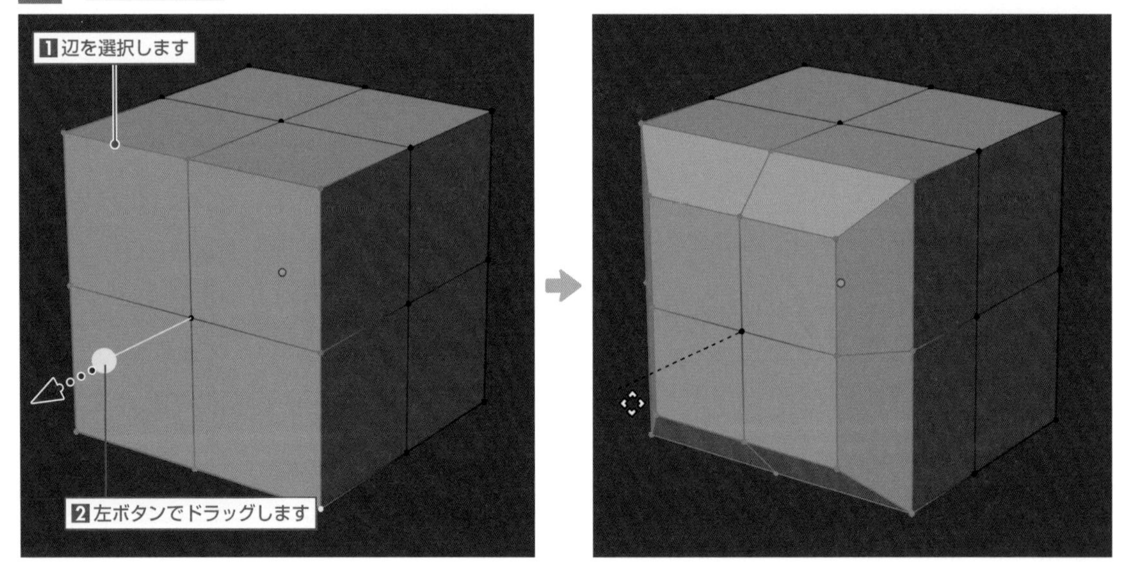

ループカット

[ループカット] ツールを有効にして、マウスポインターを辺に合わせると、カットする方向に黄色のラインが表示されます。左クリックすると辺の中心でループカットされます。左クリックではなく、マウス左ボタンのドラッグでスライドすることでカットする位置を調整することができます。

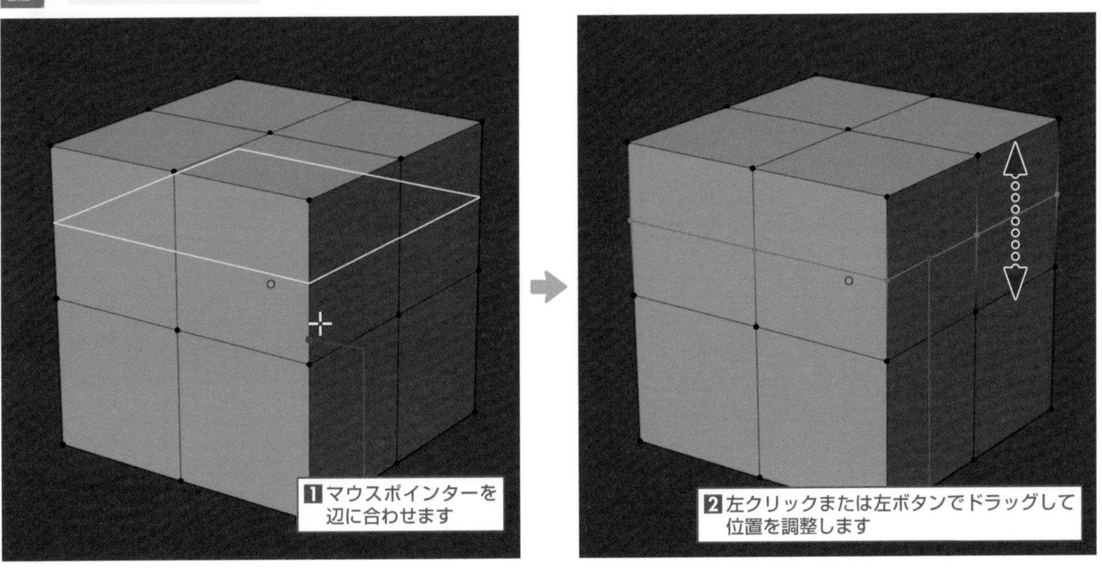

ナイフ

[ナイフ] ツールを有効にして、左クリックでポイントを打ちながらラインを引くことで、そのラインと交差する辺、面をカットできます。Enterキーを押すと実行されます。右クリックでキャンセルとなります。

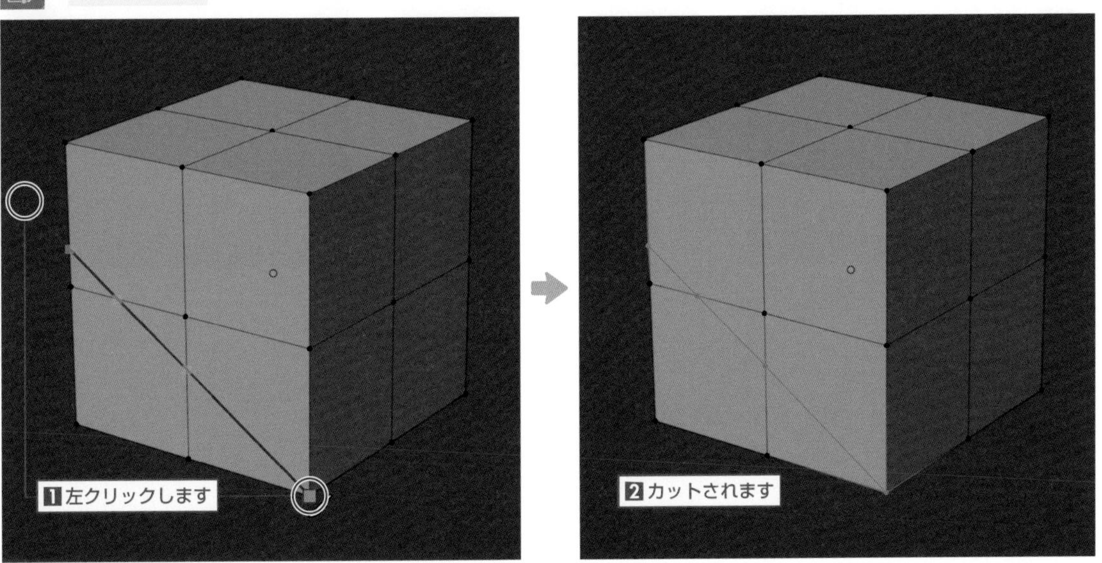

TIPS 多角形ポリゴンについて

Blenderは、三角形と四角形だけではなく、任意の辺数のポリゴン（Nゴン）に完全対応したメッシュシステムを採用しています。そのため、ナイフやループカット、ベベルのようなツールによる編集でもきれいな形状を生成することができます。
ただし、多角形ポリゴンが含まれたメッシュでは、陰影が正常に表示されないなど処理に不具合が生じたり、ゲーム用モデルには対応していないなど不都合な場面が多々あります。
制作途中ではやむを得ない場合もありますが、トポロジー（ポリゴン構造）の流れを考慮して、モデリングが仕上がった時点では、三角形と四角形で構成されたメッシュになるよう心がけましょう。

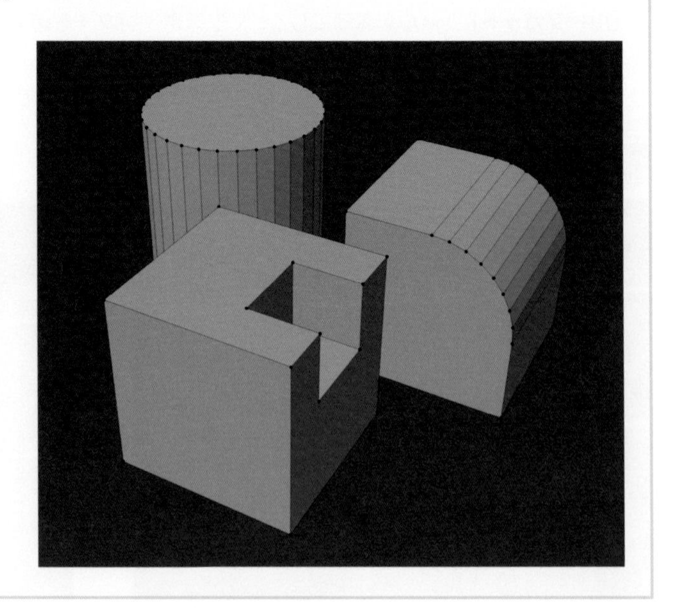

その他のモデリング機能

ブリッジ

2組以上の辺を選択して、3Dビューポートのヘッダーにある **[辺]** から **[辺ループのブリッジ]** を選択すると、辺の間を面でつなぎます。

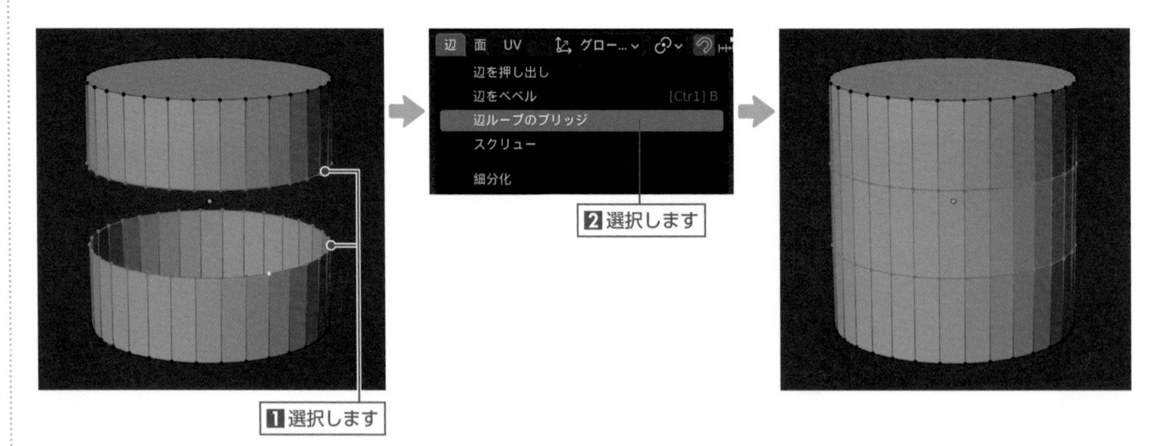

プロポーショナル編集

プロポーショナル編集は、メッシュの移動など編集する際の影響範囲、影響の与え方を変更できます。3Dビューポートのヘッダーにある **「多重円」** アイコンを左クリックすると有効になります。

「プロポーショナル編集の影響減衰タイプ」 メニューでは、編集する際の影響の与え方が各種用意されています。白い円の内側が影響範囲となり、マウスホイールの回転で影響範囲の大きさを変更できます。

［接続のみ］ を有効にすると、選択したメッシュとつながっていない部分は影響範囲内でも影響を受けなくなります。

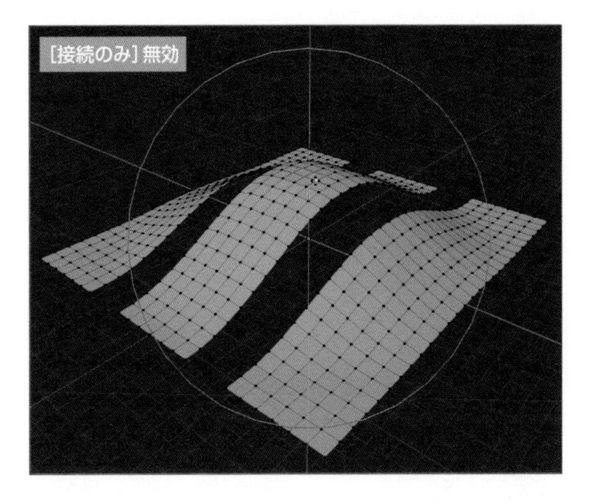

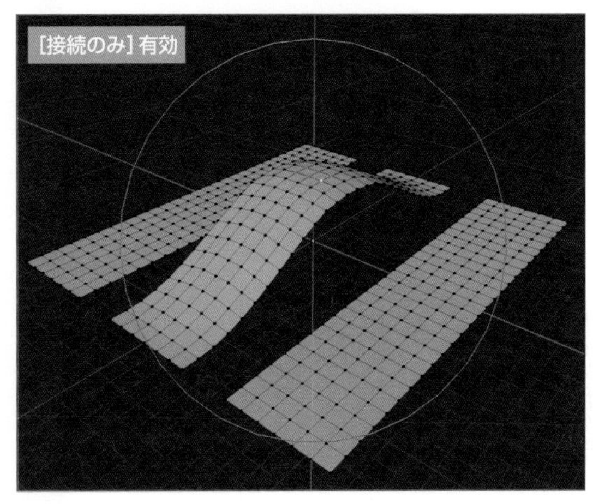

ミラー

3Dビューポートのヘッダーにある X Y Z アイコンをそれぞれ有効にすると、各座標軸を基点とした対称のメッシュの片側を編集することで、もう一方のメッシュも連動します。

⚠ 対称の形状が同じ場合に限り機能します。

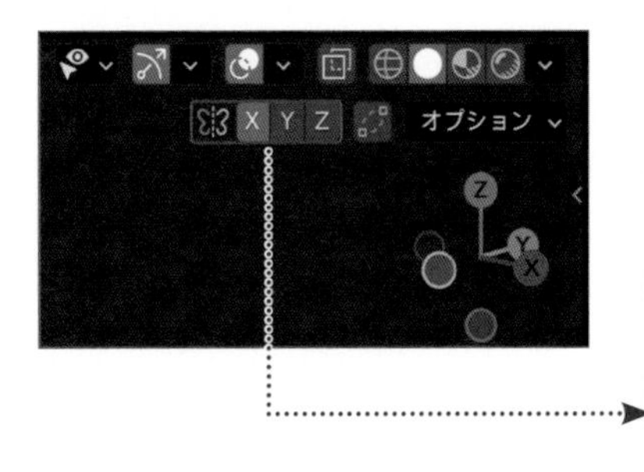

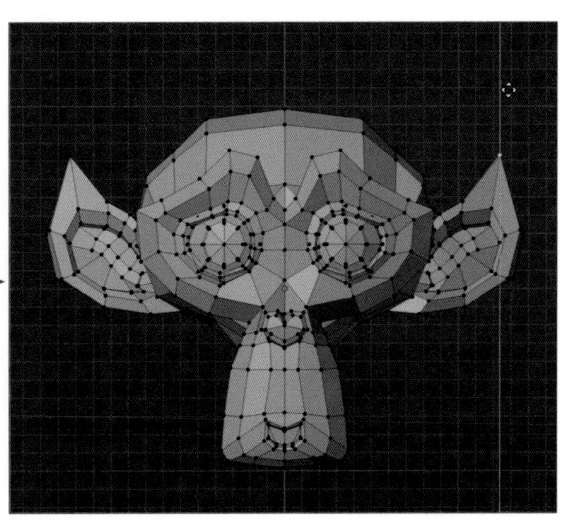

モディファイアー

オブジェクトの形状を変形させたり、新たな構造を付加したりすることができるモディファイアーは、モデリングでも非常に活躍してくれます。ここでは、設定方法やモデリングで使用する主なモディファイアーを紹介します。

左右対称にメッシュを自動的に生成させたり、メッシュの分割数を増やして面を滑らかに表示させたりと、各種モディファイアーを設定することで、オブジェクトの形状を変形させたり、新たな構造を付加したりすることができます。しかもオブジェクト元々の形状は保持されており、いつでも有効／無効の切り替えが可能です。

主なモディファイアー

● 配列

元になるオブジェクトの複製を、数や距離を指定して配列させます。元のオブジェクトの形状を変形すると、配列したオブジェクトも同様に変形します。

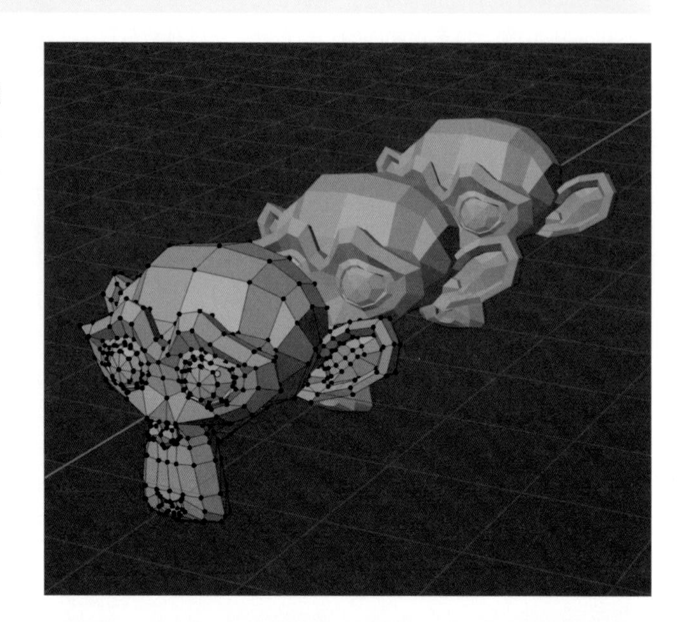

● ブーリアン

指定した別オブジェクトとの重なった部分の交差や差分などを行い、1つの複合オブジェクトを生成します。

円柱オブジェクトを指定し、差分を設定した場合

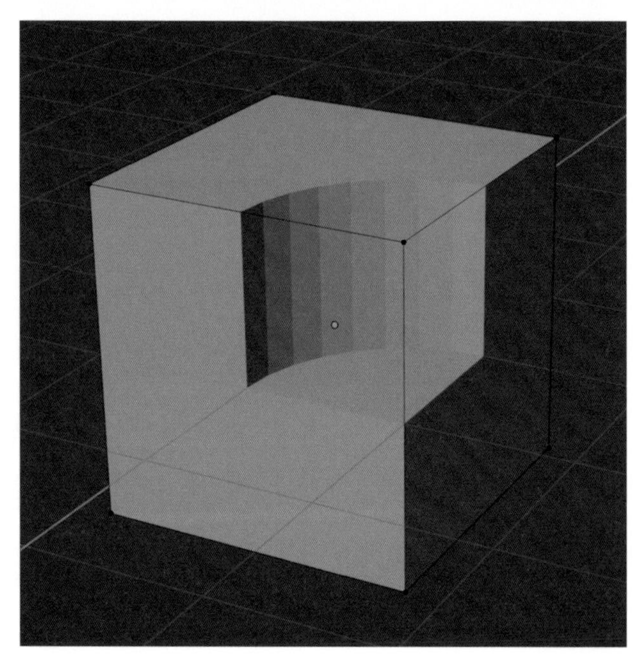

● ミラー

オブジェクトの原点を基点として、指定した座標軸に沿って自動的に鏡像を生成します。左右対称のモデルを制作する際に便利です。

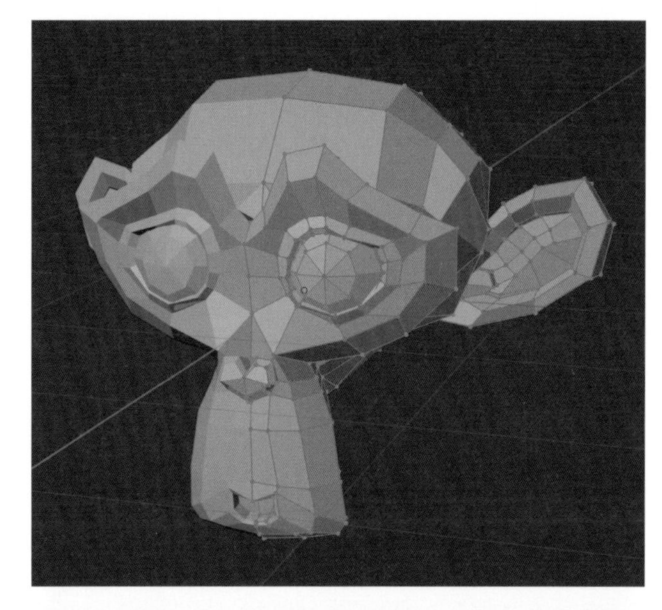

● ソリッド化

厚みのないメッシュに対して、メッシュ構造の崩壊を抑えて立体的に厚みを付けます。

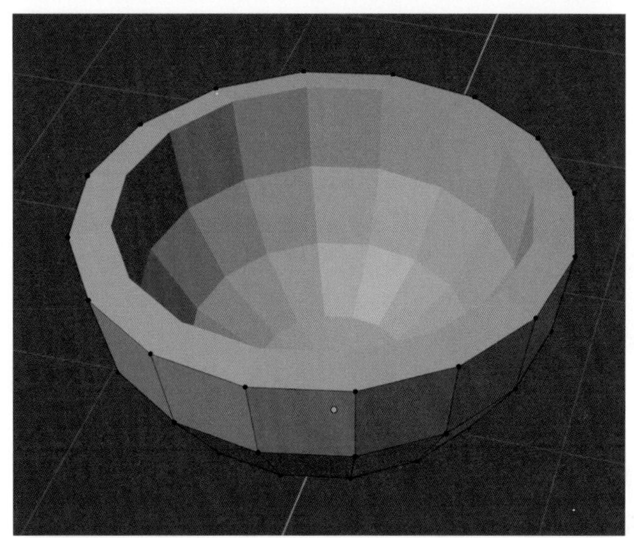

● サブディビジョンサーフェス（細分化）

メッシュを細分割して表面を滑らかにします。一般的には、**[スムーズシェード]**（189ページ参照）と併用します。

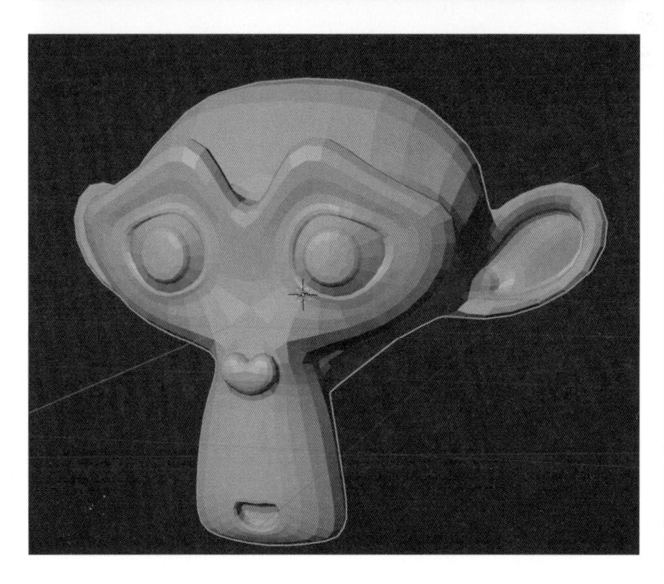

モディファイアーの設定

設定するオブジェクトを選択してプロパティの**「モディファイアープロパティ」**を左クリックし、**「モディファイアー」**の設定画面に切り替えます。**「モディファイアーを追加」**メニューからモディファイアーを選択します。

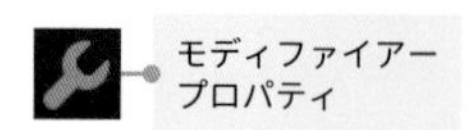

1つのオブジェクトに対して複数のモディファイアーを設定することも可能です。複数のモディファイアーを設定した場合、モディファイアーの順番によって効果が異なることがあるので注意が必要です（詳しくは60ページを参照）。

順番の変更は、**「モディファイアー」**パネルの右上をマウス左ボタンでドラッグして**「モディファイアー」**パネルを移動します。

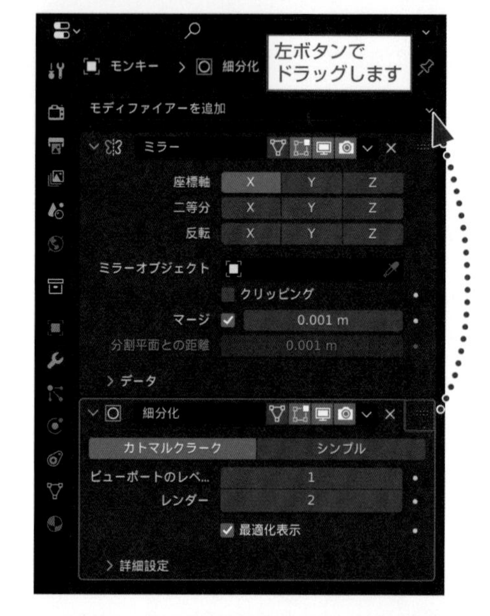

「モディファイアー」パネル上部のアイコンを左クリックして、各モードごとに表示／非表示の切り替えが可能です。

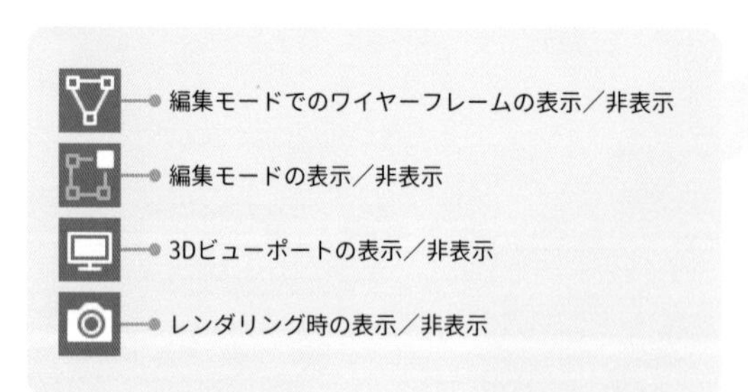

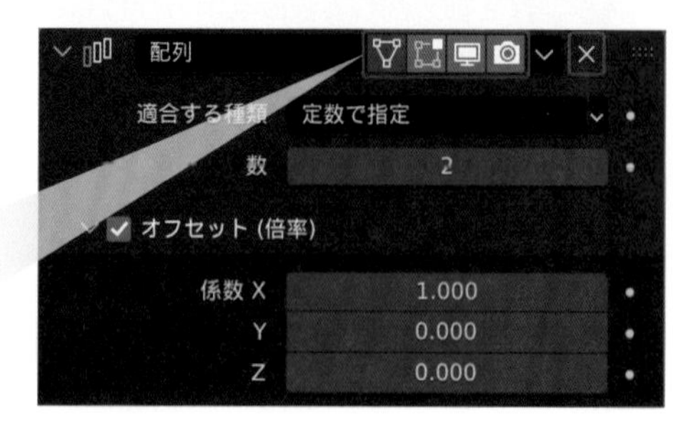

「モディファイアー」パネル上部の右側にある☒アイコンを左クリックすると、モディファイアーを削除できます。

モディファイアーの適用

モディファイアーによって生成されている形状は擬似的に表示されているため、元々のメッシュ構造は維持されており、いつでも元の形状に戻すことが可能です。

モディファイアーを適用することで、擬似的なメッシュ構造を実体化することができ、さらなるメッシュの編集が可能となります。

適用の方法は、オブジェクトモードで**「モディファイアー」**パネル上部のメニューから**[適用]**を選択します（編集モードで**[適用]**を選択することはできません）。**[適用]**を実行すると元の形状に戻すことができなくなるので注意しましょう。

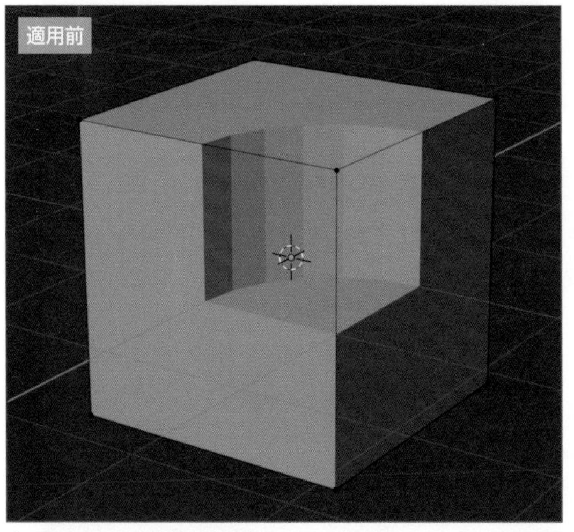

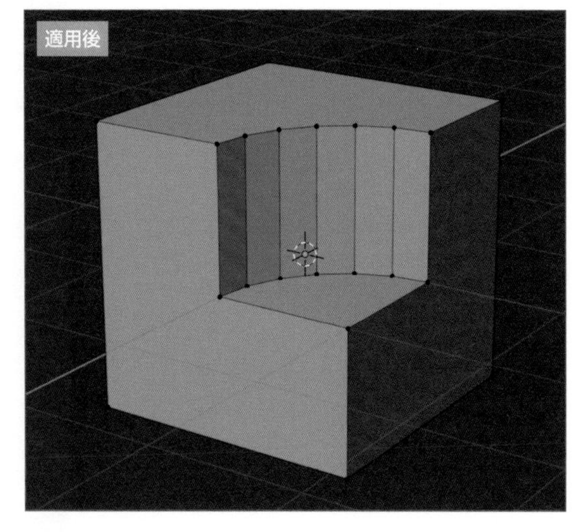

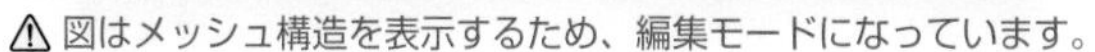
⚠ 図はメッシュ構造を表示するため、編集モードになっています。

TIPS 設定順による効果の変化

1つのオブジェクトに対して、複数のモディファイアーを設定することは可能ですが、モディファイアーによっては設定する順番で効果が異なる場合があるので注意しましょう。
例えば、「サブディビジョンサーフェス（細分化）」と「ソリッド化」を設定したとします。

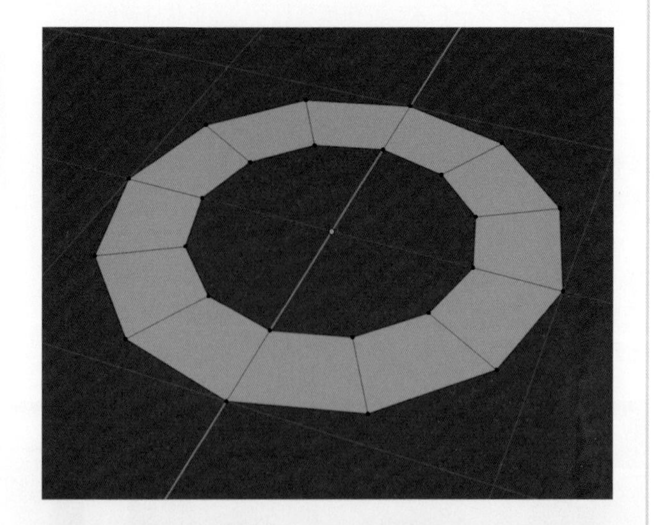

このような場合、上から順に各効果を与えていきます。「サブディビジョンサーフェス」が上の場合は、細分化の効果を与えてから厚み付けの効果を与えるため、エッジがシャープになります。

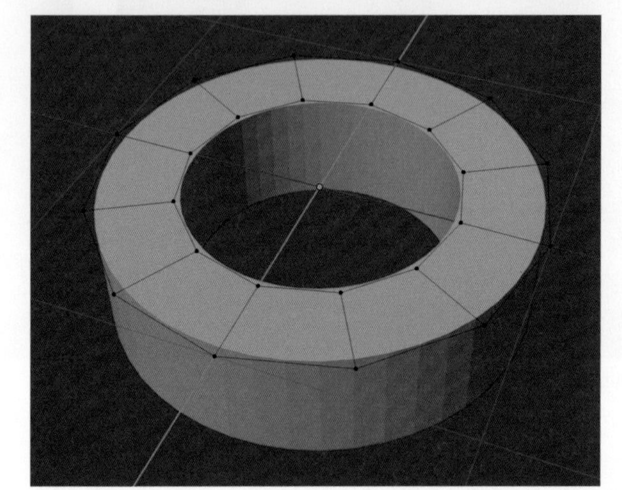

逆に「ソリッド化」が上の場合は、厚み付けの効果を与えてから細分化の効果を与えるため、エッジが滑らかになります。

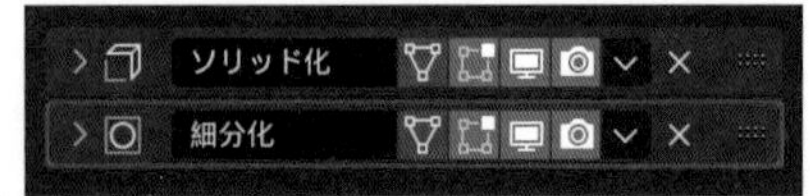

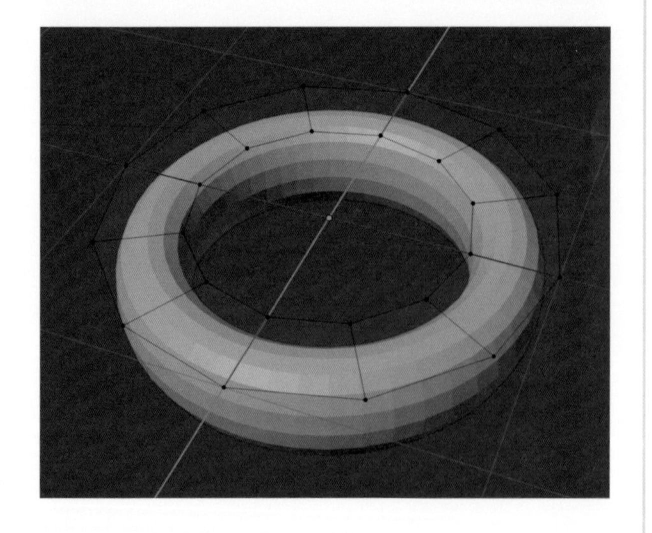

まとめ

本書は3Dアバターとして人物キャラクターの制作手順を紹介します。初心者の方にもわかりやすく丁寧な解説を心がけていますが、初めてのモデリングとして人物は、少しハードルの高い形状です。

Blenderには紹介しきれないほどの数多くの機能が搭載されていますが、ここまでに紹介した機能でも単純な形状であれば十分に制作できるはずです。初心者の方は人物キャラクターの制作に進む前に、ここまでに紹介した機能をマスターして単純な形状をいくつか作成し、モデリングに慣れることをオススメします。

Blender
3D Avatar
Making Technique

PART 3

3Dアバターのモデリング

胴体や頭部などパーツごとに順を追って作成し、人物キャラクターの形状に仕上げます。頭身など全体のバランスが崩れないように下絵を背景に配置し、それを参考にモデリングを行います。Blenderに搭載されているさまざまな機能を紹介しながら、それらを駆使してオリジナルの3Dアバターを制作します。

SECTION 3.1 モデリングの準備

キャラクターのモデリングを始める前にラフスケッチでイメージを固めることは、効率的にモデリングを進めるために重要です。さらに下絵として三面図（または二面図）を用意して、画面上に貼り付けてそれを元にモデリングを行うことで、より正確な仕上がりにすることができます。

ラフスケッチと下絵

オリジナルのモデルを制作する際は、いきなりモデリングを始めるのではなく、ラフスケッチを描くことをおすすめします。

ディテールなどをモデリングしながら考えると、修正を繰り返したりと、かえって時間がかかってしまう場合が多々あります。

ラフスケッチを事前に描いていると、どの部分からモデリングを始めるかなど作業工程も計画しやすく、スムーズに編集作業を行うことができます。

また、正面図や側面図などモデリング用の下絵を用意すれば、さらに作業がスムーズに行えます。

今回のような人物キャラクターでは、モデリングをしながらでも頭部とボディの比率を確認することができ、作業効率だけでなく全体的なバランスの把握など最終的な仕上がりにも大きく影響します。

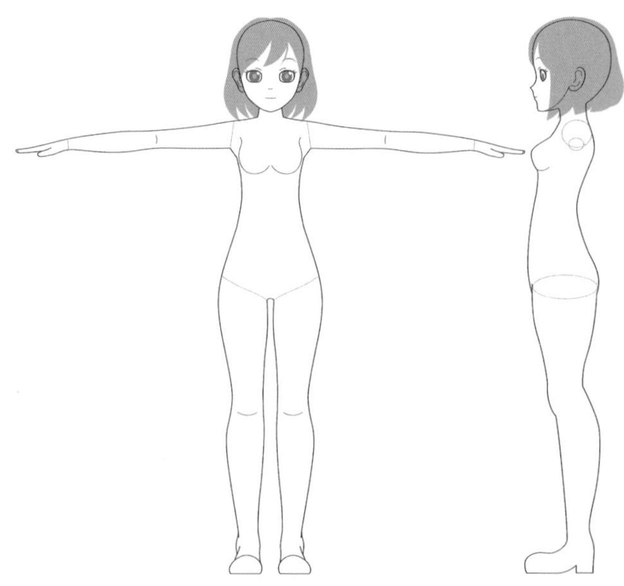

PART 3

TIPS 下絵の作成について

人物キャラクターを作成する場合、基本的に足元をシーンの原点に合わせて作成します。下絵の足元も画像の下端に合わせることで、配置位置の調整が容易になるのでオススメです。また、下絵のサイズ調整を行う場合も下端（＝足元）を基点に編集が行えるので便利です（左右に関しては、画像の中心に下絵を合わせましょう）。

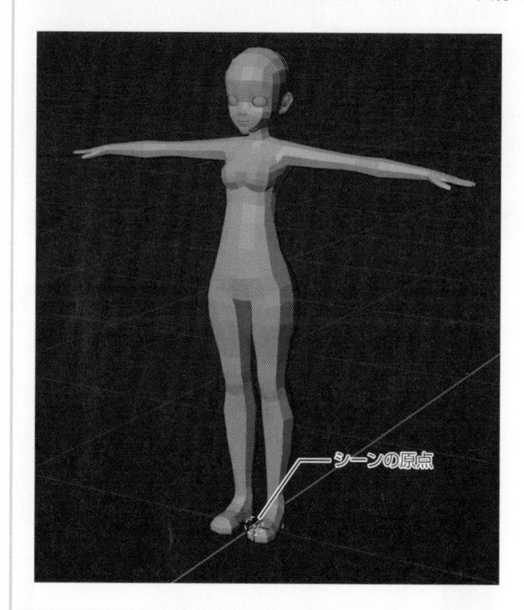

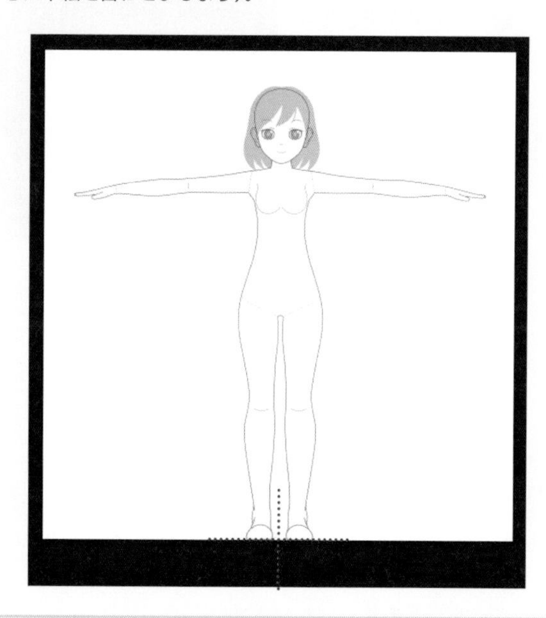

下絵の設定

ここから、いよいよ人物キャラクターのモデリングを開始します。
モデリングの準備として3Dビューポートの背景に下絵を配置します。

⚠ ここからは、移動や回転、スケール、視点切り替えなど基本操作に関しては、メニュー選択は省略してショートカットのみを記載いたします。

STEP 01 下絵の配置

A Blenderを起動して、新規ファイルを開きます。
下絵を設定するにあたり、事前に下絵と同じ視点に切り替える必要があります。まず正面の下絵を設定するためフロントビュー（テンキー1）に切り替えます。3Dカーソルが原点にあることを確認して、3Dビューポートのヘッダーにある **[追加]**（Shift＋Aキー）➡ **[画像]** から **[参照]** を選択します。

3Dカーソルが原点から外れている場合は、3Dビューポートのヘッダーにある **[オブジェクト]** ➡ **[スナップ]** から **[カーソル→ワールド原点]** を選択します。

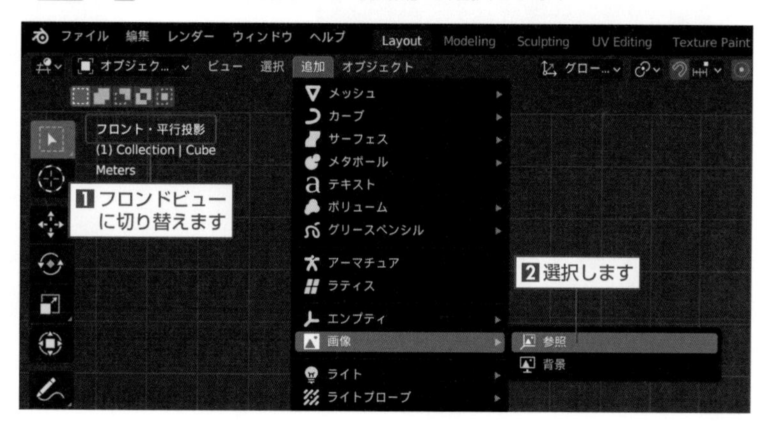

B **「Blenderファイルビュー」**ダイアログボックスが開くので、正面の下絵の画像を選択して**[参照画像を読込]**を左クリックします。
ここでは、サンプルデータに収録の"sketch_F.png"を選択すると、シーンに読み込んだ画像が表示されます。

C プロパティの**「オブジェクトデータプロパティ」**を左クリックすると**「エンプティ」**パネルが表示されます。**「エンプティ」**パネルの**「深度」**の**[前]**を左クリックで有効にすると、その他のオブジェクトよりも常に手前に表示するようになります。
続いて**「表示先」**の**[平行投影]**を有効にし、**[透視投影]**を無効にします。これにより平行投影時のみ下絵が表示されるようになります。
このままでは、オブジェクトが下絵に隠れてしまうので、下絵を半透明にします。**[不透明度]**を有効にして数値を"0.200"に設定すると、下絵の透明度が20%になり、隠れていたオブジェクトが見えるようになります。

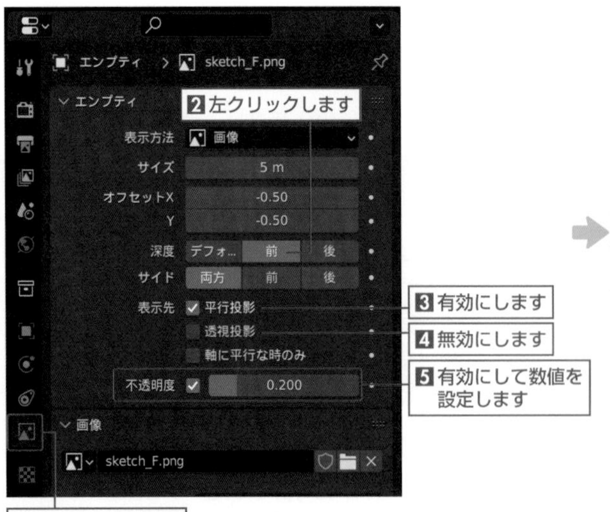

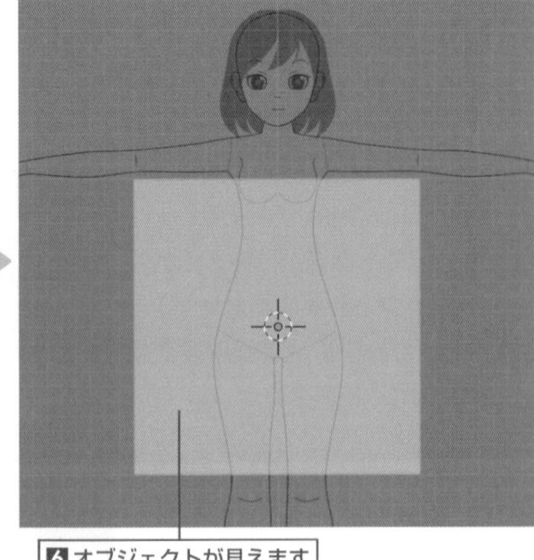

D 側面の下絵も正面と同様の操作で配置します。

1. ライトビュー（テンキー3）に切り替えます。
2. 3Dビューポートのヘッダーにある **[追加]**（Shift＋Aキー）➡ **[画像]** から **[参照]** を選択します。
3. **「Blenderファイルビュー」** が開くので、側面の下絵の画像 “sketch_S.png” を選択して **[参照画像を読込]** を左クリックします。
4. **「エンプティ」** パネルの **「深度」** の **[前]** を左クリックで有効にします。
5. **「表示先」** の **[平行投影]** を有効にし、**[透視投影]** を無効にします。
6. **[不透明度]** を有効にして数値を “0.200” に設定します。

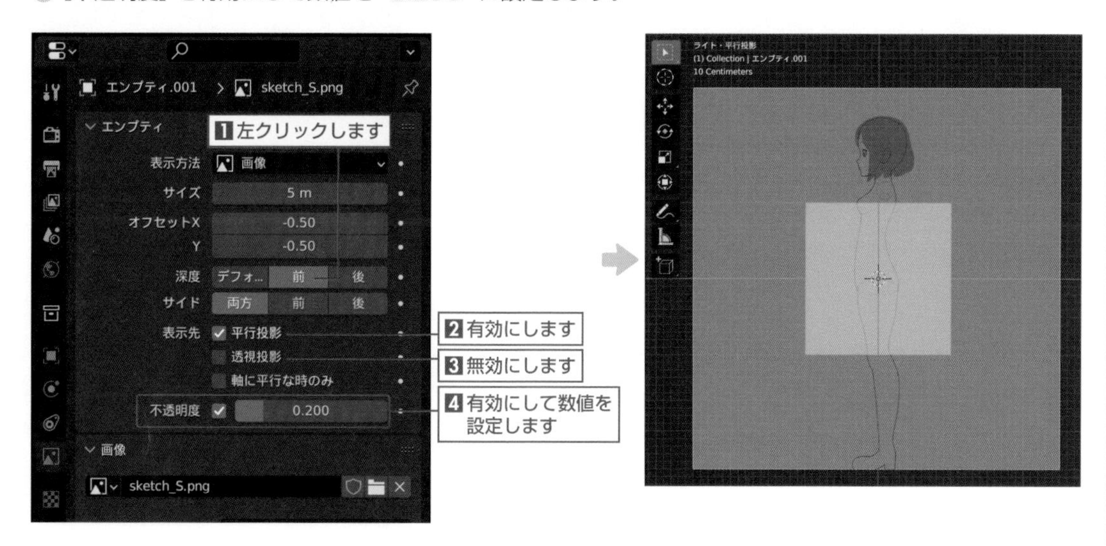

STEP 02 下絵の位置とサイズの調整

A まず正面の下絵の位置とサイズを調整するため、フロントビュー（テンキー1）に切り替えます。
正面の下絵を左クリックで選択し、プロパティの **「エンプティ」** パネルにある **「オフセットY」** の数値を “0.00” に設定して、下絵の下端がシーンの原点に合うように移動します。

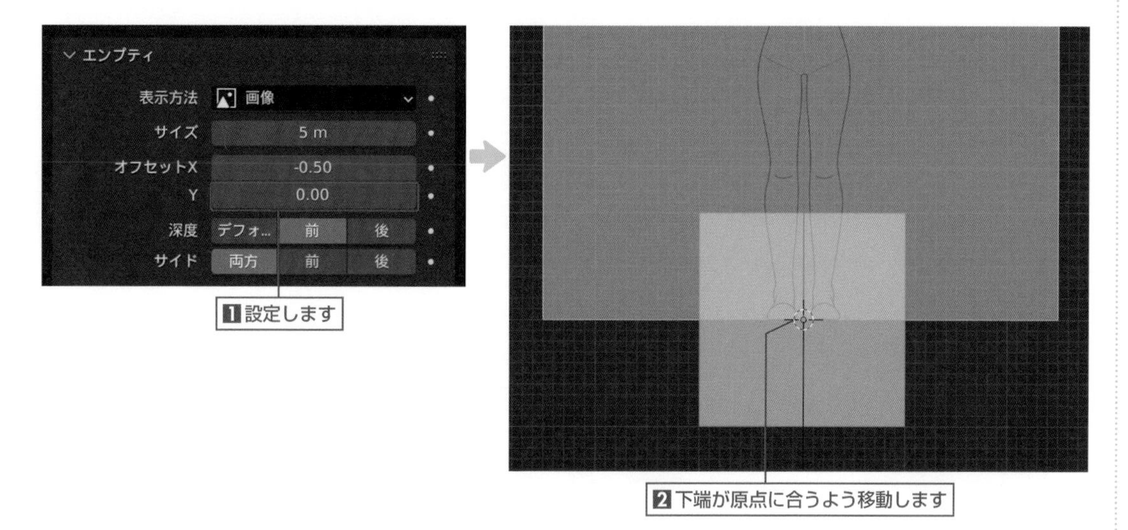

B 作成する人物キャラクターの大きさに合わせて、下絵のサイズを調整します（本書では、身長が約157cmになるように作成します）。
まず目印として3Dカーソルを高さ157cmの位置に移動します。3Dビューポートのヘッダーにある**[ビュー]**から**[サイドバー]**（Nキー）を選択すると、サイドバーが表示されます。さらにサイドバーの**[ビュー]**タブを左クリックすると**「3Dカーソル」**パネルが表示されます。
「3Dカーソル」パネルの**「位置：Z」**の数値を"1.57m"に設定します。

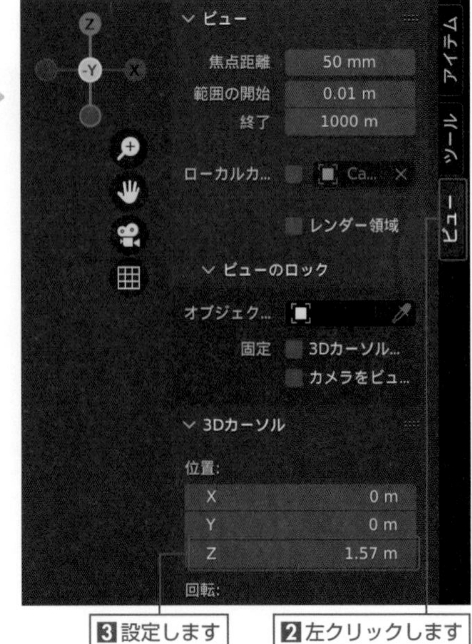

C 下絵のサイズ変更を行う際、それぞれ四隅をマウス左ボタンでドラッグすると対角線上の角が基点となります。各辺をドラッグすると対向の辺の中心が基点となります。
上辺をドラッグして頭頂部が3Dカーソルと重なるようにサイズを調整します。ここでは、**「エンプティ」**パネルの**「サイズ」**が"1.7m"程度になるようにします。

⚠「エンプティ」パネルの「サイズ」の数値について、ドラッグによる編集では直ちに反映されません。下絵を改めて選択するなど別のアクションを行った後に反映されます。また数値は、小数点第2位以下が四捨五入されて表示されています。

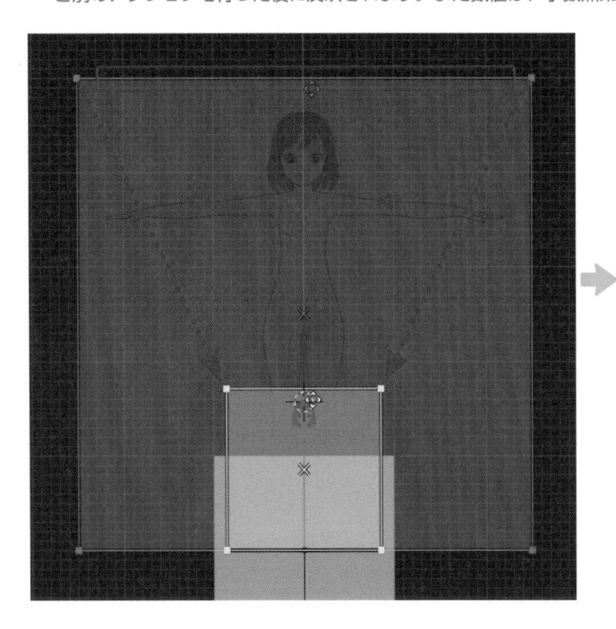

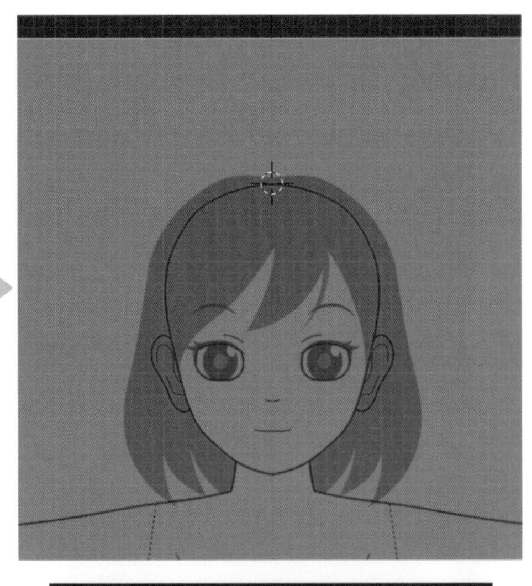

D 正面と同様の操作で、側面の下絵も位置とサイズの調整を行います。

❶ ライトビュー（テンキー3）に切り替えて側面の下絵を選択します。

❷ **「エンプティ」**パネルの**「オフセットY」**の数値を"0.00"に設定します。

❸ 上辺をドラッグして、頭頂部が3Dカーソルと重なるようにサイズを調整します。

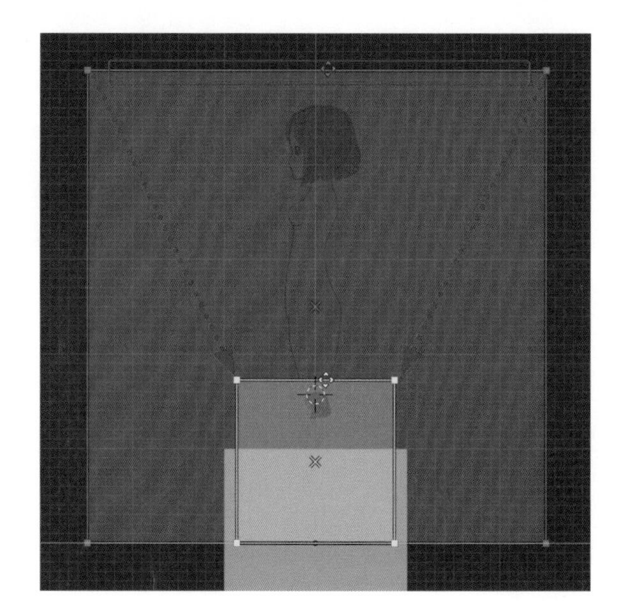

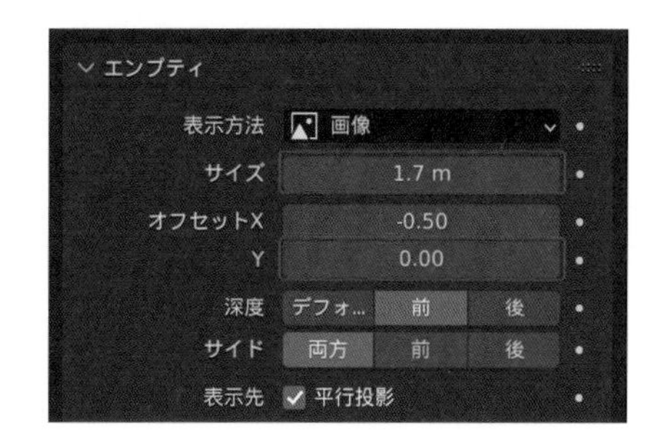

E 3Dカーソルの位置をシーンの原点に戻します。

3Dビューポートのヘッダーにある**[オブジェクト]**➡**[スナップ]**から**[カーソル→ワールド原点]**を選択します。

⚠ [サイドバー]の「3Dカーソル」パネルにある「位置：Z」の数値を"0m"に設定することで、3Dカーソルをシーンの原点に戻すこともできます。

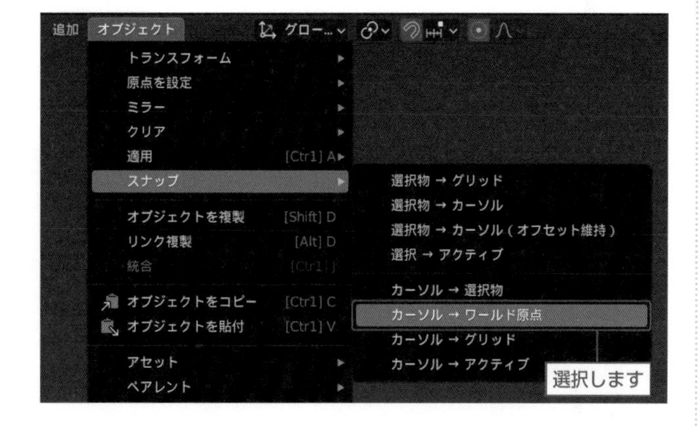

STEP 03 下絵のロックとオブジェクト名の変更

A 下絵を誤って移動しないように選択できないようにします。
アウトライナーのヘッダーにある**「Filter」**メニューを開き、**「制限の切替え」**の**[選択の可/不可]**アイコンを左クリックして有効にします。

B アウトライナーに**[選択の可/不可]**のアイコンが表示されるので、下絵（“**エンプティ**”、“**エンプティ.001**”）のアイコンを無効にします。これで下絵が選択できなくなり、誤って移動してしまうようなことがなくなります。

C オブジェクトの数が増えても管理しやすくするためオブジェクト名を変更します。アウトライナーの下絵（“**エンプティ**”、“**エンプティ.001**”）にマウスポインターを合わせて右クリックし、**[IDデータ]**から**[名前変更]**（左ダブルクリックでも変更可）を選択します。ここでは、下絵（正面）を“sketch_F”、下絵（側面）を“sketch_S”に変更します。

D Blenderファイルは、こまめに保存（Ctrl＋Sキー）しましょう。
保存場所は、下絵の画像と同階層にします。また、Blenderファイルを移動する場合は、下絵の画像も一緒に移動するようにしましょう。階層が異なると画像のリンク切れになります。

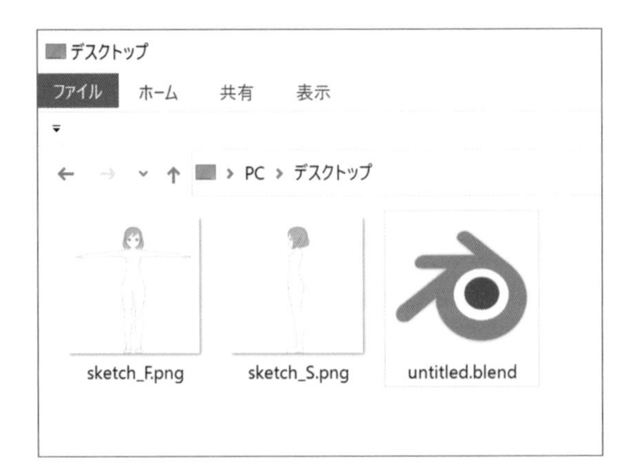

SECTION 3.2 胴体の作成

胴体（ボディ）は、デフォルトで配置されている立方体のメッシュを分割しながら、下絵に合わせて形状を変形していきます。また、左右対称の形状をモデリングする際に便利な「ミラーモディファイアー」という機能を活用します。

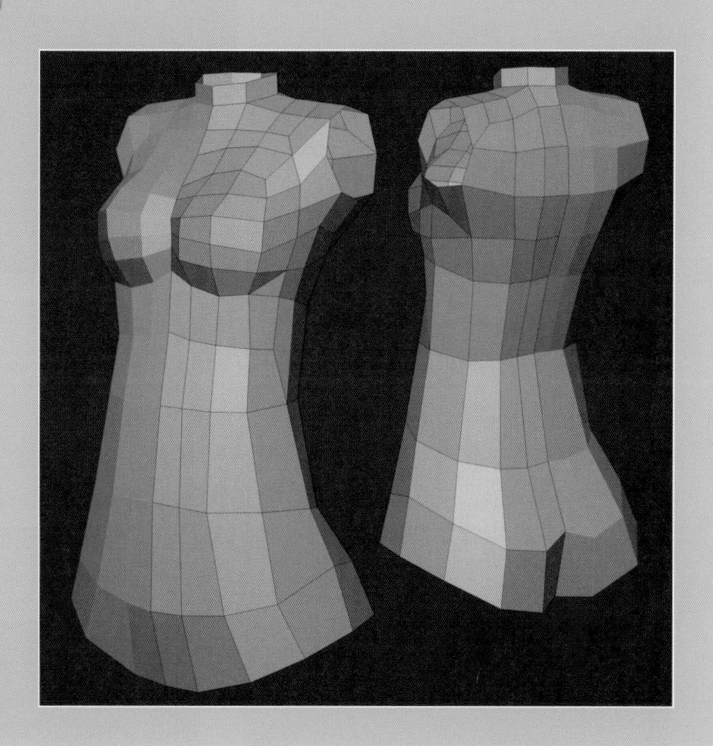

TIPS 焦点距離の変更

Blenderの3Dビューポートの焦点距離は、デフォルトで“50mm”に設定されています。3Dビューポートのヘッダーにある［ビュー］から［サイドバー］（Nキー）を選択し、サイドバーの［ビュー］タブを左クリックすると表示される「ビュー」パネルでは、焦点距離を確認／変更することができます。
焦点距離の数値が小さいと、拡大表示ではカメラの広角レンズのように歪んでしまいます。モデリングを行う際に形状の把握をしやすくするため“100mm”前後に設定することをおすすめします。

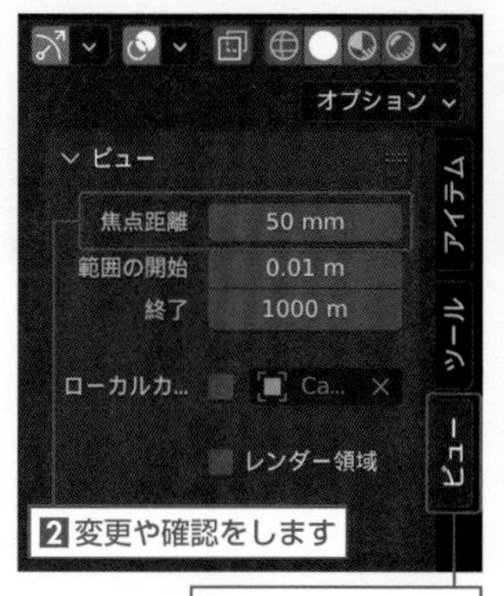

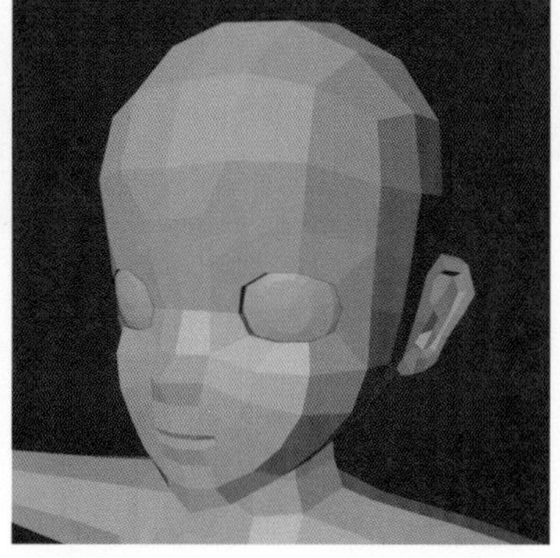

焦点距離：50mm

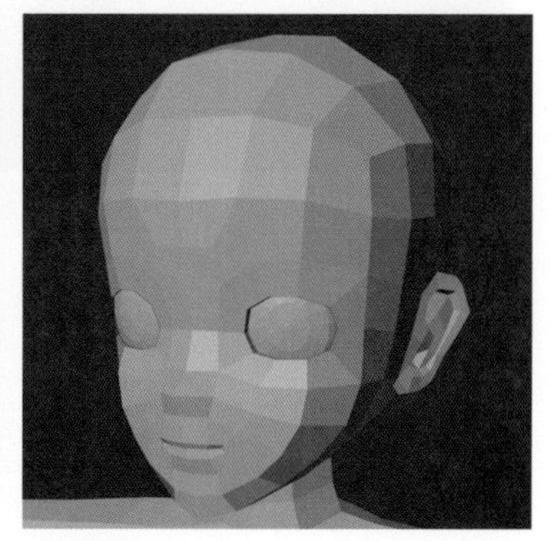

焦点距離：100mm

STEP 01 立方体の変形

A デフォルトでシーンに配置されている立方体オブジェクトを、3Dアバターの胴体のベースとして使用します。
立方体オブジェクト"Cube"を左クリックで選択し、3Dビューポートのヘッダーにあるモード切り替えメニューから**[編集モード]**（Tabキー）を選択して編集モードに切り替えます。

⚠ 立方体オブジェクトを削除してしまった場合は、3Dビューポートのヘッダーにある［追加］➡［メッシュ］から［立方体］を選択します。

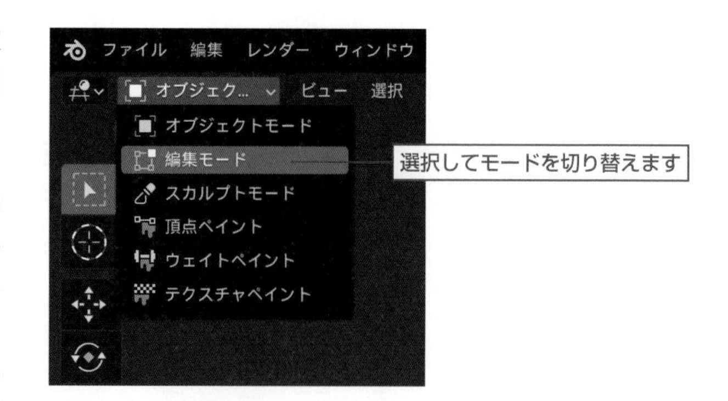

B 下絵の胴体に合わせて位置とサイズを調整します。
フロントビュー（テンキー1）に切り替えてすべてのメッシュを選択（Aキー）し、胴体の幅に合わせて縮小（Sキー）します。ここではスケールが"0.100（10%）"程度になるよう縮小します。
スケールは、編集中であれば3Dビューポートの左上、編集後であれば3Dビューポートの左下に表示されるパネル（▶アイコンの左クリックでパネルの開閉）で確認することができます。

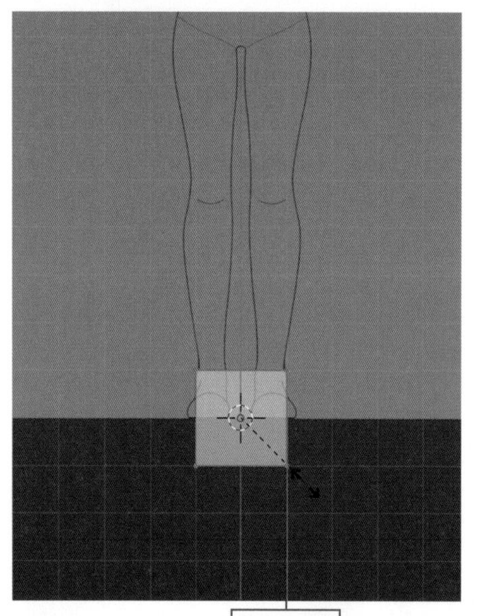

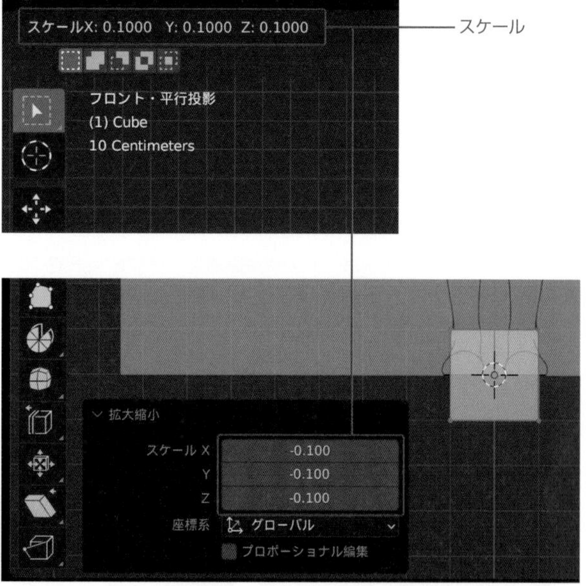

⚠ スケールの縮小率はおおよそでかまいません。

C 胴体の中心の位置に移動します。その際、左右の中央から外れないように真上に移動するようにします。
すべてのメッシュを選択（Aキー）してGキーを押し、続けてZキーを押してZ軸方向に制限をかけて移動します。

⚠「移動」ツール（青い矢印）による制限をかけた編集も可能です。ツールによる編集が完了したら、「ボックス選択」ツール（Wキー）に切り替えています。

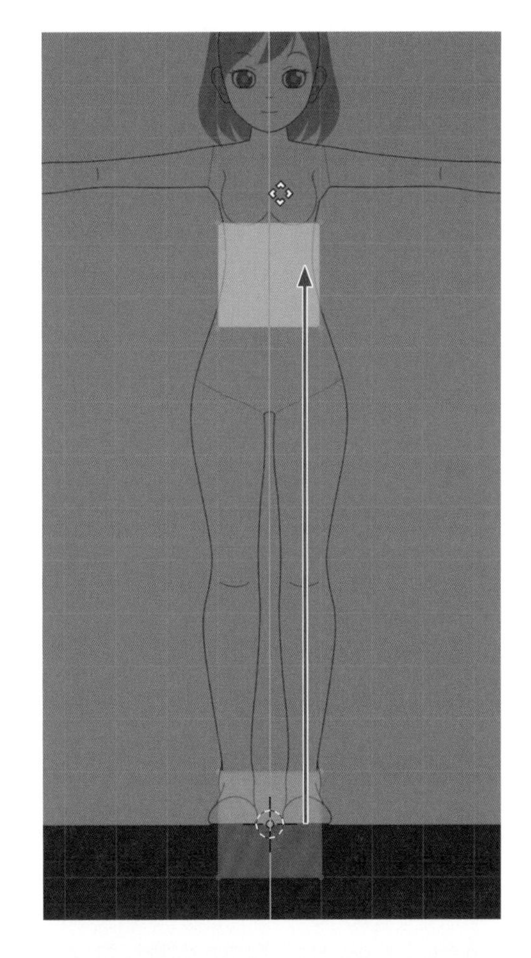

D 胴体の高さに合わせて、上下方向のみ拡大します。すべてのメッシュを選択（Aキー）してSキーを押し、続けてZキーを押してZ軸方向に制限をかけて拡大します。
ここでは、スケールZが"2.500 (250%)"程度になるよう拡大します。

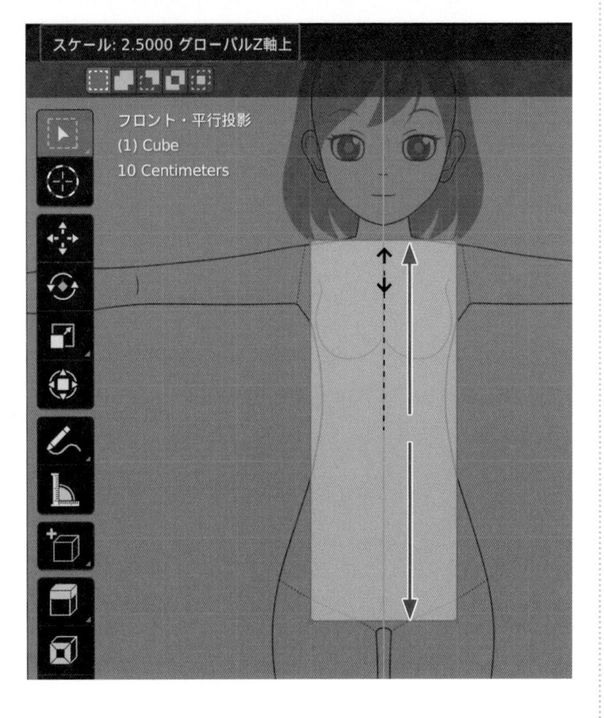

E 胴体の奥行きに合わせて前後方向のみ縮小します。
ライトビュー（テンキー3）に切り替えます。すべてのメッシュを選択（Aキー）してSキーを押し、続けてYキーを押してY軸方向に制限をかけて縮小します。ここでは、スケールYが“0.800（80%）”程度になるよう縮小します。

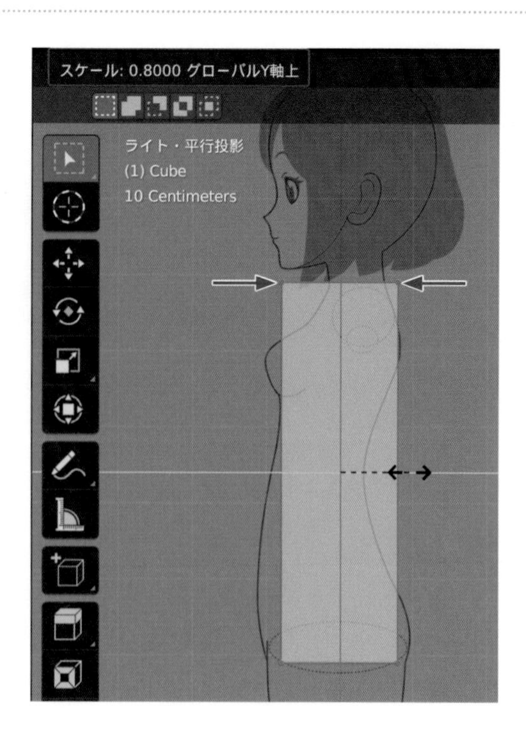

STEP 02 ミラーモディファイアーの設定

A 左右対称の形状をモデリングする際に便利なミラーモディファイアーを設定します。
設定する前に、片側半分が不要なため削除します。
「ループカット」ツールを有効にして水平方向の辺にマウスポインターを合わせると、垂直方向に黄色いラインが表示されます。この状態で左クリックすると、水平方向の各辺の中央でメッシュが分割されます。

⚠ ツールによる編集が完了したら、「ボックス選択」ツール（Wキー）に切り替えます（以下、この操作についての記載は省略します）。

「ループカット」ツール

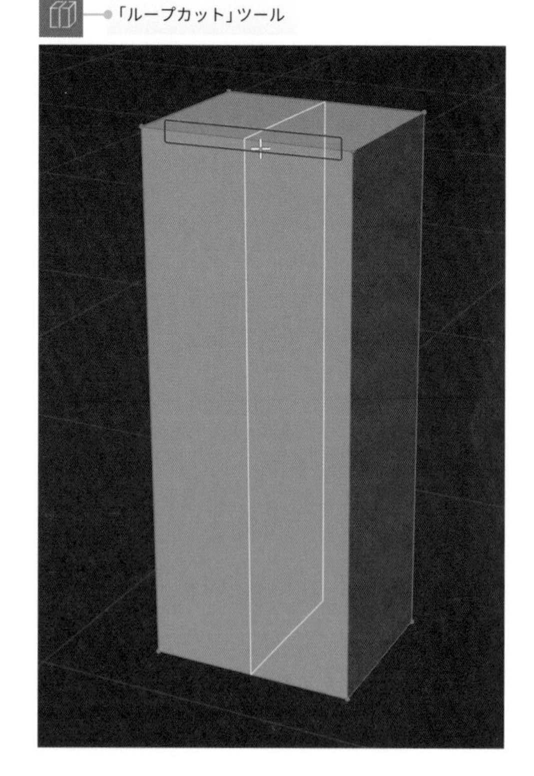

B 向かって左側の頂点4点を選択し、削除（X キー）で **[頂点]** を選択します。

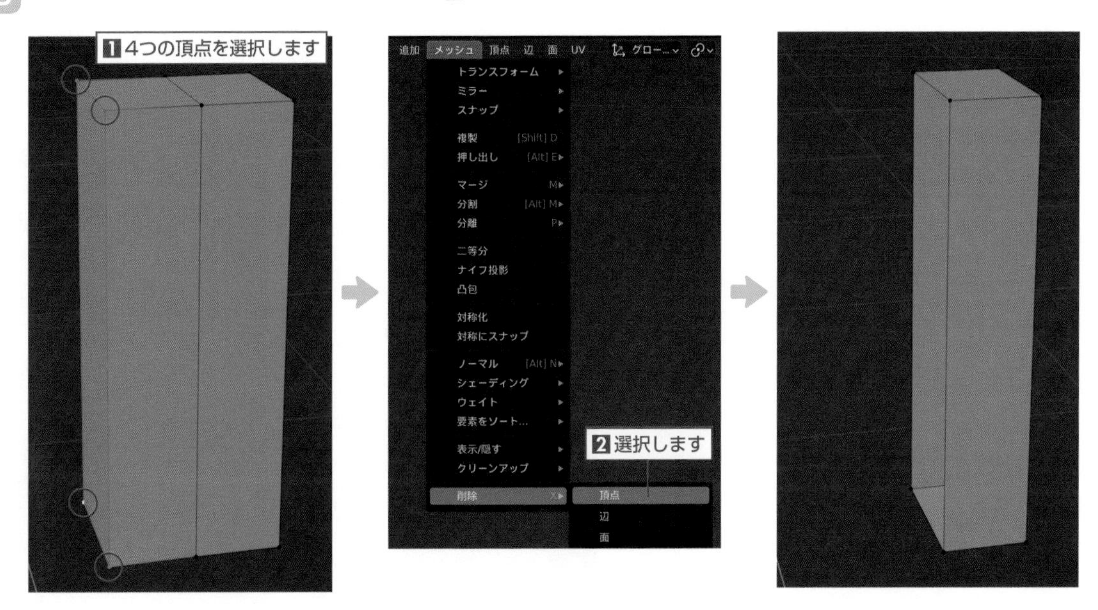

C プロパティの**「モディファイアープロパティ」**を左クリックして**「モディファイアーを追加」**メニューから **[ミラー]** を選択すると、X軸に沿って鏡像が生成されます。

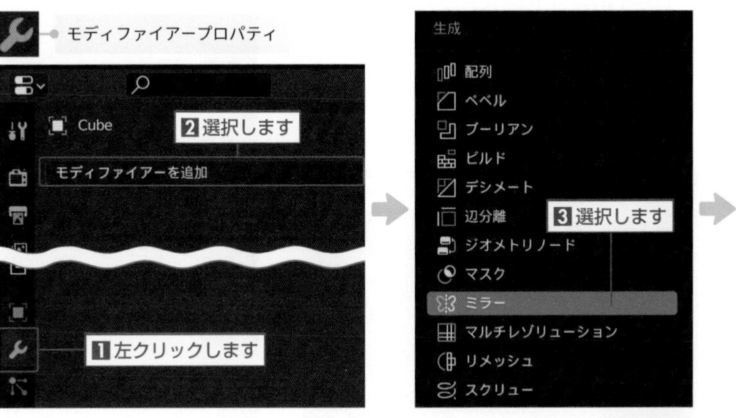

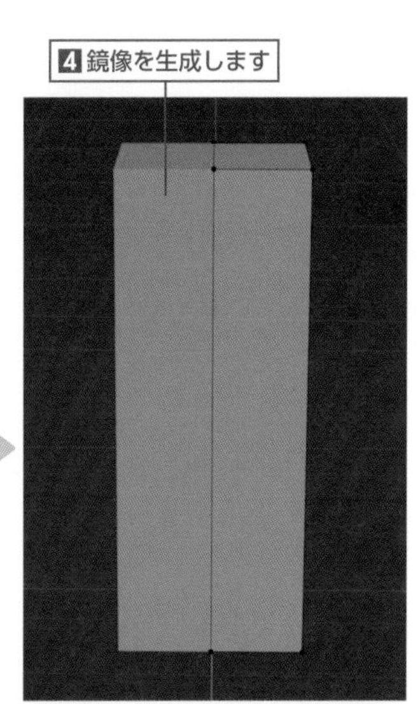

D **「ミラーモディファイアー」**パネルの **[クリッピング]** を有効にします。これにより鏡像との境界をメッシュが超えないようになります。また、境界のメッシュは左右の中央で固定されます（上下と奥行きの移動は可能です）。

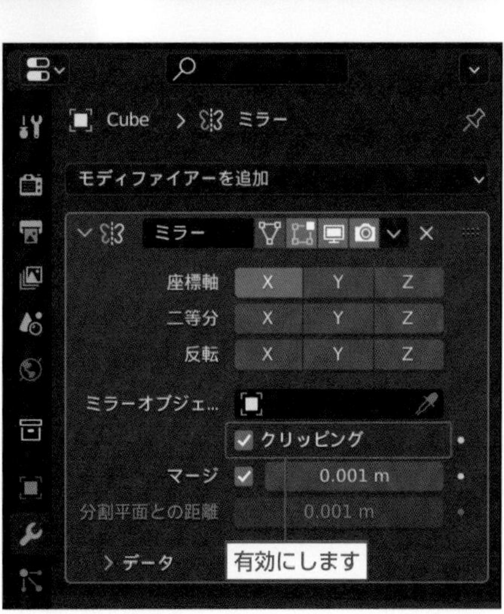

STEP 03 メッシュの分割と変形

A メッシュを分割しながら下絵に沿って変形していきます。
「ループカット」ツールを有効にして水平方向の辺にマウスポインターを合わせて左クリックし、垂直方向にメッシュを分割します。

B さらに垂直方向の辺にマウスポインターを合わせて左クリックし、水平方向にメッシュを分割します。

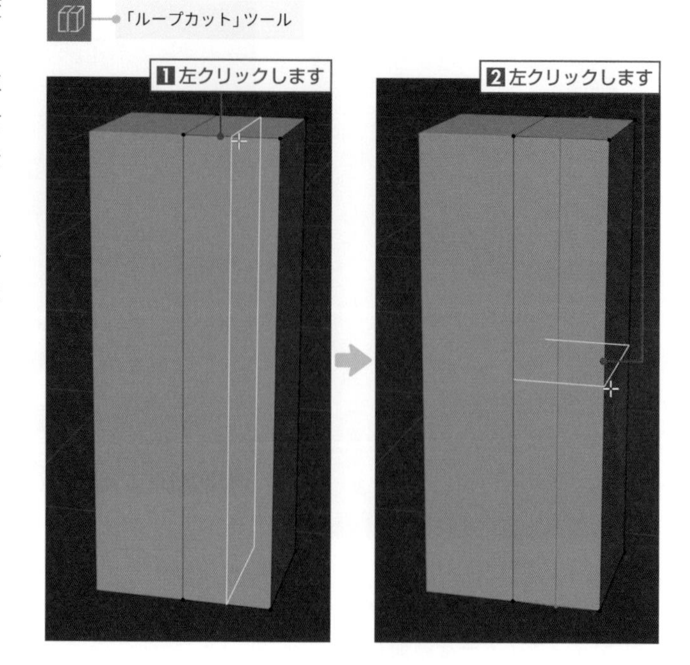

C 3Dビューポートの左下に表示された**「ループカットとスライド」**パネルの**[分割数]**を"3"に設定して3本の辺を追加し、垂直方向に4等分します。

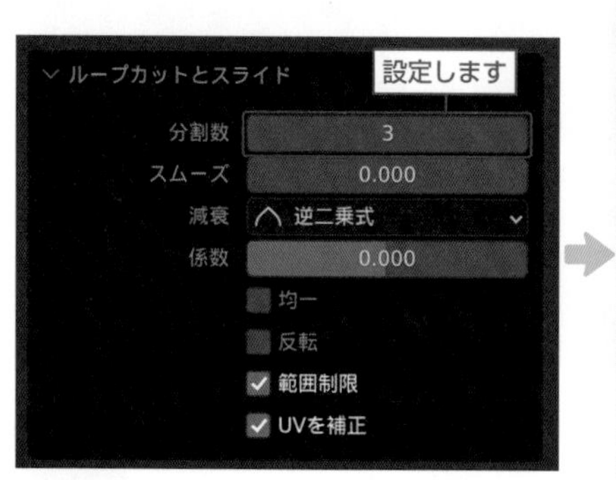

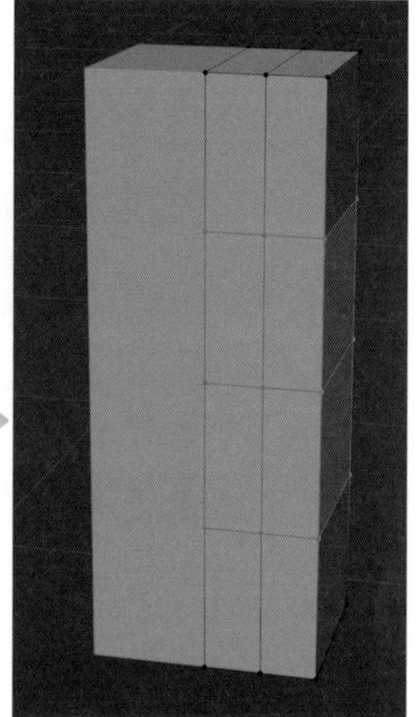

D フロントビュー(テンキー 1)に切り替えます。
この状態では重なって隠れているメッシュを選択することができないので、3Dビューポートのヘッダーにある**[透過表示]**(Alt + Z キー)を有効にします。

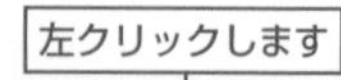

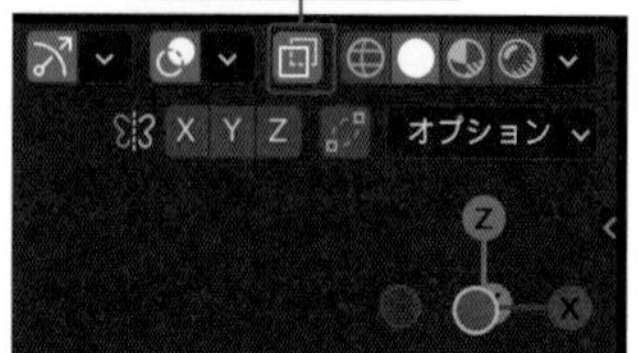

E ボックス選択で重なった頂点を複数選択し、下絵に沿って各頂点を移動（G キー）します（1組ずつ編集します）。

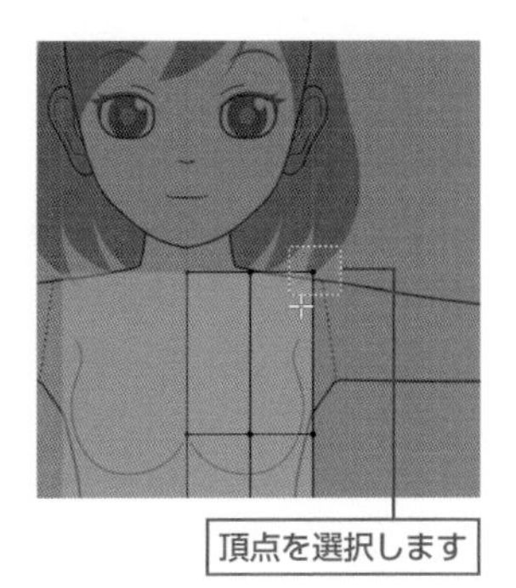

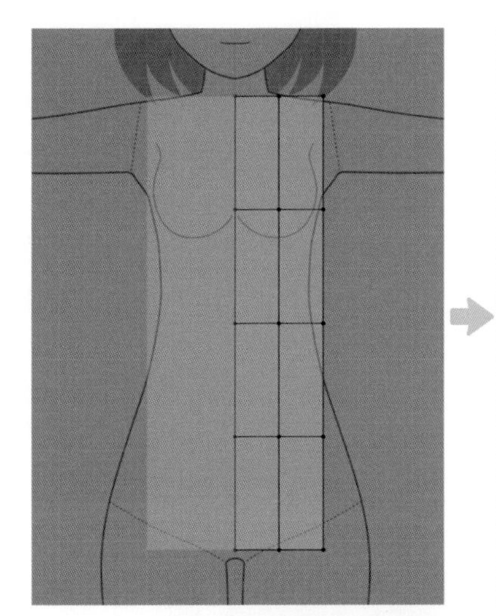

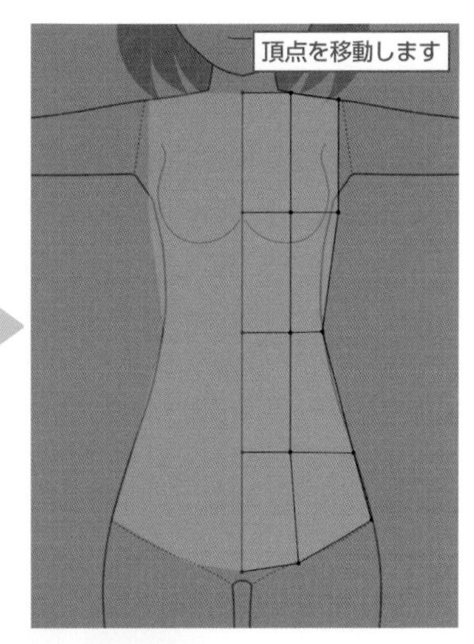

F **「ループカット」**ツールを有効にして奥行き水平方向の辺にマウスポインターを合わせて左クリックし、垂直方向にメッシュを分割します。

「ループカット」ツール

G ライトビュー（テンキー 3 ）に切り替えます。
ボックス選択で重なった頂点を複数選択し、下絵に沿って各頂点を移動（G キー）します（1組ずつ編集します）。

⚠ 編集が完了したら［透過表示］（ Alt + Z キー）を無効にします（以下、この操作についての記載は省略します）。

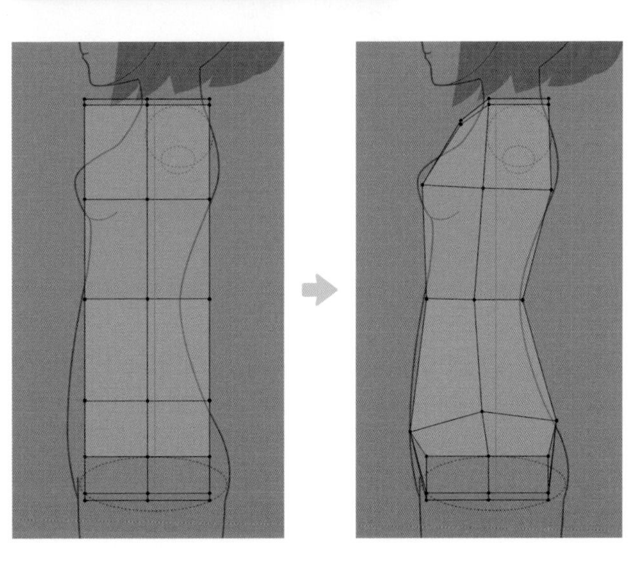

H さらに水平方向に1本ずつ2箇所ループカットを行います。

「ループカット」ツール

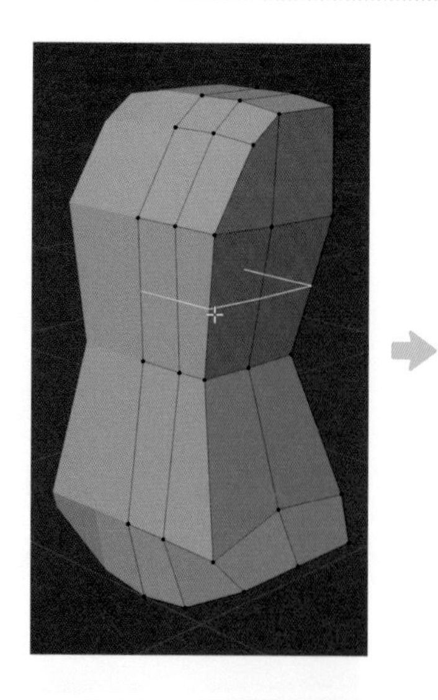

I フロントビュー（テンキー1）やライトビュー（テンキー3）、さらにさまざまな視点から確認しながら、下絵に沿って各頂点を移動（Gキー）し、全体的に丸みが出るように形状を整えます。
フロントビューやライトビューでの平行投影だけでなく、透視投影でも形状を確認するようにしましょう。

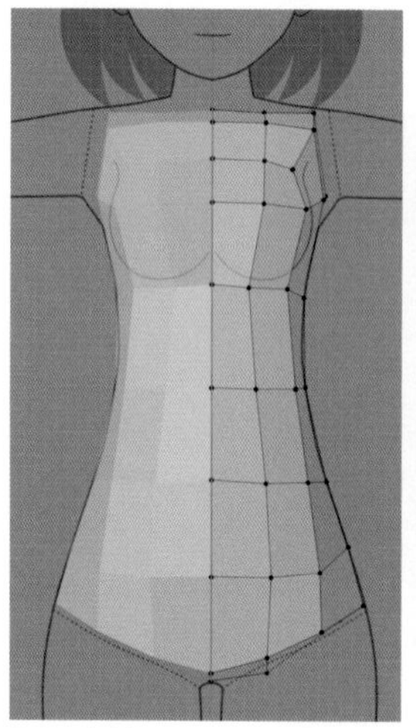

フロントビュー

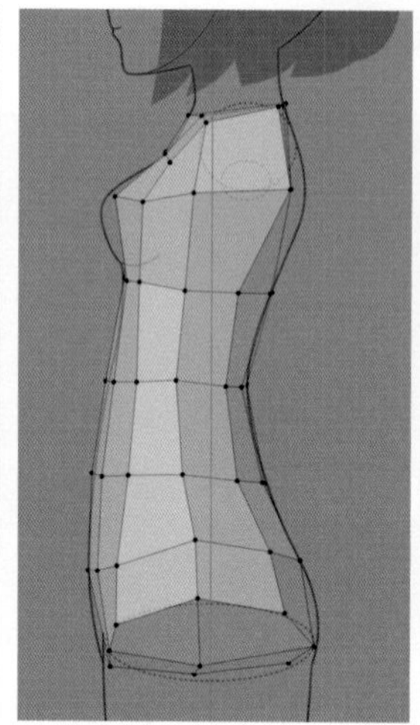

ライトビュー

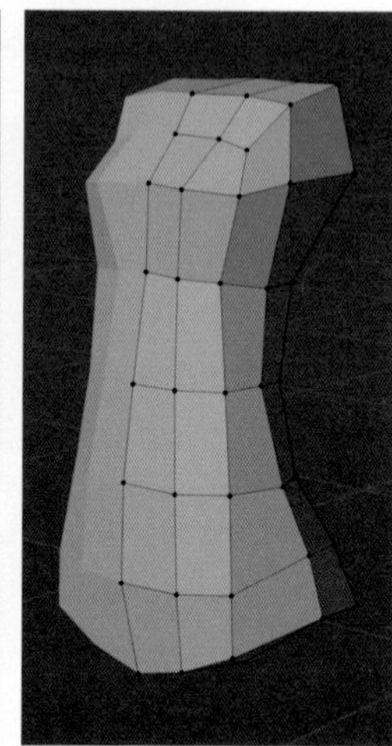

前面

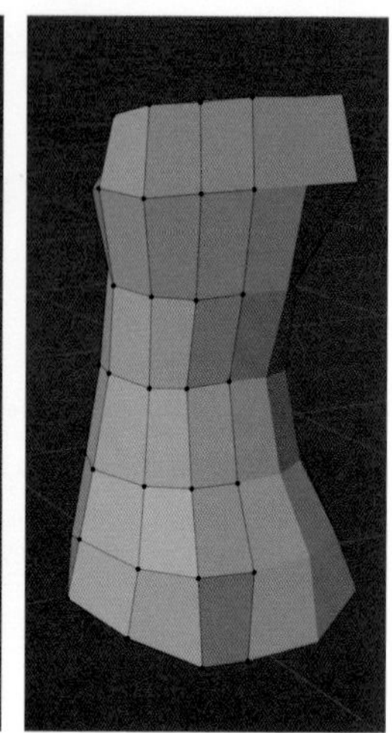

背面

STEP 04 首、腕、脚の付け根を作成

A 首、腕、脚の付け根を作成します。
まず、首と腕の周辺のメッシュを分割します。
図のように垂直方向に1箇所、水平方向に2箇所ループカットを行います（1箇所ずつループカットを行います）。

「ループカット」ツール

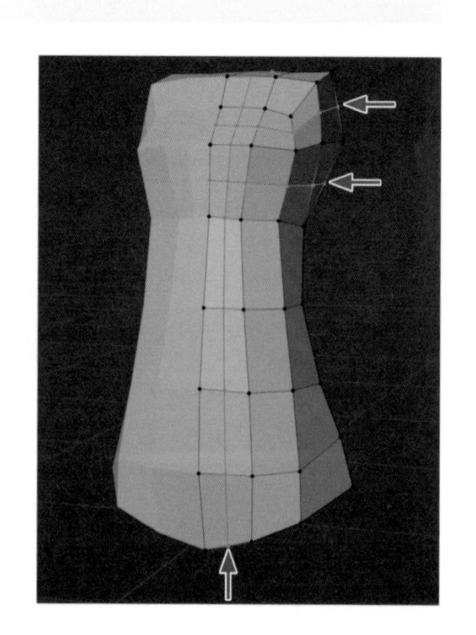

B 3Dビューポートのヘッダーにある **[辺選択]** を有効にして、図のように11本の辺を選択します。

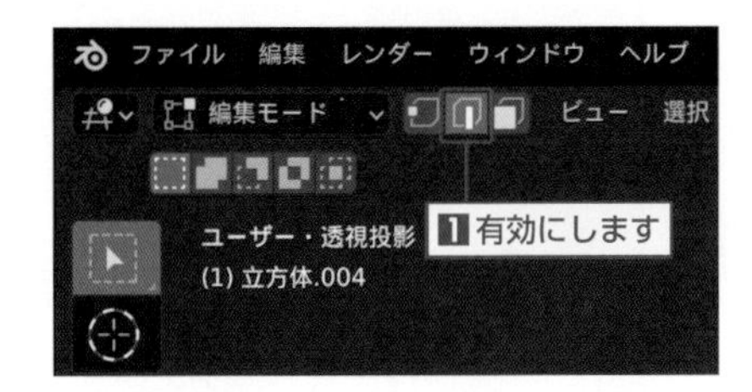

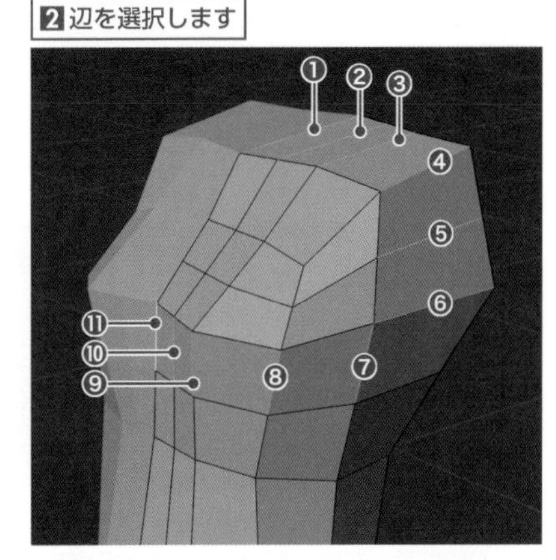

C 3Dビューポートのヘッダーにある **[辺]** から **[細分化]** を選択し、肩から胸にかけてメッシュを分割します。

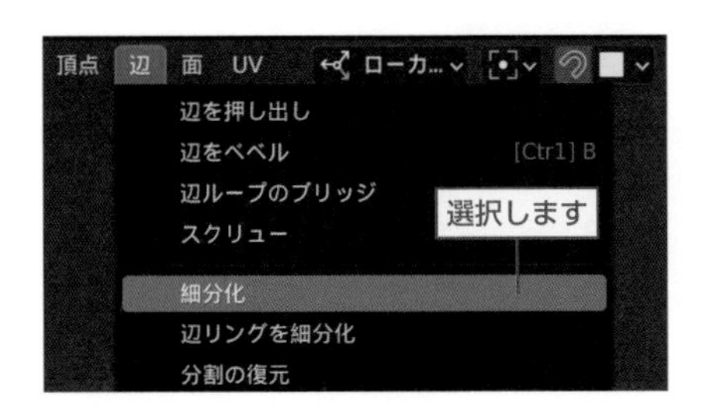

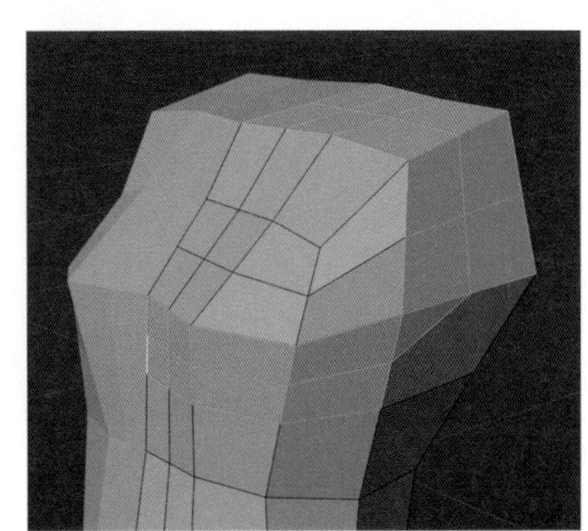

D 3Dビューポートの左下に表示された **「細分化」** パネルの **[スムーズ]** を "1.000" に設定して、分割面を滑らかにします。また **[Nゴンを作成]** を無効にし、五角形以上の多角形が生成しないようにします。

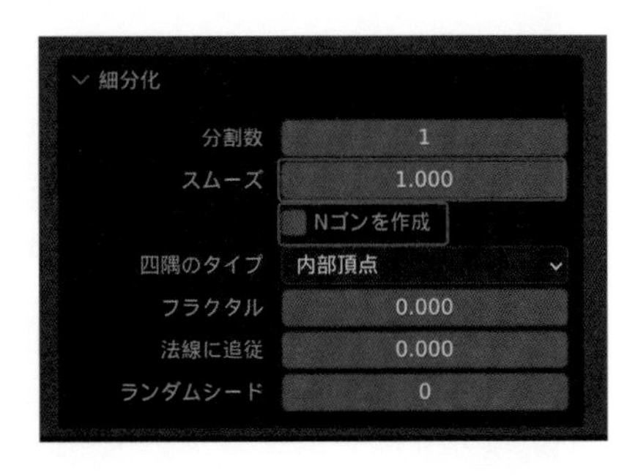

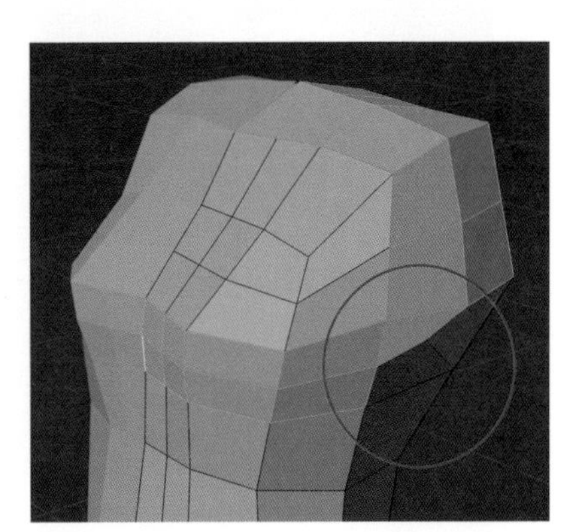

E 3Dビューポートのヘッダーにある **[頂点選択]** を有効にし、図のように脇の下付近の頂点を移動してメッシュの構造（流れ）を調整します。
頂点を移動する際は、頂点を選択して3Dビューポートのヘッダーにある **[頂点]** から **[頂点をスライド]**（Shift＋Vキーまたは Gキーを2回押す）を選択し、形状を崩さないようにメッシュに沿って移動します。

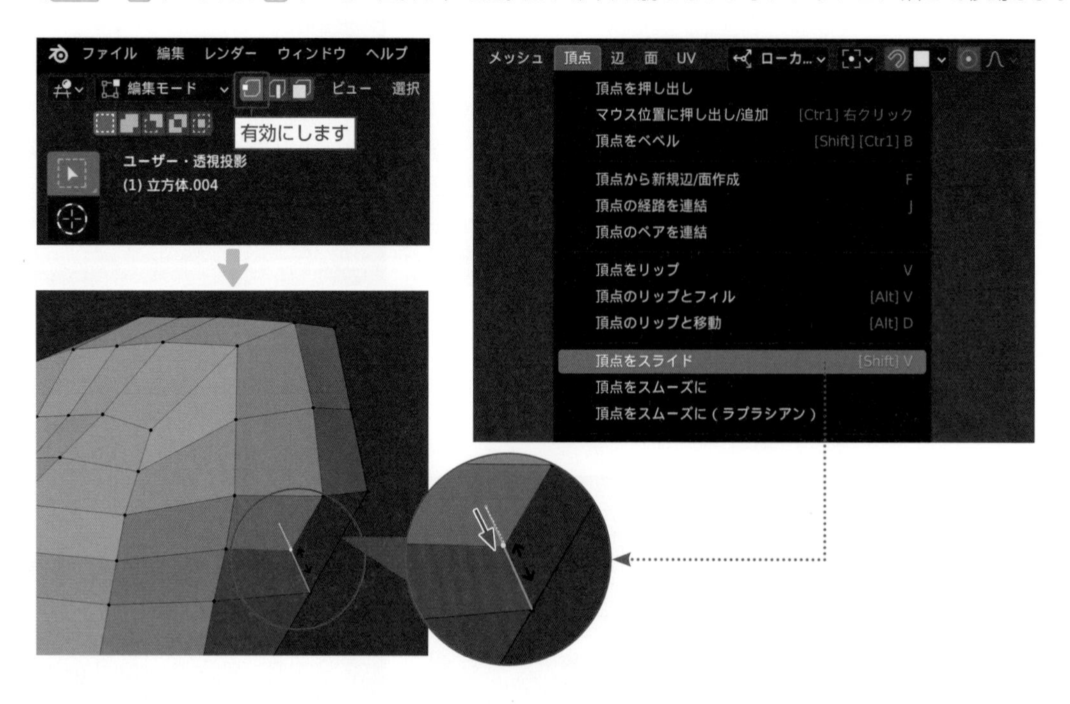

F 首、腕、脚の付け根の中心にあたる各頂点（3箇所）を選択し、削除（Xキー）で **[頂点]** を選択します。

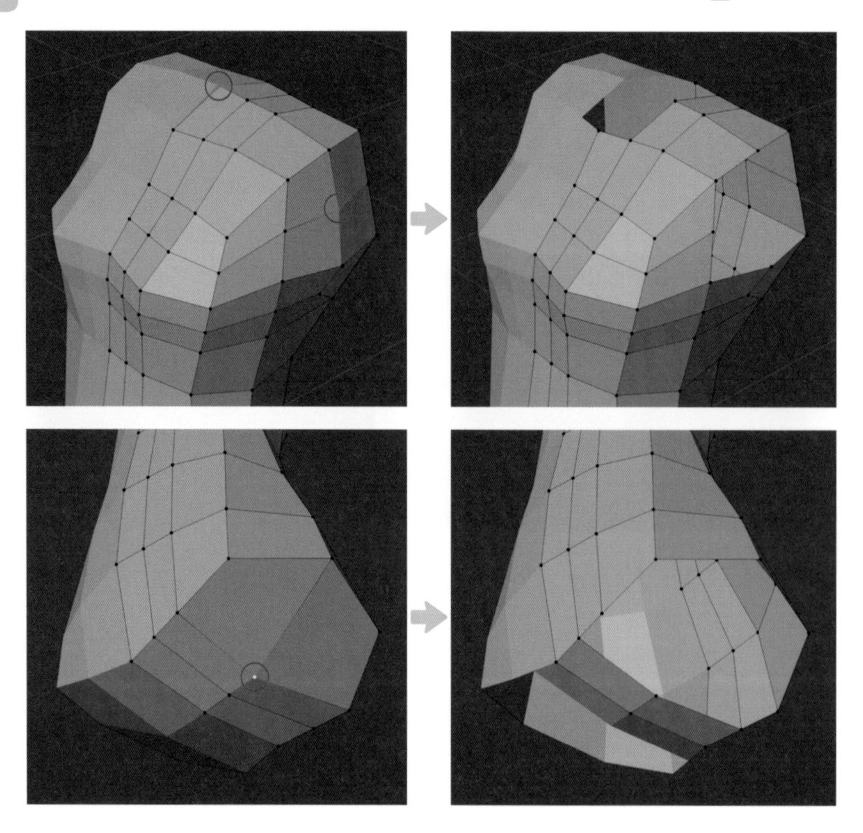

G トップビュー（テンキー7）、ライトビュー（テンキー3）、ボトムビュー（Ctrl＋テンキー7）に切り替え、首、腕、脚の付け根が円形になるようにそれぞれメッシュを移動（Gキー）して形状を整えます。メッシュの構造（流れ）を意識して滑らかな面になるように、必要に応じて周辺のメッシュも移動（Gキー）します。

トップビュー

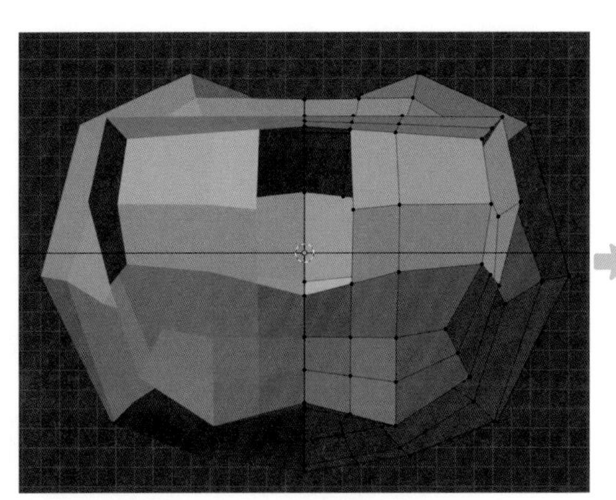

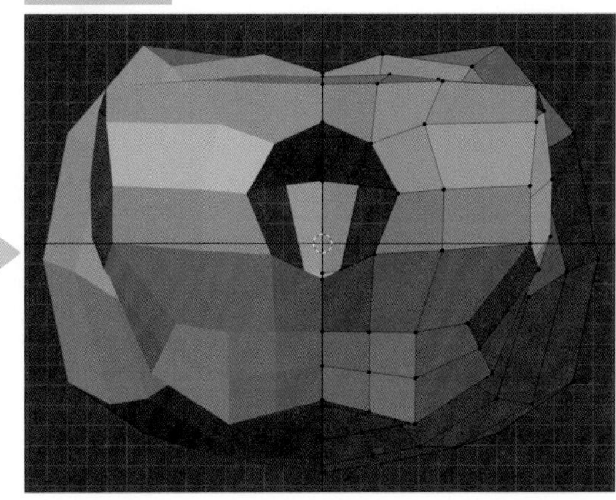

ライトビュー

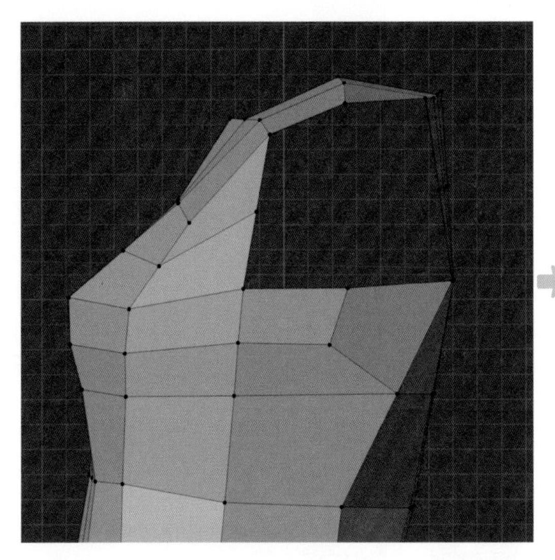

※図は下絵を非表示にしています。

ボトムビュー

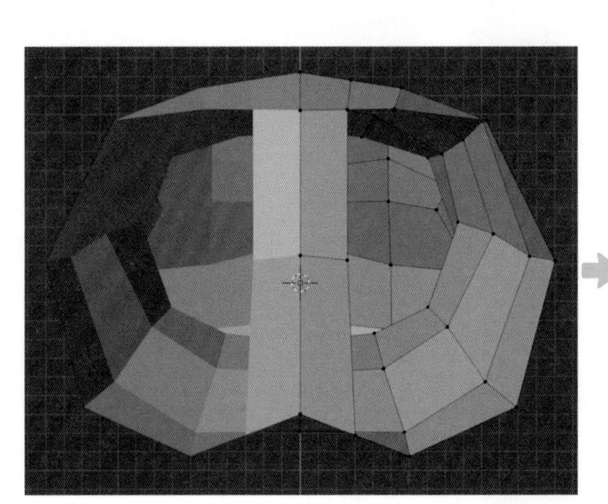

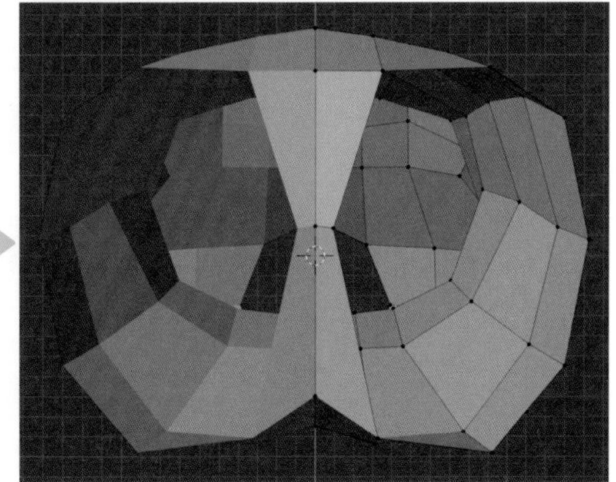

STEP 05 胸部のディテールアップ

A フロントビュー（テンキー1）に切り替え、胸に丸みが出るように各頂点を移動（Gキー）して形状を整えます。

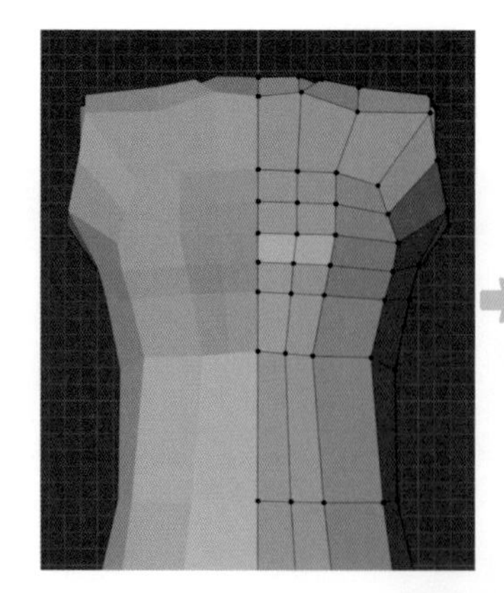

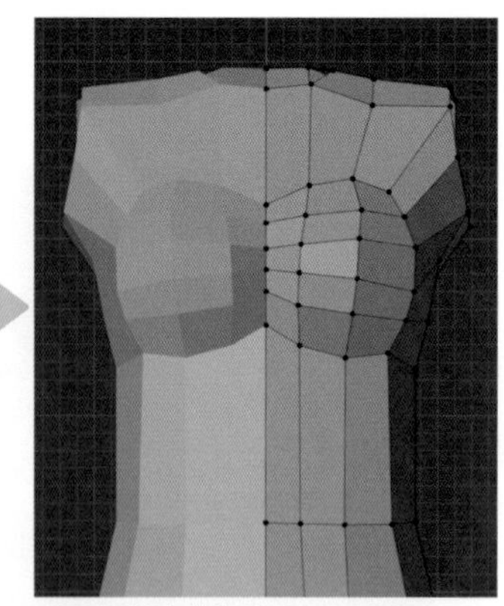

※図は下絵を非表示にしています。

B 胸周辺のメッシュを分割します。
3Dビューポートのヘッダーにある **[辺選択]** を有効にして、図のように13本の辺を選択します。

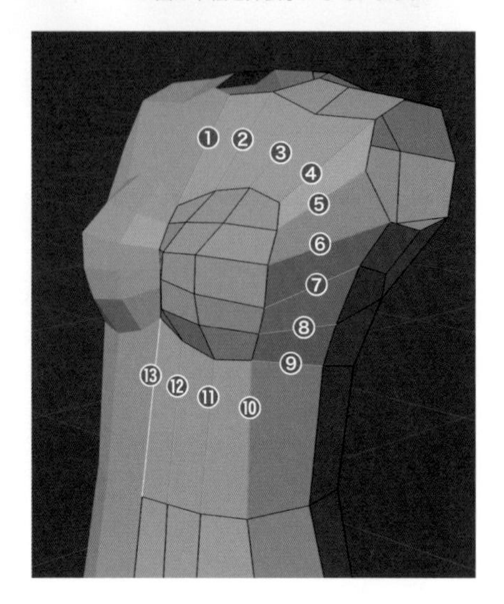

C 3Dビューポートのヘッダーにある **[辺]** から **[細分化]** を選択し、3Dビューポートの左下に表示された **「細分化」** パネルの **[スムーズ]** を "1.000" に設定、**[Nゴンを作成]** を無効にします。

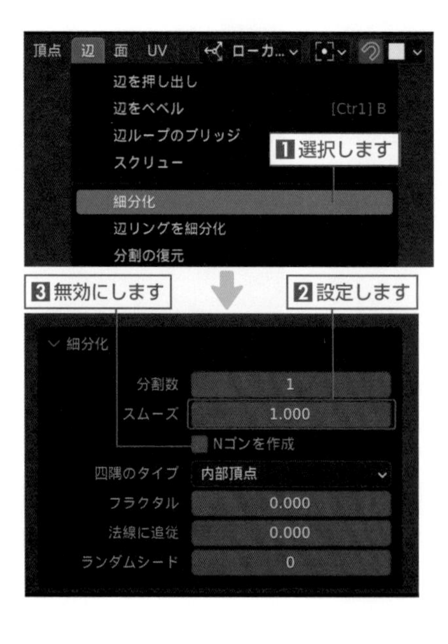

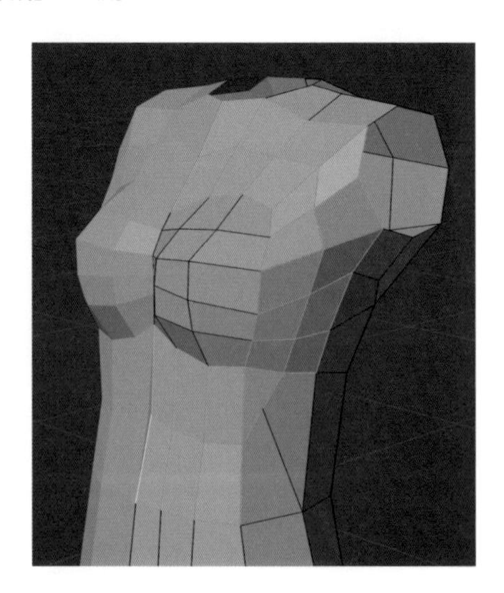

D 3Dビューポートのヘッダーにある **[頂点選択]** を有効にし、図のように頂点をメッシュに沿って移動（Shift＋Vキーまたは Gキーを2回押す）してメッシュの構造（流れ）を調整します。

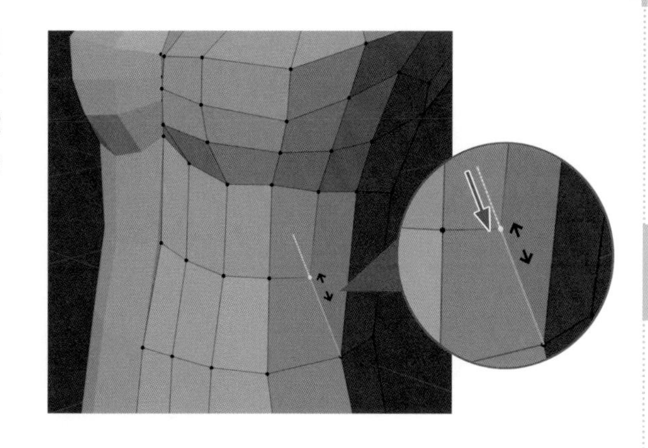

E 同様の操作で首周辺のメッシュも分割します。
3Dビューポートのヘッダーにある **[辺選択]** を有効にして、図のように9本の辺を選択します。
3Dビューポートのヘッダーにある **[辺]** から **[細分化]** を選択し、3Dビューポートの左下に表示された **「細分化」** パネルの **[スムーズ]** を "1.000" に設定し、**[Nゴンを作成]** を無効にします。

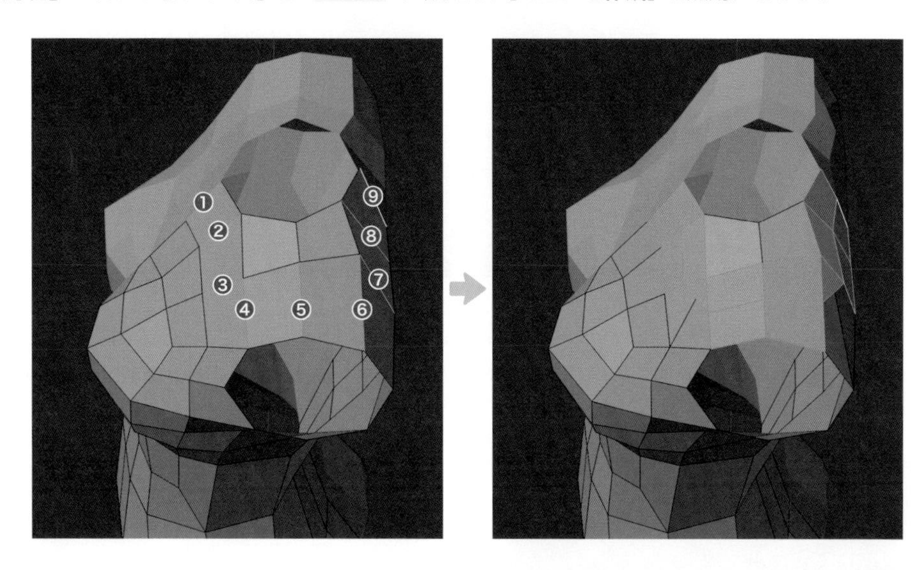

F 3Dビューポートのヘッダーにある **[頂点選択]** を有効にし、図のように頂点をメッシュに沿って移動（Shift＋Vキーまたは Gキーを2回押す）して、メッシュの構造（流れ）を調整します。

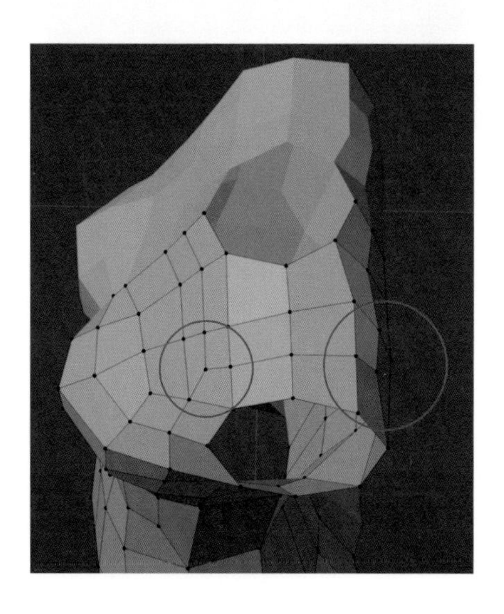

G ミラーモディファイアー境界のメッシュのうち、**[細分化]** によって生成された頂点は、左右中央から外れているはずです。該当の頂点を選択し、3Dビューポートのヘッダーにある **[ビュー]** から **[サイドバー]**（N キー）を選択してサイドバーを表示します。**[アイテム]** タブを左クリックして **「トランスフォーム」** パネルの **[頂点：X]** が "0" 以外であれば左右中央から外れていることになります。
境界の頂点がすべて左右中央に揃うように **[頂点：X]** が "0" になるように変更します（1点ずつ編集します）。

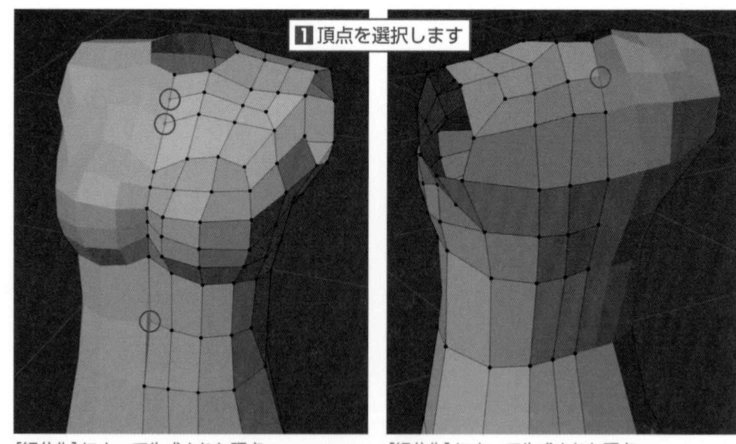

[細分化] によって生成された頂点　[細分化] によって生成された頂点

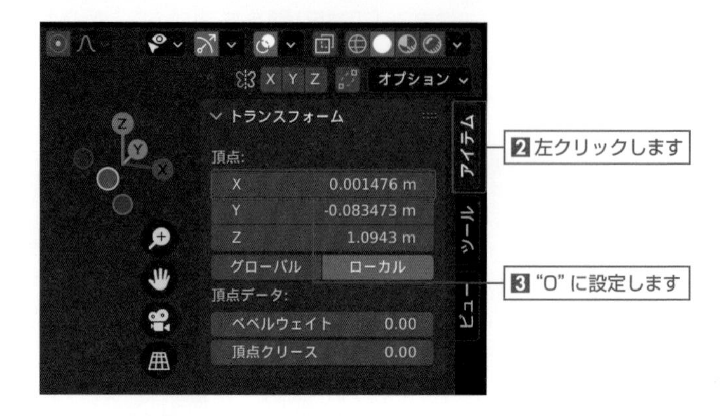

H アンダーバストは、辺を追加してエッジが際立つようにします。
2点の頂点を選択し、3Dビューポートのヘッダーにある **[頂点]** から **[頂点の経路を連結]**（J キー）を選択します。

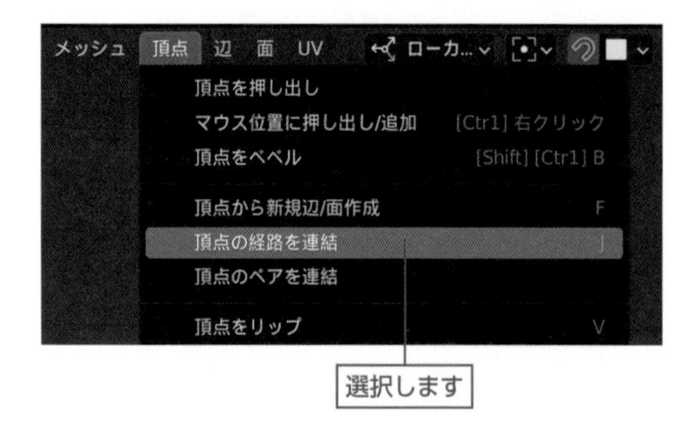

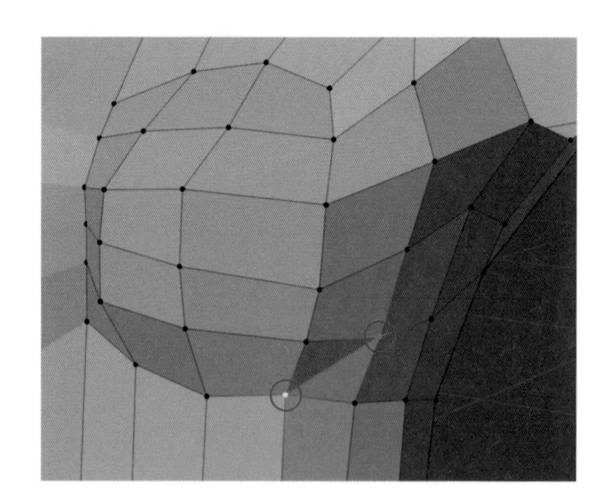

I フロントビュー（テンキー1）やライトビュー（テンキー3）、さらにさまざまな視点から確認しながら、各頂点を移動（Gキー）して全体的に形状を整えます。

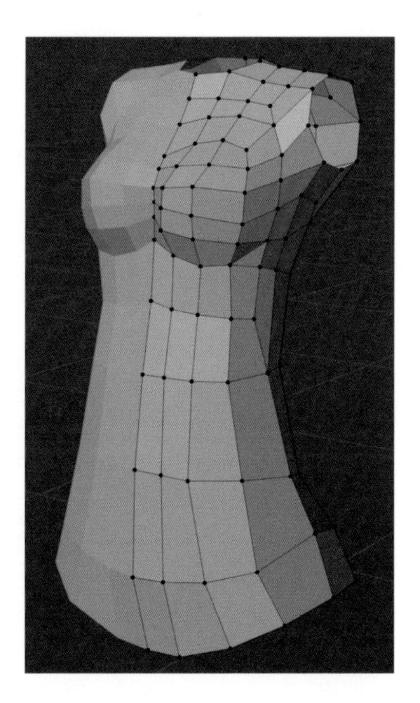

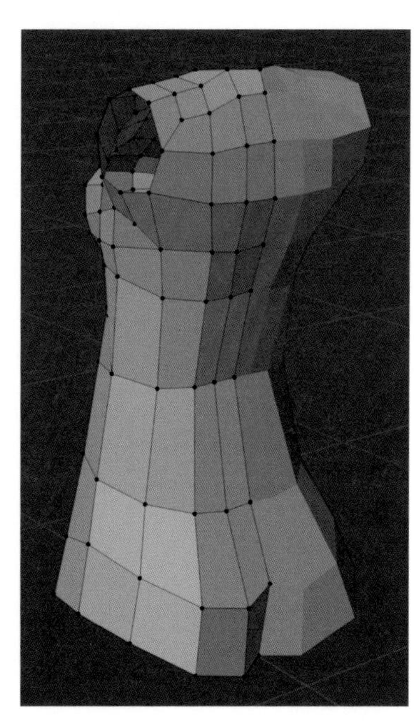

J 首の付け根のメッシュを選択（Alt＋左クリック）し、ライトビュー（テンキー3）に切り替えます。**[押し出し（領域）]** ツールを有効にして白い円の内側でマウス左ボタンのドラッグを行い、下絵に沿ってメッシュを首の途中まで押し出し（Eキー）ます。

⚠ ライン先端にあるアイコンをドラッグすると押し出す方向に制限がかかるので注意しましょう。ここではそれ以外の白い円の内側でドラッグを行います。

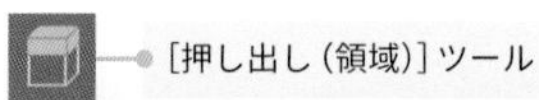

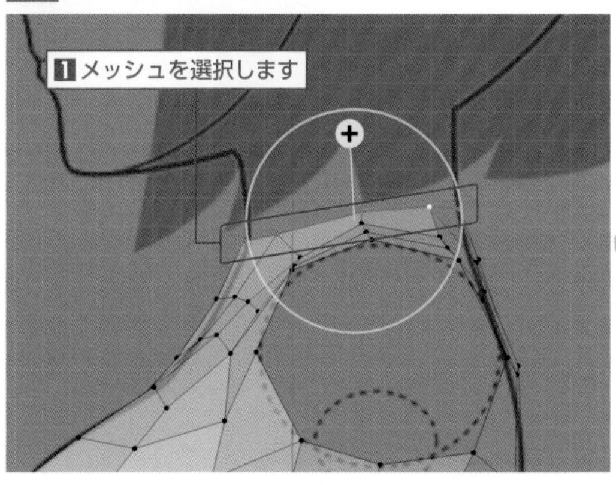

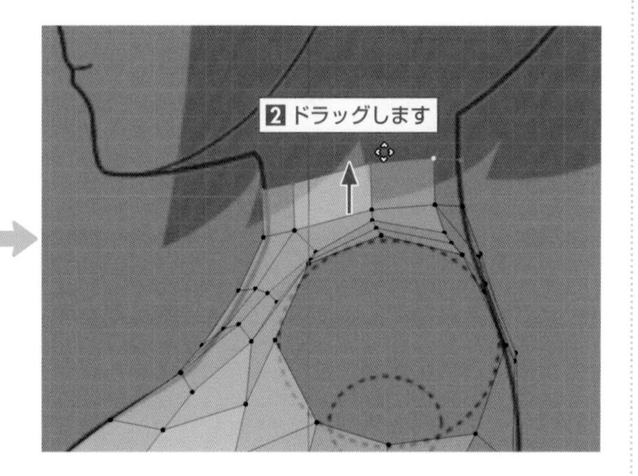

SECTION 3.3 手足の作成

特にアニメーションの際、人型キャラクターの手足は顔と並ぶといっても過言ではないぐらい表情豊かなパーツです。おのずとモデリングの工程が多くなりますが、丁寧に作っていきましょう。

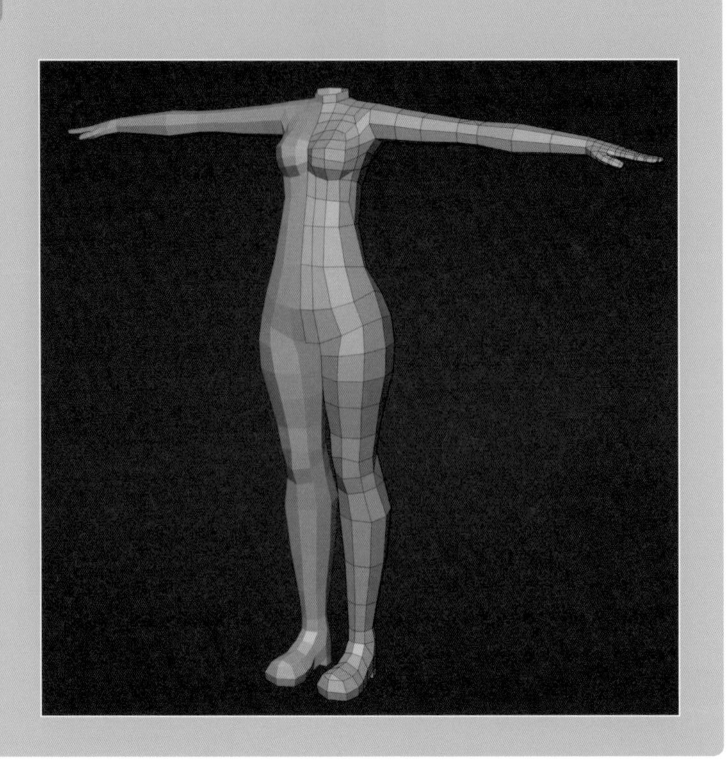

STEP 01 腕の作成

A 腕の付け根のメッシュをループ状に選択（Alt＋左クリック）し、フロントビュー（テンキー1）に切り替えます。
3Dビューポートのヘッダーにある **[メッシュ]** から **[複製]**（Shift＋Dキー）を選択し、図のように向かって右の位置に複製します。

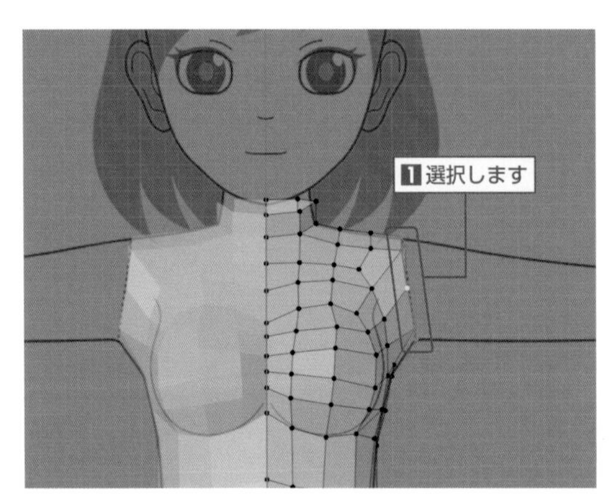

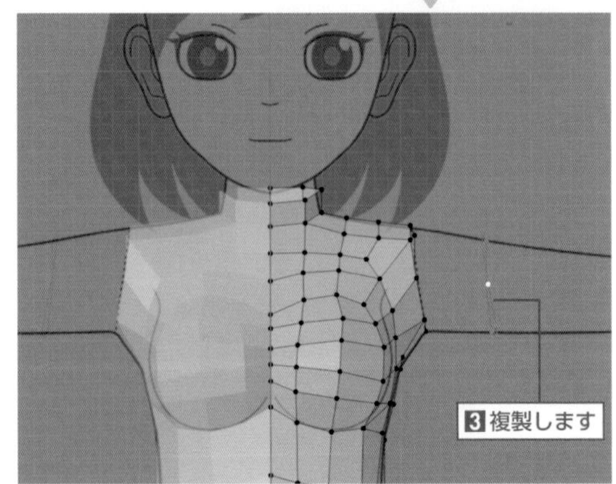

B メッシュが垂直になるように回転（R キー）し、下絵に合わせてサイズを調整（S キー）します。

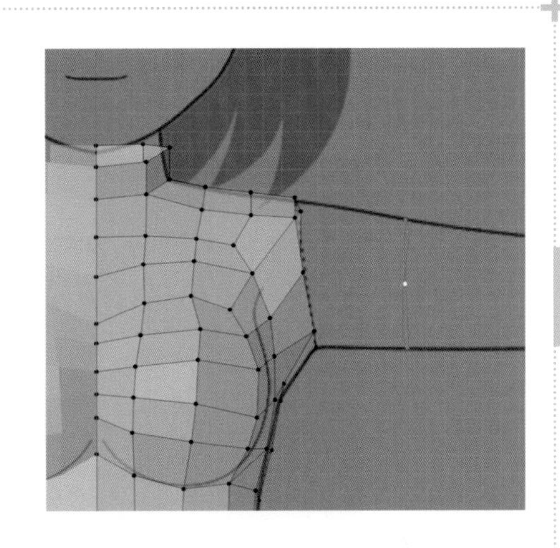

C メッシュが垂直に揃っていない場合は、S キーを押して、続けて X キーを押し、X軸方向に制限をかけて縮小します。

⚠ ここでは、ある程度揃っていれば問題ありません。

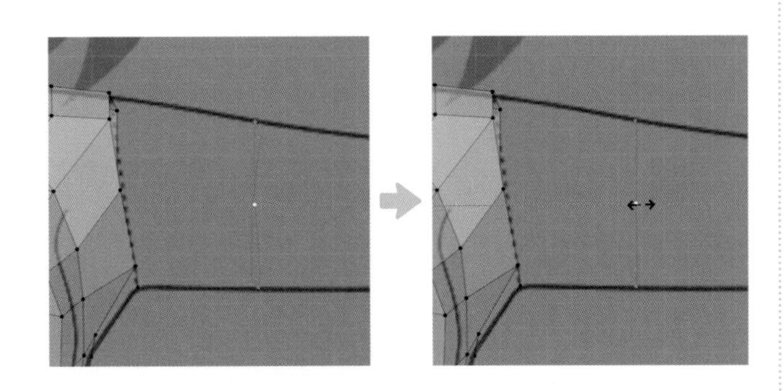

D 3Dビューポートのヘッダーにある **[メッシュ]** から **[複製]**（Shift ＋ D キー）を選択して手首の位置に複製し、下絵に合わせてサイズ（S キー）と角度（R キー）（腕に対して垂直）を調整します。

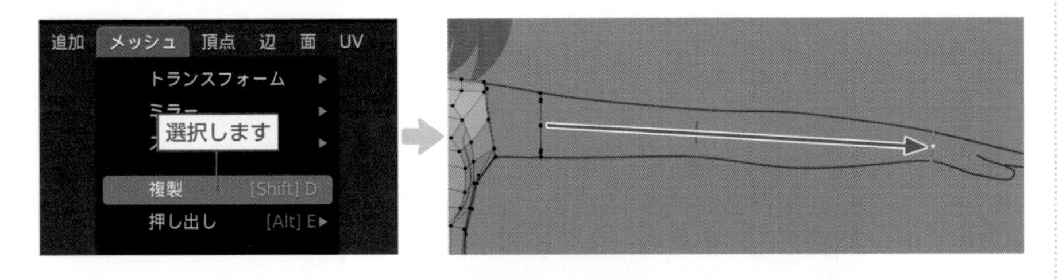

E 図のように2組のメッシュを選択（Shift ＋ Alt ＋左クリック）し、3Dビューポートのヘッダーにある **[辺]** から **[辺ループのブリッジ]** を選択します。

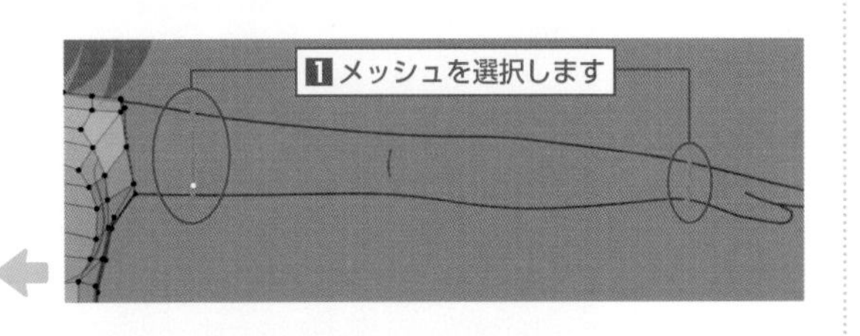

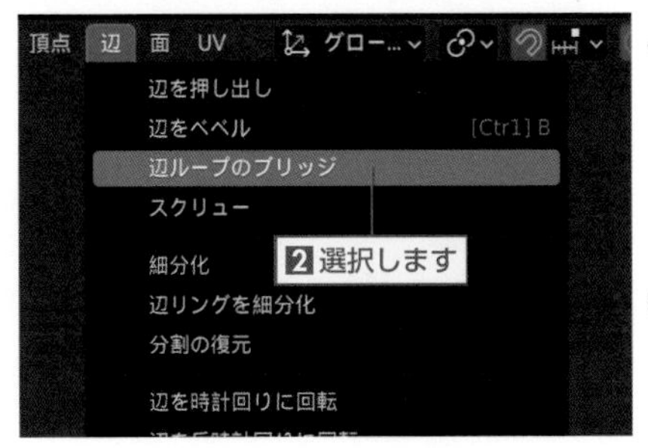

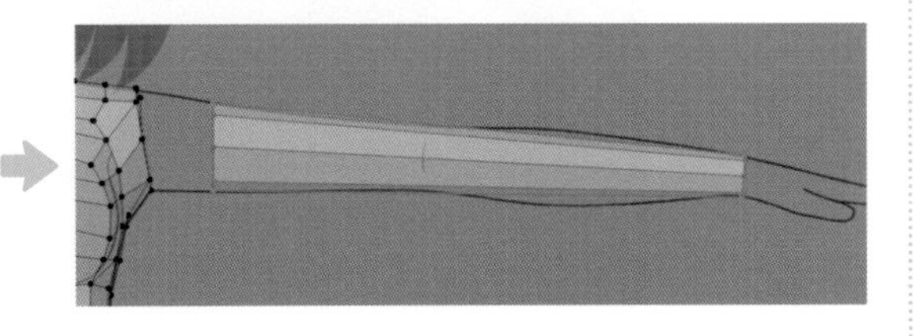

F 3Dビューポートの左下に表示された **「辺ループのブリッジ」** パネルの **[分割数]** を "4" に設定して、メッシュを分割します。

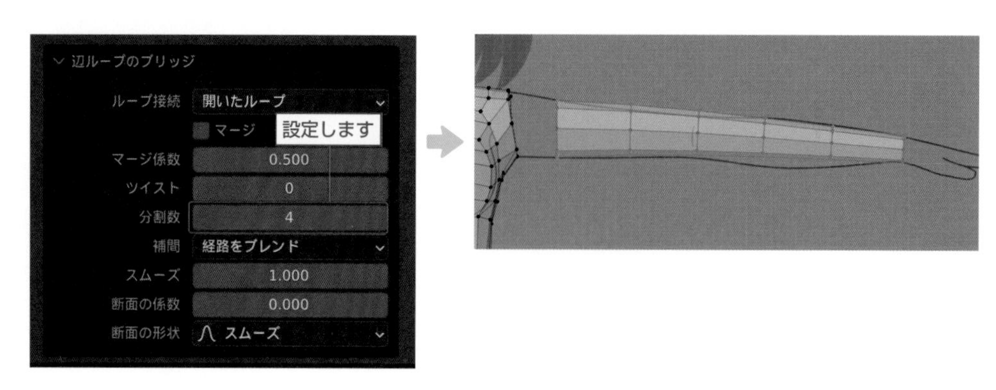

G 関節部分のメッシュを分割します。
肘にあたるメッシュをループ状に選択（Alt＋左クリック）します。**[ベベル]** ツールを有効にしてライン先端の●をマウス左ボタンでドラッグし、メッシュを分割します。

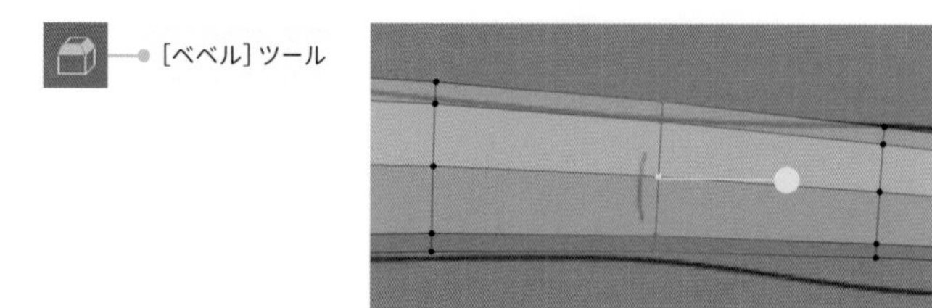

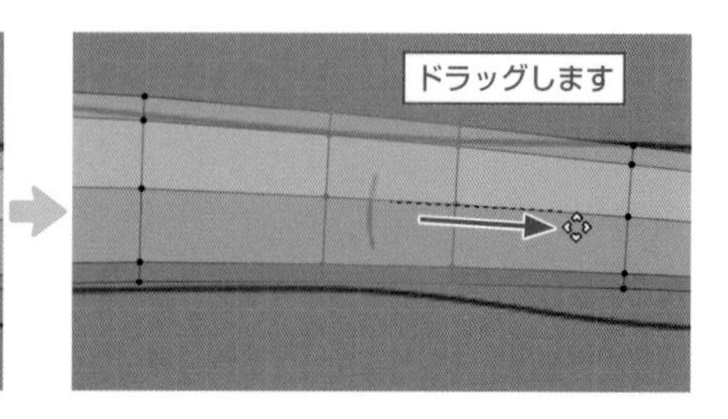

H 3Dビューポートのヘッダーにある **[辺選択]** を有効にし、図のように肘の水平方向のメッシュを5本（後方）選択します（前方の3本は選択しません）。
3Dビューポートのヘッダーにある **[辺]** から **[細分化]** を選択します。

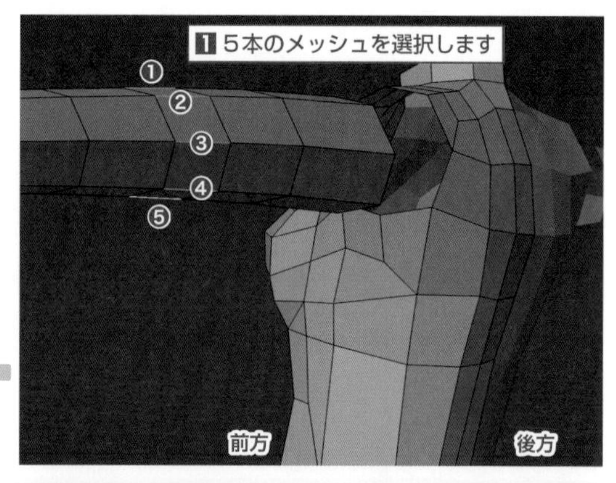

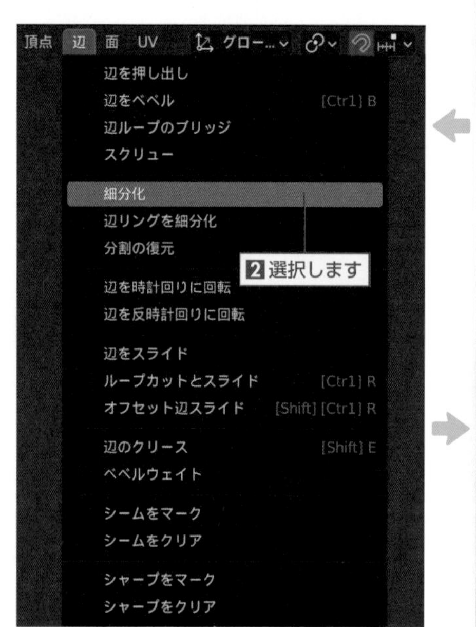

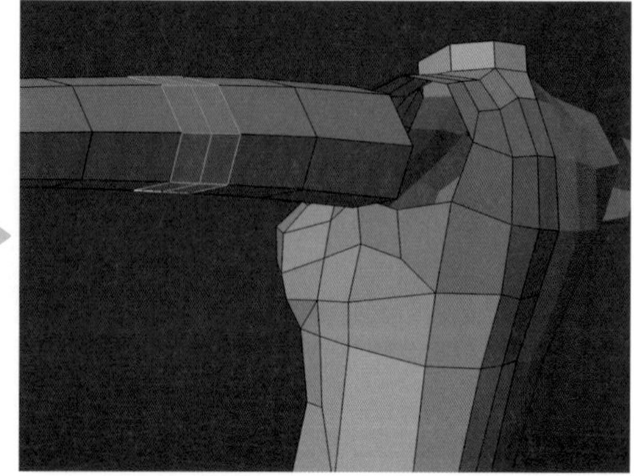

1 3Dビューポートの左下に表示された「**細分化**」パネルの［**Nゴンを作成**］を無効にします。

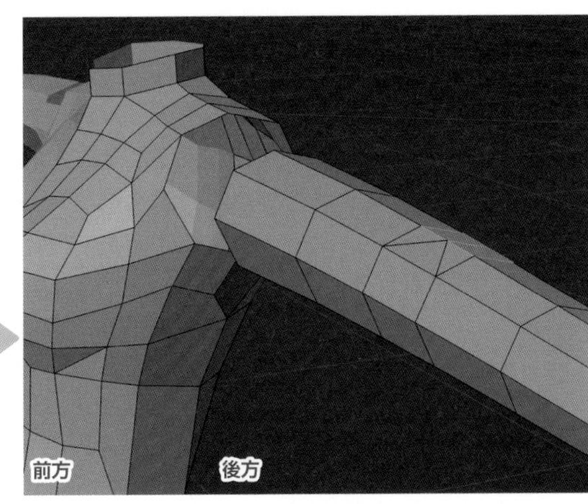

TIPS 関節のメッシュ構造

膝や肘などある一定の方向にしか曲がらない関節部は、曲がるときに外側となるメッシュは広がるため、ある程度の分割数が必要となります。反対に内側となるメッシュは縮むため、分割数が少ないほうが制御しやすくなります。
首や腰などのあらゆる方向に曲がる関節部では、メッシュが平均的に分割されていると曲がったときのシルエットがきれいになります。
関節を曲げた際、関節の外側が角張ってしまう場合は、メッシュを分割してシルエットを滑らかにしましょう。

⚠ 関節を折り曲げるためには、リギング（273ページ）の設定が必要となります。

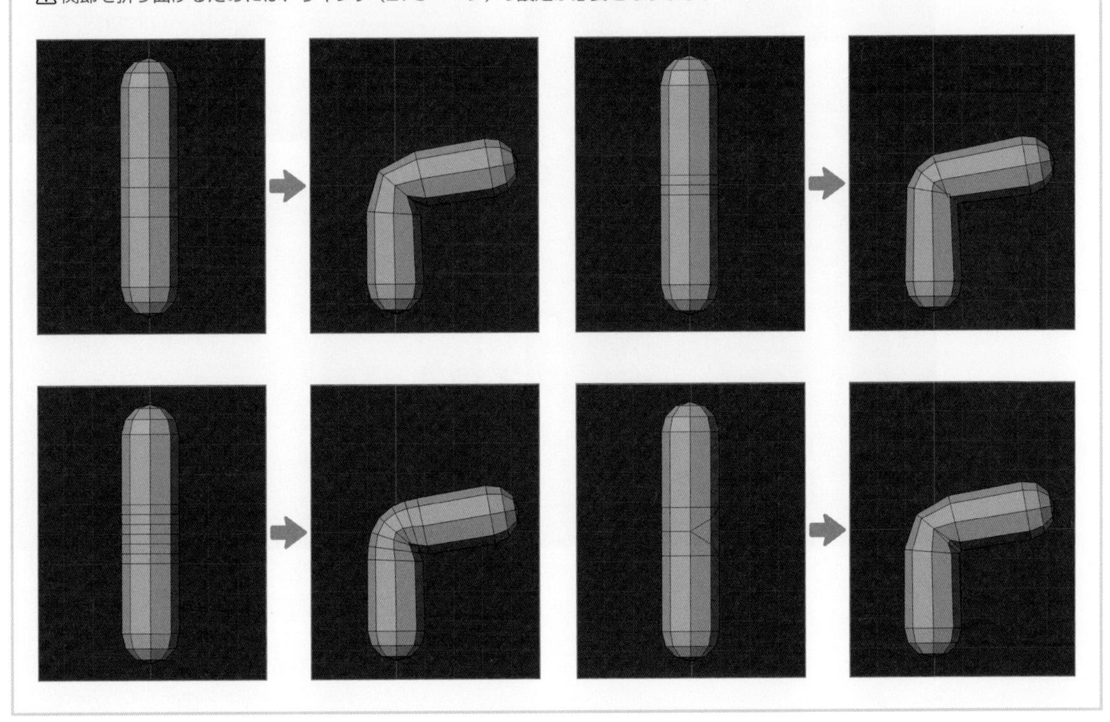

J 3Dビューポートのヘッダーにある **[透過表示]**（Alt + Z キー）を有効にして、フロントビュー（テンキー 1）に切り替えます。

3Dビューポートのヘッダーにある **[頂点選択]** を有効にします。

垂直方向のメッシュをそれぞれループ状に選択して、下絵に合わせて位置（G キー）や角度（R キー）、サイズ（S キー）を調整します。

⚠ ※肘周辺のメッシュは、三角面が含まれるため Alt ＋左クリックによるループ選択が機能しません。

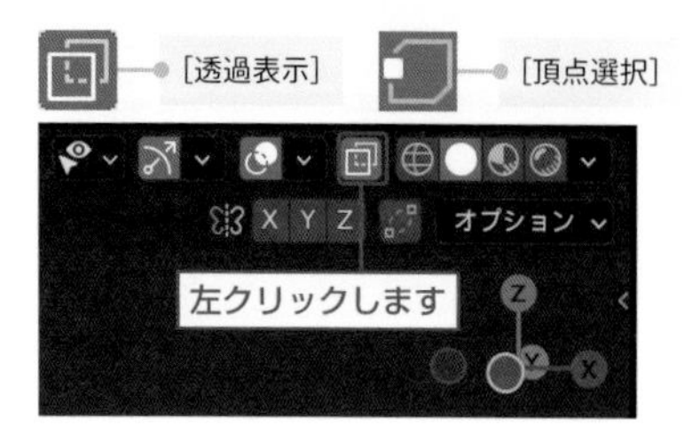

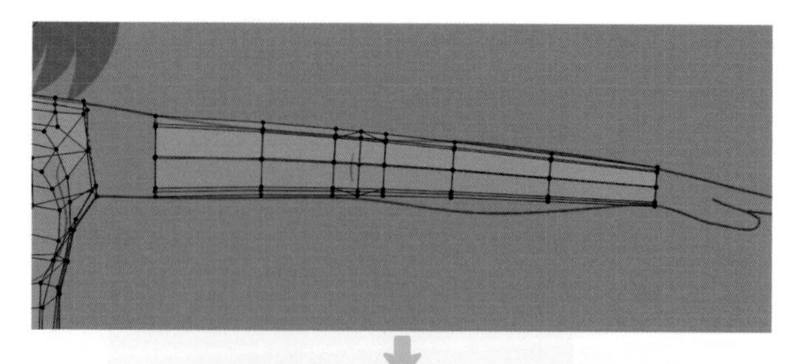

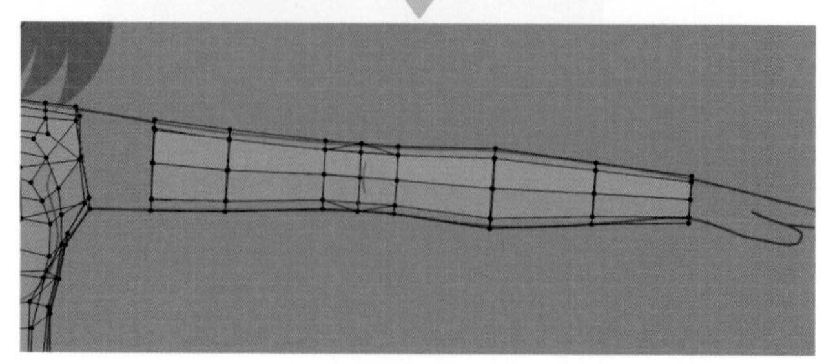

K 腕の付け根のメッシュ2組をループ状に選択（Shift ＋ Alt ＋左クリック）し、3Dビューポートのヘッダーにある **[辺]** から **[辺ループのブリッジ]** を選択してボディと腕を面でつなぎ合わせます。

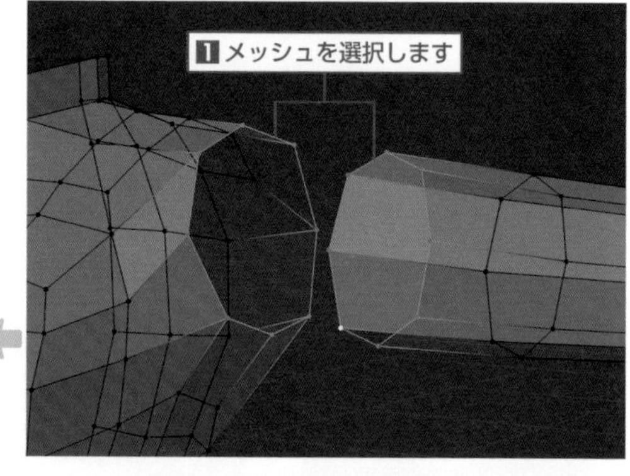

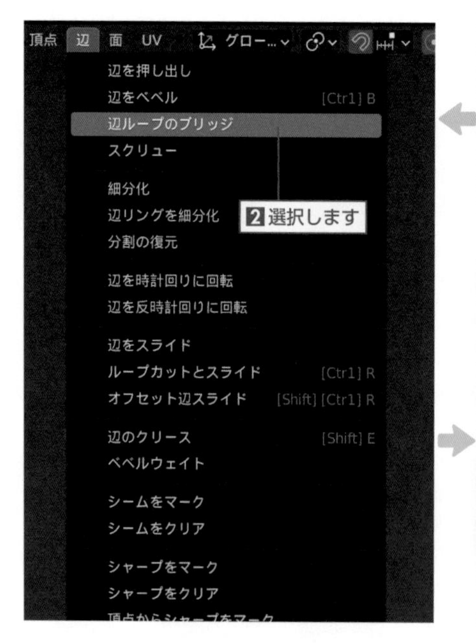

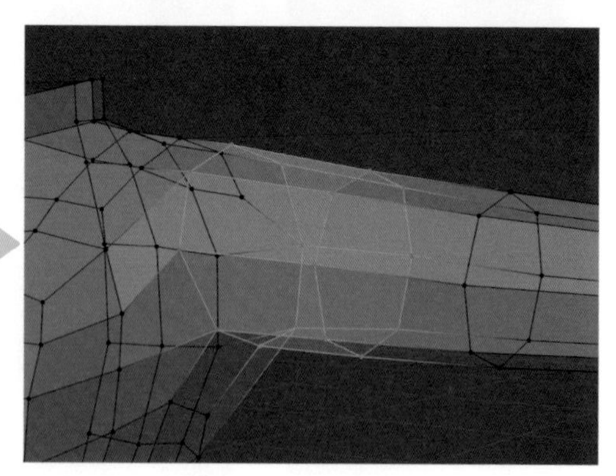

STEP 02 手の甲の作成

A 手首のメッシュをループ状に選択（Alt＋左クリック）し、フロントビュー（テンキー1）に切り替えます。3Dビューポートのヘッダーにある［メッシュ］から［複製］（Shift＋Dキー）を選択して、指の付け根の位置に複製します。

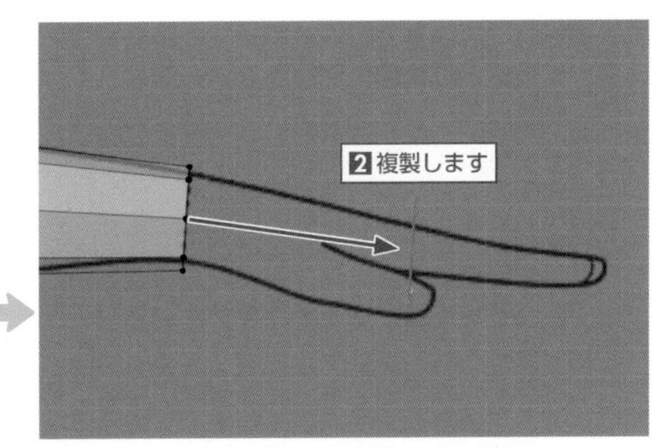

B 手首のメッシュと複製したメッシュの2組を選択（Shift＋Alt＋左クリック）し、3Dビューポートのヘッダーにある［辺］から［辺ループのブリッジ］を選択します。
3Dビューポートの左下に表示された「辺ループのブリッジ」パネルの［分割数］を“5”に設定してメッシュを分割します。

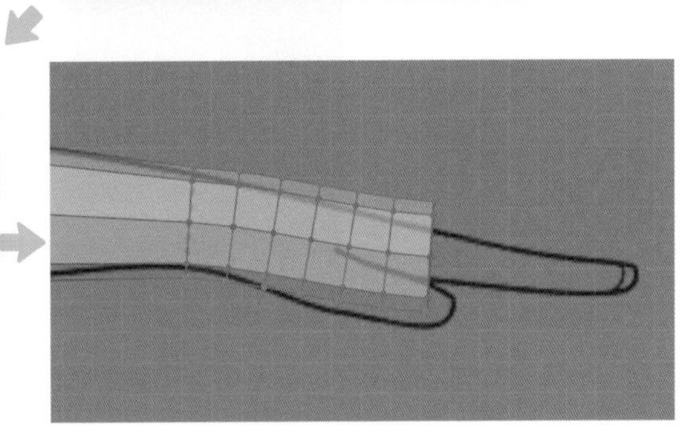

C 3Dビューポートのヘッダーにある◎を左クリックして「プロポーショナル編集」を有効にします。
先端のメッシュをループ状に選択（Alt＋左クリック）してSキーを押し、続けてZキーを押してZ軸方向に制限をかけて縮小します。
「プロポーショナル編集」が有効なため選択されたメッシュだけでなく、周辺のメッシュも連動して編集されます。影響範囲の白い円の大きさをマウスホイールの回転で調整しながら、図のように先端に向かって徐々に縮小するようにします。

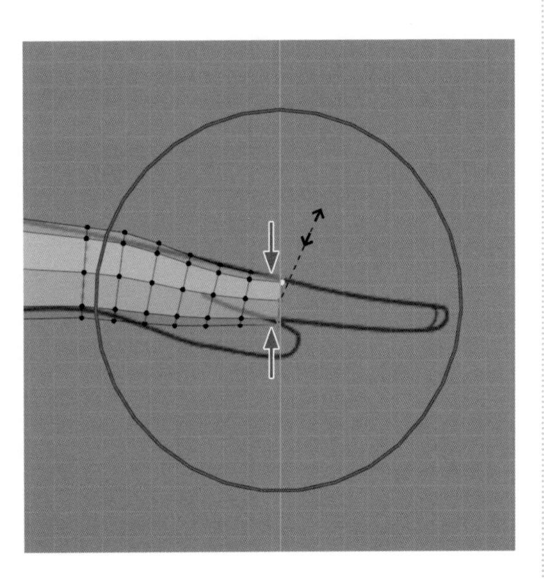

D 先端から内側2つ目のメッシュをループ状に選択（Alt+左クリック）し、トップビュー（テンキー7）に切り替えます。
Sキーを押し、続けてYキーを押してY軸方向に制限をかけて拡大します。

⚠ 編集が完了したら、3Dビューポートのヘッダーにある◎を左クリックして「プロポーショナル編集」を無効にします（以下、この操作についての記載は省略します）。

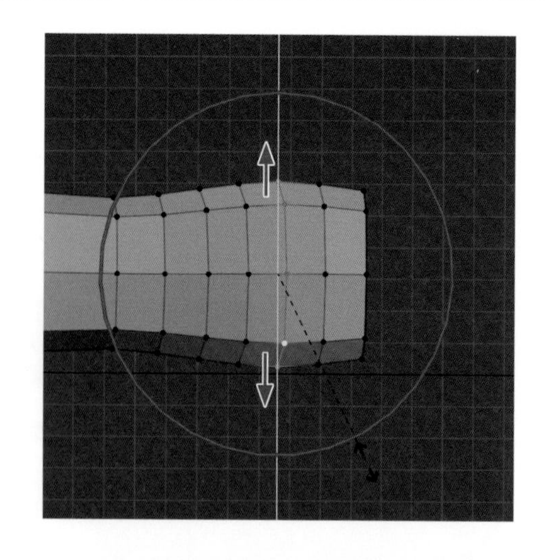

E 図のように先端から手首の手前まで4組のメッシュを選択します。
[ベベル] ツールを有効にしてライン先端の●をマウス左ボタンでドラッグし、メッシュを分割します。

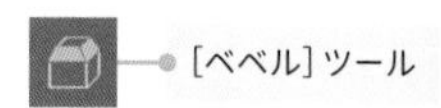

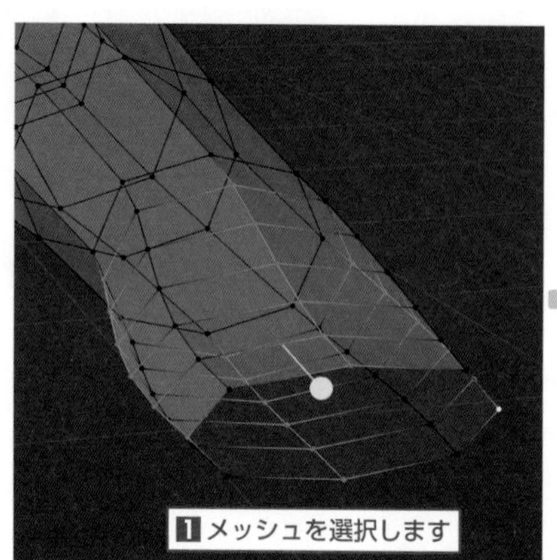

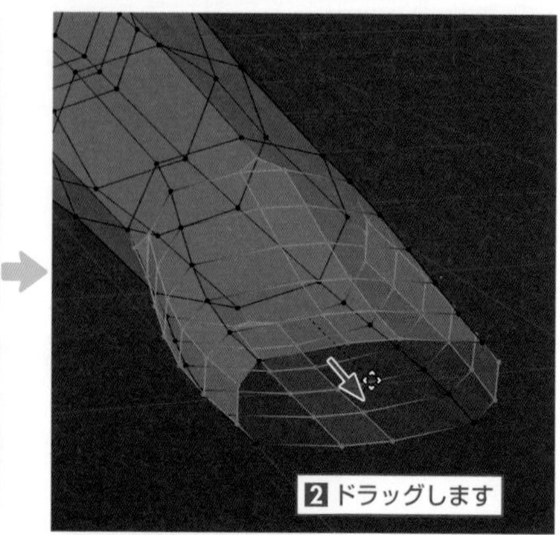

※図は透過表示にしています

F メッシュの間隔が均等になるように頂点を移動します。
頂点を移動する際は、頂点を選択して3Dビューポートのヘッダーにある **[頂点]** から **[頂点をスライド]**（Shift+Vキーまたは Gキーを2回押す）を選択し、形状を崩さないようにメッシュに沿って移動します。

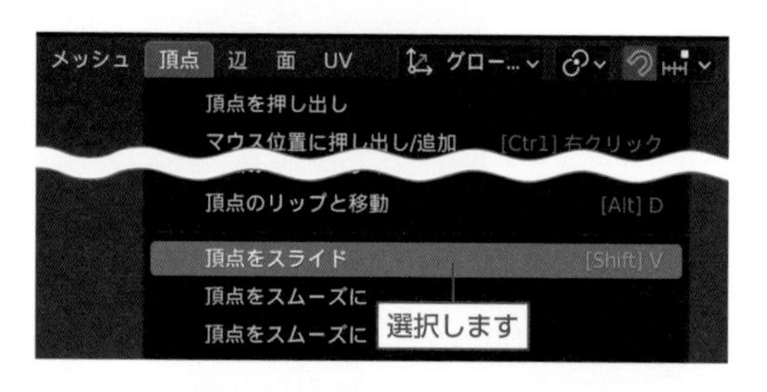

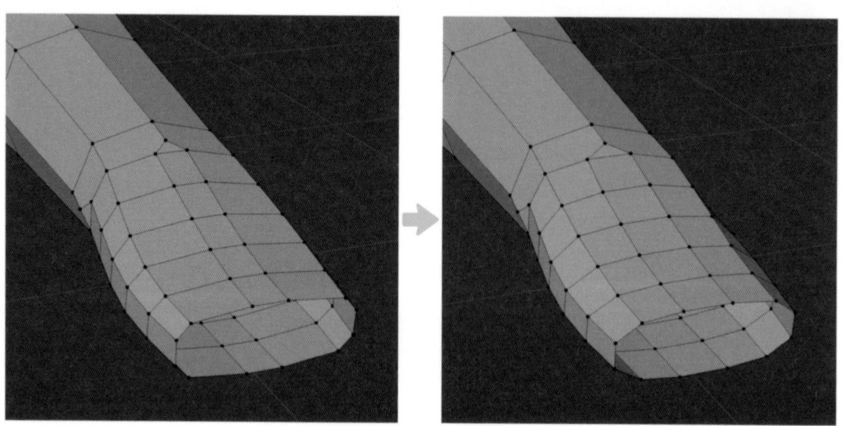

G ベベルによって生成された五角形を四角形に編集します。
図のような順番で2つ頂点を選択して、3Dビューポートのヘッダーにある **[メッシュ]** ➡ **[マージ]**（M キー）から **[最後に選択した頂点]** を選択し、最後に選択した頂点の位置で頂点を統合します。

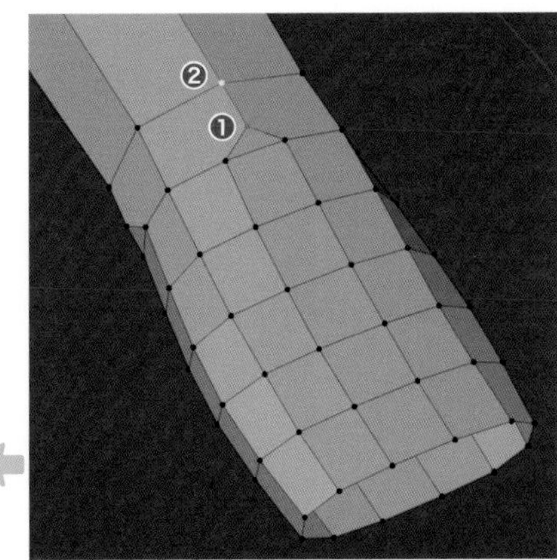

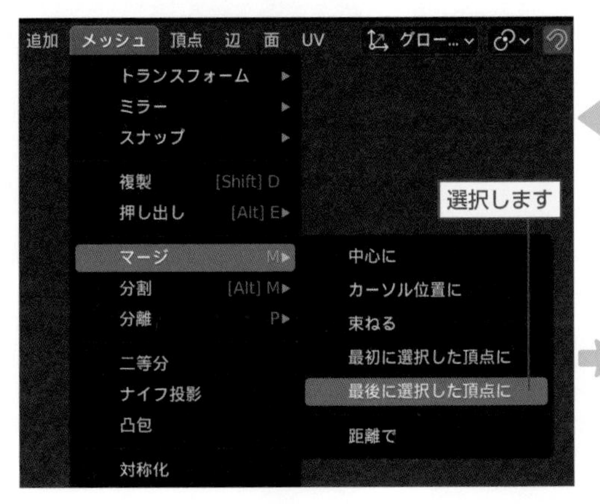

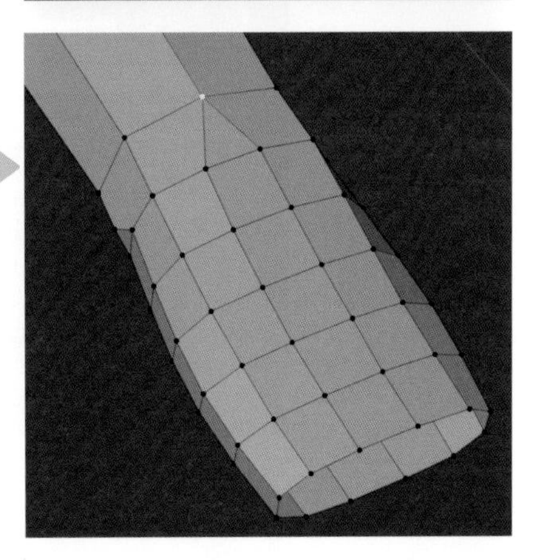

H 同様の操作で、残りの3箇所の五角形も四角形に編集します。

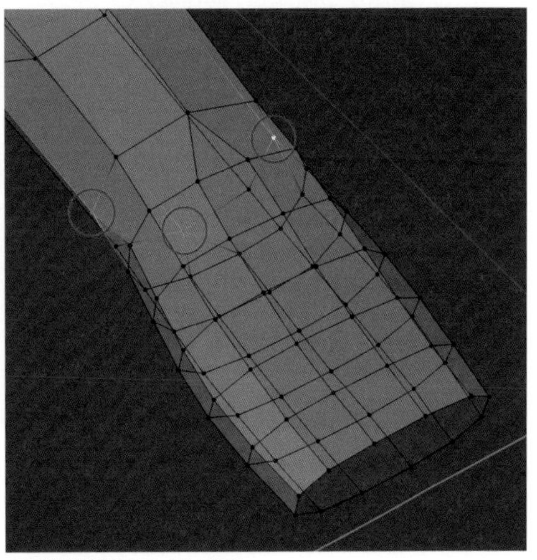

※図は透過表示にしています。

I 図のように先端の上下８点の頂点を選択します（側面のメッシュは選択しません）。
3Dビューポートのヘッダーにある［辺］から［細分化］を選択し、3Dビューポートの左下に表示された「細分化」パネルの［分割数］を“2”に設定、［Nゴンを作成］を無効にします。

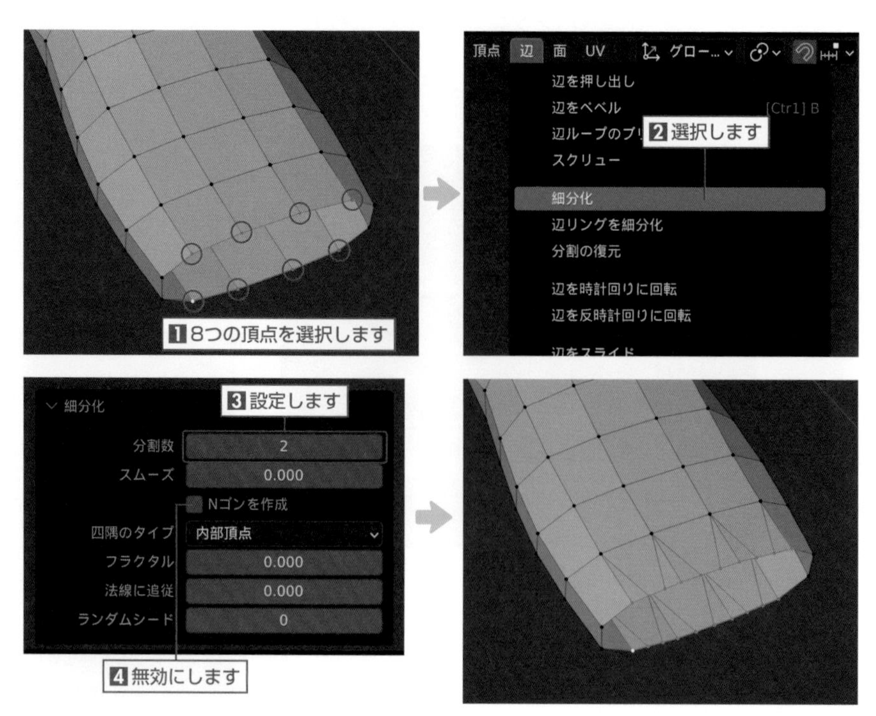

J 指と指の間のメッシュを作成します。
細分化によって生成された上下の頂点4点をそれぞれ選択し、3Dビューポートのヘッダーにある［頂点］から［頂点から新規辺/面作成］（F キー）を選択します（1枚ずつ作成します）。

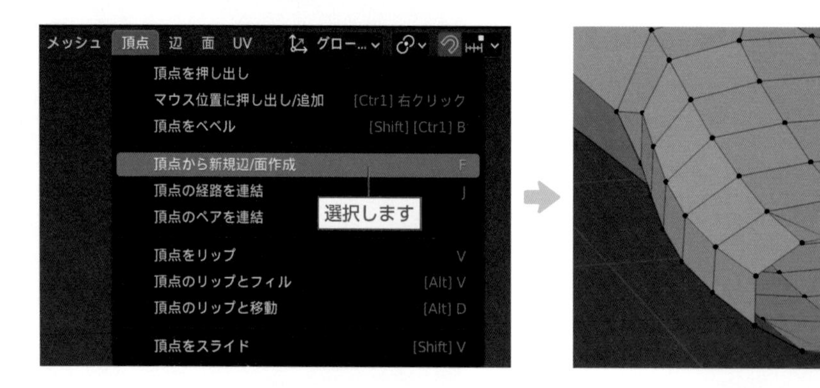

K 手の甲の人差し指側を長く、小指側を短く変形します。
トップビュー（テンキー 7 ）に切り替え、3Dビューポートのヘッダーにある［透過表示］（ Alt ＋ Z キー）を有効にします。
図のように先端のメッシュを選択し、反時計回りに少し回転（ R キー）します。

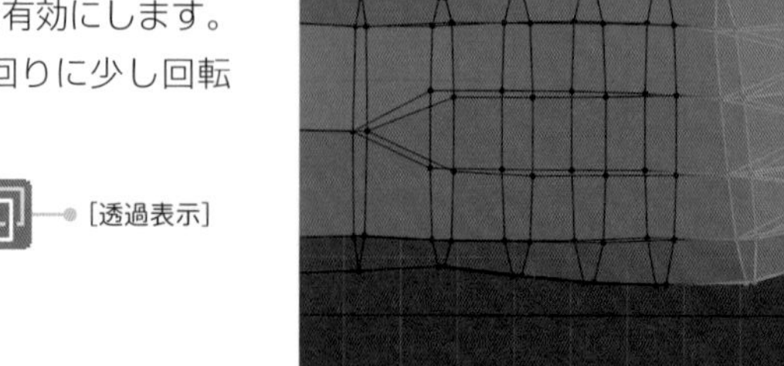

L それぞれの指の付け根が円形（正六角形）になるように各頂点を移動（G キー）して形状を整えます。

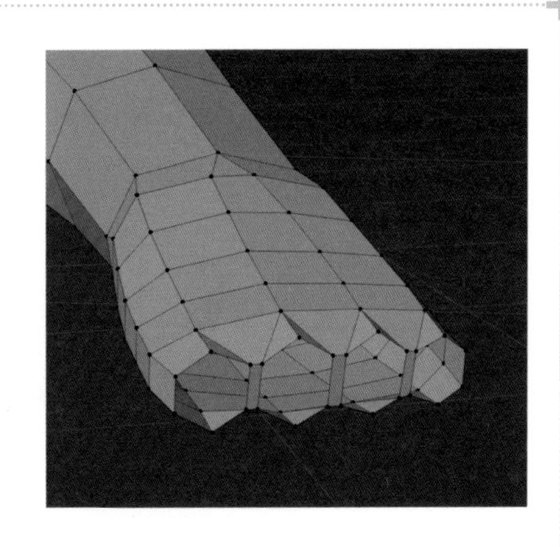

STEP 03 親指の付け根を作成

A 図のように親指の付け根付近の頂点２点を選択し、削除（X キー）で **[頂点]** を選択します。

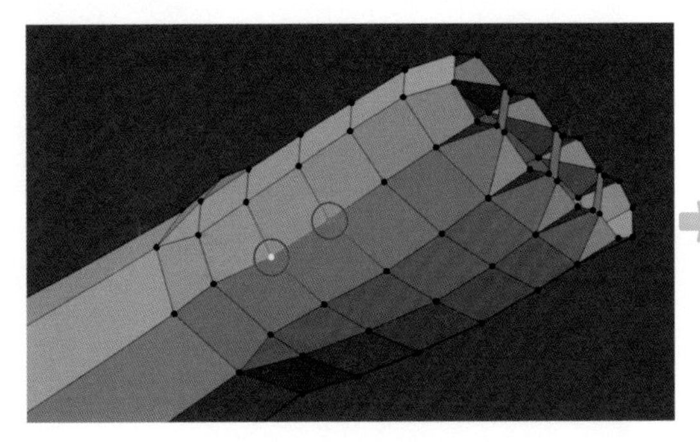

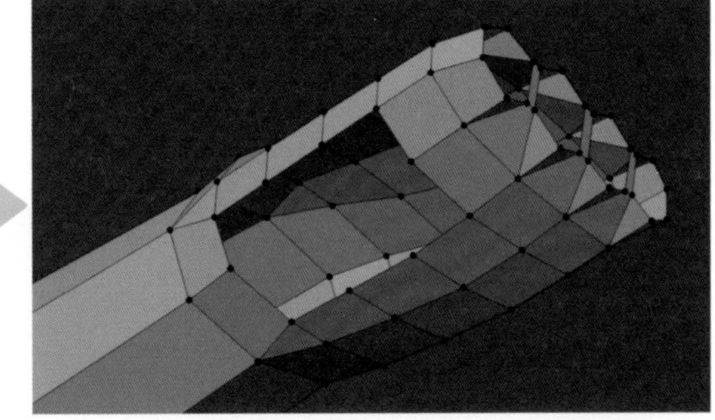

B 人差し指の付け根のメッシュ（頂点６点）を選択し、トップビュー（テンキー 7）に切り替えます。
3Dビューポートのヘッダーにある **[メッシュ]** から **[複製]**（Shift ＋ D キー）を選択して親指の付け根の位置に複製し、時計回りに回転（R キー）して角度を調整します。

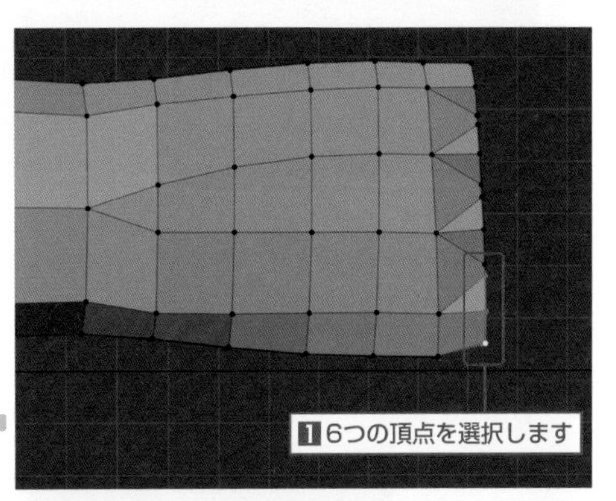

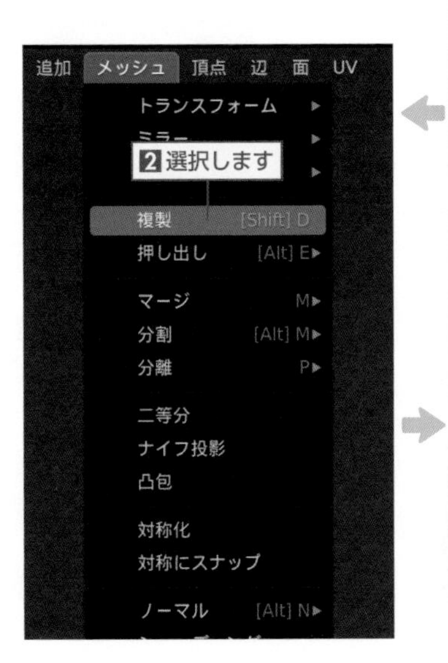

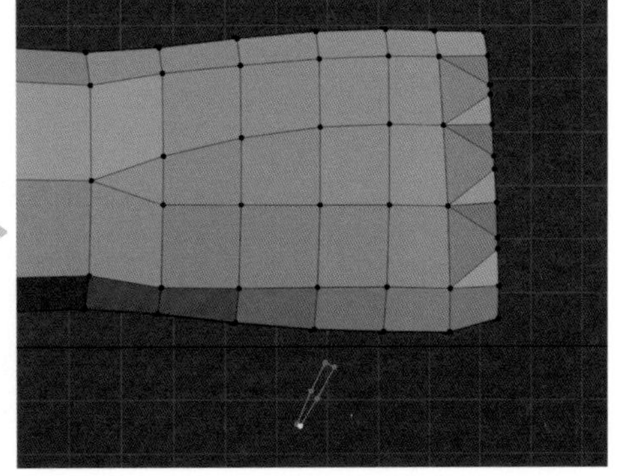

C ライトビュー（テンキー3）に切り替え、反時計回りに回転（Rキー）して角度を調整します。その他の指より少し低い位置に移動（Gキー）し、拡大（Sキー）して指の太さを調整します。

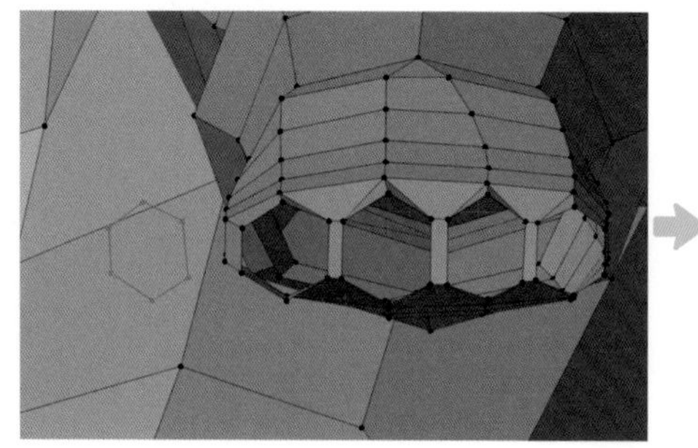

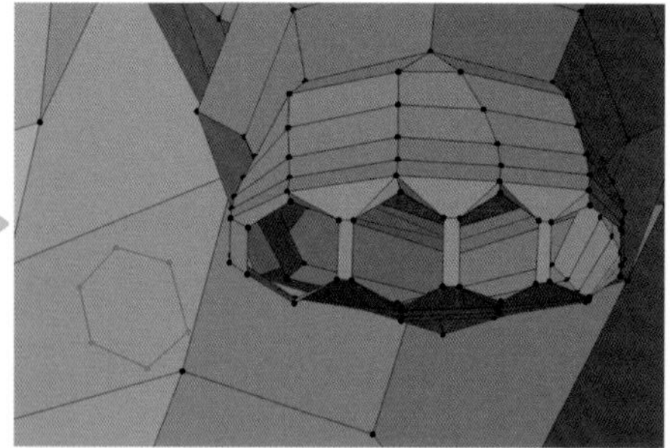

※図は下絵を非表示にしています。

D 親指の付け根と手の甲の隙間を埋めるようにメッシュを作成していきます。
それぞれ4点の頂点を選択して3Dビューポートのヘッダーにある **[頂点]** から **[頂点から新規辺/面作成]**（Fキー）を選択し、図のように合計5枚の面を作成します（1枚ずつ作成します）。

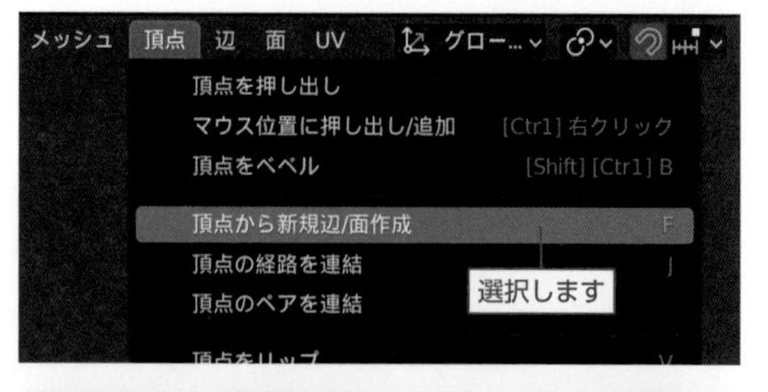

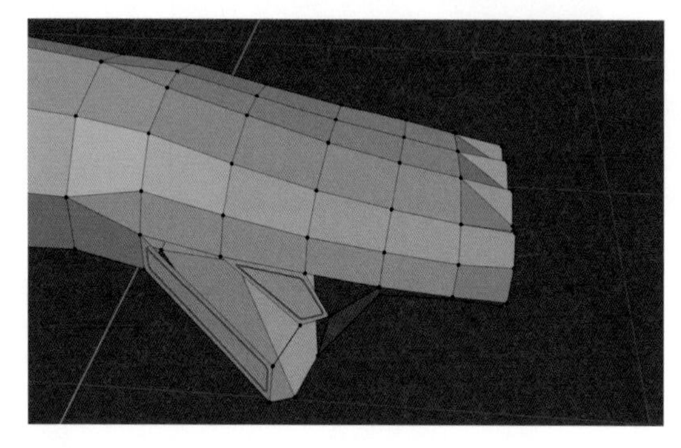

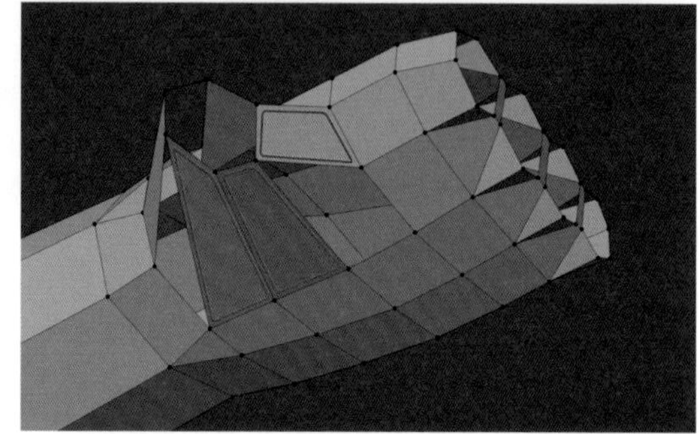

E 3Dビューポートのヘッダーにある **[辺選択]** を有効にして図のように4つの辺を選択し、3Dビューポートのヘッダーにある **[辺]** から **[細分化]** を選択します。

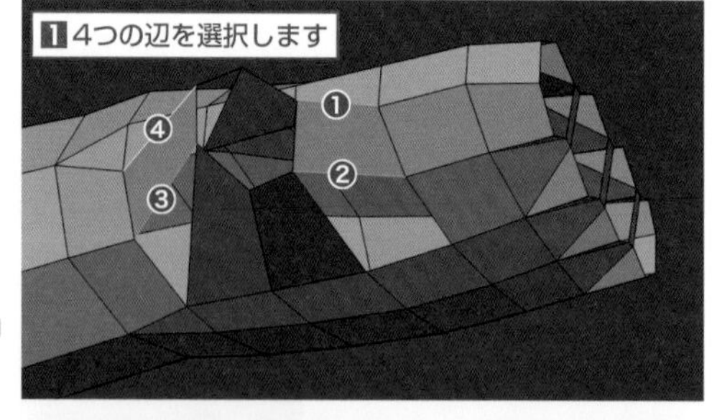

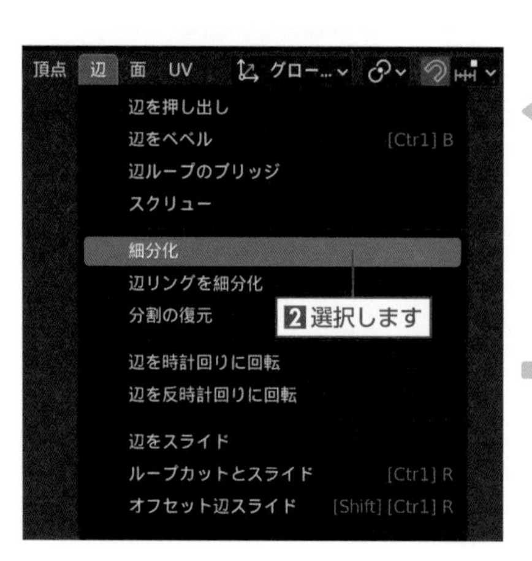

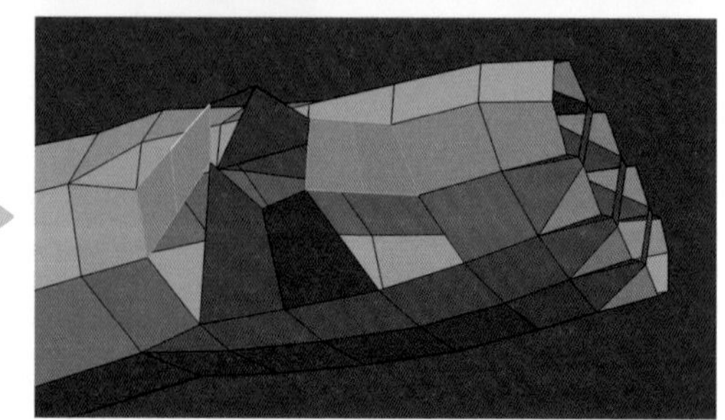

F 図のように3つの辺を選択し、3Dビューポートのヘッダーにある **[辺]** から **[細分化]** を選択します。3Dビューポートの左下に表示された **「細分化」** パネルの **[分割数]** を "2" に設定します。

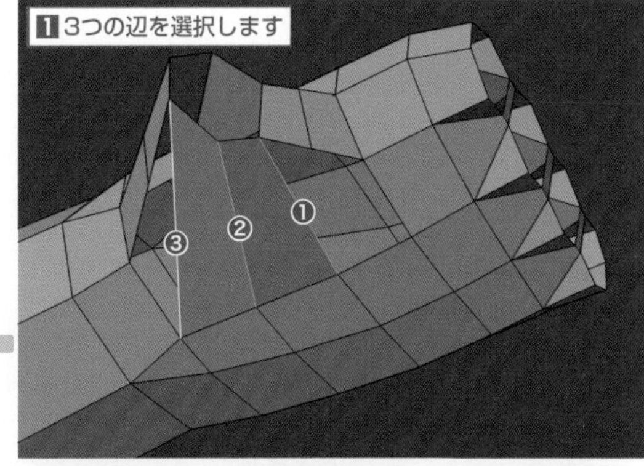

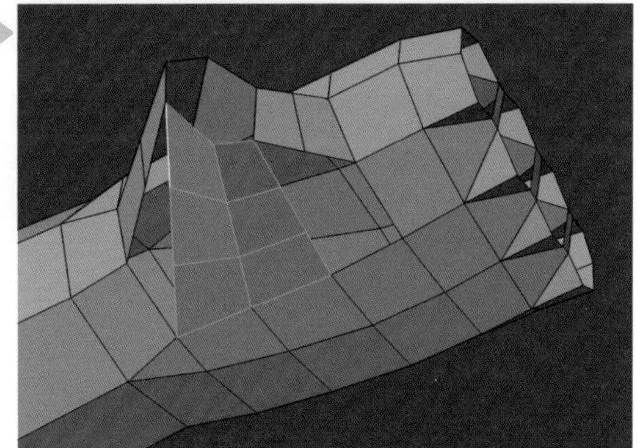

G 3Dビューポートのヘッダーにある **[頂点選択]** を有効にします。
それぞれ3点または4点の頂点を選択して3Dビューポートのヘッダーにある **[頂点]** から **[頂点から新規辺/面作成]**（F キー）を選択し、図のように隙間を埋めるように面を作成します（1枚ずつ作成します）。

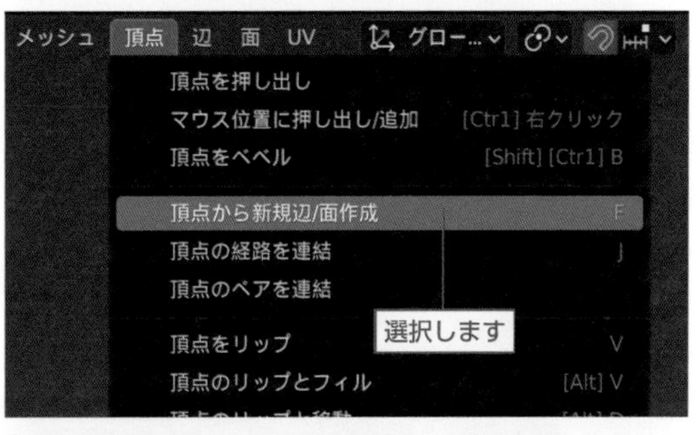

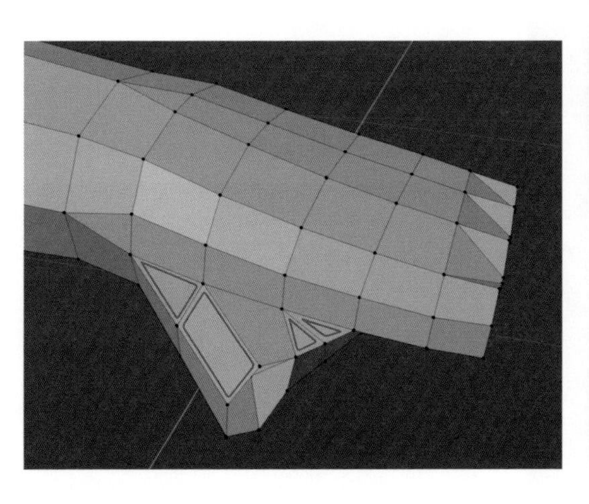

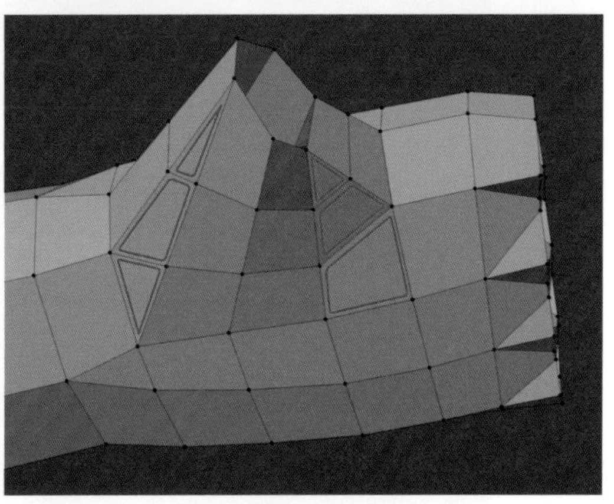

H 表面が滑らかな曲線になるように、各頂点を移動（Gキー）して形状を整えます。

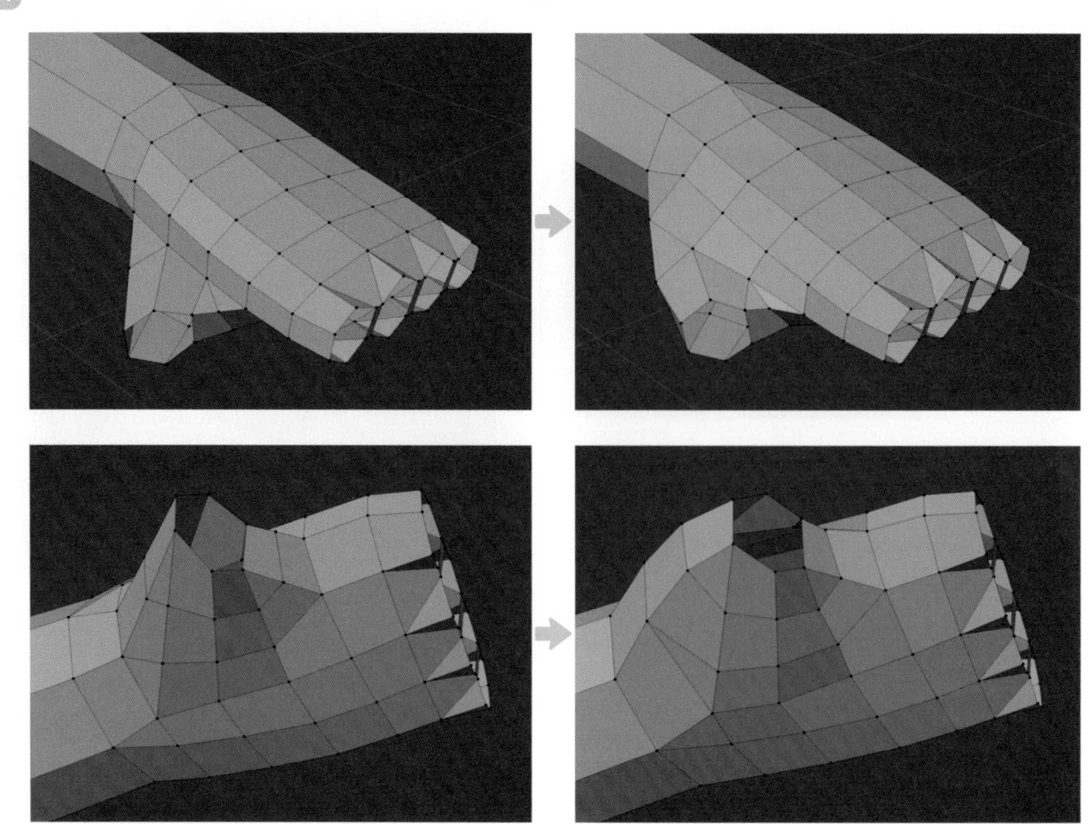

I 「三角面2枚と四角面1枚」を「四角面2枚」に編集します。
図のように2点の頂点を選択し、3Dビューポートのヘッダーにある［頂点］から［頂点の経路を連結］（Jキー）を選択します。

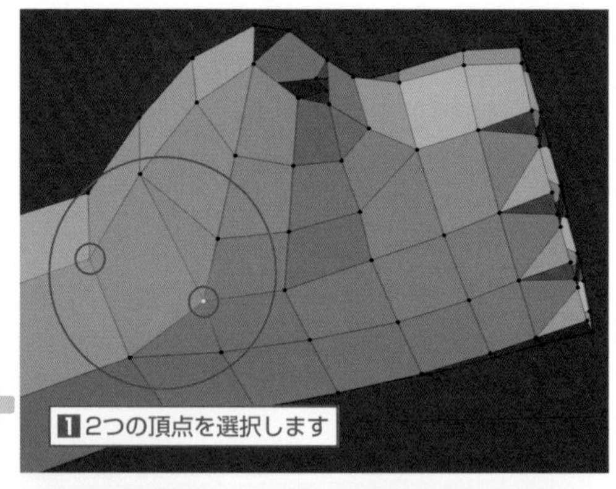

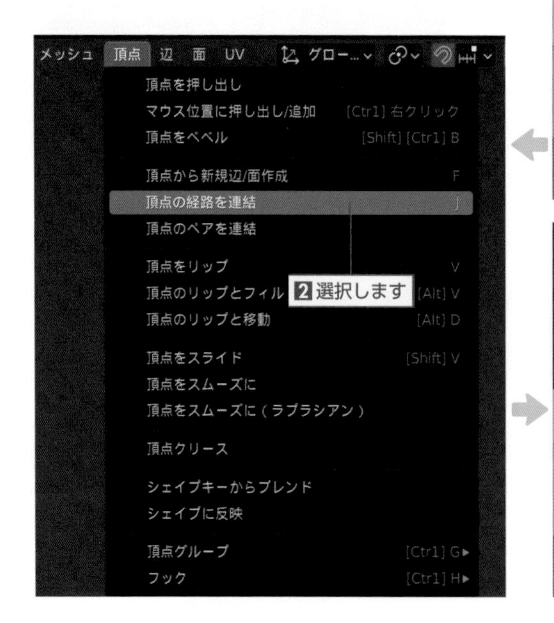

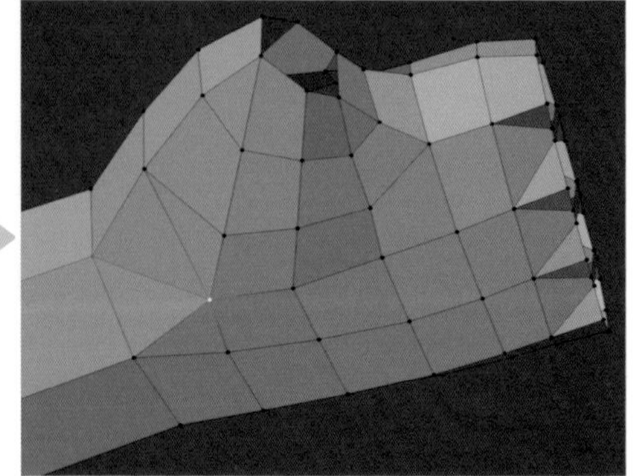

J 図のようにそれぞれ4点の頂点を選択し、3Dビューポートのヘッダーにある **[頂点]** から **[頂点から新規辺/面作成]**（Fキー）を選択して面を結合します。

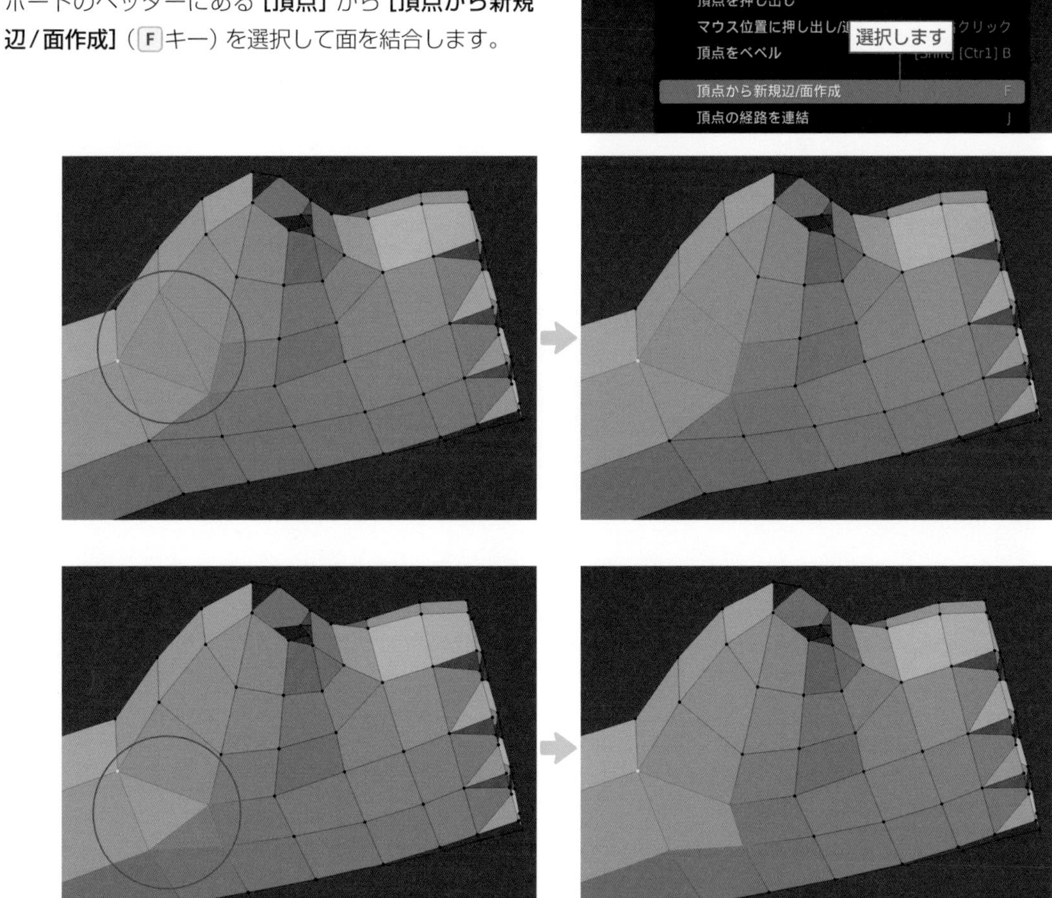

STEP 04 指の作成

A 腕と同様の手順で人差し指を作成します。
人差し指の付け根のメッシュをループ状に選択（Alt＋左クリック）し、フロントビュー（テンキー1）に切り替えます。
3Dビューポートのヘッダーにある **[メッシュ]** から **[複製]**（Shift＋Dキー）を選択して第2関節の位置に複製します。

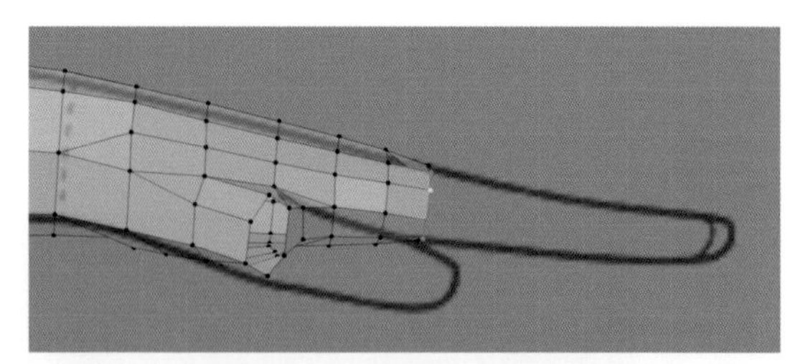

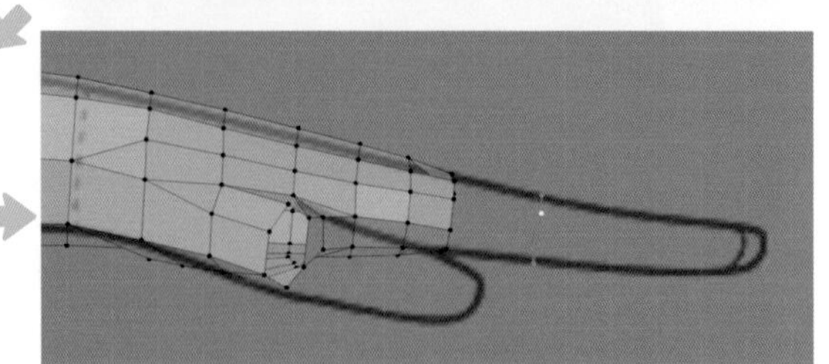

B さらに3Dビューポートのヘッダーにある **[メッシュ]** から **[複製]**（Shift＋Dキー）を選択して指先の位置に複製し、サイズを調整（Sキー）します。

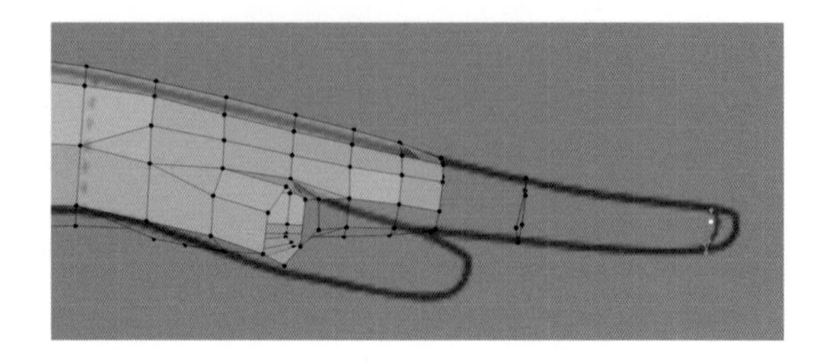

C 図のように2組のメッシュを選択（Shift＋Alt＋左クリック）し、3Dビューポートのヘッダーにある **[辺]** から **[辺ループのブリッジ]** を選択します。
3Dビューポートの左下に表示された **「辺ループのブリッジ」** パネルの **[分割数]** を "4" に設定してメッシュを分割します。

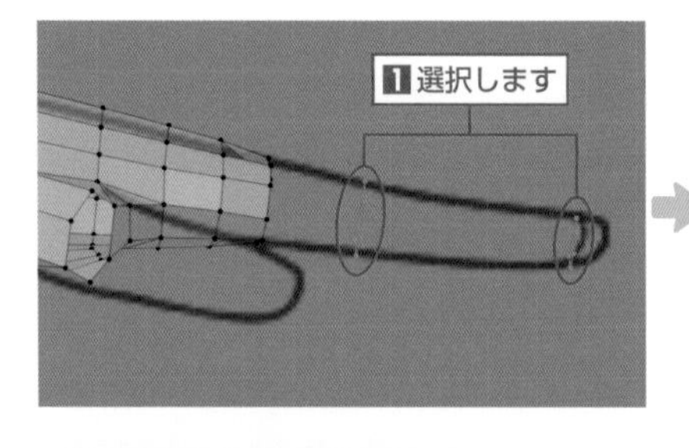

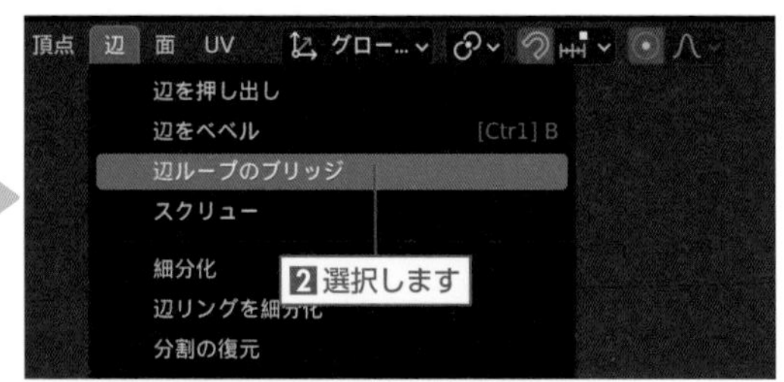

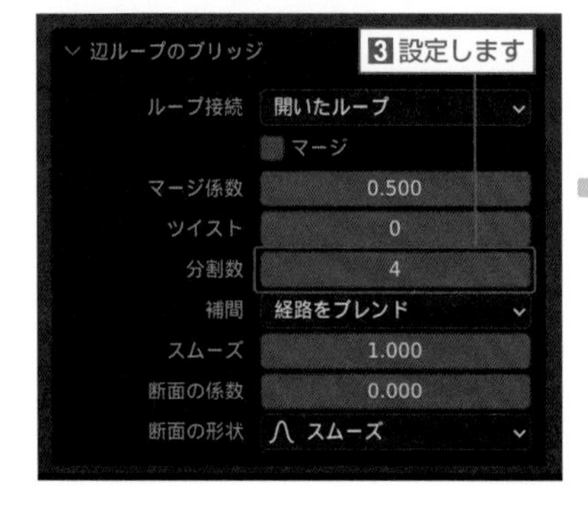

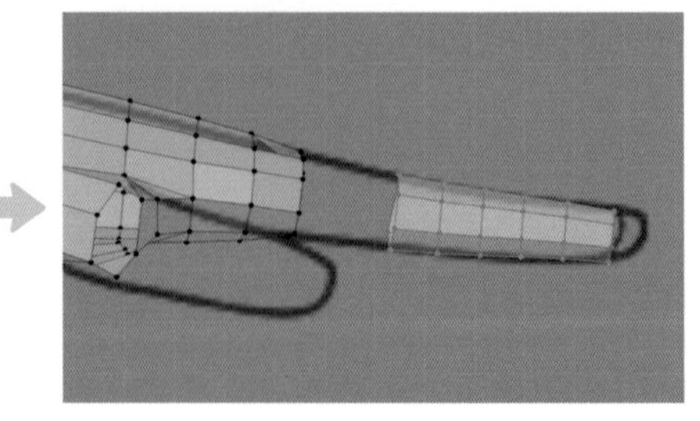

D 関節部分のメッシュを分割します。
3Dビューポートのヘッダーにある **[辺選択]** を有効にし、図のように関節の外側になる3本×2箇所の辺を選択します。
3Dビューポートのヘッダーにある **[辺]** から **[細分化]** を選択し、3Dビューポートの左下に表示された **「細分化」** パネルの **[Nゴンを作成]** を無効にします。

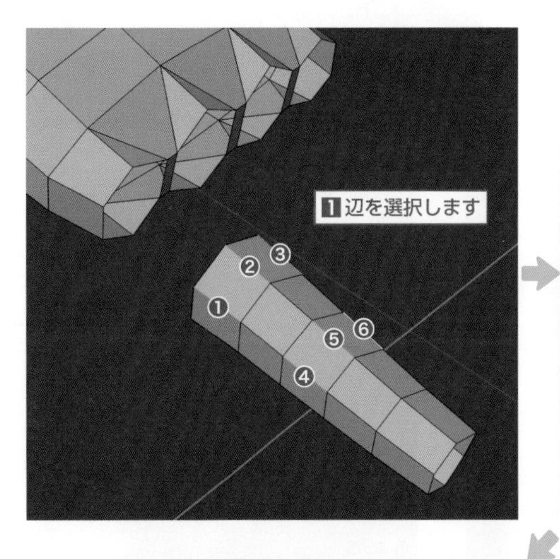

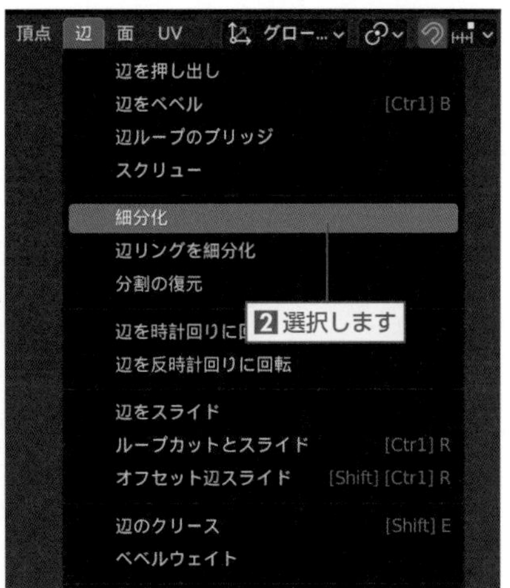

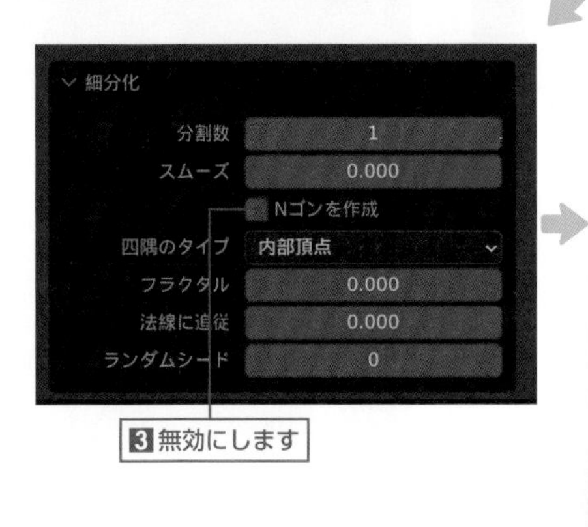

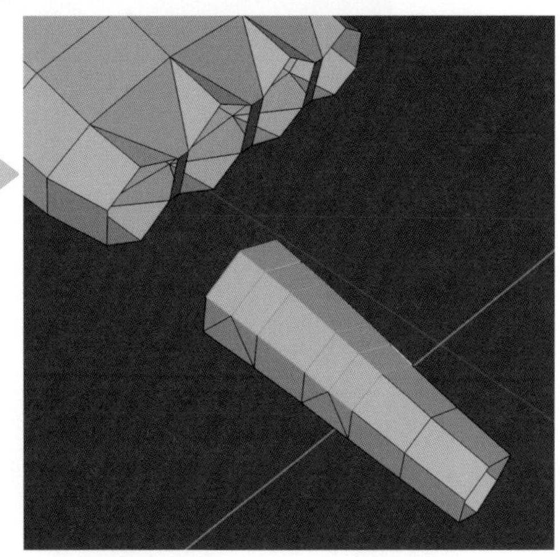

E 指先に面を作成します。
3Dビューポートのヘッダーにある **[頂点選択]** を有効にします。
それぞれ4点の頂点を選択して3Dビューポートのヘッダーにある **[頂点]** から **[頂点から新規辺/面作成]**（F キー）を選択し、図のように面を作成します（1枚ずつ作成します）。

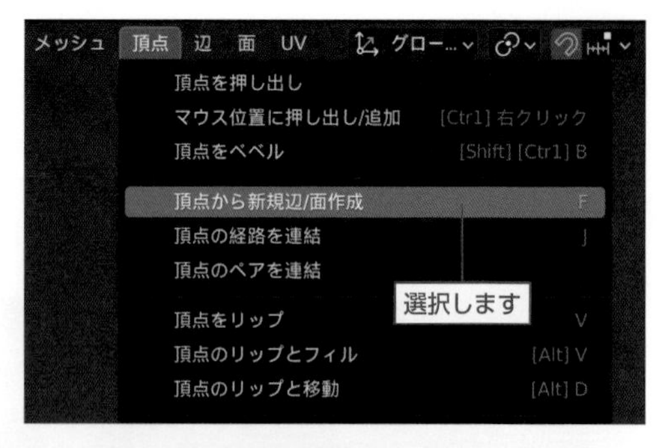

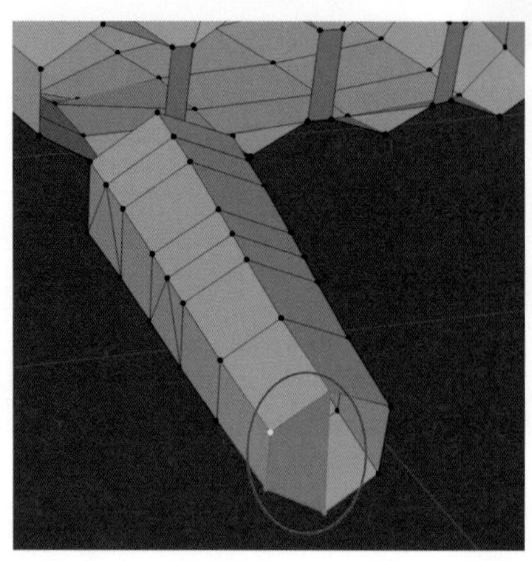

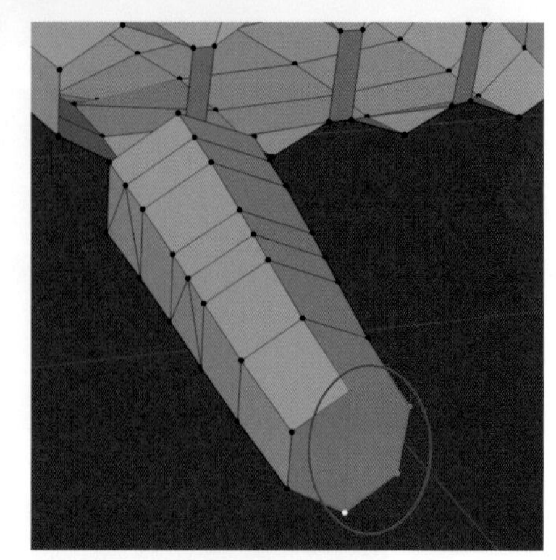

F 図のように2点の頂点を選択し、3Dビューポートのヘッダーにある **[頂点]** から **[頂点の経路を連結]**（J キー）を選択します。

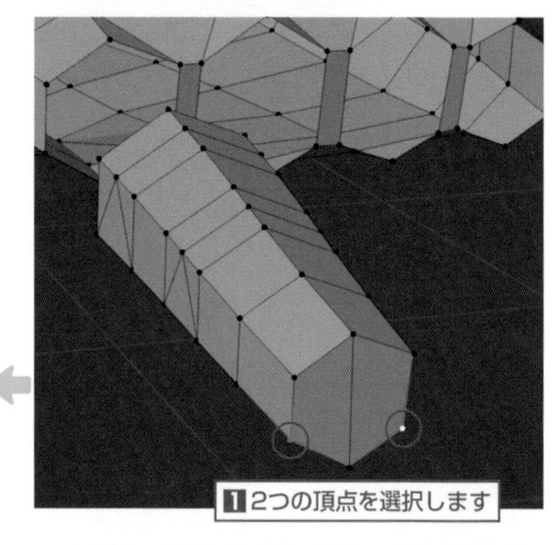

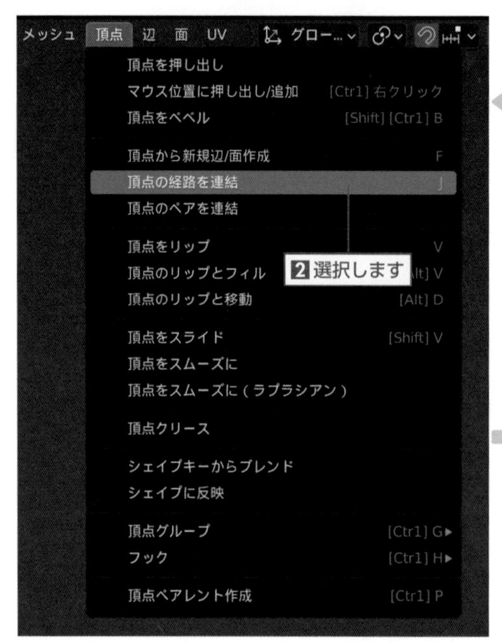

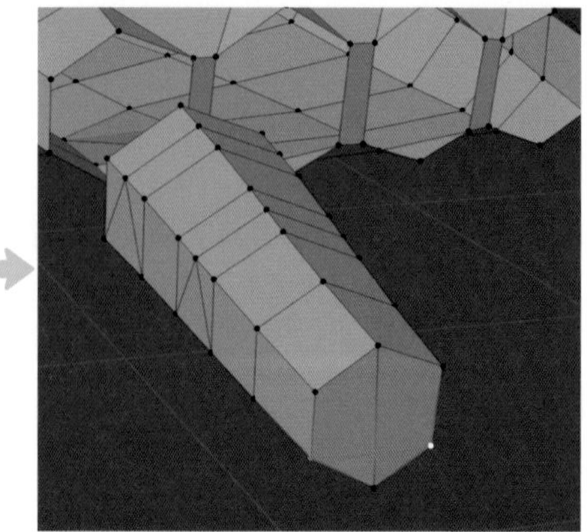

G 指先を少し尖らせるなど、図のように各頂点を移動（Gキー）して指全体の形状を整えます。

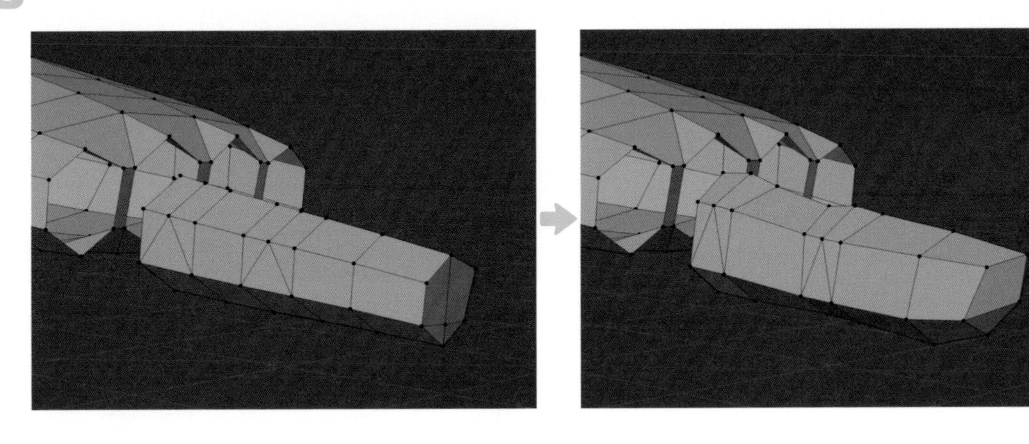

H 作成した人差し指を選択（マウスポインターを合わせてLキー）して、それぞれ中指、薬指、小指の位置に複製（Shift＋Dキー）し、サイズ（Sキー）を調整します。

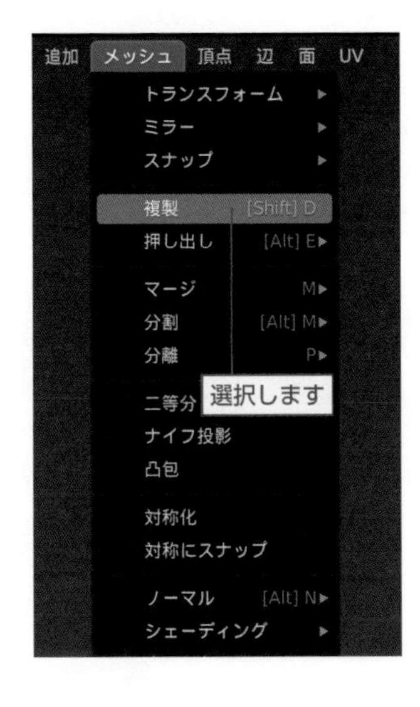

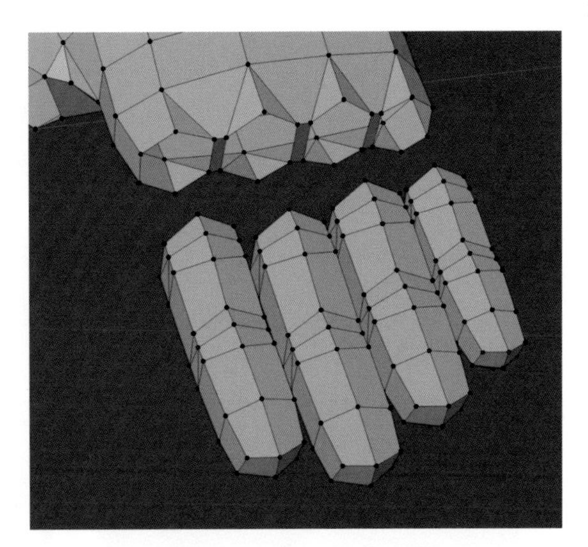

I トップビュー（テンキー7）に切り替えて、3Dビューポートのヘッダーにある**［透過表示］**（Alt＋Sキー）を有効にします。
人差し指の第1関節までを選択し、親指の位置に複製（Shift＋Dキー）します。

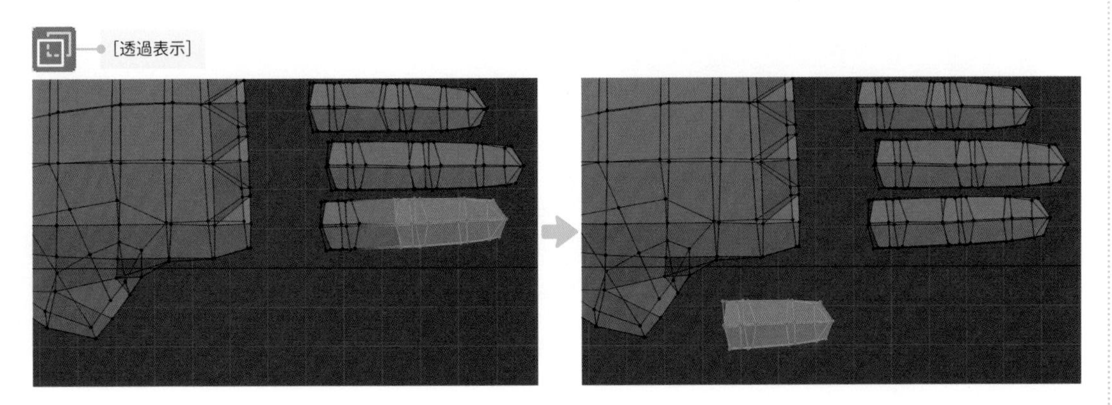

J S キーを押し、続けて Y キーを押してY軸方向に制限をかけて拡大します。

⚠ 編集が完了したら、[透過表示] を無効にします（以下、この操作についての記載は省略します）。

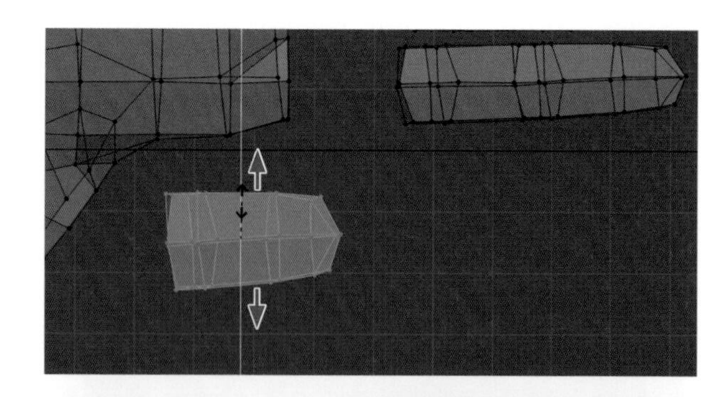

K さまざまな視点で確認しながら、角度を調整（R キー）します。

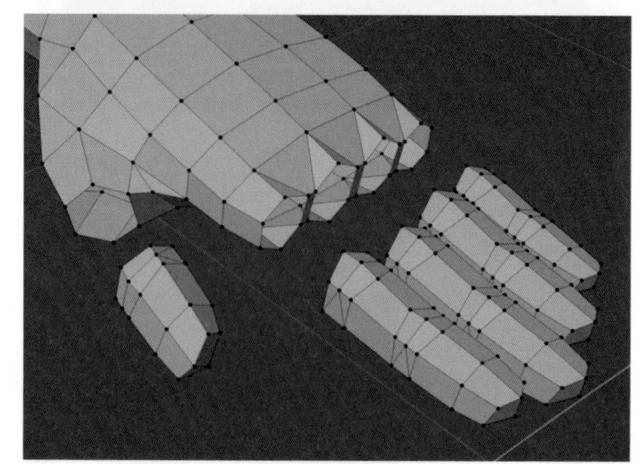

L 指の付け根のメッシュ2組を選択（Shift + Alt +左クリック）し、3Dビューポートのヘッダーにある **[辺]** から **[辺ループのブリッジ]** を選択します。

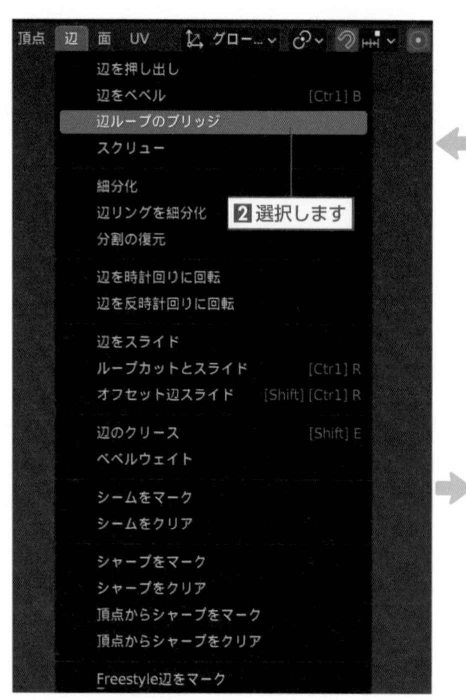

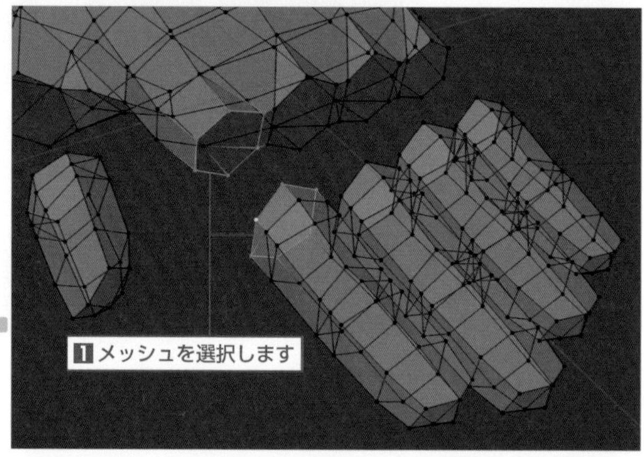

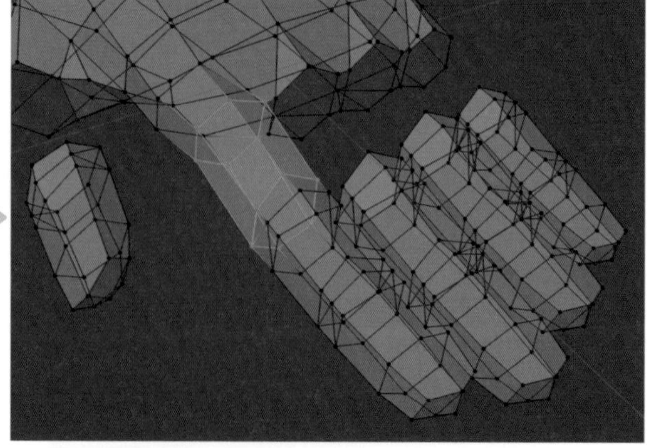

※図は透過表示にしています。

M 同様の操作で、すべての指と手の甲を面でつなぎ合わせます。

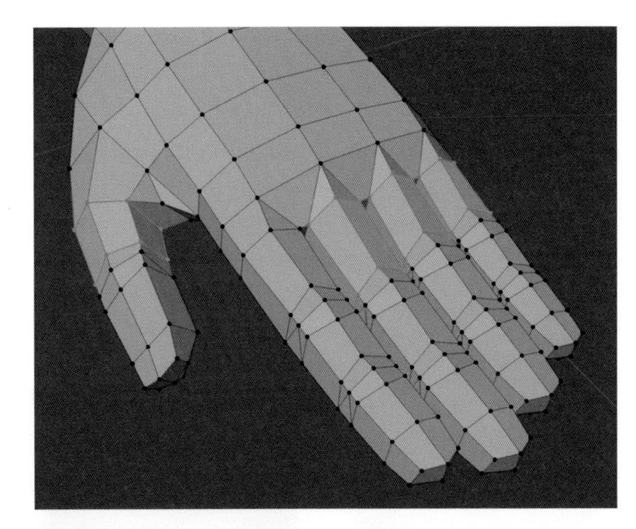

⚠ ［辺ループのブリッジ］で生成されるメッシュの流れに問題がある場合は、それぞれ4点の頂点を選択して3Dビューポートのヘッダーにある［頂点］から［頂点から新規辺/面作成］（F キー）を選択し、1枚ずつ面を作成します（必要に応じて周辺のメッシュの形状を編集しましょう）。

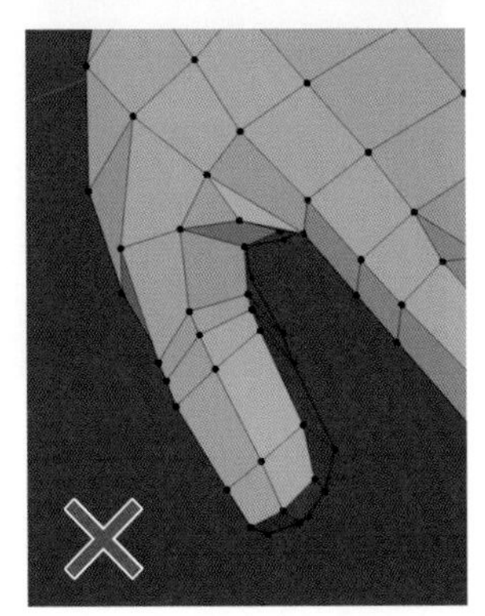

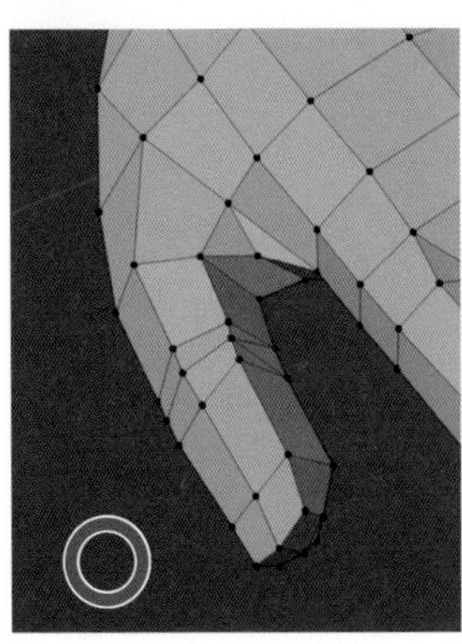

STEP 05 脚の作成

A 腕や指と同様の手順で脚を作成します。
脚の付け根のメッシュをループ状に選択（Alt＋左クリック）し、フロントビュー（テンキー1）に切り替えます。
3Dビューポートのヘッダーにある**［メッシュ］**から**［複製］**（Shift＋Dキー）を選択して太ももの位置に複製し、水平になるように回転（Rキー）します。

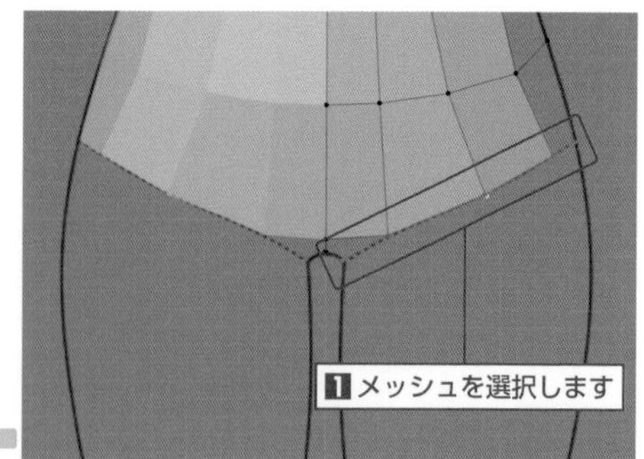

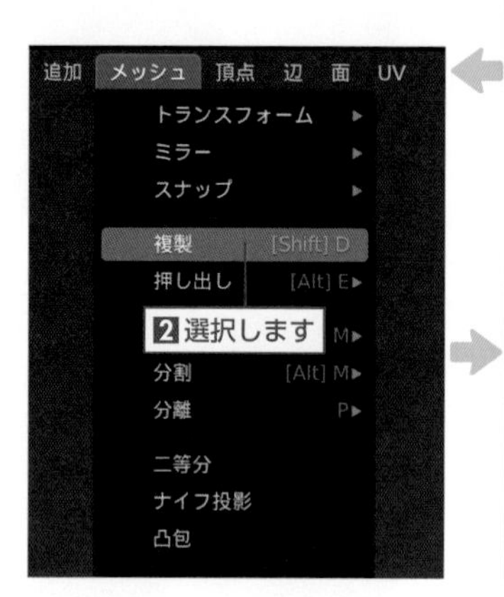

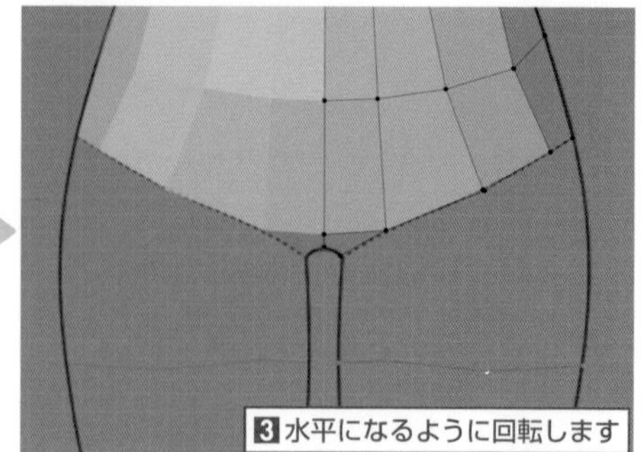

B メッシュが水平に揃っていない場合は、Sキーを押して続けてZキーを押し、Z軸方向に制限をかけて縮小します。

⚠ ここでは、ある程度揃っていれば問題ありません。

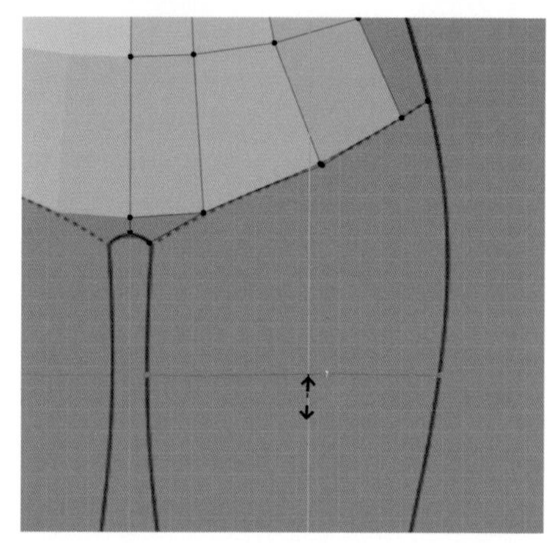

C 脚の編集を行うにあたり、ボディおよび腕のメッシュを一旦、非表示にします。
図のようにメッシュを選択（マウスポインターを合わせてLキー）して3Dビューポートのヘッダーにある**［メッシュ］➡［表示/隠す］**から**［選択物を隠す］**（Hキー）を選択します。

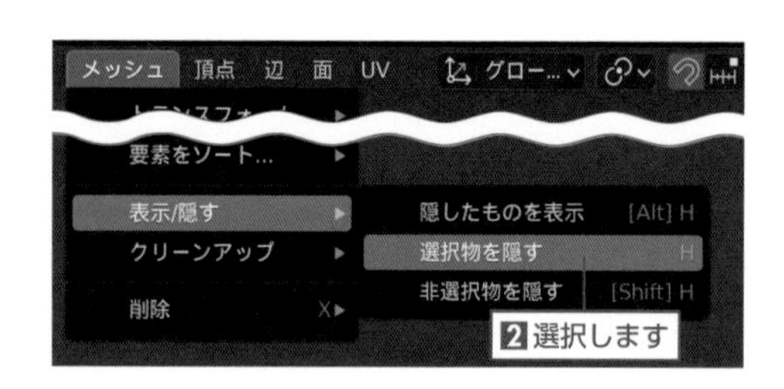

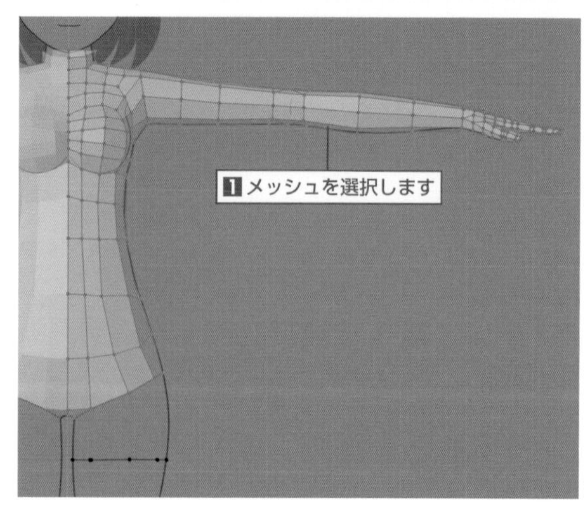

D トップビュー（テンキー7）に切り替え、メッシュの間隔が均等になるように頂点を移動（Gキー）します。

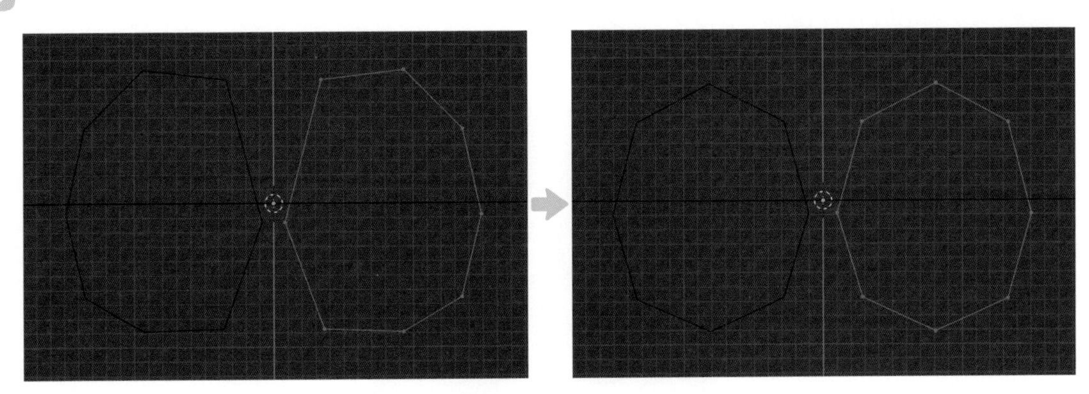

E フロントビュー（テンキー1）に切り替えます。
3Dビューポートのヘッダーにある **[メッシュ]** から **[複製]**（Shift＋Dキー）を選択して足首の位置に複製し、サイズ（Sキー）を調整します。

⚠ 編集の際に、メッシュが境界を超えないようにしましょう。
境界を超えると「ミラーモディファイアー」の［クリッピング］が有効なため、境界の位置でメッシュが固定されてしまいます。一旦［クリッピング］を無効にし、編集後有効にしてもかまいません。

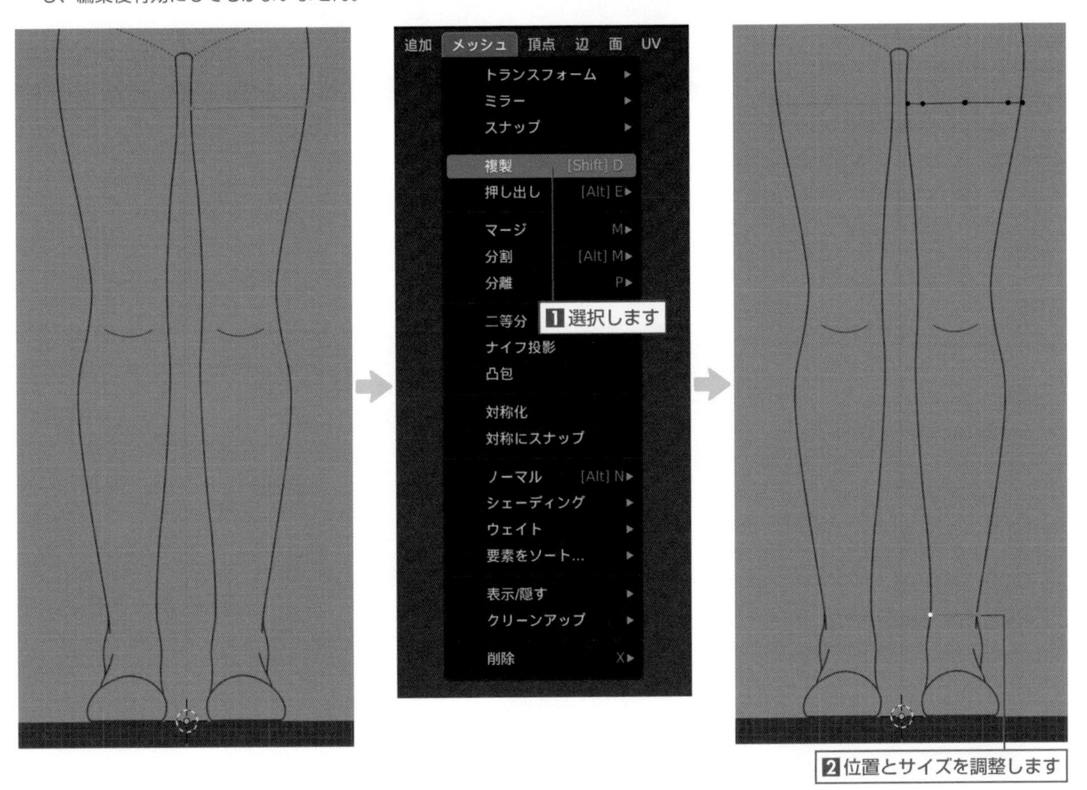

F 太ももと足首のメッシュ2組を選択（マウスポインターを合わせてLキー）し、3Dビューポートのヘッダーにある［辺］から［辺ループのブリッジ］を選択します。3Dビューポートの左下に表示された「辺ループのブリッジ」パネルの［分割数］を“7”に設定してメッシュを分割します。

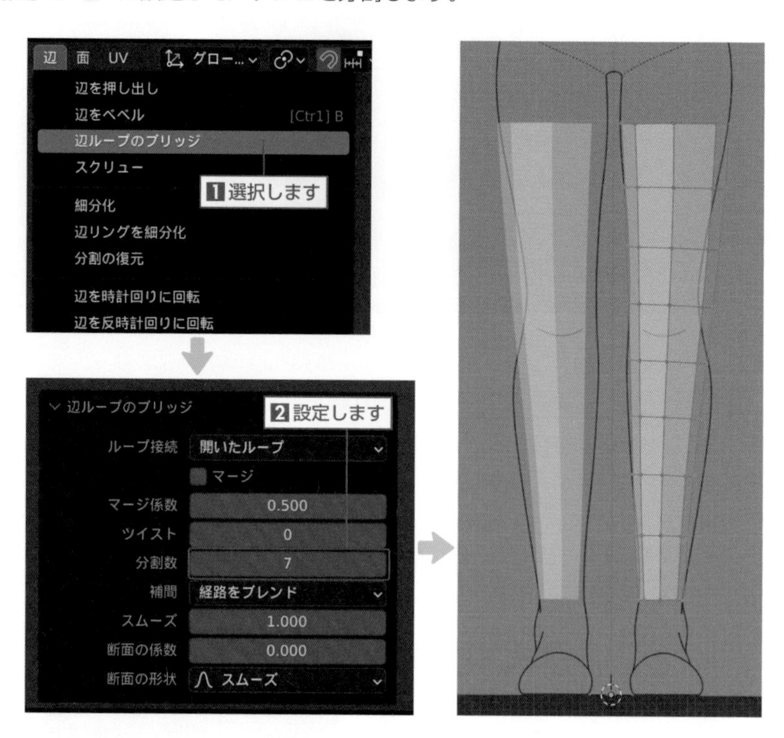

G フロントビュー（テンキー1）とライトビュー（テンキー3）を切り替え、水平方向のメッシュをそれぞれループ状に選択（Alt＋左クリック）し、下絵に合わせて位置（Gキー）や角度（Rキー）、サイズ（Sキー➡Xキー または Sキー➡Yキー）を調整します。
サイズを調整する際、フロントビューではX軸、ライトビューではY軸に制限をかけて行います。

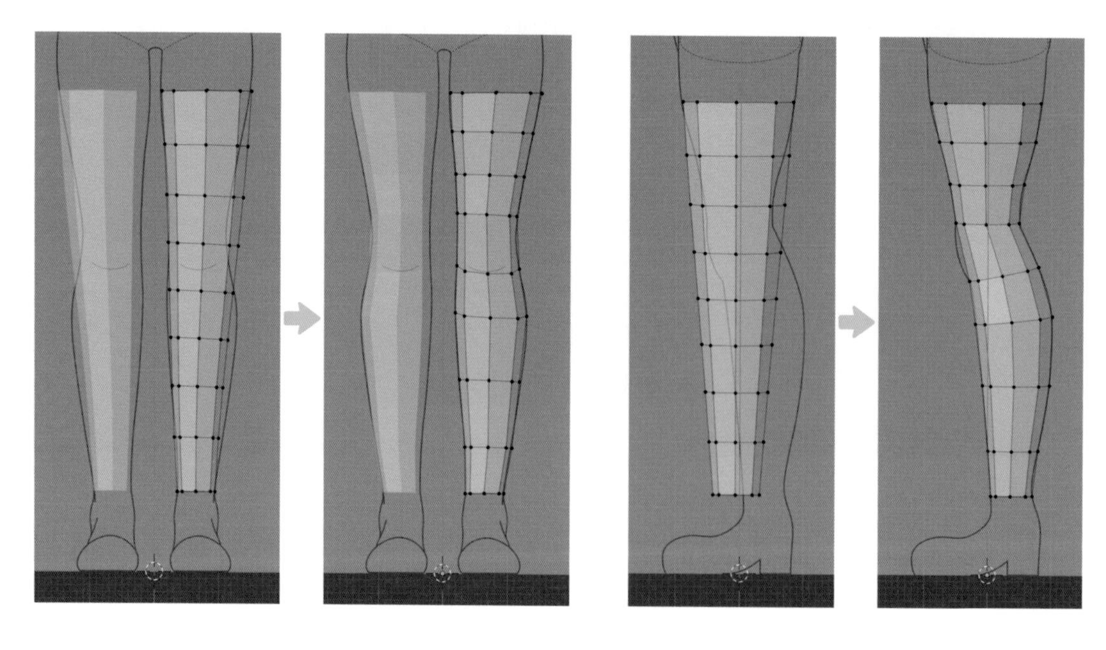

H 関節部分のメッシュを分割します。
3Dビューポートのヘッダーにある **[辺選択]** を有効にし、図のように関節の外側（前方）になる5本の辺を選択します。
3Dビューポートのヘッダーにある **[辺]** から **[細分化]** を選択し、3Dビューポートの左下に表示された **「細分化」** パネルの **[Nゴンを作成]** を無効にします。

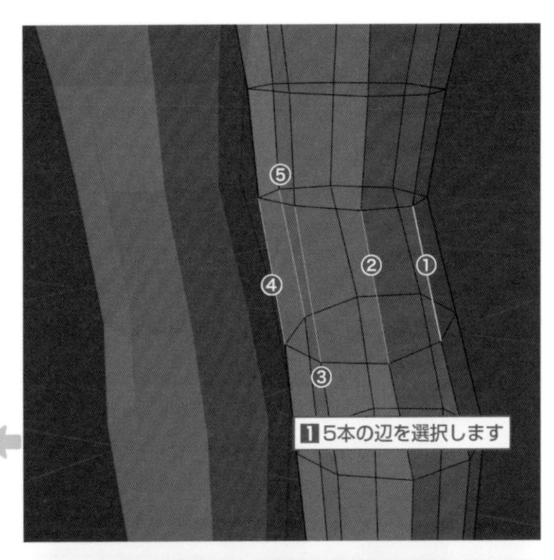

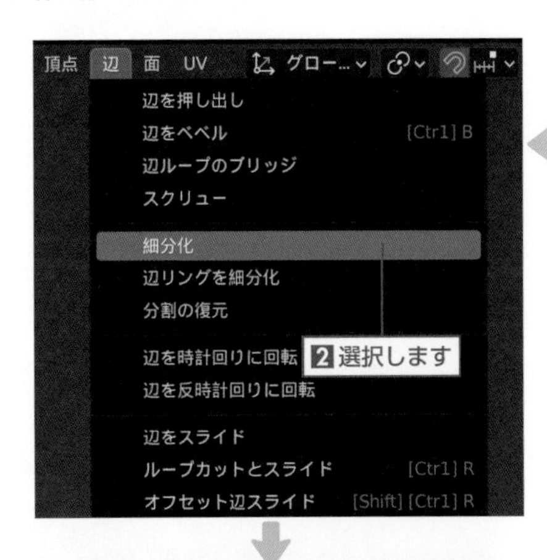

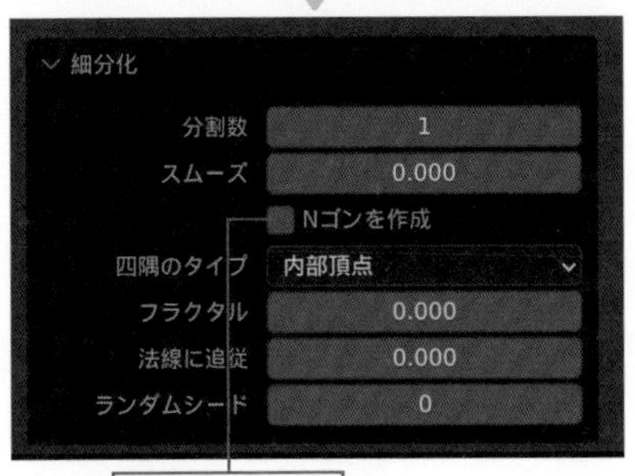

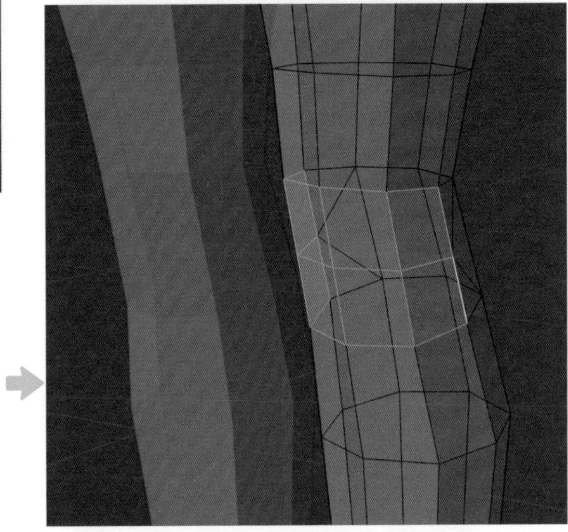

※図は透過表示にしています。

I 3Dビューポートのヘッダーにある **[頂点選択]** を有効にし、各頂点を移動（G キー）して膝を中心に形状を整えます。

⚠ 編集が完了したら、非表示にしていたボディのメッシュを再度表示します。3Dビューポートのヘッダーにある［メッシュ］➡［表示/隠す］から［隠したものを表示］（Alt ＋ H キー）を選択します（以下、この操作についての記載は省略します）。

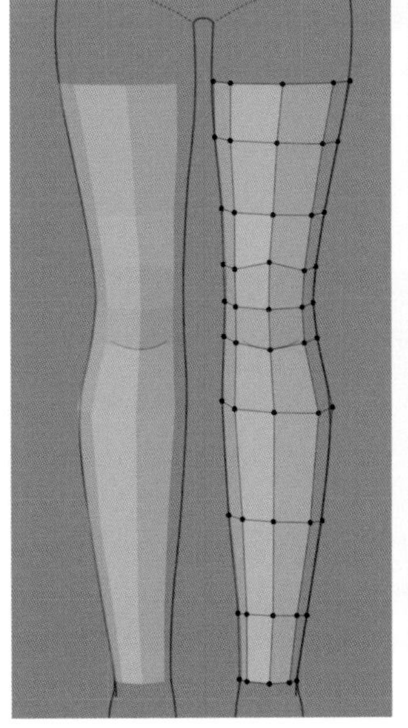

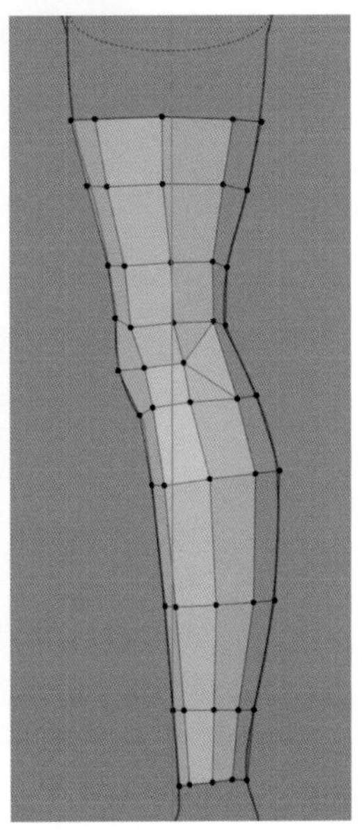

PART 3

J 脚の付け根のメッシュを2組選択（Shift＋Alt＋左クリック）し、3Dビューポートのヘッダーにある［辺］から［辺ループのブリッジ］を選択してボディと脚を面でつなぎ合わせます。
3Dビューポートの左下に表示された「辺ループのブリッジ」パネルの［分割数］を“1”に設定してメッシュを分割します。

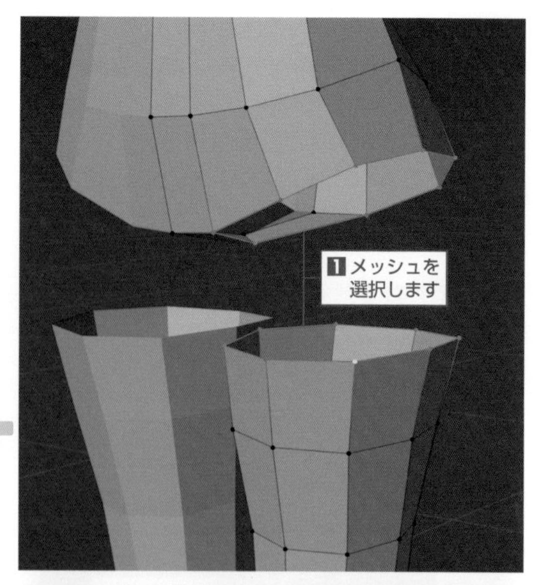

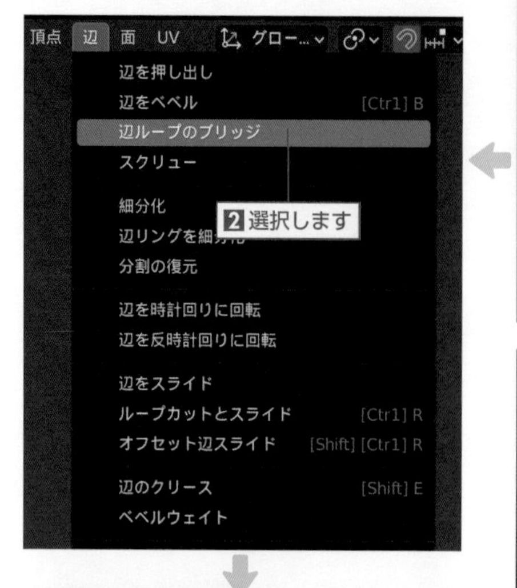

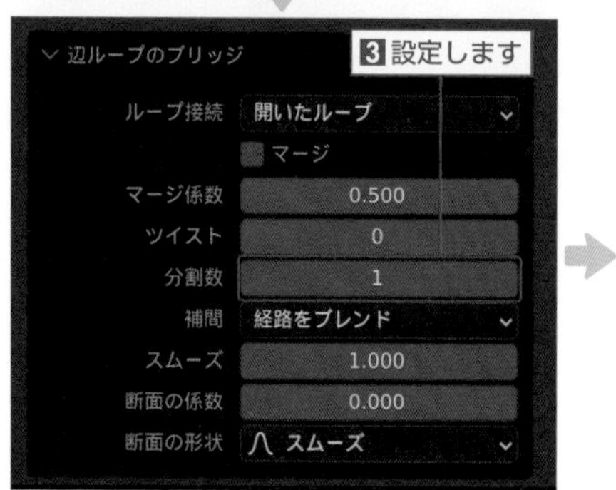

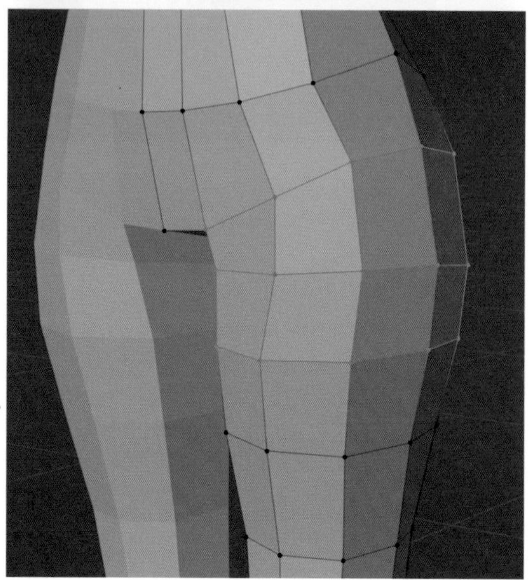

K 表面が滑らかになるように各頂点を移動（Gキー）して形状を整えます。

フロントビュー

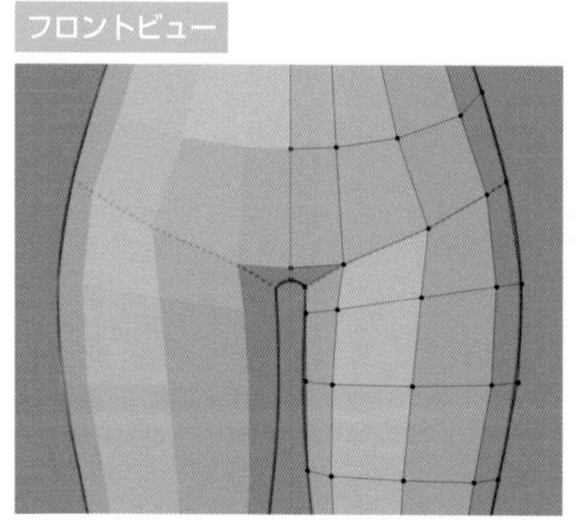

ライトビュー

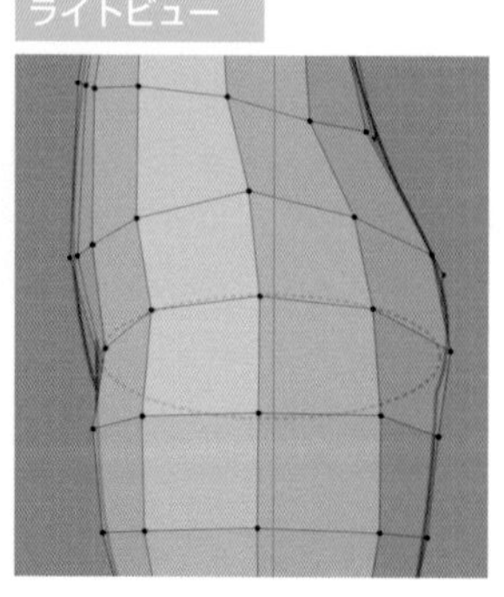

バックビュー

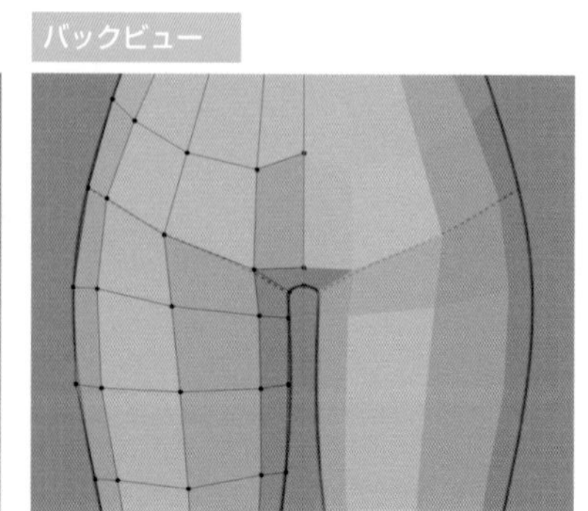

STEP 06 足（靴）の作成

A 足は指を省略して靴を履いた状態の形状を作成します。
足首のメッシュをループ状に選択（Alt＋左クリック）し、ライトビュー（テンキー3）に切り替えます。
3Dビューポートのヘッダーにある**［メッシュ］**から**［複製］**（Shift＋Dキー）を選択して踵の位置に複製します。

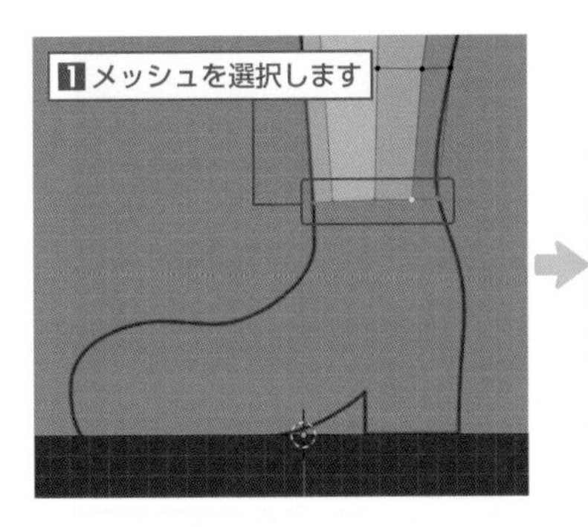

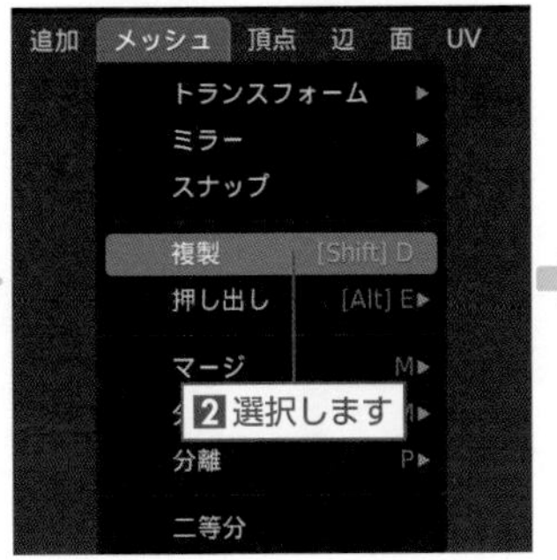

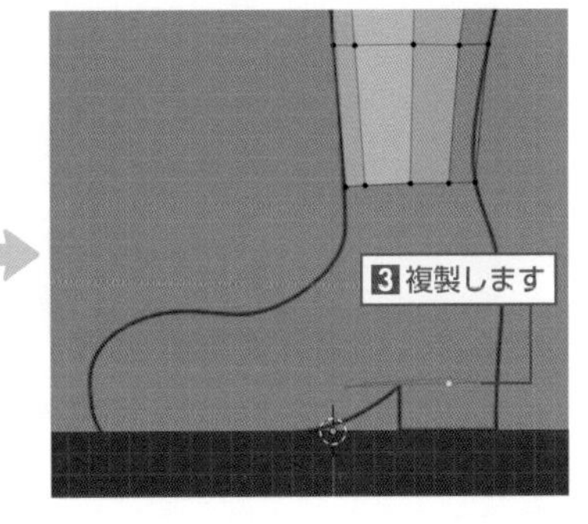

B 図のように2組のメッシュを選択（Shift＋Alt＋左クリック）し、3Dビューポートのヘッダーにある**［辺］**から**［辺ループのブリッジ］**を選択します。
3Dビューポートの左下に表示された**「辺ループのブリッジ」**パネルの**［分割数］**を"2"に設定します。

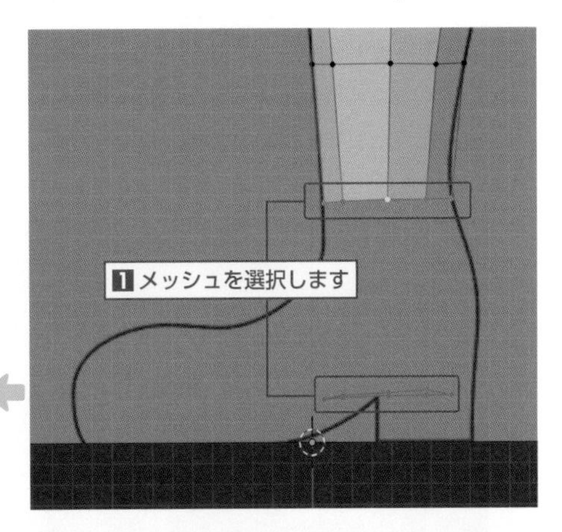

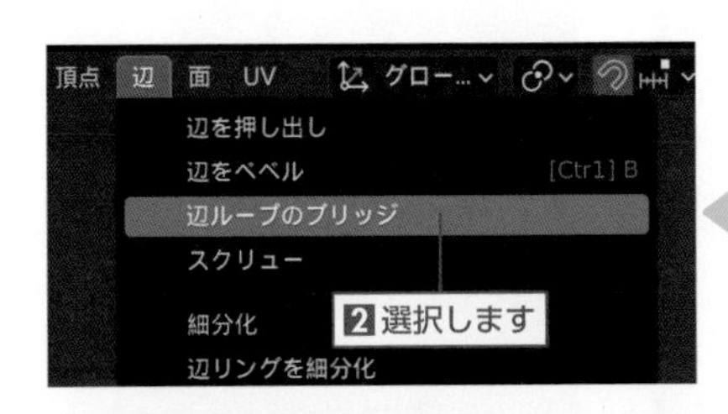

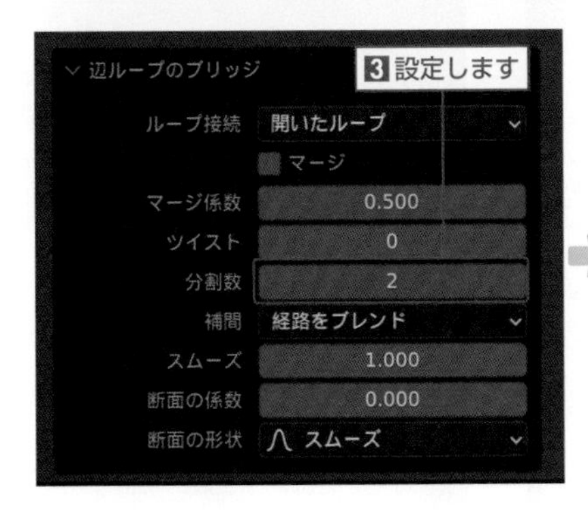

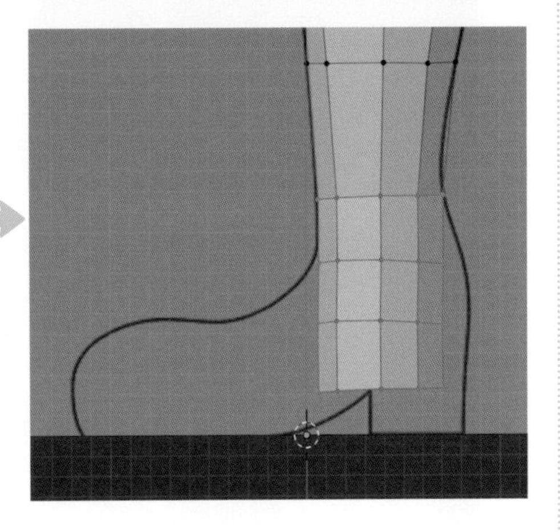

C 図のように前方6点の頂点を選択し、削除（X キー）で **[頂点]** を選択して8枚の面を削除します。

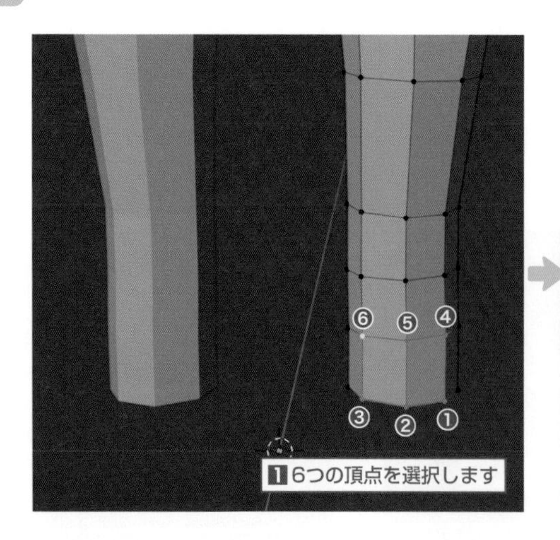

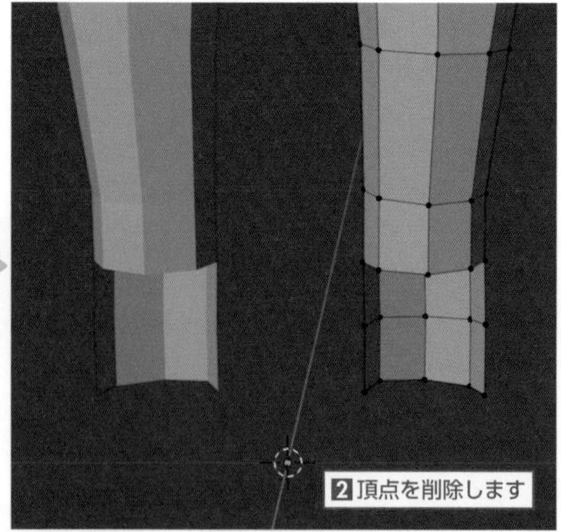

D それぞれ3点の頂点を選択して3Dビューポートのヘッダーにある **[頂点]** から **[頂点から新規辺/面作成]**（F キー）を選択し、図のようにくるぶし部分に面を作成します（1枚ずつ作成します）。

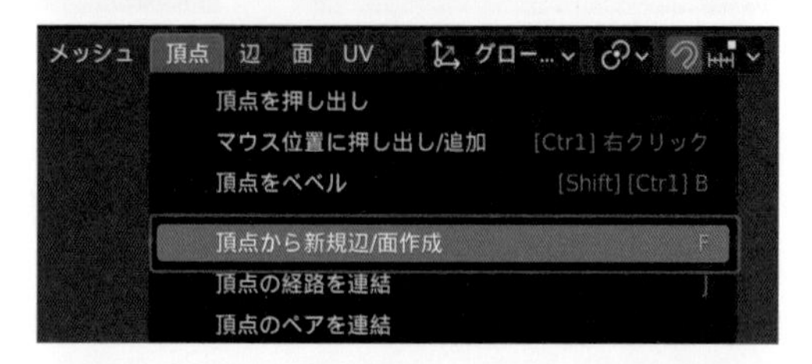

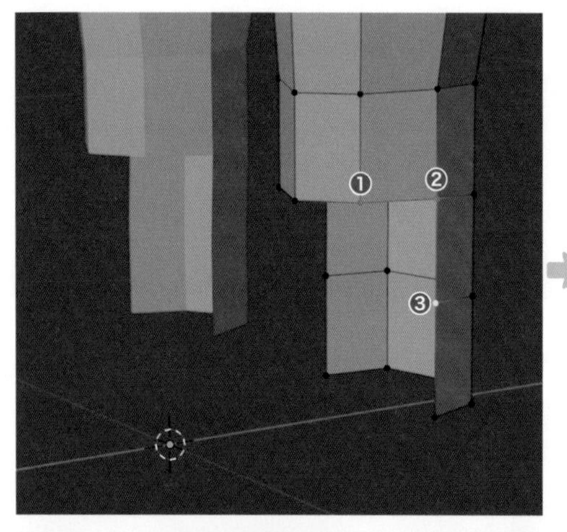

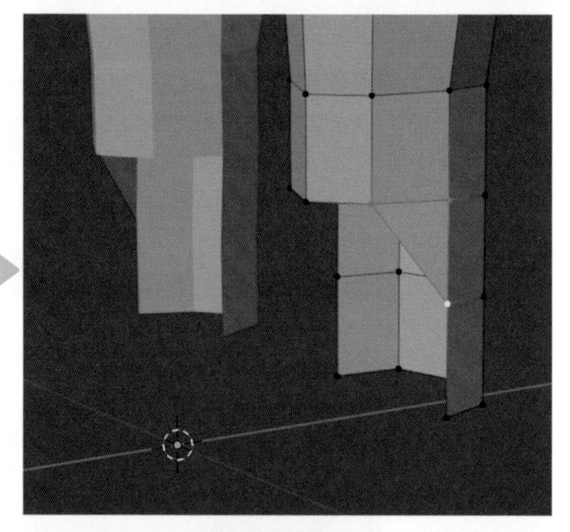

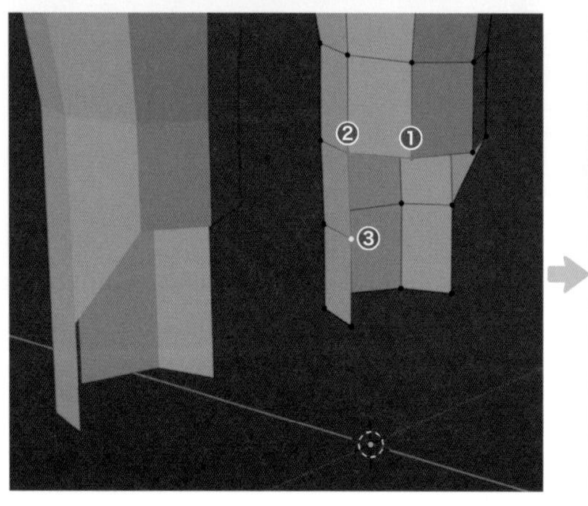

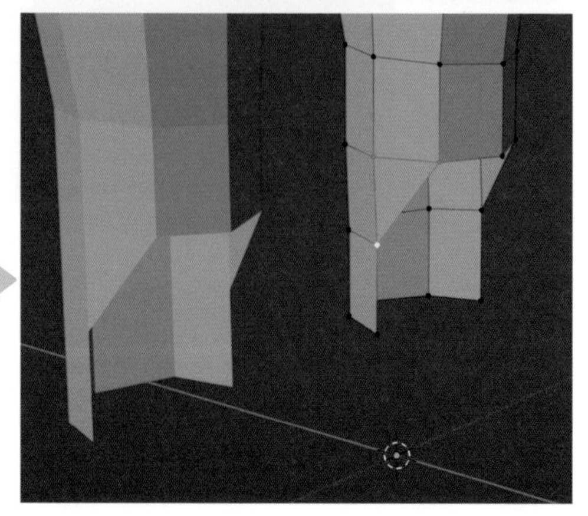

E 図のように7点の頂点を選択してライトビュー（テンキー3）に切り替えます。
[押し出し（領域）] ツールを有効にして白い円の内側でマウス左ボタンのドラッグを行い、つま先に向かって連続して5回押し出し（Eキー）を行います。

⚠ ライン先端にあるアイコンをドラッグすると、押し出す方向に制限がかかるので注意しましょう。

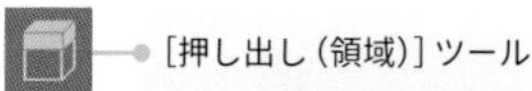

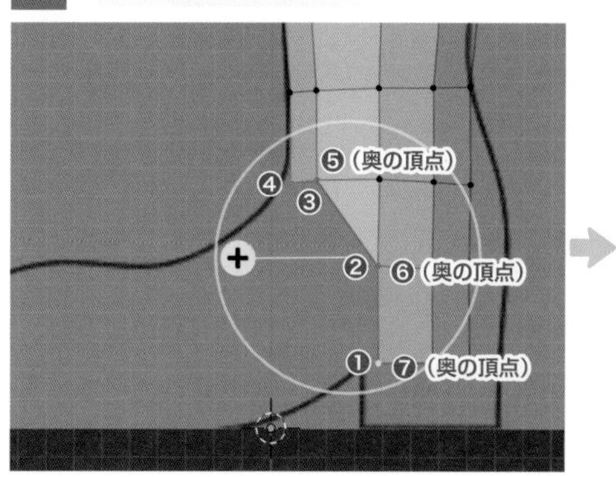

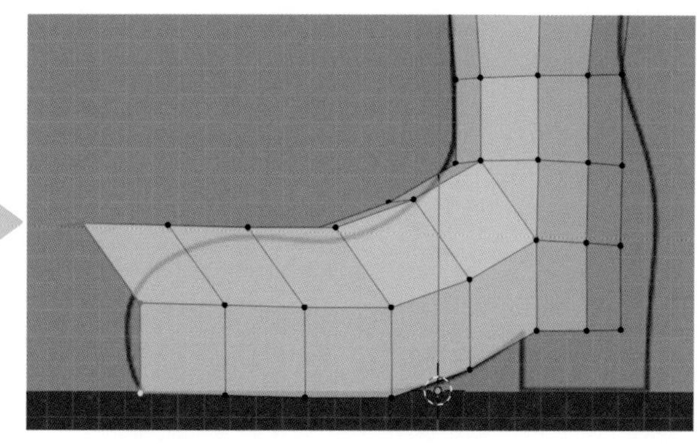

F 図のようにそれぞれ2点または3点の頂点を選択し、3Dビューポートのヘッダーにある **[メッシュ]** ➡ **[マージ]**（Mキー）から **[中心に]** を選択して頂点を統合します（1箇所ずつ統合します）。

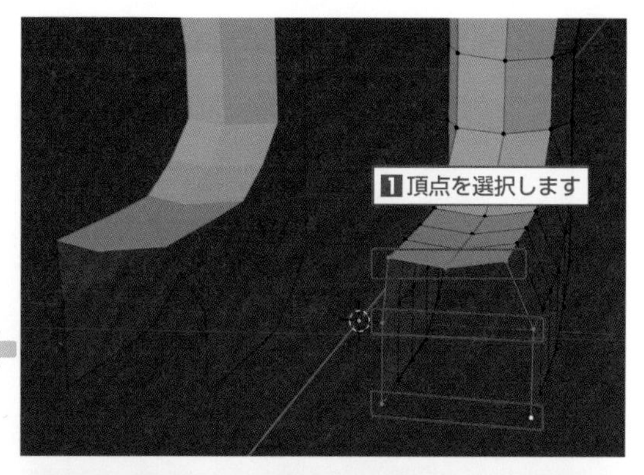

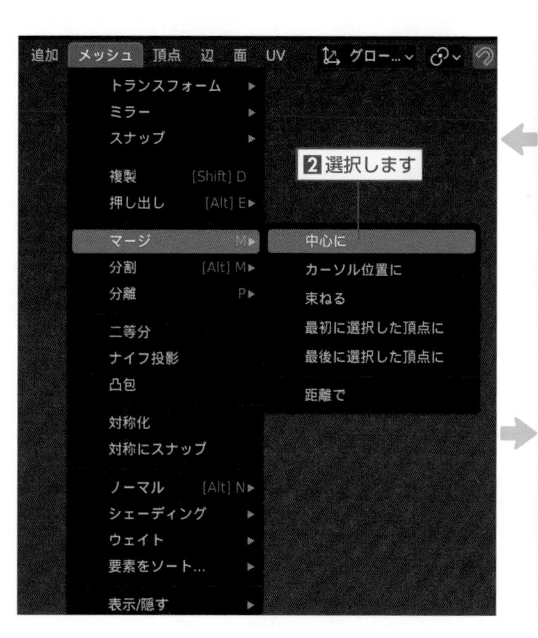

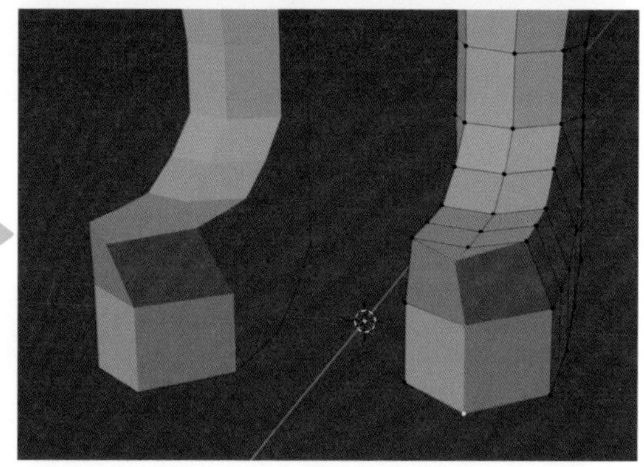

G 図のように踵の5点の頂点を選択して、ライトビュー（テンキー3）に切り替えます。
[押し出し（領域）] ツールを有効にして白い円の内側でマウス左ボタンのドラッグを行い、下方向にメッシュを押し出し（Eキー）ます。

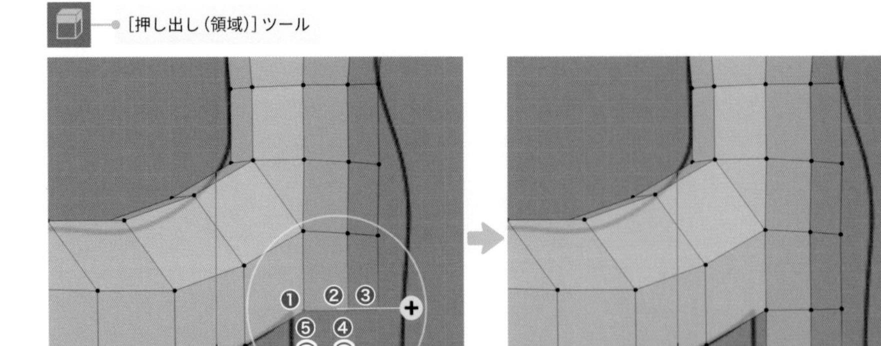

H 足の裏のつま先側と踵側の頂点3点をそれぞれ選択し、3Dビューポートのヘッダーにある **[頂点]** から **[頂点から新規辺/面作成]**（Fキー）を選択して面を作成します（1枚ずつ作成します）。

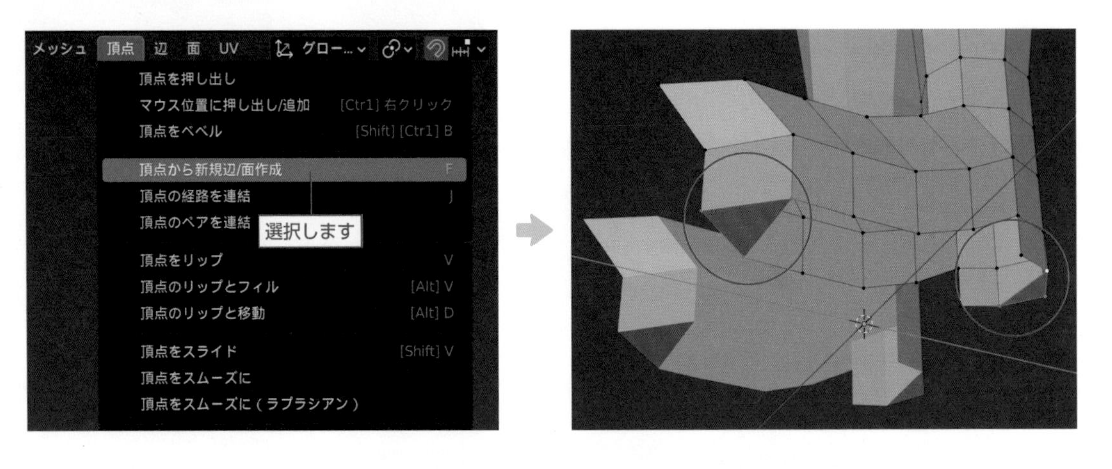

I つま先側の頂点2点を選択した状態でFキーを押すと、押した回数分の面が生成されます。
ここでは、Fキーを6回押して足の裏の面を作成します。

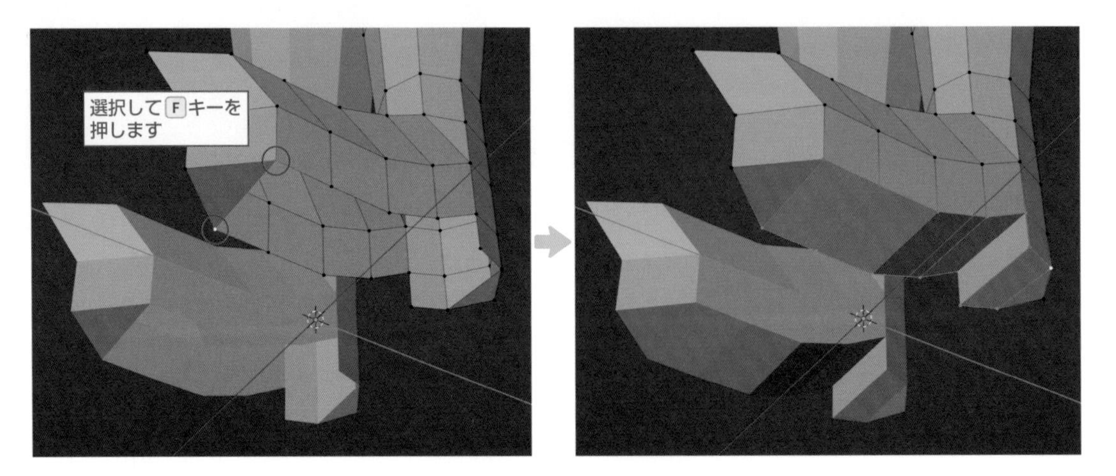

J フロントビュー（テンキー1）やライトビュー（テンキー3）、さらにさまざまな視点から確認しながら、各頂点を移動（Gキー）して靴の形状を整えます。

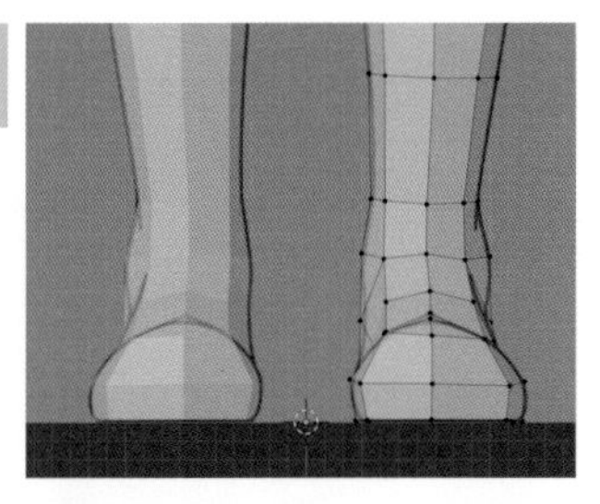

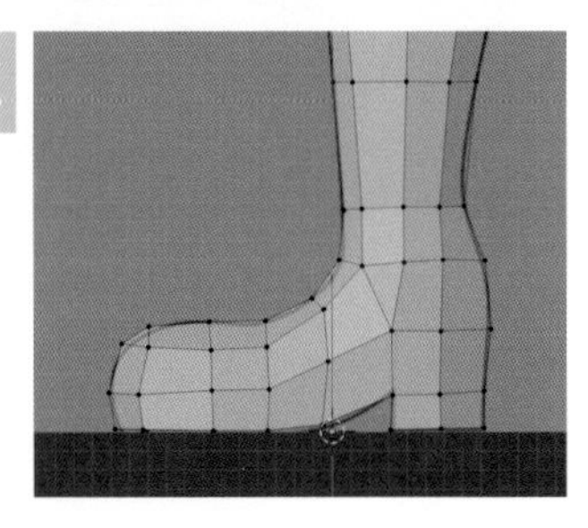

K 足の裏のメッシュを水平に揃えます。3Dビューポートのヘッダーにある **[透過表示]**（Alt＋Zキー）を有効にしてライトビュー（テンキー3）に切り替えます。
足の裏のメッシュを選択し、Sキーを押して続けてZキーを押します。
スケールが"0.000"になるように、Ctrlキーを押しながらZ軸方向に制限をかけて縮小します。

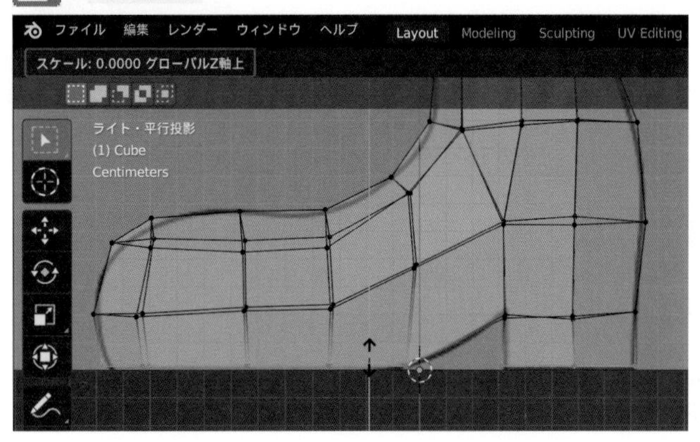

L 足の裏のメッシュが選択された状態で、3Dビューポートのヘッダーにある **[ビュー]** から **[サイドバー]**（Nキー）を選択してサイドバーを表示します。**[アイテム]** タブを左クリックして「**トランスフォーム**」パネルの **[中点：Z]** を"0"に設定します。

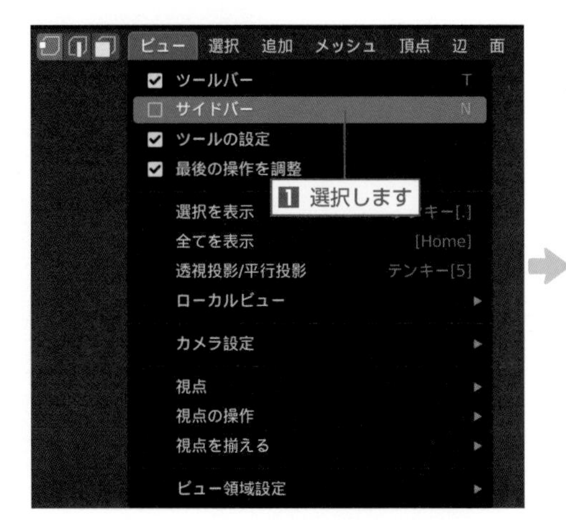

SECTION 3.4 頭部の作成

頭部のモデリングは、下絵に合わせてガイドとなる辺を構築していき、形状を把握しながら、その辺を元に面を貼り付けて造形します。

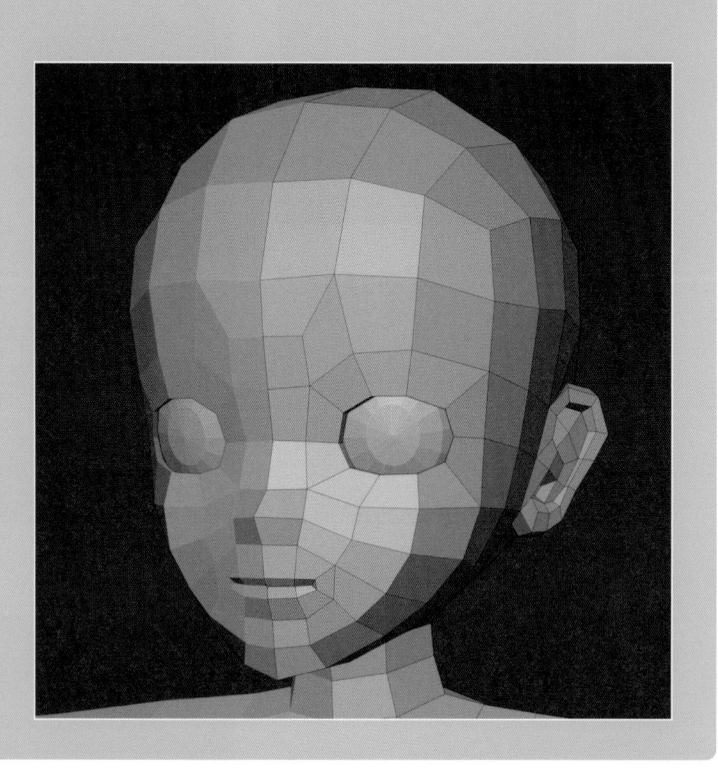

STEP 01 輪郭の作成

A 頭部の編集を行うにあたり、首から下のメッシュを一旦、非表示にします。
メッシュを選択（A キー）して、3Dビューポートのヘッダーにある **[メッシュ]** ➡ **[表示/隠す]** から **[選択物を隠す]**（H キー）を選択します。

頭部のモデリングは、下絵に合わせてガイドとなる"**辺**"を作成し、その辺を元に面を貼り付けていきます。フロントビュー（テンキー 1）に切り替えて、メッシュが何も選択されていない状態（Alt + A キー）で、頭頂部付近の適当な位置で Ctrl +右クリックして頂点を作成します。

B 左右中央の頭頂部に移動（G キー）します。
「ミラーモディファイアー」 の **[クリッピング]** が有効なため、境界の位置でメッシュが固定されます。

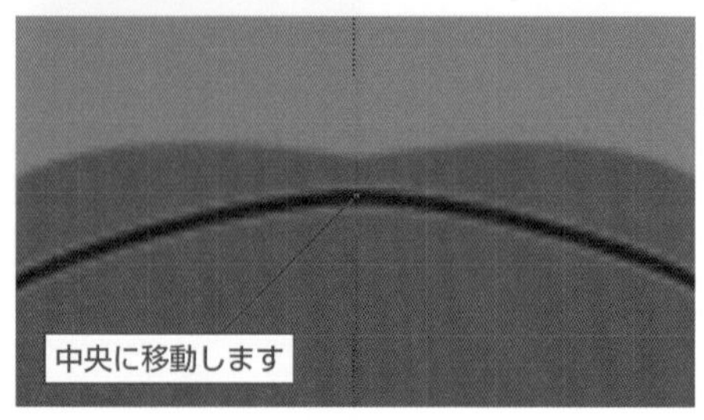

C 作成した頂点が選択された状態で Ctrl ＋右クリックを繰り返し行い、下絵に合わせて顎下までメッシュを作成します。ここでは、全部で12点の頂点を作成します。メッシュの間隔は、図のように頭部は広く、耳から下は狭くします（頭部は髪の毛で隠れるので、分割数を少なくします）。
また、最後（顎下）の頂点は、頭頂部と同様に左右中央に移動（ G キー）します。

D ライトビュー（テンキー 3 ）に切り替え、頭頂部から耳の手前を通過して顎のラインに沿うようにメッシュを移動します。
基本的に正面で編集した高さがズレないようにY軸方向に制限をかけて移動（ G キー ➡ Y キー）します。

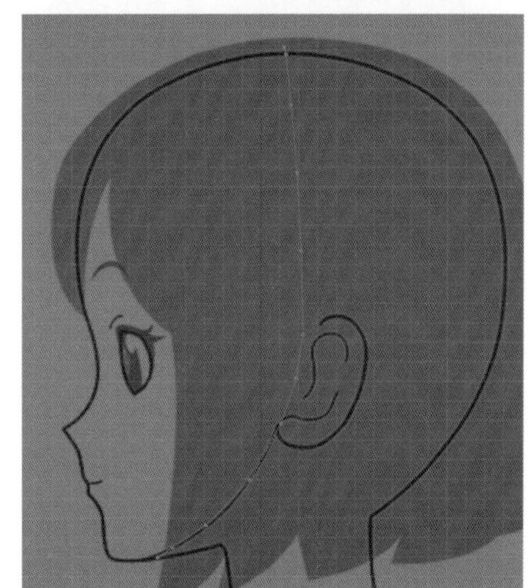

E 輪郭のメッシュをすべて選択して3Dビューポートのヘッダーにある **[メッシュ]** から **[複製]**（ Shift ＋ D キー）を選択し、前方方向に複製します。

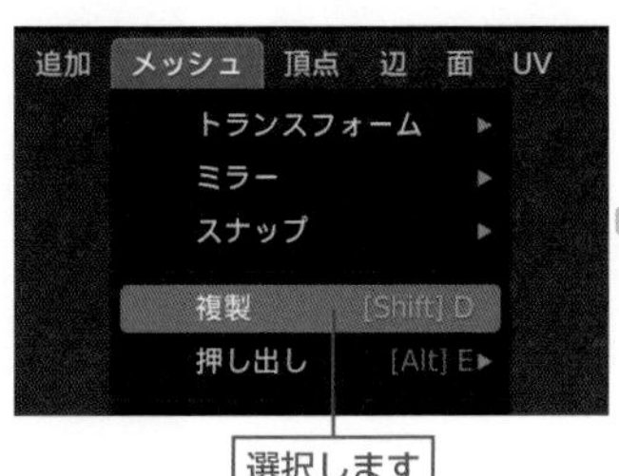

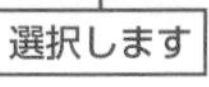

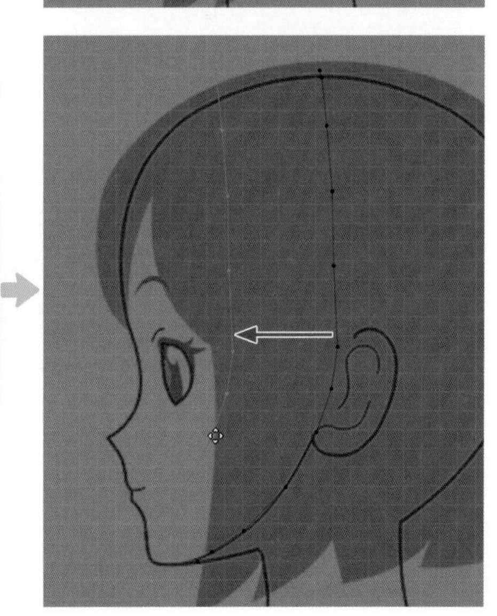

F 図のように、生え際付近から顎先にかけてメッシュを移動（Gキー）します。

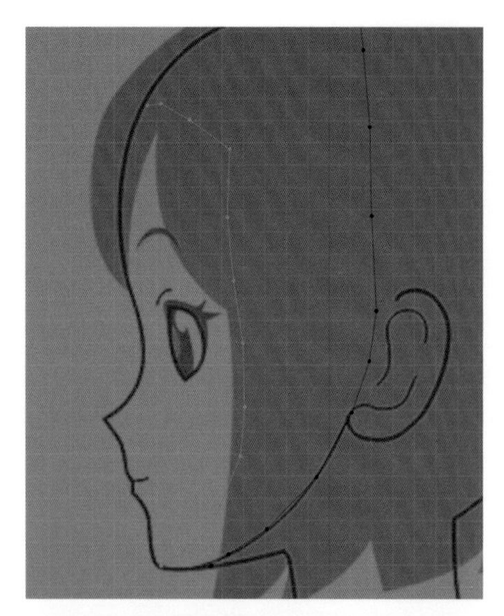

G フロントビュー（テンキー1）に切り替え、図のように生え際付近から顎先にかけてメッシュを移動します。
基本的に側面で編集した高さがズレないようにX軸方向に制限をかけて移動（Gキー ➡ Xキー）します。
顎先付近の頂点3点は、フロントビューから見て奥側の輪郭のメッシュとほぼ重なった状態にします。

H 2組のメッシュを選択し、3Dビューポートのヘッダーにある **[辺]** から **[辺ループのブリッジ]** を選択します。

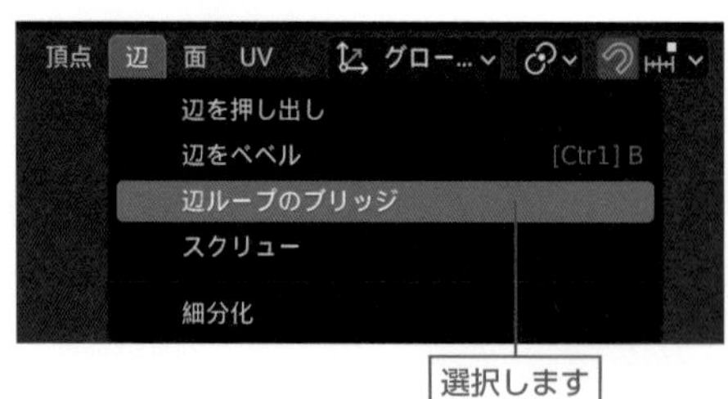

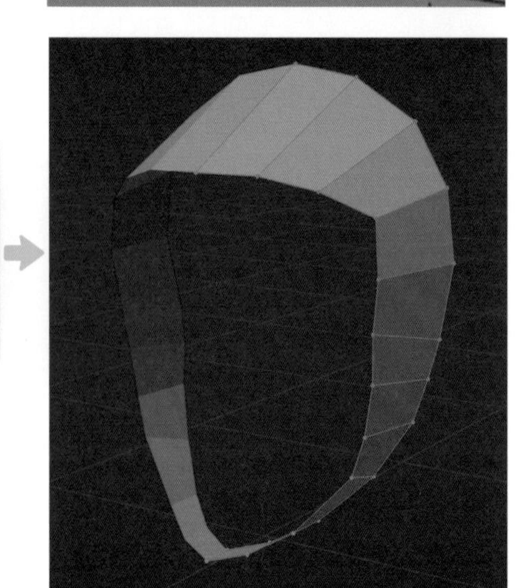

I 3Dビューポートのヘッダーにある **[辺選択]** を有効にします。図のように奥行きの辺を上から9本と前方側面の1本を選択し、3Dビューポートのヘッダーにある **[辺]** から **[細分化]** を選択します。
3Dビューポートの左下に表示された **「細分化」** パネルの **[Nゴンを作成]** を無効にします。

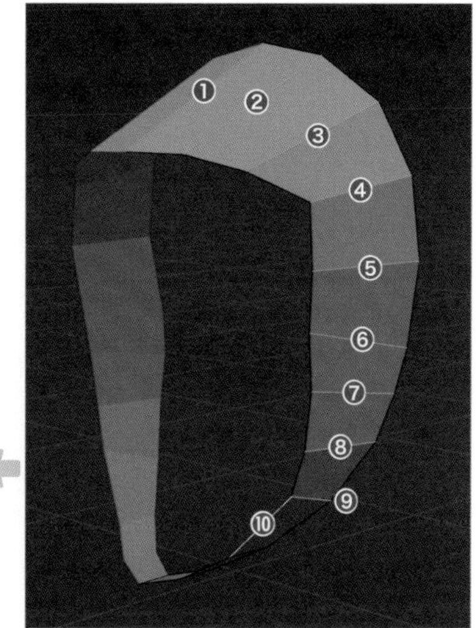

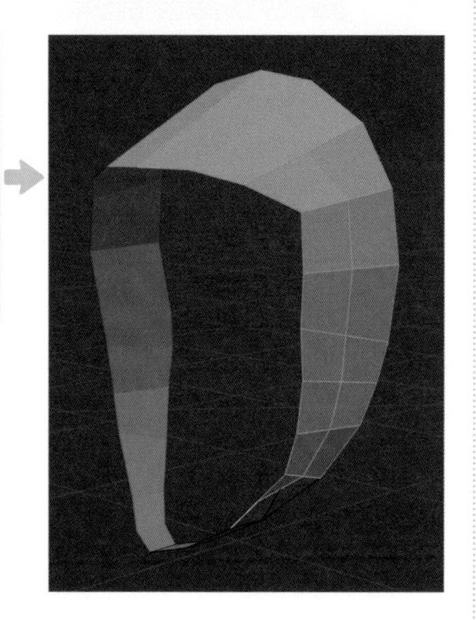

J 3Dビューポートのヘッダーにある **[頂点選択]** を有効にし、図のように頂点を移動（Shift + Vキーまたは Gキーを2回押す）してメッシュの構造（流れ）を調整します。

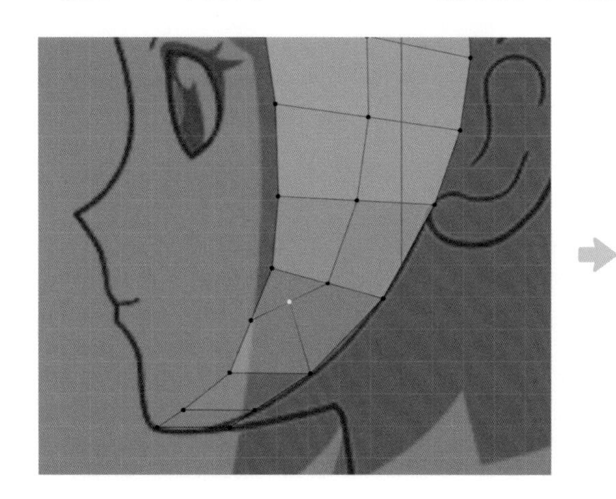

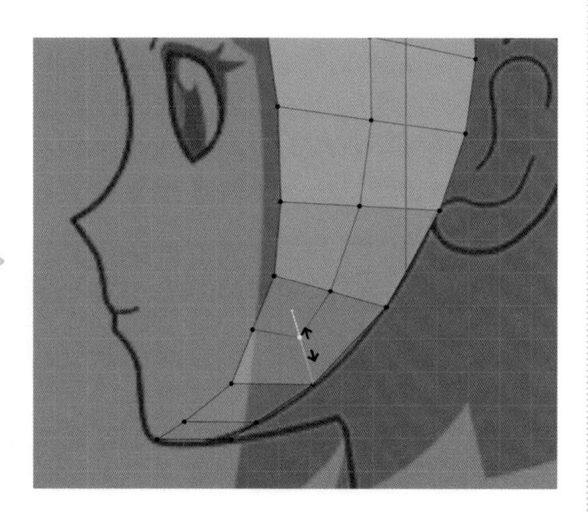

K フロントビュー（テンキー1）やライトビュー（テンキー3）、さらにさまざまな視点から確認しながら、表面が滑らかになるように頂点（主に細分化で生成された頂点）を移動（Gキー）します。

フロントビュー

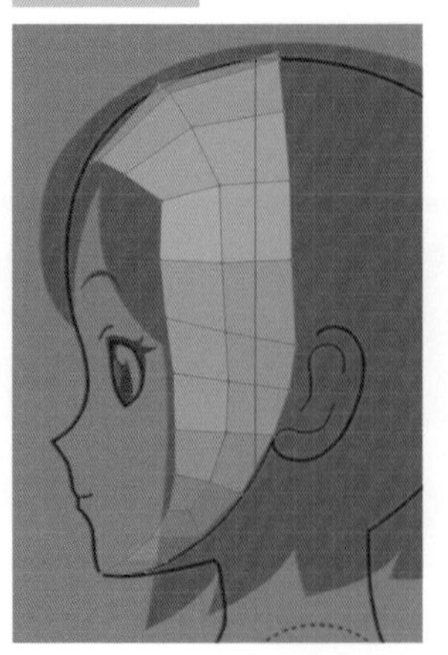
ライトビュー

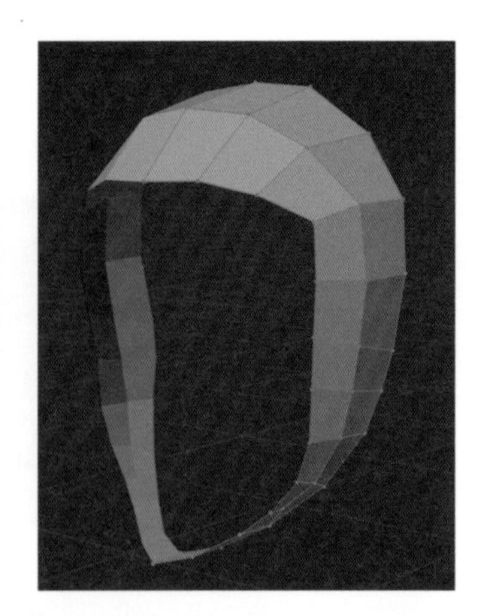

L 生え際中央の頂点を選択し、ライトビュー（テンキー3）を切り替えます。
Ctrl＋右クリックで図のように下絵に合わせて顎までメッシュを作成します。ここでは、鼻の先まで6点、鼻の先から顎下まで6点の頂点を作成します。

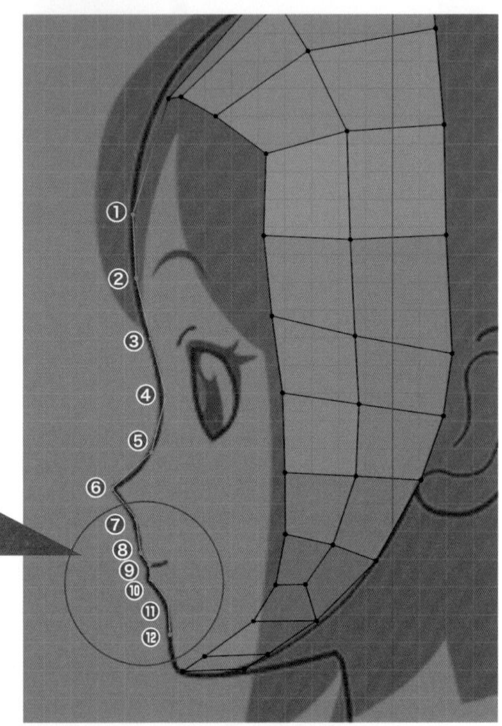

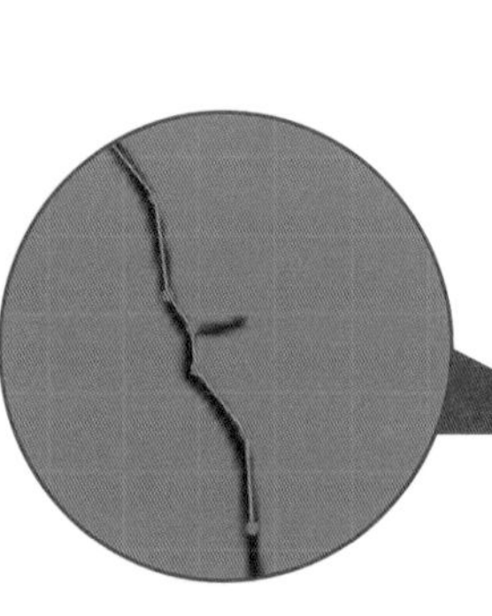

M 作成した頂点の最後の1点と顎先の頂点を選択し、3Dビューポートのヘッダーにある**［頂点］**から**［頂点から新規辺/面作成］**（Fキー）を選択して、辺でつなぎ合わせます。

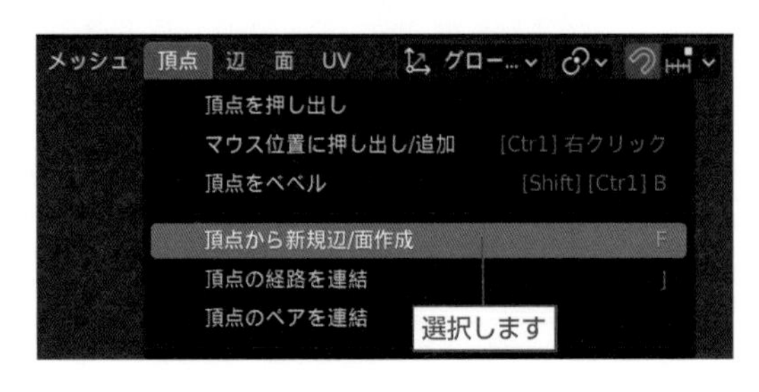

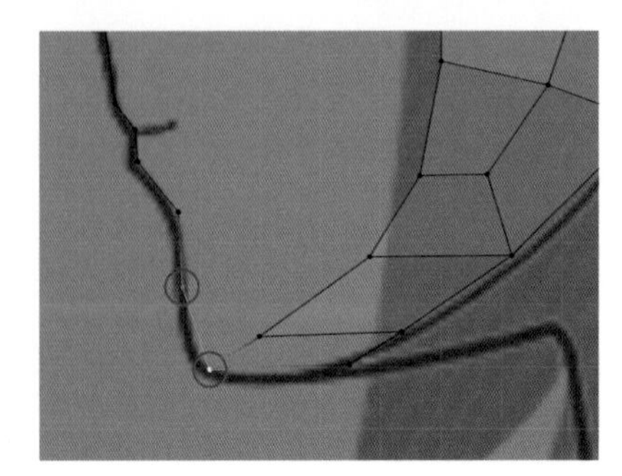

STEP 02 目の作成

A 目のフチに沿ってメッシュを作成します。
フロントビュー（テンキー[1]）に切り替え、メッシュが何も選択されていない状態（[Alt]＋[A]キー）で、[Ctrl]＋右クリックして頂点を作成します。
続けて、[Ctrl]＋右クリックしてメッシュを作成します。ここでは、全部で10点の頂点を作成します。

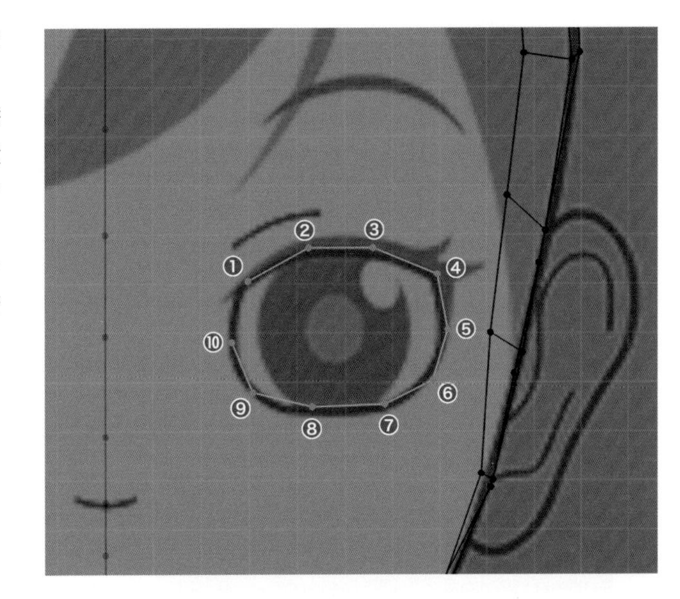

B 最初と最後の頂点を選択し、3Dビューポートのヘッダーにある **[頂点]** から **[頂点から新規辺/面作成]**（[F]キー）を選択して、辺でつなぎ合わせます。

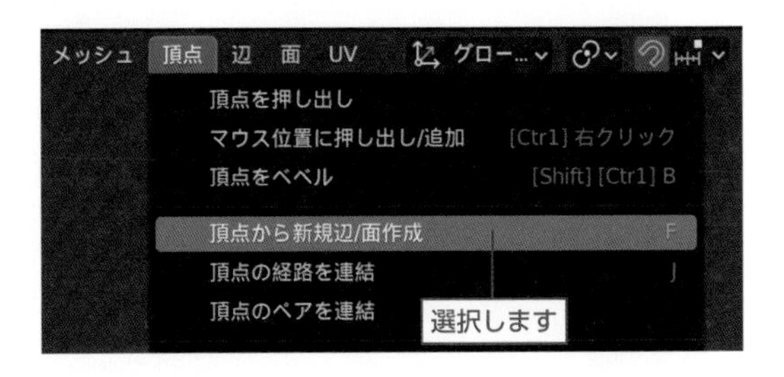

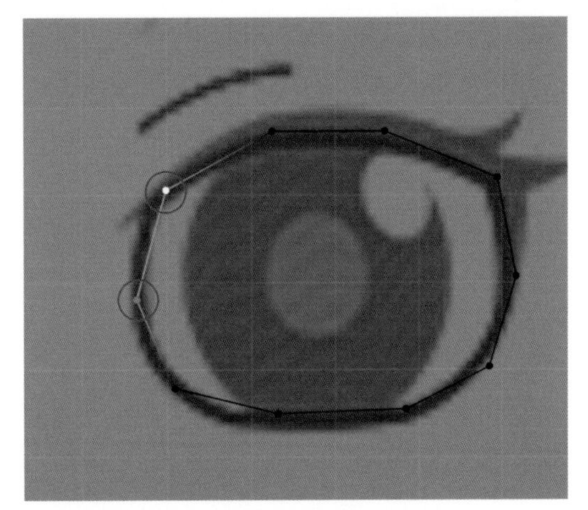

C ライトビュー（テンキー[3]）に切り替え、下絵に合わせて頂点を移動します。
基本的に正面で編集した高さがズレないように、Y軸方向に制限して移動（[G]キー ➡ [Y]キー）します。

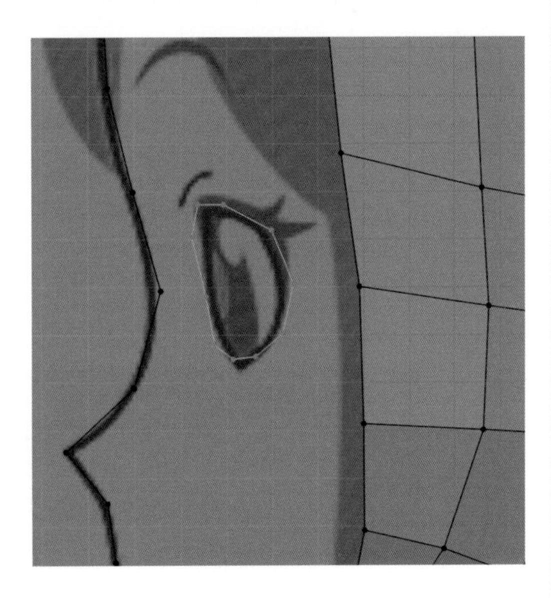

D フロントビュー（テンキー 1 ）に切り替え、目の向かって左側の頂点7点を選択します。**[押し出し（領域）]** ツールを有効にして白い円の内側でマウス左ボタンのドラッグを行い（ E キー）、続けて S キーを押して押し出したメッシュを拡大します。

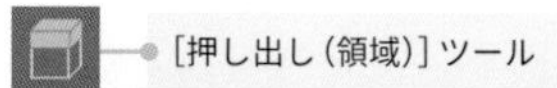

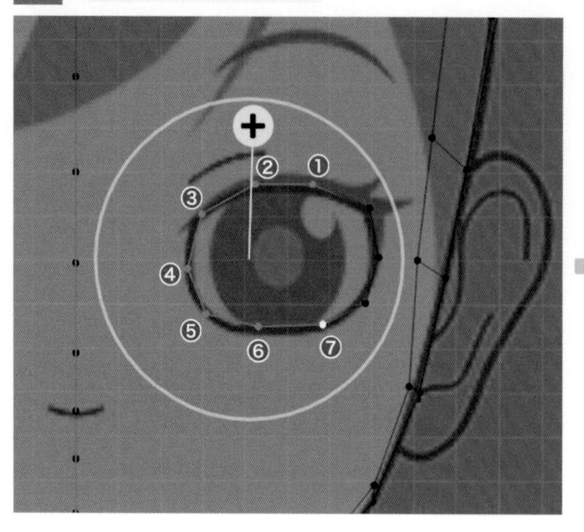

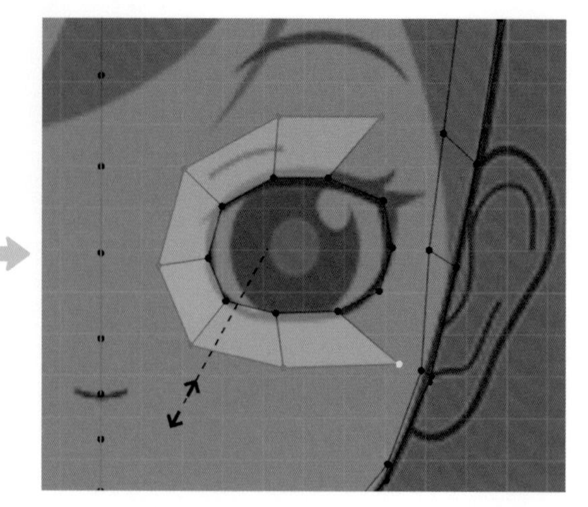

E 押し出したメッシュが放射線状になるように、各頂点を移動（ G キー）します。

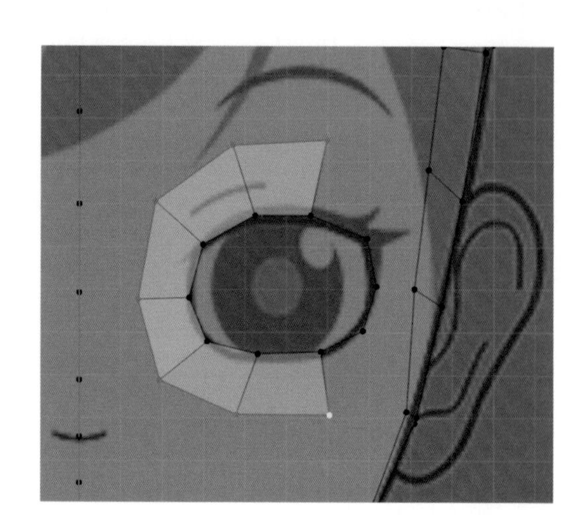

F 目頭と鼻筋、目尻とこめかみのそれぞれ6点の頂点を選択して3Dビューポートのヘッダーにある **[辺]** から **[辺ループのブリッジ]** を選択し、面でつなぎ合わせます（1箇所ずつ作成します）。

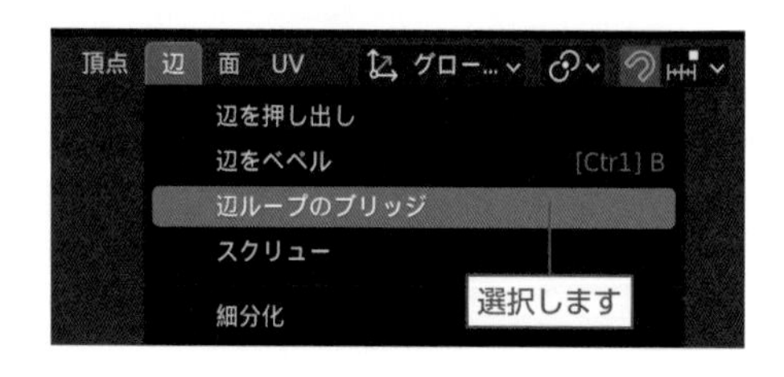

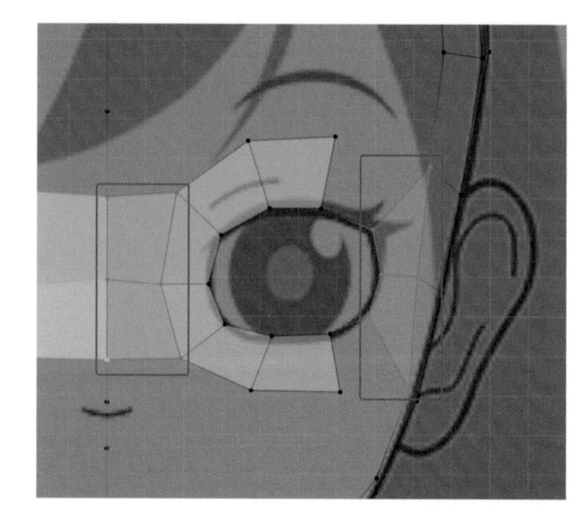

G それぞれ4点の頂点を選択し、3Dビューポートのヘッダーにある **[頂点]** から **[頂点から新規辺/面作成]**（F キー）を選択します（1枚ずつ作成します）。

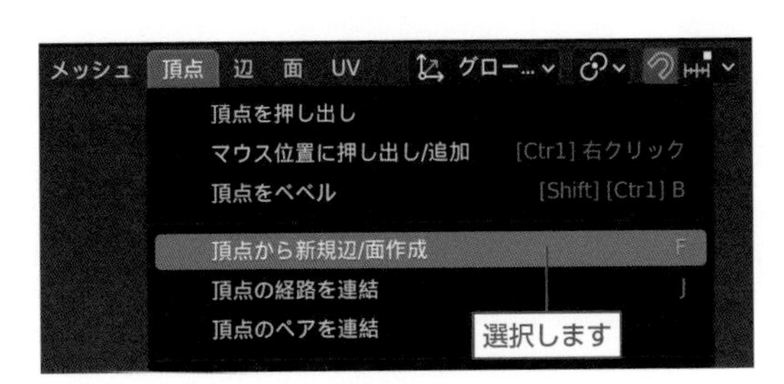

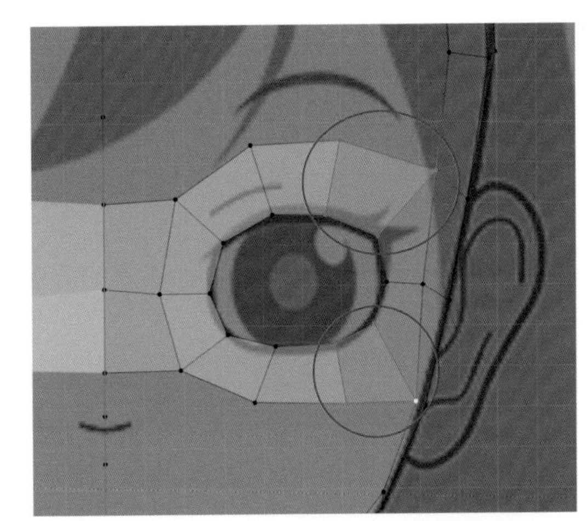

H 図のようにおでこの頂点を2点選択し、3Dビューポートのヘッダーにある **[頂点]** から **[頂点から新規辺/面作成]**（F キー）を選択して、辺を作成します。

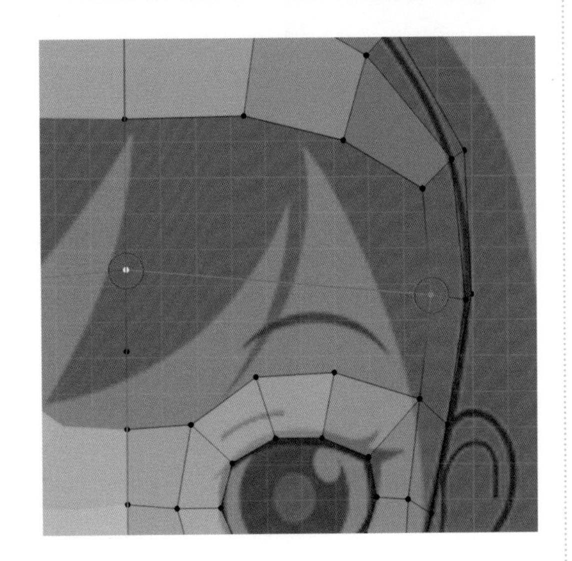

I 3Dビューポートのヘッダーにある **[辺]** から **[細分化]** を選択します。
3Dビューポートの左下に表示された **「細分化」** パネルの **[分割数]** を "2"、**[スムーズ]** を "1.000" に設定します。

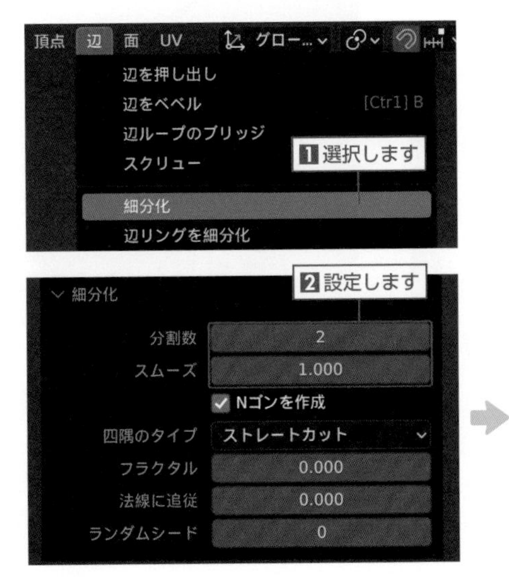

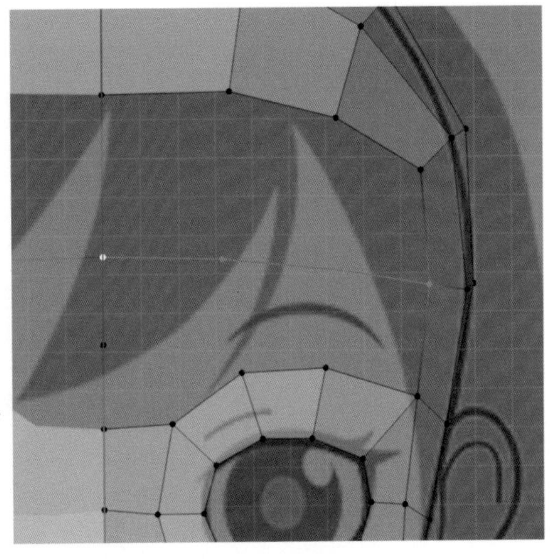

PART 3

J 図のように眉間の頂点を3点選択し、3Dビューポートのヘッダーにある **[頂点]** から **[頂点から新規辺/面作成]**（F キー）を選択して面を作成します。

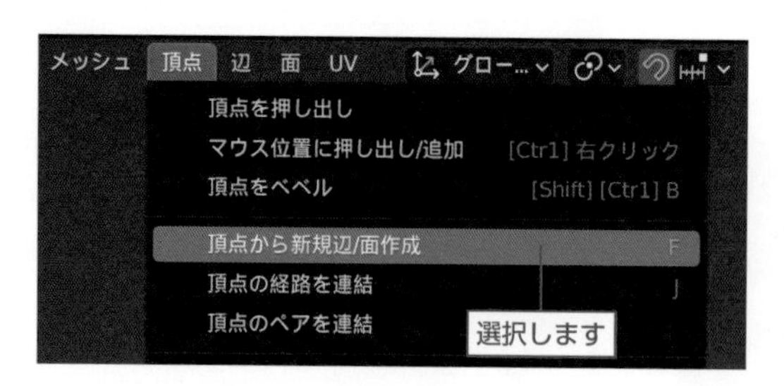

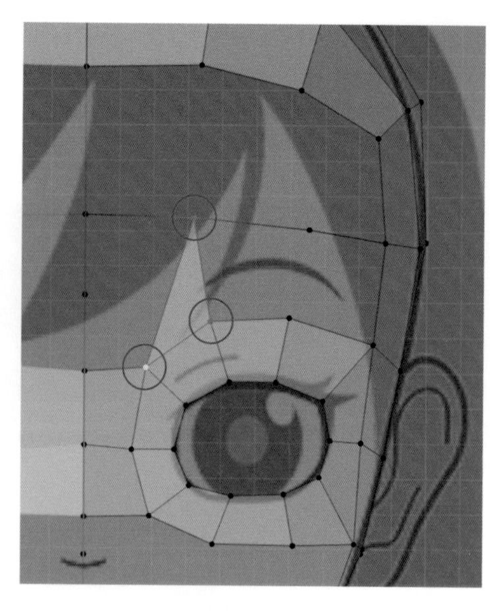

K 図のように頂点を2点選択し、3Dビューポートのヘッダーにある **[辺]** から **[細分化]** を選択します。3Dビューポートの左下に表示された **「細分化」** パネルの **[Nゴンを作成]** を有効にします。

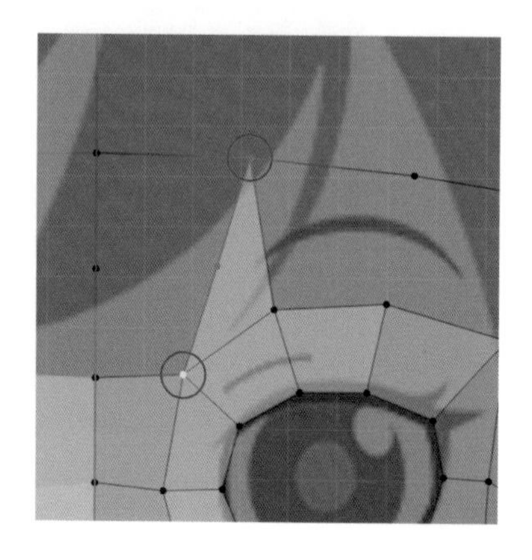

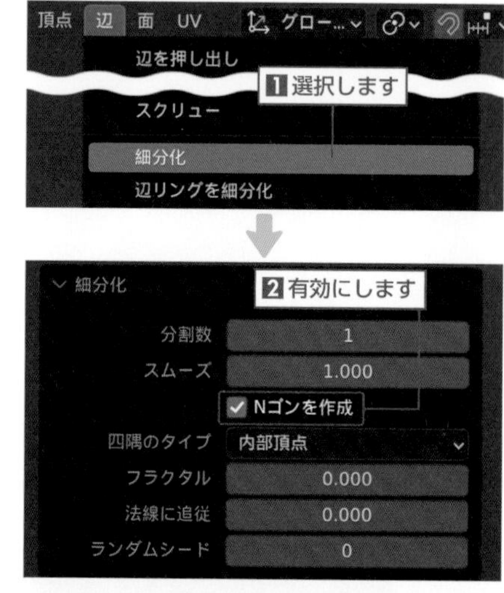

L 図のように2点の頂点を選択し、F キーを2回押して眉間に面を作成します。

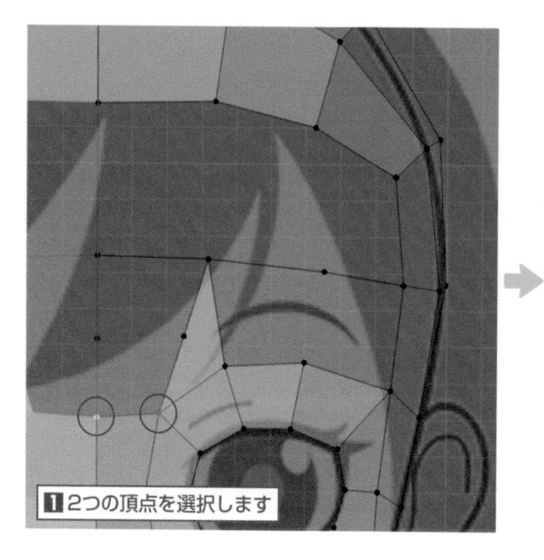

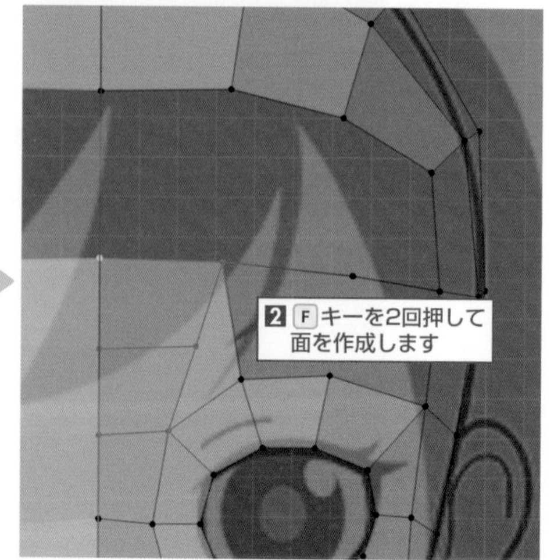

M 同様の操作で目の上、おでこに面を作成します。

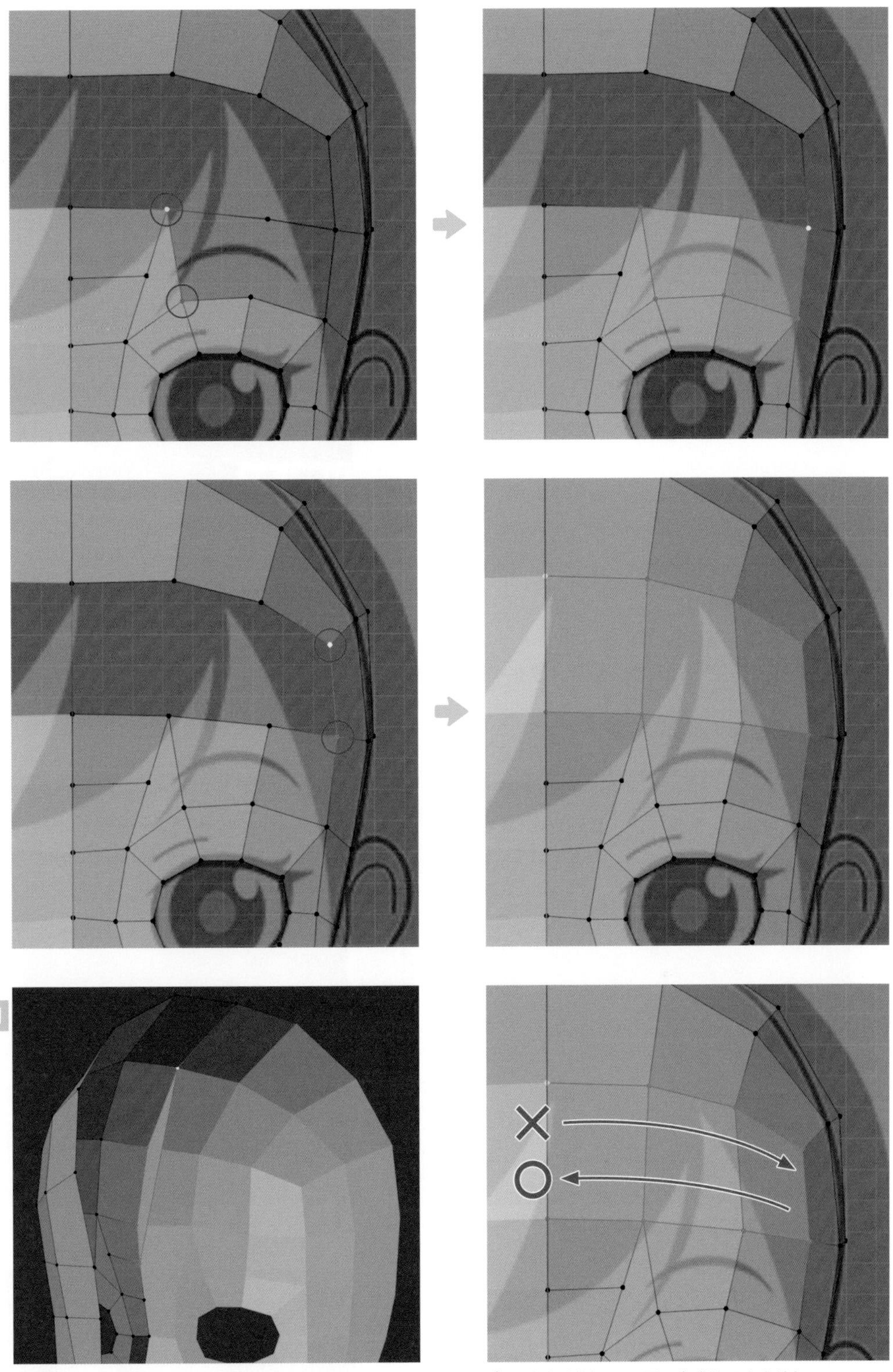

⚠ F キーを過剰に押すと余計な部分に面が生成されてしまうので注意しましょう。

⚠ 左右中央側からは面の生成はできません。

STEP 03 鼻と口の作成

A プロパティの「**モディファイアープロパティ**」を左クリックして「**ミラーモディファイアー**」パネルの［**クリッピング**］を無効にします。

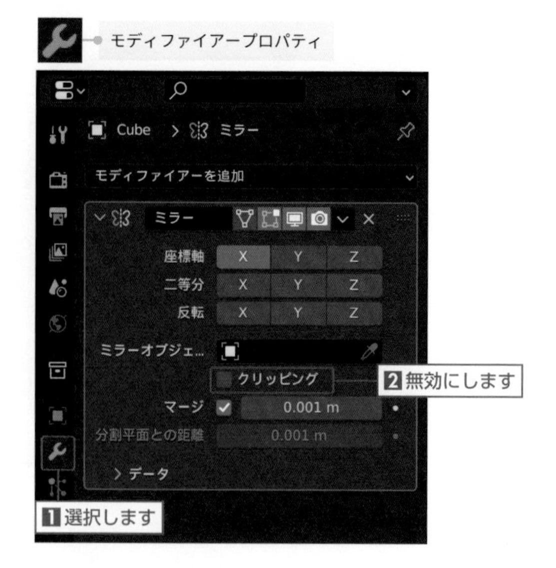

B フロントビュー（テンキー 1 ）に切り替え、口の頂点3点を選択します。
［**押し出し（領域）**］ツールを有効にして白い円の内側でマウス左ボタンのドラッグを行い、口に沿ってメッシュを2回押し出し（ E キー）ます。
編集が完了したら、「**ミラーモディファイアー**」パネルの［**クリッピング**］を有効にします。

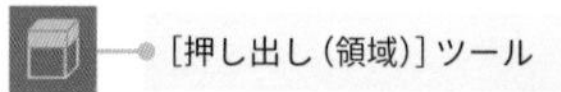

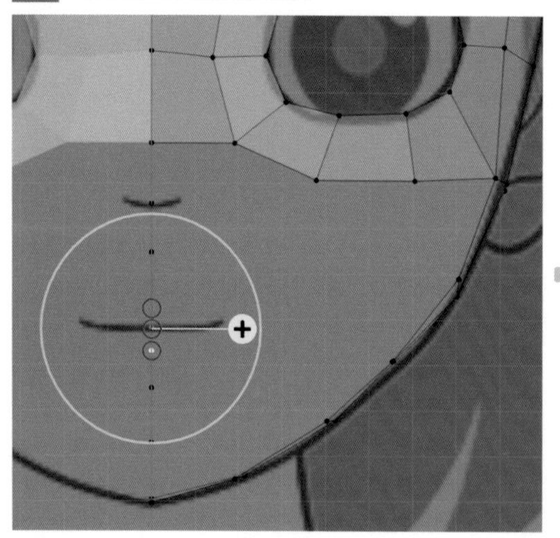

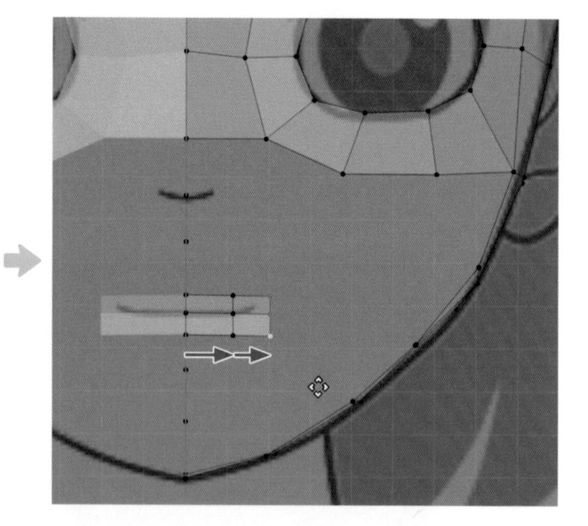

C 図のように口角の頂点を内側に移動（ G キー）します。口角の頂点3点を選択して、3Dビューポートのヘッダーにある［**頂点**］から［**頂点から新規辺/面作成**］（ F キー）を選択し、面を作成します。

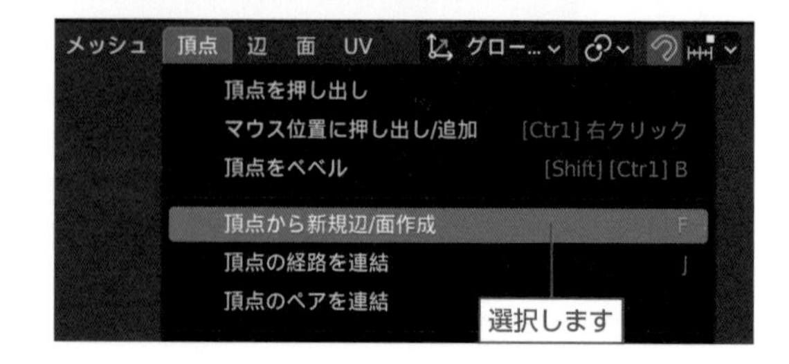

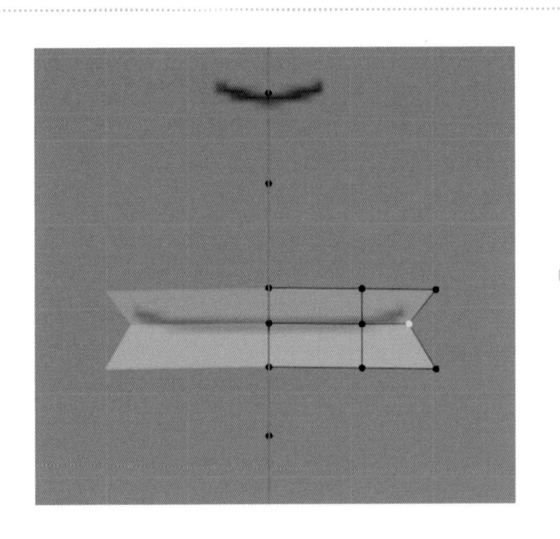

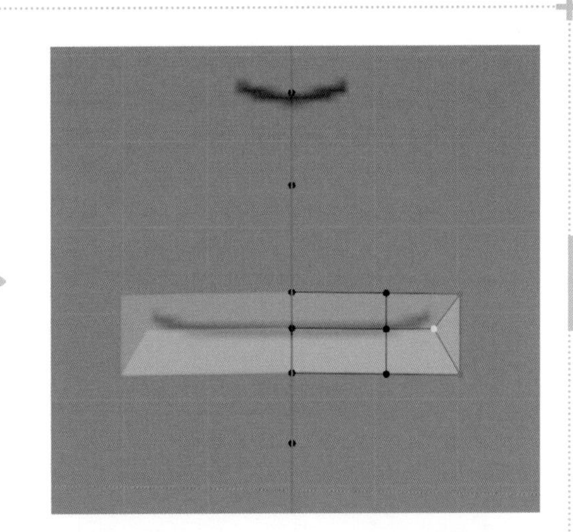

D 下絵に合わせてメッシュを移動（Gキー）して、口の形状を整えます。

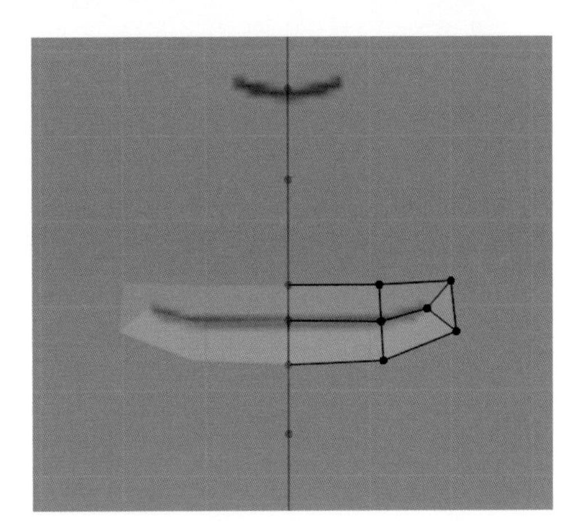

E ライトビュー（テンキー3）に切り替えます。基本的に正面で編集した高さがズレないように、Y軸方向に制限をかけて各頂点を移動（Gキー ➡ Yキー）し、形状を整えます（頂点が重なって選択しづらい場合は、一旦別の視点に切り替えて選択します）。
図のように口角の頂点が若干窪むようにします。

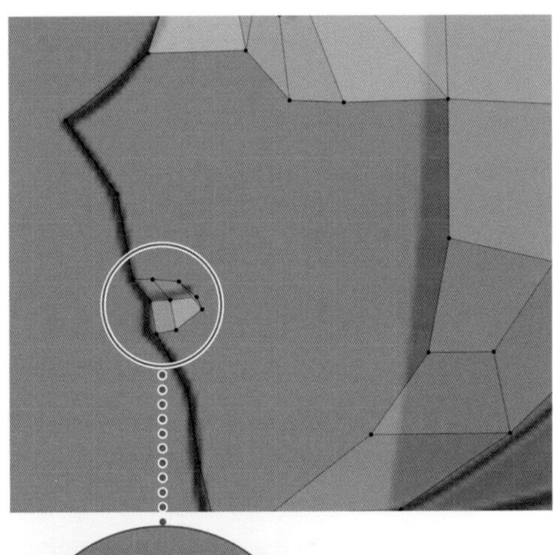

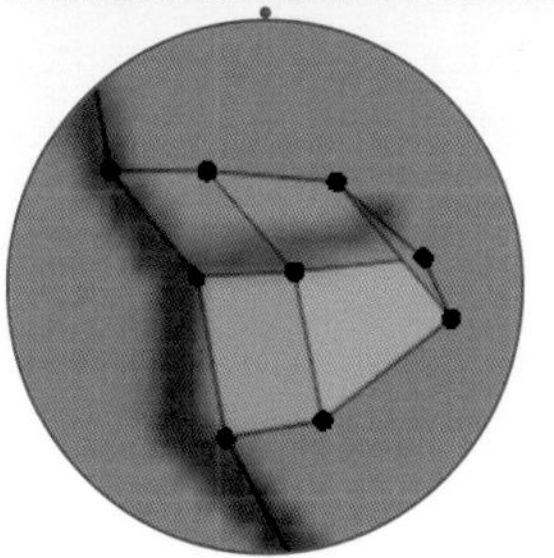

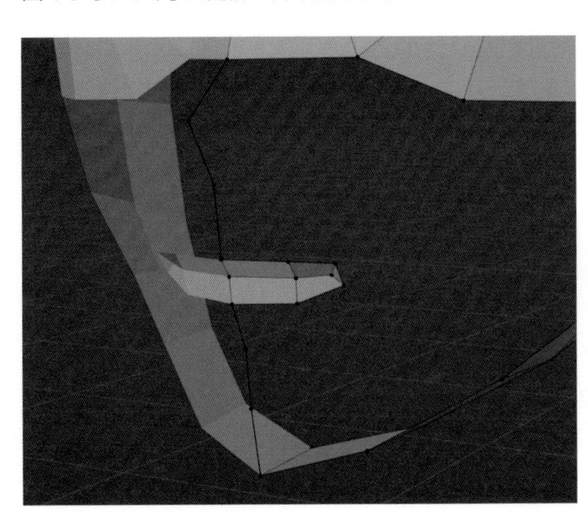

F フロントビュー（テンキー1）に切り替え、口角周辺の頂点4点を選択します。
[押し出し（領域）] ツールを有効にして白い円の内側でマウス左ボタンのドラッグを行い（Eキー）、続けてSキーを押して押し出したメッシュを拡大します。

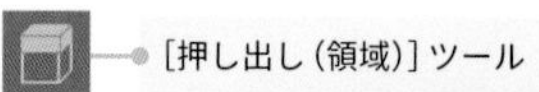
[押し出し（領域）] ツール

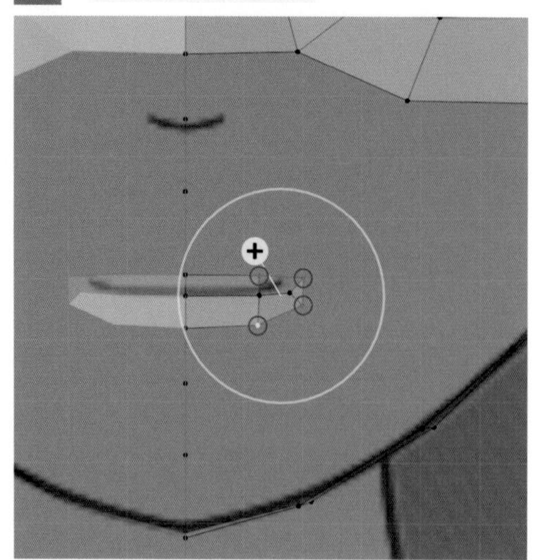

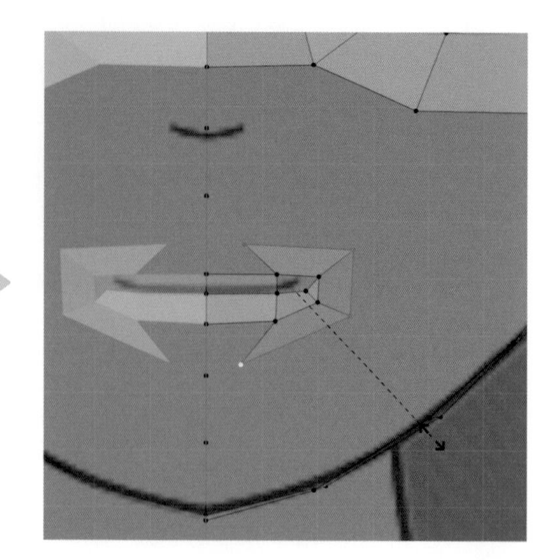

G 押し出したメッシュが放射線状になるように各頂点を移動（Gキー）します。

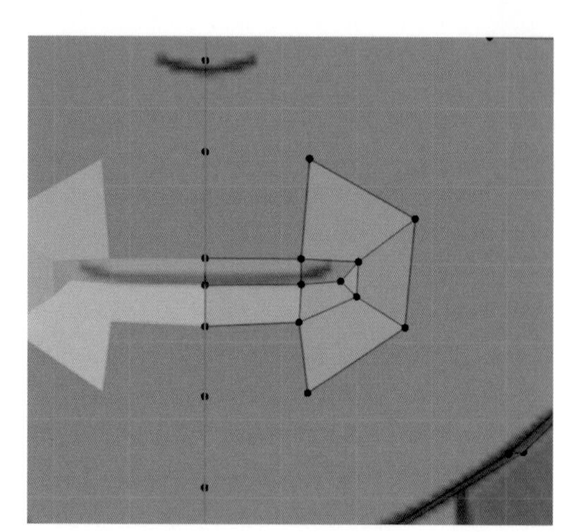

H 口の上下のそれぞれ4点の頂点を選択して、3Dビューポートのヘッダーにある **[頂点]** から **[頂点から新規辺/面作成]**（Fキー）を選択し、図のように面を作成します（1枚ずつ作成します）。

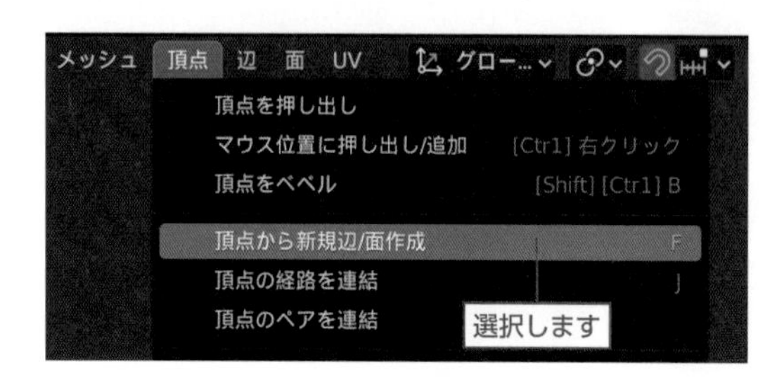

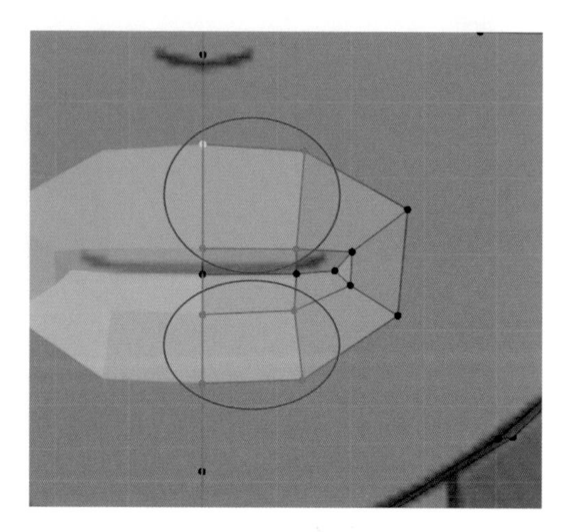

I 顎と頬の頂点を選択して、3Dビューポートのヘッダーにある **[頂点]** から **[頂点から新規辺/面作成]**（F キー）を選択し、辺でつなぎ合わせます。

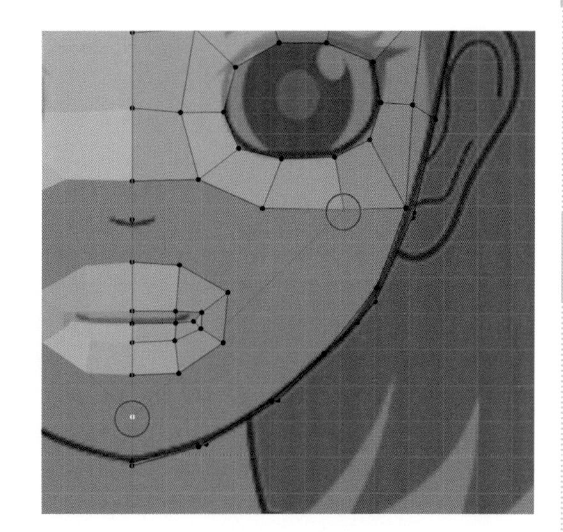

J 3Dビューポートのヘッダーにある **[辺]** から **[細分化]** を選択します。
3Dビューポートの左下に表示された **「細分化」** パネルの **[分割数]** を “4”、**[スムーズ]** を “1.000” に設定します。

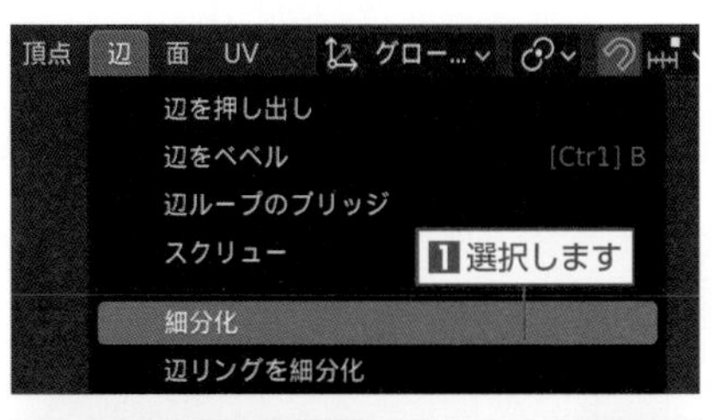

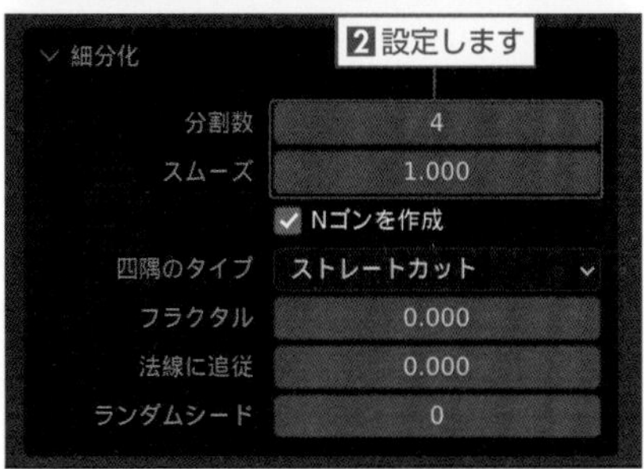

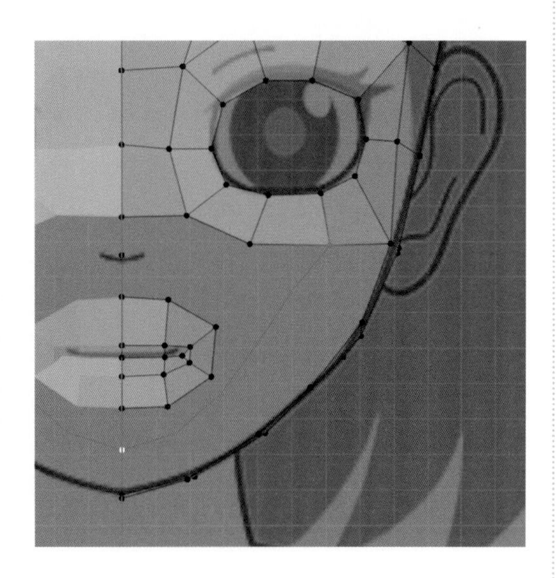

K 図のように頬の頂点を2点選択し、連続して F キーを押して（ここでは5回）面を作成します。

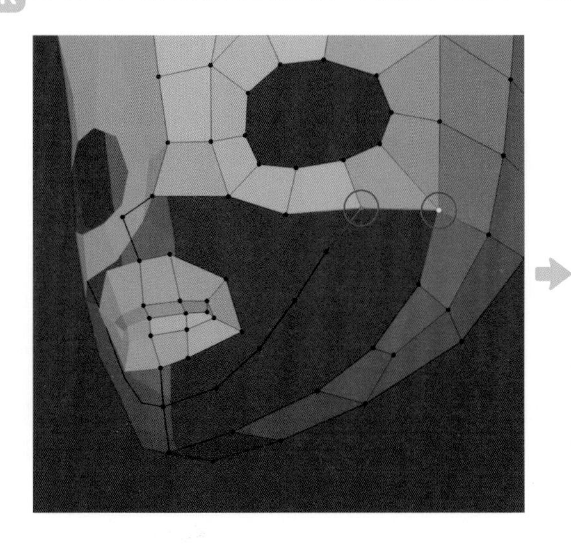

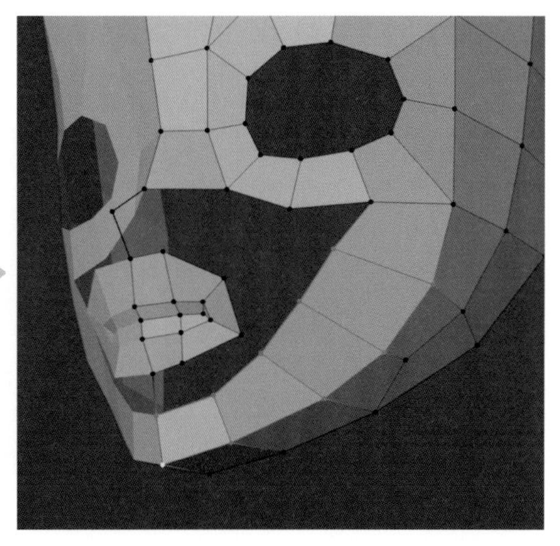

L 同様の操作で頬から鼻先にかけて面を作成します。

❶ 頬と鼻先の頂点を辺でつなぎ合わせ（Fキー）ます。

❷ **[細分化]** して **[分割数]** を "2"、**[スムーズ]** を "1.000" に設定します。

❸ 隙間に面を作成（Fキー）します。

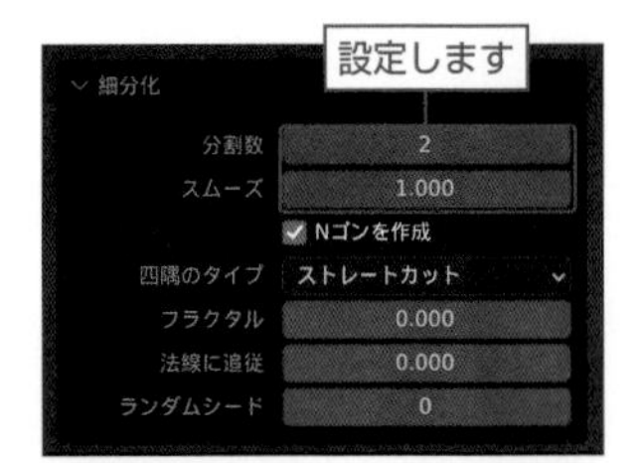

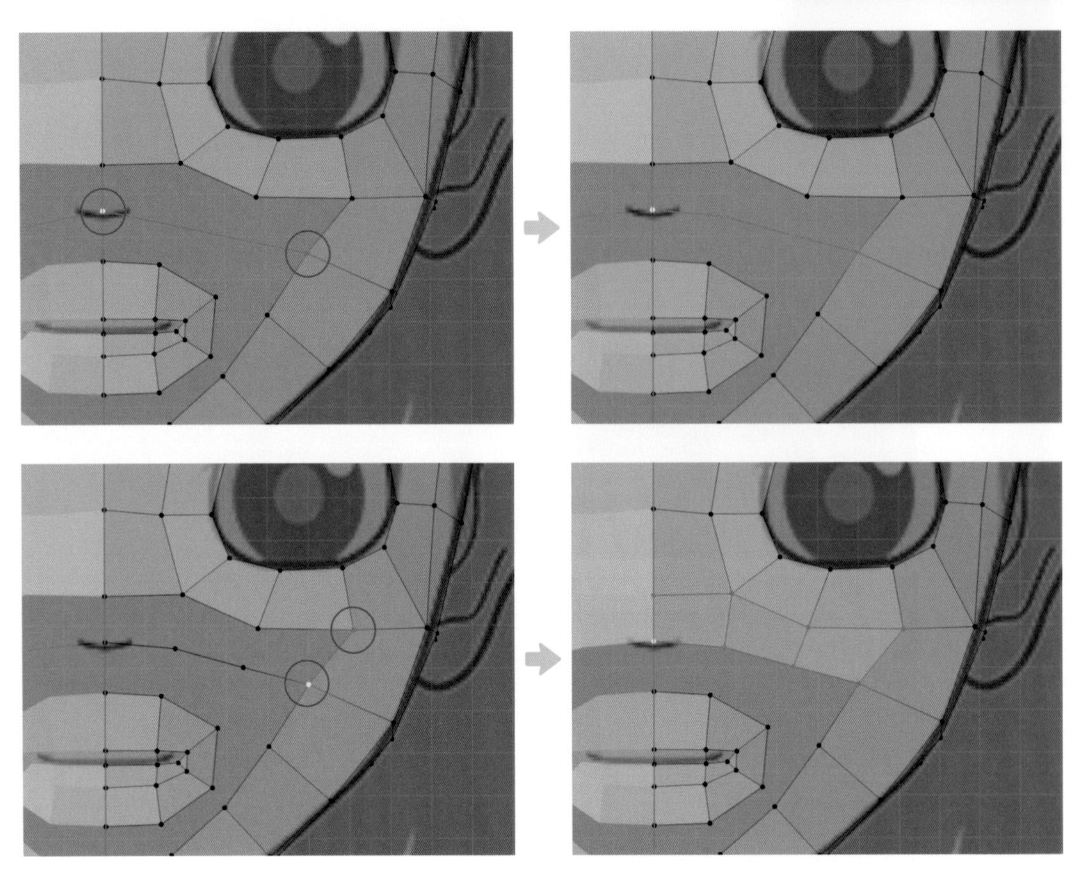

M 図のように4点の頂点を選択して3Dビューポートのヘッダーにある **[頂点]** から **[頂点から新規辺/面作成]**（Fキー）を選択し、続いて頂点2点を選択して連続でFキーを押し、図のように隙間を埋めるように面を作成します。

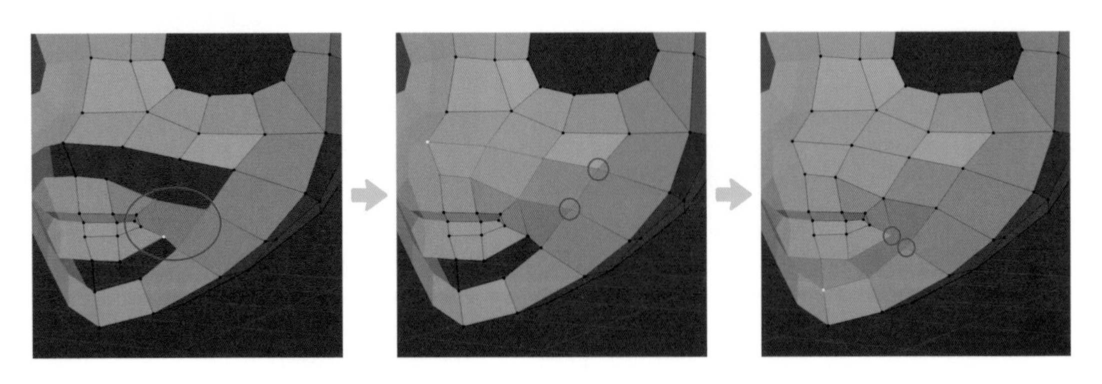

N フロントビュー（テンキー1）やライトビュー（テンキー3）、さらにさまざまな視点から確認しながら、各頂点を移動（Gキー）して形状を整えます。

フロントビュー

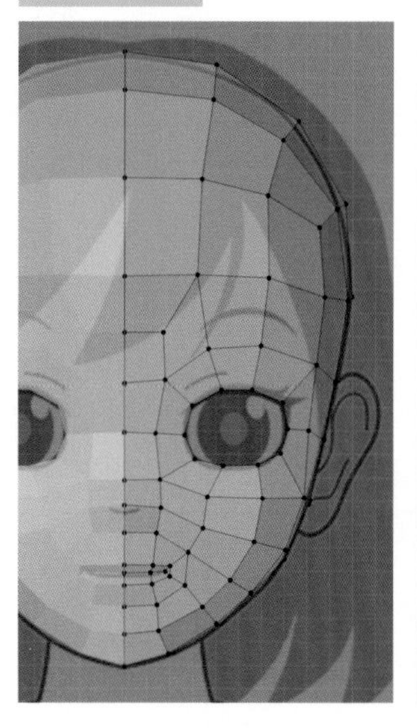

ライトビュー

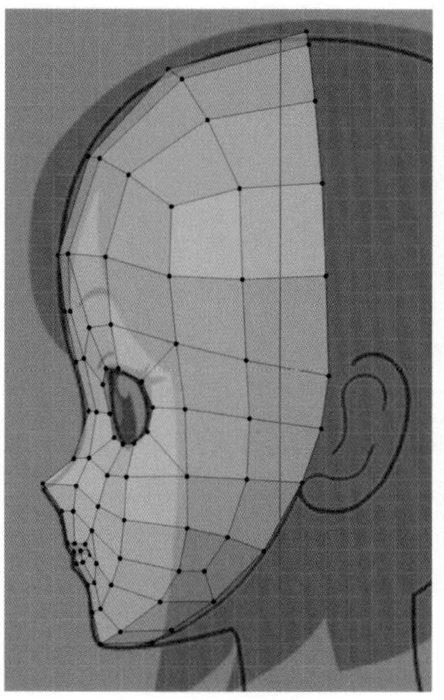

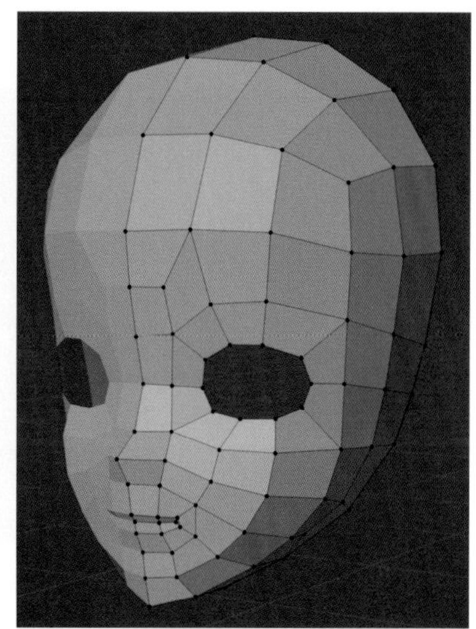

STEP 04 眼球の作成

A 3Dビューポートのヘッダーにあるモード切り替えメニューから **[オブジェクトモード]**（Tabキー）を選択してオブジェクトモードに切り替えます。

B 3Dカーソルがシーンの原点にあることを確認し、3Dビューポートのヘッダーにある **[追加]**（Shift＋Aキー）➡ **[メッシュ]** から **[UV球]** を選択してシーンに球体オブジェクトを追加します。

⚠ 3Dカーソルが原点から外れている場合は、3Dビューポートのヘッダーにある［オブジェクト］➡［スナップ］から［カーソル→ワールド原点］を選択します。

C 3Dビューポートの左下に表示された **「UV球を追加」** パネルで分割数を調整します。ここでは、**[セグメント]** を "16"、**[リング]** を "8" に設定します。

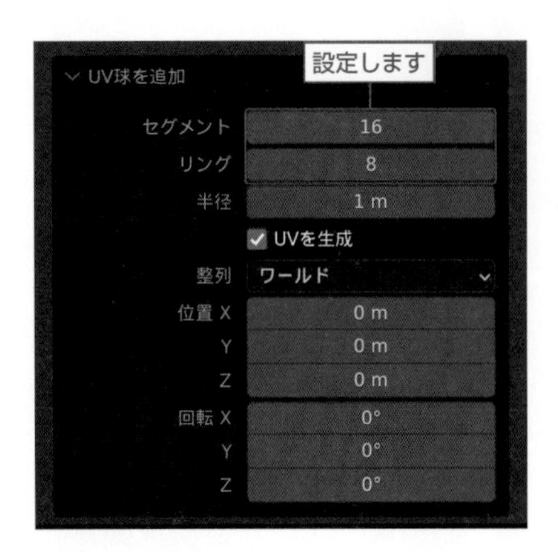

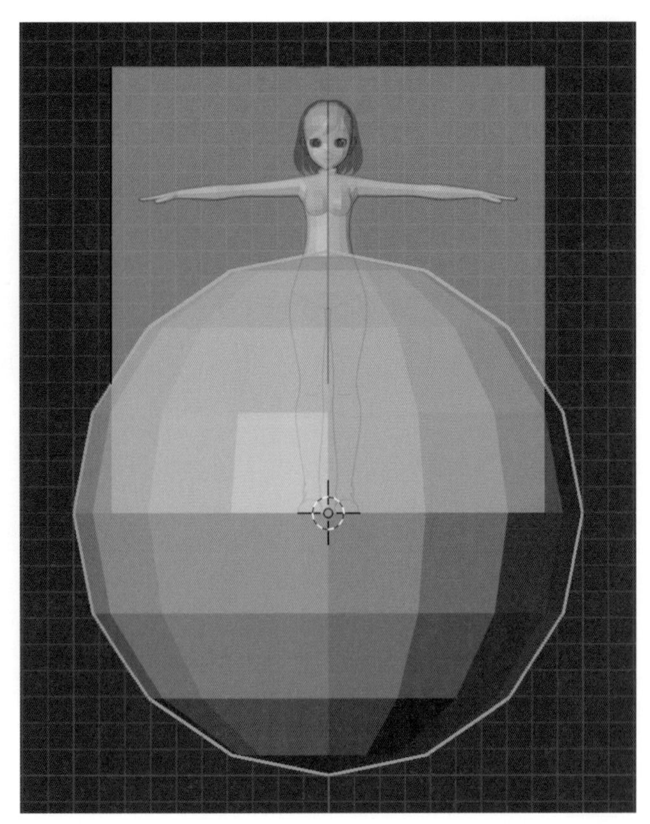

D **[サイドバー]**（Nキー）の **[アイテム]** タブを左クリックすると表示される **「トランスフォーム」** パネルで位置や角度、大きさを調整します。
ここでは、以下の数値に調整します（作成した顔の形状に合わせて調整しましょう）。

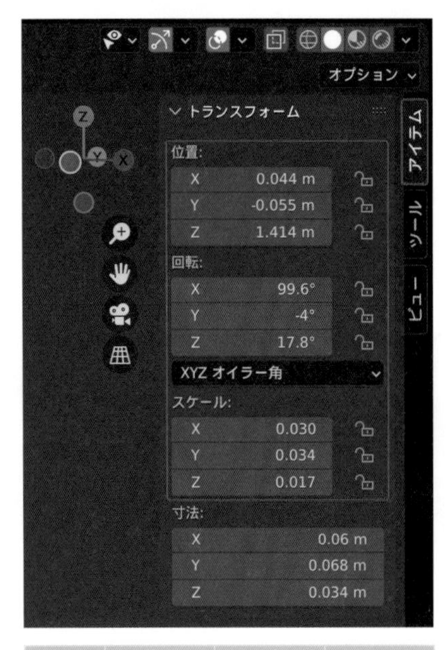

	位置	回転	スケール
X	0.044m	99.6°	0.030
Y	-0.055m	-4°	0.034
Z	1.414m	17.8°	0.017

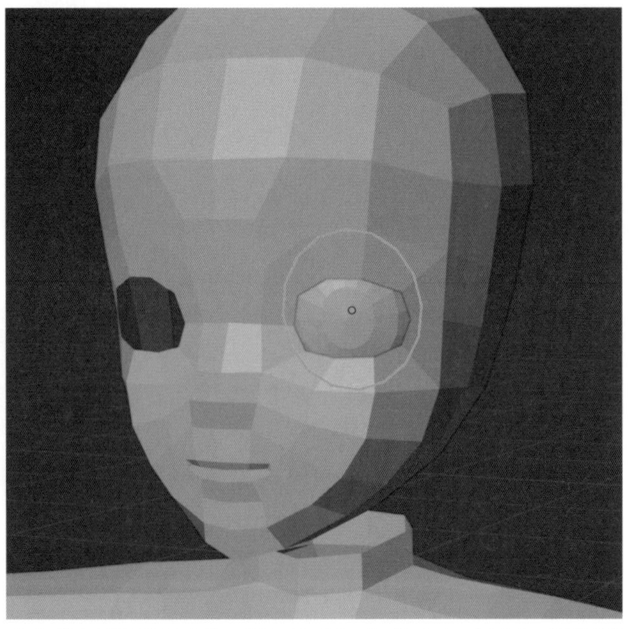

⚠ 眼球は本来球体ですが、ここではデフォルメしたキャラクターを作成するため楕円体に変形します。

⚠ 目周辺の編集は後述で行います。

E 編集した位置や角度、大きさをデフォルト値として適用します。
3Dビューポートのヘッダーにある **[オブジェクト] ➡ [適用]** から **[全トランスフォーム]** を選択します。デフォルト値として適用されたことで、**「トランスフォーム」** パネルの各数値が "0" または "1 (100%)" になります。また、オブジェクトの原点 (オレンジ色の印) がシーンの原点と同じ位置になります。

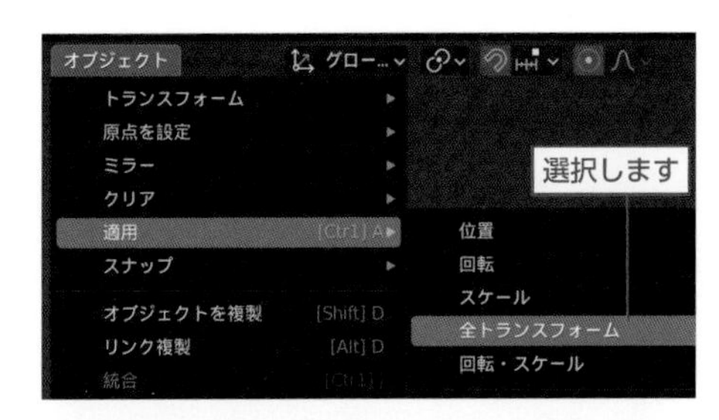

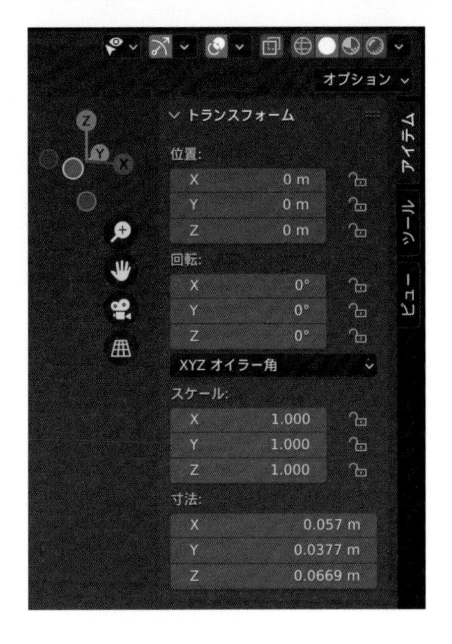

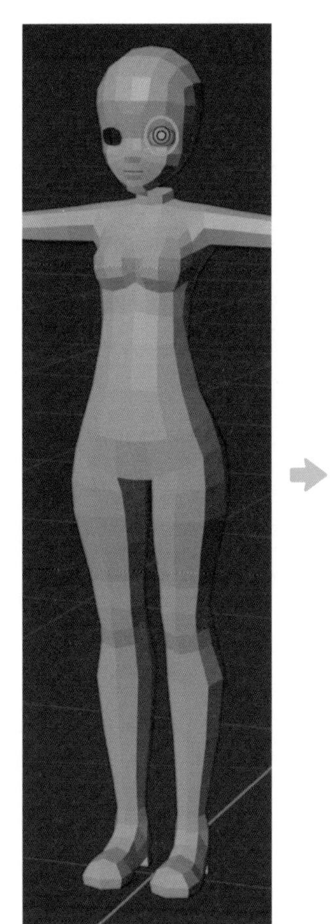

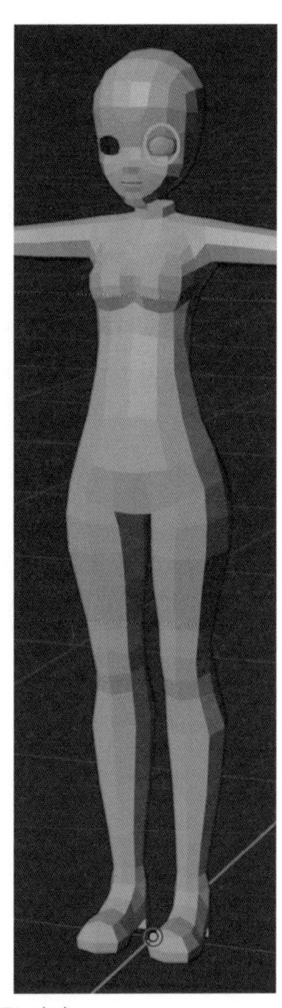

⚠ 画像は3Dカーソルを非表示にしています。

F ボディと同様にミラーモディファイアーを設定します。
プロパティの **「モディファイアープロパティ」** を左クリックして **「モディファイアーを追加」** メニューから **[ミラー]** を選択します。オブジェクトの原点 (オレンジ色の印) を基点として鏡像が生成されます。

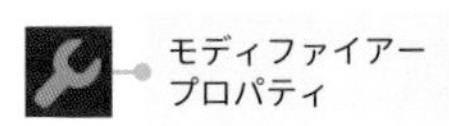

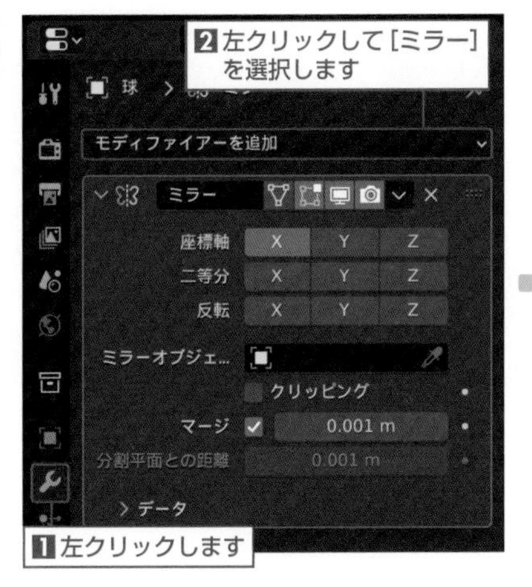

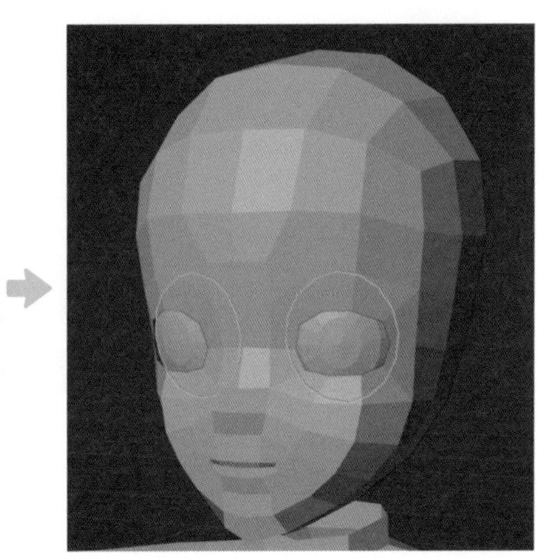

G 眼球のオブジェクトを選択し、**編集モード**（Tabキー）に切り替えます。
眼球の裏側のメッシュは不要なので、図のようにメッシュを選択（サークル選択Cキーなど）して削除（Xキー）で **[頂点]** を選択します。

顔の裏側

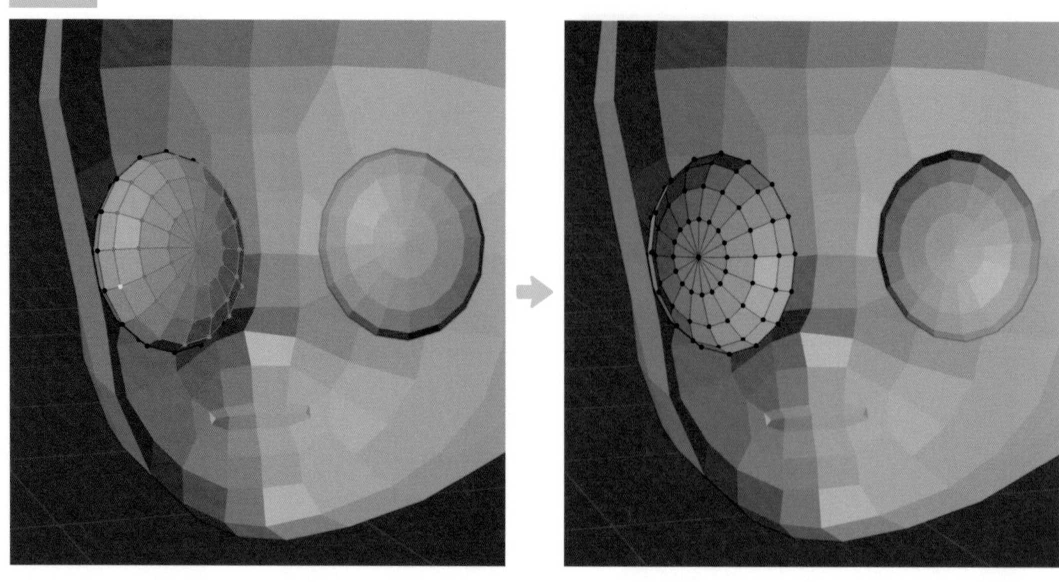

STEP 05 目と口の内側を作成

A **オブジェクトモード**（Tabキー）に切り替え、全身のオブジェクトを選択して**編集モード**（Tabキー）に切り替えます。
眼球に合わせて、一定の隙間ができるように目周辺の各頂点を移動（Gキー）して形状を整えます。

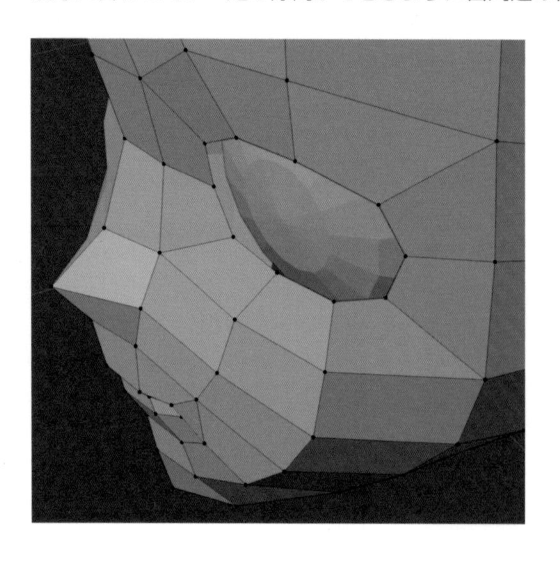

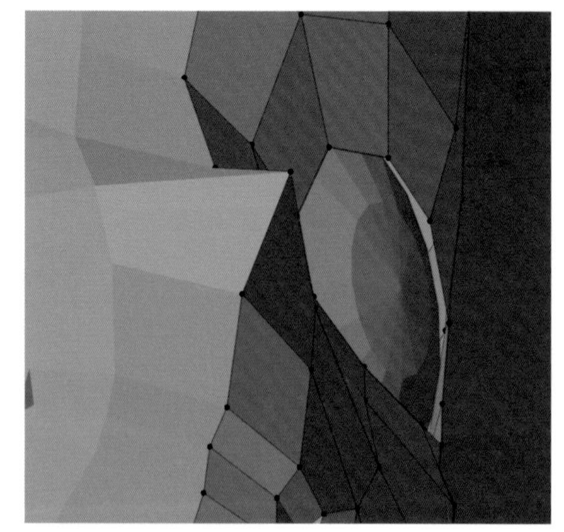

B 目のフチの頂点をループ状に選択（Alt＋左クリック）し、ライトビュー（テンキー3）を切り替えます。眼球のオブジェクトと重なって編集しづらいので、3Dビューポートのヘッダーにある**[透過表示]**（Alt＋Zキー）を有効にします。**[押し出し（領域）]** ツールを有効にして白い円の内側でマウス左ボタンのドラッグを行い、続けてYキーを押して後方に向かってメッシュを押し出し（Eキー）ます。

[透過表示]　[押し出し（領域）] ツール

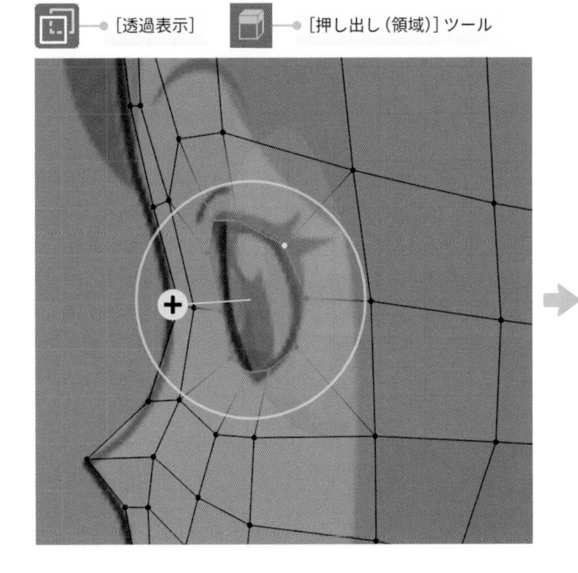

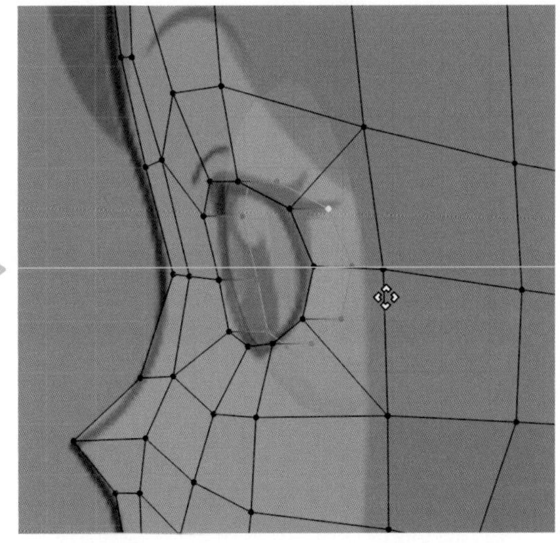

C 同様の操作を行い、合わせて2回メッシュを後方に押し出し（Eキー）ます。

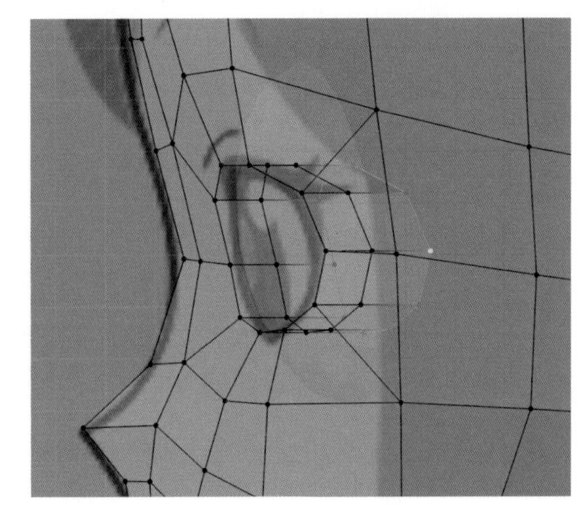

D 押し出したメッシュの先端が選択された状態で、3Dビューポートのヘッダーにある **[メッシュ] ➡ [マージ]**（Mキー）から **[中心に]** を選択して頂点を統合します。

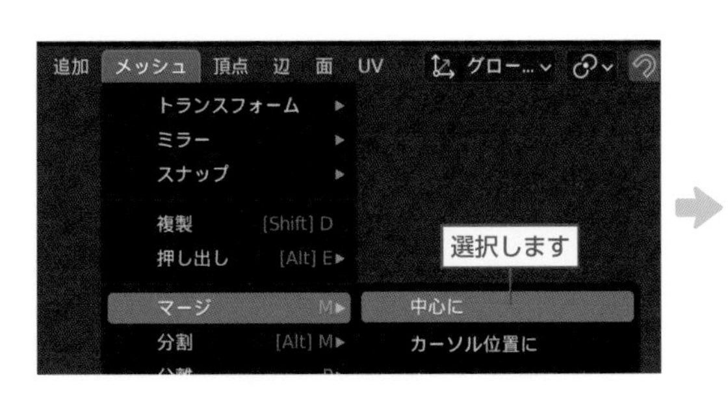

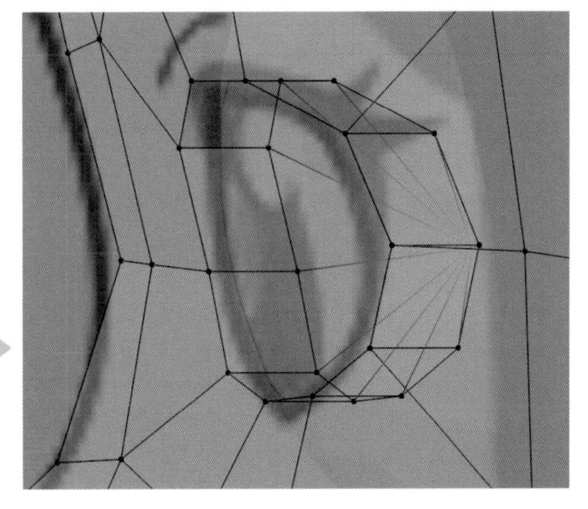

E 口の頂点3点を選択して3Dビューポートのヘッダーにある **[頂点]** から **[頂点のリップとフィル]**（Alt＋Vキー）を選択し、選択箇所より下でマウス左ボタンのドラッグを行い、メッシュを切り離します。**[頂点のリップとフィル]** は **[頂点をリップ]**（Vキー）とは異なり、切り離したメッシュの間に面を生成します。

⚠「頂点のリップとフィル」は、選択箇所を境にドラッグを行う場所によって編集対象のメッシュが変化します。

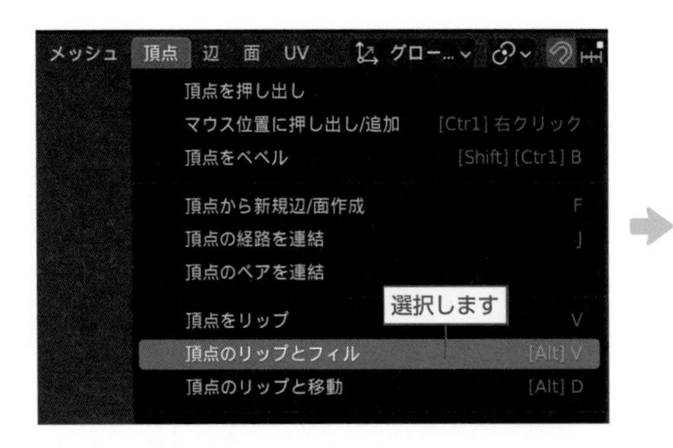

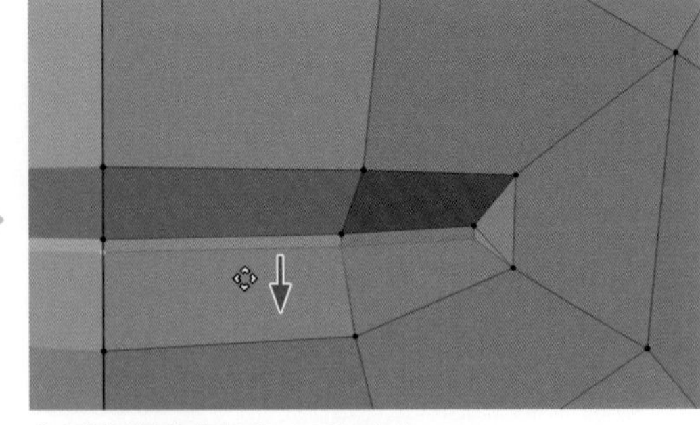

⚠図は下絵を非表示にしています。

F 図のように口角のメッシュを選択して、3Dビューポートのヘッダーにある **[頂点]** から **[頂点から新規辺/面作成]**（Fキー）を選択し、2枚の三角面を合体して四角面にします。

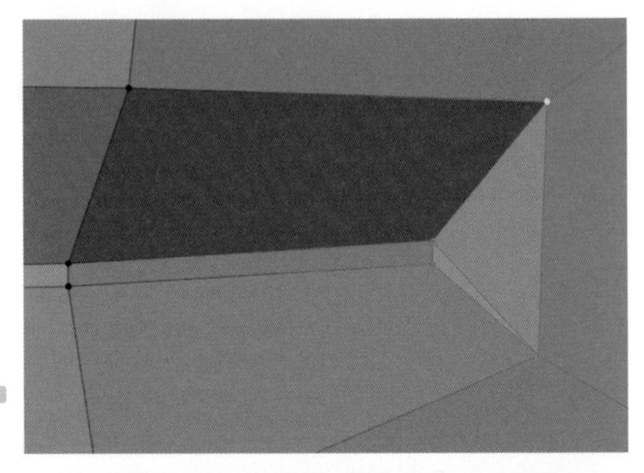

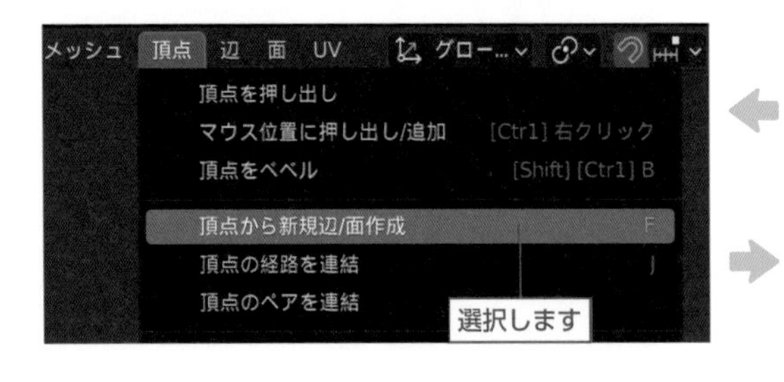

G 図のように口の頂点6点を選択してライトビュー（テンキー3）を切り替えます。
[押し出し（領域）] ツールを有効にして白い円の内側でマウス左ボタンのドラッグを行い、続けてYキーを押して後方に向かってメッシュを押し出し（Eキー）ます。

[押し出し（領域）] ツール

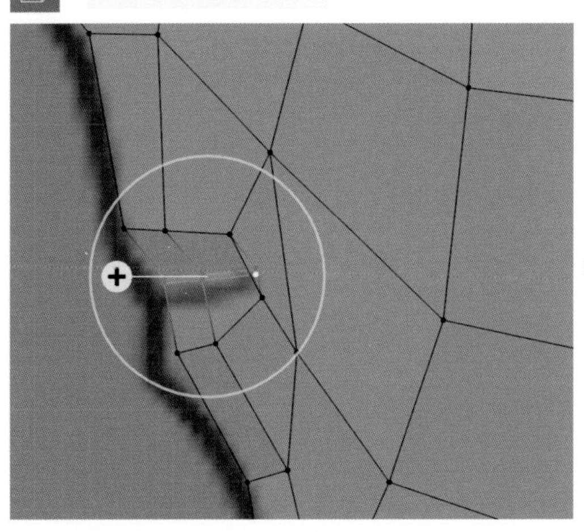

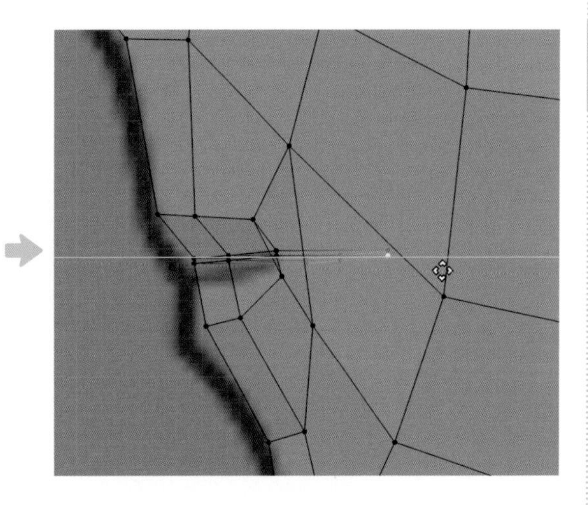

H 押し出したメッシュの上側の頂点3点を上方向へ、下側の頂点3点を下方向へ移動（Gキー ➡ Zキー）します。

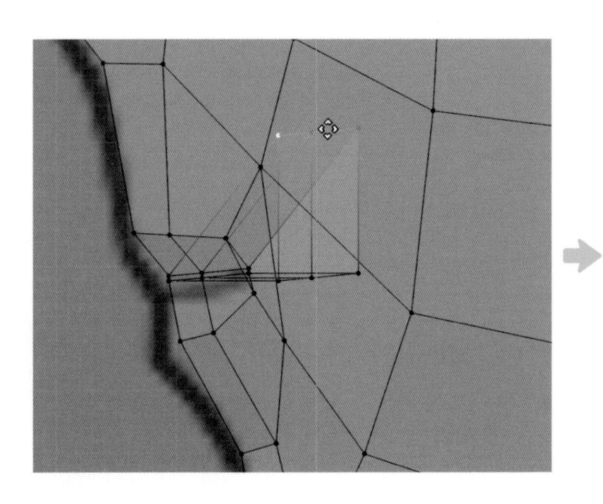

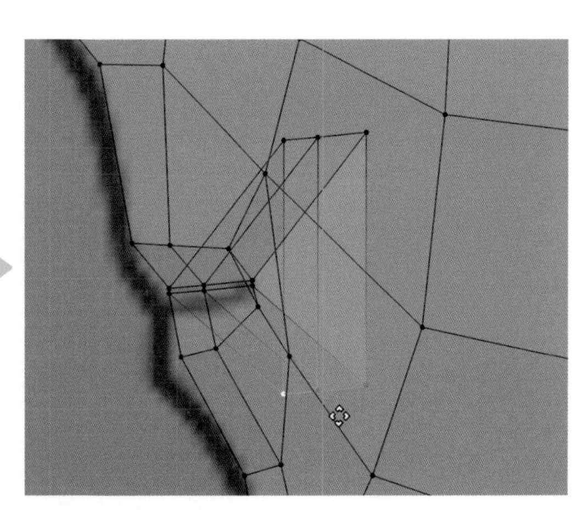

I 押し出した6点の頂点を選択します。**[押し出し（領域）]** ツールを有効にして白い円の内側でマウス左ボタンのドラッグを行い、続けてYキーを押して、さらに後方に向かってメッシュを押し出し（Eキー）ます。

[押し出し（領域）] ツール

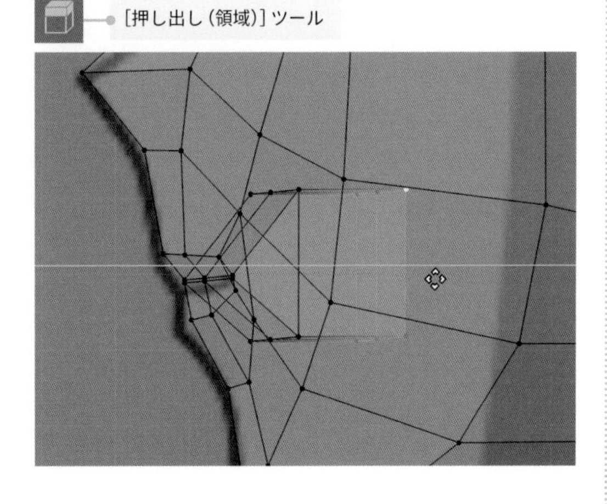

STEP 06 後頭部の作成

A 頭頂部の頂点を選択してライトビュー（テンキー 3 ）を切り替えます。
Ctrl ＋右クリックで下絵に沿ってメッシュを作成します。ここでは、５点の頂点を作成します。

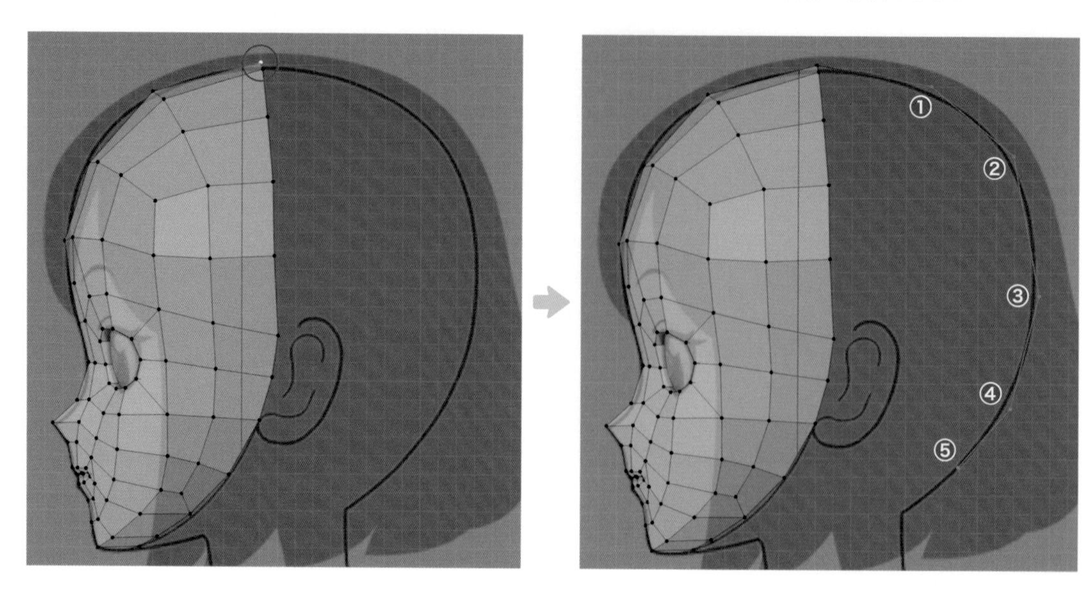

B 頭頂部から４つ目の頂点を選択し、先ほど作成したメッシュと平行に Ctrl ＋右クリックでメッシュを作成します。ここでも同様に５点の頂点を作成します。

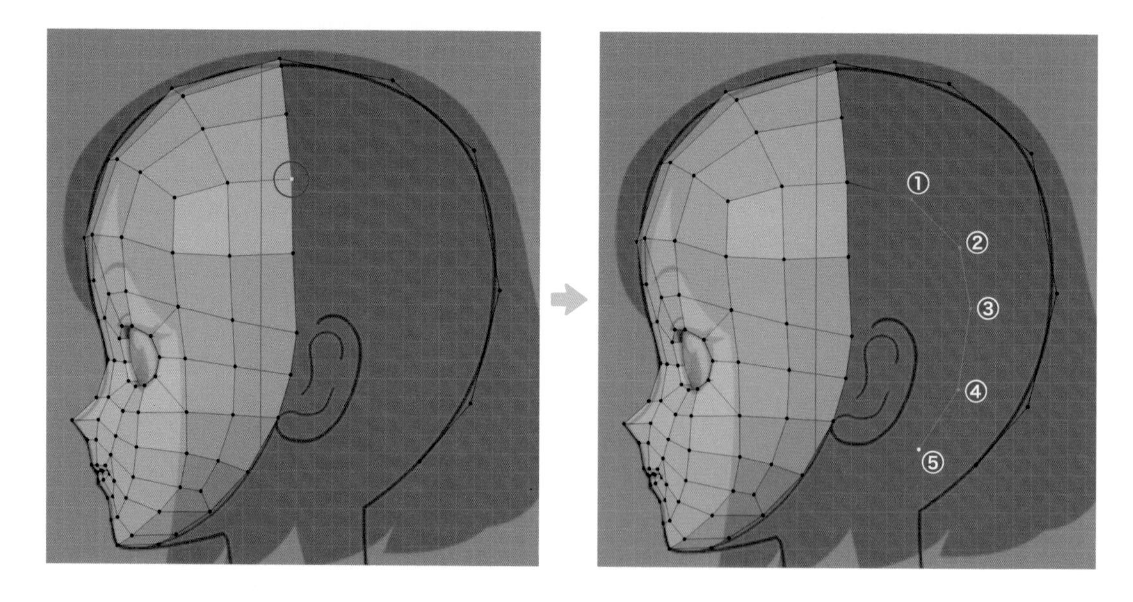

C 作成したメッシュのそれぞれ先端を選択して、3Dビューポートのヘッダーにある **[頂点]** から **[頂点から新規辺/面作成]**（Fキー）を選択し、辺でつなぎ合わせます。

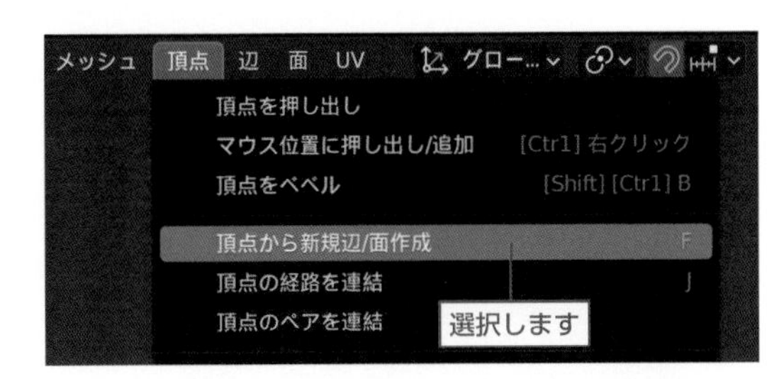

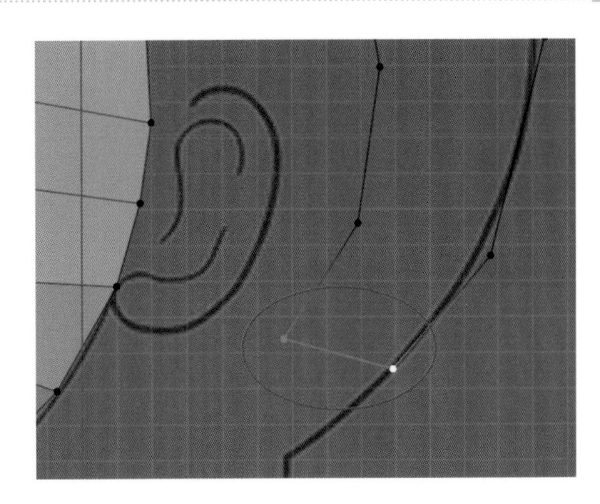

D 3Dビューポートのヘッダーにある **[辺]** から **[細分化]** を選択します。
3Dビューポートの左下に表示された **「細分化」** パネルの **[分割数]** を“2”に設定します。

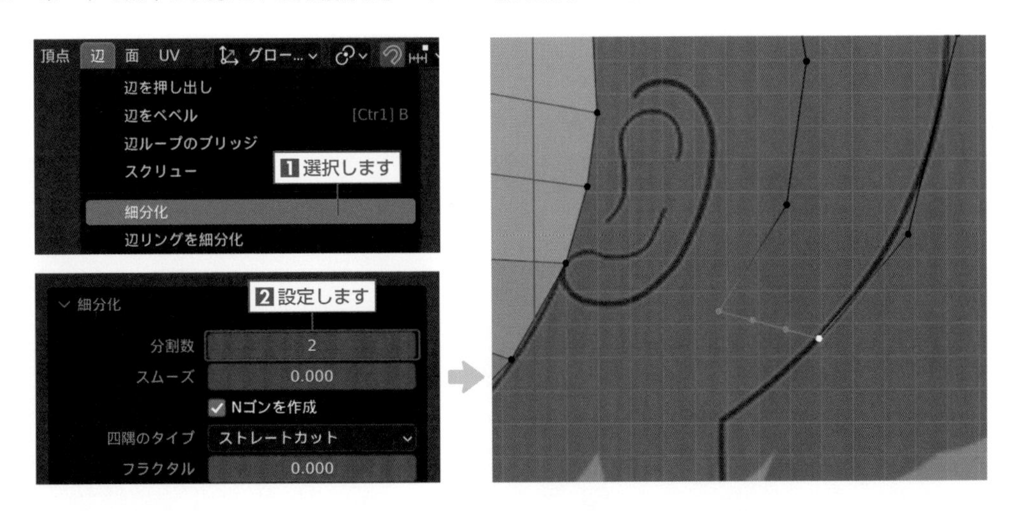

E 顎から耳の付け根（下部）の頂点5点を選択します。**[押し出し（領域）]** ツールを有効にして白い円の内側でマウス左ボタンのドラッグを行い、続けてYキーを押して後方に向かってメッシュを押し出し（Eキー）ます。

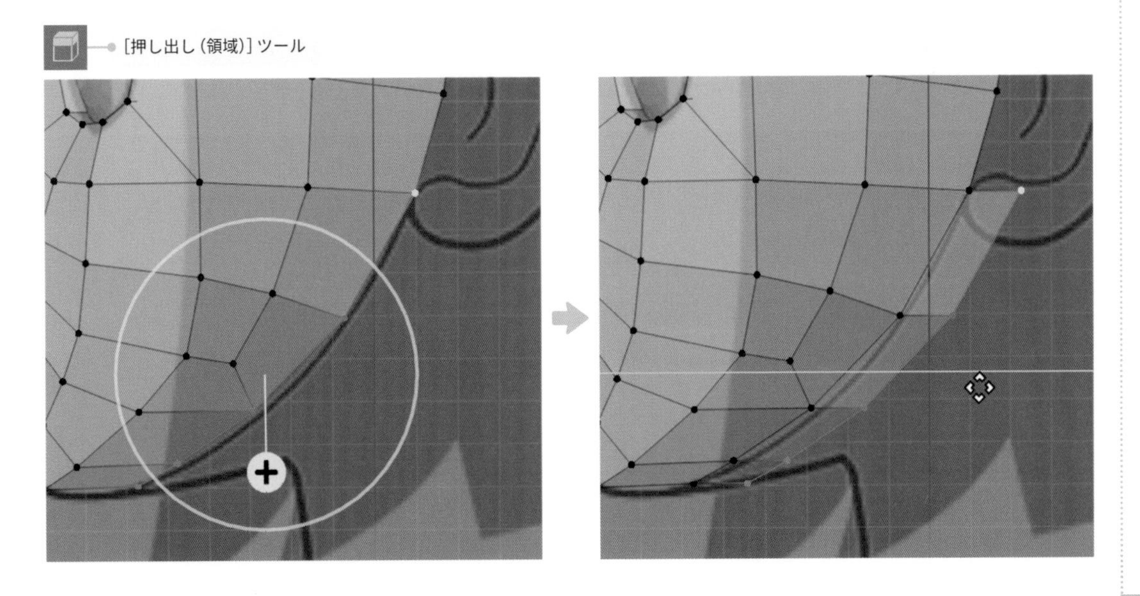

F 図のように耳の付け根に向かって間隔が徐々に狭くなるように各頂点を移動（G キー）します。

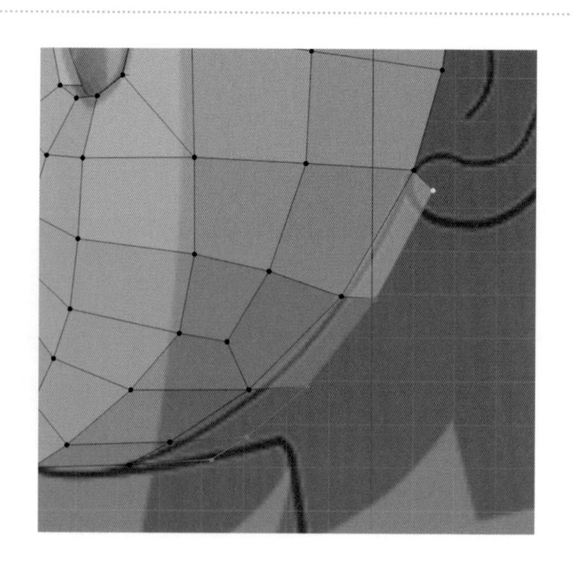

G 耳の付け根（下部）の頂点を選択し、Ctrl＋右クリックで図のようにメッシュを作成します。ここでは、3点の頂点を作成します。

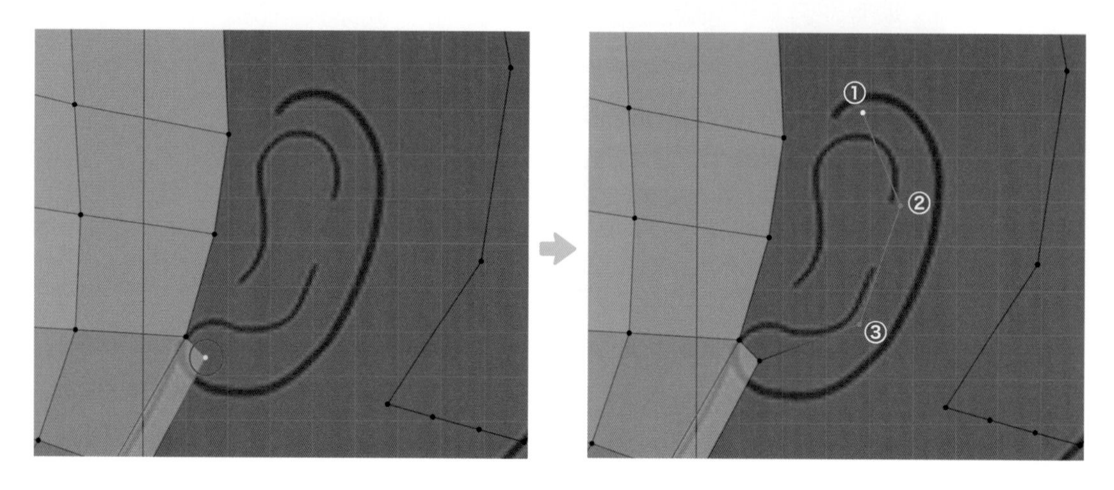

H 作成したメッシュの先端と耳の付け根（上部）の頂点を選択して、3Dビューポートのヘッダーにある **[頂点]** から **[頂点から新規辺/面作成]**（F キー）を選択し、辺でつなぎ合わせます。

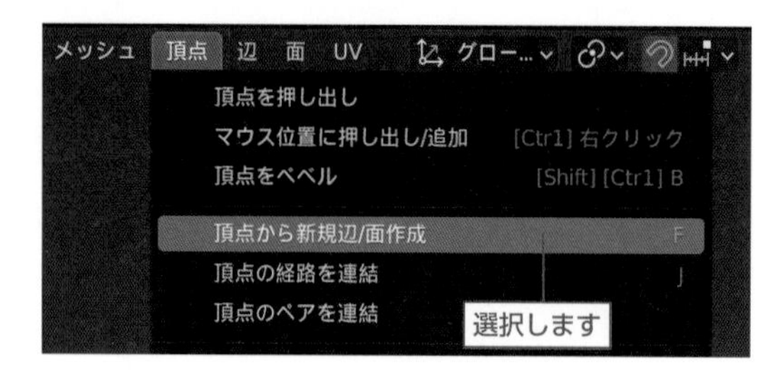

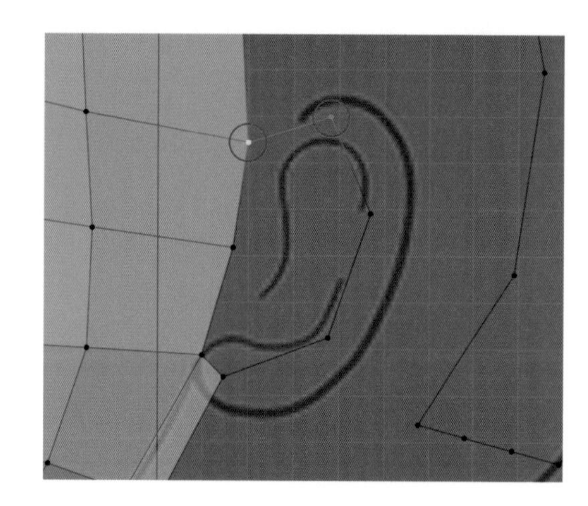

I バックビューでの編集を行うにあたり、顔のメッシュを非表示にします。
3Dビューポートのヘッダーにある **[透過表示]**（Alt＋Zキー）を有効にして図のように顔のメッシュを選択（サークル選択Cキーなど）し、3Dビューポートのヘッダーにある **[メッシュ]** ➡ **[表示/隠す]** から **[選択物を隠す]**（Hキー）を選択します。

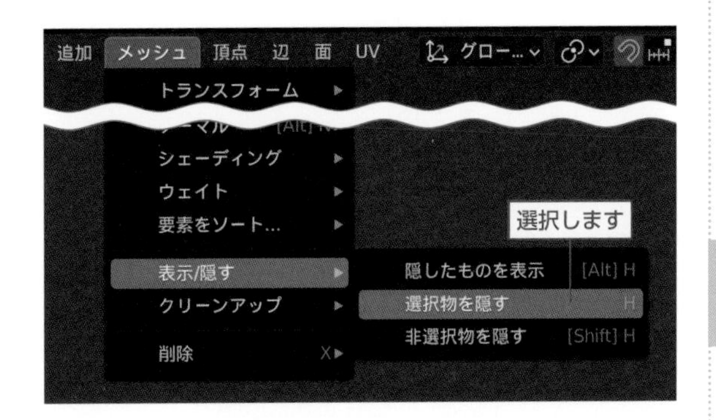

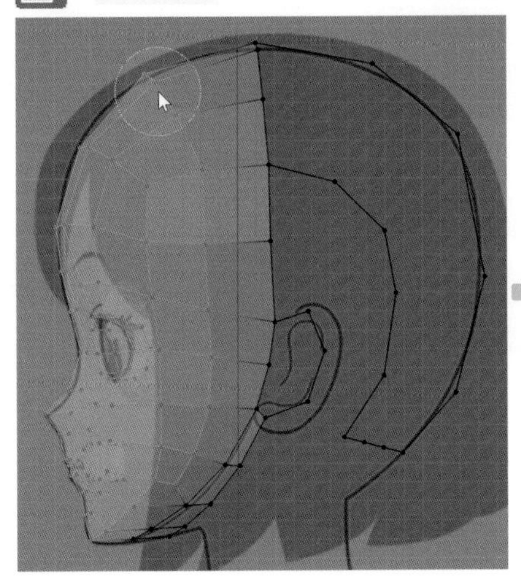

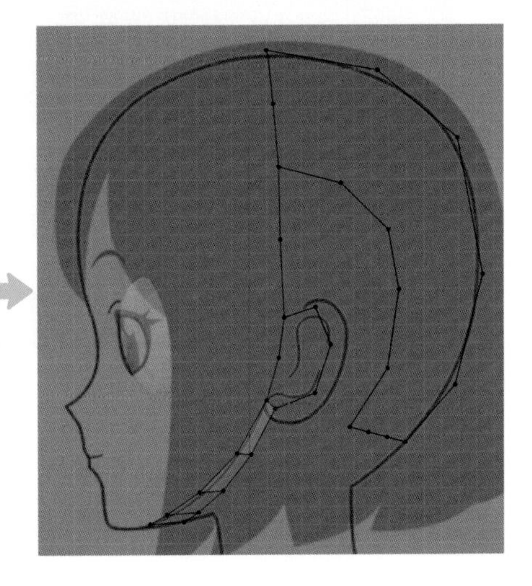

J バックビュー（Ctrl＋テンキー1）に切り替え、図のように側頭部からうなじを通るように各頂点を移動（Gキー）します。
また、耳の付け根から顎につながるメッシュは、輪郭より少し内側を通るように各頂点を移動（Gキー）します。

ここで編集するメッシュ

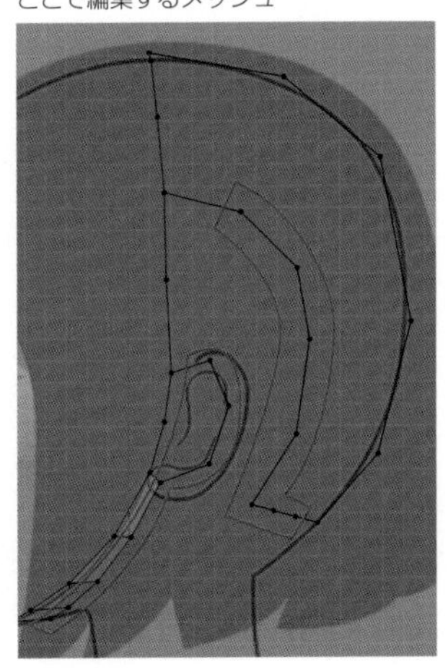

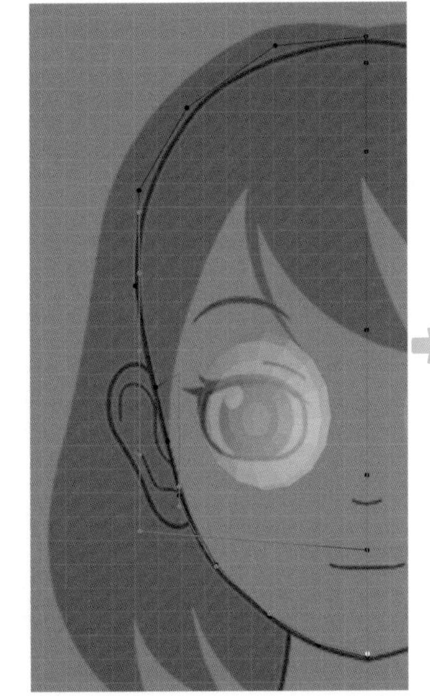

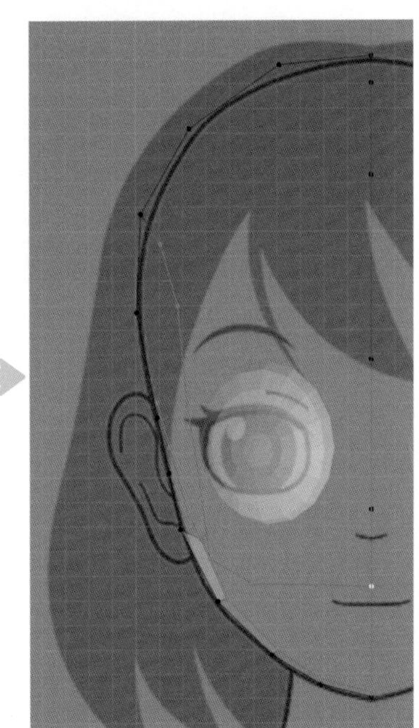

K 3Dビューポートのヘッダーにある **[メッシュ]** ➡ **[表示/隠す]** から **[隠したものを表示]**（Alt + H キー）を選択し、非表示にしていたメッシュを表示します。

向かい合う辺の頂点数が等しい場合は、グリッドフィル機能で面を作成することができます。
後頭部の頂点16点を選択します。最後に選択する頂点は、四隅のいずれかになるようにします。最後に選択した頂点は白い点で表示されます。

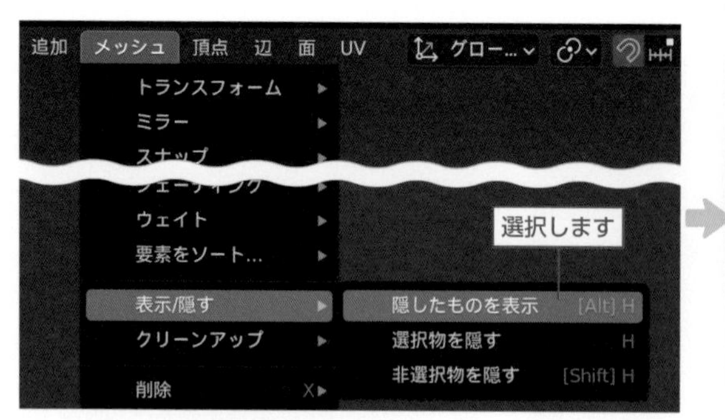

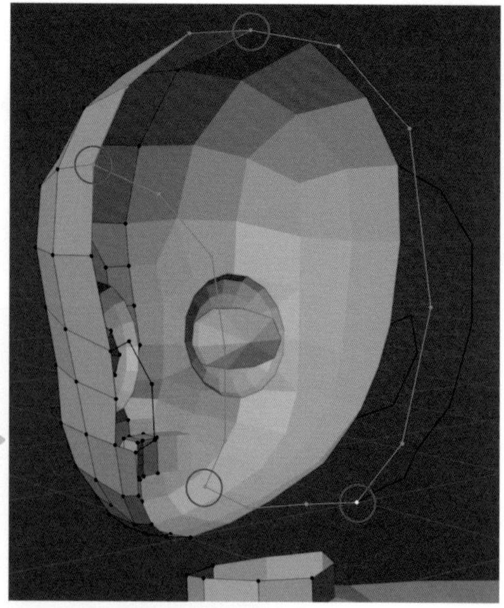

いずれかの頂点を最後に選択します

L 3Dビューポートのヘッダーにある **[面]** から **[グリッドフィル]** を選択します。

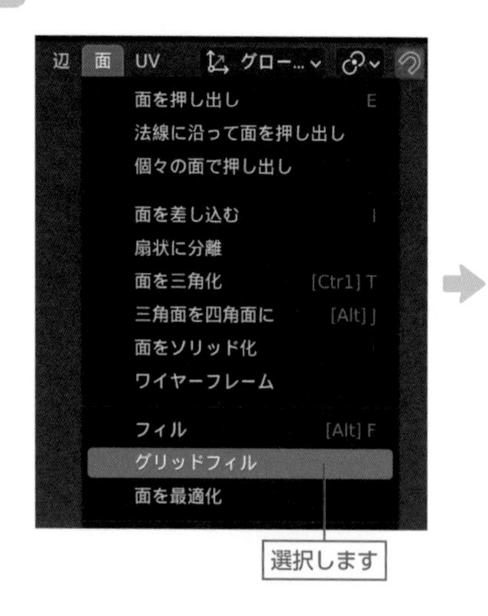

選択します

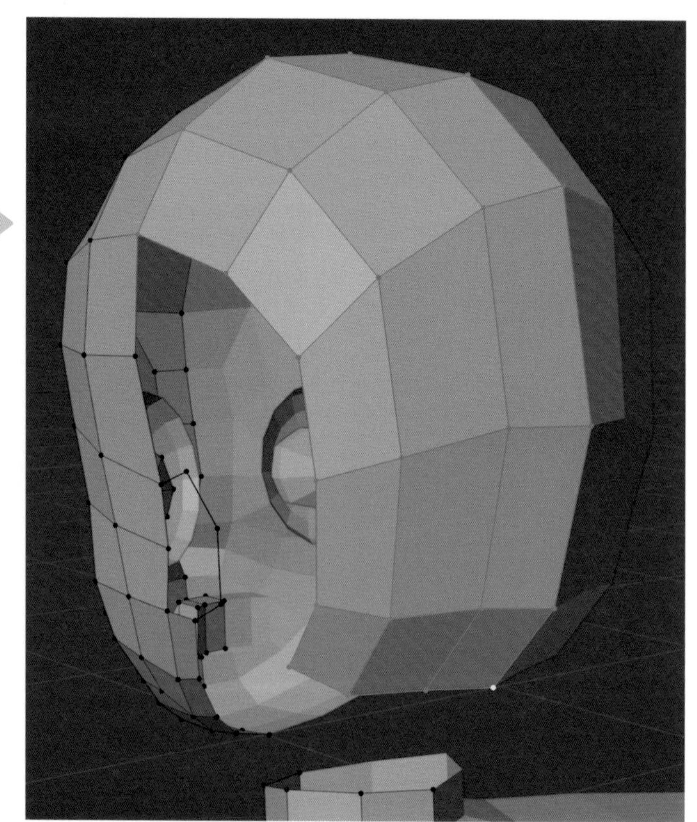

M 側頭部の頂点2点を選択して、3Dビューポートのヘッダーにある **[頂点]** から **[頂点から新規辺/面作成]**（F キー）を選択し、辺でつなぎ合わせます。

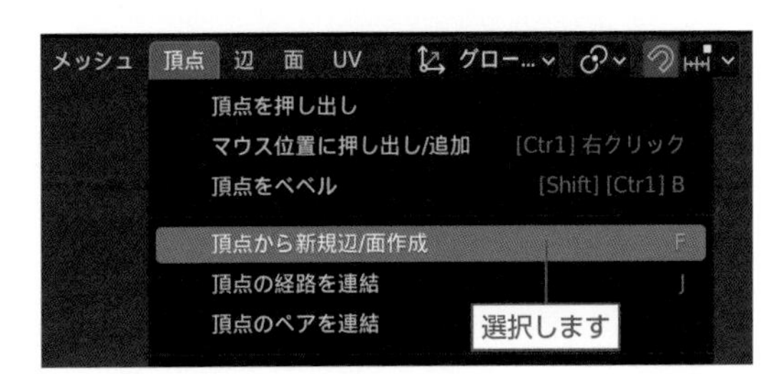

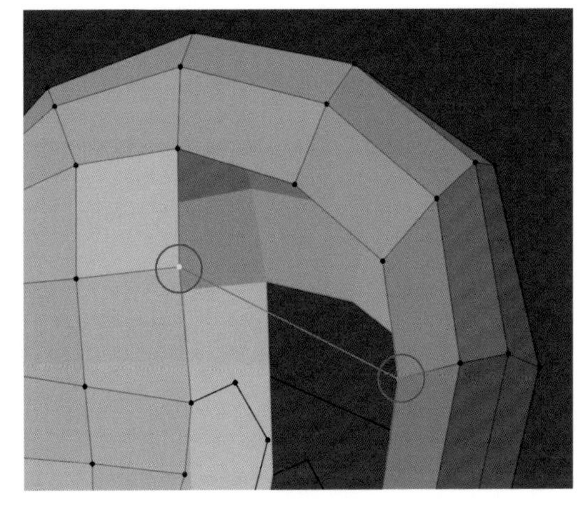

N 3Dビューポートのヘッダーにある **[辺]** から **[細分化]** を選択します。

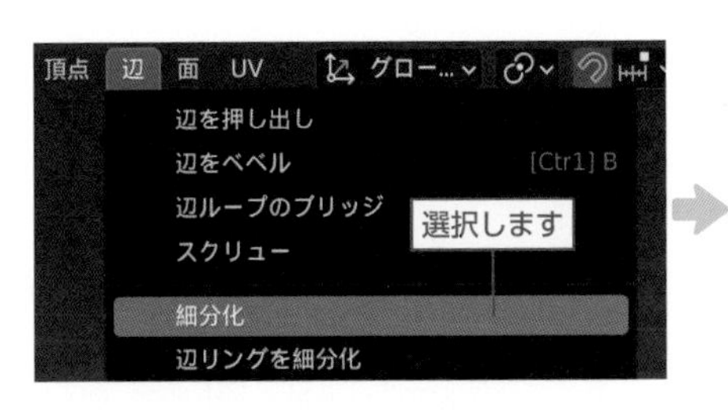

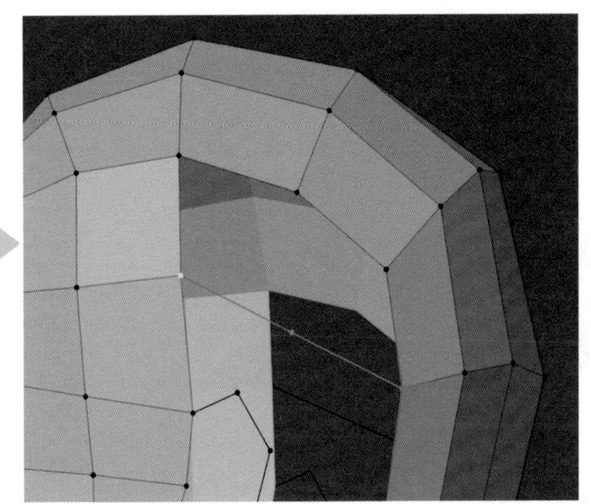

O それぞれ4点の頂点を選択して3Dビューポートのヘッダーにある **[頂点]** から **[頂点から新規辺/面作成]**（F キー）を選択し（1枚ずつ作成します）、続いて頂点2点を選択して連続で F キーを押し、図のように隙間を埋めるように面を作成します。

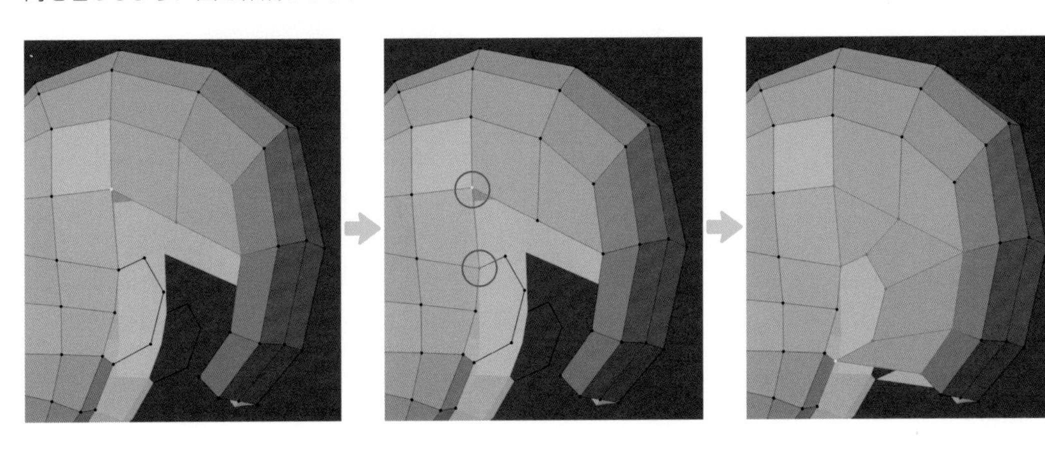

P 首のメッシュを選択（Alt＋左クリック）し、ライトビュー（テンキー3）に切り替えます。
3Dビューポートのヘッダーにある **[メッシュ]** から **[複製]**（Shift＋Dキー）を選択し、首の付け根の位置に複製します。

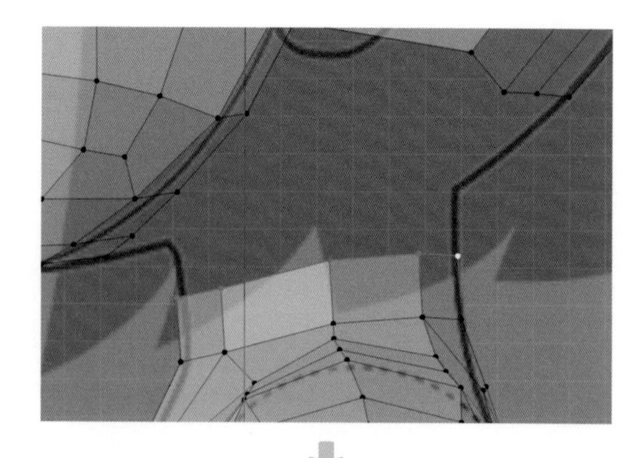

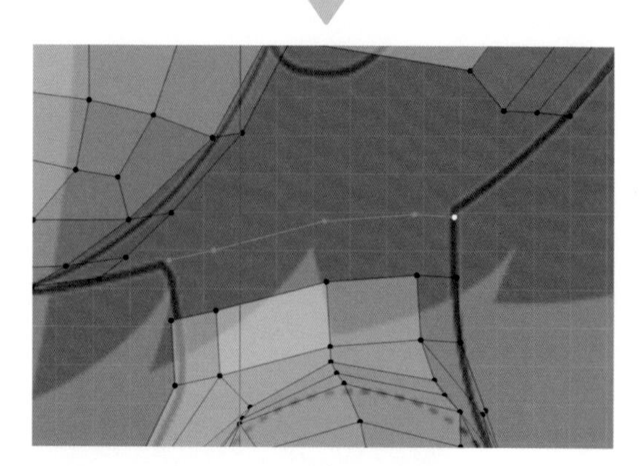

Q 首の側面の頂点3点を選択してバックビュー（Ctrl＋テンキー1）に切り替えます。
[押し出し（領域）] ツールを有効にして白い円の内側でマウス左ボタンのドラッグを行い、輪郭に沿って左斜め上に向かってメッシュを押し出し（Eキー）ます。

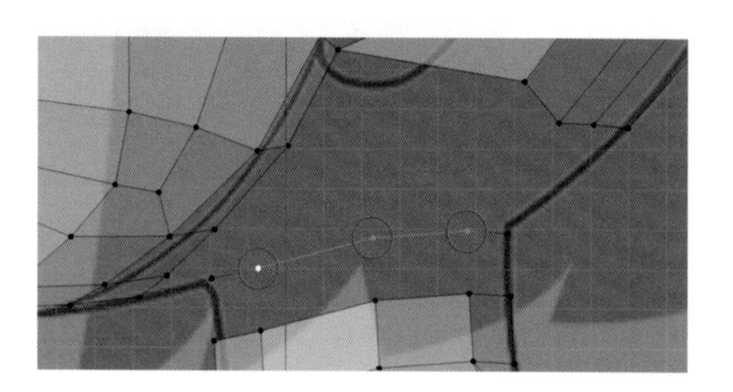

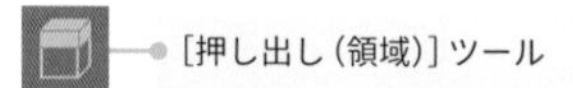

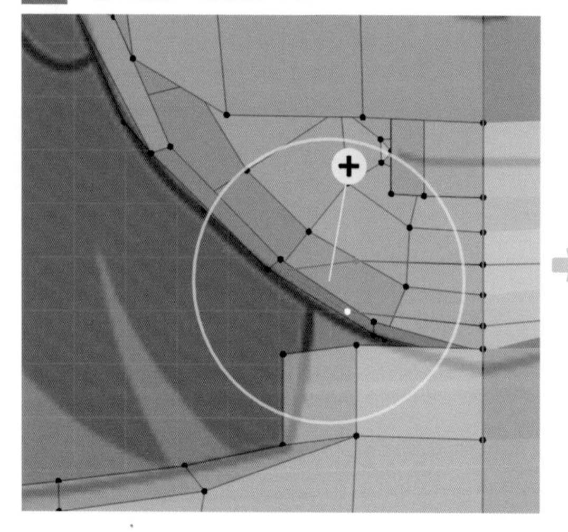

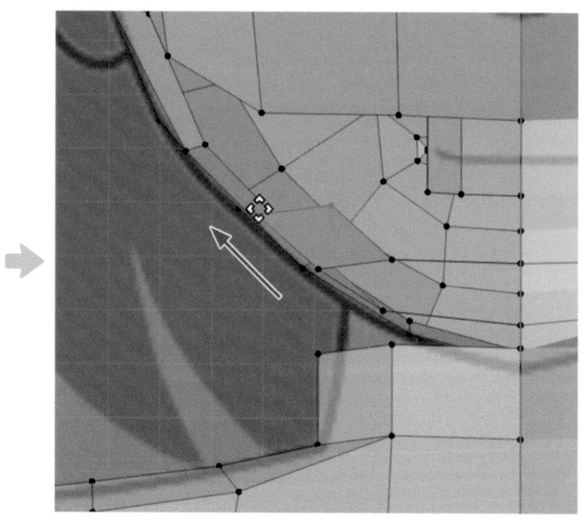

R それぞれ4点の頂点を選択して3Dビューポートのヘッダーにある **[頂点]** から **[頂点から新規辺/面作成]**（F キー）を選択し、図のように隙間を埋めるように面を作成します（1枚ずつ作成します）。

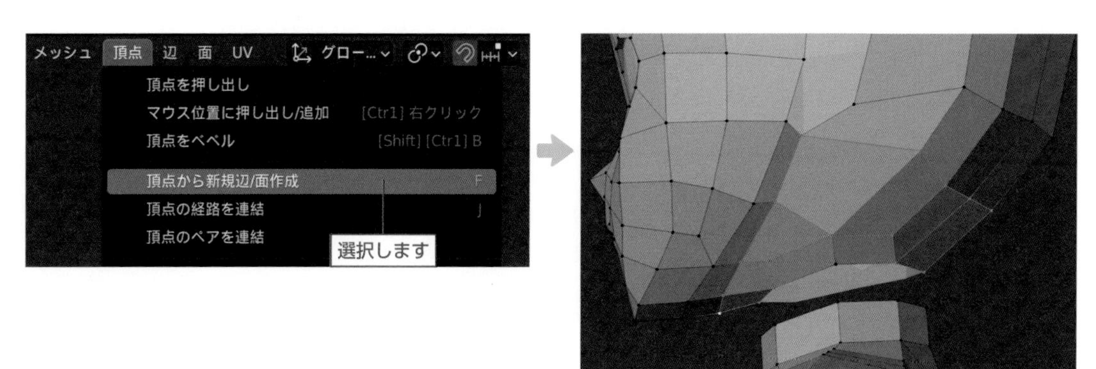

S バックビュー（Ctrl +テンキー 1 ）やライトビュー（テンキー 3 ）、さらにさまざまな視点から確認しながら、各頂点を移動（G キー）して形状を整えます。

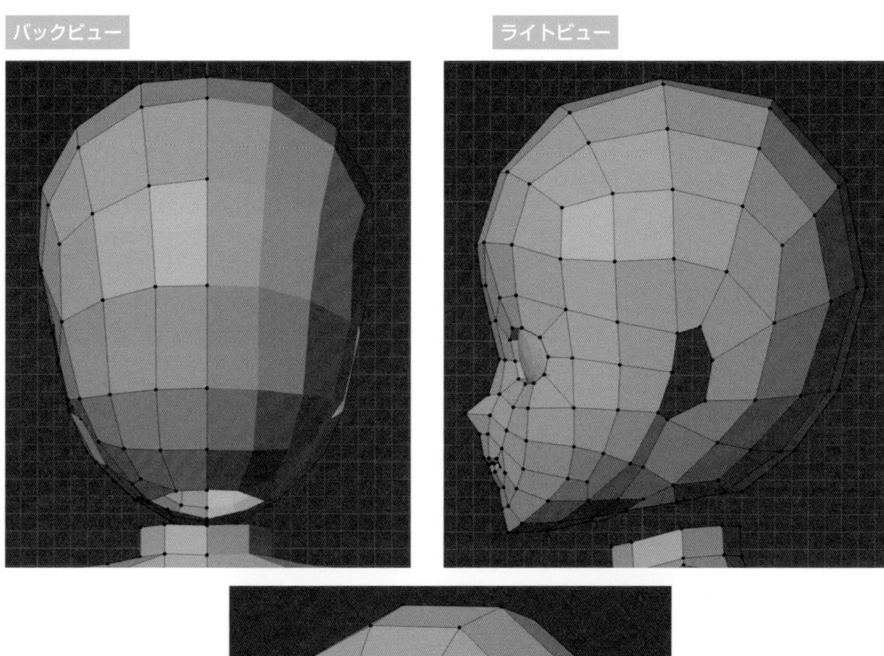

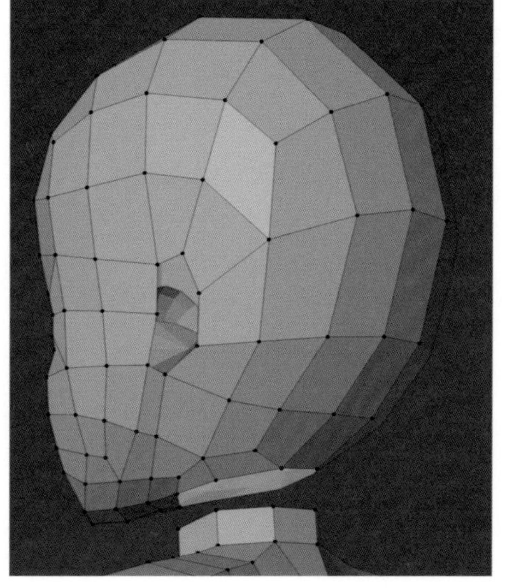

STEP 07 耳の作成

A 耳の付け根(前方)の頂点2点を選択してフロントビュー(テンキー1)に切り替えます。
3Dビューポートのヘッダーにある **[メッシュ]** から **[複製]** (Shift+Dキー)を選択し、続けてXキーを押して向かって右側の適当な位置(高さはズレないようにします)に複製します。

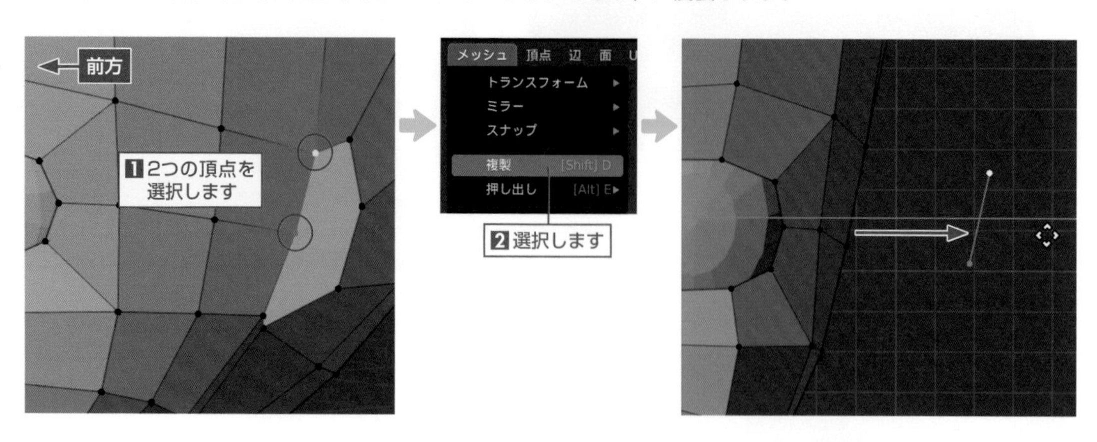

B 耳の編集を行うにあたり頭部のメッシュを一旦、非表示にします。
頭部のメッシュを選択(マウスポインターを合わせてLキー)して3Dビューポートのヘッダーにある **[メッシュ]** ➡ **[表示/隠す]** から **[選択物を隠す]** (Hキー)を選択します。

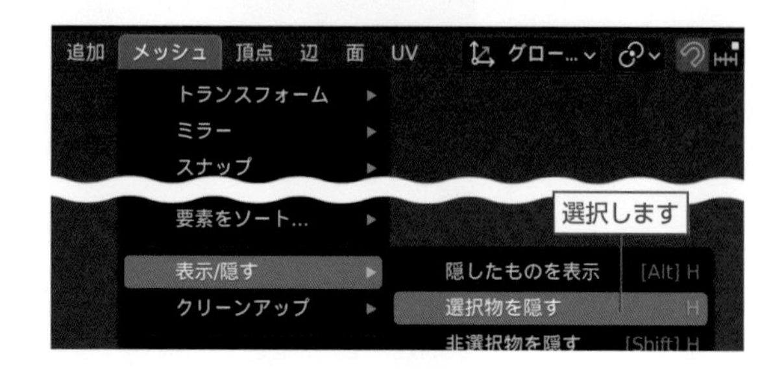

C ライトビュー(テンキー3)に切り替えて複製したメッシュを選択します。
[押し出し(領域)] ツールを有効にして白い円の内側でマウス左ボタンのドラッグを行い、図のように後方にメッシュを押し出し(Eキー)ます。

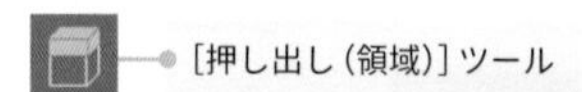

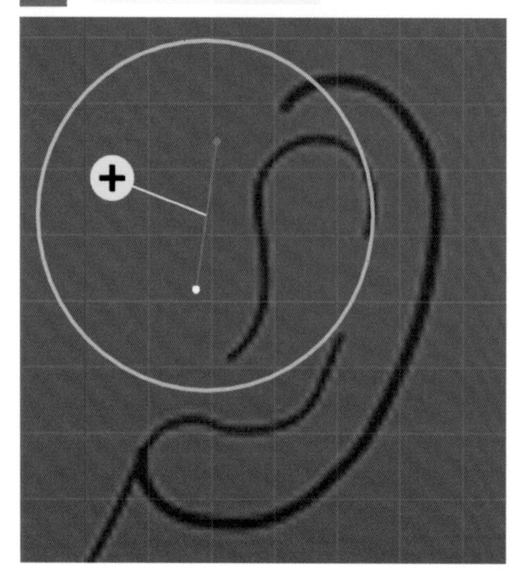

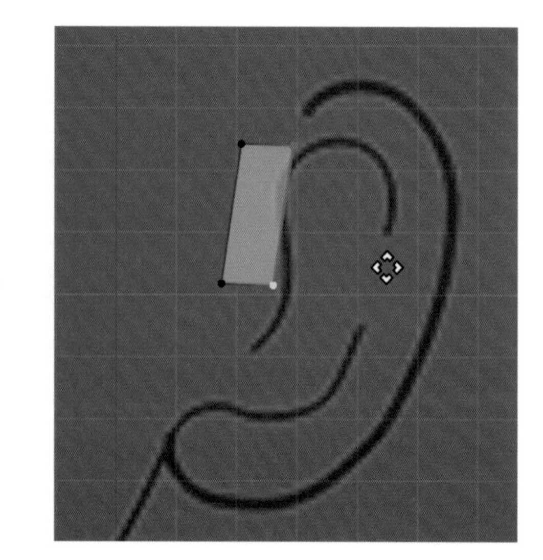

D 上部2点の頂点を選択し、**[押し出し（領域）]** ツールをマウス左ボタンで長押しして **[押し出し（カーソル方向）]** ツールを有効にします。

E 押し出し（カーソル方向）は、左クリックした位置に向かってメッシュが押し出されます。
耳のフチ（後述で傾きをつけるので、下絵より若干幅を広くします）に沿って左クリックしてメッシュを押し出します。ここでは、9回クリック（押し出し）します。

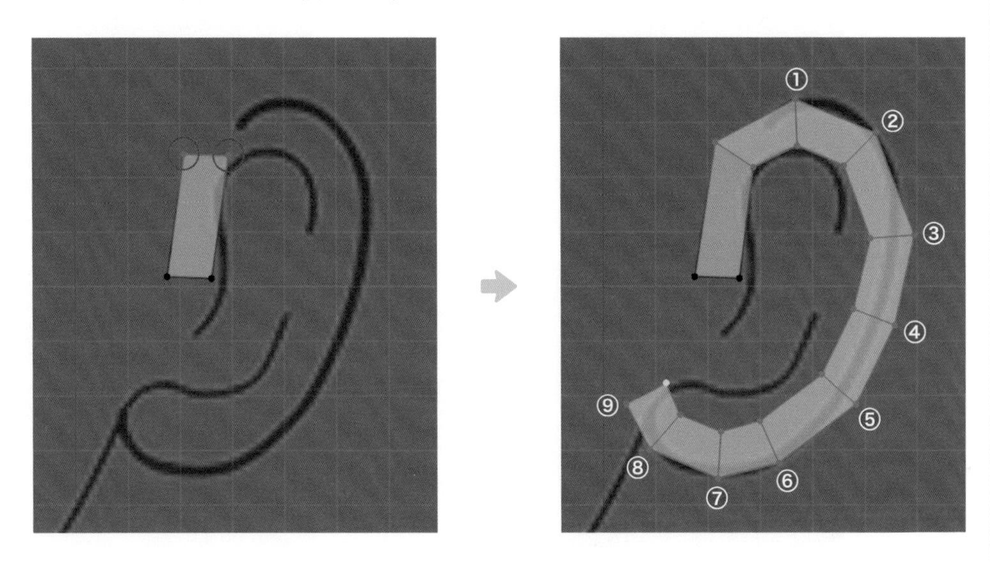

F 図のように2点の頂点を選択し、同様に **[押し出し（カーソル方向）]** でメッシュを押し出します。ここでは、2回クリック（押し出し）します。

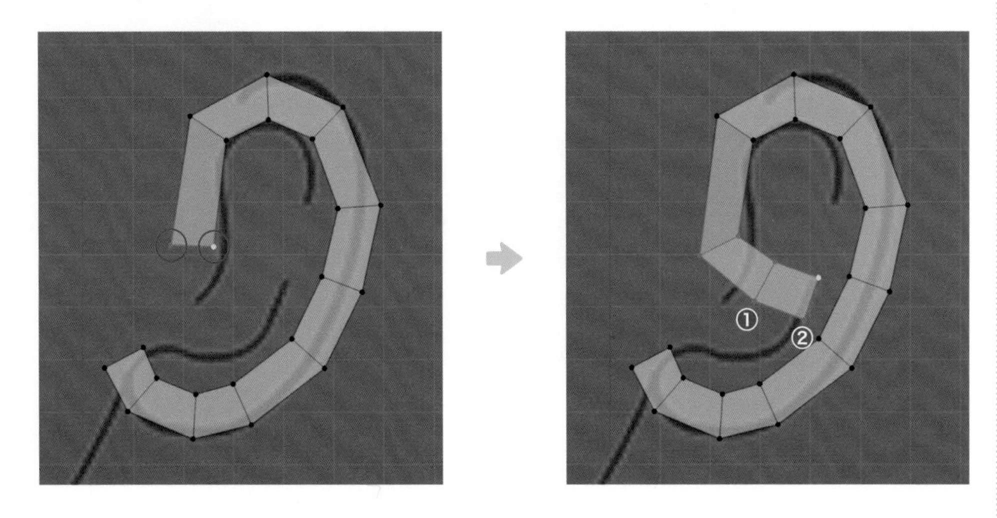

G 内側の頂点10点を選択してフロントビュー（テンキー 1）に切り替えます。
[押し出し（領域）] ツールを有効にして白い円の内側でマウス左ボタンのドラッグを行い、続けて X キーを押して向かって左側にメッシュを押し出します。

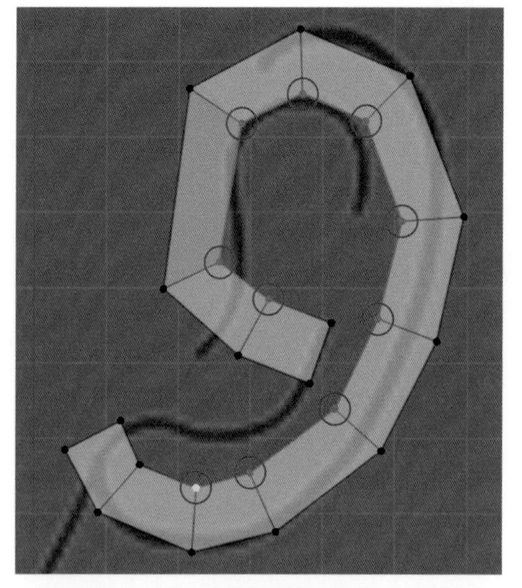

[押し出し（領域）] ツール

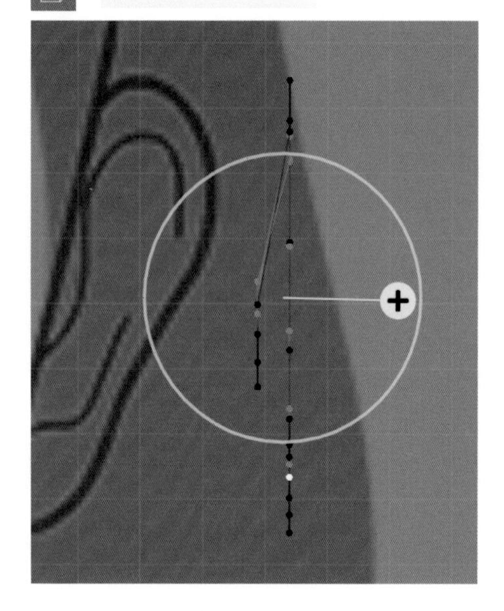

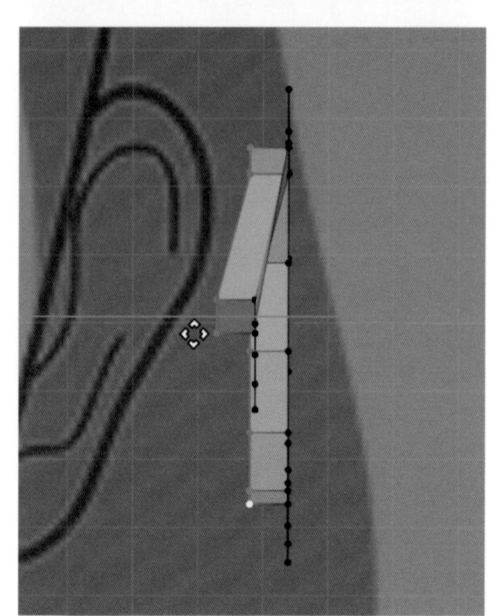

H それぞれ頂点3点または4点を選択して3Dビューポートのヘッダーにある **[頂点]** から **[頂点から新規辺/面作成]**（F キー）を選択し、図のように面を作成します（1枚ずつ作成します）。

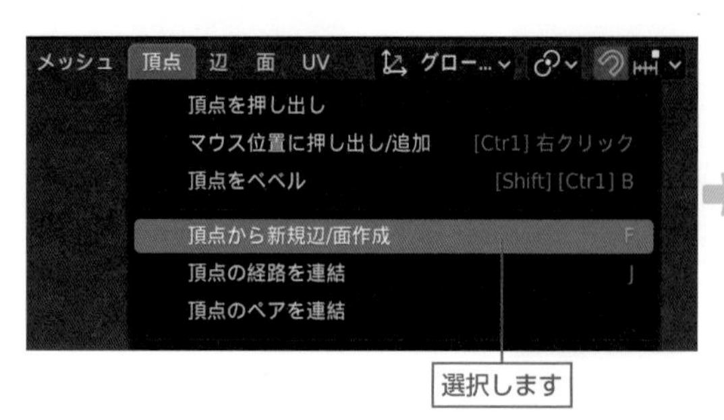

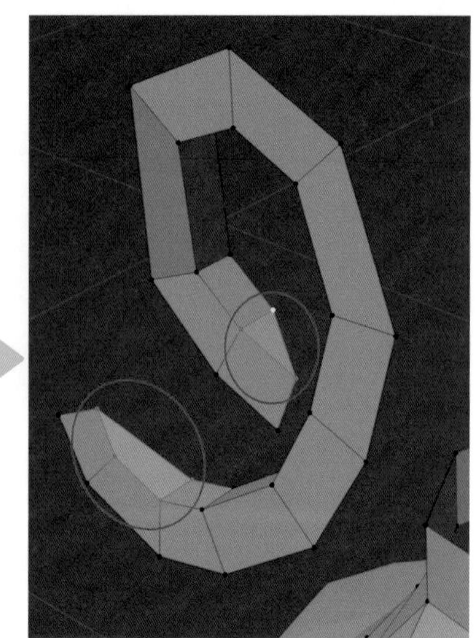

I それぞれ4点の頂点を選択して3Dビューポートのヘッダーにある **[頂点]** から **[頂点から新規辺/面作成]**（F キー）を選択し、図のように隙間を埋めるように面を作成します（1枚ずつ作成します）。

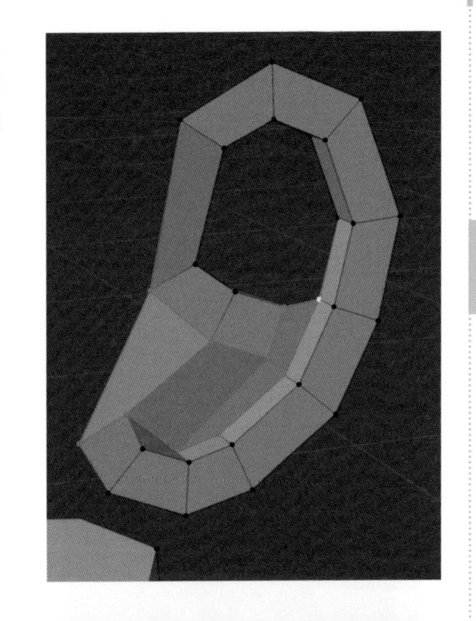

J 8点の頂点をループ状に選択（Alt ＋左クリック）して、3Dビューポートのヘッダーにある **[頂点]** から **[頂点から新規辺/面作成]**（F キー）を選択し、図のように面を作成します。

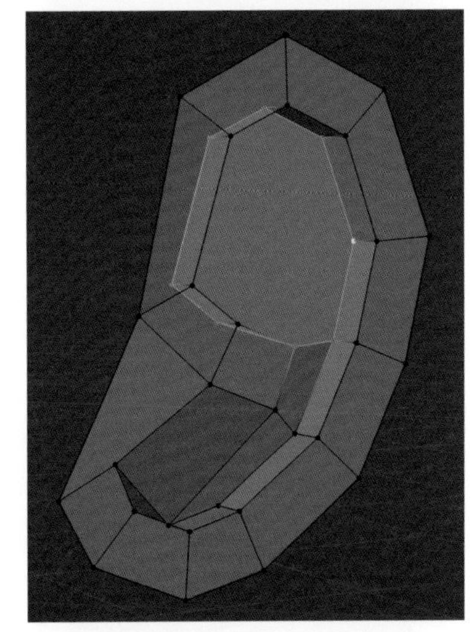

K 八角形を四角形４枚に分割します。
それぞれ対称の頂点を2点選択して3Dビューポートのヘッダーにある **[頂点]** から **[頂点の経路を連結]**（J キー）を選択し、辺を追加します。（1辺ずつ作成します）。

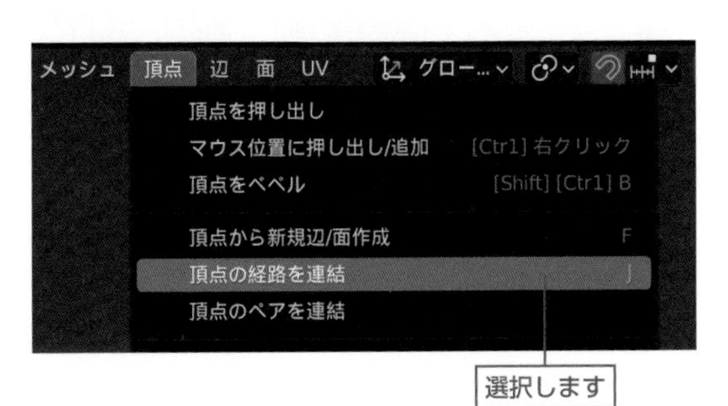

⚠ 図は透過表示にしています。

PART 3

L 耳の穴にあたる頂点4点を選択してフロントビュー（テンキー 1 ）に切り替えます。
[押し出し（領域）] ツールを有効にして白い円の内側でマウス左ボタンのドラッグを行い、続けて X キーを押して向かって左側にメッシュを押し出します。
さらに押し出したメッシュを縮小（ S キー）します。

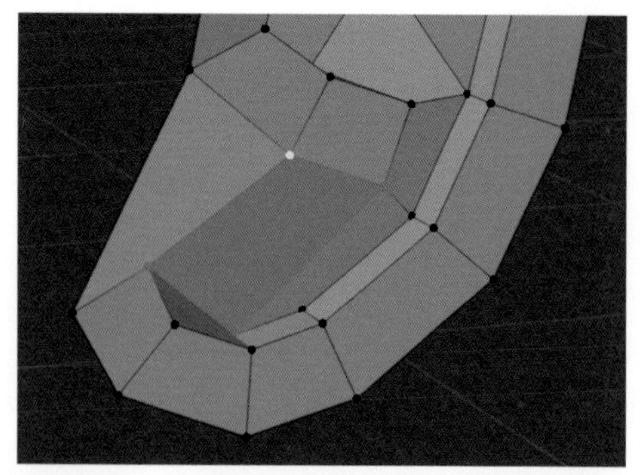

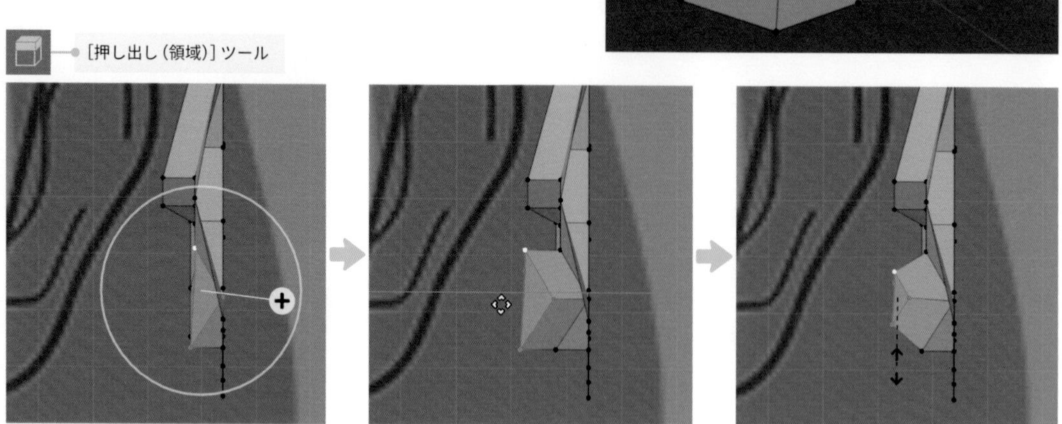

M さまざまな視点から確認しながら、各頂点を移動（ G キー）して形状を整えます。
さらに全体的に角度を調整（ R キー）します。

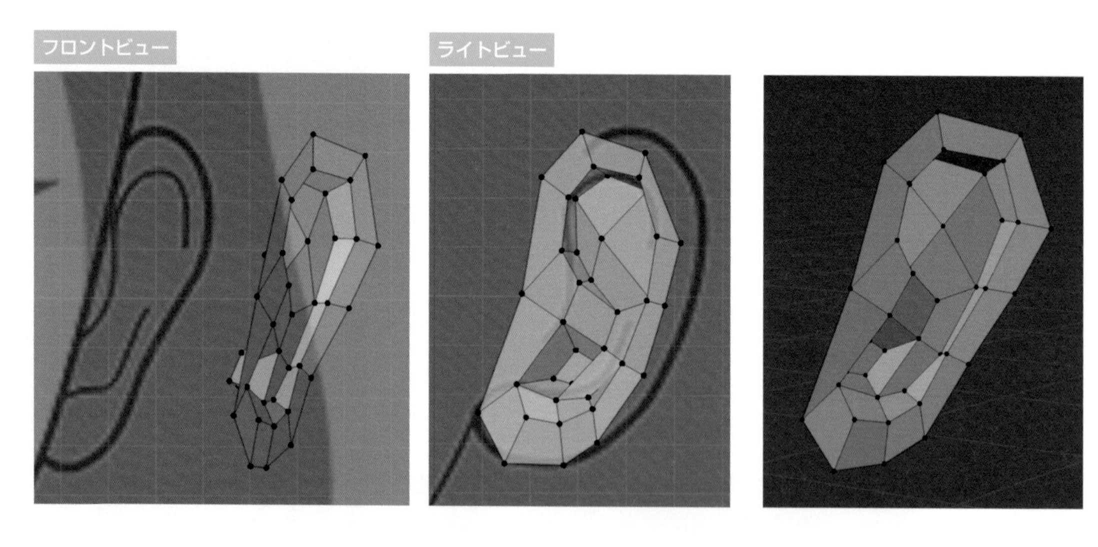

N 耳のフチの頂点10点を選択してトップビュー(テンキー7)に切り替えます。
[押し出し(領域)] ツールを有効にして白い円の内側でマウス左ボタンのドラッグを行い、向かって左上方向(耳の垂直方向)にメッシュを押し出します。

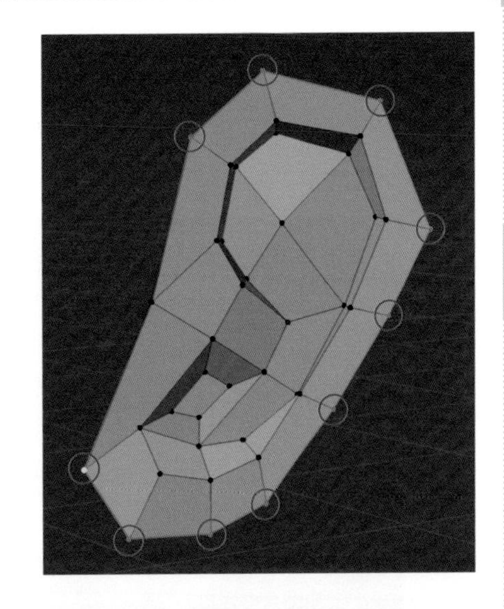

[押し出し(領域)] ツール

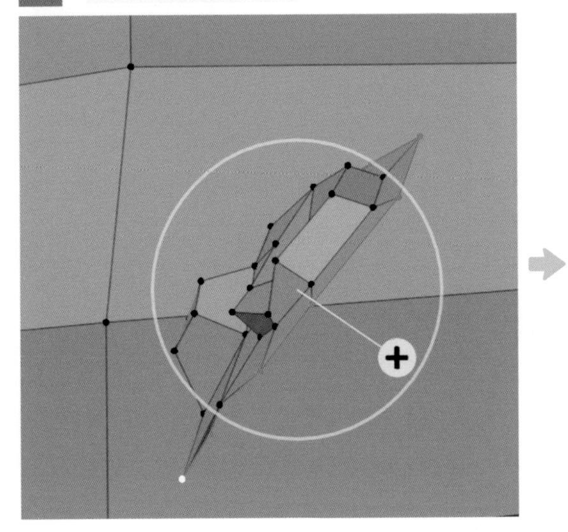

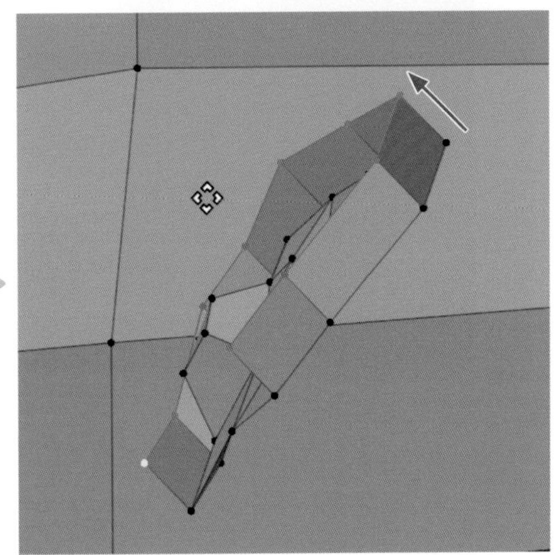

O 3Dビューポートのヘッダーにある **[メッシュ]** ➡ **[表示/隠す]** から **[隠したものを表示]** (Alt+Hキー) を選択し、非表示にしていた頭部のメッシュを表示します。

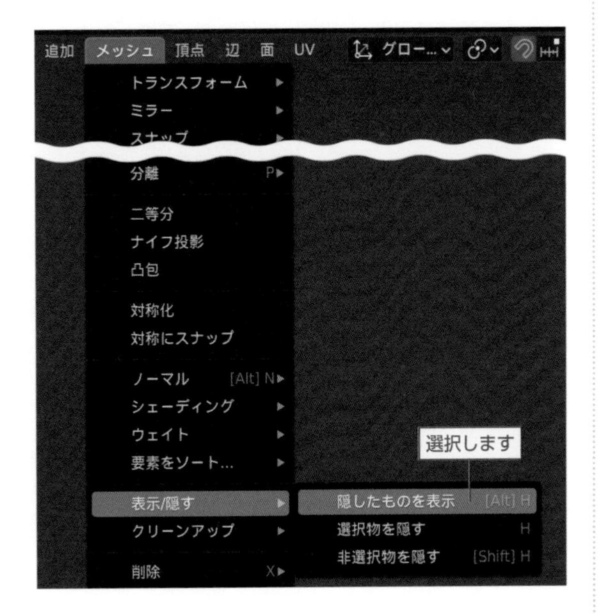

PART 3

P 頭部側の耳の付け根のメッシュと作成した耳を選択して3Dビューポートのヘッダーにある **[メッシュ]** ➡ 表示/隠す] から **[非選択物を隠す]**（Shift + H キー）を選択します。

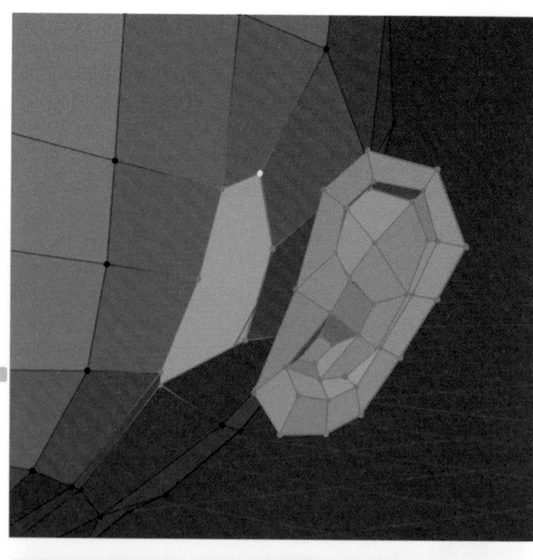

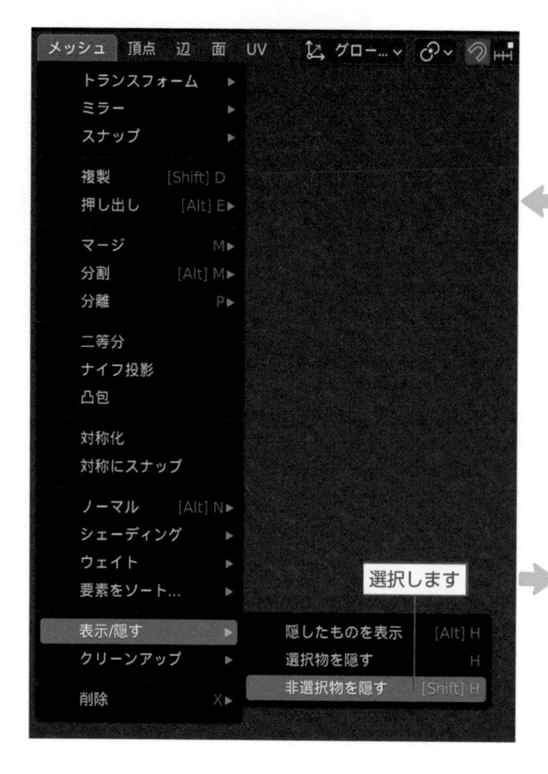

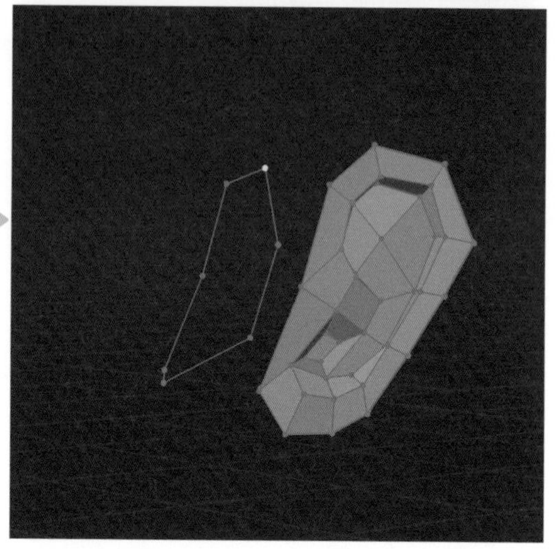

Q 耳のメッシュを移動（G キー ➡ X キー）して、頭部側の耳の付け根のメッシュと位置を合わせます。耳を作成する際に複製した付け根（前方）の頂点2点を基準に、おおよその位置を合わせます。

⚠ 頭部側のメッシュは移動しないようにします。

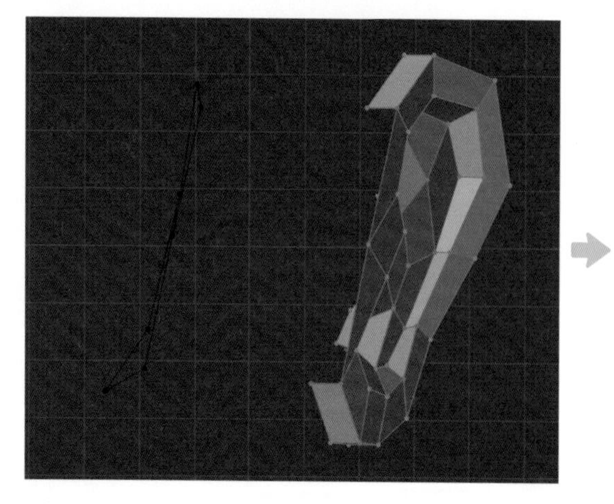

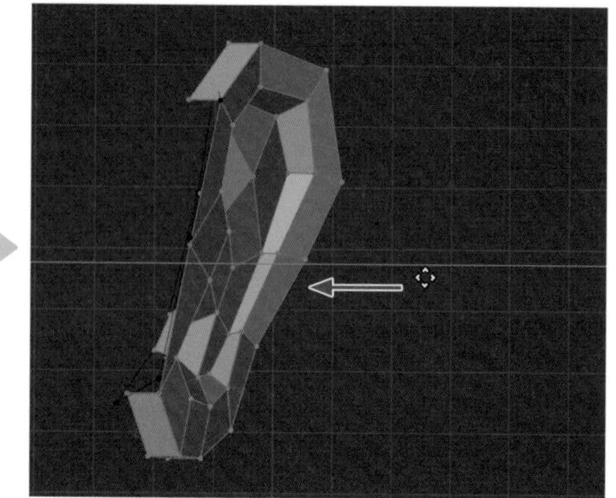

R 頭部側と耳のそれぞれ5組の頂点を統合します。統合の際は頭部側のメッシュの位置がズレないように**「耳の頂点」「頭部の頂点」**の順に選択し、3Dビューポートのヘッダーにある**[メッシュ]➡[マージ]**（M キー）から**[最後に選択した頂点に]**を選択します（1組ずつ統合します）。

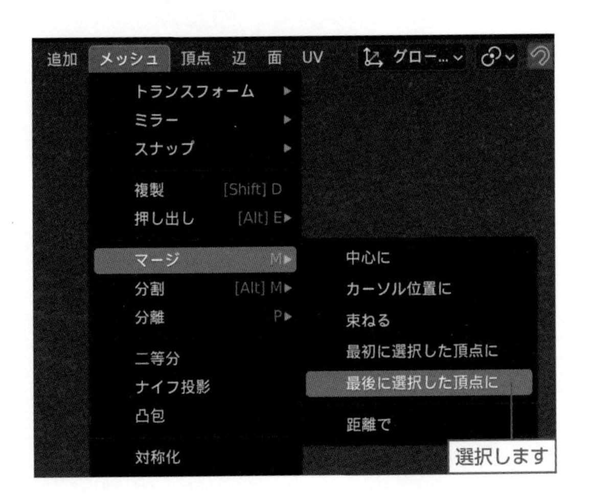

耳の裏側

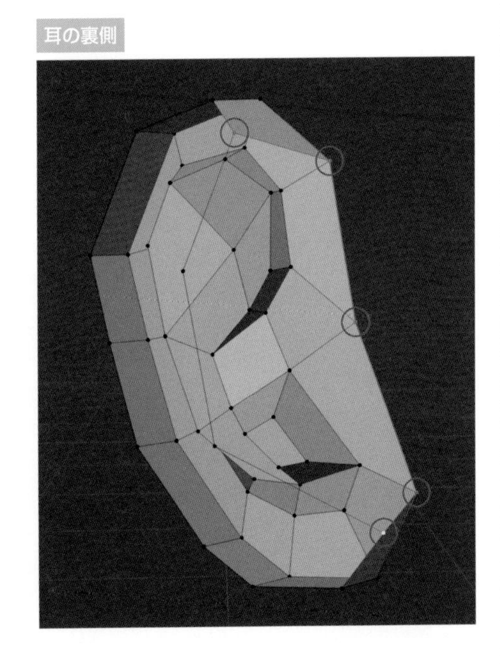

S それぞれ4点の頂点を選択して3Dビューポートのヘッダーにある**[頂点]**から**[頂点から新規辺/面作成]**（F キー）を選択し、図のように面を作成します（1枚ずつ作成します）。

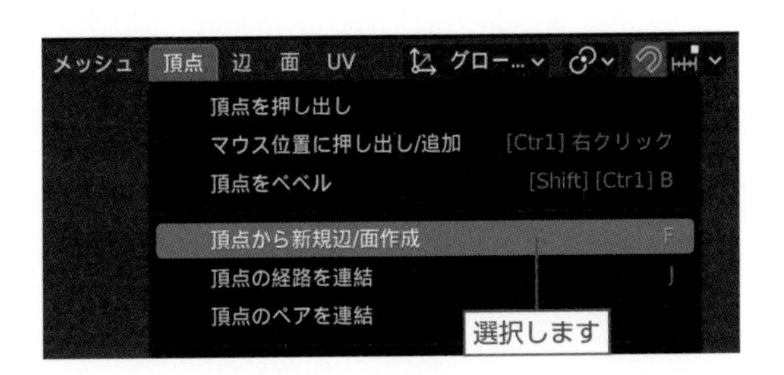

耳の裏側

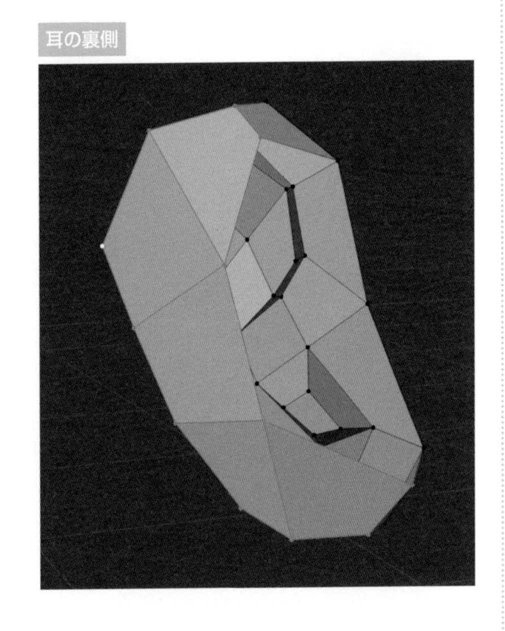

T 3Dビューポートのヘッダーにある **[メッシュ]** ➡ **[表示/隠す]** から **[隠したものを表示]**（Alt＋Hキー）を選択し、非表示にしていたメッシュを表示します。

図のように首のメッシュ2組を選択（Shift＋Alt＋左クリック）し、3Dビューポートのヘッダーにある **[辺]** から **[辺ループのブリッジ]** を選択します。

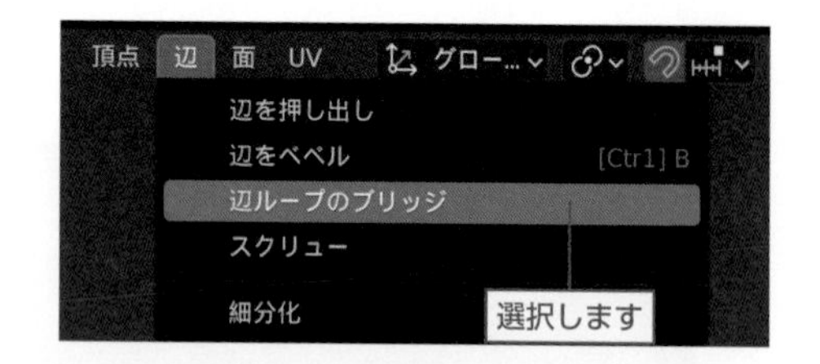

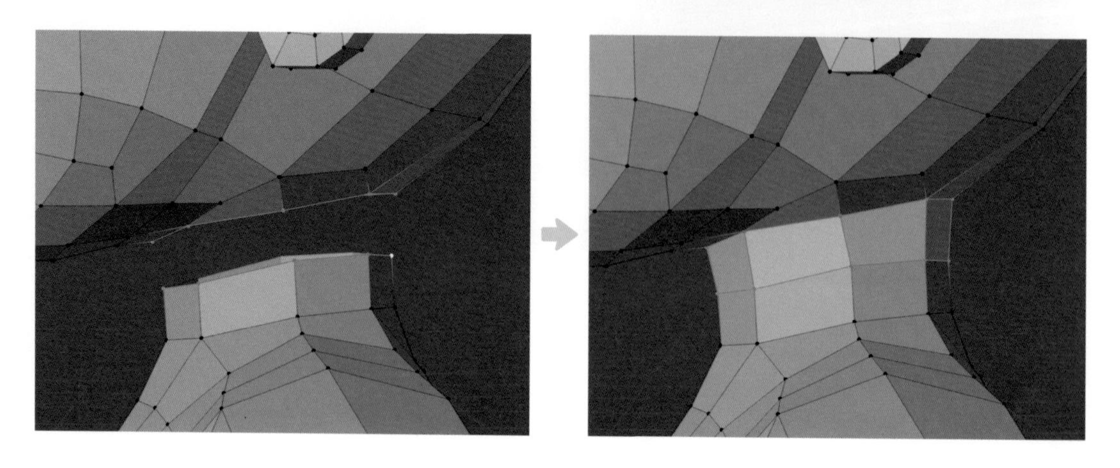

U 首の各頂点を移動（Gキー）し、太さや形状を整えます。

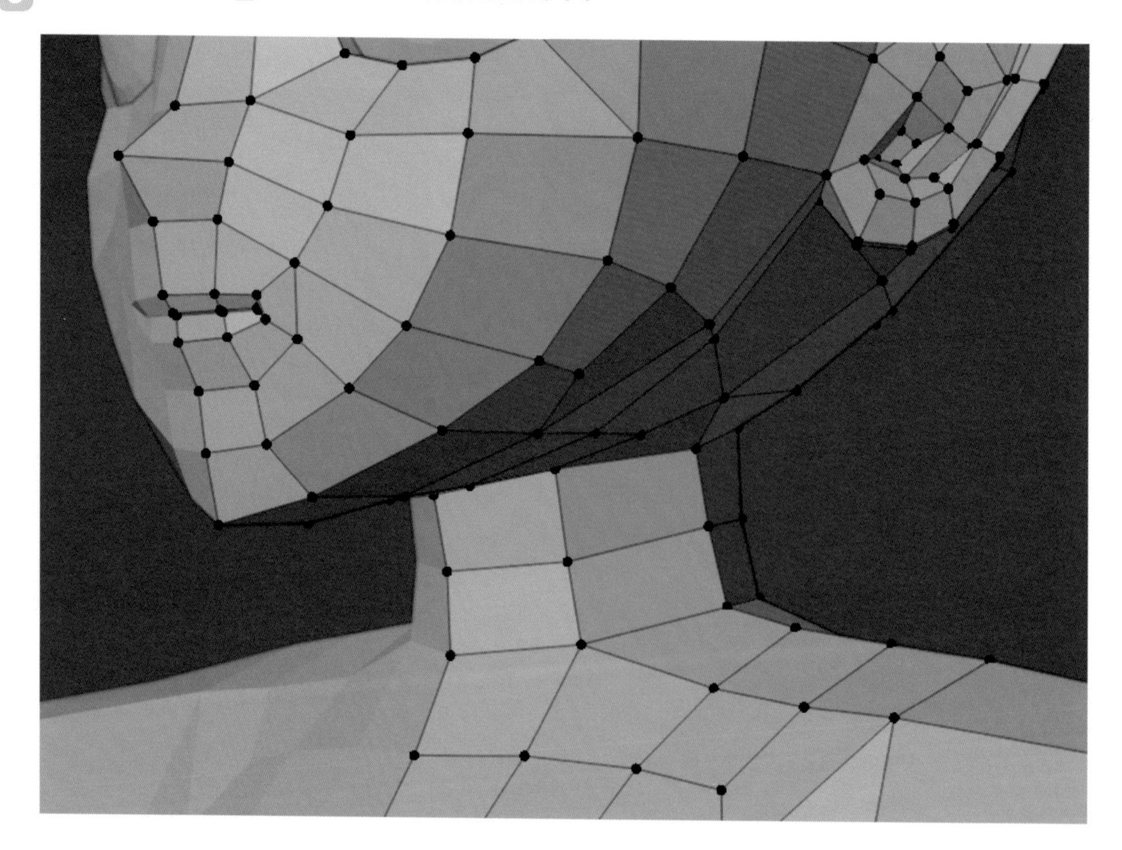

SECTION 3.5 髪の毛の作成

髪の毛は、カーブオブジェクトのガイドを用意し、それに沿ってメッシュを生成させて作成します。

PART 3

STEP 01 ガイド(前髪)の作成

髪の毛のメッシュを生成するためのガイドとして、カーブオブジェクトを作成します。

カーブオブジェクト(ベジェ曲線やNURBSカーブ)の編集は、初めての方には少し難しいので、ここでは一旦メッシュオブジェクトで作成したものをカーブオブジェクトに変換します。

A **オブジェクトモード**(Tabキー)に切り替えます。
3Dカーソルがシーンの原点にあることを確認し、3Dビューポートのヘッダーにある**[追加]**(Shift + Aキー)➡**[メッシュ]**から**[平面]**を選択します(メッシュはすべて削除するので、形状は問いません)。

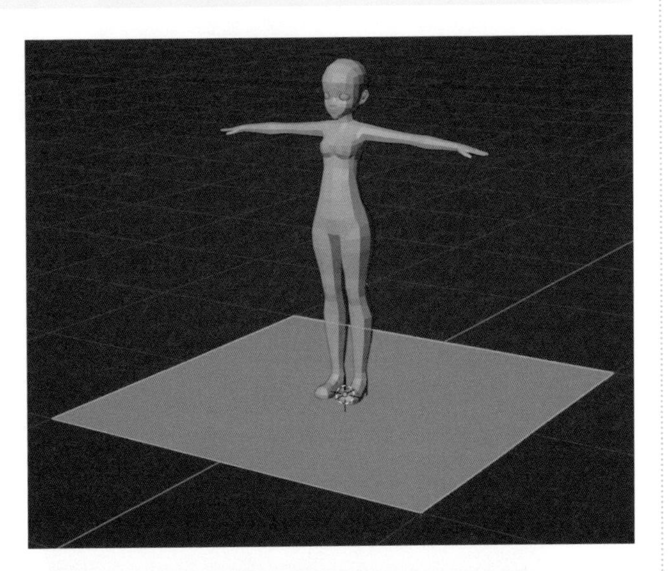

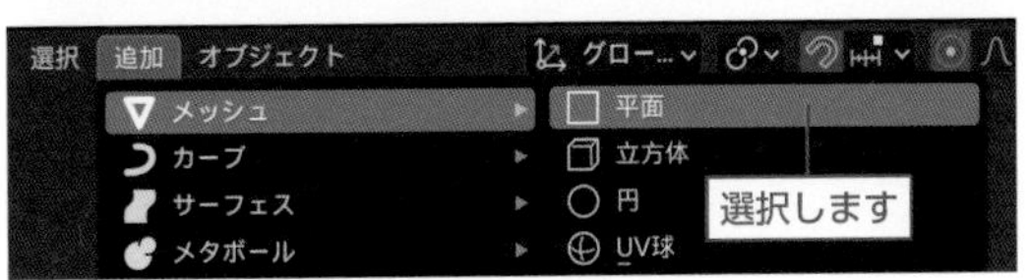

B 平面が選択された状態で**編集モード**（Tabキー）に切り替え、すべてのメッシュを削除（Xキー）します。
3Dビューポートのヘッダーにある**「磁石」**アイコンを左クリックして**「スナップ」**を有効にし、**「スナップ先」**メニューから**[面]**を選択します。
「スナップ」を有効にすると、編集するメッシュが視点から見て、奥側にある別のメッシュに吸着するようになります。

C 前髪の付け根の位置でCtrl＋右クリックしてメッシュを作成します。

⚠ 編集の際は、スナップ先（ここでは頭部）の面に対して垂直になるように視点を合わせながら操作します。

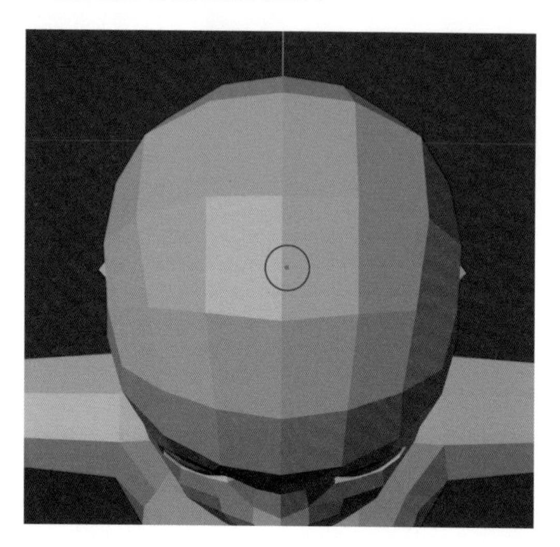

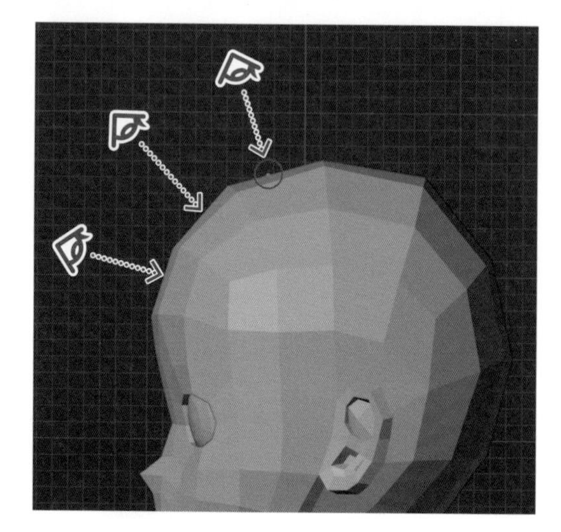

D プロパティの**「オブジェクトプロパティ」**を左クリックして**「ビューポート表示」**パネルの**[最前面]**を有効にし、スナップ先のメッシュと重なっても隠れず、編集中のメッシュが常に表示されるようにします。

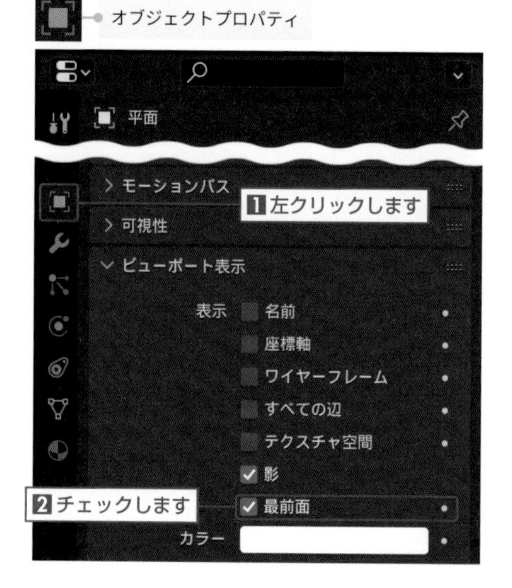

E 作成したメッシュが選択された状態で、Ctrl＋右クリックを繰り返し行い、図のように毛先までメッシュを作成します。

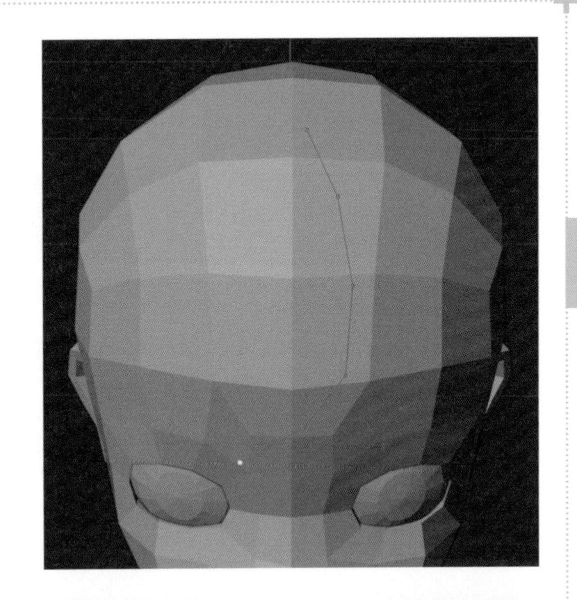

F 選択を解除（Alt＋Aキー）して同様に前髪の付け根の位置から毛先に向かってCtrl＋右クリックして、図のようにメッシュを作成します（必要に応じて位置を調整（Gキー）します）。
ここでは、前髪のガイドとして5本のメッシュを作成します。

⚠ 編集が完了したら、「スナップ」を無効にし、「スナップ先」を［面］からデフォルトの［増分］に戻します。

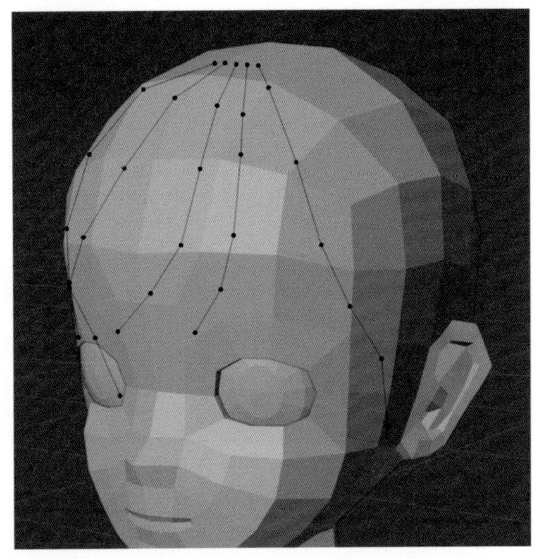

フロントビュー

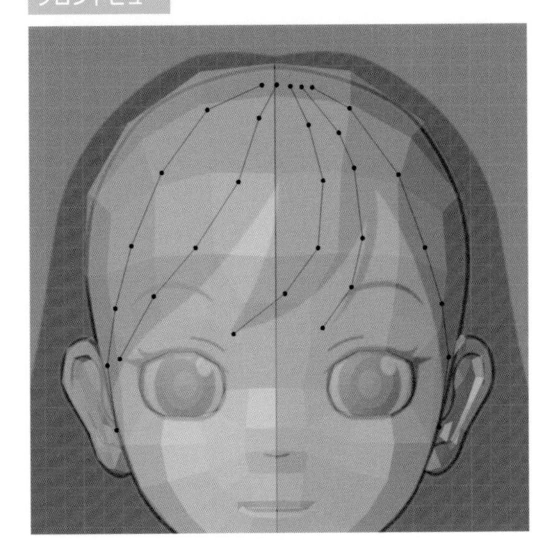

ライトビュー

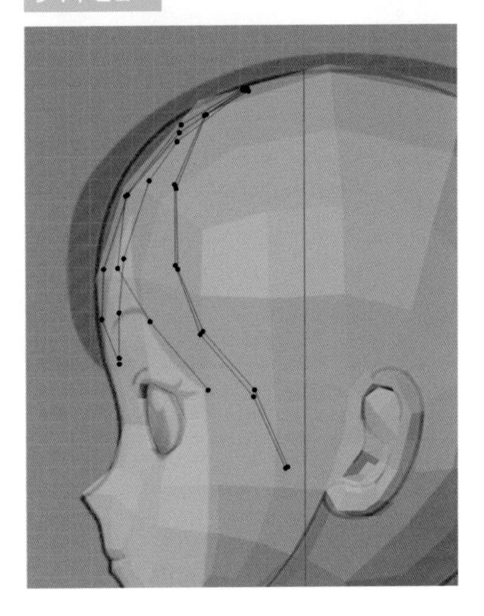

G **オブジェクトモード**（Tab キー）に切り替えて、3Dビューポートのヘッダーにある **[オブジェクト]** ➡ **[変換]** から **[カーブ]** を選択します。
カーブに変換されると、アウトライナーのアイコンが変化します。

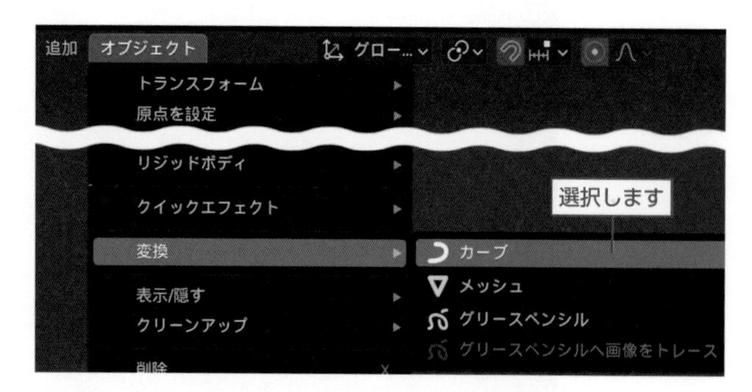

STEP 02 断面の設定

A ガイドのカーブオブジェクトに沿って生成されるメッシュの断面を用意します。
3Dビューポートのヘッダーにある **[追加]**（Shift + A キー）➡ **[メッシュ]** から **[円]** を選択します。
3Dビューポート左下の **「円を追加」** パネルで **[頂点]** を "12" に設定します。また、**[半径]** で大きさを調整します。ここでは "0.02m" に設定します。

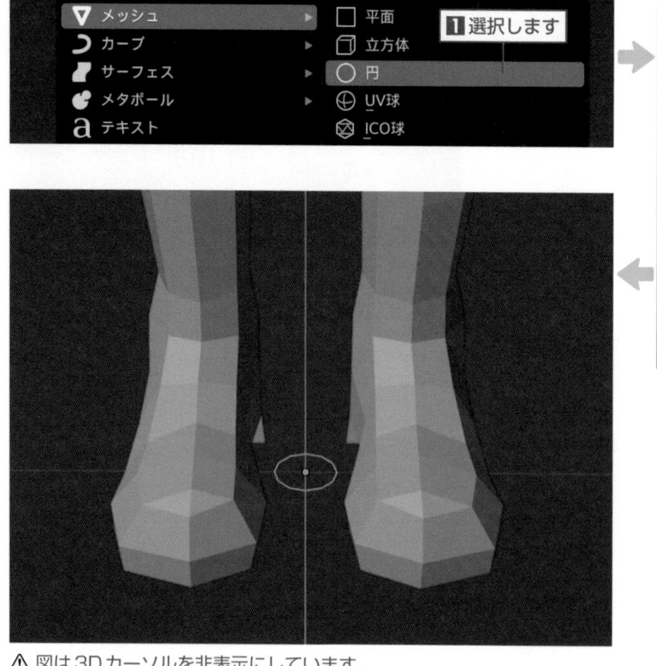

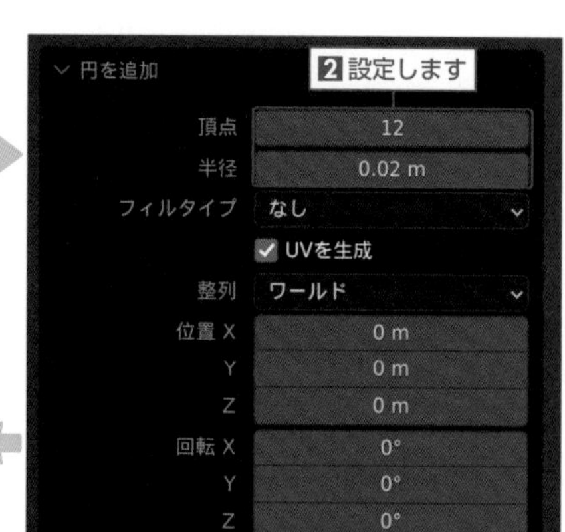

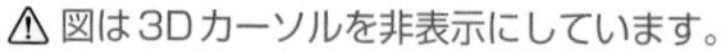
⚠ 図は3Dカーソルを非表示にしています。

B 編集を行うにあたり、全身、眼球、ガイドを非表示（H キー）にします。
円のオブジェクトを選択して**編集モード**（Tab キー）に切り替え、トップビュー（テンキー 7）に切り替えます。
図のように向かって上半分のメッシュを選択し、削除（X キー）で **[頂点]** を選択します。

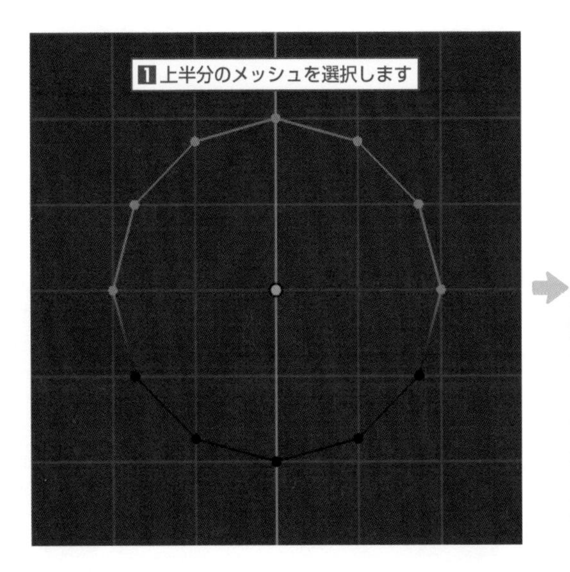

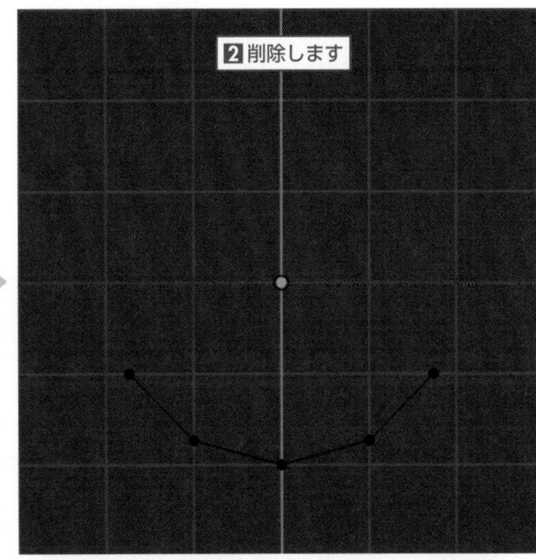

C オブジェクトの原点とメッシュの先端が揃うようにすべてのメッシュを選択（A キー）し、移動（G キー ➡ Y キー）します。
オブジェクトの原点が、ガイドに沿ってメッシュを生成させる際の基点となります。

⚠ 原点とメッシュの先端はおおよそ揃っていれば問題ありません。

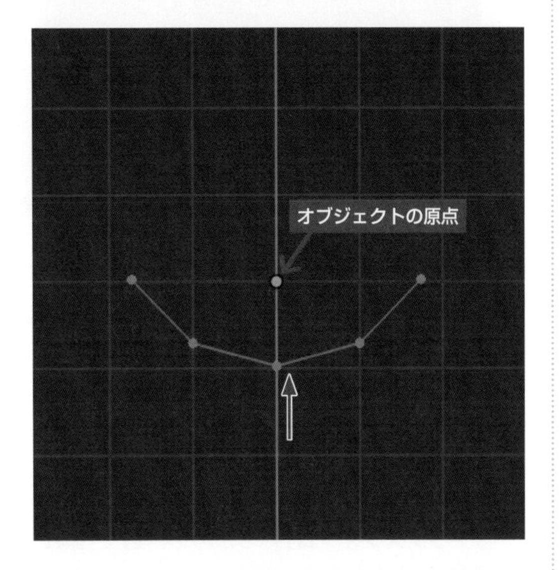

D 断面として指定するオブジェクトもカーブの必要があるため変換します。
オブジェクトモード（Tab キー）に切り替えて、3Dビューポートのヘッダーにある **[オブジェクト]** ➡ **[変換]** から **[カーブ]** を選択します。

⚠ 編集が完了したら、非表示にしていた全身、眼球、ガイドを表示（Alt ＋ H キー）します。

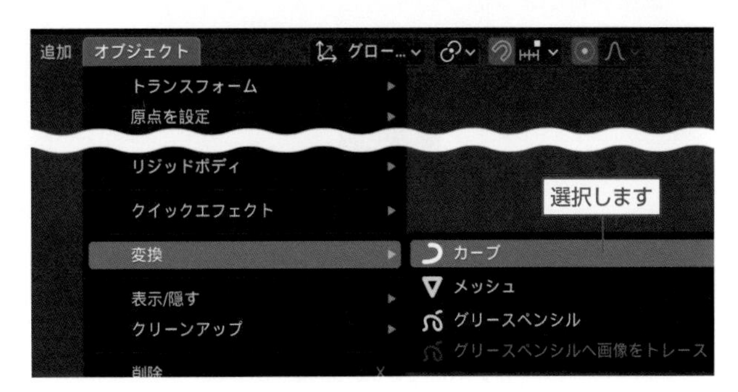

STEP 03 カーブの設定(前髪)

A ガイドとなるカーブオブジェクトを選択して、プロパティの**「オブジェクトデータプロパティ」**を左クリックします。
「ジオメトリ」パネルの**「ベベル」**にある**[オブジェクト]**を左クリックで有効にし、**「オブジェクト」**から断面として作成したカーブオブジェクト“**円**”を選択します。
設定が完了すると、カーブオブジェクトに沿ってメッシュが生成されます。そのメッシュの断面には指定したカーブオブジェクトの形状が反映されているはずです。

⚠ 生成されるメッシュの向き(傾き)は、異なる場合があります。

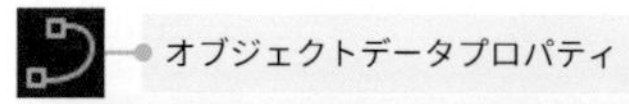

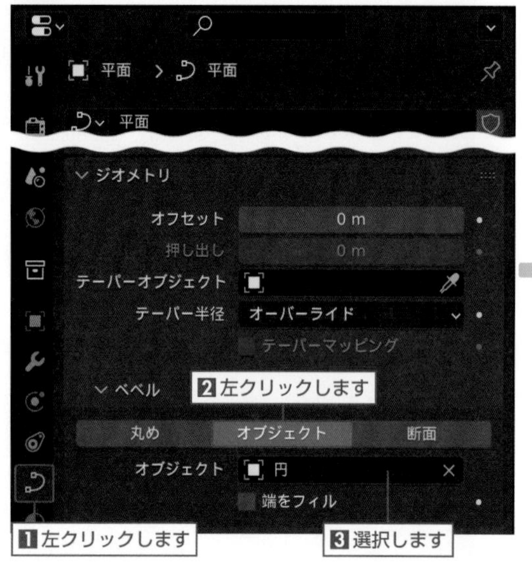

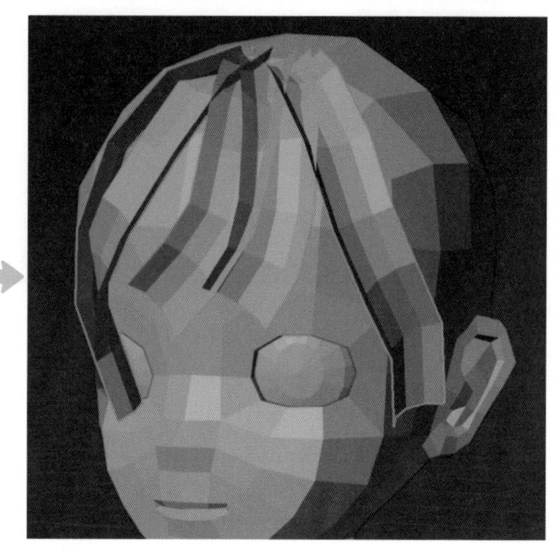

B ガイドとなるカーブオブジェクトを選択して**編集モード**(Tab キー)に切り替えます。編集モードでポイント(頂点)ごとに、生成されるメッシュのサイズ(太さ)と傾きを個別に編集します。
ここでは編集にあたり、サイドバー(N キー)の**「アイテム」**タブを左クリックすると表示される**「トランスフォーム」**パネルの**[半径]**と**[傾き]**で調整を行います。

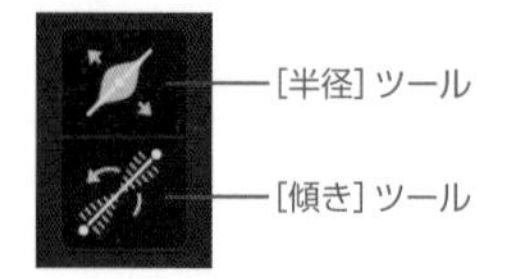

「トランスフォーム」パネルだけでなく、[半径] ツールと [傾き] ツールでも同様の編集が可能です。

⚠「トランスフォーム」パネルの [半径] と [傾き] は、ポイント(頂点)を複数選択すると、表記が [平均半径] と [平均傾き] に変化します。

C ここでは1束ずつ編集を行います。編集を行わない部分を非表示にする場合は、メッシュの場合と同様に3Dビューポートのヘッダーにある **[カーブ]** ➡ **[表示/隠す]** から **[選択物を隠す]**（H キー）を選択し、選択した箇所を非表示にします。

「トランスフォーム」パネルの **[傾き（または平均傾き）]** で頭部の面と平行になるように調整します。
まず、1束すべてのポイント（頂点）を選択して一括で調整を行い、その後必要に応じて、各ポイントごとに選択して個別に調整を行います。

⚠ この時点では、厳密に調整する必要はありません。

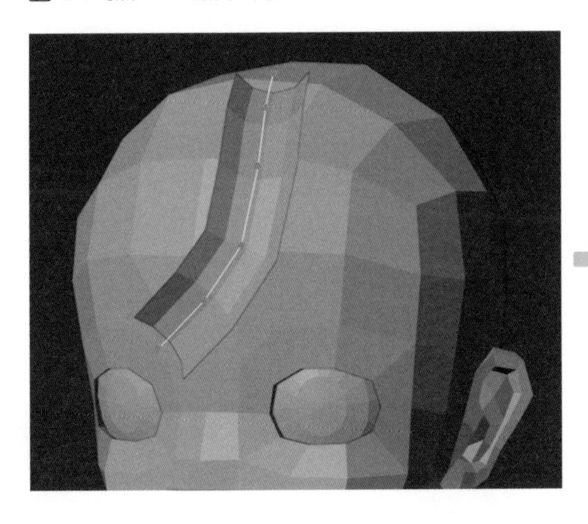

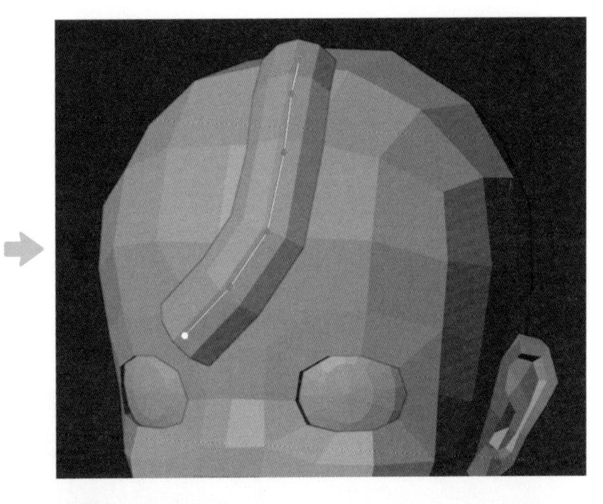

D **「トランスフォーム」**パネルの **[半径]** で根本と毛先は細く、中間は太くなるように各ポイントごとに選択して個別に調整を行います。毛先は **[半径]** を "0" に設定して尖らせます。

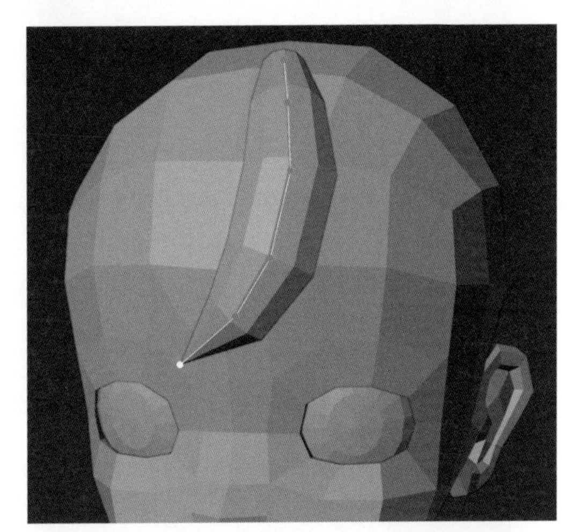

E ポイント（頂点）の位置調整を改めて行います。プロパティの**「オブジェクトプロパティ」**を左クリックして**「ビューポート表示」**パネルの **[最前面]** を無効にし、なるべく頭部と重ならず少し隙間ができるようにポイントを移動（G キー）します。

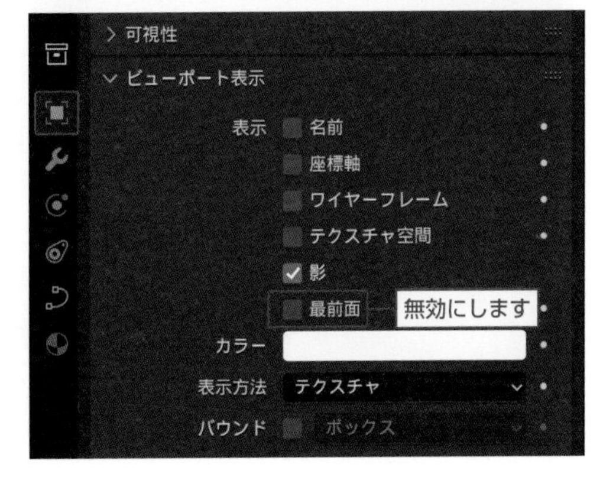

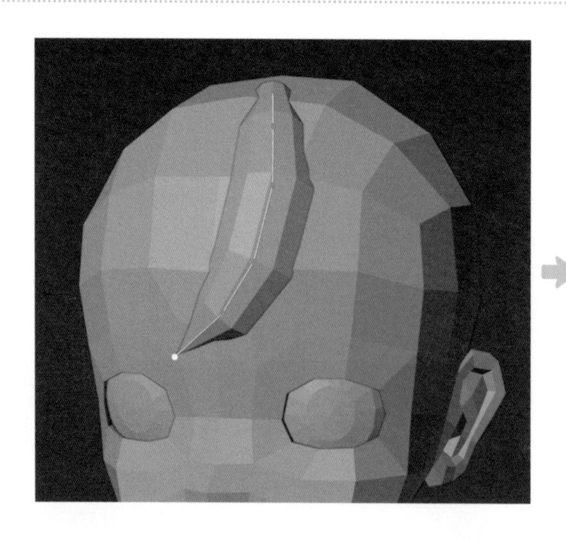

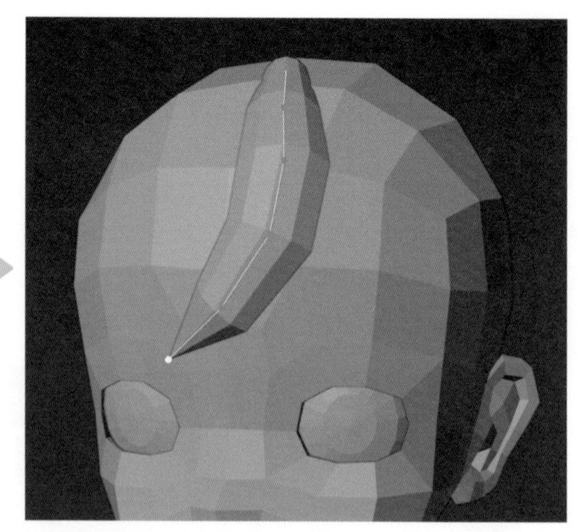

F 同様の操作で、その他の束の半径（太さ）と傾き調整、ポイント（頂点）の位置調整（G キー）を行います。

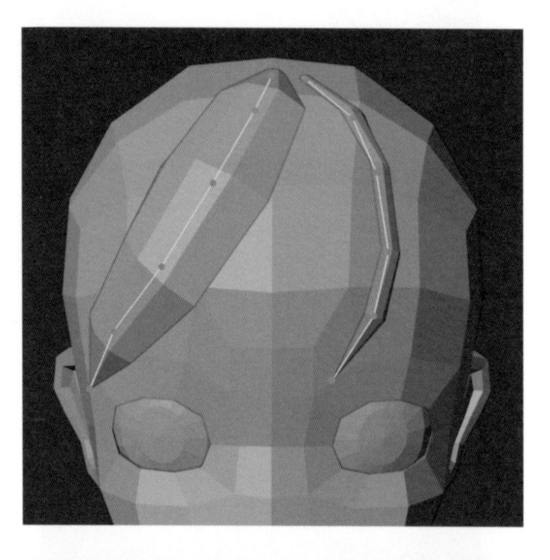

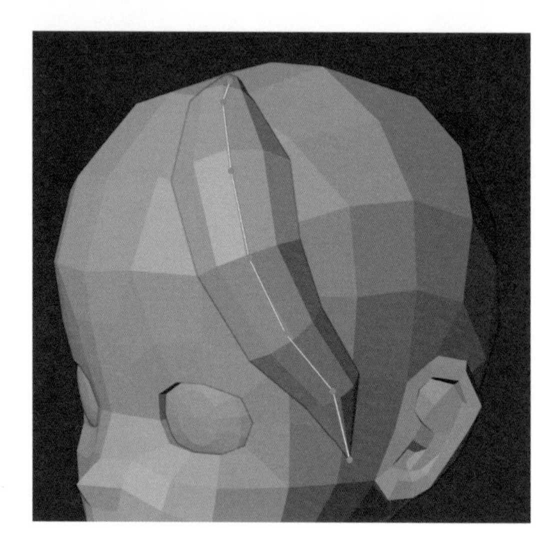

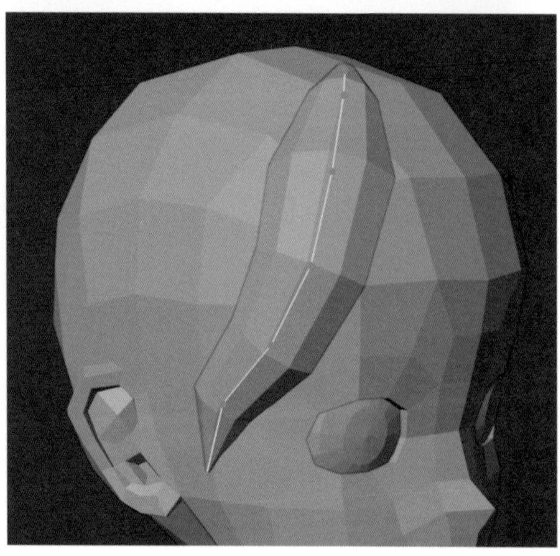

G すべてを表示（Alt＋Hキー）し、それぞれ束の重なり具合を見ながら、さらに傾き、半径、位置の調整を行います。

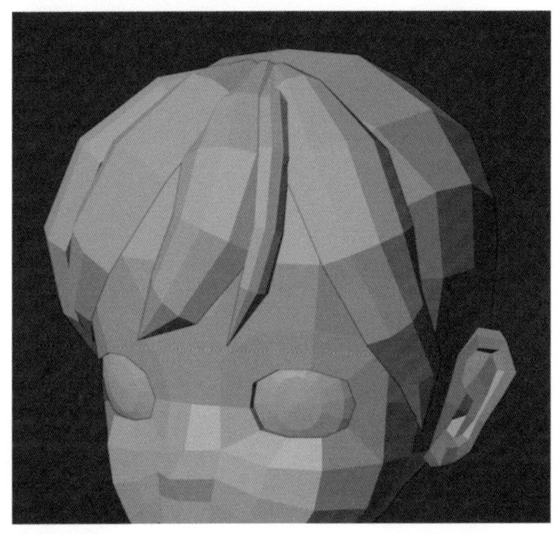

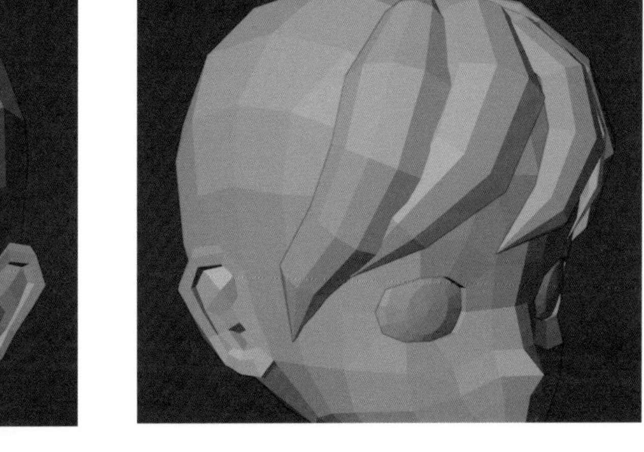

⚠ 図はオブジェクトモードです。

STEP 04 ガイド（後ろ髪）の作成

A 後ろ髪も基本的に制作手順は前髪と同じですが、後ろ髪は左右対称の形状なので、ミラーモディファイアーを用いて作成します。

オブジェクトモード（Tabキー）に切り替えて3Dカーソルがシーンの原点にあることを確認し、3Dビューポートのヘッダーにある**［追加］**（Shift＋Aキー）➡**［メッシュ］**から**［平面］**を選択します（メッシュはすべて削除するので形状は問いません）。

B **編集モード**（Tabキー）に切り替え、すべてのメッシュを削除（Xキー）します。
3Dビューポートのヘッダーにある**「磁石」**アイコンを左クリックして**「スナップ」**を有効にし、**「スナップ先」**メニューから**［面］**を選択します。

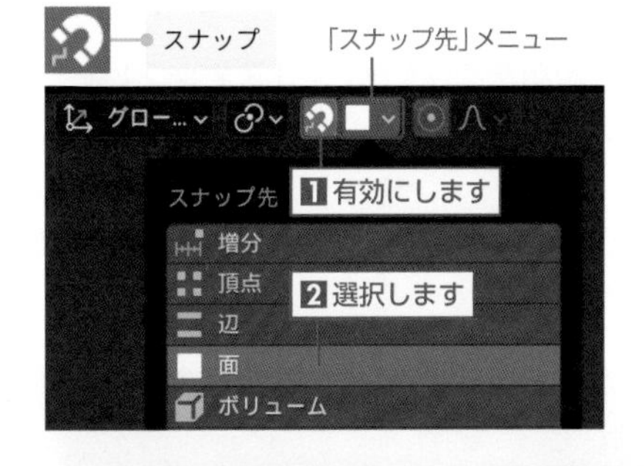

C 髪の毛の付け根の位置でCtrl＋右クリックしてメッシュを作成します。
後述で**「ミラーモディファイアー」**を設定しますが、中央に隙間ができないように、ここではあえて左右対称の境界である中央からはみ出した位置にメッシュを作成します。

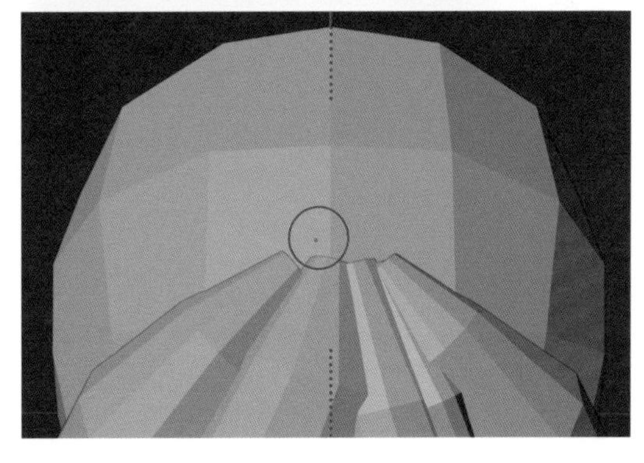

D プロパティの**「オブジェクトプロパティ」**を左クリックして、**「ビューポート表示」**パネルの**[最前面]**を有効にします。

オブジェクトプロパティ

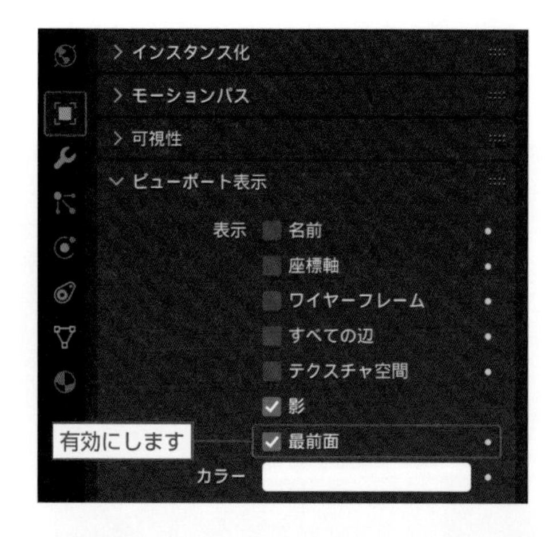

E 編集を行うにあたり、前髪を（アウトライナーにて）非表示にします。
作成したメッシュが選択された状態で、Ctrl＋右クリックで図のようにこめかみ付近までメッシュを作成します。

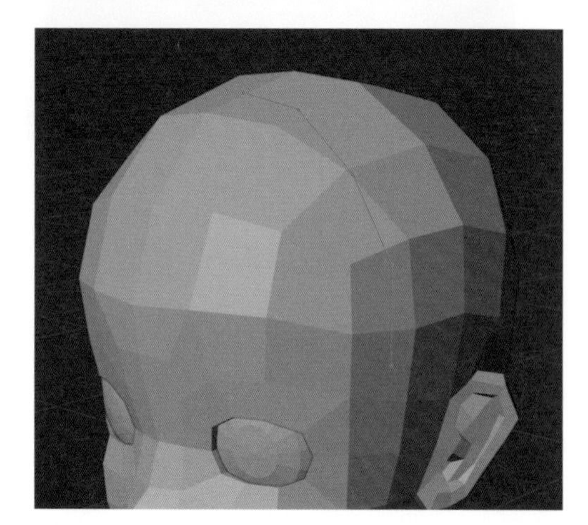

F こめかみ付近から毛先までは頭部へ吸着する必要がないので、3Dビューポートのヘッダーにある**「磁石」**アイコンを左クリックして**「スナップ」**を一旦無効にします。
フロントビュー（テンキー1）に切り替え、先端の頂点が選択された状態で、Ctrl＋右クリックで図のように毛先までメッシュを作成します。

G ライトビュー（テンキー3）に切り替え、基本的に正面で編集した高さがズレないようにY軸方向に制限をかけて各頂点を移動（Gキー ➡ Yキー）し、形状を整えます。

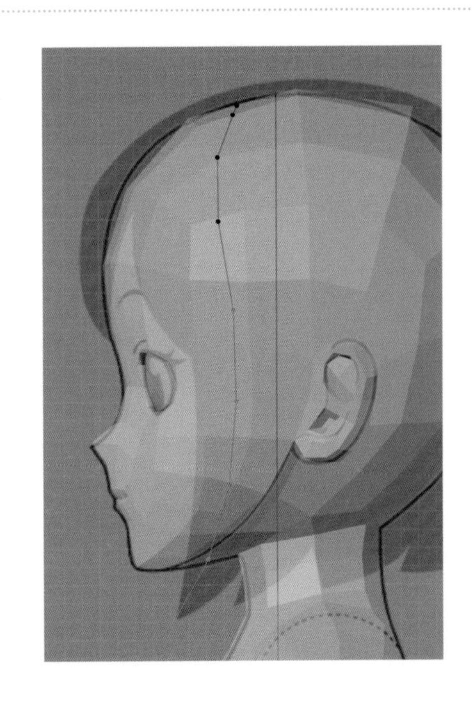

H 選択を解除（Alt＋Aキー）して同様に付け根の位置から毛先に向かってCtrl＋右クリックで、図のようにメッシュを作成します。ここでは、5本のメッシュを作成します。

トップビュー

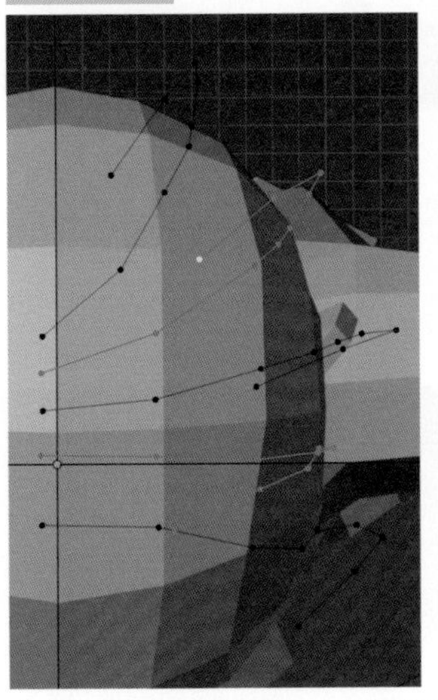

フロントビュー

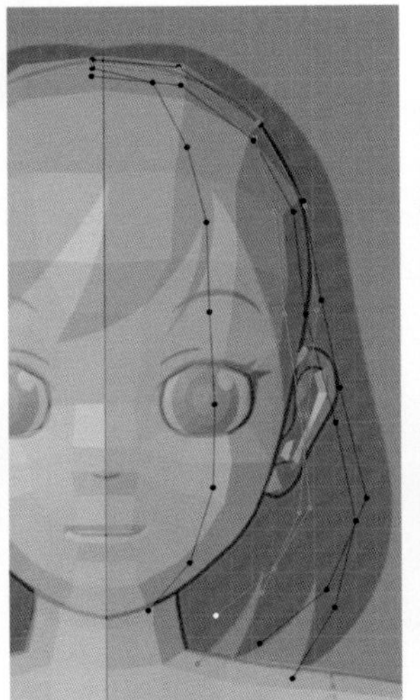

ライトビュー

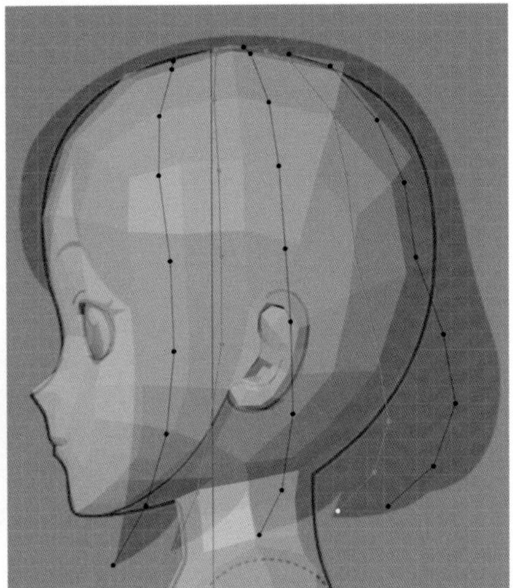

⚠ 図は各視点で判別できるよう交互で選択状態にしています。

I 後頭部の左右中央のガイドを作成します。
「スナップ」を有効にして選択を解除（Alt＋Aキー）します。
付け根の位置でCtrl＋右クリックしてメッシュを作成します。

⚠ 編集が完了したら、「スナップ」を無効にして、「スナップ先」を［面］から デフォルトの［増分］に戻します。

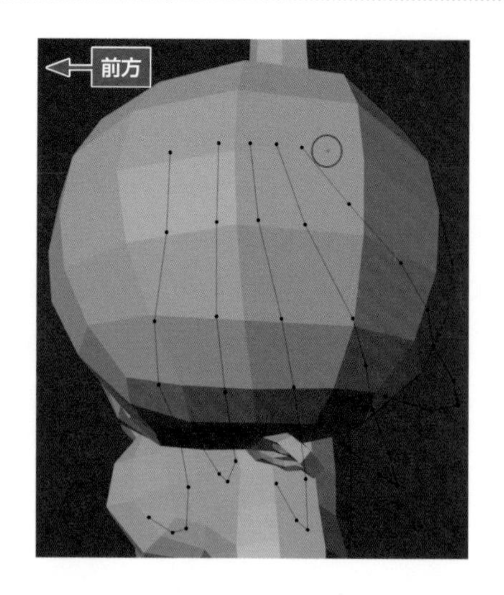

J 作成した頂点が選択された状態で、サイドバー（Nキー）の**「アイテム」**タブを左クリックして**「トランスフォーム」**パネルの**［頂点：X］**を"0"に設定し、左右中央に移動します。

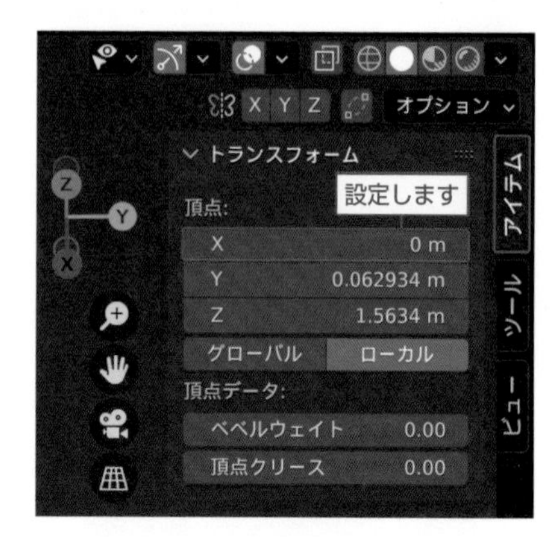

K 作成したメッシュが選択された状態でライトビュー（テンキー3）に切り替え、毛先に向かってCtrl＋右クリックで、図のようにメッシュを作成します。

ライトビュー

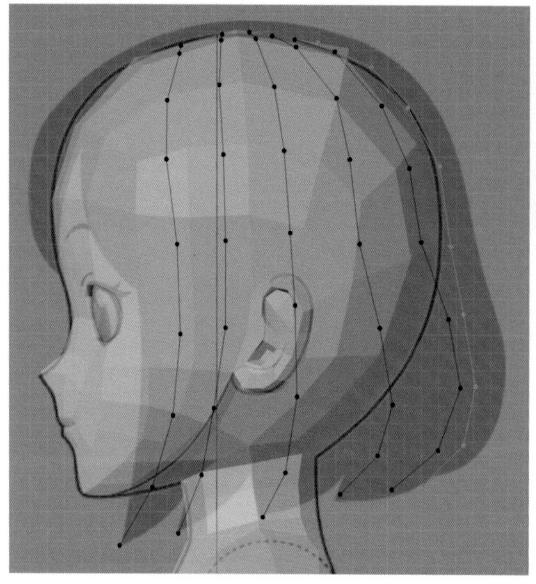

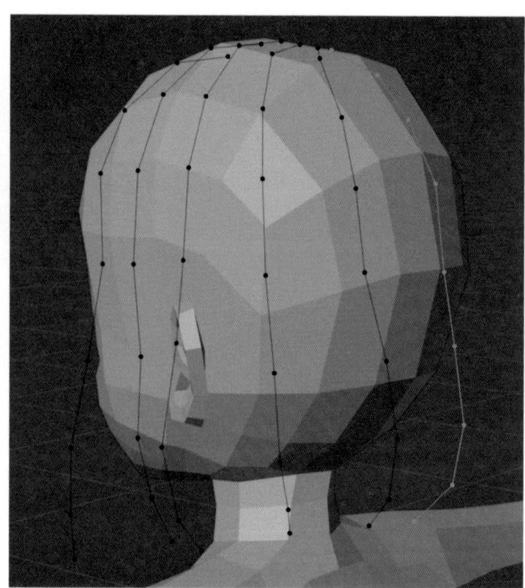

L **オブジェクトモード**（Tabキー）に切り替えて3Dビューポートのヘッダーにある**［オブジェクト］➡［変換］**から**［カーブ］**を選択します。

STEP 05 カーブの設定（後ろ髪）

A ガイドとなるカーブオブジェクトを選択して、プロパティの**「オブジェクトデータプロパティ」**を左クリックします。

「ジオメトリ」パネルの**「ベベル」**にある**［オブジェクト］**を左クリックで有効にし、**「オブジェクト」**から断面として作成したカーブオブジェクト**"円"**を選択します。

⚠ 生成されるメッシュの向き（傾き）は、異なる場合があります。

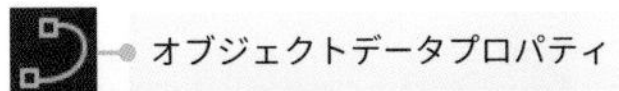

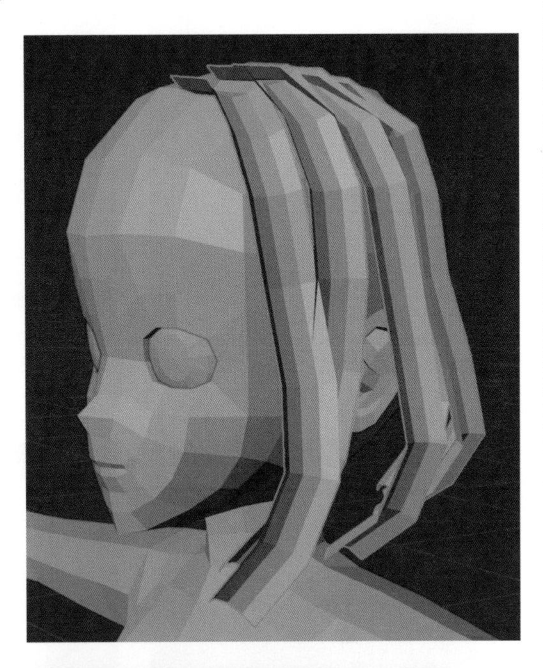

B ガイドとなるカーブオブジェクトを選択して、**編集モード**（Tabキー）に切り替えます。

前髪と同様に、ポイント（頂点）ごとに、サイドバー（Nキー）の**「アイテム」**タブを左クリックすると表示される**「トランスフォーム」**パネルの**［半径］**と**［傾き］**で、生成されるメッシュのサイズ（太さ）と傾きを調整します。

さらに、プロパティの**「オブジェクトプロパティ」**を左クリックして**「ビューポート表示」**パネルの**[最前面]**を無効にし、なるべく頭部と重ならず少し隙間ができるようにポイントを移動（G キー）します。

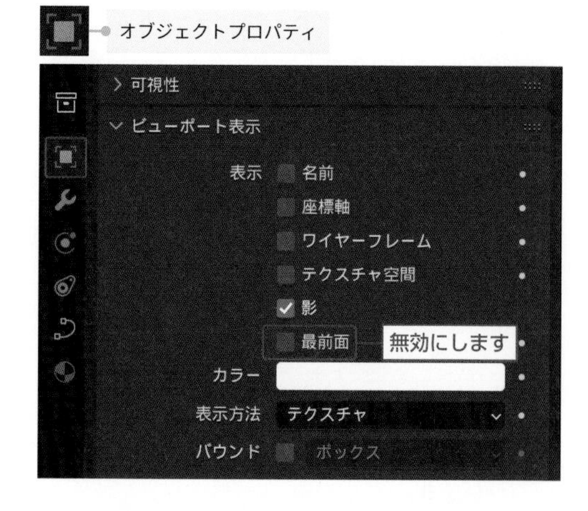

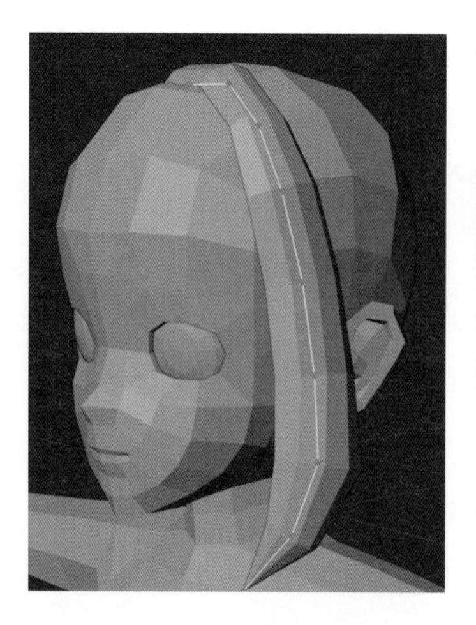
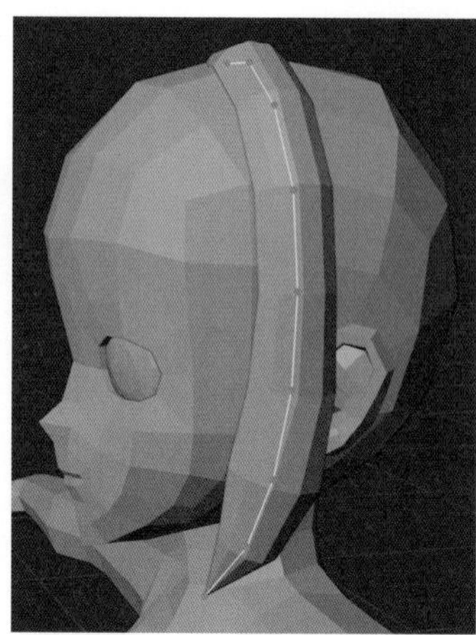
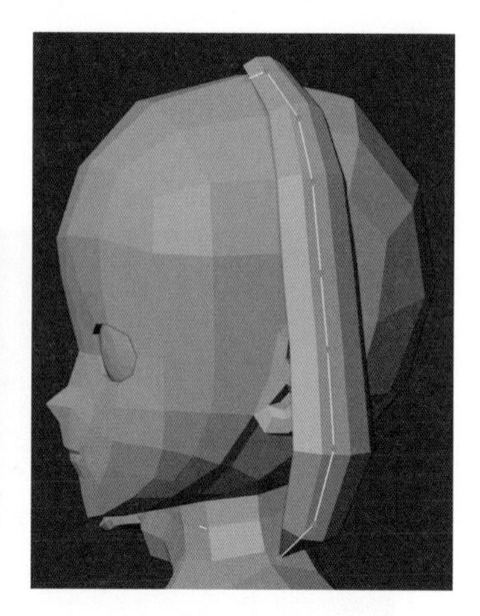
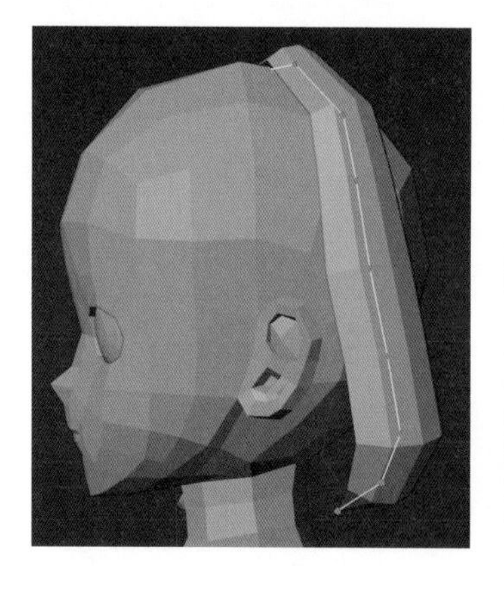
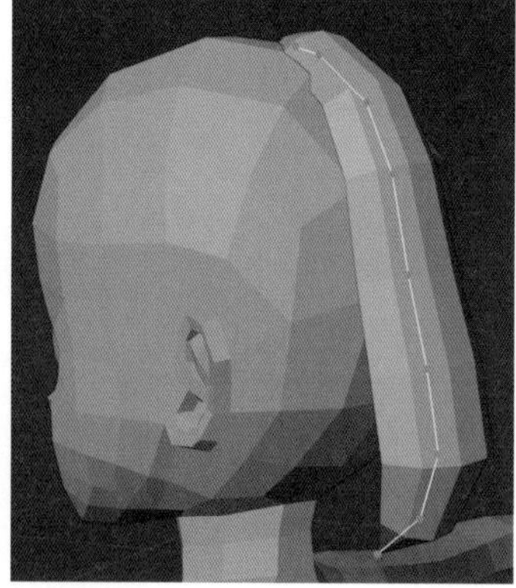
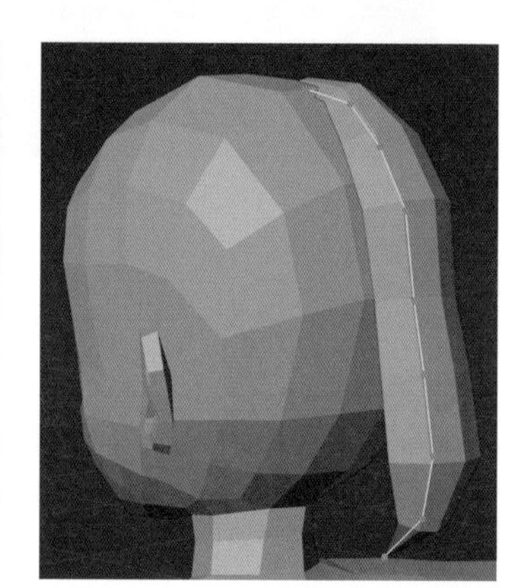

C 前髪を（アウトライナーにて）表示します。
それぞれの束や前髪との重なり具合を見ながら、さらに傾き、半径、位置の調整を行います。

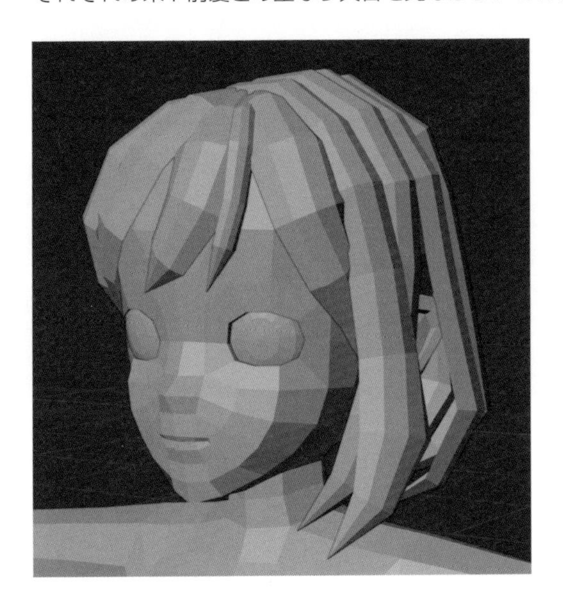

⚠ 図はオブジェクトモードです。

STEP 06 ミラーモディファイアーの設定

A **オブジェクトモード**（Tab キー）に切り替えて後ろ髪のオブジェクトを選択します。
プロパティの**「モディファイアープロパティ」**を左クリックして、**「モディファイアーを追加」**メニューから**［ミラー］**を選択します。
続けて、**「ミラー」**パネルの**［二等分：X］**を有効にして、境界からはみ出たメッシュが削除されるようにします。

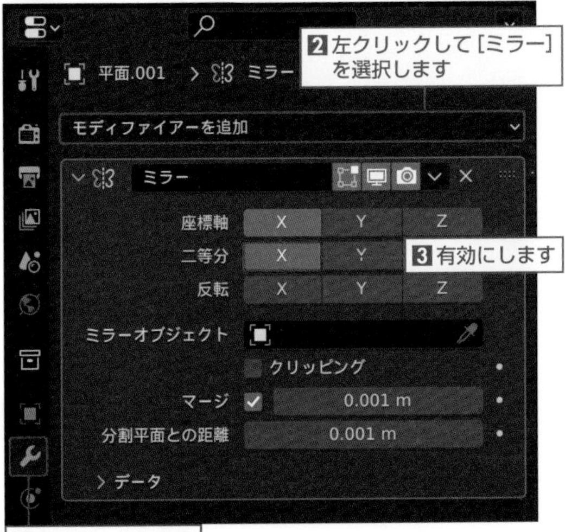

［二等分：X］無効

［二等分：X］有効

STEP 07 カーブからメッシュへ変換

A 前髪と後ろ髪を選択して3Dビューポートのヘッダーにある **[オブジェクト] ➡ [変換]** から **[メッシュ]** を選択し、カーブオブジェクトをメッシュオブジェクトへ変換します。

⚠ メッシュオブジェクトに変換すると、これまでのようなカーブオブジェクトの編集（太さや傾きの調整）が行えなくなるので注意しましょう。

⚠ 変換と同時にミラーモディファイアーが適用されます。

⚠ メッシュオブジェクトへ変換後は、断面として作成したオブジェクトを削除しても構いません。

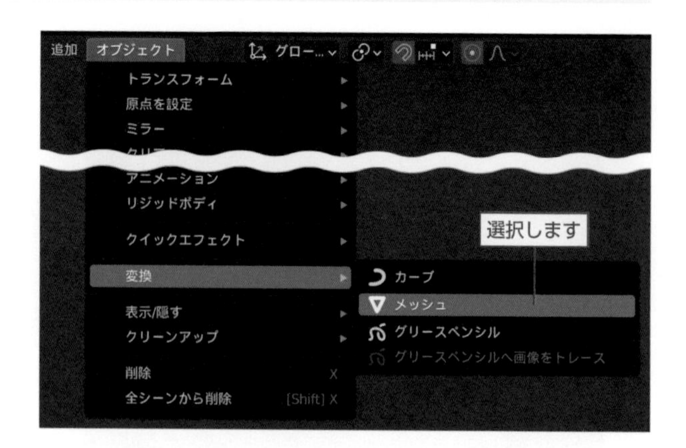

B 今回のような手順で作成した場合、毛先には複数の頂点が集中して重なった状態になっています。これらは **「重複点」** といわれ、モデリングだけでなく後述のテクスチャ制作などの工程でも問題が生じる場合があります。

1箇所ずつ **[マージ]**（M キー）を行ってもよいですが、モデリング中に気づかず重複点が発生してしまうケースもあります。Blenderには、この重複点を一括で修正する機能が搭載されています。

オブジェクトを選択して **編集モード**（Tab キー）に切り替え、すべてのメッシュを選択します。3Dビューポートのヘッダーにある **[メッシュ] ➡ [クリーンアップ]** から **[距離でマージ]** を選択すると、極端に近い距離（デフォルトで"0.0001m"）の頂点は統合されます。実行後、画面下部には削除（統合）された頂点の数が表示されます。

前髪、後ろ髪それぞれ **[クリーンアップ]** の **[距離でマージ]** を行って重複点を修正します。

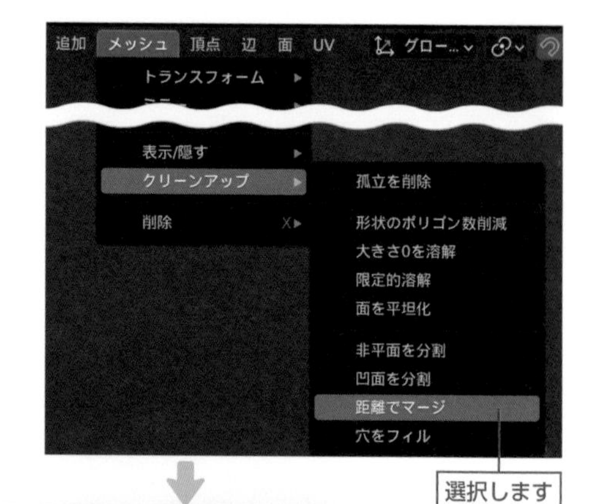

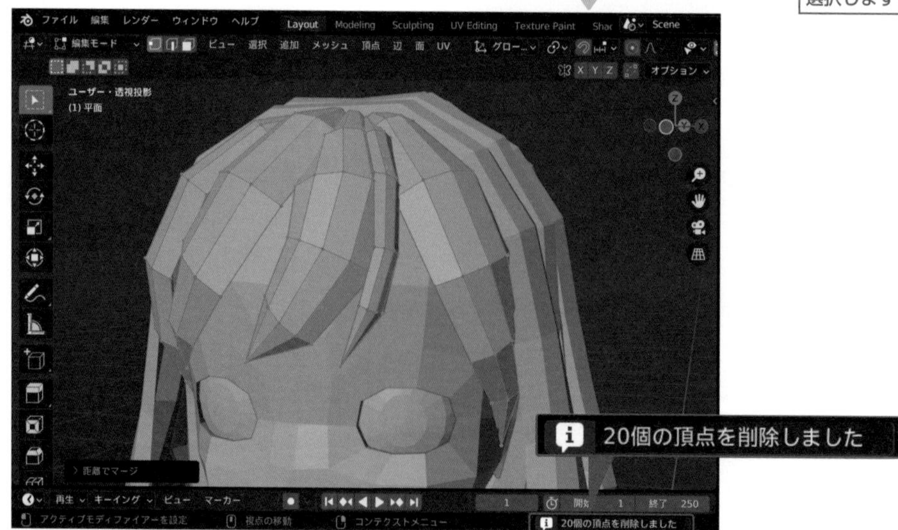

SECTION 3.6 衣装や細部の作成

ここで作成する衣装は、ボディの形状自体を変形して作成します。
また、襟やリボンなどは、テクスチャによるディテール表現を考慮して、ある程度簡略化して作成します。

STEP 01 スカートの作成

A 現実と同様に、肌を覆うように衣装を作成するケースもありますが、キャタクターに動きを付けることで肌が衣装を貫通したりと制御が非常に難しくなります。
それらの問題を軽減するため、ここではボディの形状自体を衣装を着た状態の形状に変形します。

オブジェクトモードで全身のオブジェクトを選択して**編集モード**（Tabキー）に切り替えます。
図のように腰のメッシュを選択し、削除（Xキー）で**[面]**を選択します。

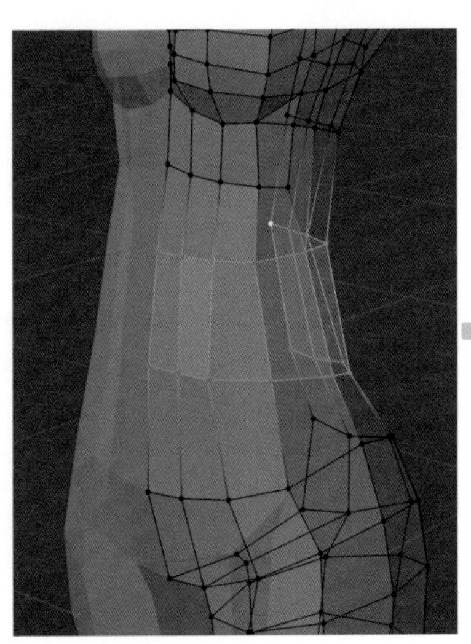

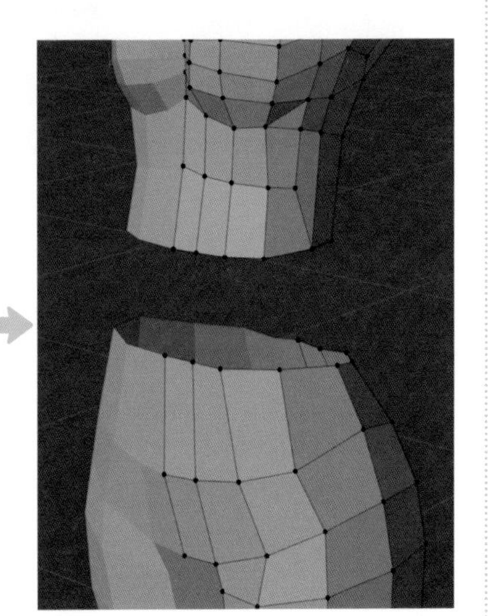

⚠ 図は透過表示にしています。

B 腰のメッシュ（上半身側）を選択（Alt＋左クリック）して3Dビューポートのヘッダーにある **[メッシュ]** から **[複製]**（Shift＋Dキー）を選択し、続けてZキーを押してスカートの裾の位置に複製します。

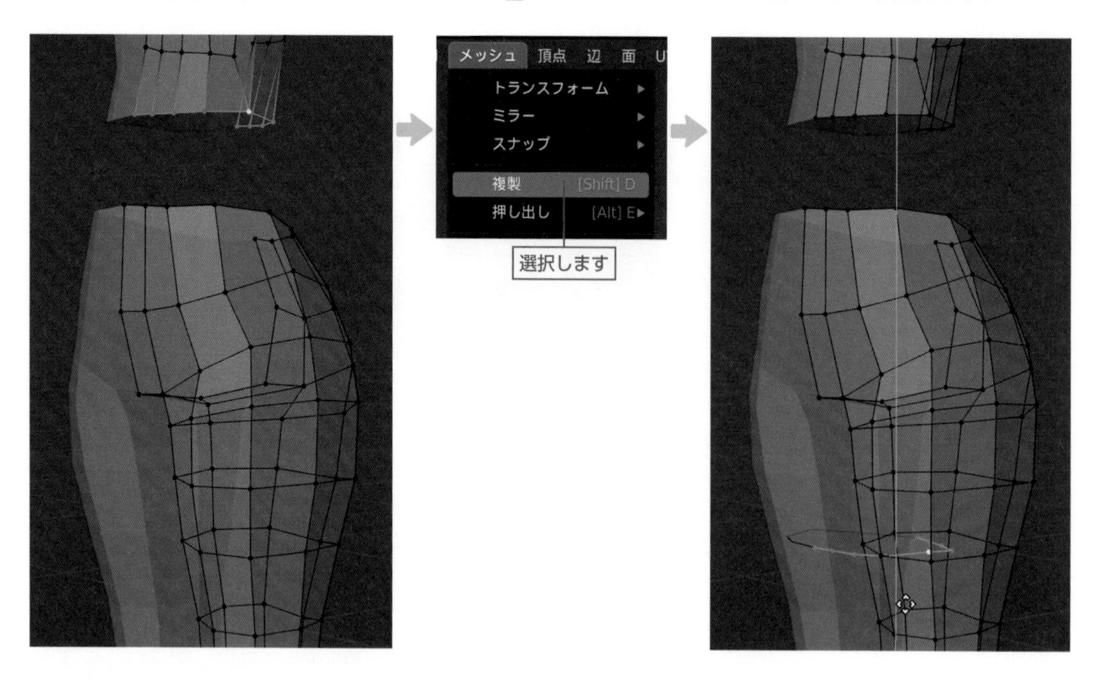

C 複製したメッシュを拡大しますが、このまま実行すると基点が選択範囲の中心になるため形状が歪んでしまうので、基点の位置を変更します。
左右中央の前後の頂点2点を選択して、3Dビューポートのヘッダーにある **[メッシュ]** ➡ **[スナップ]** から **[カーソル→選択物]** を選択し、3Dカーソルの位置を変更します。

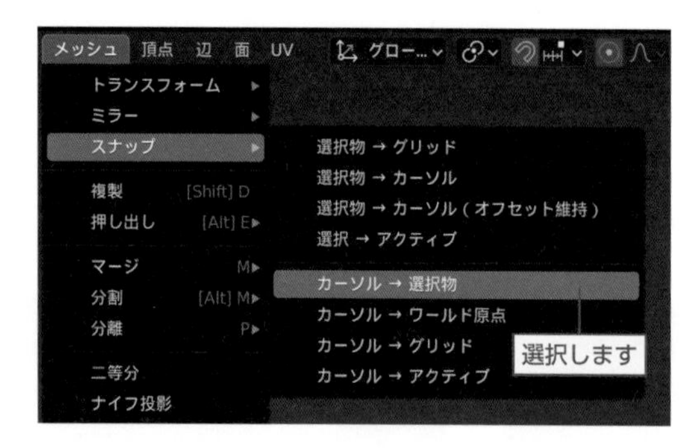

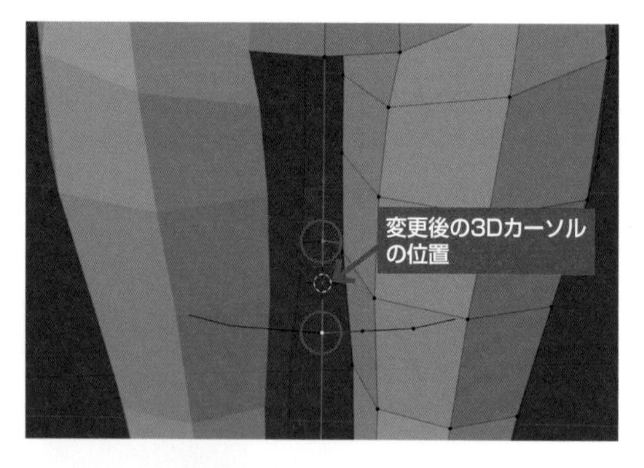

D 3Dビューポートのヘッダーにある「**トランスフォームピボットポイント**」から **[3Dカーソル]** を選択します。これによって、拡大縮小の基点が3Dカーソルの位置になります。

E 複製したメッシュを選択して左右（S キー ➡ X キー）、奥行き（S キー ➡ Y キー）をそれぞれ拡大します。

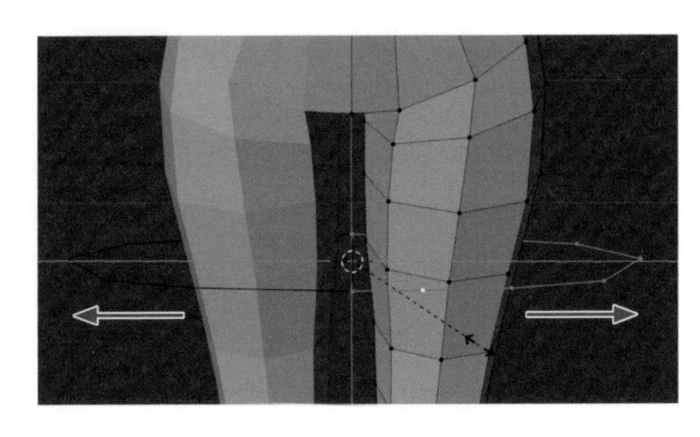

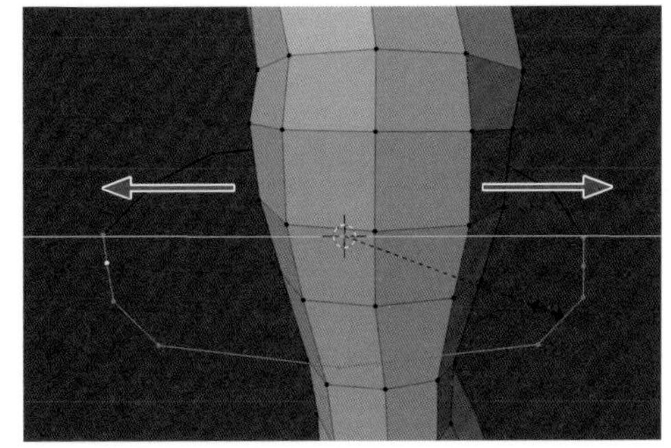

F ライトビュー（テンキー 3）に切り替え、位置（G キー）と角度（R キー）を調整します。

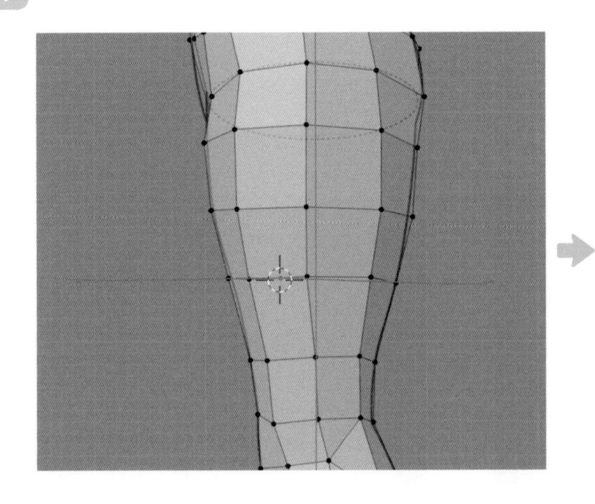

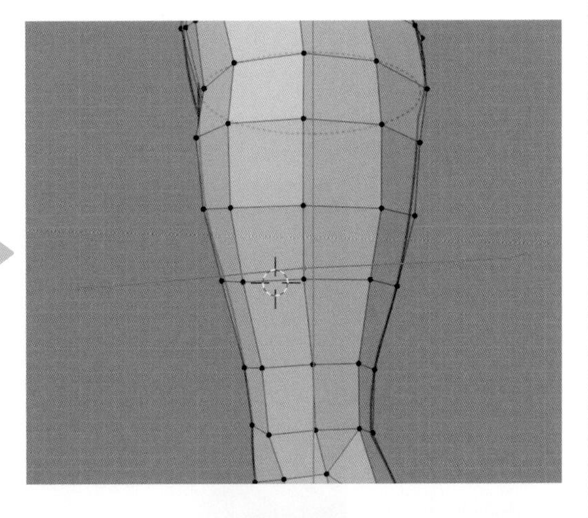

G 腰（上半身側）とスカートの裾のメッシュを選択して、3Dビューポートのヘッダーにある **[辺]** から **[辺ループのブリッジ]** を選択します。

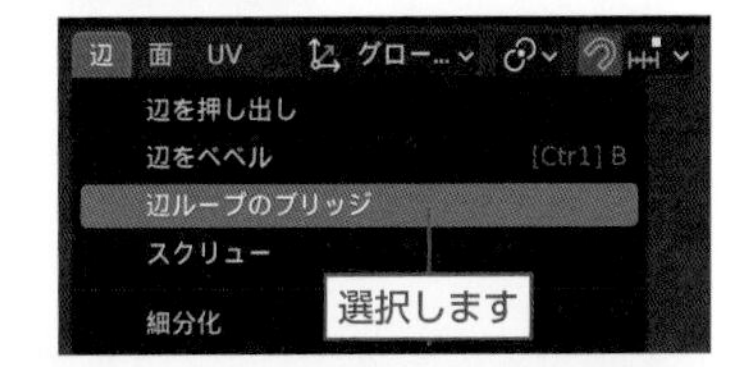

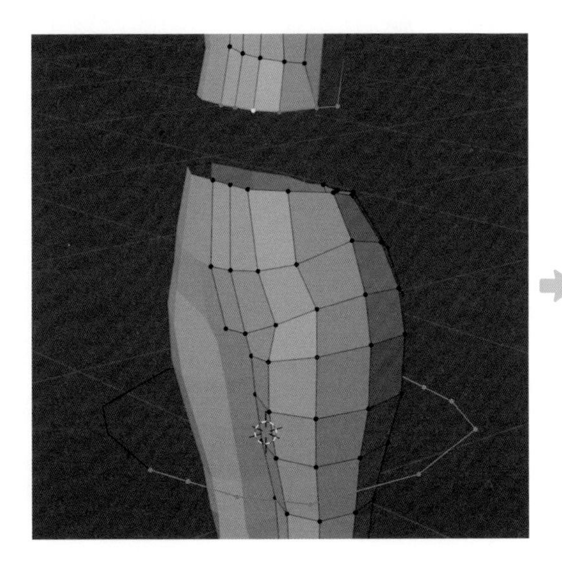

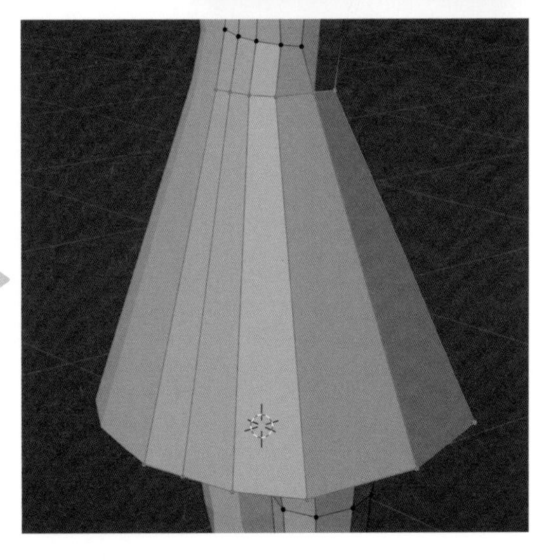

H **「ループカット」**ツールを有効にして垂直方向の辺にマウスポインターを合わせて左クリックし、水平方向にメッシュを分割します。

「ループカット」ツール

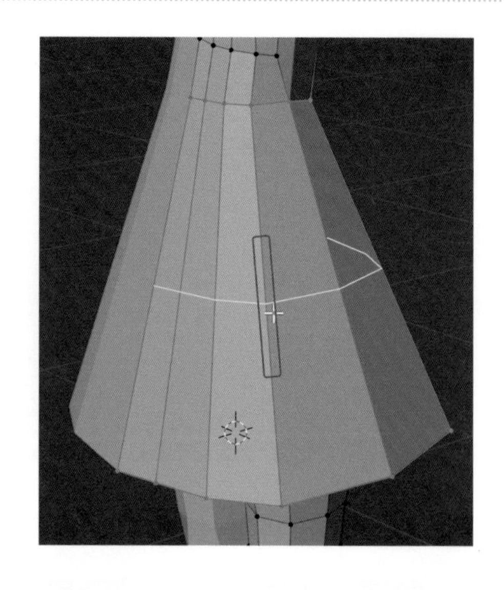

I 3Dビューポートの左下に表示された**「ループカットとスライド」**パネルの**[分割数]**を"4"に設定します。

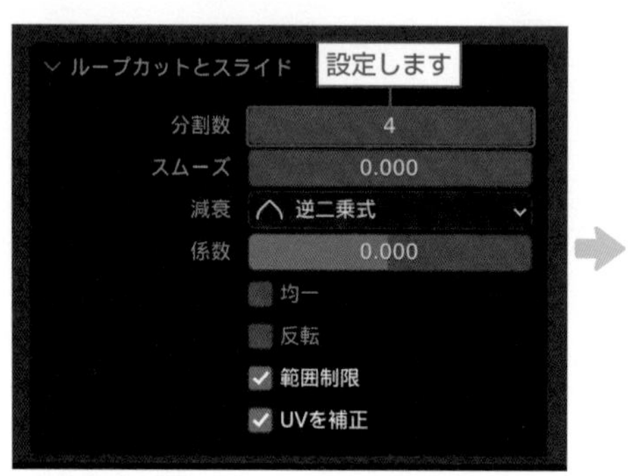

⚠「辺ループのブリッジ」の分割数変更では形状が崩れてしまうので、ここでは「ループカット」を用いてメッシュを分割します。

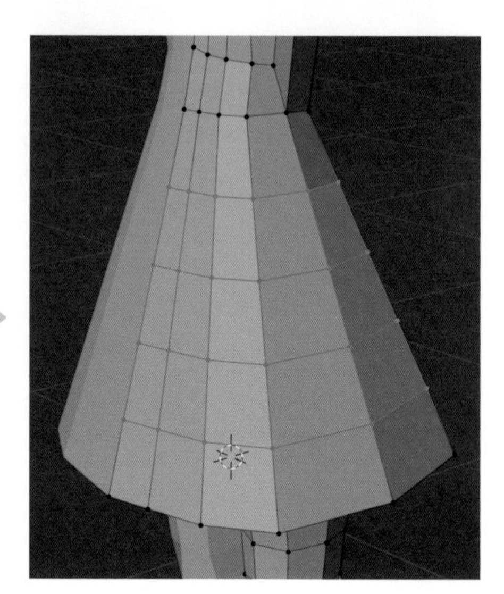

J 水平方向のメッシュ4組をそれぞれ移動（G キーまたは Shift + V キー）、サイズ変更（S キー ➡ X キーまたは S キー ➡ Y キー）を行い形状を整えます。

⚠ 裾の上下幅の狭いメッシュは、フリル部分を想定しています。

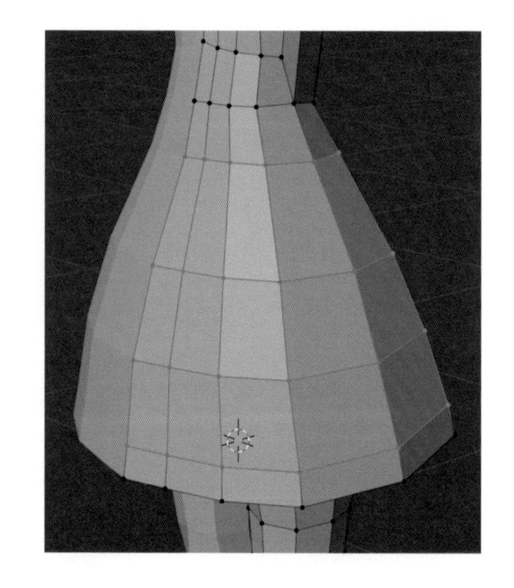

K キャタクターに動きを付けてもなるべくスカートを貫通しないように、下半身を少し縮小します。
作成したスカートのメッシュを選択して非表示（H キー）にします。
股の中央の頂点を選択して、3Dビューポートのヘッダーにある **[メッシュ]** ➡ **[スナップ]** から **[カーソル ➡ 選択物]** を選択します。

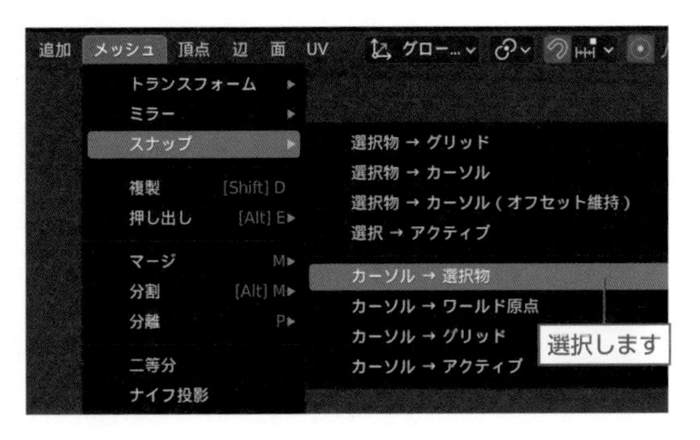

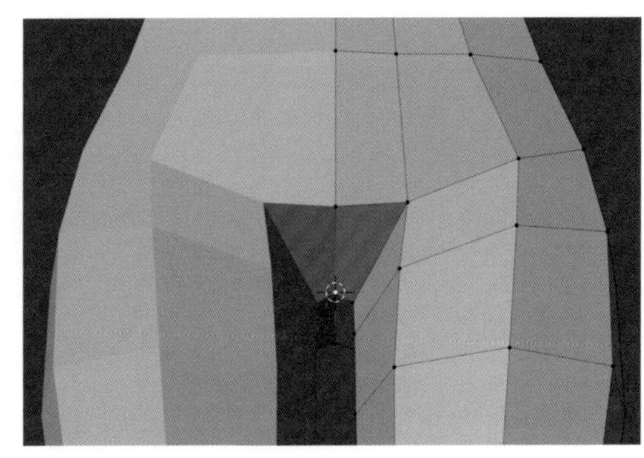

L フロントビュー（テンキー 1）に切り替えて **[透過表示]**（Alt ＋ Z キー）を有効にし、図のように腰のメッシュを選択します。
3Dビューポートのヘッダーにある **「多重円」** アイコン◎を左クリックして **「プロポーショナル編集」** を有効にします。
また、**[接続のみ]** を有効にして、つながっているメッシュのみ編集が反映されるようにします。
次に、縮小（S キー）します。影響範囲の白い円の大きさをマウスホイールの回転で調整しながら操作します。

⚠ 編集が完了したら3Dビューポートのヘッダーにある◎を左クリックして「プロポーショナル編集」を無効にします。

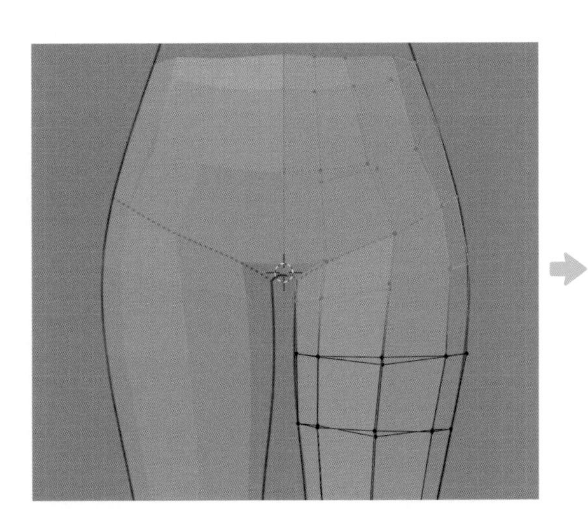

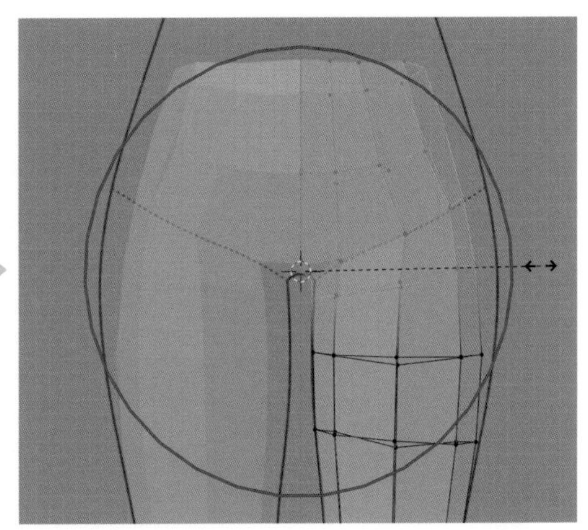

M 3Dビューポートのヘッダーにある **[メッシュ]** ➡ **[表示/隠す]** から **[隠したものを表示]**（Alt＋Hキー）を選択し、非表示にしていたメッシュを表示します。
上着とスカートの堺に段差を作成します。
図のように左右中央の前後の頂点2点を選択して、3Dビューポートのヘッダーにある **[メッシュ]** ➡ **[スナップ]** から **[カーソル→選択物]** を選択します。

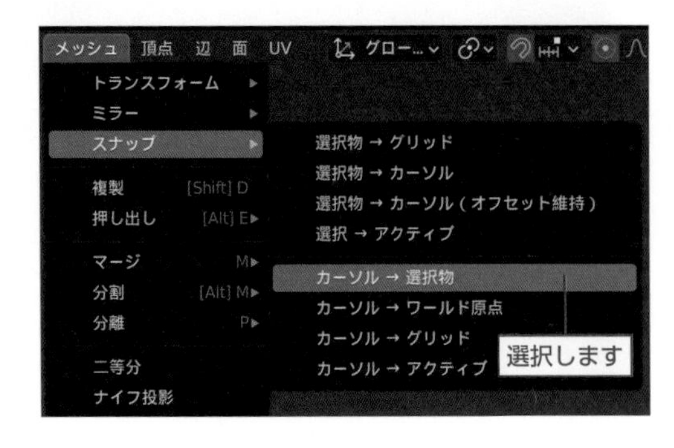

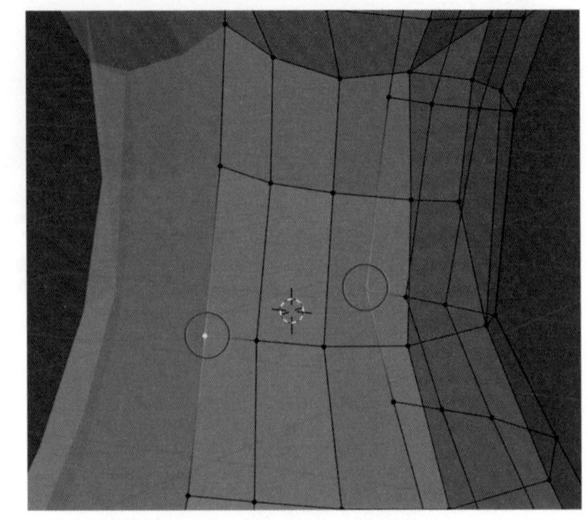

⚠ 図は透過表示にしています。

N 上着とスカートの堺のメッシュを選択し、3Dビューポートのヘッダーにある **[頂点]** から **[頂点のリップとフィル]**（Alt＋Vキー）を選択します。
選択箇所より上でマウス左ボタンのドラッグを行い、続けてSキーを押してメッシュの切り離しと同時に拡大します。

⚠「頂点のリップとフィル」は、選択箇所を境にドラッグを行う場所によって編集対象のメッシュが変化します。
⚠ 編集が完了したら「トランスフォームピボットポイント」を［3Dカーソル］からデフォルトの［中点］に変更します。

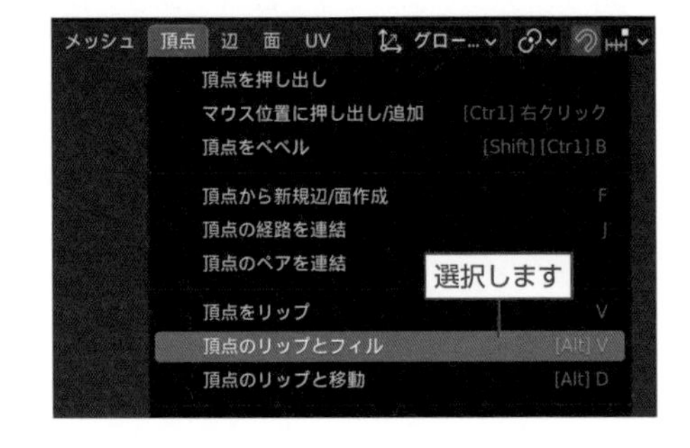

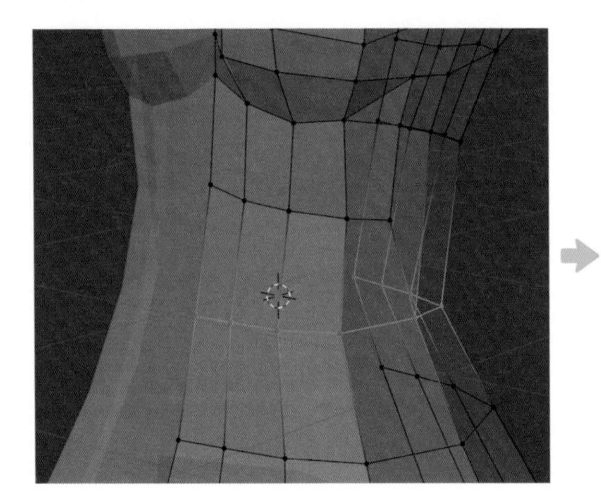

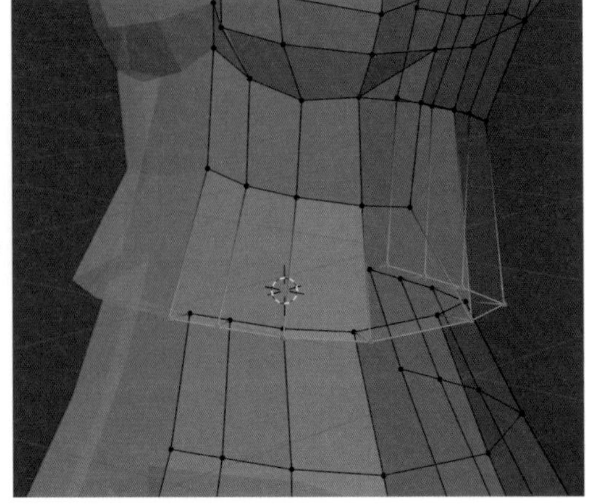

⚠ 図は透過表示にしています。

O 左右中央の前方の頂点2点を選択してライトビュー（テンキー3）に切り替え、**[透過表示]**（Alt＋Zキー）を有効にします。ボディラインに沿って上方向に移動（Gキー）します。

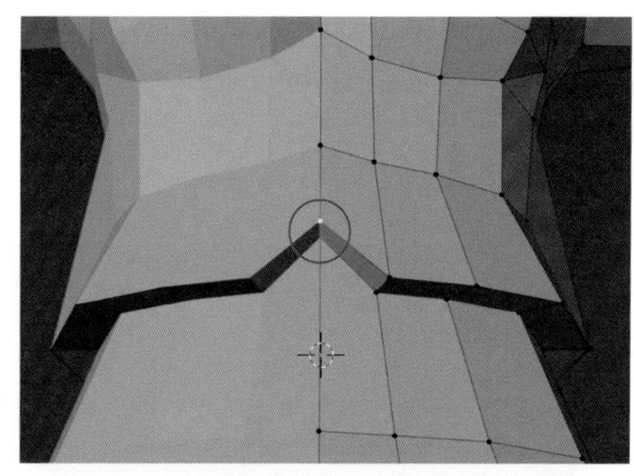

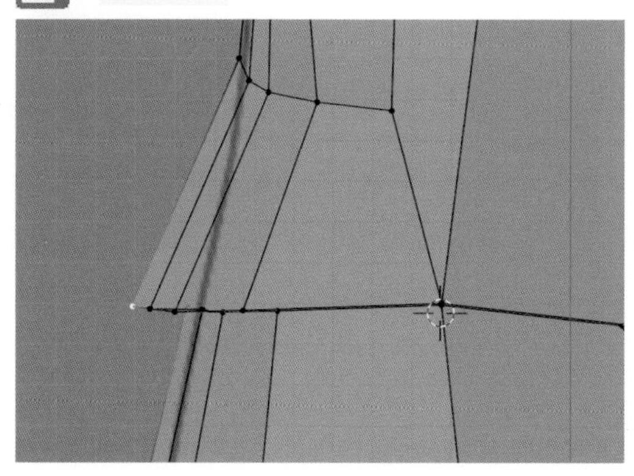

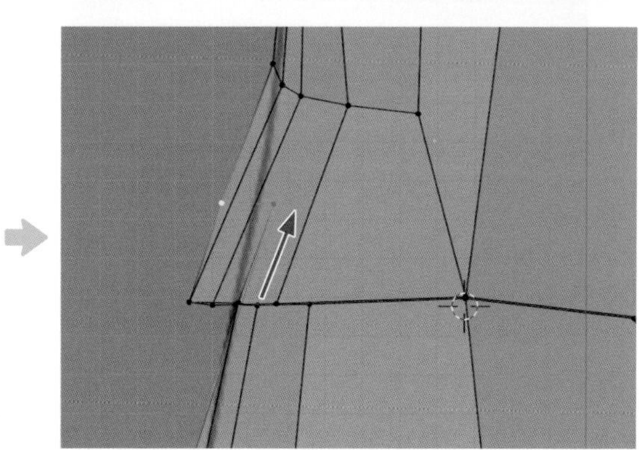

STEP 02 襟と袖の作成

A 作成する襟やリボンなどは、テクスチャによるディテール表現を考慮して、ある程度簡略化して作成します。髪の毛のオブジェクトを（アウトライナーにて）非表示にします。
襟を作成するためメッシュを分割します。図のように首の根本前方の頂点2点を選択して、3Dビューポートのヘッダーにある **[頂点]** から **[頂点の経路を連結]**（Jキー）を選択します。

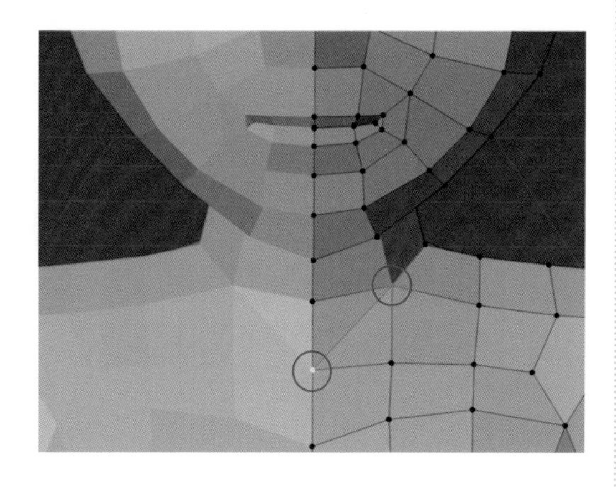

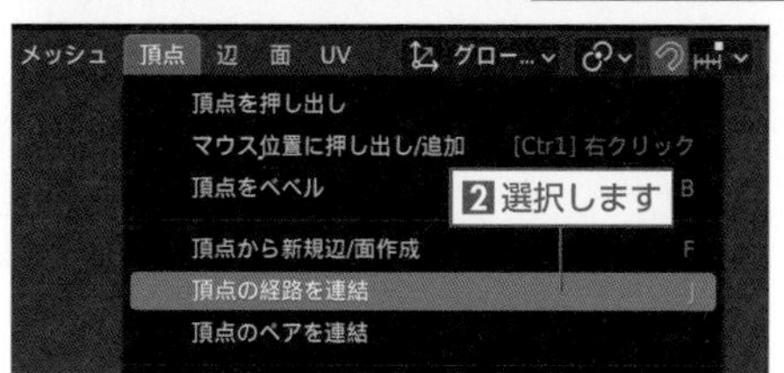

B 図のように首の根本前後の頂点2点を選択して、3Dビューポートのヘッダーにある **[メッシュ]** ➡ **[スナップ]** から **[カーソル→選択物]** を選択します。
さらに、3Dビューポートのヘッダーにある **「トランスフォームピボットポイント」** から **[3Dカーソル]** を選択します。

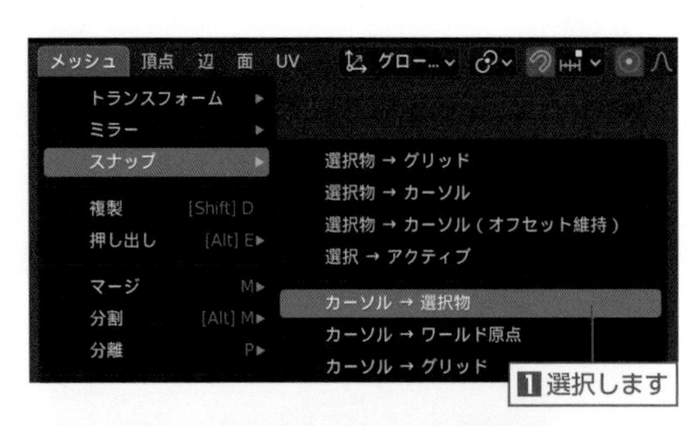

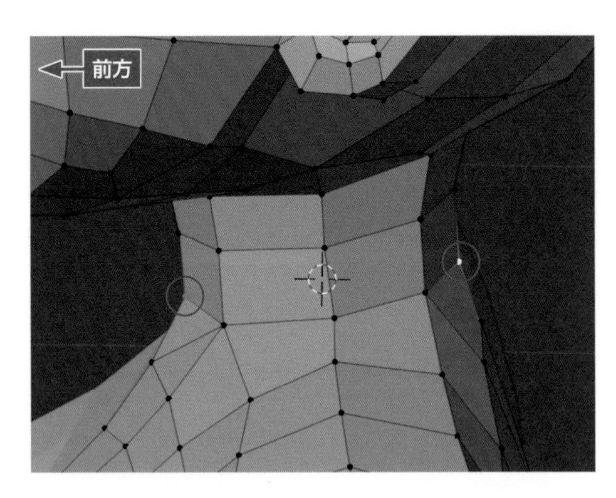

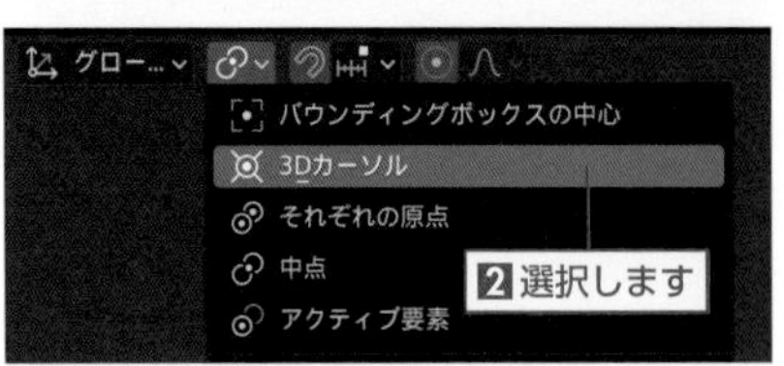

C 図のように首と衣装の境界のメッシュを選択し、3Dビューポートのヘッダーにある **[頂点]** から **[頂点のリップとフィル]**（Alt＋Vキー）を選択します。
選択箇所よりボディ側でマウス左ボタンのドラッグを行い、続けてSキーを押してメッシュの切り離しと同時に拡大します。

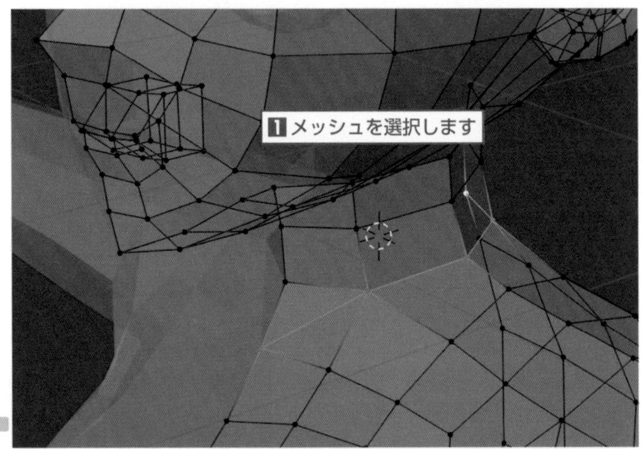

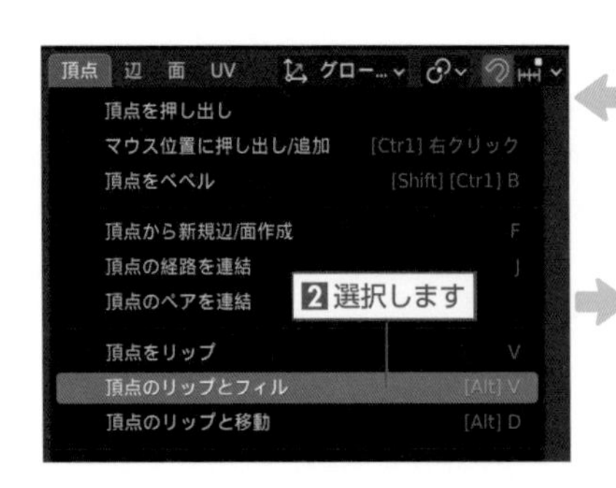

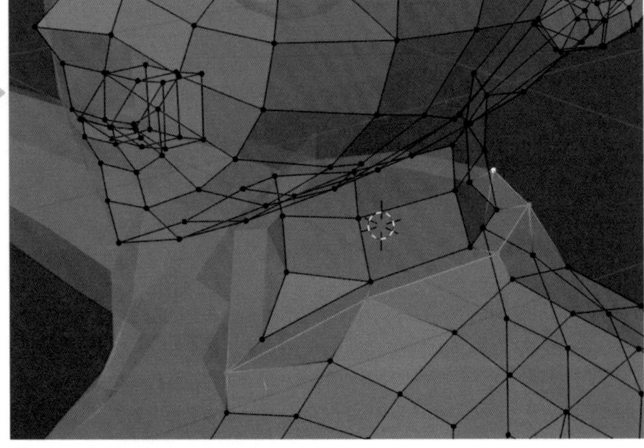

⚠ 編集が完了したら、「トランスフォームピボットポイント」を［3Dカーソル］からデフォルトの［中点］に変更します。

⚠ 図は透過表示にしています。

D 切り離したメッシュが選択された状態で、上方向に移動（G キー ➡ Z キー）します。

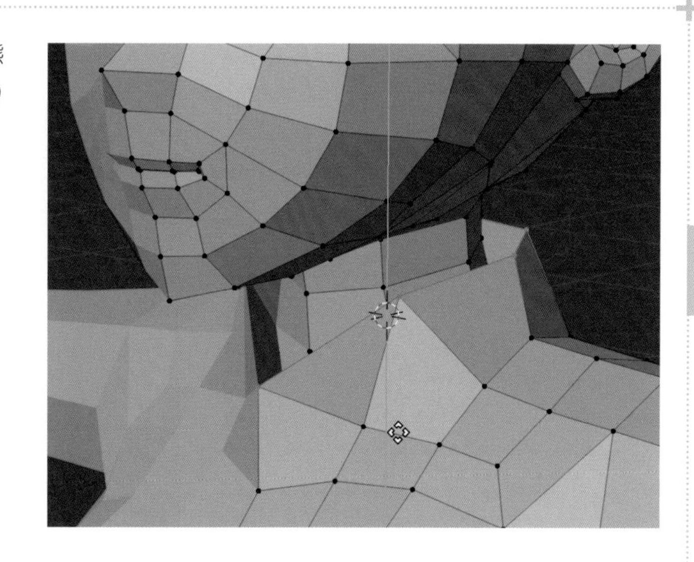

E 襟の前方を開いた状態にします。
プロパティの「**モディファイアープロパティ**」を左クリックして、「**ミラーモディファイアー**」パネルの[**クリッピング**]を一旦無効にします。
左右中央の前方の頂点を選択して、向かって右側に移動（G キー ➡ X キー）します。併せて周辺の頂点も移動（G キー）して、襟の形状を整えます。

⚠ 編集が完了したら［クリッピング］を有効にします。

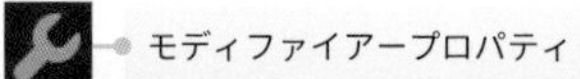

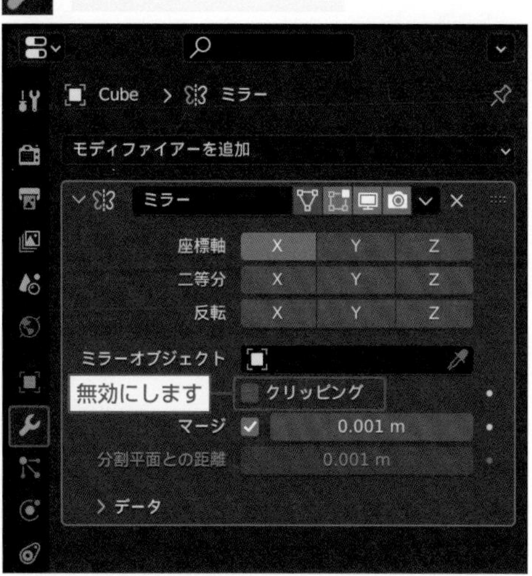

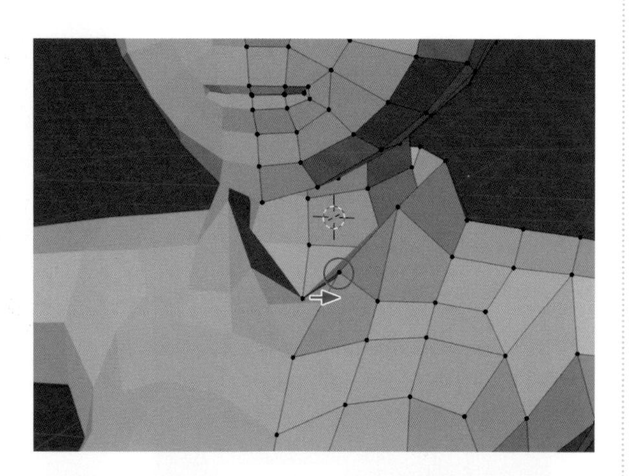

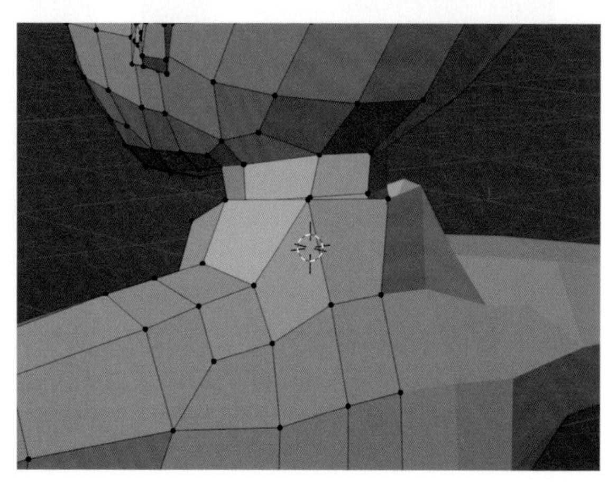

F 図のように頂点3点を選択して3Dビューポートのヘッダーにある **[頂点]** から **[頂点から新規辺/面作成]**（F キー）を選択し、面を作成して隙間を埋めます。

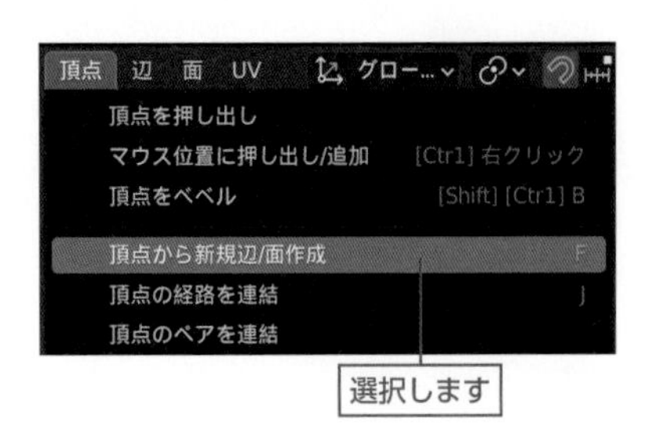

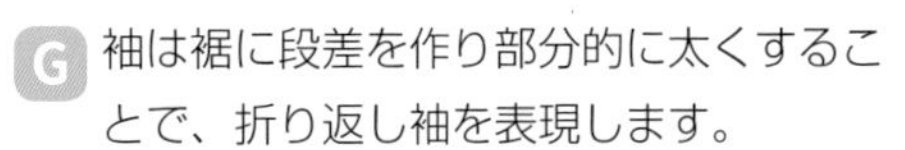

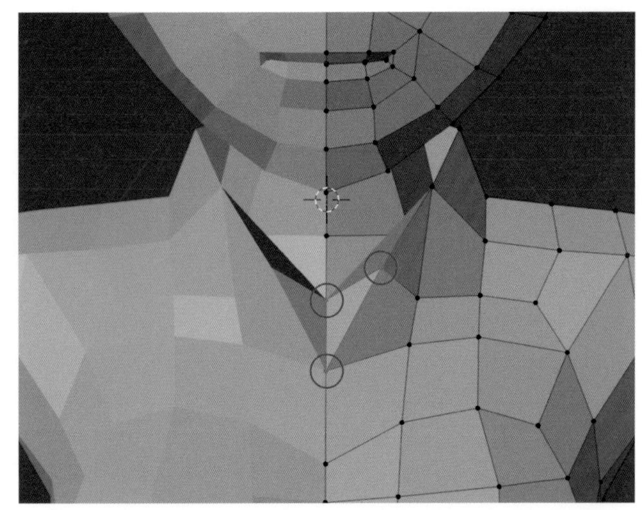

G 袖は裾に段差を作り部分的に太くすることで、折り返し袖を表現します。
手首のメッシュをループ状に選択して3Dビューポートのヘッダーにある **[頂点]** から **[頂点のリップとフィル]**（Alt ＋ V キー）を選択します。
選択箇所よりボディ側でマウス左ボタンのドラッグを行い、続けて S キーを押して、メッシュの切り離しと同時に拡大します。

⚠「トランスフォームピボットポイント」が[3Dカーソル]のままでは同様の結果を得ることができません。[中点]に戻すことを忘れないようにしましょう。

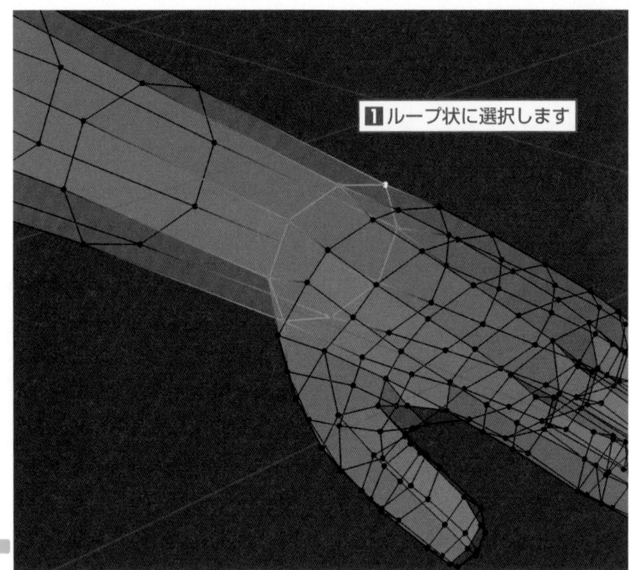

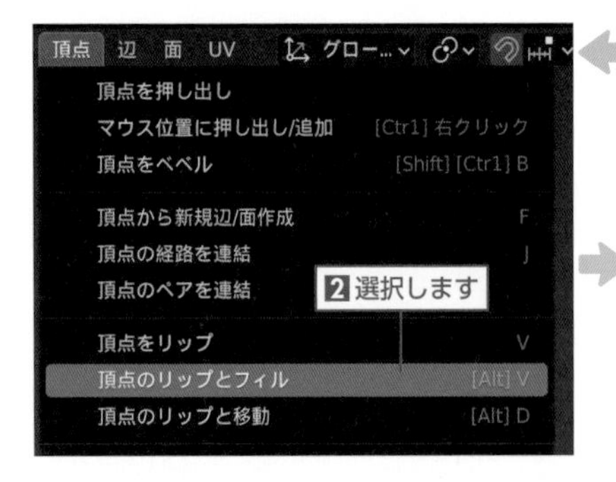

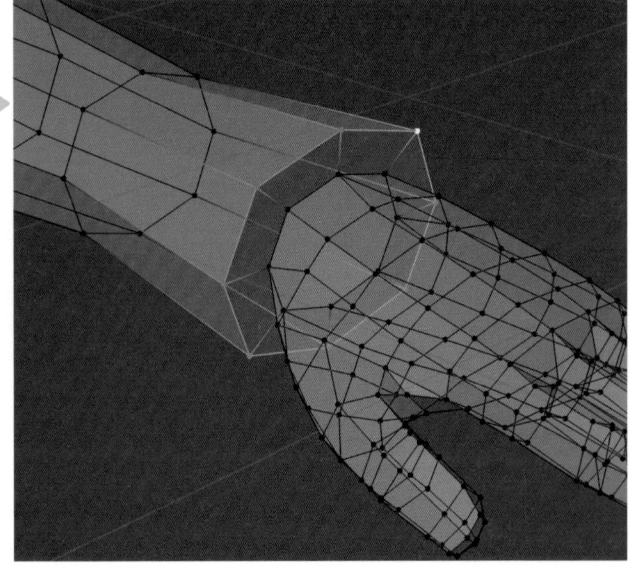

⚠ 図は透過表示にしています。

H 手首からひとつボディ側のメッシュをループ状に選択（Alt＋左クリック）して、太さを調整（Sキー）します。

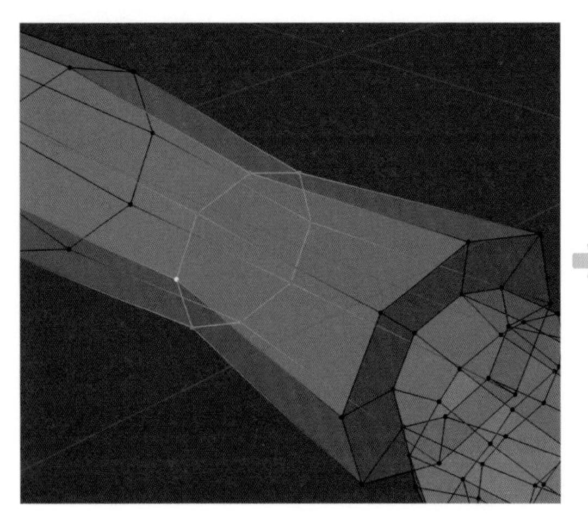

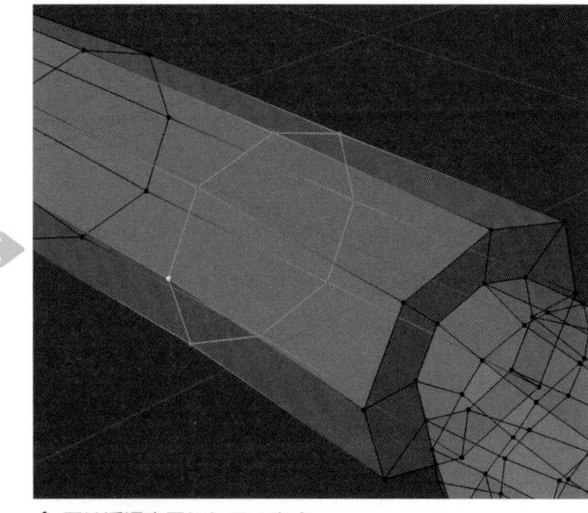

⚠ 図は透過表示にしています。

I 手首からひとつボディ側のメッシュが選択された状態で、3Dビューポートのヘッダーにある**［頂点］**から**［頂点のリップとフィル］**（Alt＋Vキー）を選択します。
選択した箇所より手首側でマウス左ボタンのドラッグを行い、続けてSキーを押して、メッシュの切り離しと同時に拡大します。

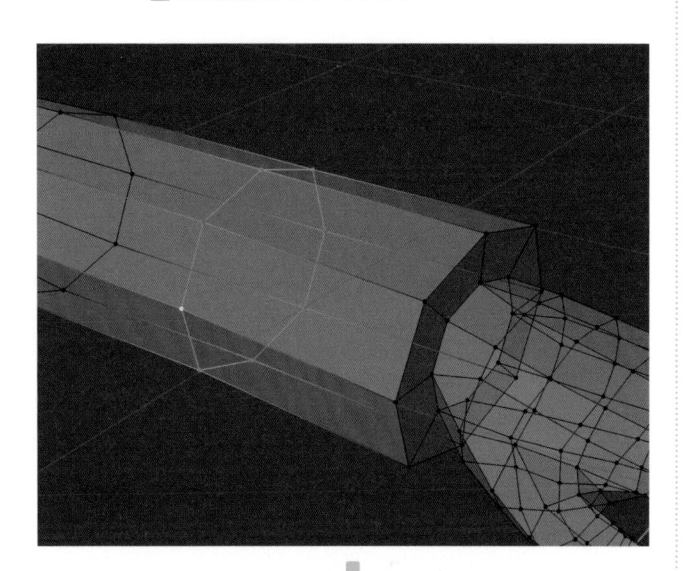

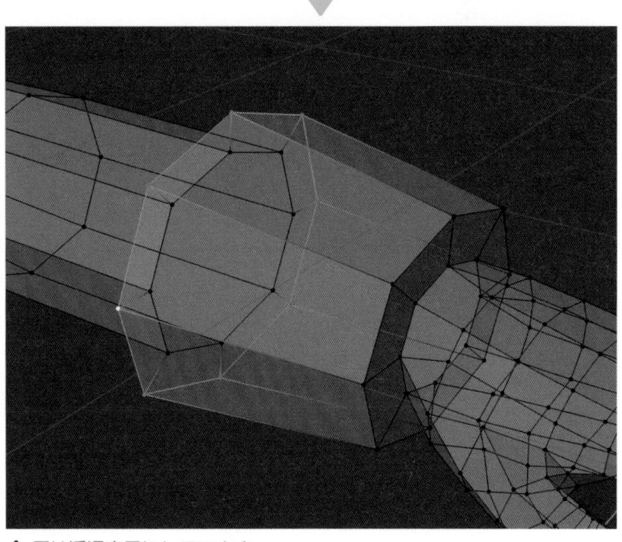

⚠ 図は透過表示にしています。

STEP 03 リボンの作成

A リボンはその他のメッシュと重ならないように、ひとまず頭上で作成し、形状が完成し次第、位置や大きさ、角度を調整します。
フロントビュー（テンキー1）に切り替え、メッシュが何も選択されていない状態（Alt＋Aキー）でCtrl＋右クリックを繰り返し行い、図のように頂点4点を作成します。

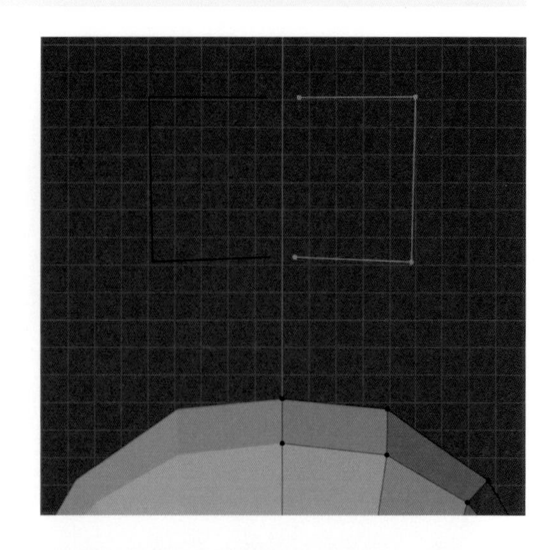

B 作成したメッシュを選択し、3Dビューポートのヘッダーにある**[頂点]**から**[頂点から新規辺/面作成]**（Fキー）を選択して面を作成します。

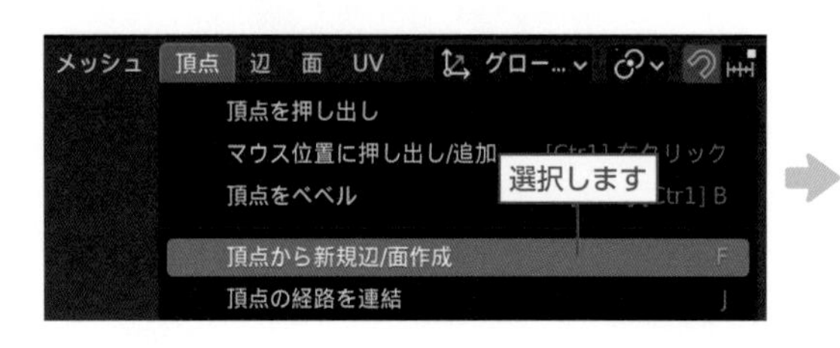

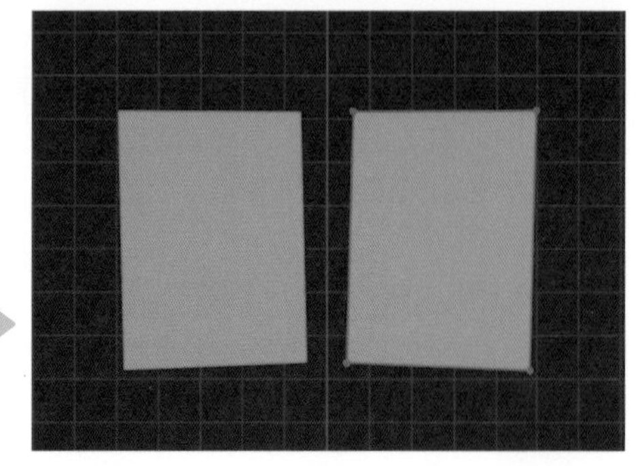

C 向かって左側の頂点2点を左右中央に移動（Gキー）します。
「ミラーモディファイアー」の**[クリッピング]**が有効なため、境界の位置でメッシュが固定されます。

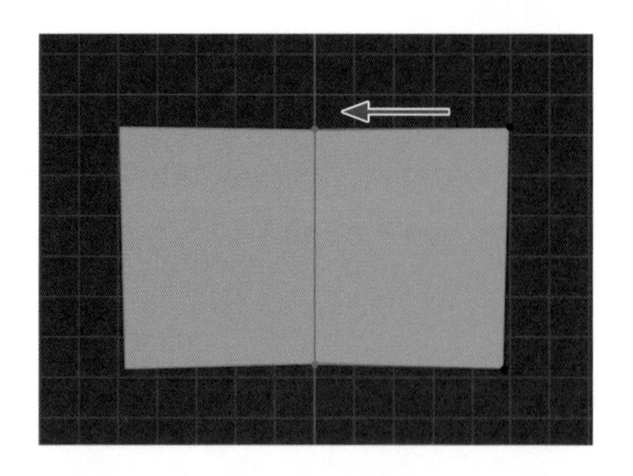

D **「ループカット」**ツールを有効にして水平方向に1辺、垂直方向に2辺ループカットを行いメッシュを分割します。

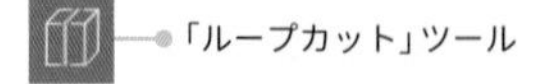
「ループカット」ツール

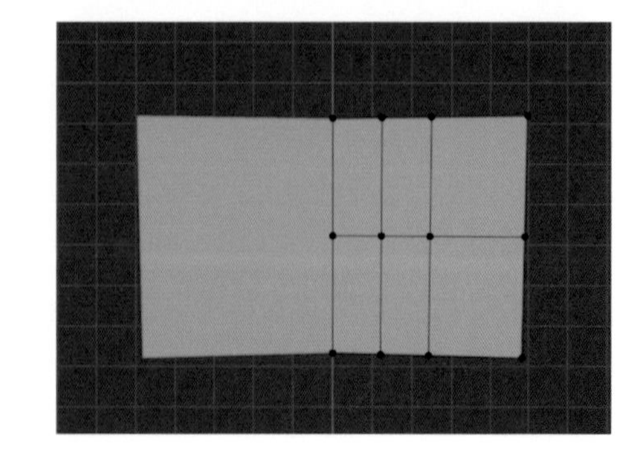

E 図のように頂点6点を選択して、3Dビューポートのヘッダーにある **[メッシュ]** から **[複製]**（Shift＋Dキー）を選択し、複製します。

追加　メッシュ　頂点　辺　面　UV
トランスフォーム
ミラー
スナップ
複製　[Shift] D
選択します

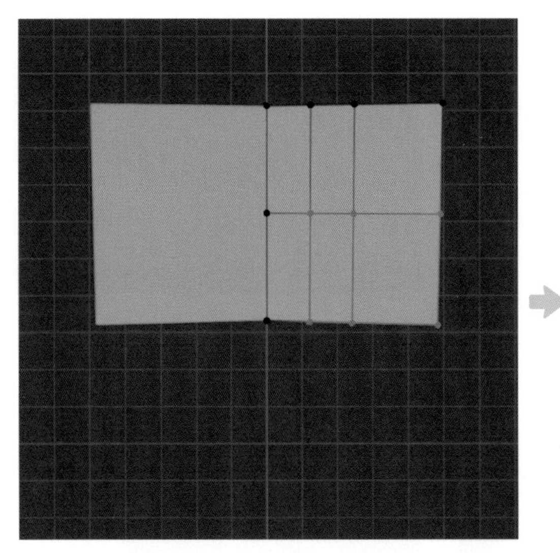

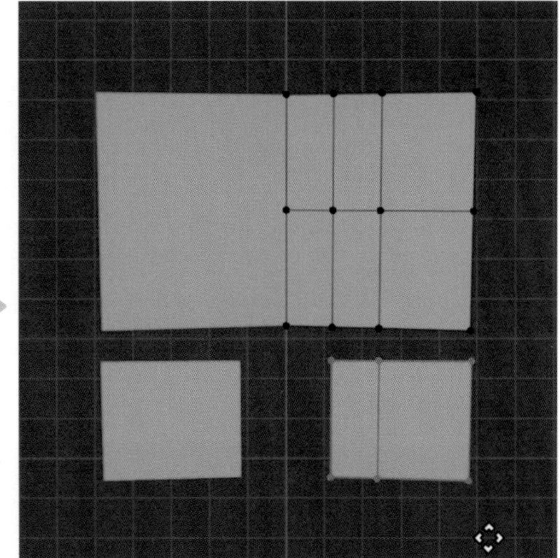

F 3Dビューポートのヘッダーにある **[透過表示]**（Alt＋Zキー）を有効にします。
各頂点を移動（Gキー）して形状を整えます。

[透過表示]

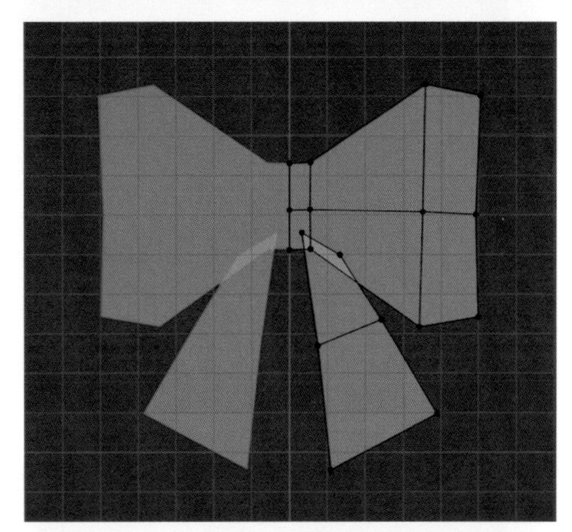

G さまざまな視点から確認しながら、各頂点を移動して形状を整えます。
基本的に正面で編集した位置がズレないように、Y軸方向に制限をかけて各頂点を移動（Gキー ➡ Yキー）します。

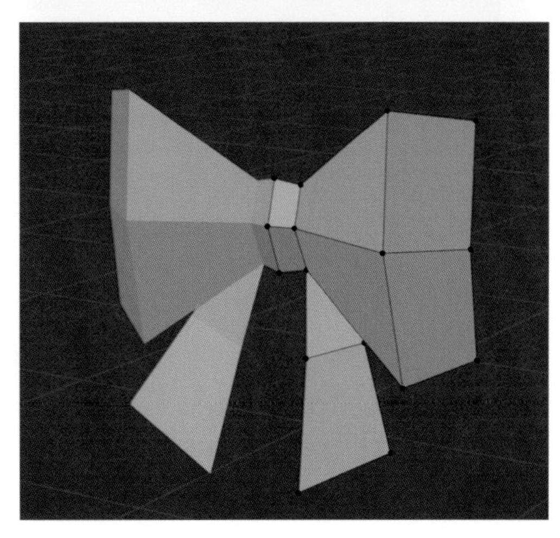

PART 3

H リボンのメッシュを選択して胸の位置に移動（G キー）し、角度（R キー）を調整します。必要に応じて、各頂点を移動（G キー）してリボンの形状やボディとの間隔を調整します。
全体的に大きさを調整する場合は、リボンの中心の頂点を選択して3Dビューポートのヘッダーにある**[メッシュ] ➡ [スナップ]** から **[カーソル ➡ 選択物]** を選択し、**「トランスフォームピボットポイント」** を **[3Dカーソル]** に変更してから拡大縮小（S キー）を行います。

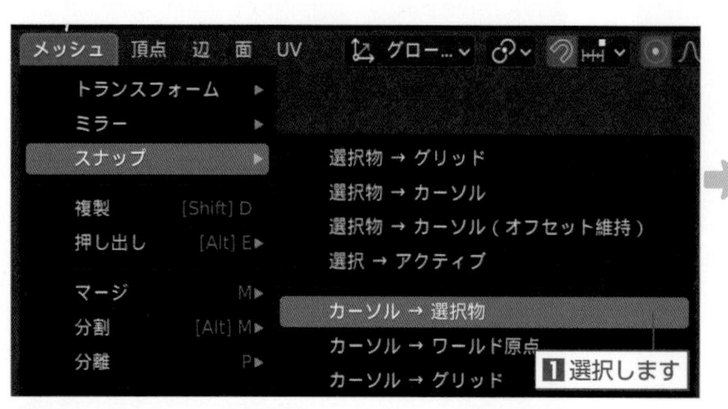

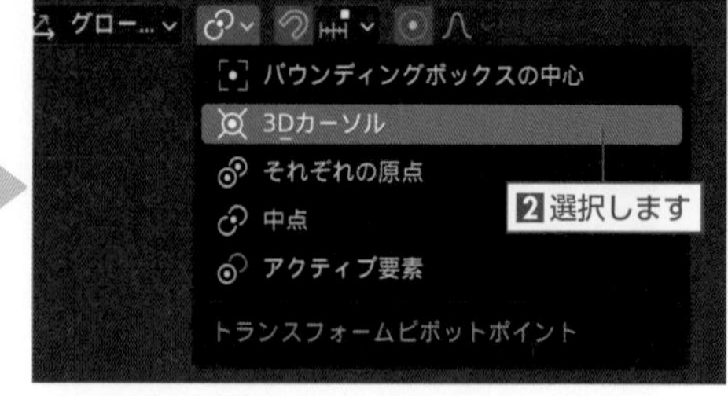

フロントビュー

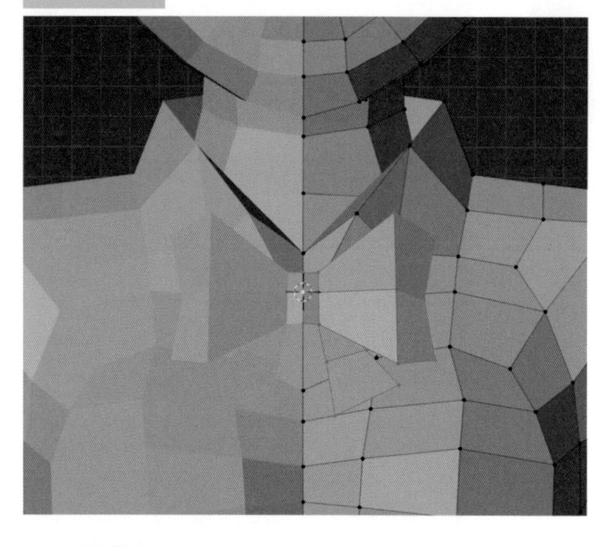

ライトビュー

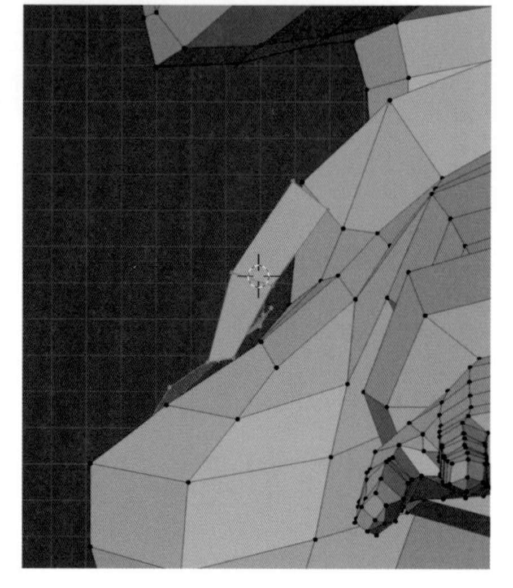

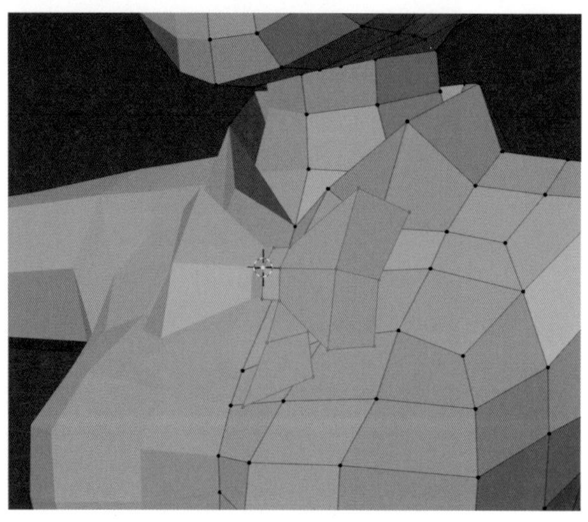

⚠「トランスフォームピボットポイント」を［3Dカーソル］に変更した場合は、編集が完了したらデフォルトの［中点］に戻します。

⚠ 編集が完了したら、3Dビューポートのヘッダーにある［オブジェクト］➡［スナップ］から［カーソル→ワールド原点］を選択し、3Dカーソルの位置を原点に移動します。

STEP 04 眉毛の作成

A 眉毛は、表情の設定の際に制御しやすくするため、テクスチャではなくメッシュで作成します。
3Dビューポートのヘッダーにある**「磁石」**アイコンを左クリックして**「スナップ」**を有効にし、**「スナップ先」**メニューから**［面］**を選択します。

「スナップ先」メニュー
1 有効にします
2 選択します

B フロントビュー（テンキー1）に切り替え、3Dビューポートのヘッダーにある**［透過表示］**（Alt＋Zキー）を有効にします。
メッシュが何も選択されていない状態（Alt＋Aキー）でCtrl＋右クリックして、図のように頂点を作成します。

［透過表示］

C 別オブジェクトに関しては、即座にスナップが機能しますが、同オブジェクト（ここでは頭部に対して）の場合は即座にスナップが機能しません。
移動することでスナップが機能するので、作成した頂点が選択された状態で、少しでかまわないので移動（Gキー）します（編集はフロントビューで行います）。

頂点作成時（移動前）

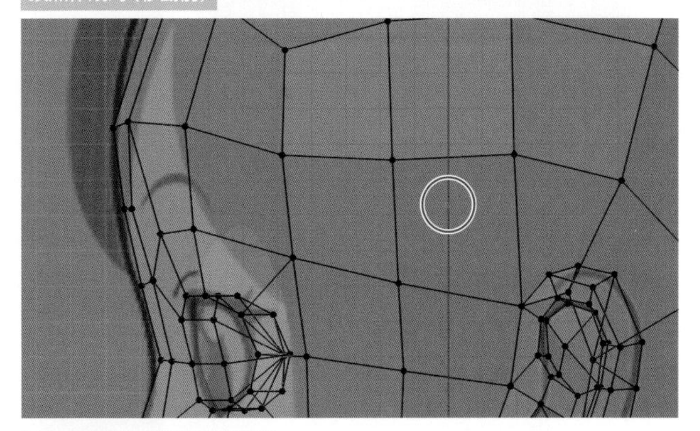

フロントビューにて移動後

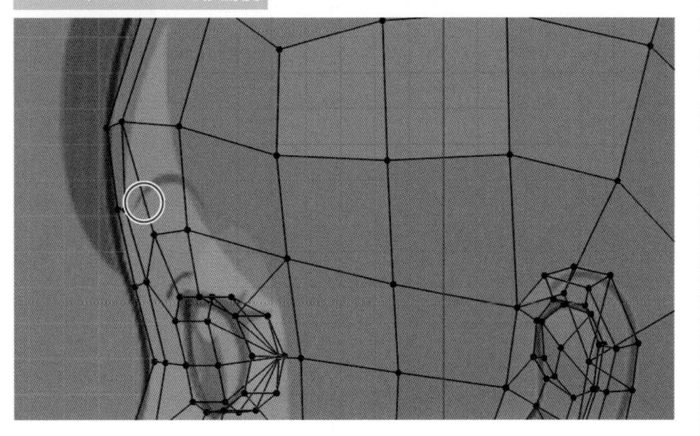

PART 3

D **[押し出し(領域)]** ツールを有効にして白い円の内側でマウス左ボタンのドラッグを行い、下絵に沿ってメッシュを押し出し(E キー)ます。ここでは、連続して9回押し出しを行います。

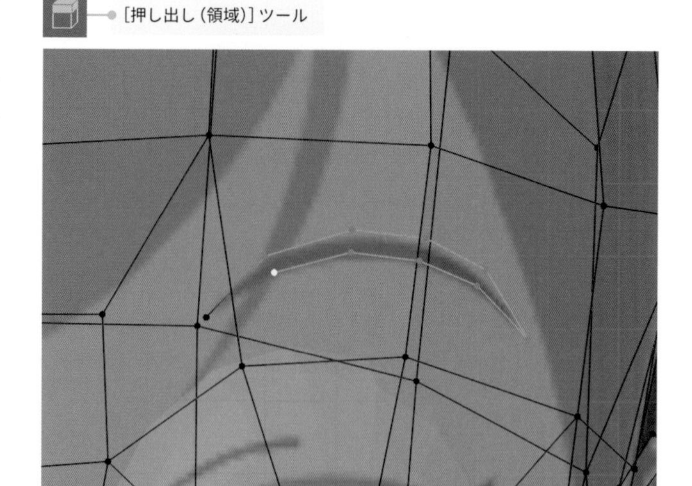

E 作成したメッシュの先端の頂点2点を選択し、3Dビューポートのヘッダーにある **[頂点]** から **[頂点から新規辺/面作成]** (F キー)を選択して、辺でつなぎ合わせます。

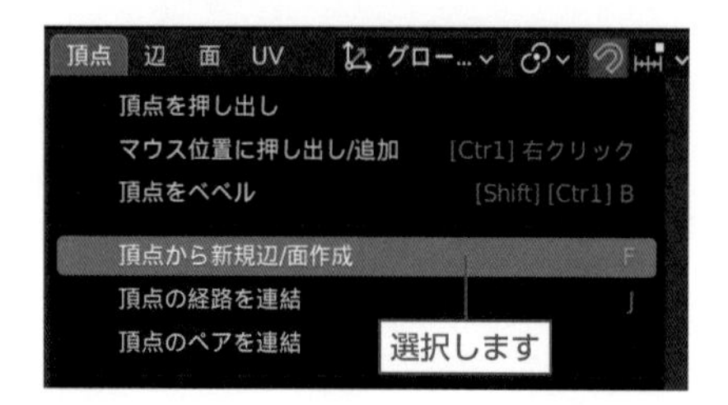

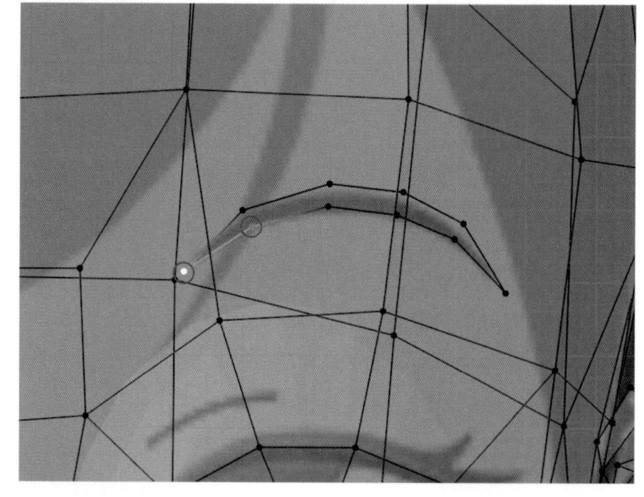

F それぞれ3点または4点の頂点を選択して、3Dビューポートのヘッダーにある **[頂点]** から **[頂点から新規辺/面作成]** (F キー)を選択し、面を作成します(1枚ずつ作成します)。

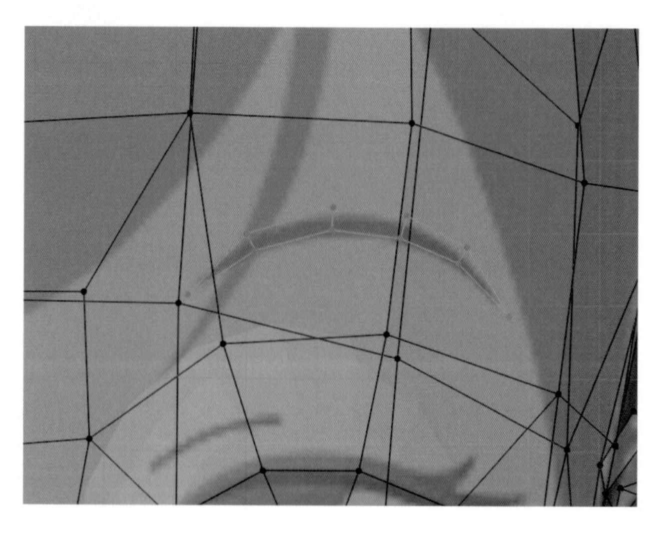

G 3Dビューポートのヘッダーにある **「磁石」** アイコンを左クリックして **「スナップ」** を無効にし、**「スナップ先」** を **[面]** からデフォルトの **[増分]** に戻します。また、**[透過表示]**（Alt＋Zキー）を無効にします。眉毛のメッシュを選択して頭部と重ならないように、若干前方に移動（Gキー ➡ Yキー）し隙間をつくります。

[増分] にします

左クリックで無効にします

左クリックで無効にします

STEP 05 まつ毛の作成

A まつ毛は、おおよその形状を作成し、細かな形状はテクスチャでくり抜きます。図のように目のフチの頂点7点を選択します。
[押し出し（領域）] ツールを有効にして白い円の内側でマウス左ボタンのドラッグを行い、続けてSキーを押して押し出したメッシュを拡大します。

[押し出し（領域）] ツール

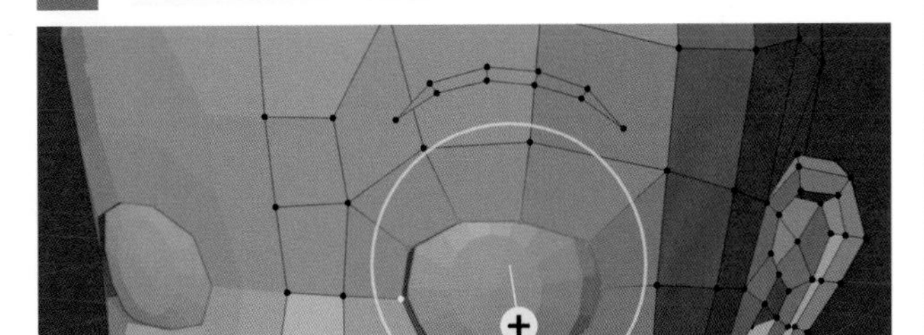

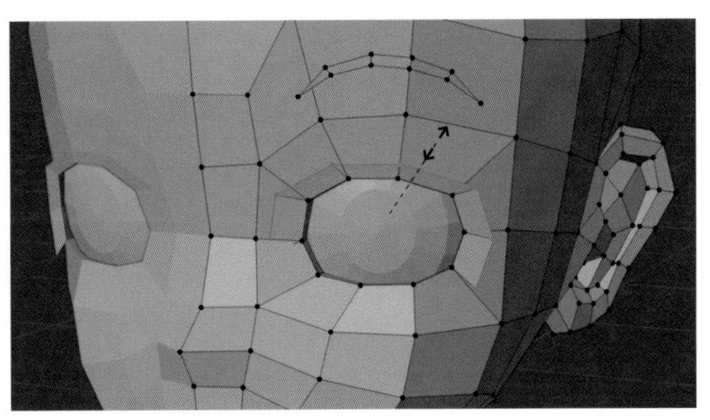

B 押し出したメッシュを若干前方に移動（Gキー ➡ Yキー）します。

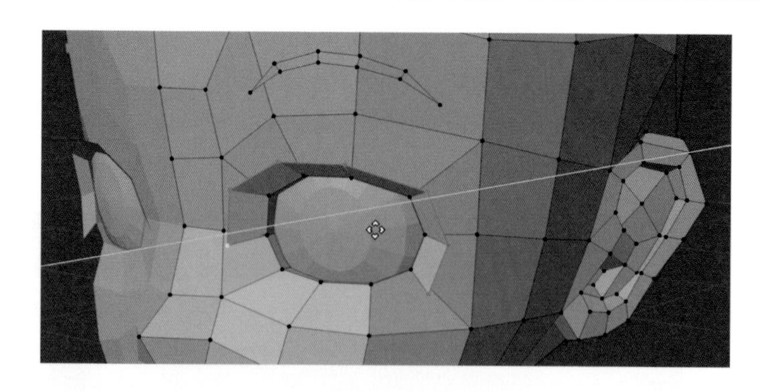

C さまざまな視点から確認しながら、各頂点を移動（Gキー）して形状を整えます。

フロントビュー

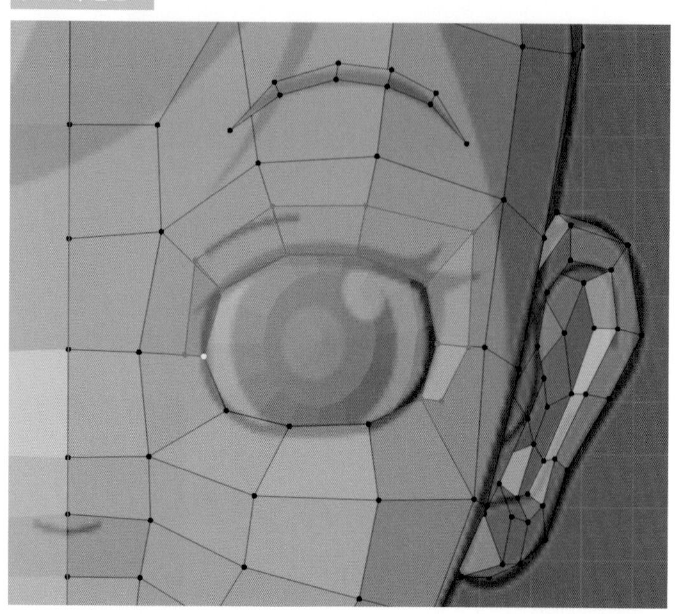

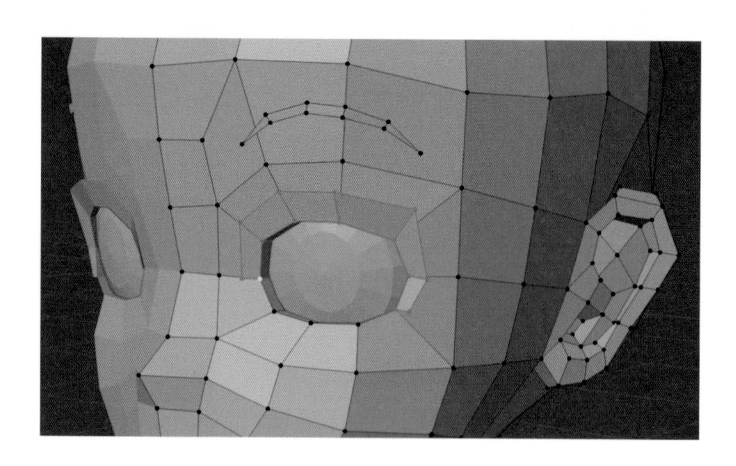

STEP 06 スムーズシェードの設定

A スムーズシェードを設定して表面を滑らかに表示させます。
オブジェクトモード（Tab キー）に切り替えて作成したすべてのオブジェクト（全身、前髪、後ろ髪、眼球）を選択し、3Dビューポートのヘッダーにある **[オブジェクト]** から **[スムーズシェード]** を選択します。

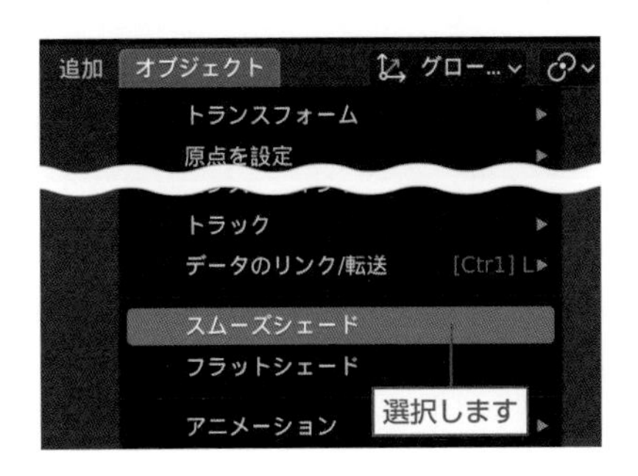

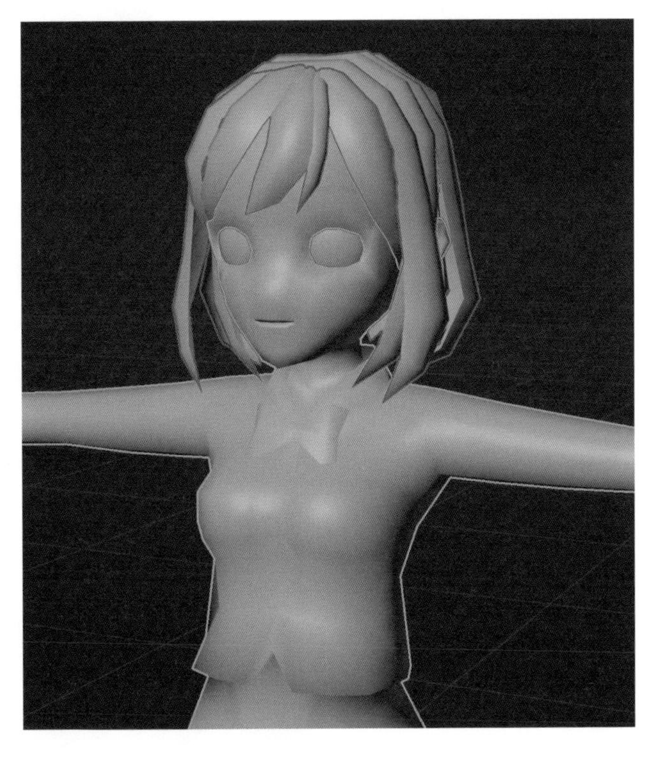

B 法線方向（面の表裏）が揃っていないと、メッシュの陰影が正常に表示されないなどさまざまな不具合が生じてきます。全身のオブジェクトを選択して**編集モード**（Tab キー）に切り替えます。
3Dビューポートのヘッダーの **[ビューポートオーバーレイ]** メニューにある **[ノーマル]** の **「法線を表示」** アイコンを左クリックで有効にすると、法線方向を確認できます。水色のラインが表示されている方向が面の表となります。
[サイズ] の数値で水色のラインの表示サイズを変更できます。また、右側のアイコンを左クリックして有効にすると、3Dビューポートの画面に対して一定のサイズで水色のラインが表示されます。

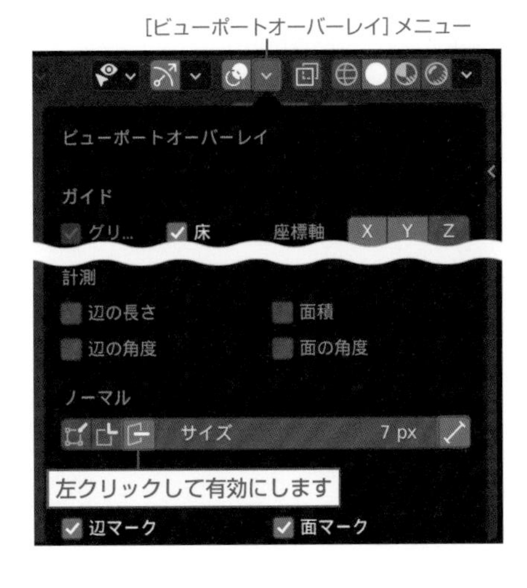

法線方向が揃っていない場合

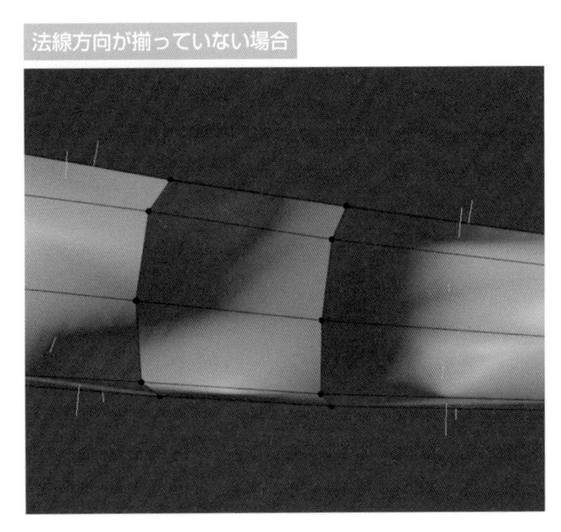

C 法線方向が揃っていない場合は、すべてのメッシュを選択（A キー）して、3Dビューポートのヘッダーにある**［メッシュ］➡［ノーマル］**から**［面の向きを外側に揃える］**（Shift＋N キー）を選択すると、法線方向が揃った状態になります。

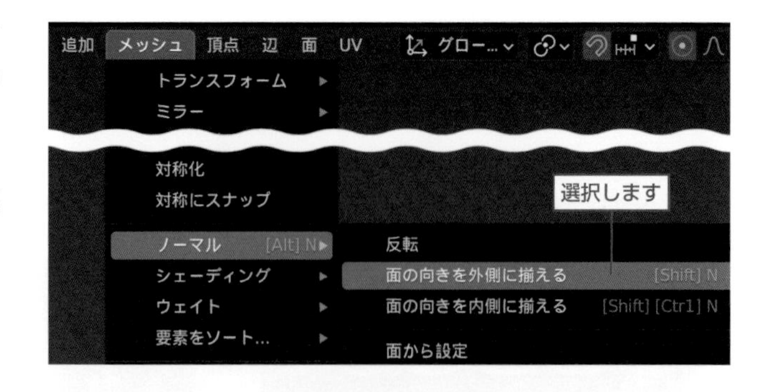

D 個別で法線方向を変更する場合は、該当のメッシュを選択して3Dビューポートのヘッダーにある**［メッシュ］➡［ノーマル］**から**［反転］**を選択します。

⚠ 編集が完了したら［ビューポートオーバーレイ］メニューにある［ノーマル］の「法線を表示」を無効にします。

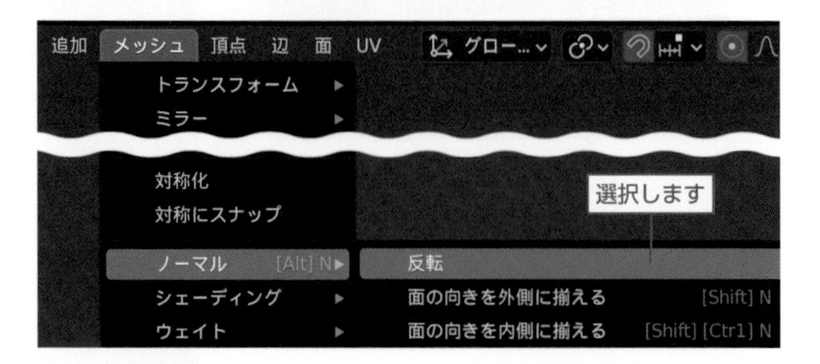

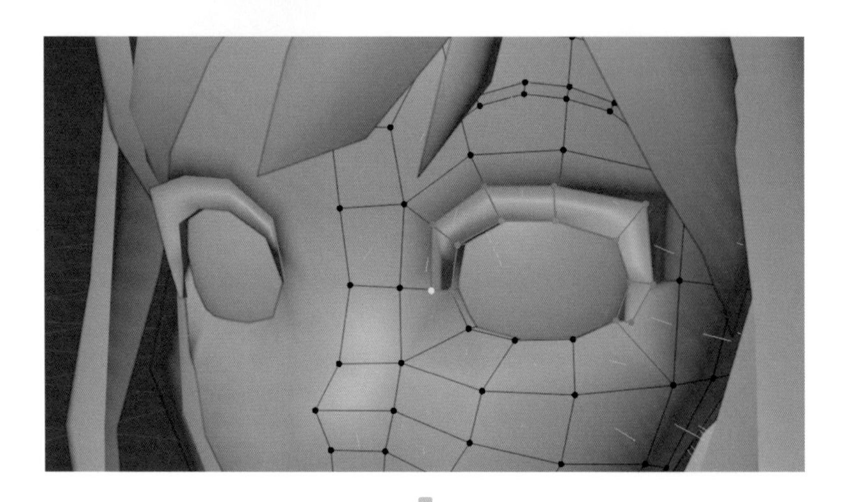

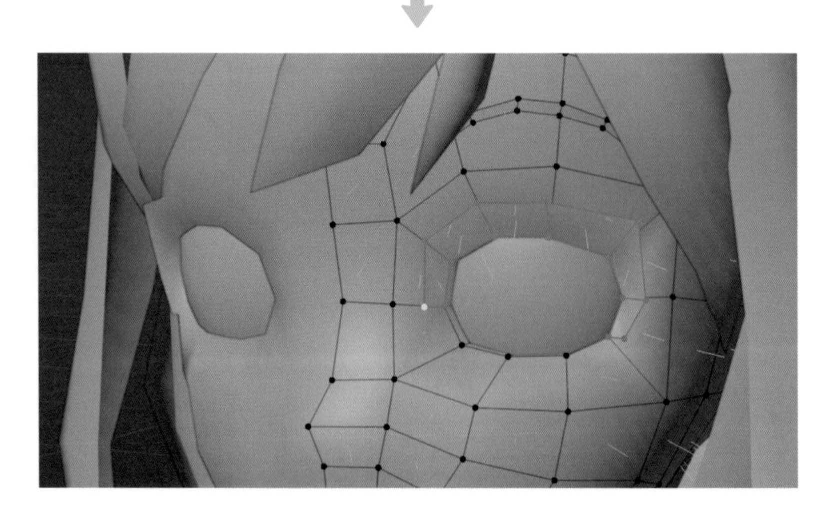

E メッシュ全体にスムーズシェードを設定しましたが、部分的にエッジを際立たせます。
3Dビューポートのヘッダーにある **[辺選択]** を有効にし、図のように襟、袖、上着の裾、靴底を選択します。

⚠ 必要に応じて、[透過表示]（Alt＋Zキー）に切り替えて辺を選択します。

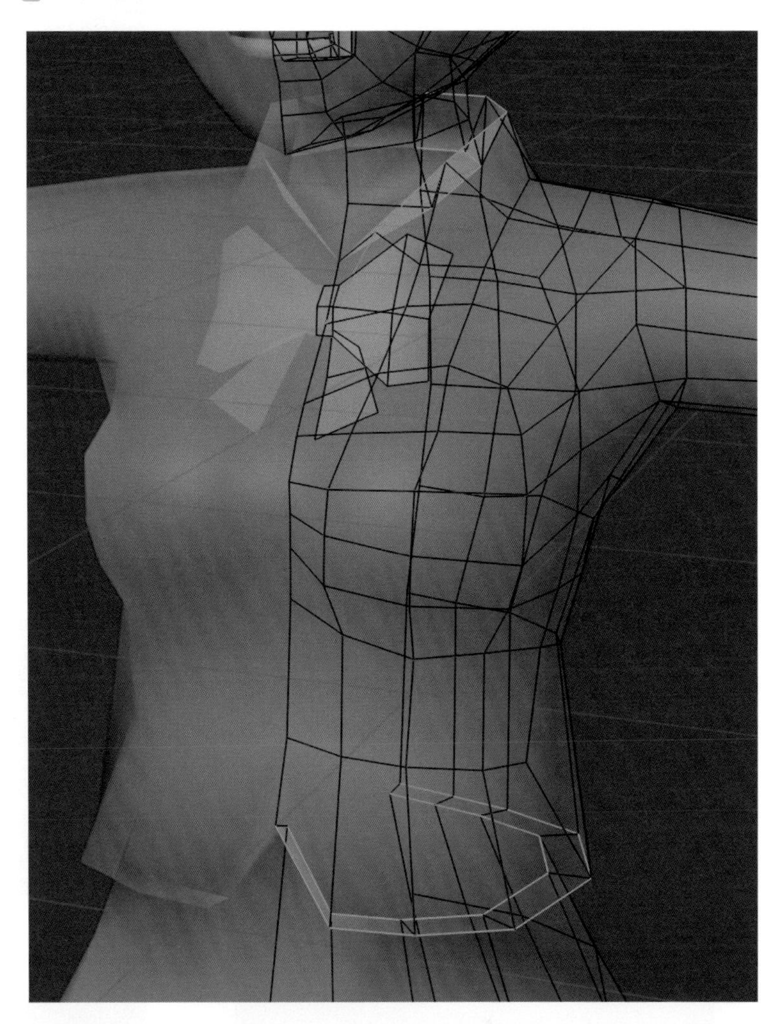

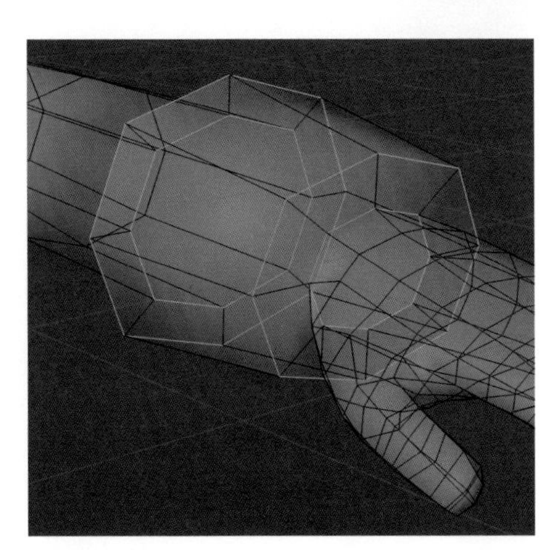

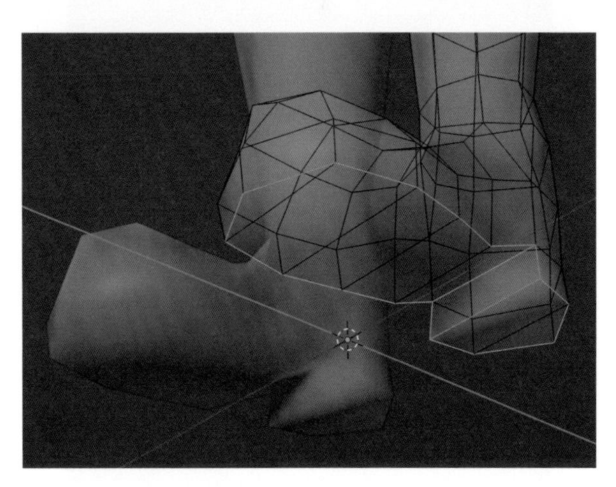

F 3Dビューポートのヘッダーにある［辺］から［シャープをマーク］を選択します。［シャープ］として指定されたメッシュは、水色で表示されます。

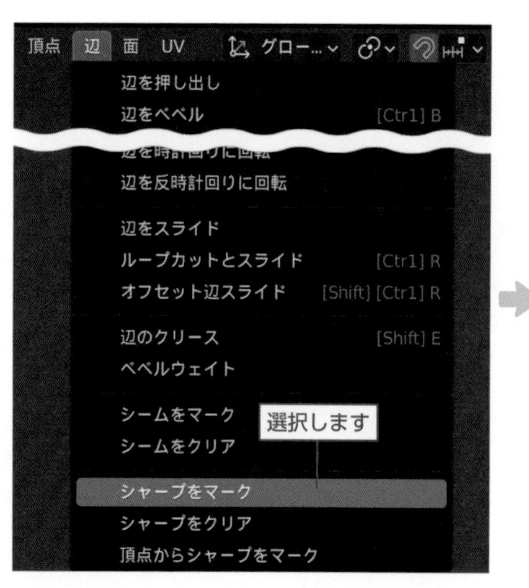

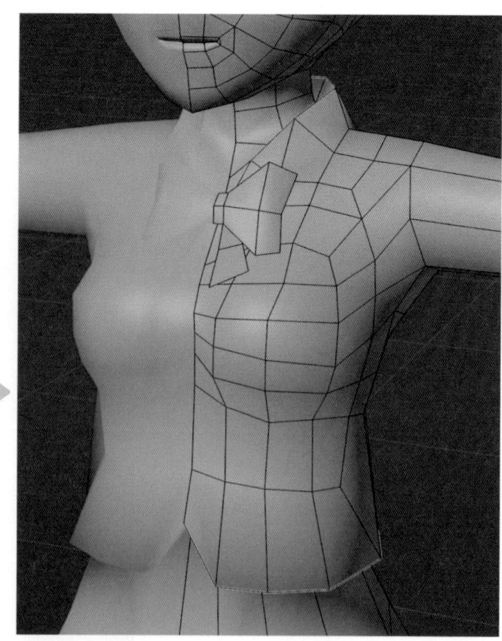

G プロパティの「オブジェクトデータプロパティ」を左クリックし、「ノーマル」パネルの［自動スムーズ］を有効にします。本来、このプロパティは角度によってスムーズの有無を設定しますが、チェックボックス右側の値を“180°（全角度）”に設定することで、［シャープ］として指定されたメッシュ以外をすべて［スムーズシェード］で表示させることができます。

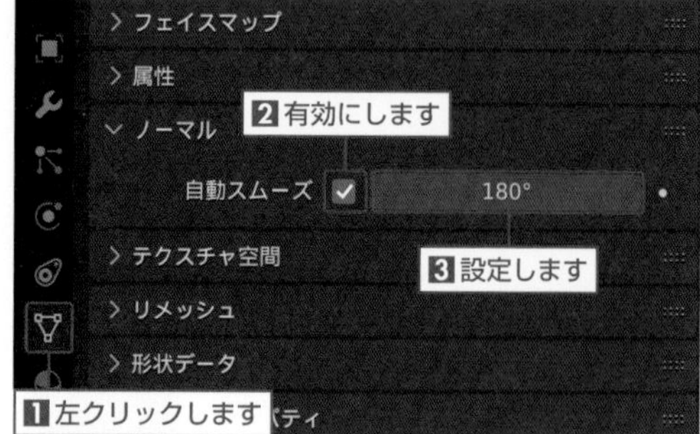

シャープ（エッジ）未設定

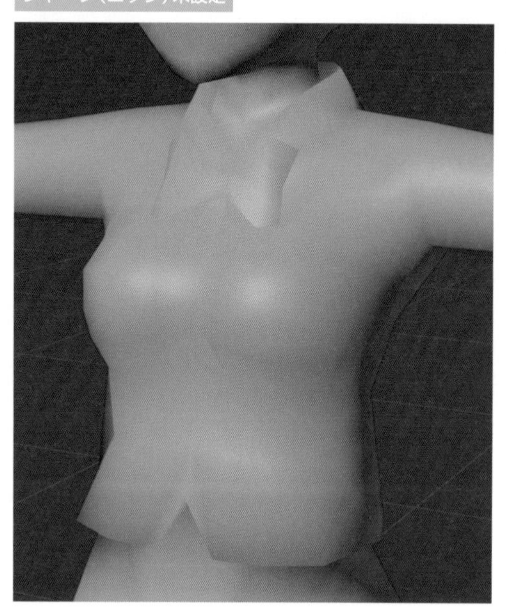

シャープ（エッジ）設定

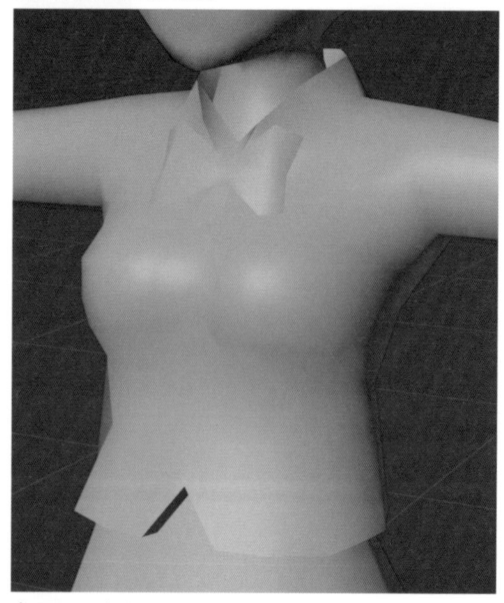

⚠ 図はオブジェクトモードです。

H 同様に、前髪と後ろ髪のオブジェクトも法線方向が揃っているか確認します。
さらに部分的にメッシュを **[シャープ]** として指定し、エッジを際立たせます。

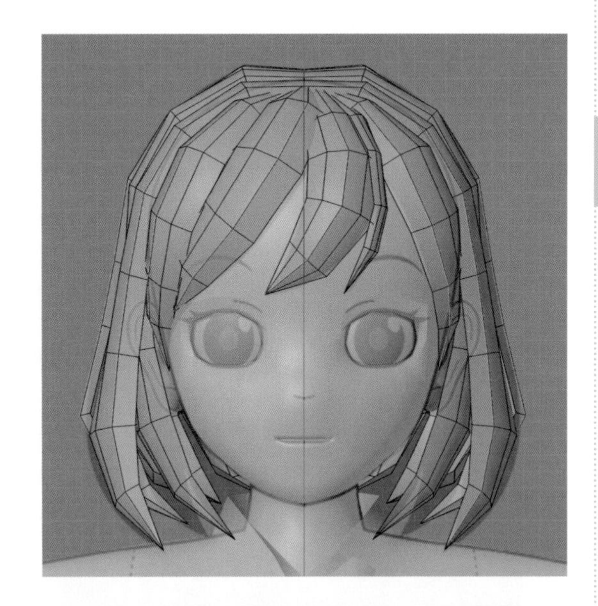

STEP 07 オブジェクト名の変更

A 管理しやすくするため、オブジェクト名を変更します。アウトライナーの各オブジェクトにマウスポインターを合わせて右クリックし、**[IDデータ]**から**[名前変更]**（左ダブルクリックでも変更可）を選択します。ここでは、全身を"Body"、眼球を"Eye"、前髪を"Hair_F"、後ろ髪を"Hair_B"に変更します。

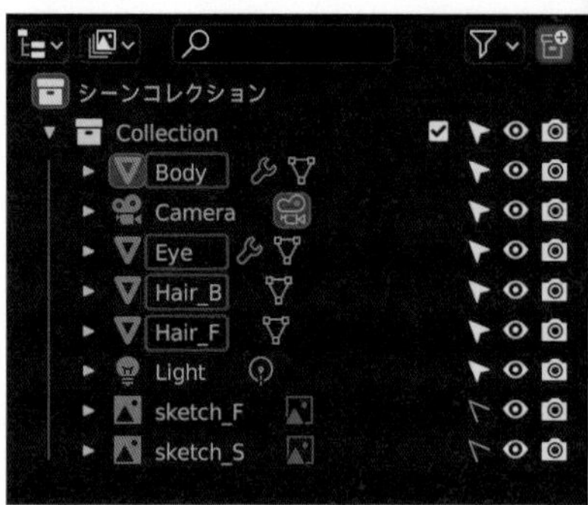

B さらに、メッシュ名を変更します。オブジェクト名の左側にある▶を左クリックするとメッシュ名が表示されます。マウスポインターを合わせて右クリックし、**[名前変更]** を選択（左ダブルクリックでも変更可）します。ここでは、オブジェクト名と同じ名前に変更します。

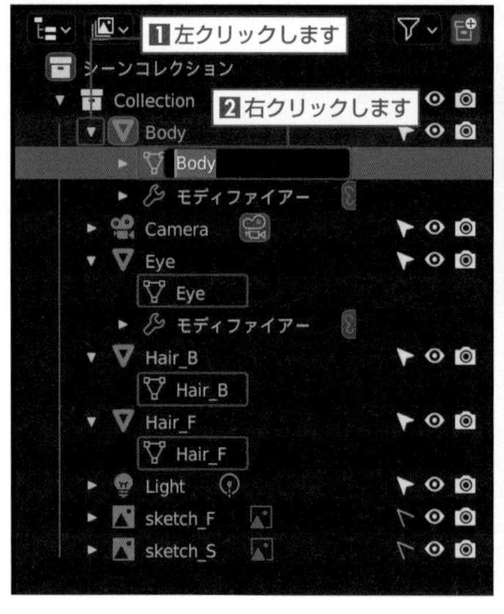

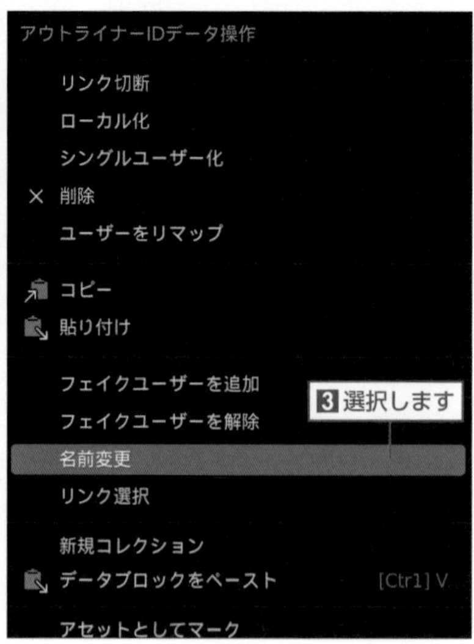

Blender
3D Avatar
Making Technique

PART 4

テクスチャ＆マテリアル

画像をテクスチャとしてオブジェクトに貼り付けることで、絵柄やモデリングでは難しいディテールを表現します。テクスチャの制作には一般的に画像編集ソフトが用いられますが、本書ではテクスチャ制作もBlenderで行う方法を紹介します。
表面の色や材質などを設定するマテリアルは、アドオン（機能拡張）を利用してセルルック（「トゥーンレンダリング」とも呼ばれるセル画アニメのような表現）に仕上げます。

SECTION 4.1 UVマッピング

立体的なオブジェクトに対して正確にテクスチャ画像を貼り付けるには、オブジェクトにキリトリ線を設定して平面に展開する必要があります。このように、三次元のオブジェクトを二次元に変換してテクスチャを投影する技法を「UVマッピング」といいます。UVマッピングはテクスチャマッピングでは最もポピュラーな技法で、ここでもUVマッピングを用いてキャラクターにテクスチャ画像を貼り付けます。

STEP 01 シーム(キリトリ線)の設定

A オブジェクトを平面に展開するためのキリトリ線となる**「シーム」**を設定します。髪の毛と眼球のオブジェクトはシームの設定が不要なので、非表示(H キー)にします。

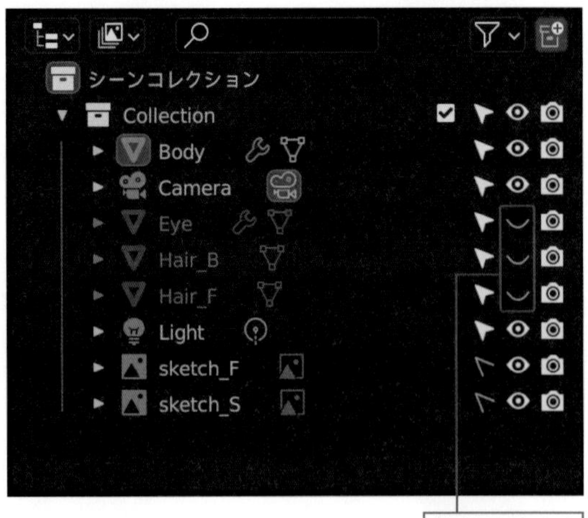

非表示にします

B 全身のオブジェクトを選択して**編集モード**（Tabキー）に切り替え、3Dビューポートのヘッダーにある**[辺選択]**を有効にします。
図のように顎先から耳のフチを通り、頭頂部からおでこまでの辺を選択します。

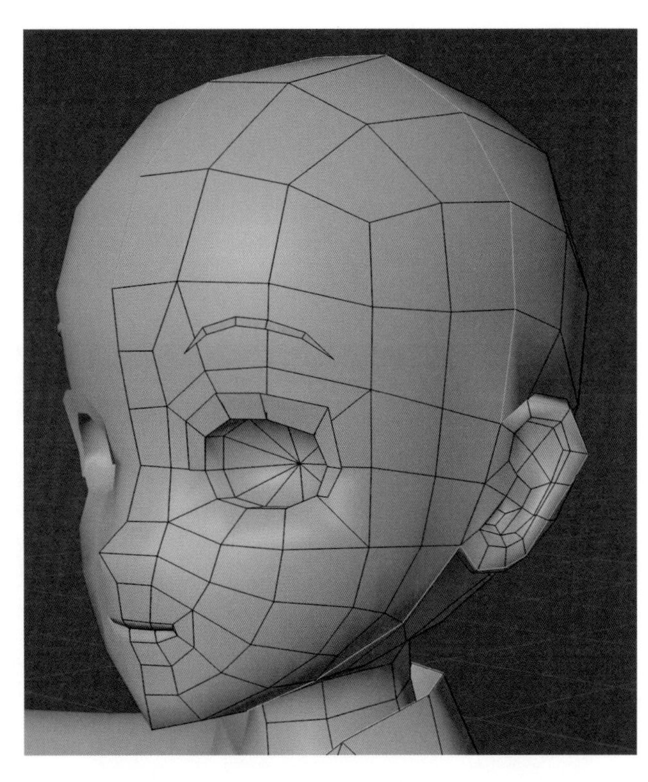

C 3Dビューポートのヘッダーにある**[辺]**から**[シームをマーク]**を選択します。シームとして設定された辺は、赤色に表示されます。

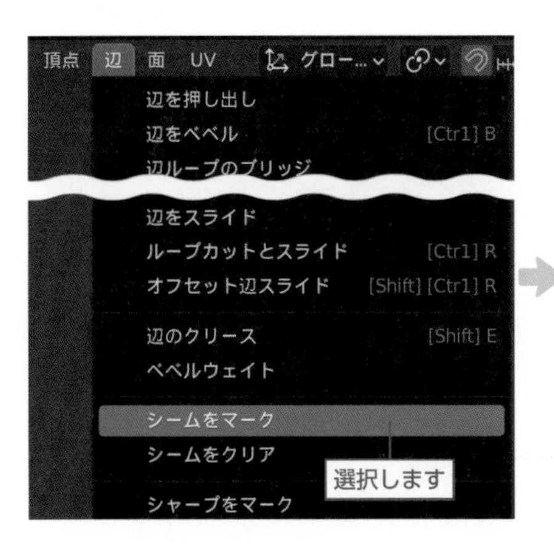

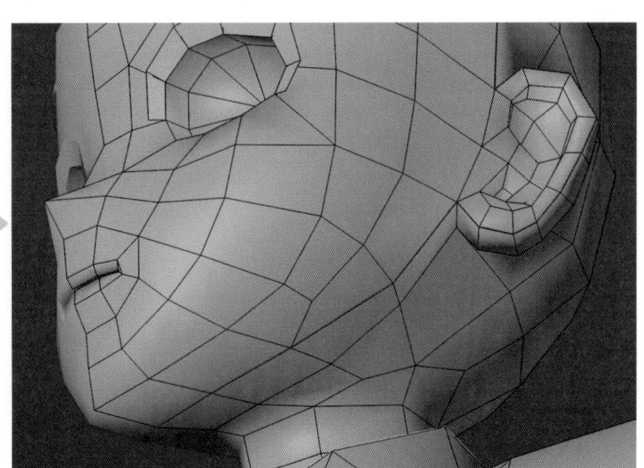

D 同様の手順で、以下の部分にシームを設定します。

❶まつ毛の境界
❷口のフチ
❸顎下から頭部と首の境界
❹首と衣装の境界
❺首後方の中央
❻リボンの中央
❼肩から腕の境界
❽背中（スカート含む）の中央
❾上着とスカートの境界
❿腕に沿って後方
⓫手首
⓬手の甲と手のひらの境界
⓭スカートの裾（フリル）
⓮下半身の中央
⓯脚に沿って内側
⓰足首から靴の後方
⓱つま先から靴底の境界

⚠ 左右対称の絵柄は、片側を反転して重ねることで編集作業を効率化できます。反転するには切り離す必要があるため、❻リボンや⓮下半身といった境界に接している左右対称の絵柄部分に関しては、左右中央の境界にもシームの設定を行います。

⚠ シーム設定箇所については、併せてサンプルデータに収録の "SECTION4-1a.blend" を参照してください。

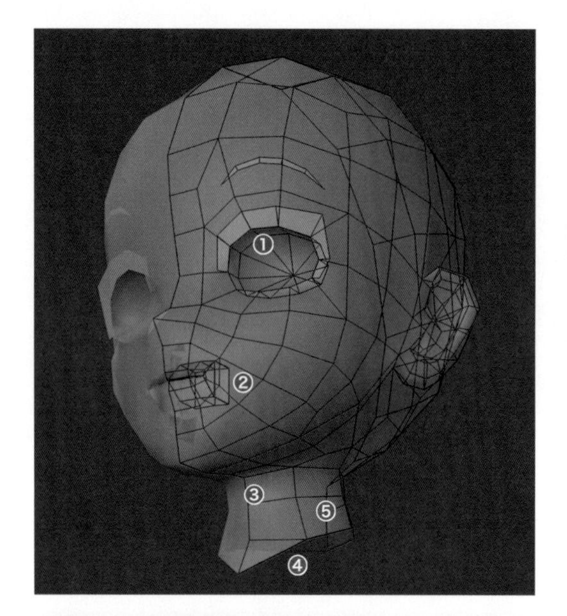

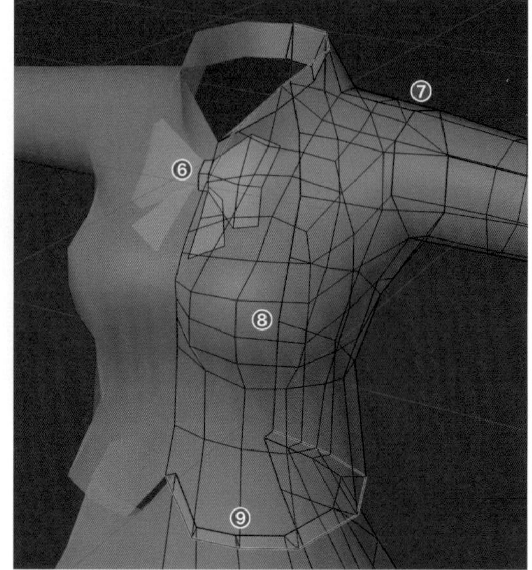

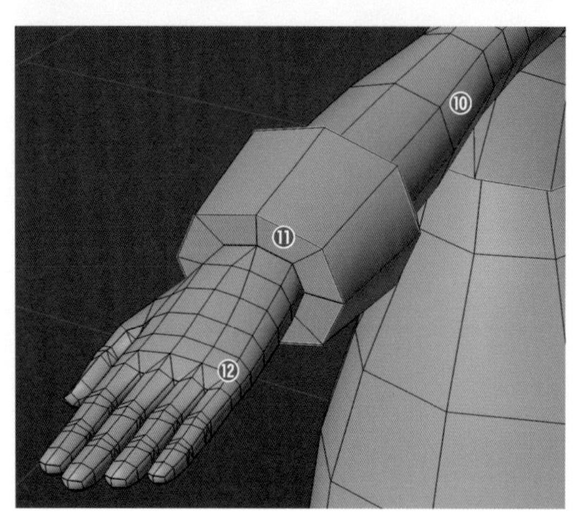

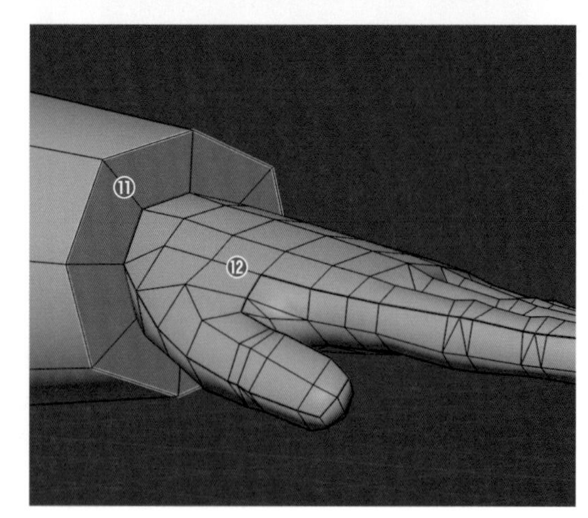

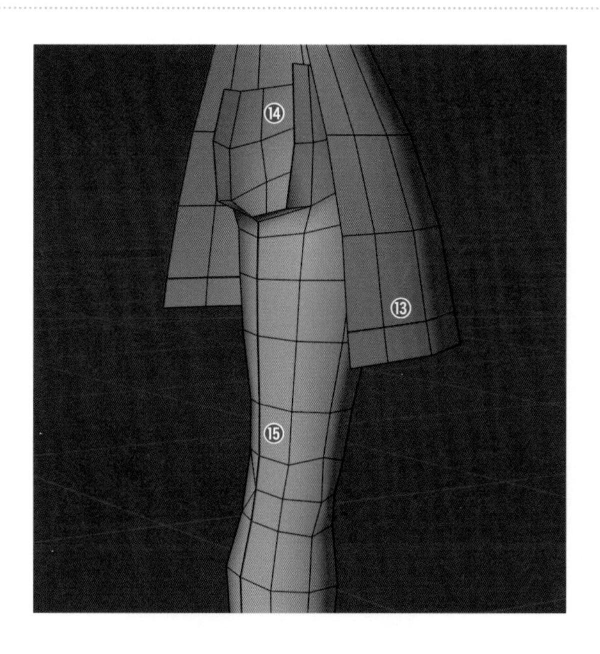

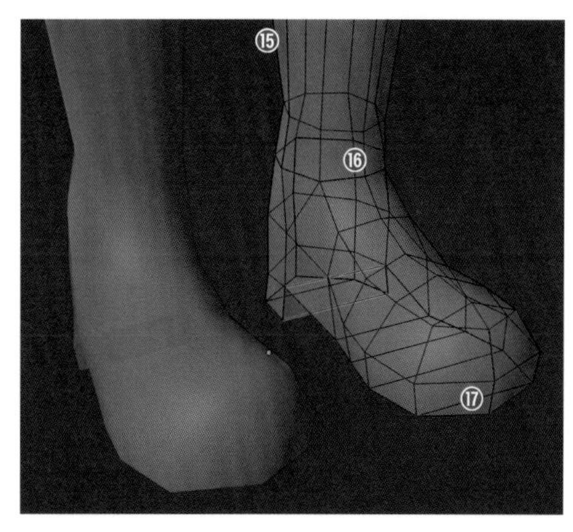

TIPS UV展開のコツ

キリトリ線となる「シーム」はできるだけ隠れる位置や見えづらい位置、絵柄のないベタ塗りの位置に設定しましょう。テクスチャを画像編集ソフトで制作する場合、シームの位置で絵柄がズレてしまうことがよくあるので、注意が必要です。

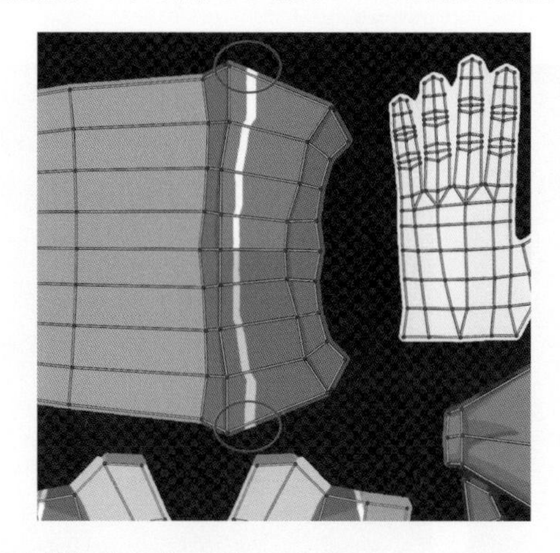

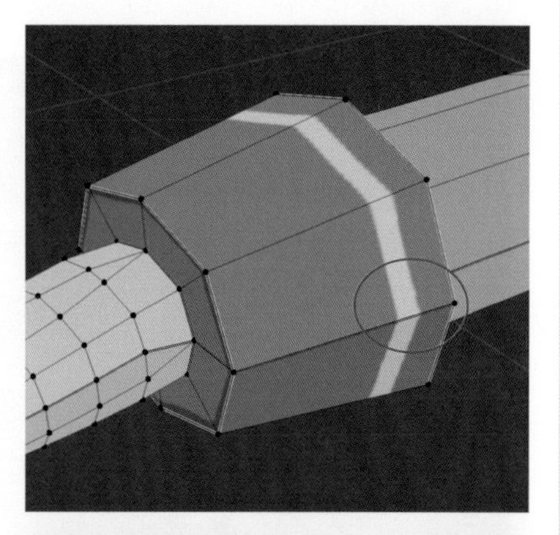

後頭部など隠れる部分は切り離して小さく扱うことで、限られたスペース（解像度）を効率的に使用できます。

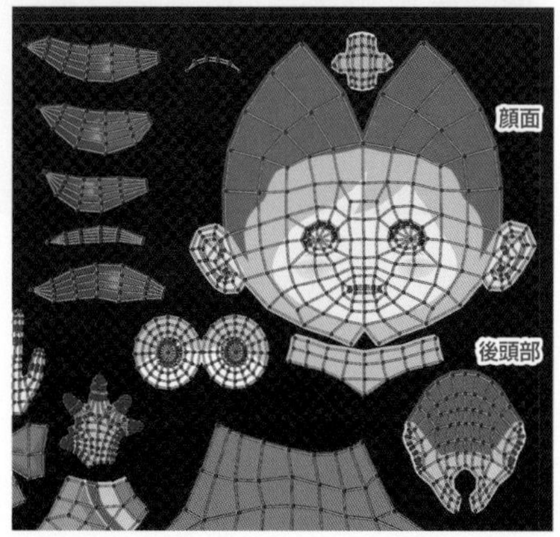

STEP 02 UV展開

A UV展開するにあたりミラーモディファイアーを適用します。
オブジェクトモード（Tabキー）に切り替えて全身のオブジェクトを選択し、プロパティの**「モディファイアープロパティ」**を左クリックして**「ミラーモディファイアー」**パネル上部のメニューから**[適用]**を選択します。

眼球のオブジェクトも同様にミラーモディファイアーを適用します。

B すべてのオブジェクト（全身、前髪、後ろ髪、眼球）を選択して**編集モード**（Tabキー）に切り替えると、向かって左側にもメッシュが生成されていることが確認できます。

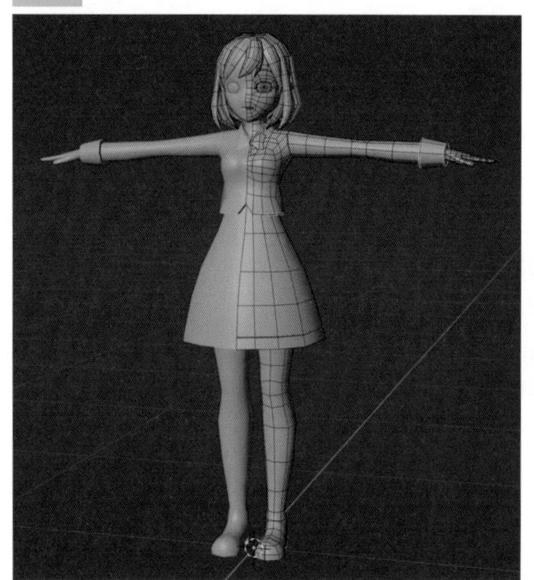

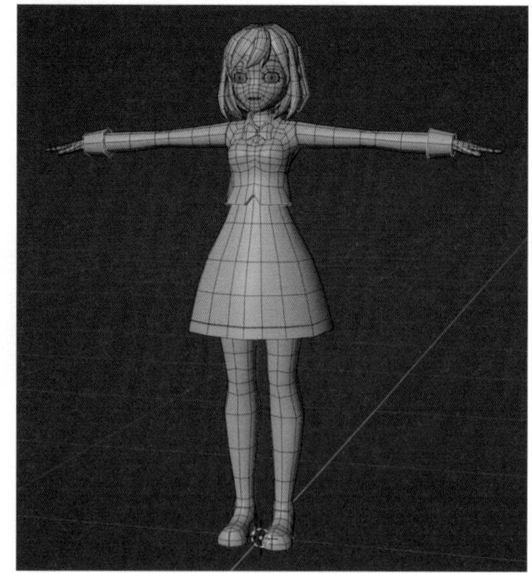

C （すべてのオブジェクトが選択された状態で）ヘッダータブの **[UV Editing]** を左クリックすると、UV展開の編集に適したワークスペース（画面構成）に切り替わります。
画面右側はこれまでも編集で使用した **「3Dビューポート」** になります。左側は展開したUVを編集するために使用する **「UVエディター」** になります。

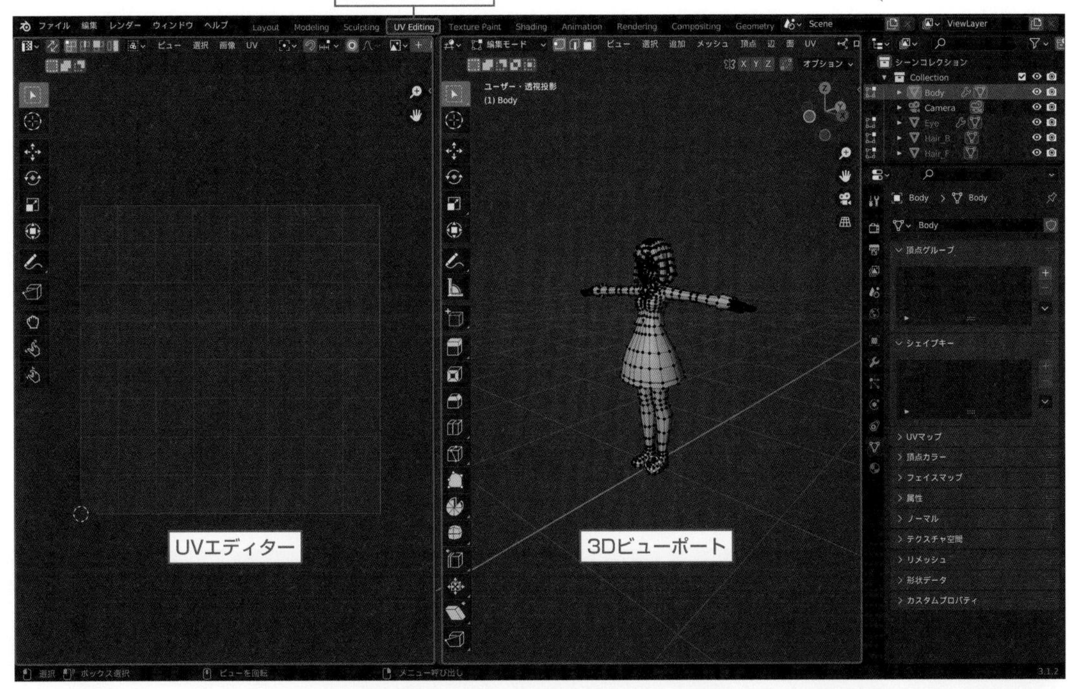

D 3Dビューポート（の編集モード）ですべてのメッシュを選択（Aキー）します。
3Dビューポートのヘッダーにある **[UV]**（Uキー）から **[展開]** を選択すると、UVエディターに展開されたUVが表示されます。

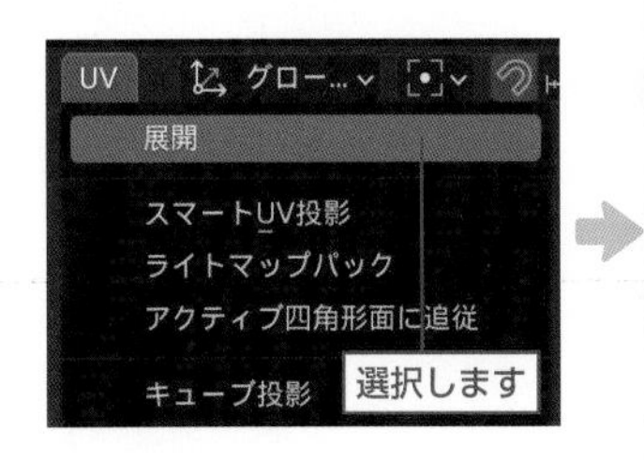

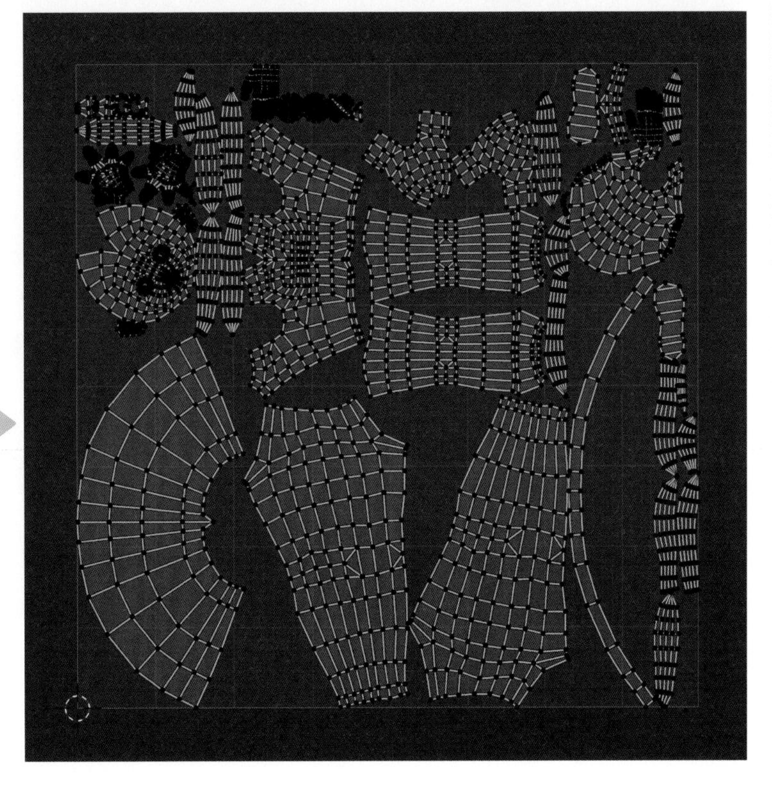

⚠ ここではテクスチャを1枚にまとめるため、すべてのオブジェクトを選択してUV展開しましたが、オブジェクトごとにテクスチャを制作する場合は、個別にUV展開します。

STEP 03 UV編集

展開されたUVを整頓します。

基本的に各オブジェクトとテクスチャは、解像度を全体的に統一するため大きさを揃えて作成します。そのため展開されたUVの大きさはあまり変更しないようにします。しかし、顔などクローズアップされる可能性の高い部分はある程度大きく扱ってもよいでしょう。その分、後頭部など隠れる部分は小さく扱います。

また、テクスチャを画像編集ソフトで制作する場合は、ストライプやチェック柄など直線を用いる絵柄になる部分は、テクスチャの制作を考慮してUVも水平垂直に展開することをおすすめします。

UVの編集方法は、基本的にメッシュの編集と同じ操作になります。

UVエディターのヘッダーにある **[選択モード切り替え]** は、（左から）❶頂点、❷辺、❸面、❹アイランド（つながったUVすべて）になります。

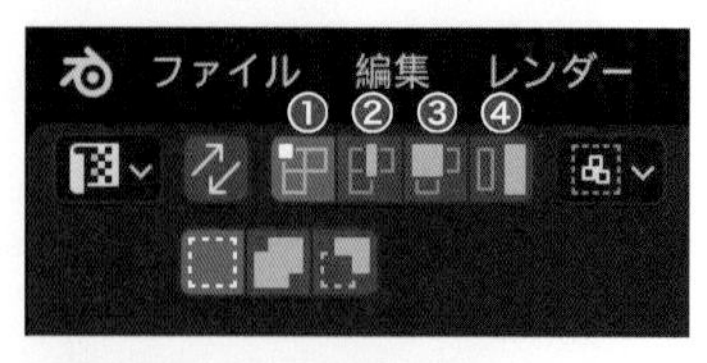

[選択モード切り替え] 左側の **「矢印」** アイコンは、**[選択範囲同期]** の有効／無効の切り替えになります。左クリックで有効にすると、3Dビューポートと UVエディターで選択範囲が同期されるため、展開された UVがどの部分なのかわからない場合などに使用します。

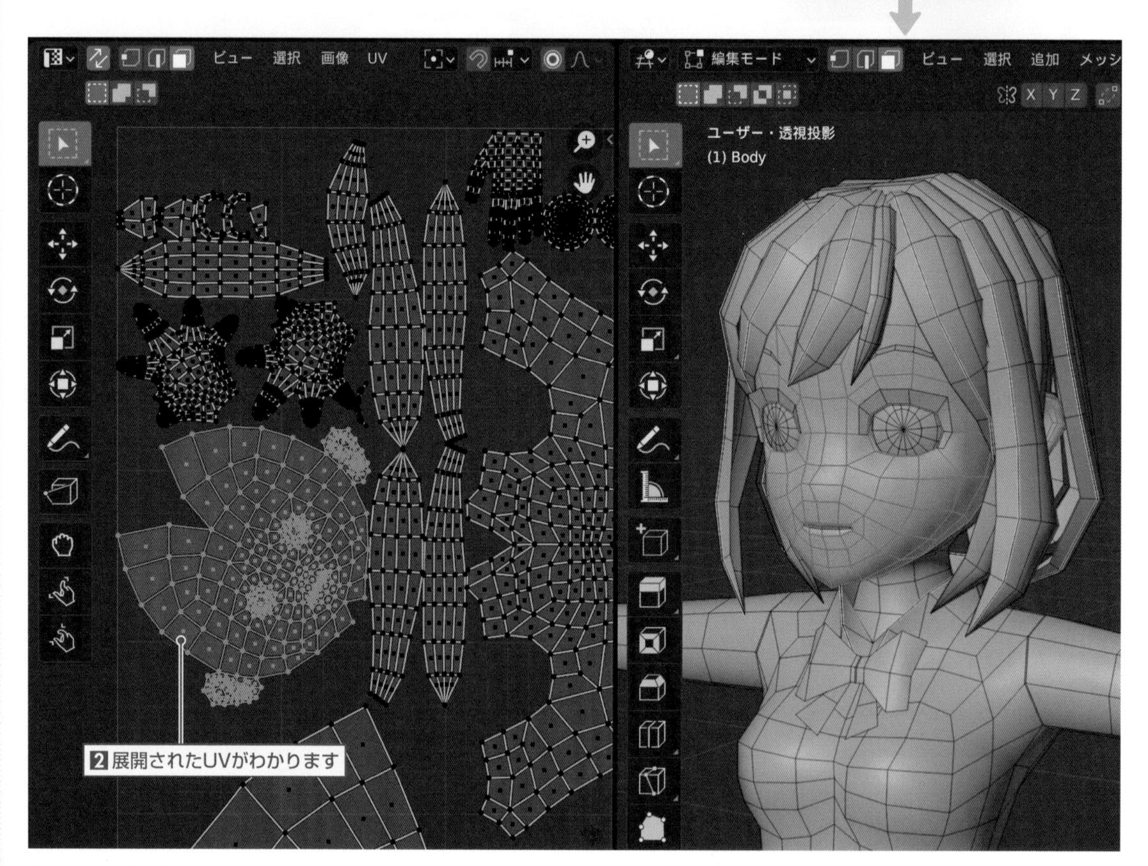

A UVエディターのヘッダーにある **[アイランド選択]** を有効にして一旦すべてのUVを枠外へ移動（G キー）します。この時点では移動のみで回転や拡大縮小は行わないようにします。頭部や手足などある程度グループ分けしながら移動すると、今後の編集がスムーズに行えます。

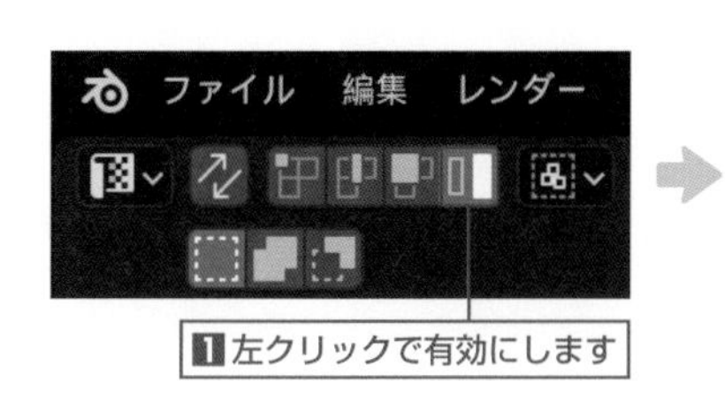

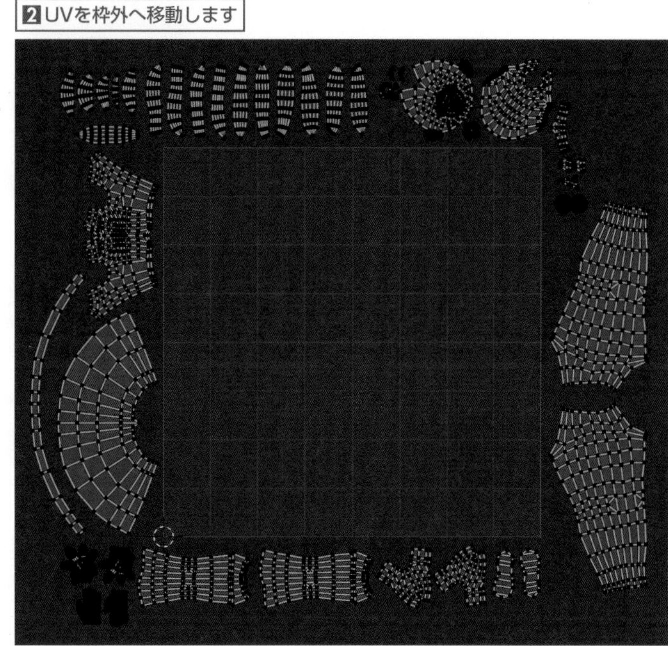

B すべてのUVを選択（A キー）してUVエディターのヘッダーにある **[UV]** から **[ピン止め]**（P キー）を選択します。ピン止めした箇所は赤い点で表示され、**[展開]** を選択しても改めて展開されずに現在の位置で固定されます。

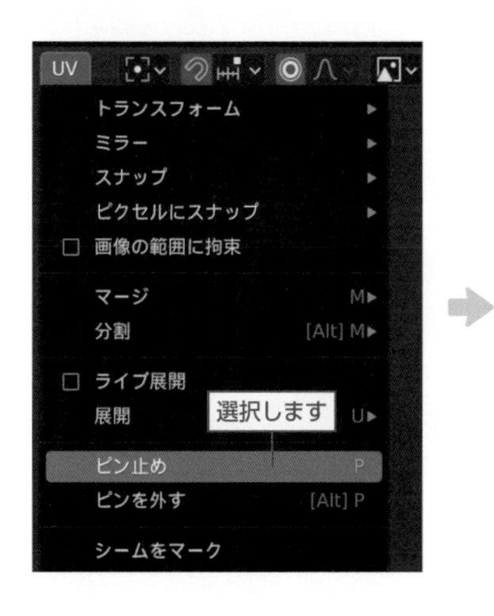

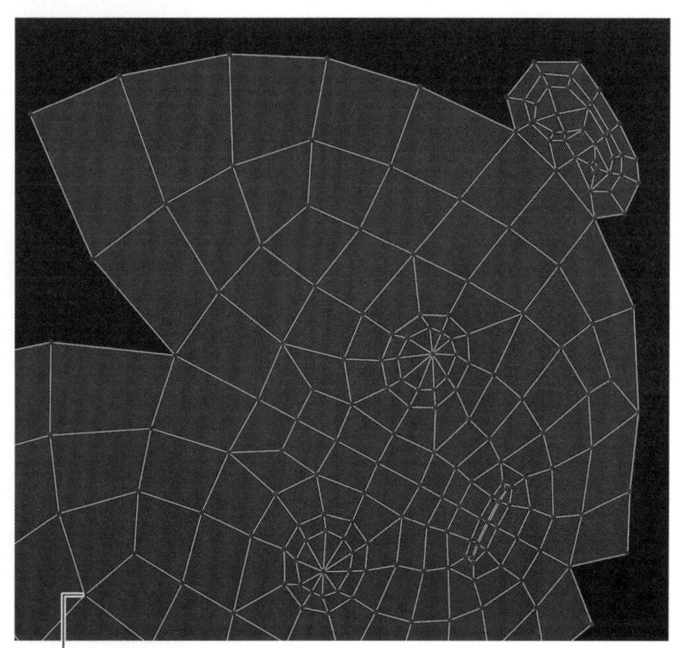

ピン止めした箇所は赤い点で表示

C スカートのUVが水平垂直になるように変形します。
スカートのUVを選択して裾が下側になるように回転（R キー）します（他のUVと重ならないように必要に応じて移動（G キー）します）。

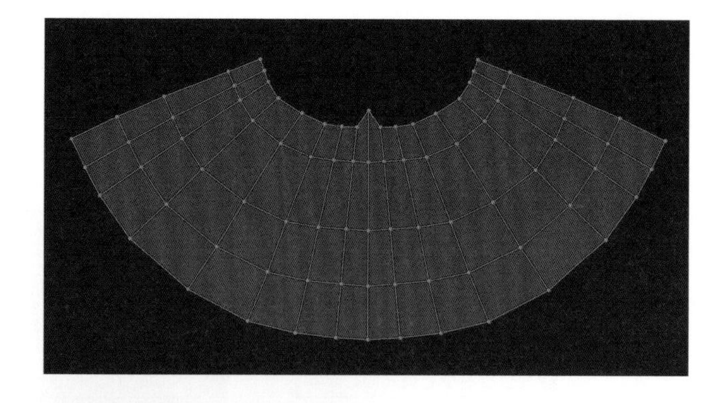

D スカートのUVが選択された状態で、UVエディターのヘッダーにある **[UV]** から **[ピンを外す]**（Alt + P キー）を選択します。

⚠ スカートのみUVのピンを外すため、その他のUVは選択しないようにします。

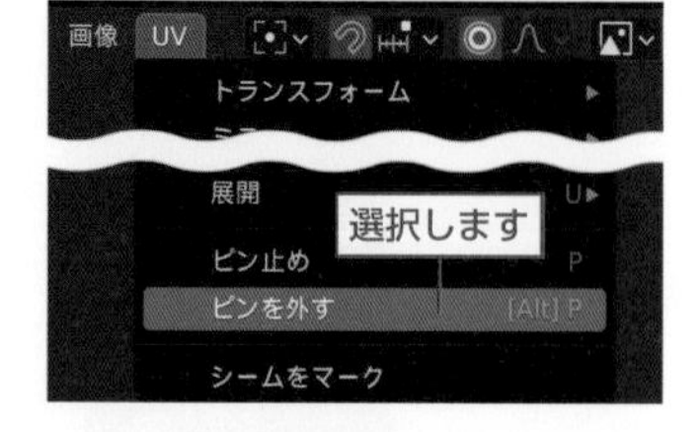

E UVエディターのヘッダーにある **[頂点選択]** を有効にして、裾のUVを選択（Alt +左クリック）します。
UVエディターのヘッダーにある **[UV]** ➡ **[整列]** から **[Y軸揃え]** を選択して、UVを水平に揃えます。

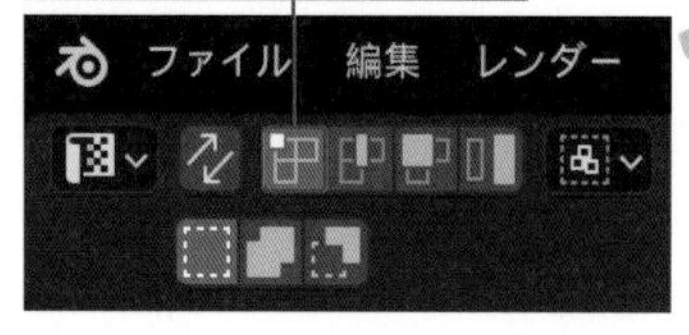

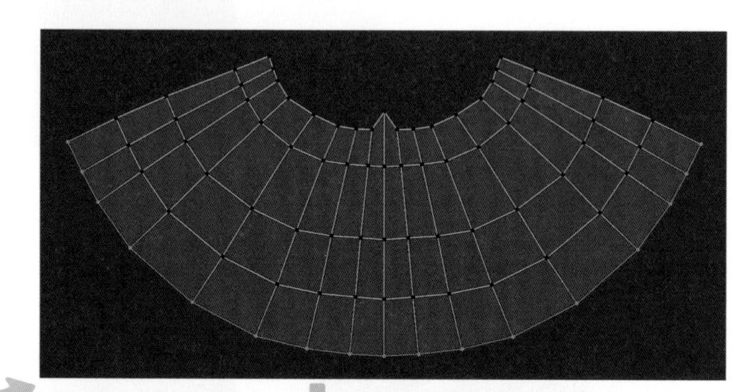

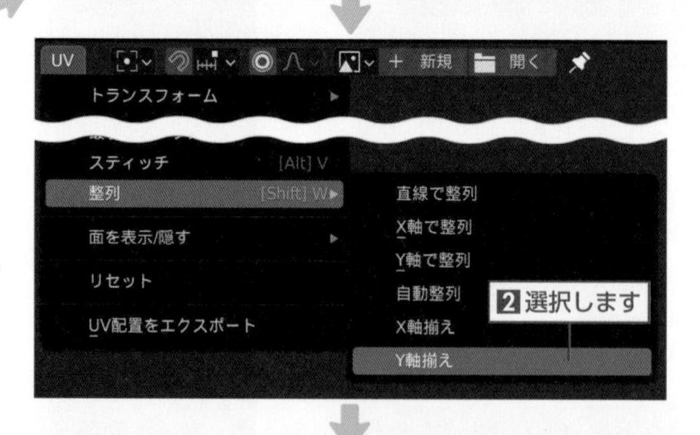

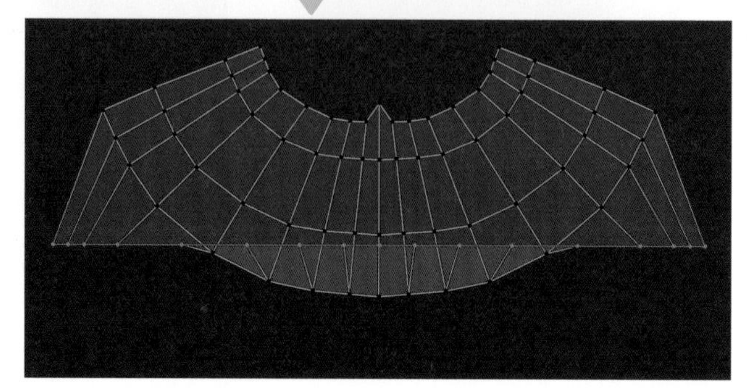

F 裾のUVが選択された状態でUVエディターのヘッダーにある **[UV]** から **[ピン止め]**（Pキー）を選択し、UVエディターのヘッダーにある **[UV]** ➡ **[展開]** から **[展開]** を選択します。
ピン止めした箇所以外のUVが改めてUV展開されます。

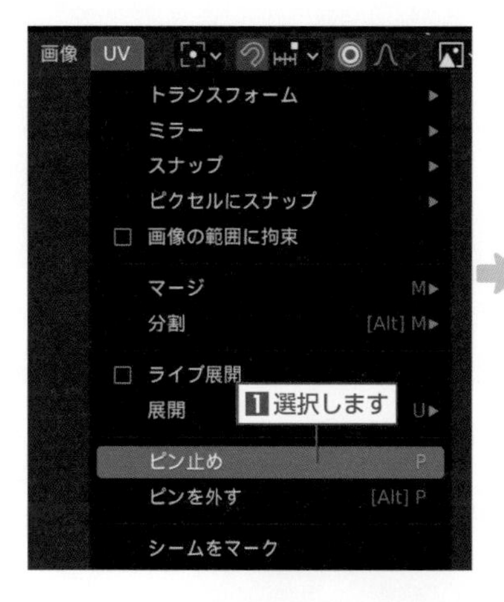

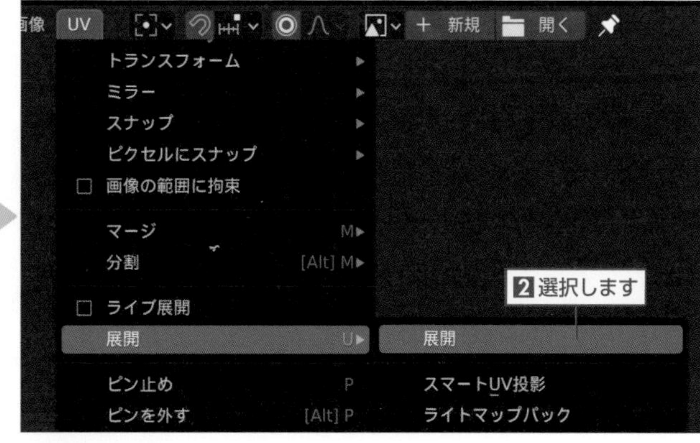

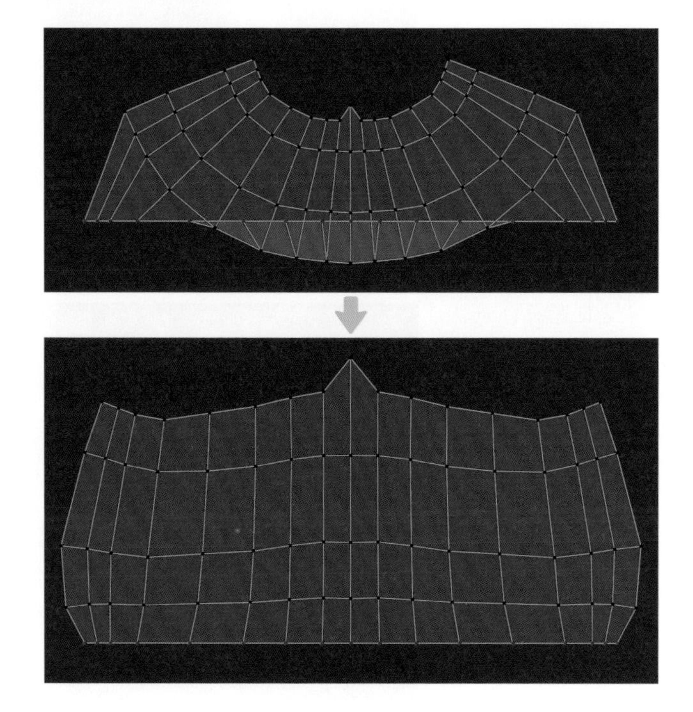

G 水平方向に並んだUVごと（上部中央の頂点を除く）に選択（Alt＋左クリック）してUVエディターのヘッダーにある**[UV]** ➡ **[整列]** から **[Y軸揃え]** を選択し、UVを水平に揃えます（一列ずつ編集します）。

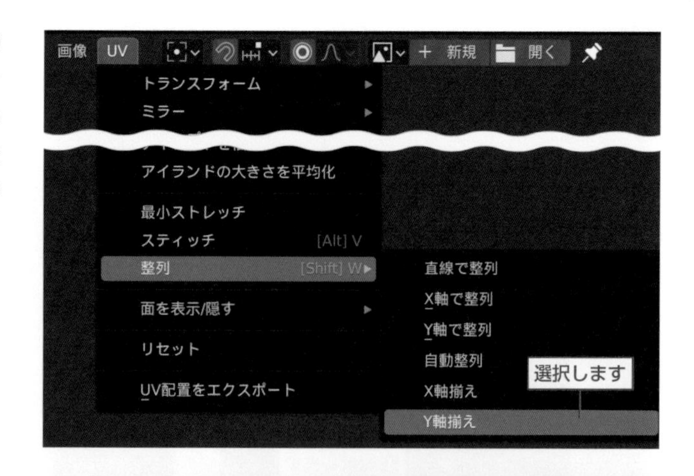

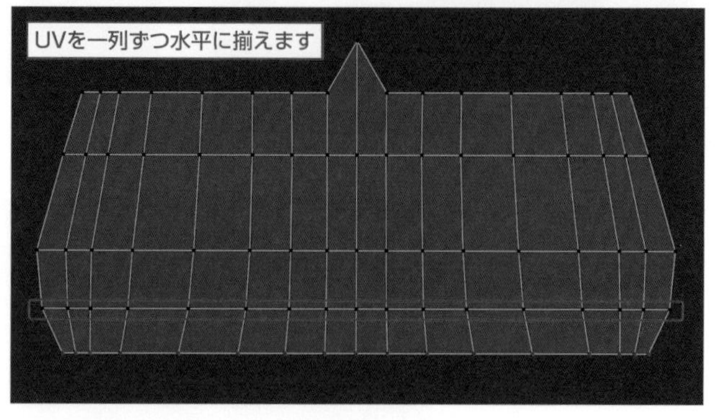

H 垂直方向に並んだUVごとに選択（Alt＋左クリック）してUVエディターのヘッダーにある **[UV]** ➡ **[整列]** から **[X軸揃え]** を選択し、UVを垂直に揃えます（一列ずつ編集します）。

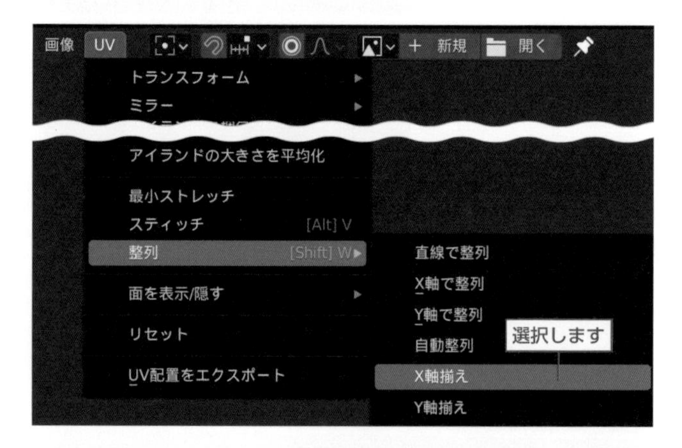

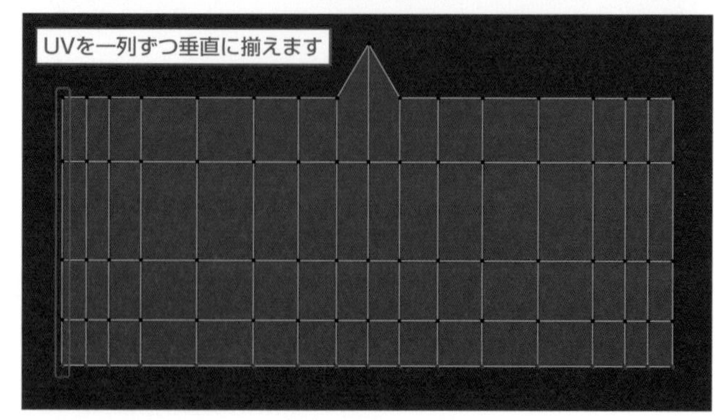

I 3Dビューポートのメッシュの間隔とほぼ同様になるように、各UVを移動（Gキー）します。

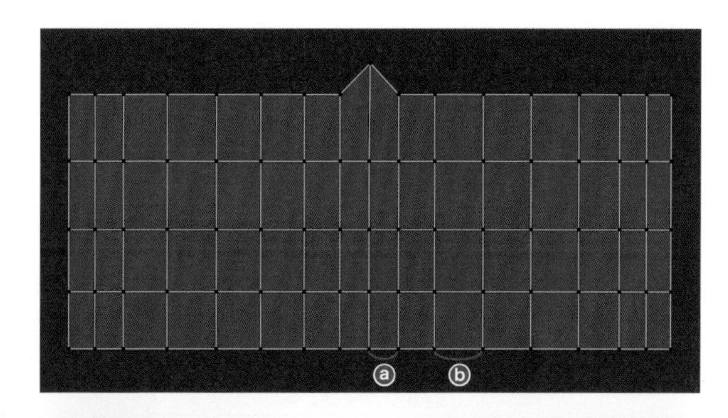

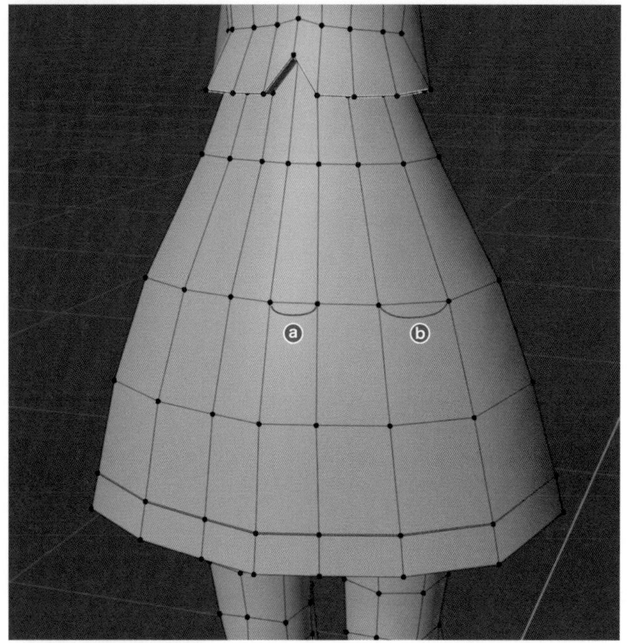

J スカートのUVを選択してUVエディターのヘッダーにある **[UV]** から **[ピン止め]**（Pキー）を選択し、枠内に移動（Gキー）します。

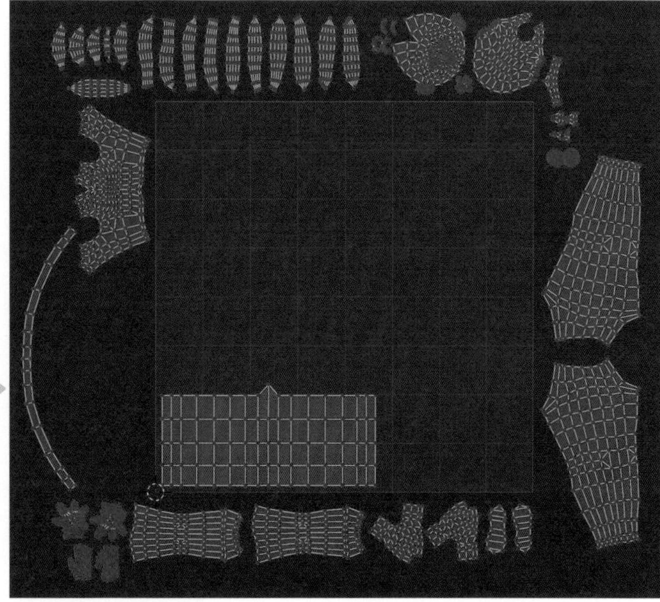

K 左右対称の絵柄になるUVは重ねて配置します。ここでは右脚や右腕など向かって左側のメッシュを反転して、向かって右側のメッシュと重ねます。
UVエディターのヘッダーにある **[アイランド選択]** を有効にして右脚のUVを選択し、UVエディターのヘッダーにある **[UV]** ➡ **[ミラー]** から **[Y軸]** を選択します。

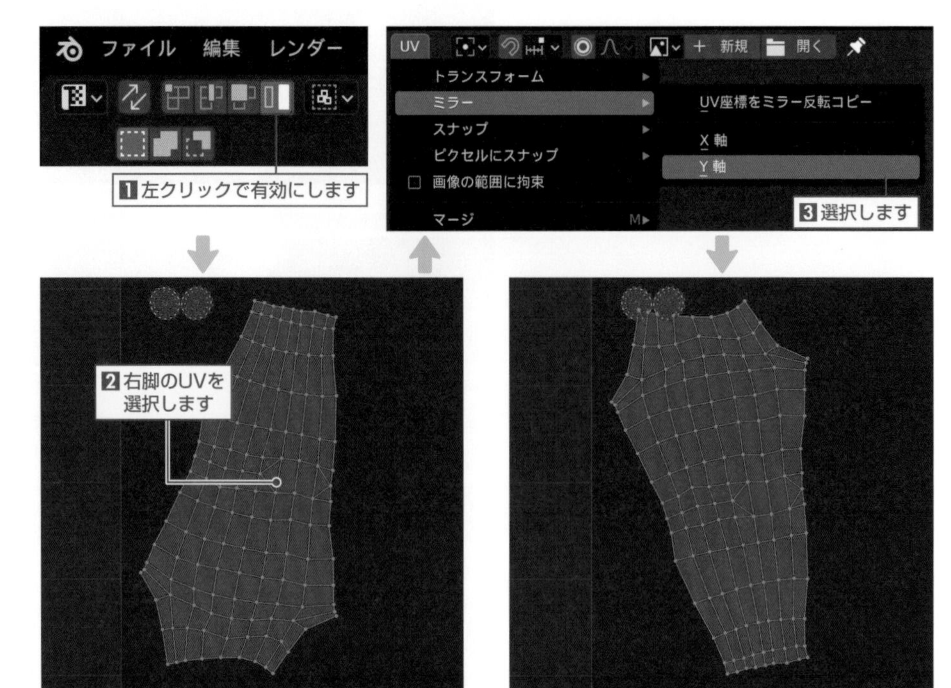

⚠ 左右の判別がつかない場合は、[選択範囲同期] を有効にして確認します。

L 左脚のUVと重なるように移動（G キー）します（角度が揃わない場合は回転（R キー）します）。
移動の際、UVエディターのヘッダーにあるアイコンを左クリックして **「スナップ」** を有効にし、**「スナップ」** メニューから **[頂点]** を選択すると、UVが吸着するので便利です。

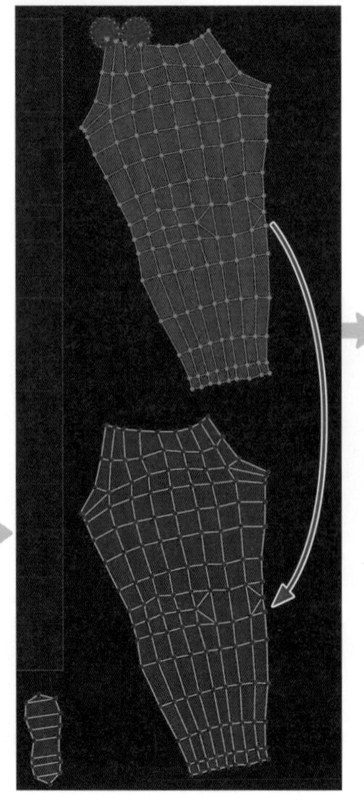

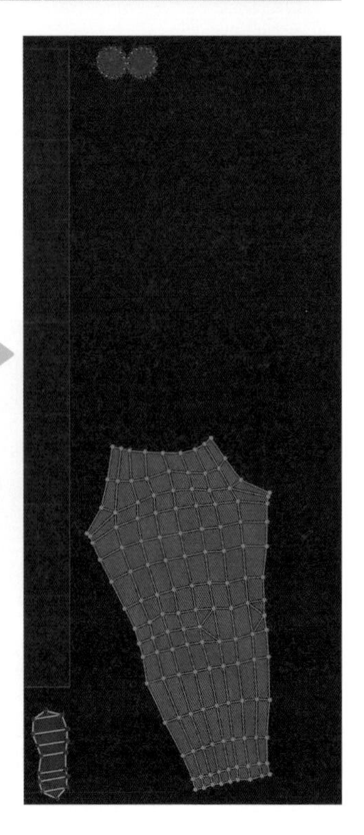

M 同様の操作で、その他の左右対称の絵柄になるUVを反転、移動（G キー）して重ねます。角度が揃わない場合は回転（R キー）します。

⚠ 編集が完了したら、「スナップ」を無効にし、［頂点］からデフォルトの［増分］に変更します。

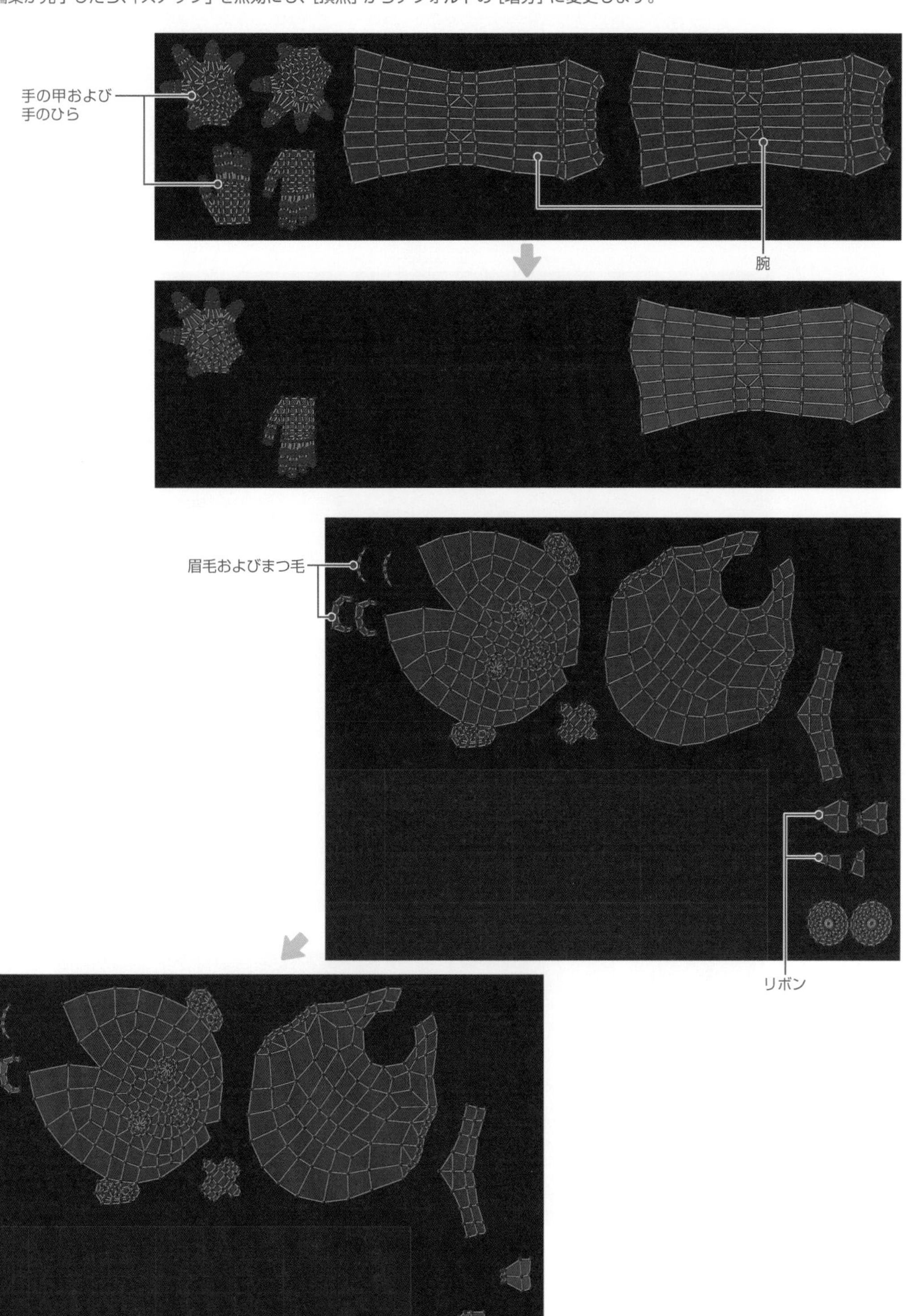

靴および靴底

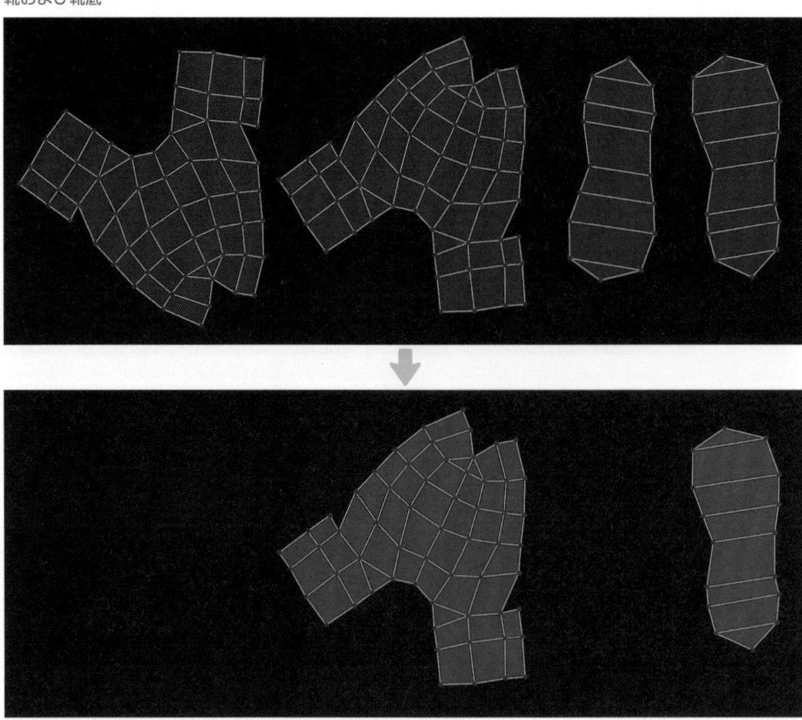

後ろ髪

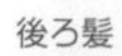

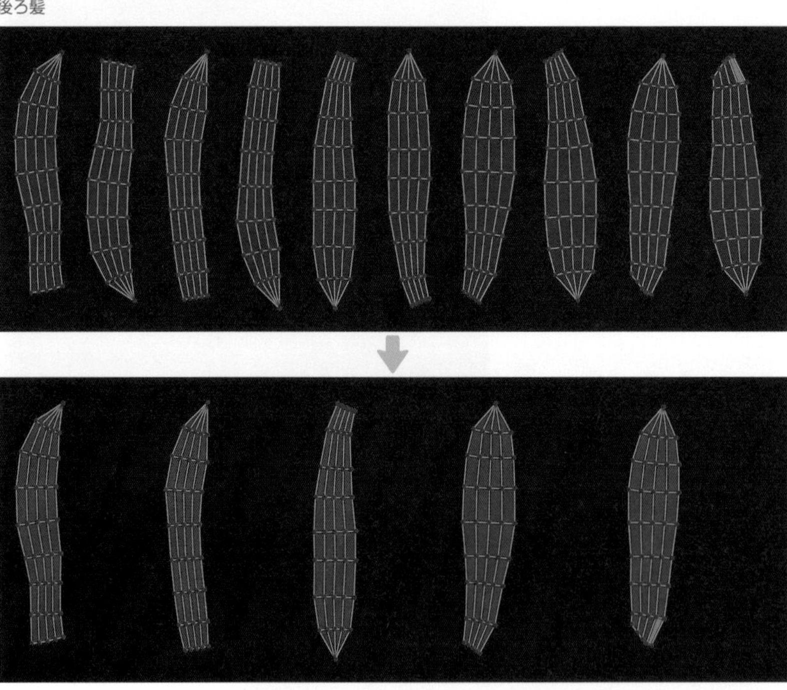

N すべてのUV（スカートのフリル部分以外）を重ならないように枠内に移動（Gキー）して、角度（Rキー）や大きさ（Sキー）を調整します。
反転して重ねたUVを選択する場合は、選択漏れがないように**[アイランド選択]**を有効にしてボックス選択を使用します。

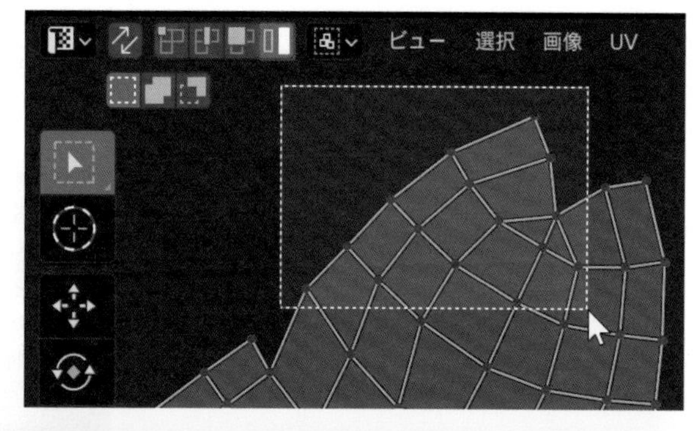

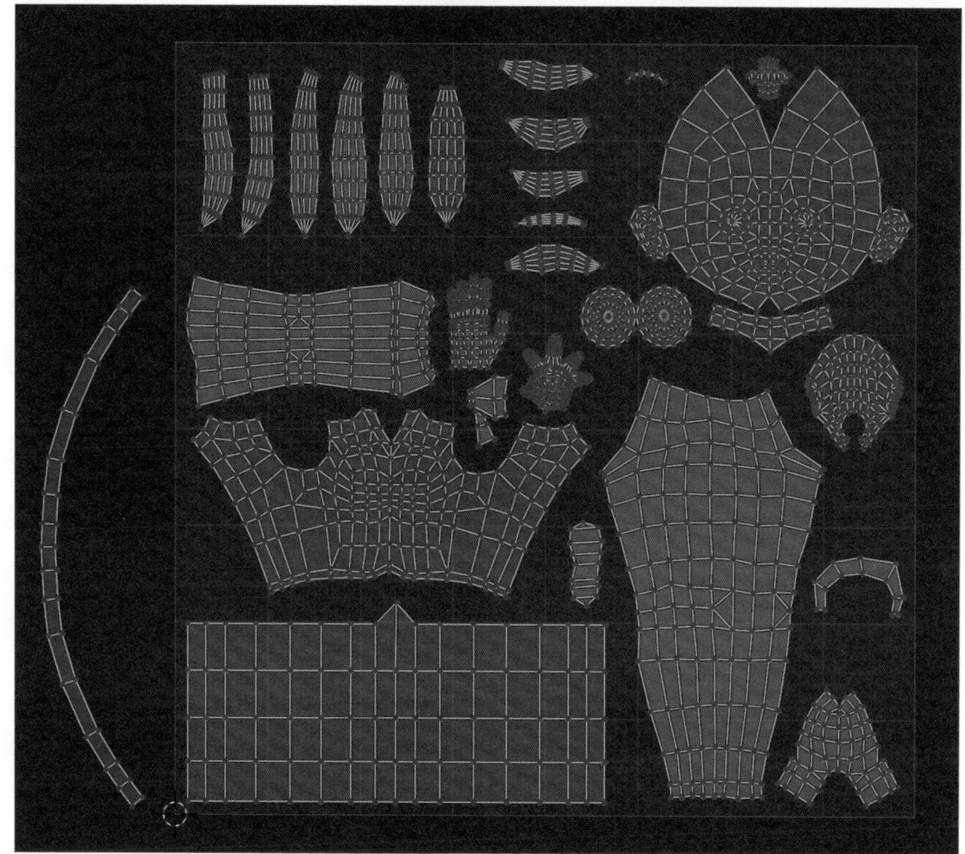

O スカートのフリル部分は、同じ柄を連続して使用するためUVの面を重ねて（ここでは2枚ずつ）配置します。
まず、回転（Rキー）して天地を合わせます。他のUVと重ならないように、必要に応じて移動（Gキー）します。

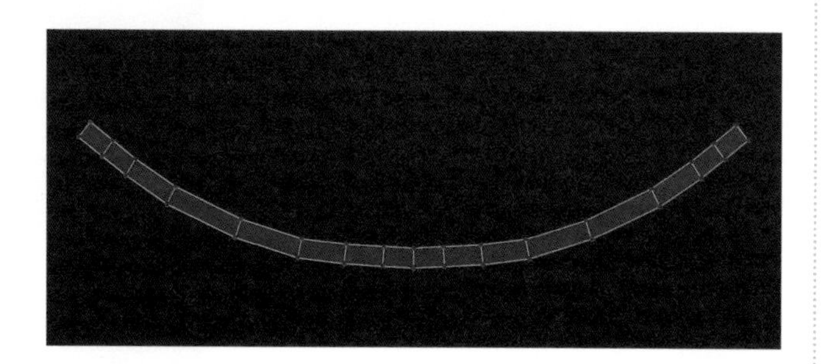

P UVエディターのヘッダーにある **[頂点選択]** を有効にします。水平方向に並んだUVごとに選択（Alt＋左クリック）してUVエディターのヘッダーにある **[UV]** ➡ **[整列]** から **[Y軸揃え]** を選択し、UVを水平に揃えます（一列ずつ編集します）。

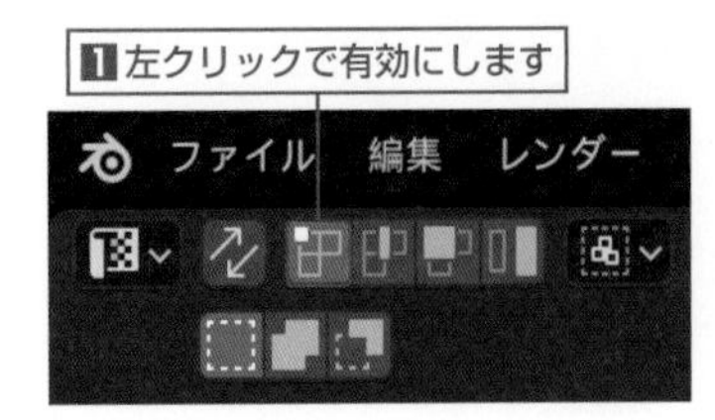

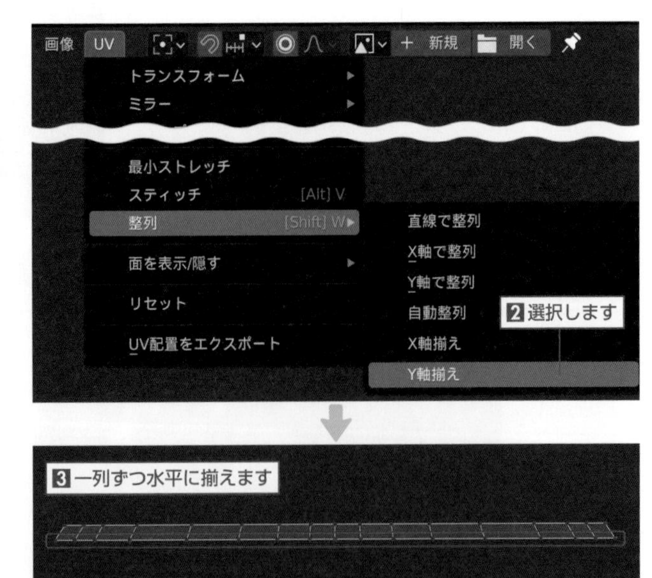

Q UVエディターのヘッダーにある **「吸着選択モード」** を **[無効]** に切り替えて、つながったUVでも個別に編集できるようにします。
UVエディターのヘッダーにある **[面選択]** を有効にして向かって左側を選択し、UVエディターのヘッダーにある **[UV]** ➡ **[ミラー]** から **[X軸]** を選択します。

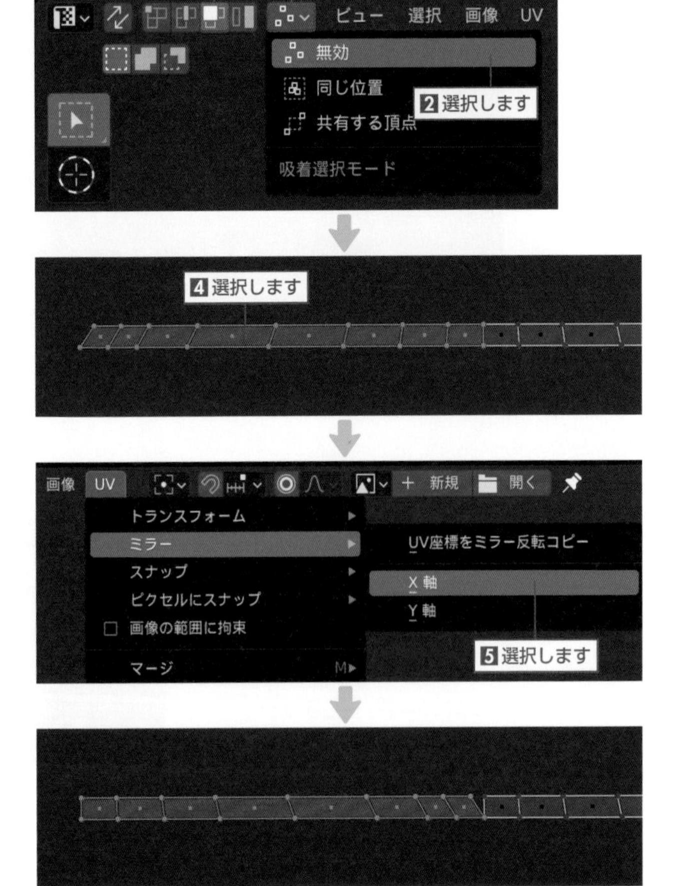

反転したUVを、向かって右側のUVに重ねるように移動（Gキー）します。
移動の際、UVエディターのヘッダーにある**「磁石」**アイコンを左クリックして**「スナップ」**を有効にし、**「スナップ」**メニューから**［頂点］**を選択すると、UVが吸着するので便利です。

⚠ 編集が完了したら、「スナップ」を無効にし、［頂点］からデフォルトの［増分］に変更します。

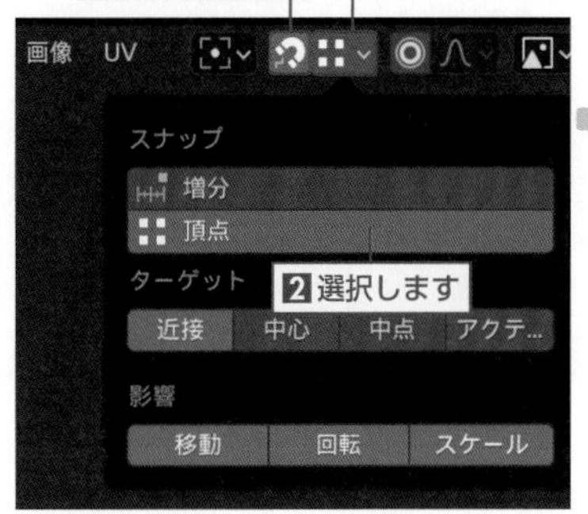

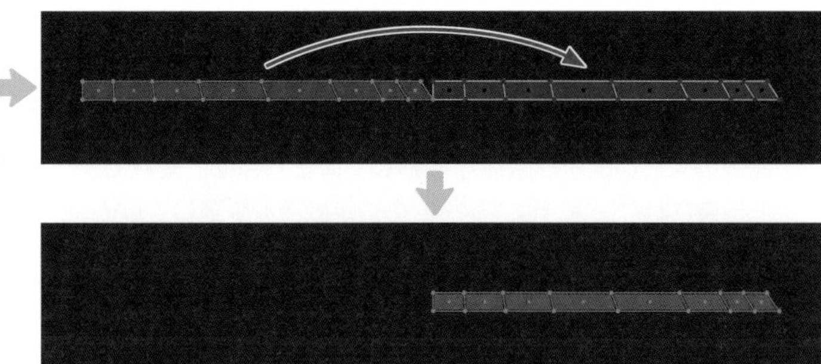

R UVの面を2枚ずつ選択して移動（Gキー）し、4組に分割します。

⚠ 編集が完了したら、「吸着選択モード」を［無効］からデフォルトの［同じ位置］に切り替えます。

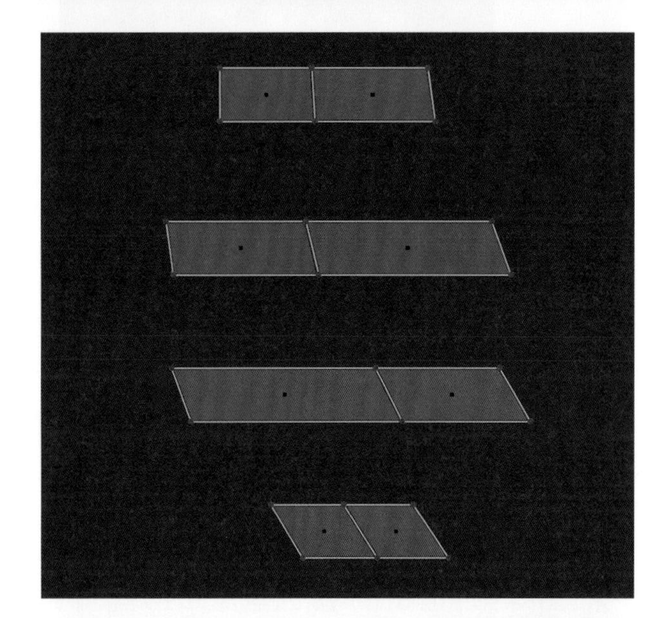

S UVエディターのヘッダーにある**［頂点選択］**を有効にし、各頂点を移動（Gキー）して大きさを揃えながら4組のUVを1つに重ねます。重ねたUVは、枠内に移動（Gキー）します。

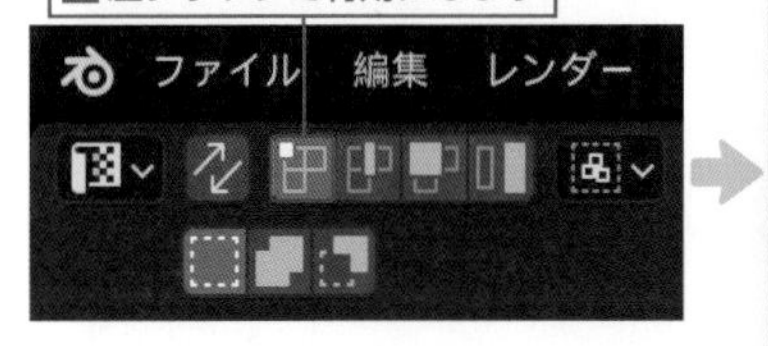

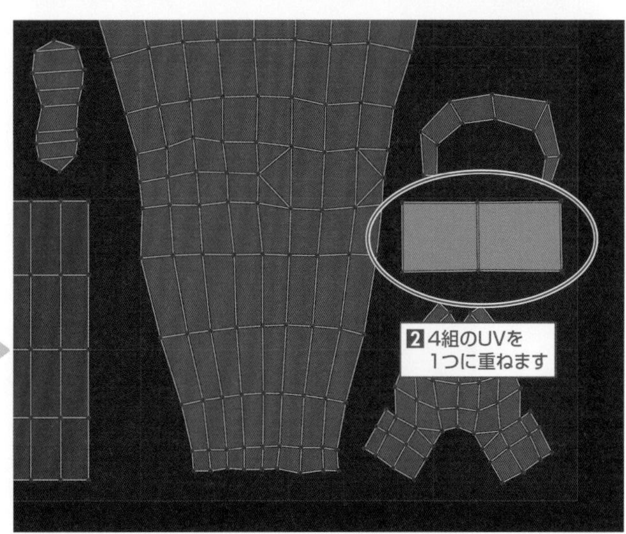

PART 4

STEP 04 UV展開の確認

A 展開したUVでテクスチャをマッピングした場合に歪みなどが発生しないか事前に確認し、問題のある箇所はテクスチャ制作の前に修正します。
UVエディターのヘッダーにある**「UV編集」**メニューの**[ストレッチを表示]**を有効にすると、歪みの度合いが表示されます。青色ほど歪みが少なく、黄色から赤色にかけて歪みが大きくなります。
歪みの大きい箇所は頂点を移動して修正します。それでも改善されない場合は、シームの設定箇所を変更してUV展開からやり直しましょう。

⚠ 確認、修正が完了したら、[ストレッチを表示]を無効にします。

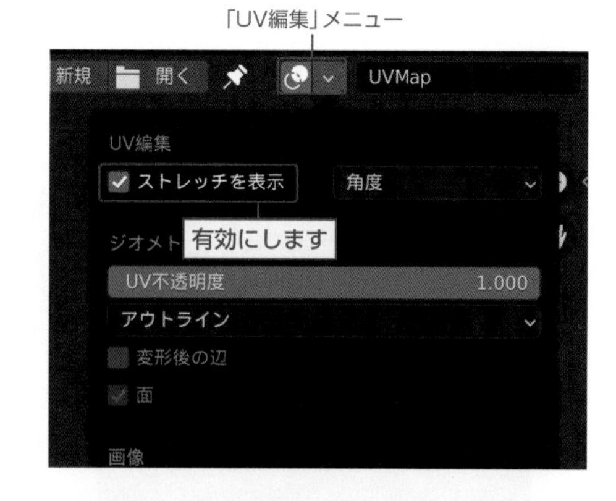

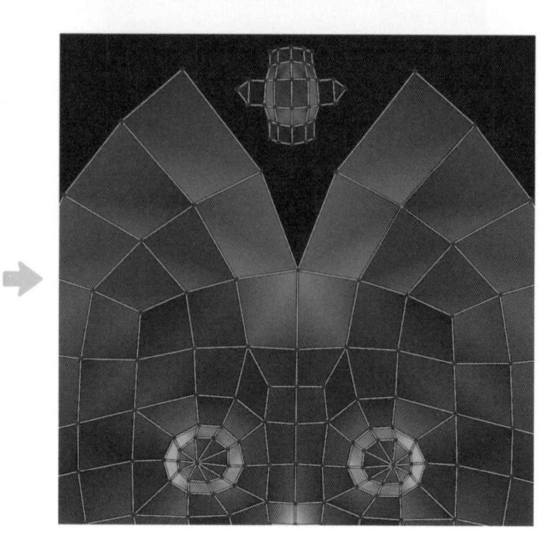

B 歪みと併せて各UVの大きさのバランスなどを確認するため、グリッド状のテスト画像を貼り付けます。確認するオブジェクト(ここでは全身のオブジェクト)が選択された状態で、ヘッダータブの**[Texture Paint]**を左クリックしてワークスペースを切り替えます。

⚠ 220ページのSTEP01Ⓐの手順で全身のオブジェクトを選択することができます。

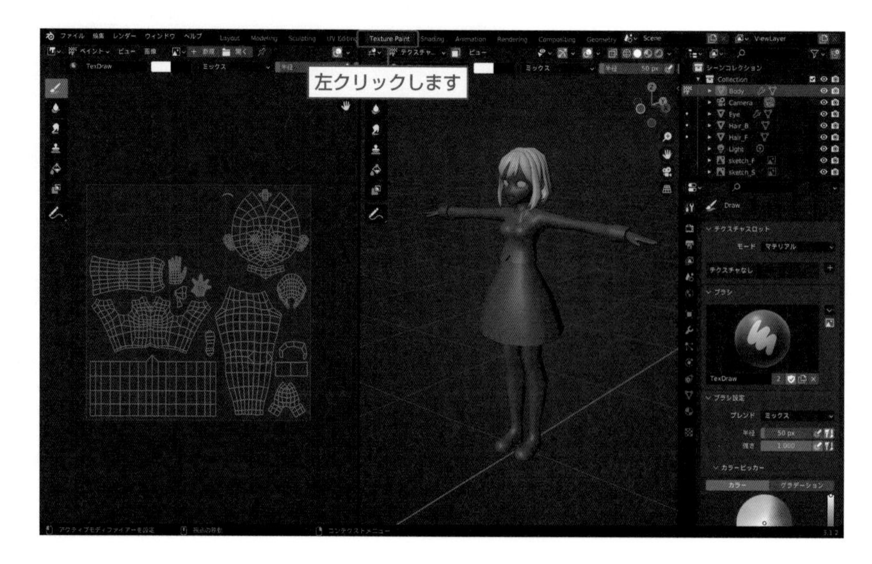

C プロパティの **「アクティブツールとワークスペースの設定」** を左クリックすると **「テクスチャスロット」** パネルが表示されます。+アイコンを左クリックして **[ベースカラー]** を選択します。

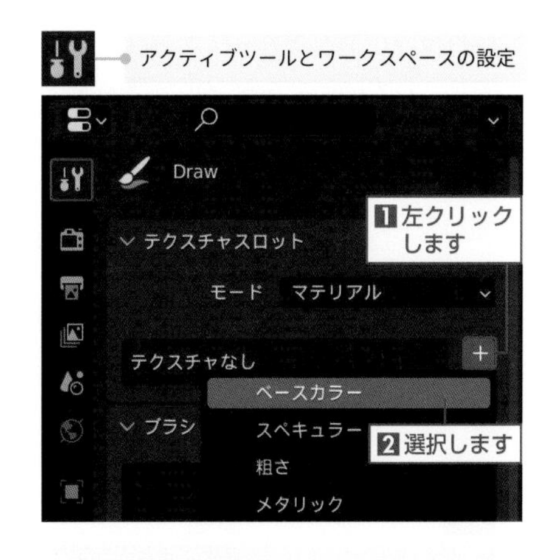

D **[ベースカラー]** を選択すると **「テクスチャペイントスロットを追加」** ウィンドウが表示されるので、**「生成タイプ」** から **[カラーグリッド（またはUVグリッド）]** を選択し、**[OK]** を左クリックします。

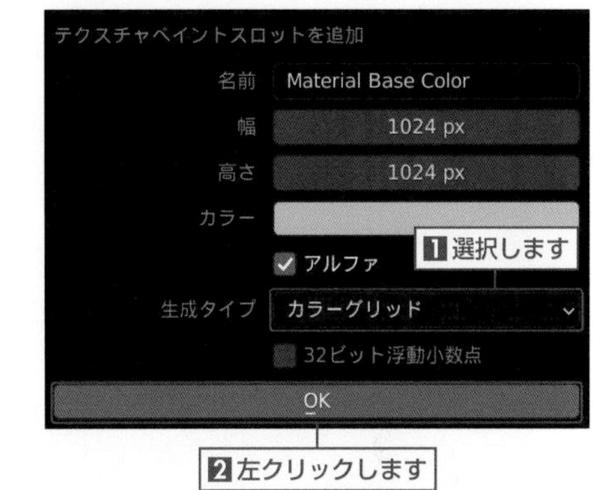

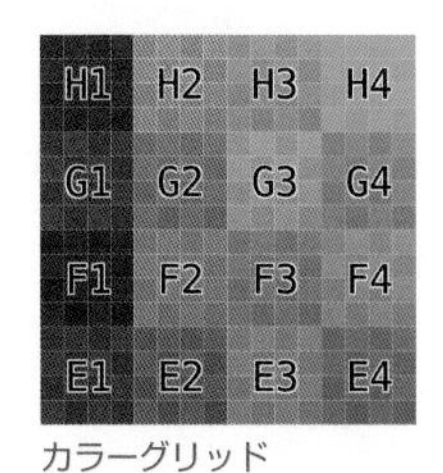

カラーグリッド

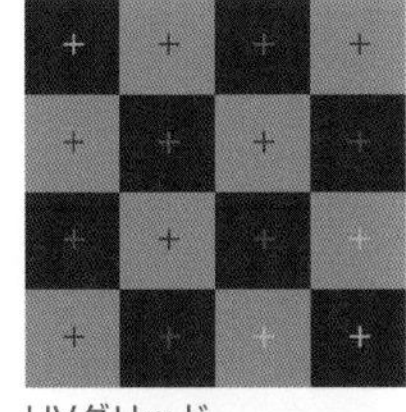
UVグリッド

E 画面右側の3Dビューポートのオブジェクトにグリッド状のテスト画像が貼り付けられます。
3Dビューポートのヘッダーにある **[シェーディング]** 切り替えボタンで **[マテリアルプレビュー]** を有効にすると、より鮮明に表示されます。

F 貼り付けたテクスチャはマテリアルの設定項目の一部として扱われます。そのため、全身のオブジェクトに設定されているマテリアルを他のオブジェクトに流用すると、同様にグリッド状のテスト画像が貼り付けられます。

3Dビューポートのモードを **[オブジェクトモード]** に切り替えてその他のオブジェクトをそれぞれ選択し、プロパティの **「マテリアルプロパティ」** を左クリックします。 **[新規]** の左側のメニューから全身のオブジェクトに設定されているマテリアル "Material" を選択します。
この操作を繰り返して、すべてのオブジェクト（全身、前髪、後ろ髪、眼球）にグリッド状のテスト画像を貼り付けます。

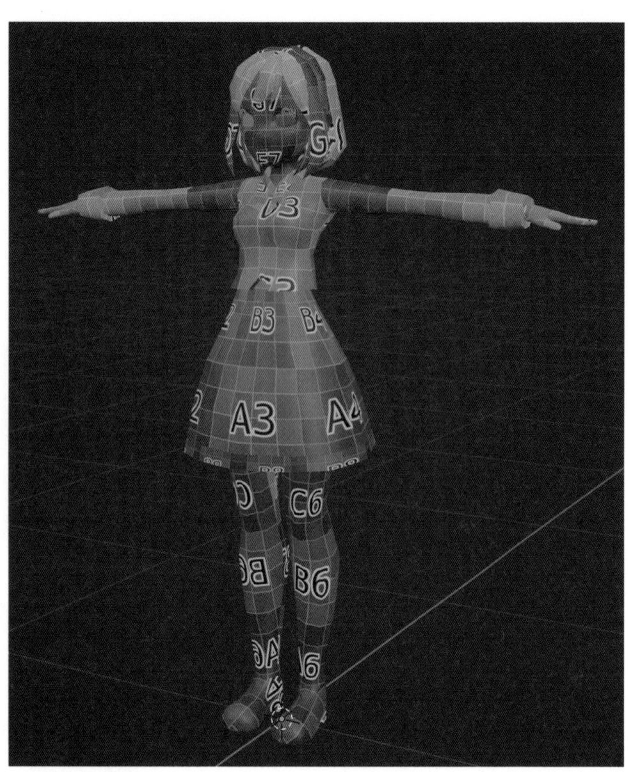

G グリッドが歪んで表示されていないか確認します。また、極端にグリッドの大きさの異なる部分がないか確認します。グリッドが他に比べ極端に大きく表示されている部分は、テクスチャが拡大されることになるので、画像が粗くなる原因となります。

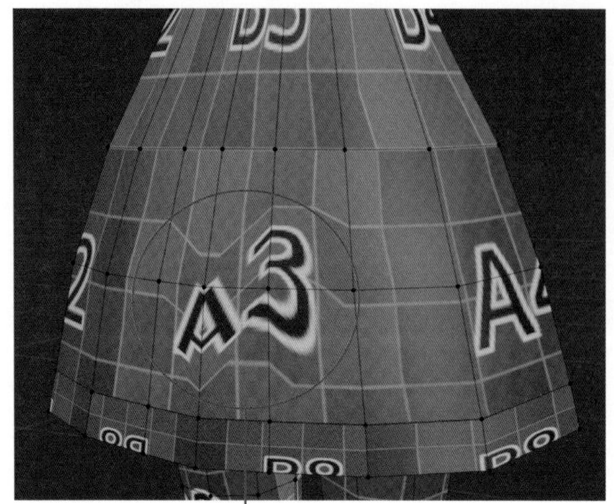
歪んだグリッド

大きさの異なるグリッド

H 問題のある箇所は、ヘッダータブの [UV Editing] を左クリックし、3Dビューポートのオブジェクトを確認しながらUVエディターでUVを修正します。

3Dビューポートのヘッダーにある **[シェーディング]** 切り替えボタンで **[マテリアルプレビュー]** を有効にすると、グリッド状のテスト画像が表示されます。
また、UVエディターのヘッダーにある を左クリックし、グリッド状のテスト画像 "Material Base Color" を選択すると、UVエディターの背景にグリッド状のテスト画像が表示されます。

⚠ ヘッダーの設定項目が隠れている場合は、マウスポインターをヘッダーに合わせてマウスホイールを回転することで横スクロールし、隠れている項目を表示させることができます。

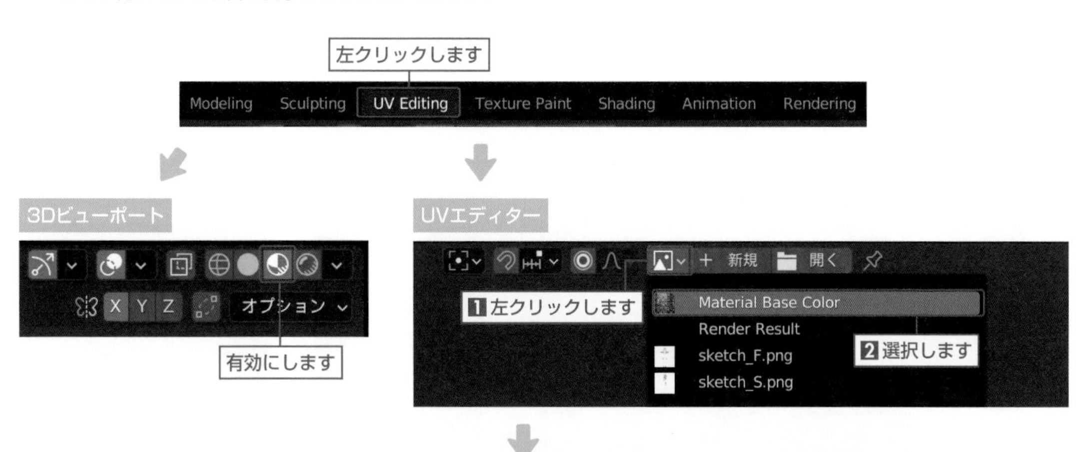

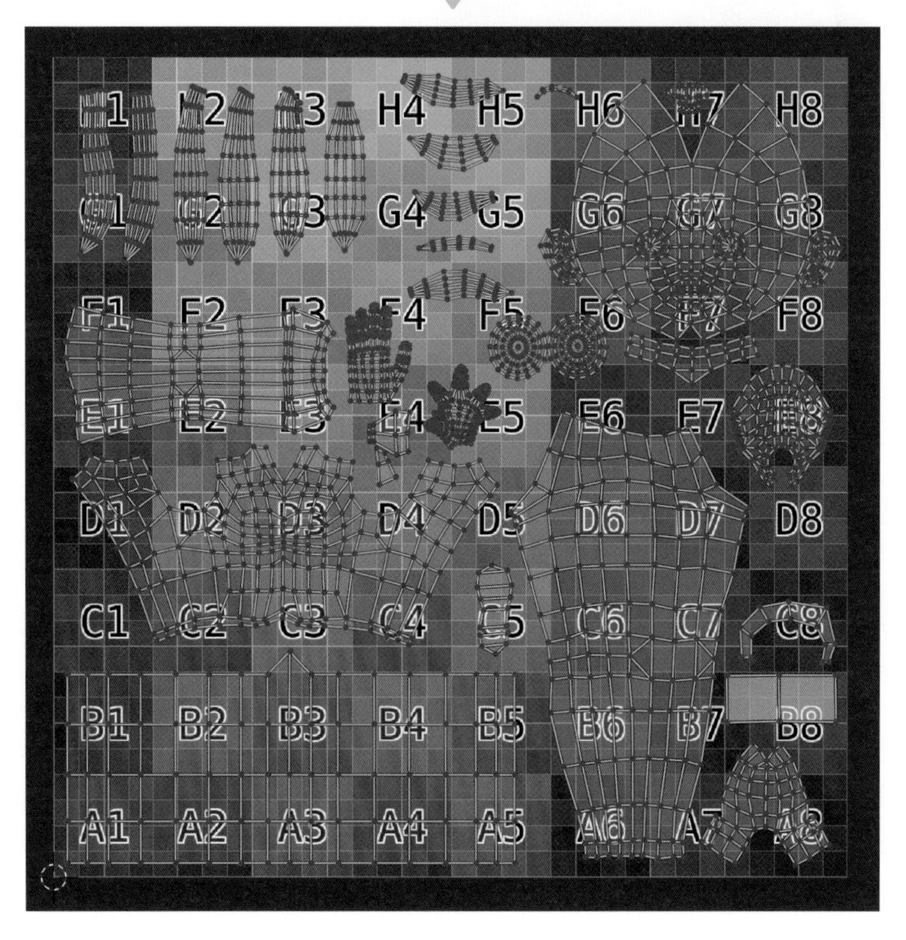

STEP 05 展開したUVのエクスポート（テクスチャを画像編集ソフトで制作する場合）

A テクスチャを制作するための展開図を書き出します（後述のテクスチャペイントで制作する場合は、以下の操作は不要です）。
ヘッダータブの **[UV Editing]** を左クリックしてワークスペースを切り替えます。
3Dビューポート（画面右側）のオブジェクトモードですべてのオブジェクト（全身、前髪、後ろ髪、眼球）を選択し、編集モード（Tabキー）に切り替えてすべてのメッシュを選択（Aキー）すると、UVエディターにすべてのUVが表示されます。
UVエディター（画面左側）のヘッダーにある **[UV]** から **[UV配置をエクスポート]** を選択すると、Blenderファイルビュアーが開きます。

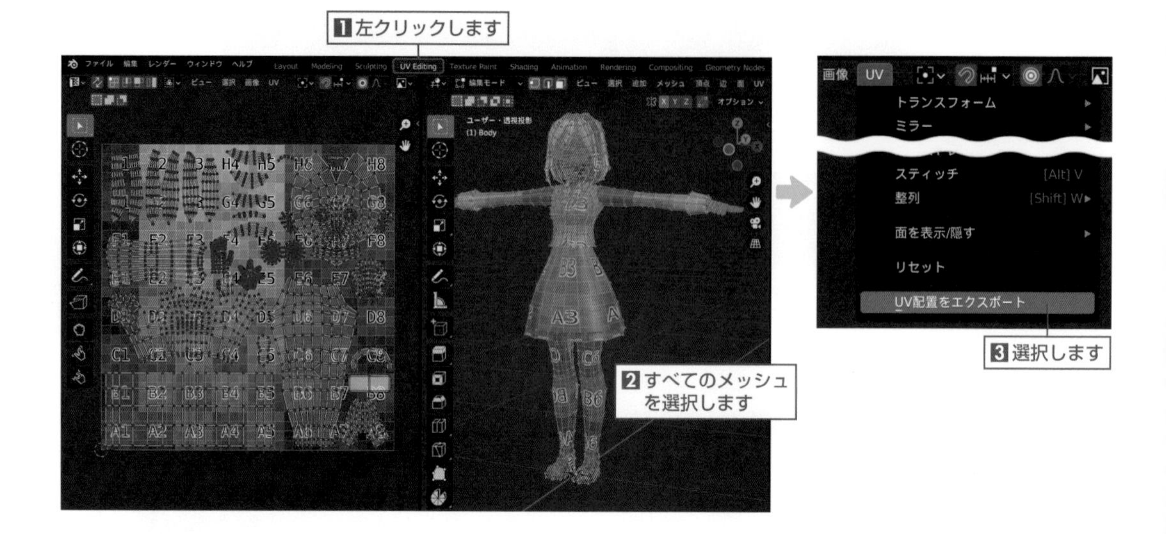

B 「UV配置をエクスポート」パネルでエクスポート画像の保存形式（フォーマット）、解像度／ピクセル数（size）、展開図の透明度（フィルの不透明度）を設定し、保存先とファイル名を指定して、**[UV配置をエクスポート]** を左クリックします。

C 書き出した展開図を元に、画像編集ソフトでテクスチャを制作します。

⚠ Blenderでは、テクスチャとして使用できる画像はさまざまな保存形式に対応していますが、VRM形式の3Dアバターを利用できるアプリやサービスによっては、「PNG」のみなど限られた保存形式しか使用できない場合もありますので、注意しましょう。

⚠ テクスチャを画像編集ソフトで制作する場合は、249ページのSTEP-09「テクスチャの貼り付け」へ進んでください。

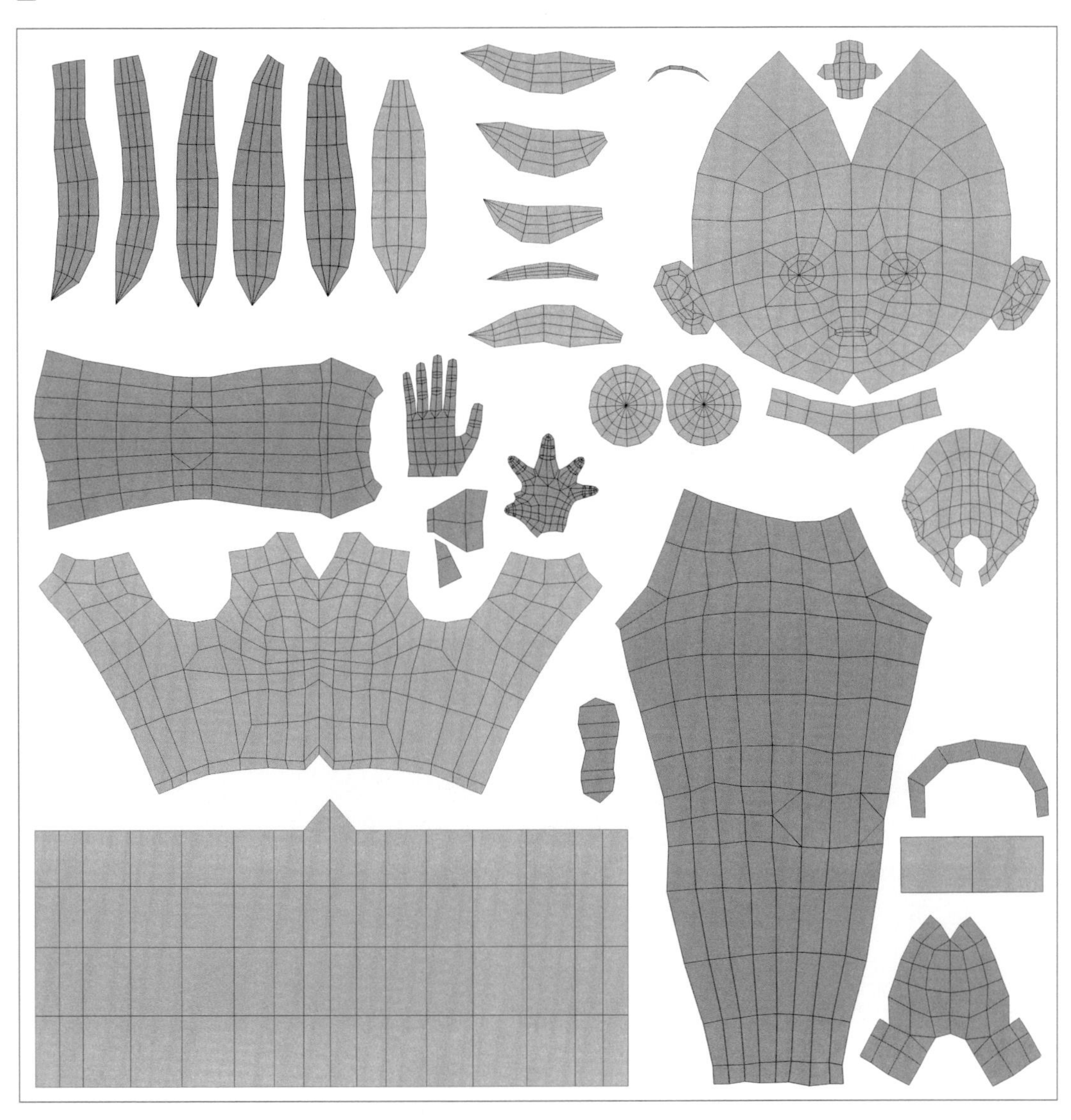

TIPS 画像テクスチャの解像度

作品のクオリティを考慮し、画像テクスチャの解像度は高めに設定してしまいがちですが、解像度が高ければその分容量も大きくなり、処理にも時間がかかるようになります。静止画の作品であれば1枚のレンダリングで済むので、さほど影響はありませんが、アニメーションやゲームなどのリアルタイムレンダリングでは、その積み重ねが大きく影響してしまうケースもあります。作品の中で扱う大きさや重要度などを踏まえ、適切な解像度に設定するようにしましょう。
さらに、画像テクスチャの解像度は「1024×1024」「2048×2048」「4096×24096」など、2^n（2の乗数）が処理効率が良いとされています。また、「512×512」を16枚使用するよりも「2048×2048」を1枚使用するほうが処理が早いとされています。これらの点は、頭の片隅に入れておくとよいでしょう。

SECTION 4.2 テクスチャペイント

画像テクスチャを作成する場合、画像編集ソフトを使用するのが一般的ですが、Blenderのテクスチャペイント機能を用いれば、画像編集ソフトを使用しなくてもオブジェクトに直接ペイントすることでテクスチャを作成することができます。画像編集ソフトと異なり立体のオブジェクトに直接ペイントできるため、直感的に編集を行うことができます。

STEP 01 ペイントする画像の作成

A ヘッダータブの **[Texture Paint]** を左クリックしてワークスペースを切り替えます。

1 左クリックします

ファイル 編集 レンダー ウィンドウ ヘルプ Layout Modeling Sculpting UV Editing Texture Paint Shading

画面右側の3Dビューポートのモードを **[オブジェクトモード]** に切り替えて全身のオブジェクトを選択し、モードを再度 **[テクスチャペイント]** に切り替えます。

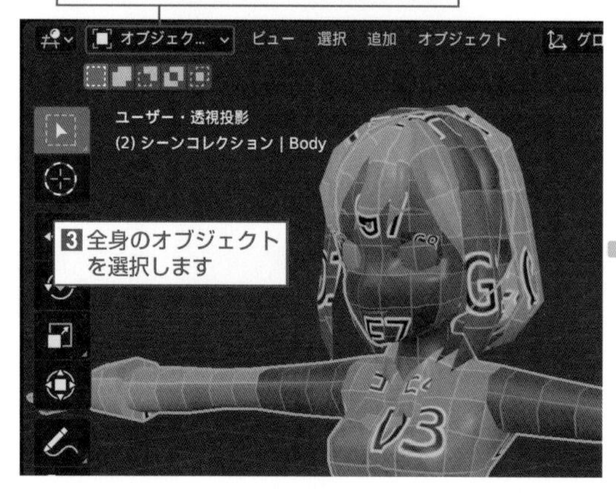

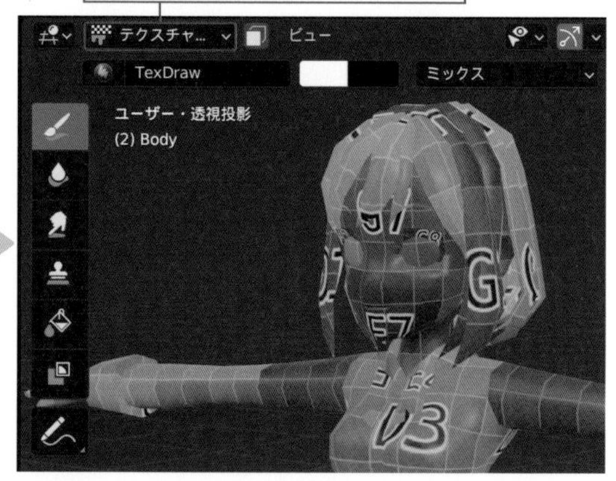

B プロパティの「**アクティブツールとワークスペースの設定**」を左クリックし、「**テクスチャスロット**」パネルにある+アイコンを左クリックして **[ベースカラー]** を選択します。

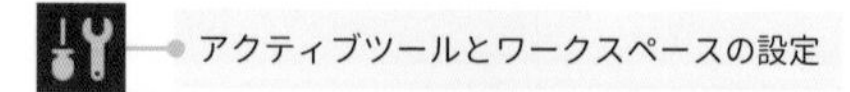

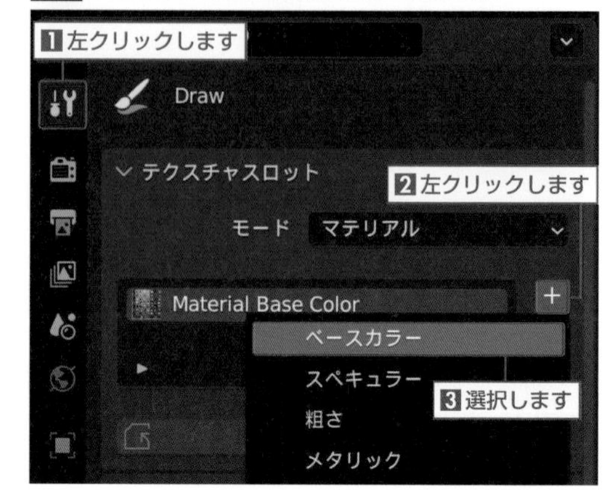

C ［ベースカラー］を選択すると **「テクスチャペイントスロットを追加」** ウィンドウが表示されます。
「名前」 と作成する画像のサイズを指定します。ここでは、名前："Layer01"、幅："4096px"、高さ："4096px" に設定します。

「名前」と作成する画像のサイズを指定します

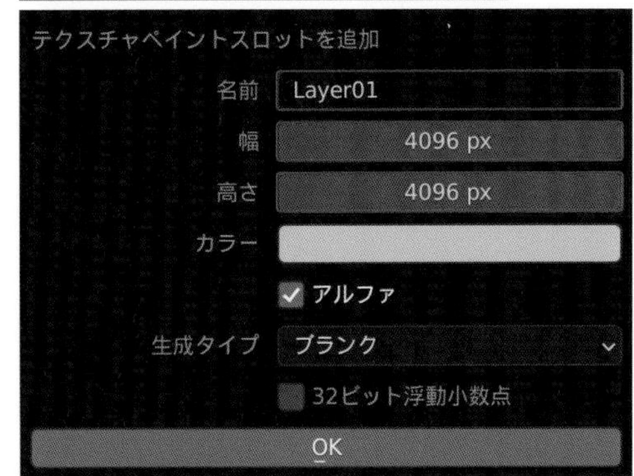

D ［アルファ］が有効なのを確認して **「カラー」** のカラーパレットを左クリックし、**［A（アルファ）］** を "0" に設定します。
「生成タイプ」 は **［ブランク］** を選択します。
設定が完了したら、**［OK］** を左クリックします。

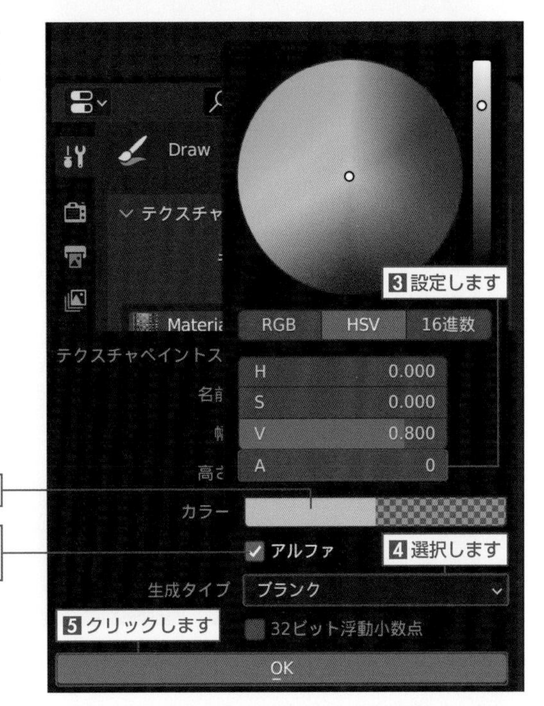

E テクスチャスロットに作成した画像 "Layer01" が追加されます。左クリックで選択すると、画面左側の画像エディターに作成した画像 "Layer01" が表示されます（透明なため、背景の市松模様が表示されます）。

STEP 02 ノードの編集

A すでにグリッド状のテスト画像が貼り付けられているため、ペイント用に作成した画像に貼り替えます。ヘッダータブの **[Shading]** を左クリックしてワークスペースを切り替えます。

画面上部は **「3Dビューポート」** になります。下部は **「シェーダーエディター」** になり、選択しているオブジェクトに設定されているマテリアルおよびテクスチャの**ノード**が表示されます。マテリアルおよびテクスチャの各種設定は、このノードによって管理されています。

さまざまな役割を持った **「ノード」** と呼ばれるブロックをつなぎ合わせることで、通常の編集では得ることのできない効果を直感的な操作で実現することができます。

「ノード」イメージ図

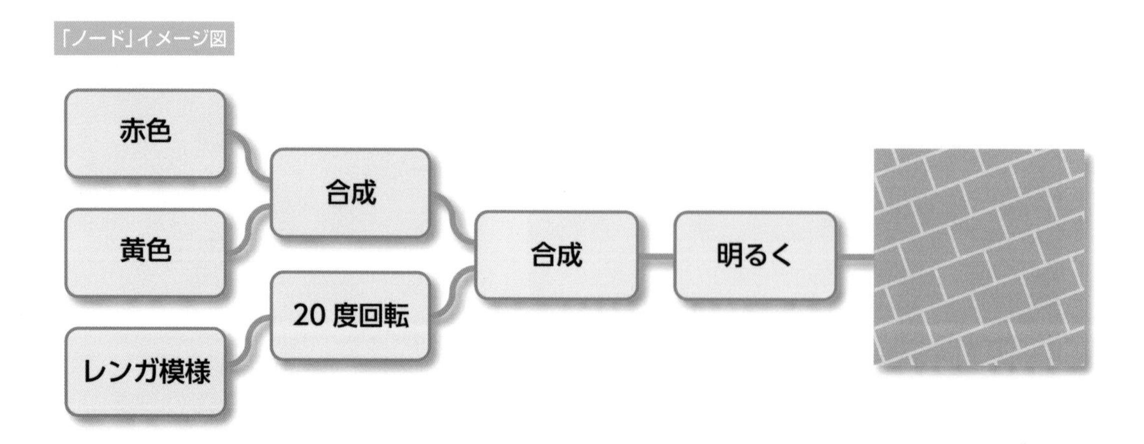

各ノードブロックの左側には入力ソケット、右側には出力ソケットが配置されており、これらのソケットをつなぎ合わせてノードを構築していきます。
そのため、基本的には左から右に向かって構築していくことになります。

B シェーダーエディターには、すでにノードが構築がされているはずです。これらはマテリアル作成時に構築され、グリッド状のテスト画像を設定した際に更新されています。

左クリックでノードブロックを選択できます。選択されたノードブロックは白枠で表示されます。ノードブロックのない部分で左クリックすると選択解除になります。選択したノードブロックはマウス左ボタンのドラッグで移動することができます。
ノードブロックが重なっていたら、重ならないように移動します。

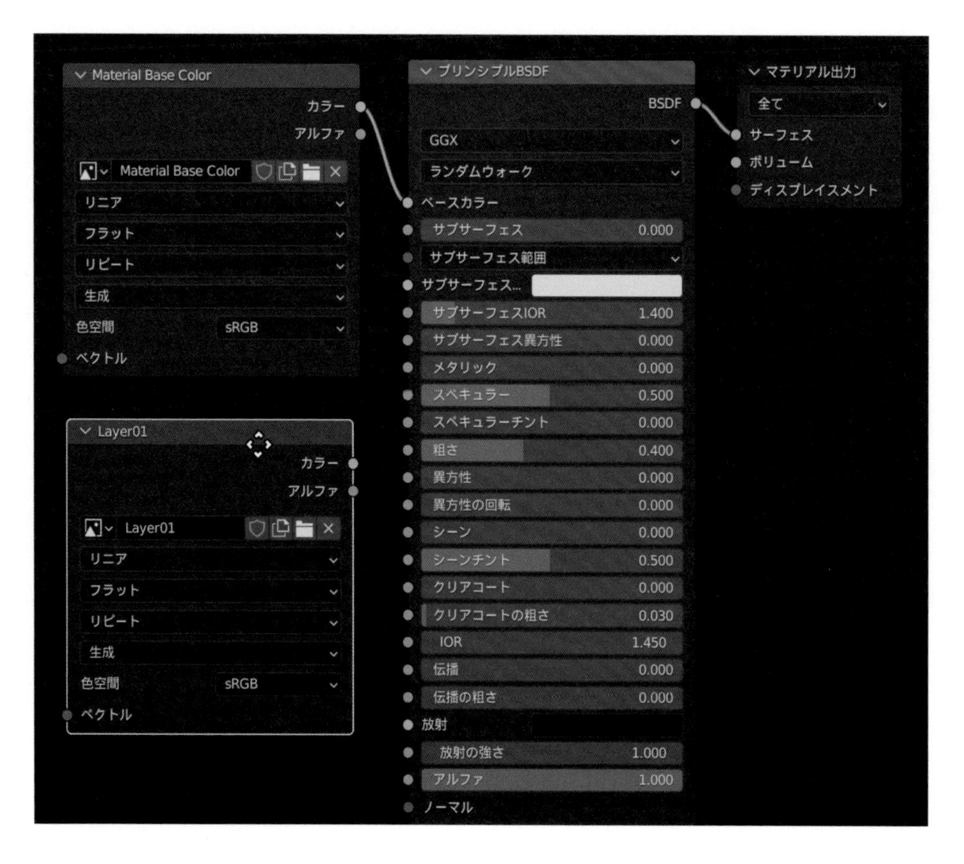

PART 4

C **「プリンシプルBSDF」**は色や光沢など基本的な設定項目が揃ったシェーダーノードで、マテリアルのデフォルトとして用いられます。
グリッド状のテスト画像 "Material Base Color" のノードがプリンシプルBSDFのベースカラーの入力ソケットにつながっているはずです。
入力ソケット部分をマウス左ボタンでドラッグすると、接続を解除することができます。

⚠ シェーダー（Shader）とは、表面の陰影などオブジェクトをディスプレイに描画させるためのプログラムです。

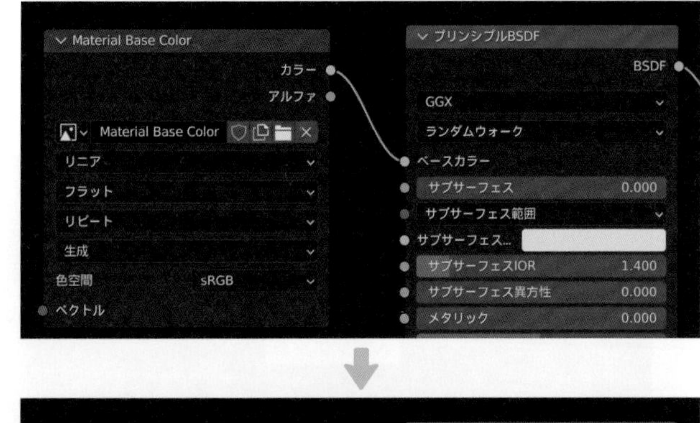

D ペイント用に作成した画像 "Layer01" のノードにあるカラーの出力ソケット部分をマウス左ボタンでプリンシプルBSDFのベースカラーの入力ソケットにドラッグすると接続することができます。これで、グリッド状のテスト画像からペイント用に作成した画像に切り替わります（ペイント用に作成した画像は透明なので、オブジェクトが黒色で表示されます）。
全身のオブジェクト以外も同じマテリアルを流用しているため、連動して画像が切り替わります。

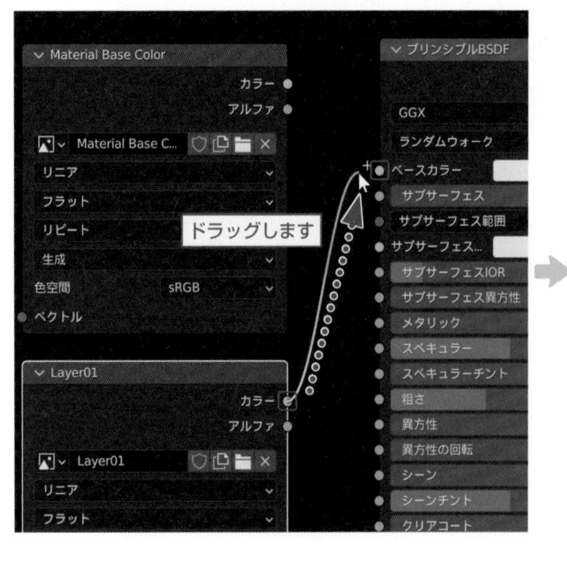

E グリッド状のテスト画像 "Material Base Color" はもう使用しないので、ノードを選択して削除（X キー）します。ノードを削除すると、連動して **「テクスチャスロット」** パネルからも削除されます（**「テクスチャペイント」** モードのプロパティにて確認できます）。

"Material Base Color" を削除した画面

「テクスチャスロット」パネル

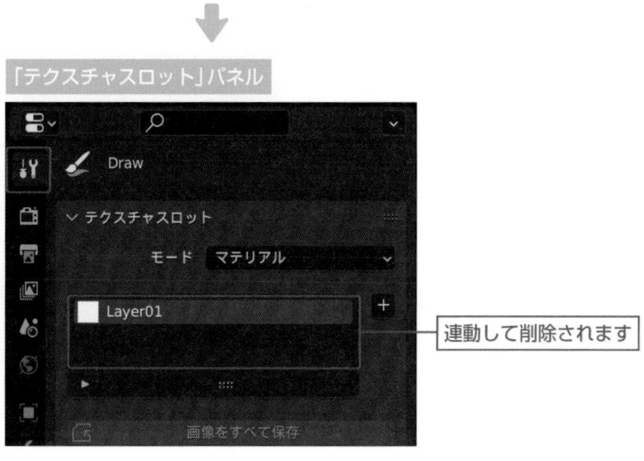

TIPS 画像の削除について

「テクスチャスロット」パネルから画像を削除してもBlenderファイルには情報が残った状態になっています。画像を完全に削除する場合は、画像エディターのヘッダーにある「画像」アイコンから該当の画像を選択し、Shift キーを押しながら ☒ アイコンを左クリックします。
名前の前に "0" が付くので、Blenderファイルを保存して終了した時点で完全に削除されます。

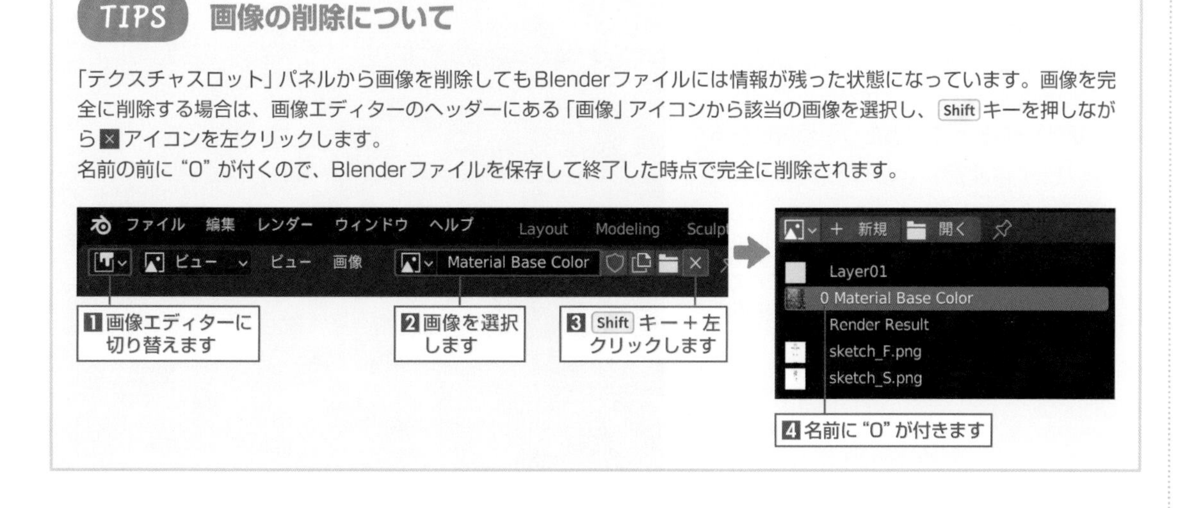

STEP 03 「フィル」ツールで塗り分け

A ヘッダータブの **[Texture Paint]** を左クリックしてワークスペースを切り替えます。
3Dビューポート(画面右側)のモードが **[テクスチャペイント]** の場合、透明の画像を貼り付けているためオブジェクトが表示されません。3Dビューポートのヘッダーにある **[シェーディング]** 切り替えボタンで **[マテリアルプレビュー]** を有効にすると(黒色で)表示されます。
まず、おおまかに塗り分けを行うため、ペイントする範囲をオブジェクトの面単位で指定します。

B 全身のオブジェクトをペイントするにあたり、髪の毛と眼球のオブジェクトを非表示にします。
3Dビューポートのモードを **[オブジェクトモード]** に切り替えて髪の毛と眼球のオブジェクトを選択し、3Dビューポートのヘッダーにある **[オブジェクト]** ➡ **[表示/隠す]** から **[選択物を隠す]** (Hキー)を選択します。

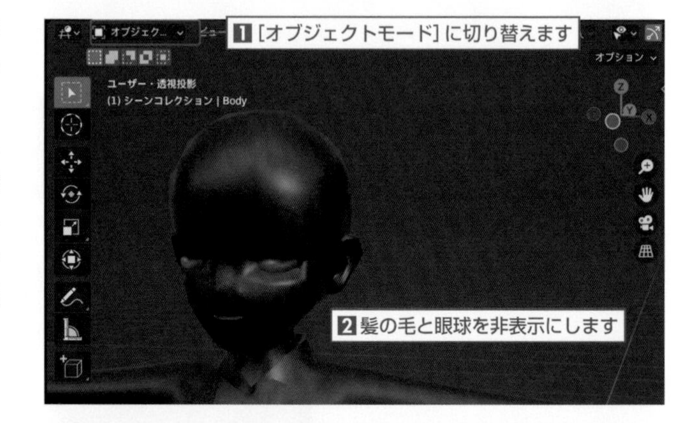

C 全身のオブジェクトを選択し、モードを **[編集モード]** に切り替えます。
3Dビューポートのヘッダーにある **[面選択]** を有効にし、肌の部分を選択します。**[面選択]** でマウスポインターを合わせてLキー押すと、シームで囲まれた箇所を選択することができます。
肌部分を選択するにあたり、邪魔になるスカートは非表示(Hキー)にしておきます。

⚠ 手や脚などUVを左右重ねた部分は、片側のみの選択でも問題ありませんが、ここでは(重なりのズレなどを考慮して)念のため両側を選択します。

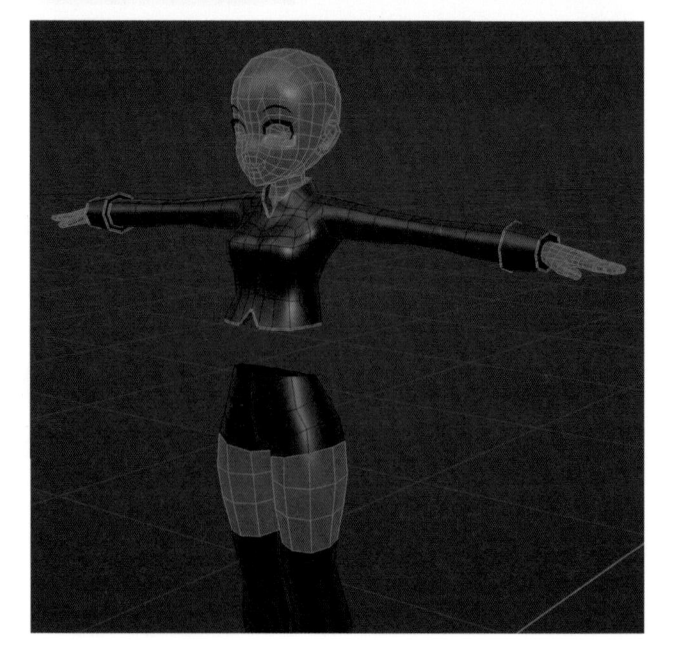

D 3Dビューポートのモードを **[テクスチャペイント]** に切り替えて、モード切り替えメニュー右側の **「マスク」** アイコンを左クリックして **「ペイントマスク」** を有効にします。
編集モードで選択した面以外の部分は灰色で表示されて、マスキングされた状態になります。
また、編集モードと同様に非表示が反映されます。

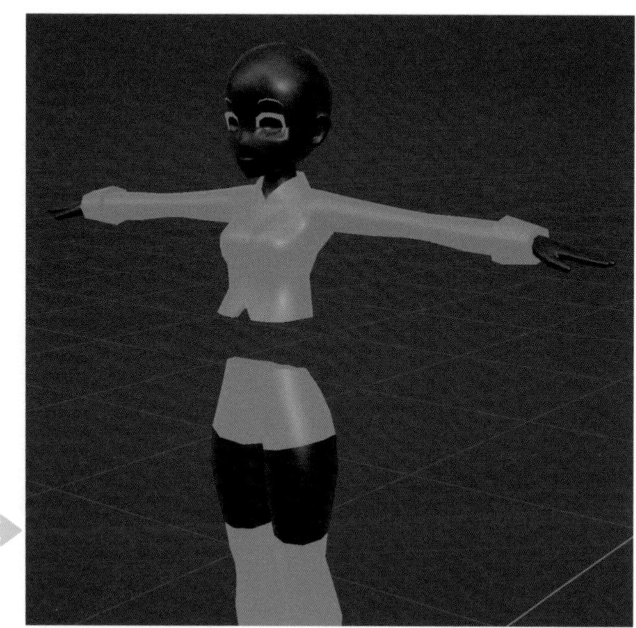

E 同じ色で塗りつぶす **「フィル」** ツールを使用します。
「フィル」 ツールを有効にして3Dビューポートのヘッダーにあるカラーパレット（左側）を左クリックすると、カラーピッカーが表示されます。カラーピッカーで **"薄橙（うすだいだい）"** を指定し、肌の部分を左クリックすると指定した色で塗りつぶすことができます。

⚠ 右側のカラーパレットは、Ctrl キー＋左クリックでセカンダリーカラーとして使用できます。

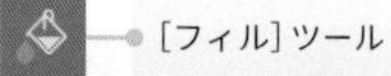

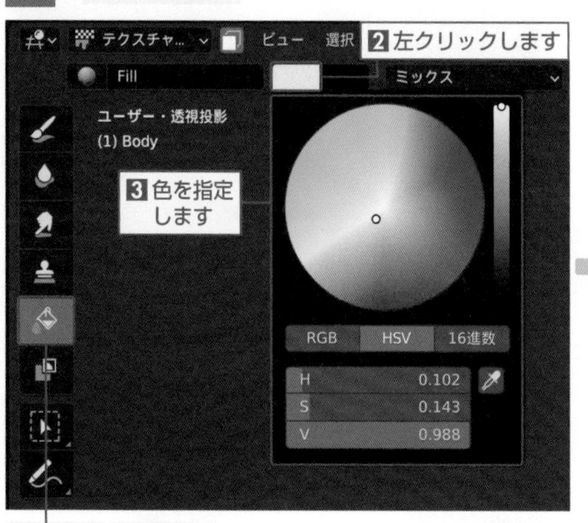

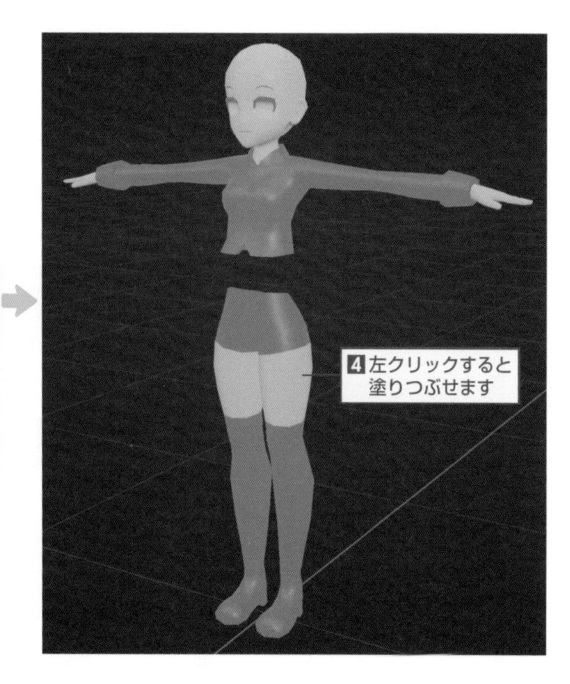

F 3Dビューポートのヘッダーにある **「3Dビューのシェーディング」** メニューの **「レンダーパス」** を **[ディフューズ色]** に変更すると、陰影が表示されずテクスチャ本来の色合いを確認できます。

G 同様に編集モードでペイントする範囲を指定し、すべての面を塗り分けます。
口の中も忘れずに塗りましょう。また、目の内側のまつ毛を接地する面は、まつ毛と同じ色をペイントします。

⚠ まつ毛とフリル（スカートの裾）は後述でペイントするため、ここでは塗りつぶしを行いません。

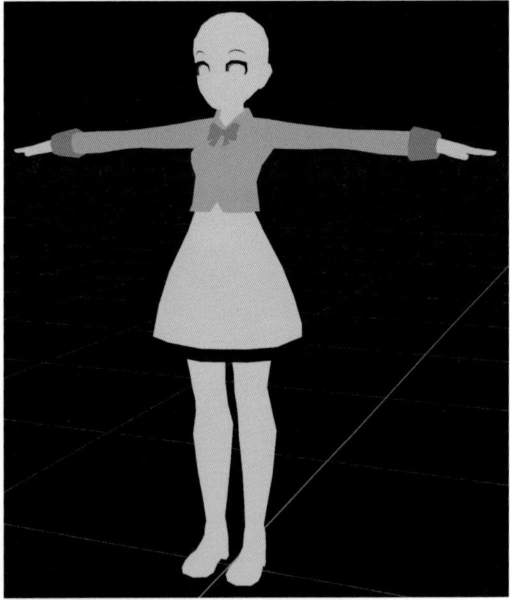

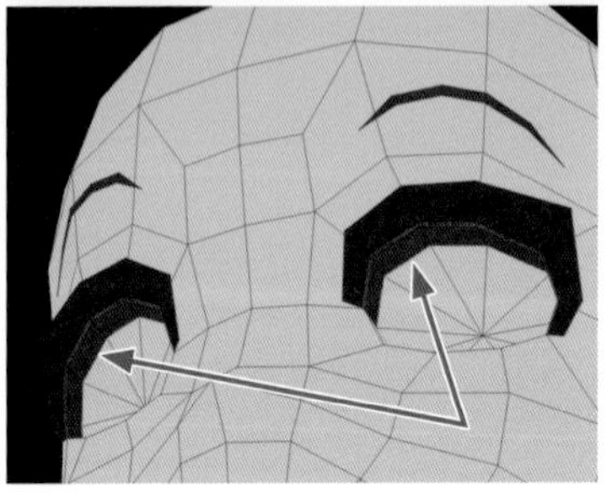

⚠ 図は編集モードです。

H さらに3Dビューポートのモードを**[オブジェクトモード]**に切り替えて前髪、後ろ髪、眼球をそれぞれ選択し、**[テクスチャペイント]**モードで**「フィル」**ツールを使用し塗りつぶします。オブジェクト全体をペイントするときは、**「ペイントマスク」**を無効にします。

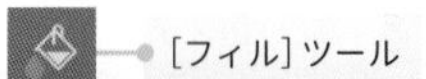

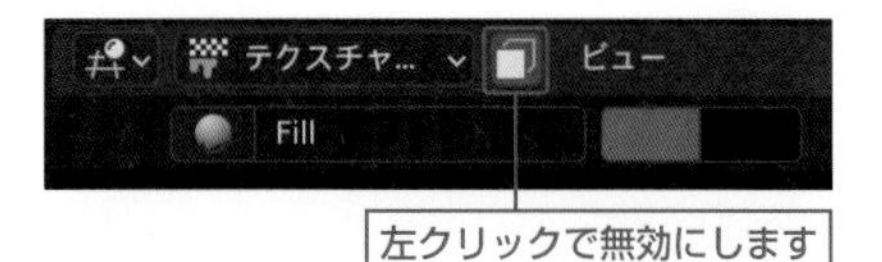

“Layer01”

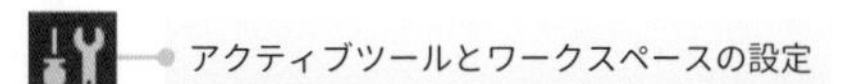

⚠ 塗り分けの詳細はサンプルデータに収録の“Layer01.png”を参照してください。

I 編集が完了したら、プロパティの**「アクティブツールとワークスペースの設定」**を左クリックして**「テクスチャスロット」**パネルにある**[画像をすべて保存]**を左クリックし、画像を保存します。Blenderファイルの保存とは別に、テクスチャペイントで編集した際は、画像の保存が必要となります。

STEP 04 疑似レイヤー機能の設定

A 続いて細かな部分のペイントを行いますが、現在の画像の上から塗り重ねていくと失敗したときの修正が困難となります。
画像編集ソフトなどに搭載されているレイヤー機能があれば修正は比較的容易ですが、残念ながらBlenderのテクスチャペイントにレイヤー機能は搭載されていません。
そこで、新たな画像を用意して上から重ねることで、擬似的なレイヤー機能を実現します。

3Dビューポートのモードを[**オブジェクトモード**]に切り替えて全身のオブジェクトを選択し、モードを再度[**テクスチャペイント**]に切り替えます。

B プロパティの「**アクティブツールとワークスペースの設定**」を左クリックし、「**テクスチャスロット**」パネルにある+アイコンを左クリックして[**ベースカラー**]を選択します。

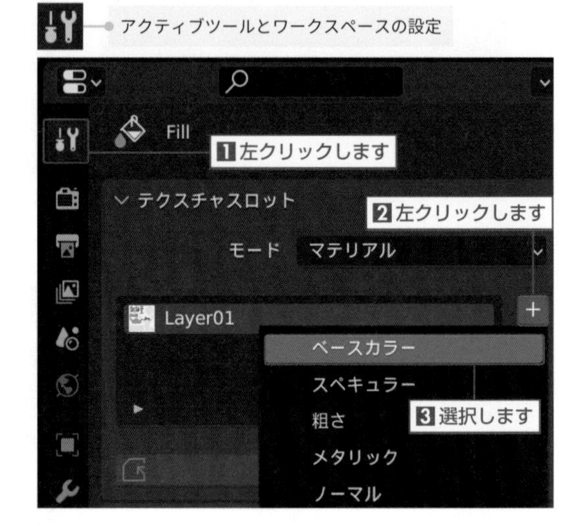

C [**ベースカラー**]を選択すると「**テクスチャペイントスロットを追加**」ウィンドウが表示されます。
「**名前**」と作成する画像のサイズを指定します。ここでは、名前:"Layer02"、幅:"4096px"、高さ:"4096px"に設定します。
[**アルファ**]が有効なのを確認して「**カラー**」のカラーパレットを左クリックし、[**A(アルファ)**]を"0"に設定します。
「**生成タイプ**」は[**ブランク**]を選択します。
設定が完了したら、[**OK**]を左クリックします。

⚠ 名前以外は"Layer01"と同じ設定内容です。

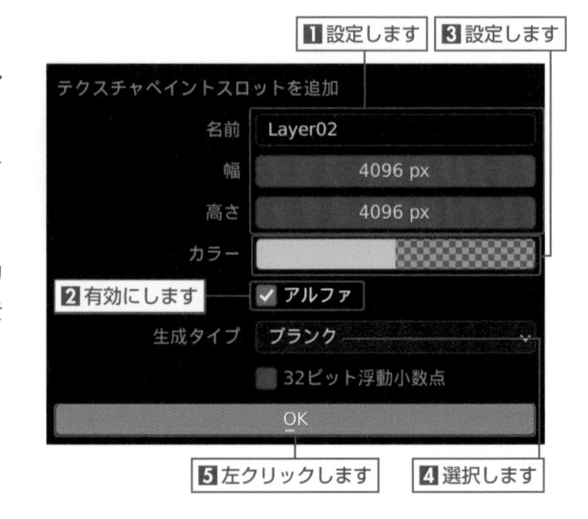

D ヘッダータブの [Shading] を左クリックしてワークスペースを切り替えます。
シェーダーエディターのヘッダーにある [追加] ➡ [カラー] から [RGBミックス] を選択します。

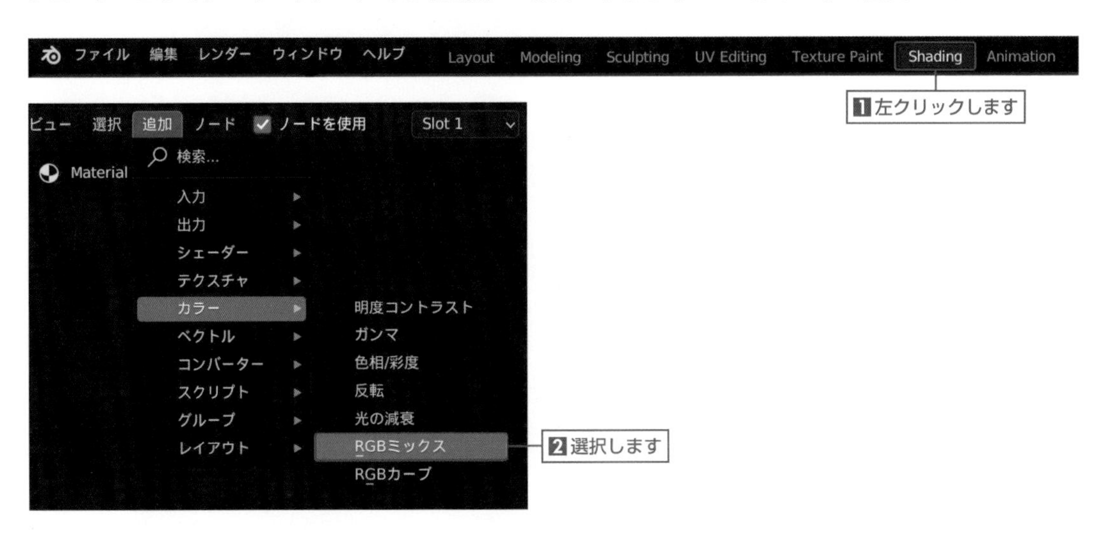

E 図のように1枚目の画像 "Layer01" が指定されているノードの [カラー] 出力ソケットとRGBミックスノードの [色1] 入力ソケット、2枚目の画像 "Layer02" が指定されているノードの [カラー] 出力ソケットとRGBミックスノードの [色2] 入力ソケット、2枚目の画像 "Layer02" が指定されているノードの [アルファ] 出力ソケットとRGBミックスノードの [係数] 入力ソケットをそれぞれ接続します。
これによって、[色1] の画像の上に [色2] が重なるようになります。また重なる際には、[係数] で指定した画像の透明部分が適用されます。
さらに、RGBミックスノードの [カラー] 出力ソケットとプリンシプルBSDFの [ベースカラー] 入力ソケットを接続します。

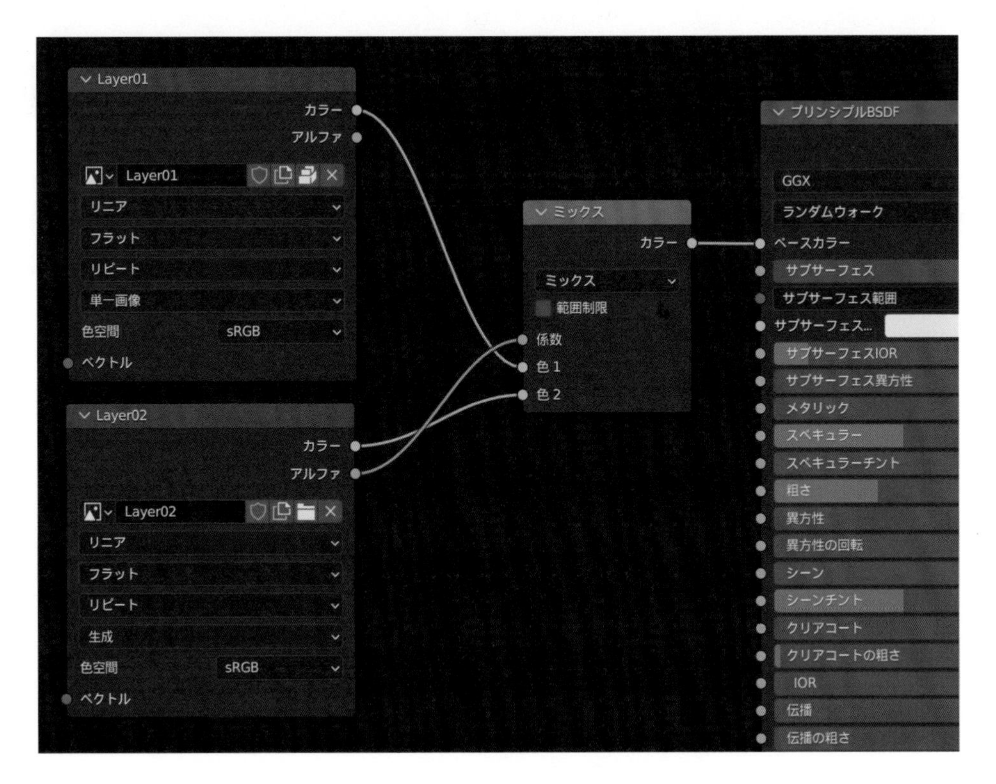

STEP 05 細部のペイント

A 全身のオブジェクトが選択された状態で、ヘッダータブの **[Texture Paint]** を左クリックしてワークスペースを切り替えます。
プロパティの **「アクティブツールとワークスペースの設定」** を左クリックして、**「テクスチャスロット」** パネルでペイントする画像 "Layer02" を選択します。

B 細部のペイントには **「ドロー」** ツールを使用します。**「ドロー」** ツールは、マウス左ボタンでドラッグした部分に3Dビューポートのヘッダーにあるカラーパレット（左側）で指定した色で線を描くことができます。
3Dビューポートのヘッダーにある **[半径]** でブラシサイズの変更（F キー＋マウスポインター左右移動）、**[強さ]** で濃度が変更できます。

C 3Dビューポートのヘッダーにある X（左右対称ペイント）を有効にすると、左右片側のペイントに連動して逆側もペイントされます。

⚠ 設定項目が隠れている場合は、マウスポインターを3Dビューポートのヘッダーに合わせてマウスホイールを回転することで横スクロールし、隠れている項目を表示させることができます。

⚠ 実際のペイント内容とは異なります。

D 修正などペイントを消す場合は、3Dビューポートのヘッダーにある**「ブレンドモード」**メニューから**[アルファ消去]**を選択してマウス左ボタンでドラッグします。

⚠ 編集が完了したら、[ミックス]に変更します。

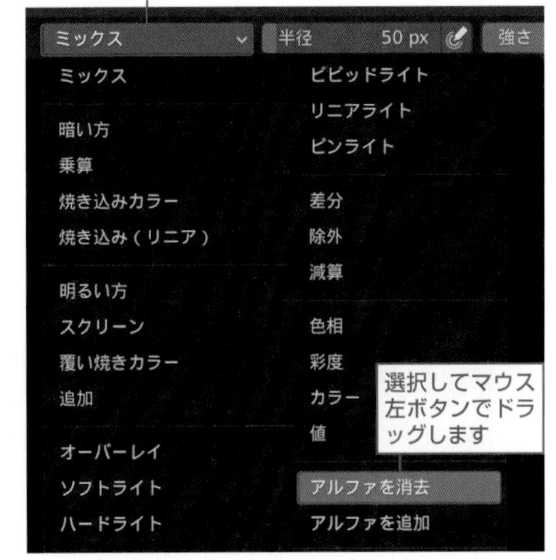

E **「にじみ」**ツールを有効にして、**「ドロー」**ツールなどで描いた部分を擦るようにマウス左ボタンでドラッグすると、ペイントを滲ませることができます。

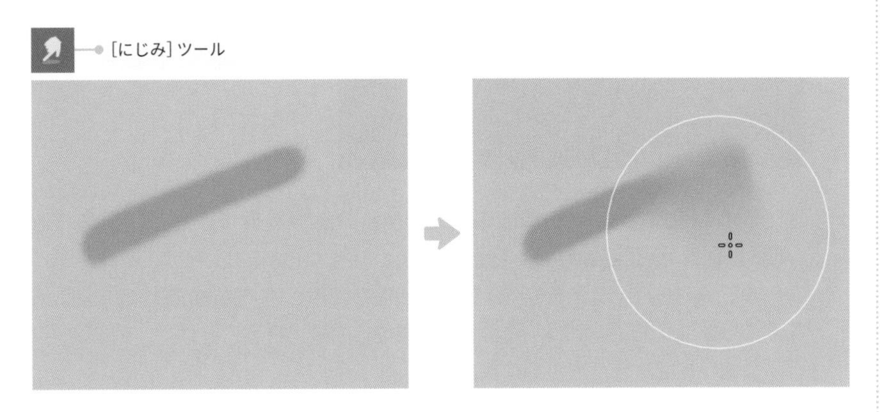

F 3Dビューポートのヘッダーにあるカラーパレットを左クリックすると、カラーピッカーが表示されます。カラーピッカーの**「スポイト」**アイコンを左クリックし、続けて3Dビューポートに表示されているオブジェクトの該当箇所を左クリックすると、クリックした箇所の色を抽出(マウスポインターを合わせて S キーでも抽出可)できます。

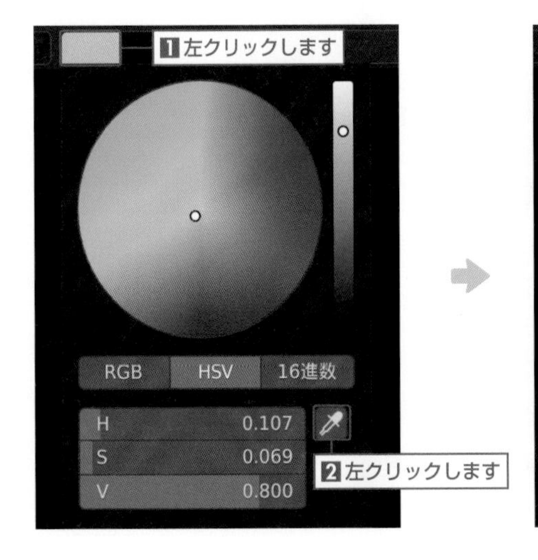

PART 4

G プロパティの**「アクティブツールとワークスペースの設定」**を左クリックし、**「ブラシ設定」**パネル内の**「カラーパレット」**にある**[New]**を左クリックすると、パレットを作成することができます。
＋を左クリックすると、3Dビューポートのヘッダーにあるカラーパレット（左側）で選択中の色を記録（S キー＋左クリック）できます。－を左クリックすると、選択中の色が削除されます。
記録したカラーパレットを左クリックすると、3Dビューポートのヘッダーにあるカラーパレット（左側）に反映され、再利用することができます。

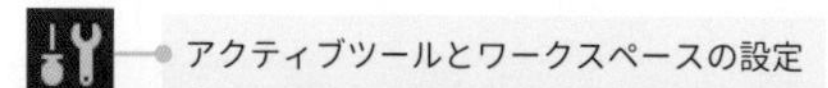

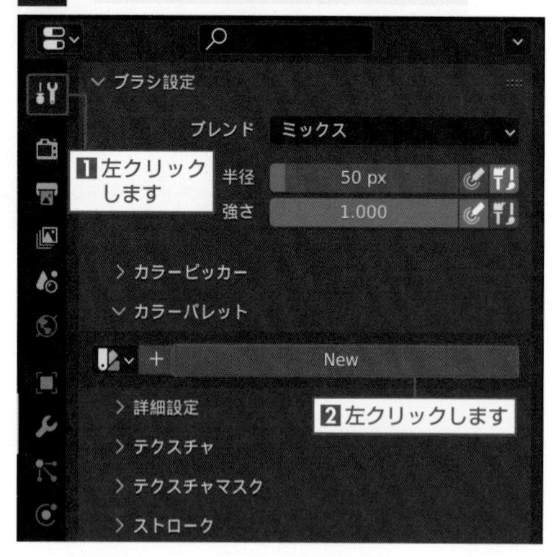

H STEP-04**「疑似レイヤー機能の設定」**からの手順を繰り返して、画像"Layer01"の上に2枚の画像（"Layer02"と"Layer03"）を重ねます。
これまで紹介したテクスチャペイントの機能を使用して"Layer02"と"Layer03"をペイントします。
"Layer02"は、"Layer01"のような面単位に制限されることなく、肌の陰やスカートの柄、シャツ、靴などより細かな塗り分けを行います。
"Layer03"は、さらに細かく、衣装のラインや各パーツ、ハイライトなどをペイントします。

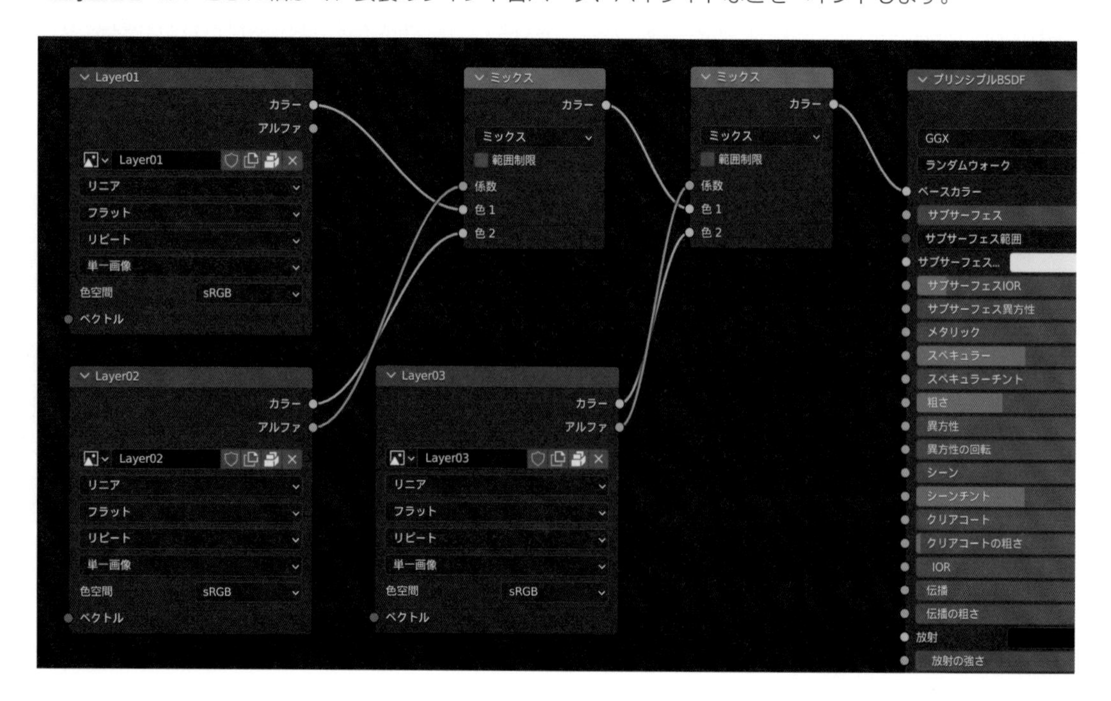

Layer01 + Layer02

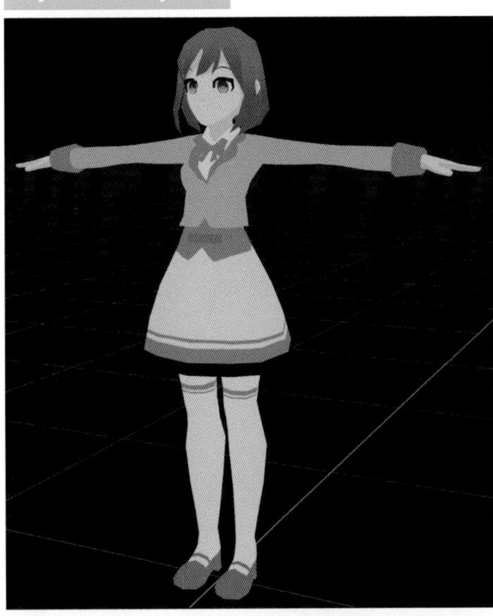

Layer02

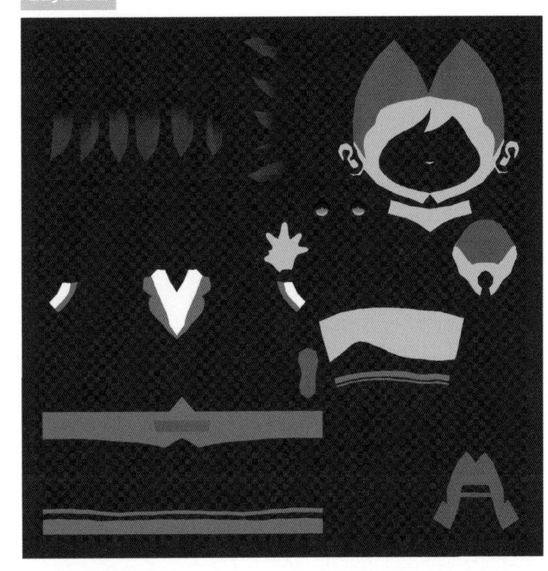

Layer01 + Layer02 + Layer03

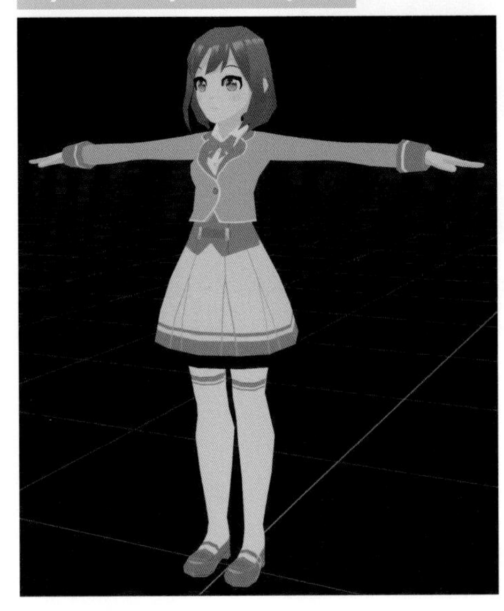

Layer03

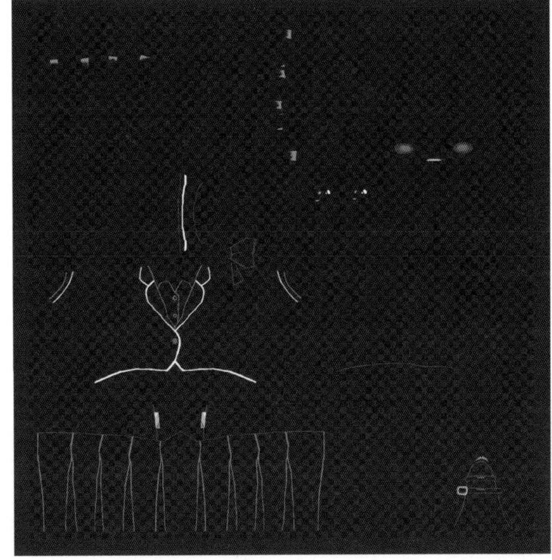

⚠ ペイントの詳細はサンプルデータに収録の “Layer02.png” と “Layer03.png” を参照してください。

TIPS グラデーションのようなペイント

境界のボヤケたグラデーションのようなペイントを行うには、まずブラシサイズを最大（F キー＋マウスポインター左右移動）にします。
ブラシサイズは画面に対して固定なのでオブジェクトを小さく表示することで、より境界のボヤケたペイントを行うことができます。

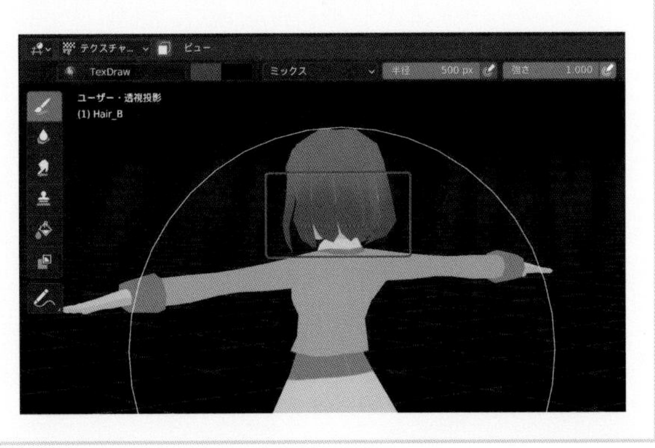

STEP 06 陰のペイント

A さらに画像を追加して陰を描き加えますが、ここではこれまでとは異なり、下地の絵柄が透けるように設定します。
3Dビューポートのモードが **[テクスチャペイント]** の状態で、プロパティの **「アクティブツールとワークスペースの設定」** を左クリックし、**「テクスチャスロット」** パネルにある+を左クリックして **[ベースカラー]** を選択します。

アクティブツールとワークスペースの設定

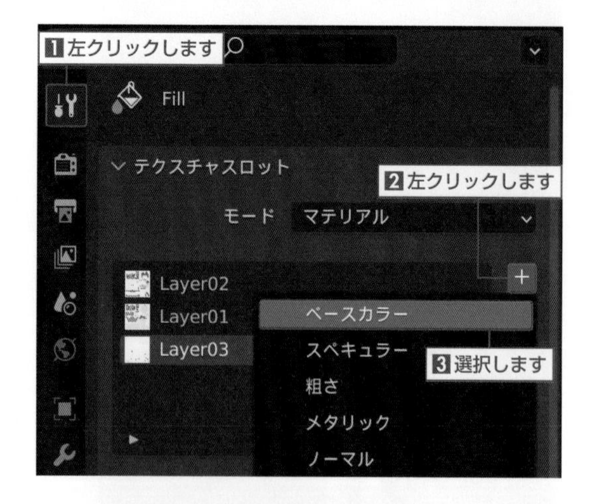

B **[ベースカラー]** を選択すると **「テクスチャペイントスロットを追加」** ウィンドウが表示されます。**「名前」** と作成する画像のサイズを指定します。ここでは名前を"Layer04"、幅4096px、高さ4096pxに設定します。
[アルファ] を無効にして **「カラー」** のカラーパレットを左クリックし、白色（HSVの場合：H0、S0、V1）に設定します。**「生成タイプ」** は **[ブランク]** を選択します。
設定が完了したら、**[OK]** を左クリックします。

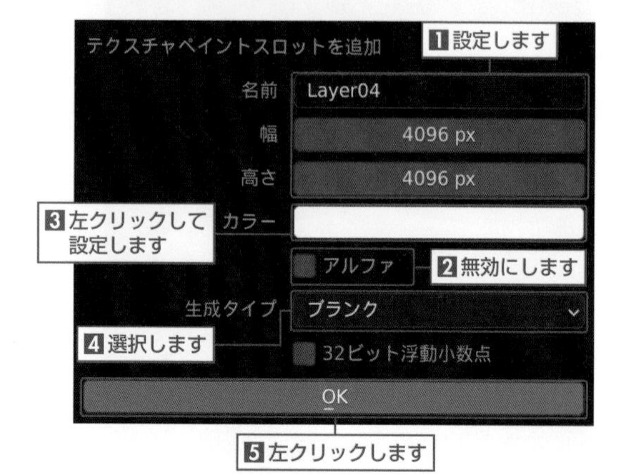

C ヘッダータブの **[Shading]** を左クリックしてワークスペースを切り替えます。
シェーダーエディターのヘッダーにある **[追加]** ➡ **[カラー]** から **[RGBミックス]** を選択します。

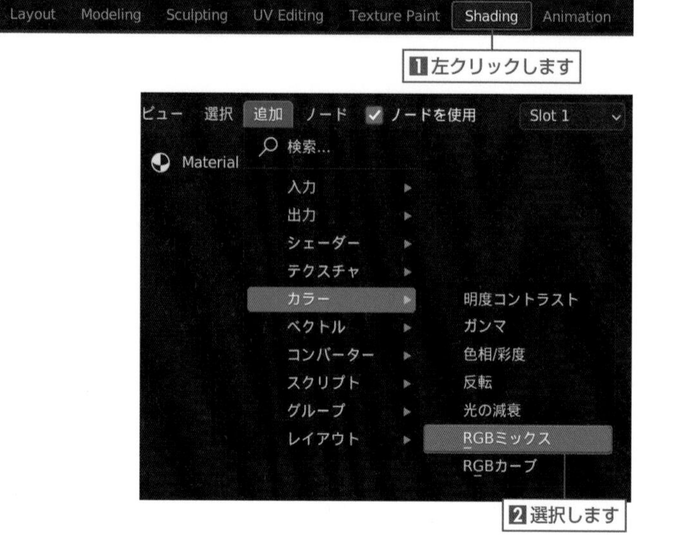

D 図のようにこれまで作成した画像がつながっているRGBミックスノードの **[カラー]** 出力ソケットと新たに追加したRGBミックスノードの **[色1]** 入力ソケットを接続し、陰をペイントするための画像"Layer04"が指定されているノードの **[カラー]** 出力ソケットと新たに追加したRGBミックスノードの **[色2]** 入力ソケットを接続します。

「ブレンドモード」から **[乗算]** を選択します。**[係数]** は"1.000"に設定します（数値は後述で調整します）。

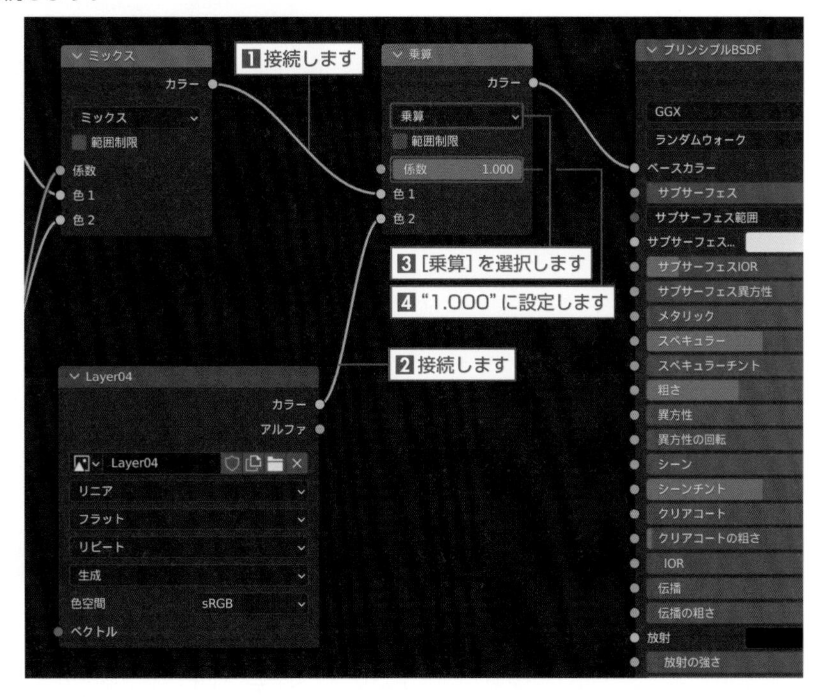

E ヘッダータブの **[Texture Paint]** を左クリックしてワークスペースを切り替えます。
3Dビューポートのモードを **[オブジェクトモード]** に切り替えてペイントするオブジェクト（ここでは全身のオブジェクト）を選択し、モードを再度 **[テクスチャペイント]** に切り替えます。
プロパティの **「アクティブツールとワークスペースの設定」** を左クリックして、**「テクスチャスロット」** パネルでペイントする画像"Layer04"を選択します。

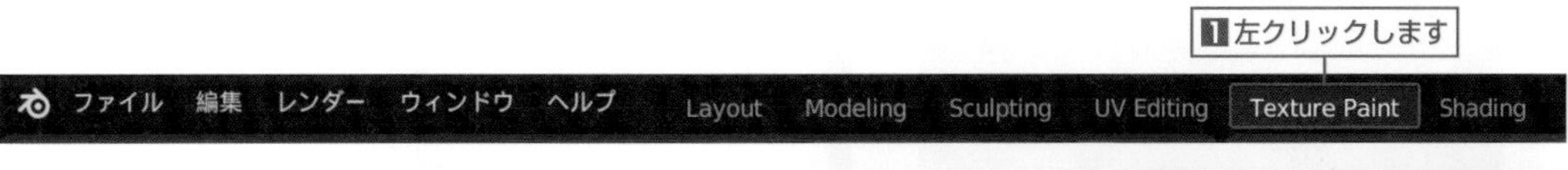

F これまでと同様に、「ドロー」ツールなどを使用して陰をペイントします。ここでは、紫がかった灰色で少し濃い目にペイントします。
ノードで乗算を設定したため、下地の絵柄が透けているのが確認できます。

⚠ 必要に応じてその他のオブジェクトを（アウトライナーにて）非表示にします。

G さらに3Dビューポートのモードを［オブジェクトモード］に切り替えて、前髪、後ろ髪、眼球をそれぞれ選択し、［テクスチャペイント］モードで「ドロー」ツールなどを使用して陰をペイントします。
髪の毛は、色合いに合わせて全身の陰より明るめの色でペイントします。

Layer04

⚠ ペイントの詳細は、サンプルデータに収録の“Layer04.png”を参照してください。

H ペイントが完了したら、ヘッダータブの **[Shading]** を左クリックしてワークスペースを切り替えます。シェーダーエディターの236ページ**C**で追加したRGBミックスノードにある **[係数]** の数値を変更して、陰の濃度を調整します（ここでは、"0.500" に設定します）。

STEP 07 ベイクの設定

A ここまでで4枚のテクスチャを作成しましたが、最終的に書き出すVRM形式は複数のテクスチャに対応していないため、この4枚のテクスチャを**ベイク機能**を使って1枚に合成します。
ヘッダータブの［Texture Paint］を左クリックしてワークスペースを切り替えます。

左クリックします
ファイル　編集　レンダー　ウィンドウ　ヘルプ　Layout　Modeling　Sculpting　UV Editing　Texture Paint　Shading

B プロパティの「**アクティブツールとワークスペースの設定**」を左クリックし、「**テクスチャスロット**」パネルにある＋アイコンを左クリックして［**ベースカラー**］を選択します。

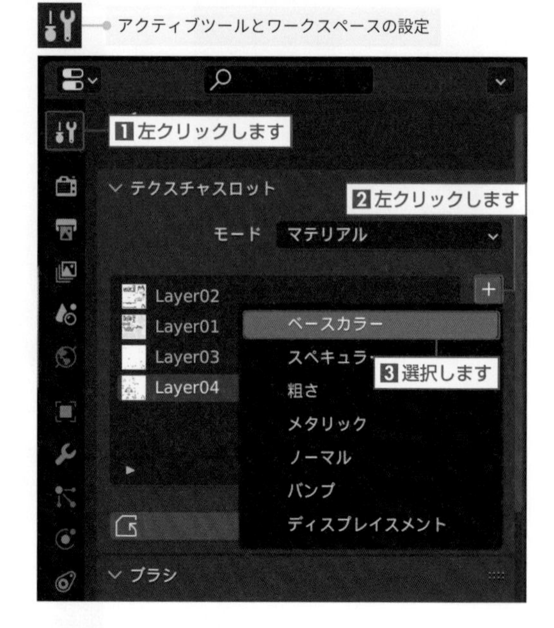

C ［**ベースカラー**］を選択すると「**テクスチャペイントスロットを追加**」ウィンドウが表示されます。
「**名前**」と作成する画像のサイズを指定します。ここでは名前を"Colormap"、幅4096px、高さ4096pxに設定します。［**アルファ**］を有効にし、「**生成タイプ**」は［**ブランク**］を選択します。
設定が完了したら、［**OK**］を左クリックします。

⚠ カラーの設定は不要です。
⚠ ベイクの処理には非常に時間がかかります。ご使用のPCのスペックによっては、画像のサイズを"2048px"や"1024px"などに縮小するようにしましょう。

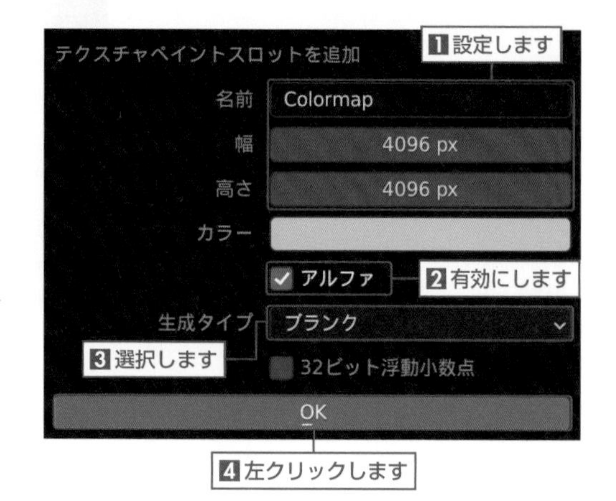

D ヘッダータブの [Shading] を左クリックしてワークスペースを切り替えます。
シェーダーエディターに、新たに作成した画像が指定されたノードがあることを確認します。この時点では、他のノードに接続しません。
ベイクを実行すると、シェーダーノード**「プリンシプルBSDF」**に接続されている画像が新たに作成した画像"Colormap"に焼き付けられます。

⚠ 後述で使用するシェーダーノード「MToon_unversioned」ではベイクを実行することはできません。

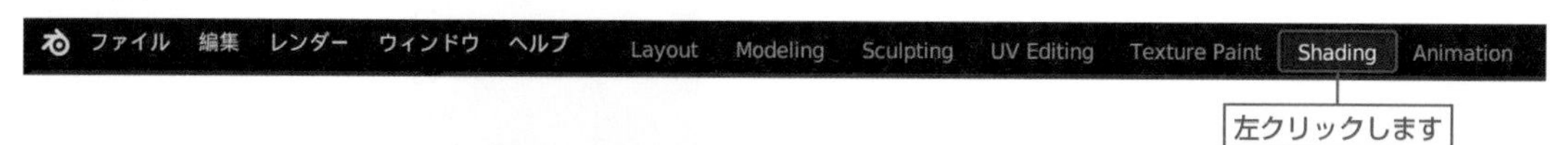

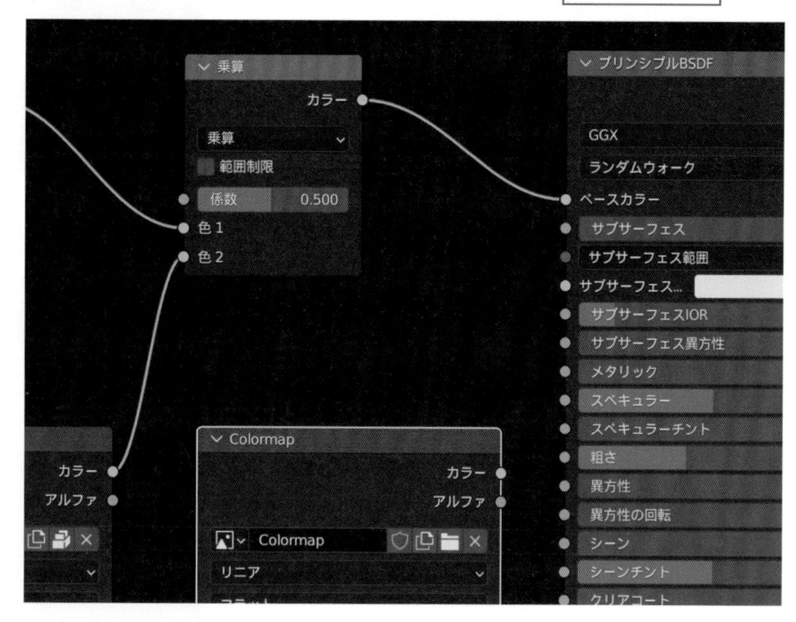

E ヘッダータブの [Texture Paint] を左クリックしてワークスペースを切り替えます。
プロパティの**「アクティブツールとワークスペースの設定」**を左クリックし、**「テクスチャスロット」**パネルにある新たに作成した画像"Colormap"を選択して画面左側の画像エディターに表示させます。

F 3Dビューポートのモードを **[オブジェクトモード]** に切り替えてすべてのオブジェクト（全身、前髪、後ろ髪、眼球）を選択します。

G プロパティの **「レンダープロパティ」** を左クリックし、**「レンダーエンジン」** から **[Cycles]** を選択します。

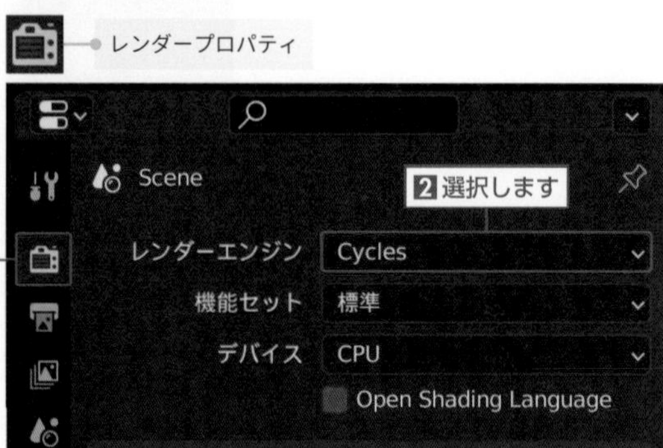

H **「ベイク」** パネルが表示されるので、パネルを開きます。**「ベイクタイプ」** から **[ディフューズ]** を選択し、**[直接照明]** と **[間接照明]** を無効にします。

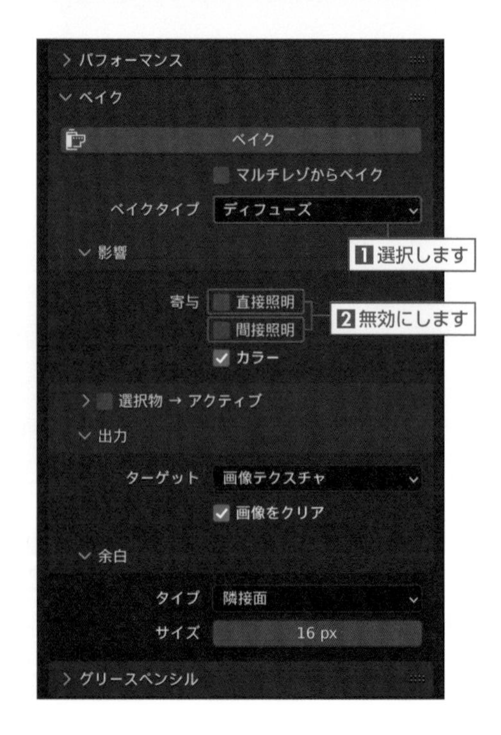

I **[ベイク]** を左クリックするとベイクが実行されます。
画面下部に処理の進行状況がパーセントで表示（オブジェクト単位）されます。

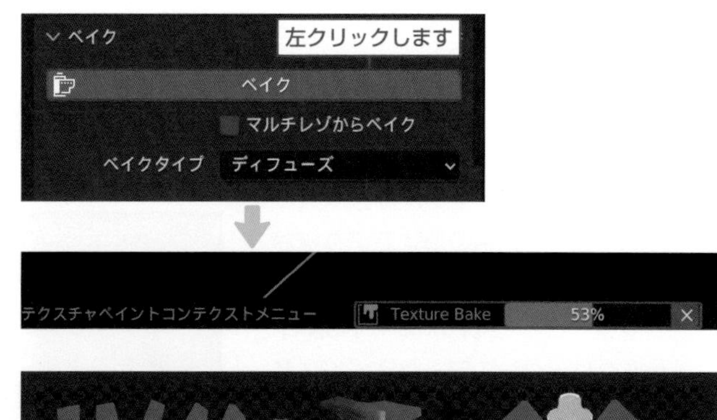

J ベイクが完了するとベイクされた（4枚のテクスチャを合成した）画像が画像エディターに表示させます。

⚠ ベイクが完了したら、「レンダーエンジン」を[Eevee] に変更します。

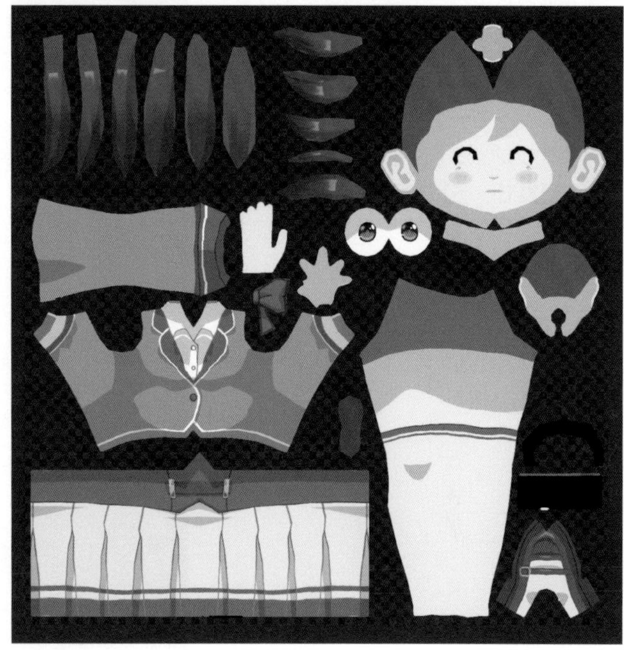

K ヘッダータブの **[Shading]** を左クリックしてワークスペースを切り替えます。
これまで **「プリンシプルBSDF」** の **[ベースカラー]** 入力ソケットに接続されていたノードを解除します。
ベイク画像 "Colormap" が指定されたノードの **[カラー]** 出力ソケットとプリンシプルBSDFの **[ベースカラー]** 入力ソケットを接続します。

ファイル　編集　レンダー　ウィンドウ　ヘルプ　Layout　Modeling　Sculpting　UV Editing　Texture Paint　Shading　Animation

左クリックします

STEP 08 透明マップの設定

A まつ毛とフリル（スカートの裾）部分のテクスチャをペイントします。ここでは、ペイントした部分以外が透明になり、絵柄の形状で切り抜かれるように設定します。
ヘッダータブの **[Texture Paint]** を左クリックしてワークスペースを切り替えます。
3Dビューポートのモードを **[オブジェクトモード]** に切り替えて全身のオブジェクトを選択し、モードを **[編集モード]** に切り替えてすべてのメッシュを選択（A キー）します。

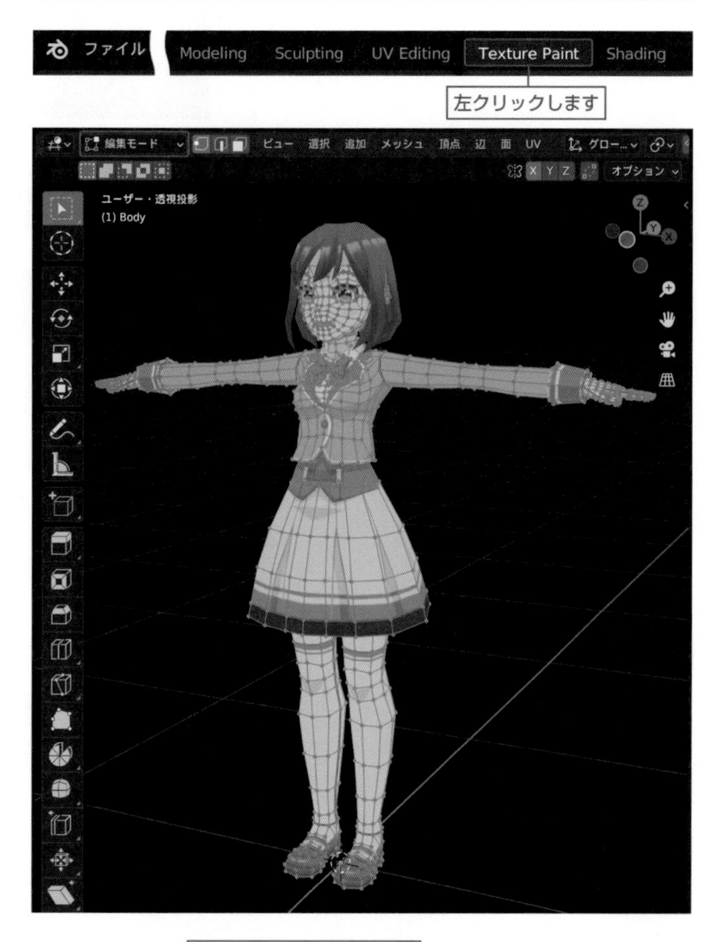

B メッシュを選択すると、画像エディターにUVが表示されます。
画像エディターのヘッダーにある **「画像」** アイコンからベイク画像“Colormap”を選択します。

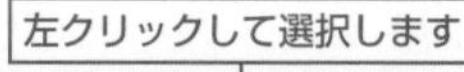

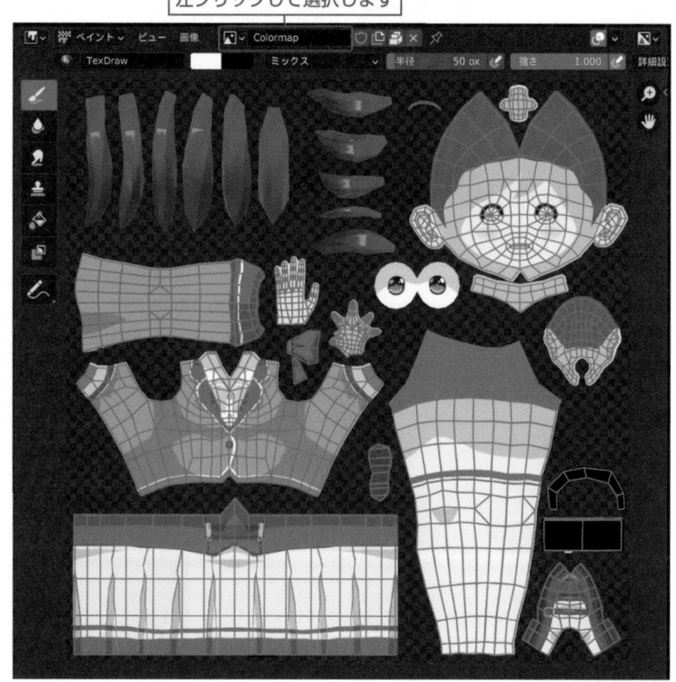

C 画像エディターのモードが［ペイント］になっていることを確認します。
テクスチャペイントは、3Dビューポートだけでなく、画像エディターでも同様の編集が行えます。

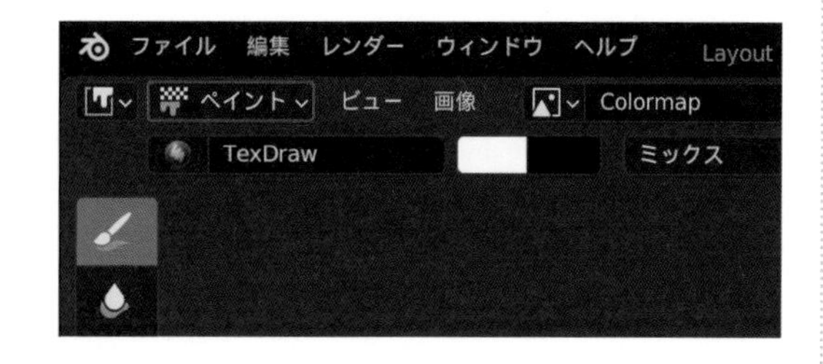

D 「ドロー」ツールを有効にして画像エディターのヘッダーにある「ブレンドモード」メニューから［アルファ消去］を選択します。
まつ毛とフリル部分をマウス左ボタンでドラッグして消去します。

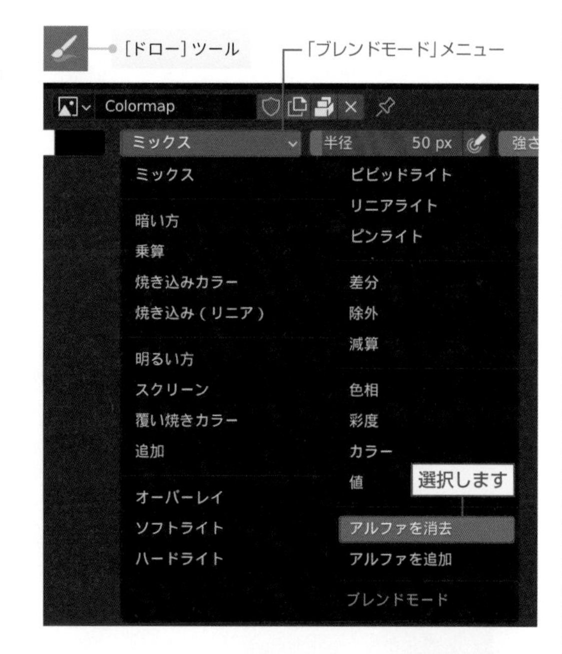

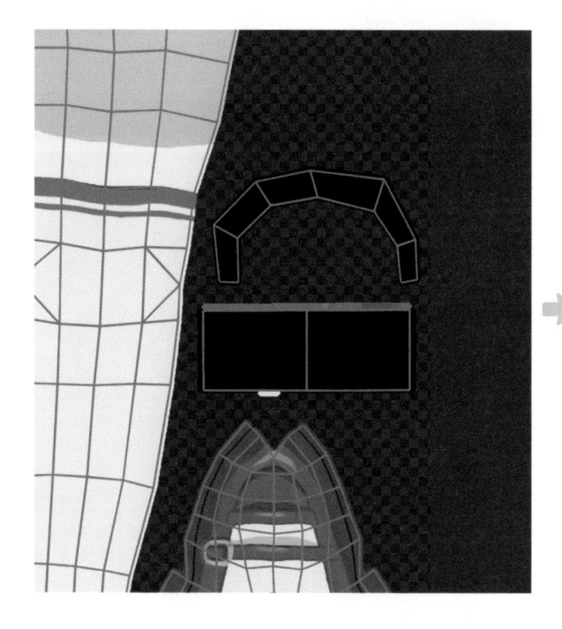

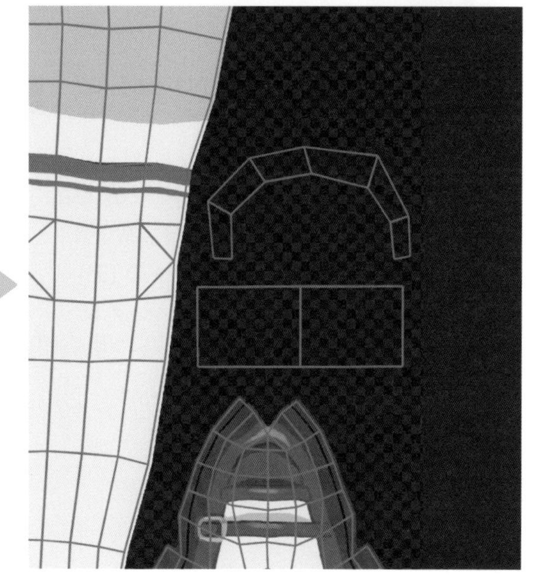

E **「ブレンドモード」**メニューから**［ミックス］**を選択してまつ毛とフリルをペイントします。
3Dビューポートのモードを**［テクスチャペイント］**に切り替えれば、画像エディターと3Dビューポートのどちらでもペイントを行うことができます。
3Dビューポートでは、はみ出して別の箇所をペイントしないように注意しましょう。

⚠ ペイントの詳細はサンプルデータに収録の“Colormap.png”を参照してください。

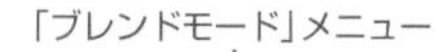

［ミックス］を選択します

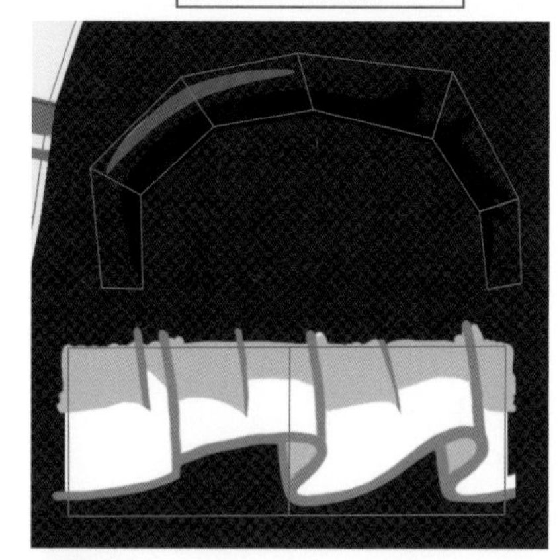

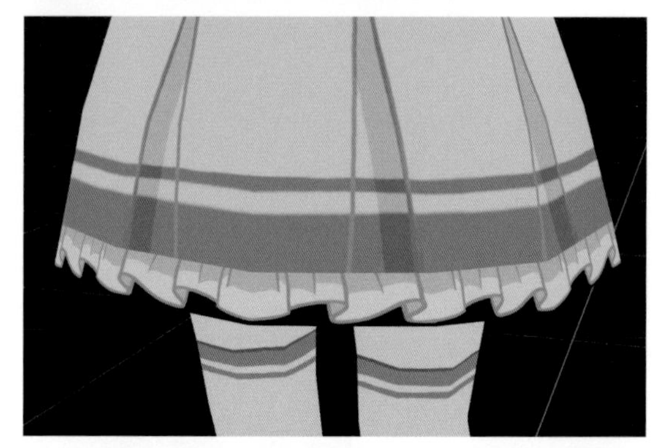

F 画像の透明な部分が切り抜かれるように設定します。
ヘッダータブの**［Shading］**を左クリックしてワークスペースを切り替えます。
シェーダーエディターにある“Colormap”が指定されたノードの**［アルファ］**出力ソケットとプリンシプルBSDFの**［アルファ］**入力ソケットを接続します。

1 左クリックします

ファイル　Sculpting　UV Editing　Texture Paint　Shading　Animation

G プロパティの**「マテリアルプロパティ」**を左クリックして、**「ビューポート表示」**パネルの**「設定」**にある**「ブレンドモード」**と**「影のモード」**から**[アルファクリップ]**を選択します。**「ブレンドモード」**は表示される形状に影響します。**「影のモード」**はそのオブジェクトによって生成させる影の形状に影響します。
それぞれ**[アルファクリップ]**を選択したことで、透明部分が切り抜かれて表示され、影も同様に切り抜かれた形状の影が生成されます。

⚠「レンダーエンジン」が [Eevee] ではなく [Cycles] に設定されていると、上記の項目は表示されません。

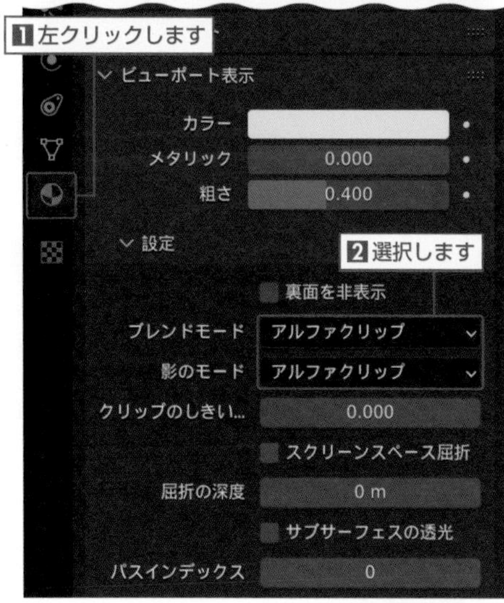

H さらに、**「ビューポート表示」**パネルの**「設定」**にある**[クリップのしきい値]**の数値を変更してジャギーを軽減させます。ここでは**"0.500"**に設定します。

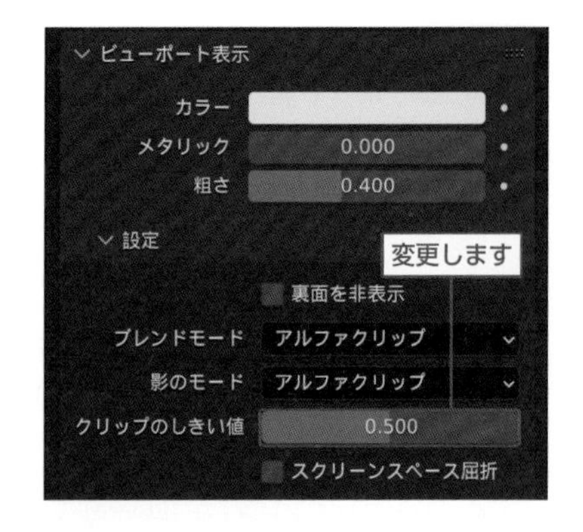

[クリップのしきい値] "0.000"

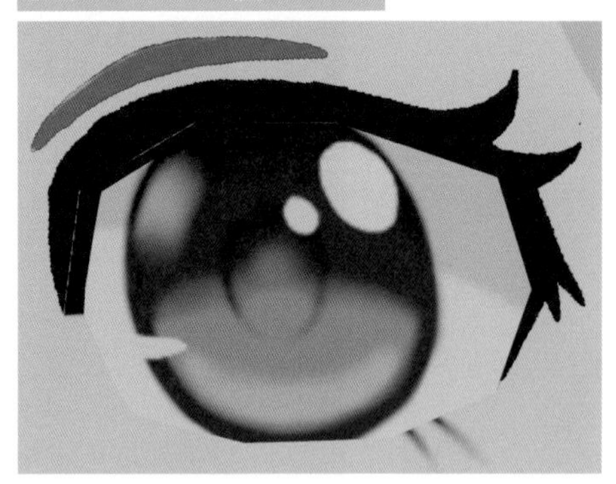

[クリップのしきい値] "0.500"

TIPS テクスチャペイントで作成した画像について

これまで紹介した手順で作成した画像（テクスチャペイントモードの「テクスチャスロット」パネルで作成→テクスチャペイントモードで編集→「テクスチャスロット」パネルで保存）は、Blenderファイルに埋め込まれた状態になります。対して画像編集ソフトで制作したテクスチャを貼り付ける場合はリンク状態になります。リンクの場合は、Blenderファイルと画像をセットで取り扱う必要があり、画像の階層を変更するとリンク切れになるので注意しましょう。

Blenderでは、埋め込まれた状態を「パック」といいます。埋め込まれた状態の画像を画像編集ソフトで編集する場合は、パックを解除する必要があります。

ヘッダータブの[Texture Paint]または[Rendering]を左クリックし、画像エディターのヘッダーにある から該当の画像を選択します。 をクリックして保存先を選ぶと、パックが解除されてリンクとして画像が保存されます。

リンクをパックする場合は、画像エディターのヘッダーにある[画像]から[パック]を選択します。

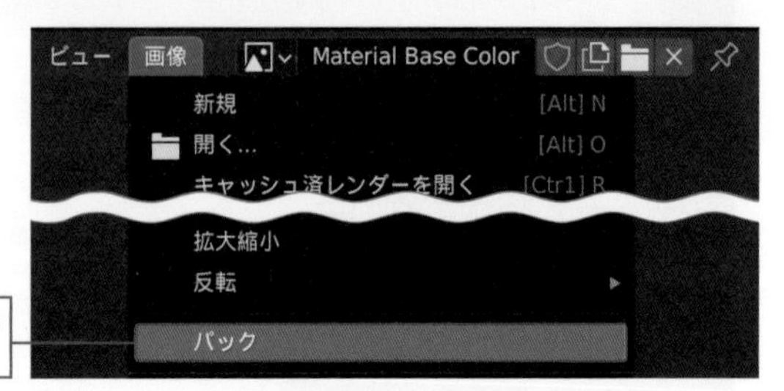

STEP 09 テクスチャの貼り付け（テクスチャを画像編集ソフトで制作した場合）

A オブジェクトモードで該当のオブジェクトを選択してプロパティの「**マテリアルプロパティ**」を左クリックし、**[新規]** を左クリックしてマテリアルを新規作成します。

⚠ デフォルトで配置されている立方体やSTEP 04「UV展開の確認」（214ページ参照）でグリッド状のテスト画像を貼り付けた場合は、すでにマテリアルが作成されているためこの操作は不要です。

B ヘッダータブの **[Shading]** を左クリックしてワークスペースを切り替えます。
シェーダーエディターのヘッダーにある **[追加]** ➡ **[テクスチャ]** から **[画像テクスチャ]** を選択します。

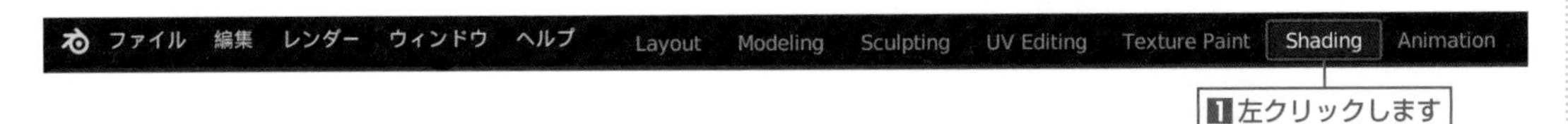

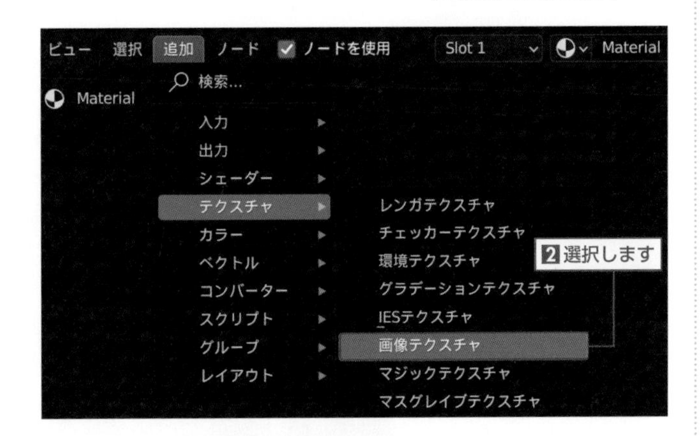

C **「画像テクスチャ」** ノードの **[開く]** を左クリックすると **「Blender ファイルビュー」** ダイアログボックスが開くので、画像編集ソフトで制作した画像を選択して **[画像を開く]** を左クリックします。

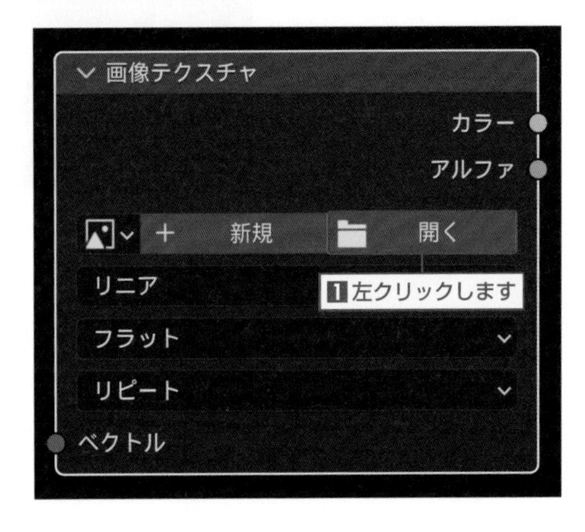

PART 4

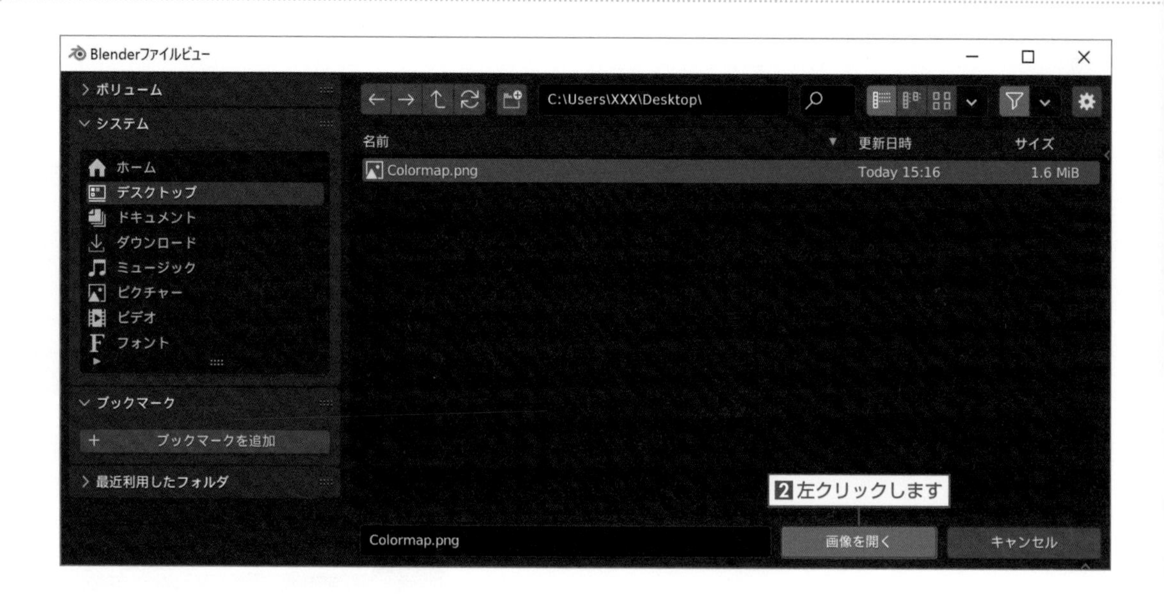

D **「画像テクスチャ」**ノードのカラーの出力ソケット部分をマウス左ボタンでプリンシプルBSDFのベースカラーの入力ソケットにドラッグして接続します。

⚠ グリッド状のテスト画像のノードがプリンシプルBSDFのベースカラーの入力ソケットに接続されている場合は、入力ソケット部分をマウス左ボタンでドラッグして接続を解除します。

⚠ 透明マップの設定（テクスチャの形状に切り抜かれる設定）は、STEP 08「透明マップの設定」のF（246ページ）からの手順を参照してください。

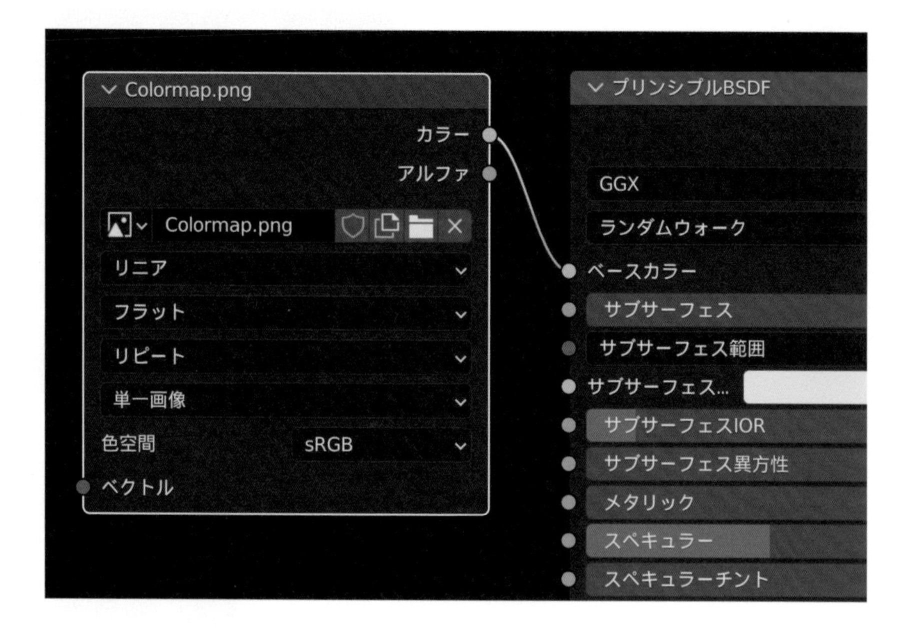

SECTION 4.3 マテリアル

マテリアルは、オブジェクトに対して色や光沢など表面の材質を設定することができます。さらに透明度や屈折率を設定することで、同じオブジェクトでも硬い質感や柔らかい質感など、さまざまな材質を表現できます。
ここでは、VRM形式エクスポートのアドオン（機能拡張）に含まれるシェーダーノードを使用して、セルルック（「トゥーンレンダリング」とも呼ばれるセル画アニメのような表現）に仕上げます。

STEP 01 アドオンのインストール

A （ワークスペース [Shading] にて）シェーダーエディターを見るとわかるように、シェーダーノードはデフォルトの **「プリンシプルBSDF」** を使用しています。**「プリンシプルBSDF」** でもVRM形式への書き出しは可能ですが、ここではセルルックに仕上げるために、VRM形式特有のシェーダーノードを使用します。

セルルックに仕上げるためのシェーダーノードを使用するには、まずVRM形式のエクスポートを行うためのアドオンのインストールが必要となります。

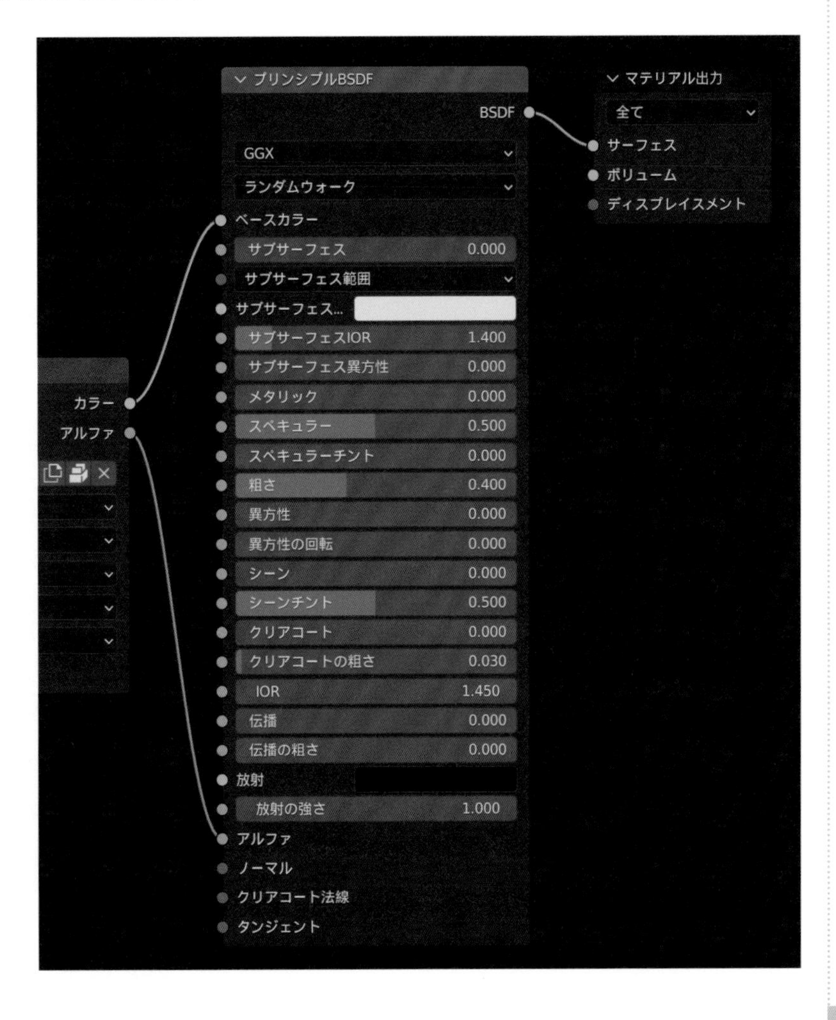

B アドオン「VRM Add-on for Blender Version 2.3.28」をBlenderにインストールします。
ブラウザで下記のURLにアクセスして、[Releases] をクリックします。
該当バージョンの「Assets」にある [VRM Add-on for Blender 2.3.28 (zip)] をクリックしてダウンロードを実行します。

https://github.com/saturday06/VRM_Addon_for_Blender

⚠ 原稿執筆時点とは、サイトのデザインやダウンロード方法が異なる場合があります。

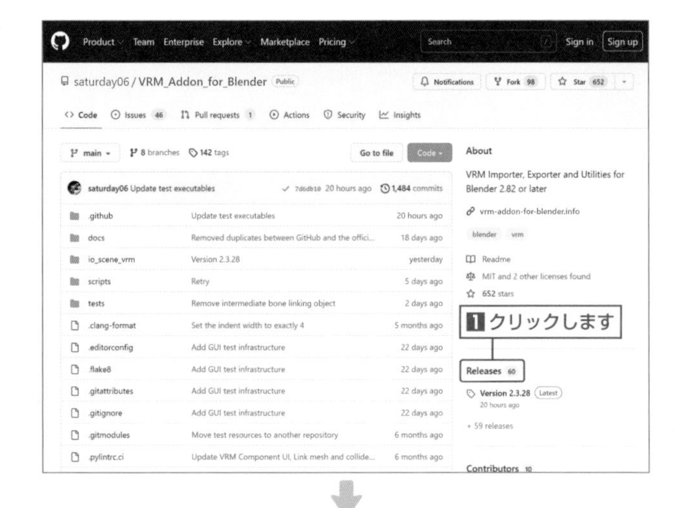

「VRM Add-on for Blender」は、マテリアルだけでなく骨格の生成や表情の設定など、VRM形式の書き出しを行うのに必要な設定が一通り揃ったアドオンになります。

⚠ Blenderとアドオンのバージョンの組み合わせによっては、エクスポート時にエラーが発生する場合があります。

C ヘッダーの [編集] から [プリファレンス] を選択すると、[Blenderプリファレンス] ウィンドウが表示されます。

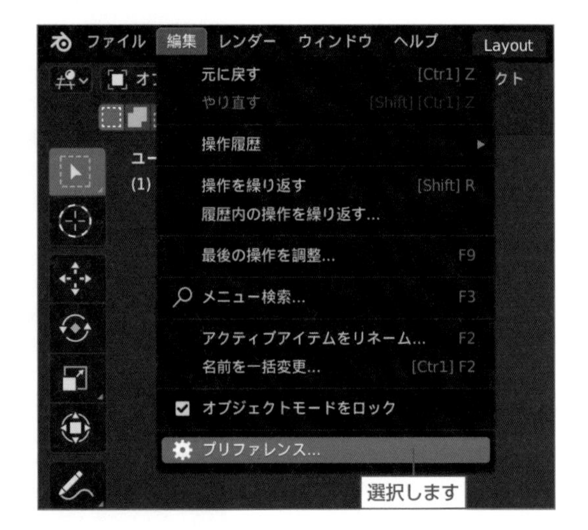

D ウィンドウの左側にある［**アドオン**］を左クリックして上部の［**インストール**］を左クリックすると、「**Blenderファイルビュー**」ウィンドウが表示されます。

E ダウンロードした「**VRM Add-on for Blender**」を選択して、［**アドオンをインストール**］を左クリックします。

F ［**Import-Export: VRM format**］が表示されるので、チェックを入れて有効にするとインストール完了です。タイトルバーの右端にある×を左クリックしてウィンドウを閉じます。

⚠［Import-Export: VRM format］が表示されない場合は、"vrm"で検索すると表示されます。
⚠インストールが完了したら、ダウンロードファイルを削除してもかまいません。

STEP 02 マテリアルの設定

A ヘッダータブの［Shading］を左クリックしてワークスペースを切り替え、3Dビューポートの［**オブジェクトモード**］で全身のオブジェクトを選択します。
シェーダーエディターのヘッダーにある［**追加**］➡［**グループ**］から［**MToon_unversioned**］を選択します。「**MToon_unversioned**」はアドオンをインストールしたことで追加されたシェーダーノードで、セルルック（トゥーンレンダリングとも呼ばれるセル画アニメのような表現）の設定が比較的簡単に行えます。

B 「**プリンシプルBSDF**」と「**MToon_unversioned**」を差し替えます。
シェーダーエディターの「**プリンシプルBSDF**」を左クリックで選択して削除（X キー）します。
"Colormap"が指定されたノードの［**カラー**］出力ソケットと「**MToon_unversioned**」の［**MainTexture**］入力ソケット、［**アルファ**］出力ソケットと［**MainTextureAlpha**］入力ソケット、「**MToon_unversioned**」の［**放射**］出力ソケットと「**マテリアル出力**」の［**サーフェス**］入力ソケットをそれぞれ接続します。

C シェーダーノード「**MToon_unversioned**」の場合、3Dビューポートの［**シェーディング**］が228ページのテクスチャペイントにて設定した［**マテリアルプレビュー**］の「**レンダーパス：ディフューズ色**」では、オブジェクトが表示されません。
［**マテリアルプレビュー**］の「**レンダーパス：総合**」に変更することでオブジェクトが表示されますが、ここでは後述の設定のため、［**マテリアルプレビュー**］から［**レンダー**］に変更します。

［レンダー］を選択します

D シェーディング［**レンダー**］では、ライトオブジェクトが光源として機能するため、位置の調整が必要となります。
ここでは、前方の向かって左斜め上に移動（G キー）します（位置：X "**-3**"、Y "**-3**"、Z "**3**"）。

⚠ ライトオブジェクトの位置調整はマテリアルの確認のためで、VRM形式エクスポートには影響しません。

⚠ ライトオブジェクトはデフォルトで配置されていますが、削除してしまった場合は、3Dビューポートのヘッダーにある［追加］（Shift ＋ A キー）➡［ライト］から［ポイント］を選択します。

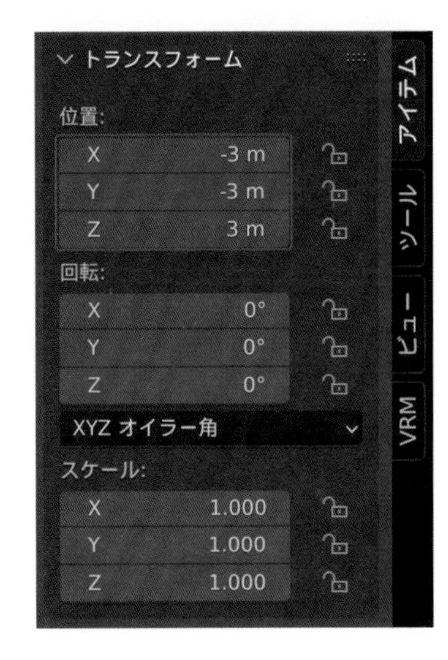

E 「MToon_unversioned」の主な設定項目は、以下のとおりです。

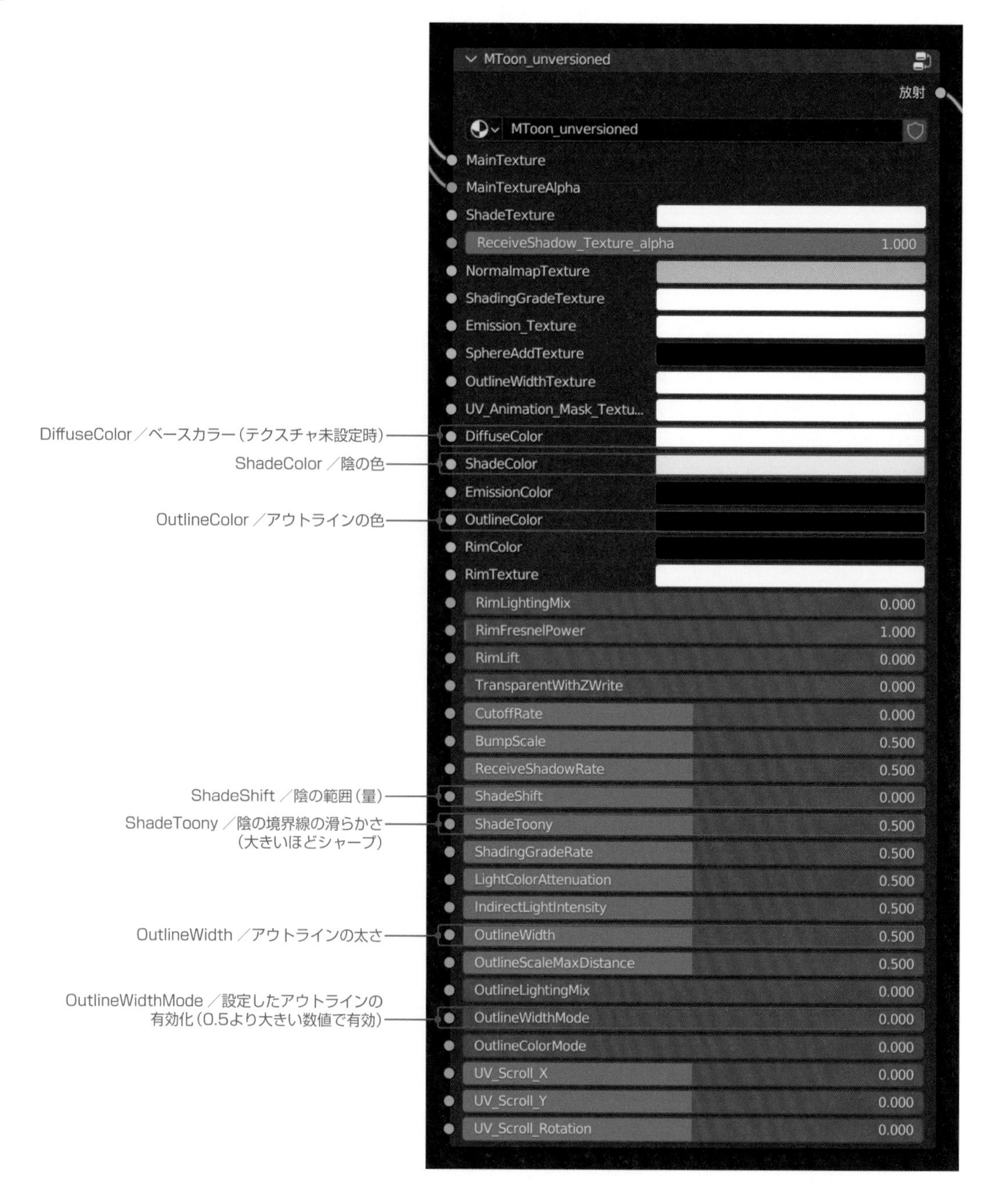

F ここでは、以下のとおり設定します。

⚠ アウトラインはBlenderでは確認することができません。VRM形式に書き出した後に各アプリやサービスで確認します。

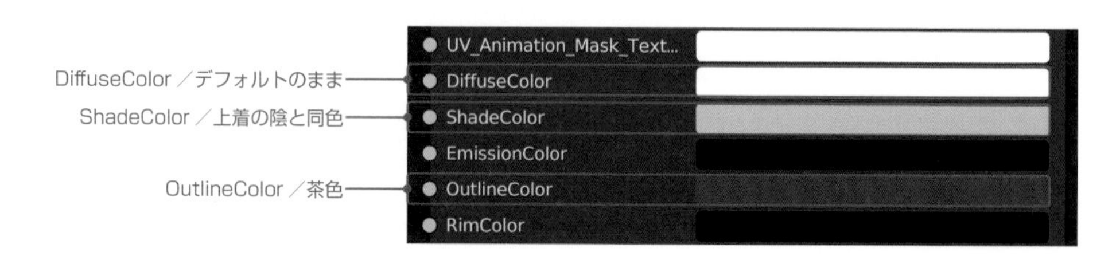

ShadeShift ／0.050
ShadeToony ／1.000
OutlineWidth ／0.200
OutlineWidthMode ／1.000

ReceiveShadowRate	0.500
ShadeShift	0.050
ShadeToony	1.000
ShadingGradeRate	0.500
LightColorAttenuation	0.500
IndirectLightIntensity	0.500
OutlineWidth	0.200
OutlineScaleMaxDistance	0.500
OutlineLightingMix	0.000
OutlineWidthMode	1.000
OutlineColorMode	0.000

VRM形式書き出し後見本　OutlineWidth ／0.050の場合

VRM形式書き出し後見本　OutlineWidth ／0.200の場合

VRM形式書き出し後見本　OutlineWidth ／0.500の場合

STEP 03 複数のマテリアルを設定

現在すべてのオブジェクトに同一のマテリアルが設定されています。そのため、陰の色は衣装を基準に設定したこともあり、髪の毛や肌の部分の陰としては違和感があります。

そこで、それぞれ別のマテリアルを設定して陰の色を個別に設定します。

A ヘッダータブの［Shading］を左クリックしてワークスペースを切り替えます。
複数のマテリアルを管理するために、マテリアル名を設定します。
3Dビューポートのオブジェクトモードで全身のオブジェクトを選択してプロパティの**「マテリアルプロパティ」**を左クリックし、マテリアルスロット下部の入力フォームでマテリアル名を変更します。ここでは"Body"と設定します。

B 後ろ髪のオブジェクトを選択します。
マテリアル名の右側に数字が表示されていますが、これはリンクしていることを表しており、このマテリアルが設定されているオブジェクトの数（全身、前髪、後ろ髪、眼球）になります。数字を左クリックするとリンクが解除されます。
入力フォームでマテリアル名を変更します。ここでは"Hair"と設定します。

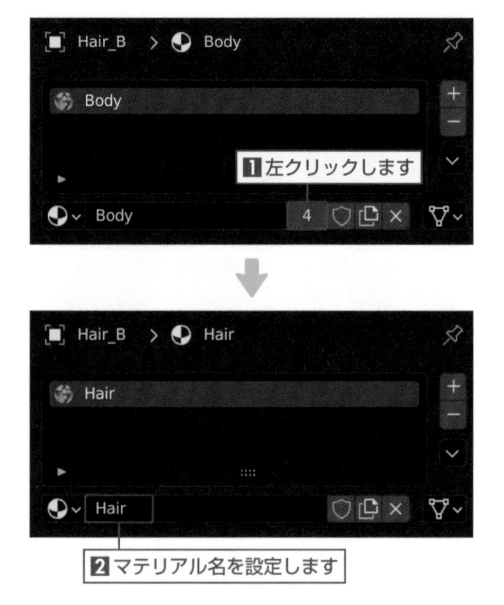

C シェーダーエディターのヘッダーにあるマテリアル名が "Hair" になっていることを確認し、**「MToon_unversioned」** にある **[ShadeColor]** の色を髪の毛の陰と同色に設定します。

D 前髪のオブジェクトを選択します。
プロパティのマテリアル名左側の **「マテリアル」** アイコン を左クリックして "Hair" を選択します。

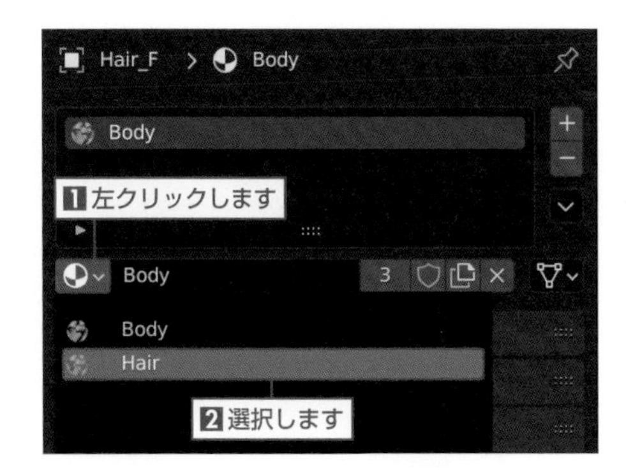

E 全身のオブジェクトについては、ひとつのオブジェクトに対して2つのマテリアル（衣装と肌）を設定します。
全身のオブジェクトを選択し、マテリアルスロット右側の ＋ を左クリックしてマテリアルを追加します。

F マテリアル名左側の「**マテリアル**」アイコン を左クリックして "Body" か "Hair" のいずれかを選択します。

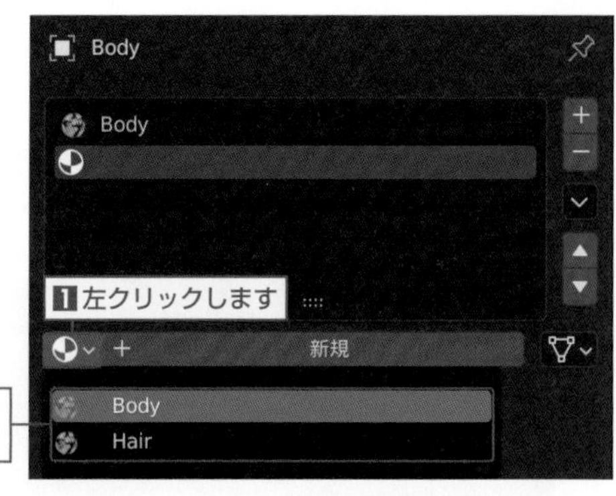

G マテリアル名右側の数字を左クリックしてリンクを解除し、入力フォームでマテリアル名を変更します。ここでは "Skin" と設定します。

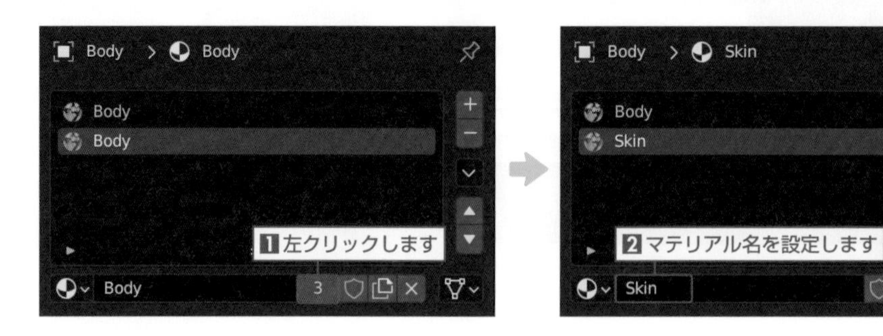

H 3Dビューポートを編集モード(Tabキー)に切り替えます。
3Dビューポートのヘッダーにある **[面選択]** を有効にして肌の部分を選択します。**[面選択]** でマウスポインターを合わせてLキー押すと、シームで囲まれた箇所を選択することができます。

⚠ 図はスカートを非表示にしています。

I プロパティのマテリアルスロットで"Skin"を選択し、**[割り当て]**を左クリックします。
これによって、選択しているメッシュ部分にマテリアル"Skin"が割り当てられます。

⚠ この時点では、[割り当て]による変化はありません。

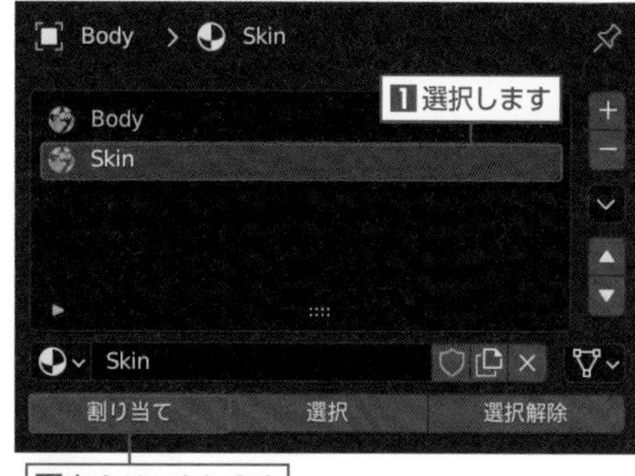

J 3Dビューポートをオブジェクトモード（Tabキー）に切り替えます。
シェーダーエディターのヘッダーにあるマテリアル名が"Skin"になっていることを確認し、「MToon_unversioned」にある**[ShadeColor]**の色を肌の陰と同色に設定します。

PART 5

シェイプキー

シェイプキーは、メッシュの位置情報を記録できる機能です。キャラクターの目を閉じた状態や口を開けた状態などさまざまな表情（メッシュ形状）を記録しておくことで、簡単に表情を変化させることができます。特にアニメーションで有効に機能します。
VRM形式では、Webカメラによる顔認識でまばたきや口の動きをキャラクターに反映させるフェイストラッキング・リップシンクが設定でき、それらの機能にはシェイプキーが用いられます。

SECTION 5.1 目の開閉

Webカメラによるフェイストラッキングで、ウインクやまばたきができるようにメッシュの形状を編集してシェイプキーとして記録します。片目のウインクの形状さえできれば、反転と複製で左右のウインク、まばたきの設定が完了します。

STEP 01 ウインク（左目）の設定

A 左右のウインクとまばたきのシェイプキーを設定します。まず左目のウインクから編集します。
ヘッダータブの［Layout］を左クリックして、3Dビューポートのオブジェクトモードで全身のオブジェクトを選択します。
プロパティの **［オブジェクトデータプロパティ］** を左クリックして **「シェイプキー」** パネルの ＋ を左クリックするとシェイキー **"ベース"** が作成され、初期の形状が記録されます。

B もう一度 ＋ を左クリックしてシェイプキーを作成します。
シェイプキー名をダブルクリックして"Blink_L"に変更します。

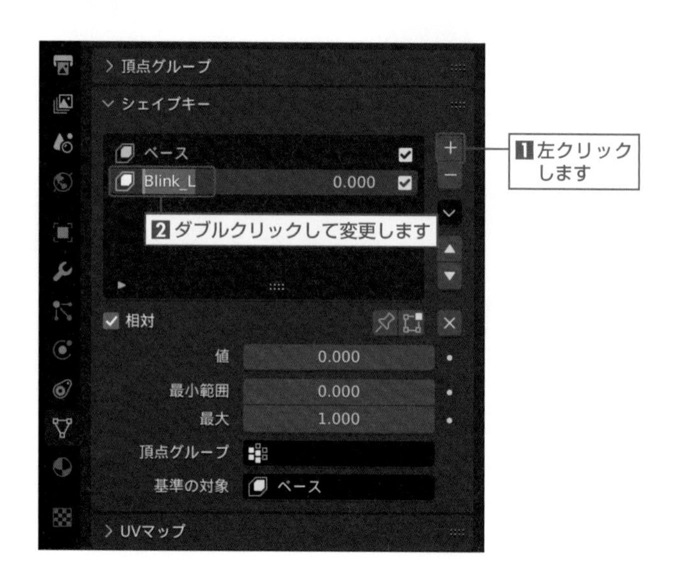

C シェイプキー "Blink_L" を選択して**編集モード**（Tab キー）に切り替えます。編集モードでメッシュを変形させ、左目の形状を閉じた状態に編集します。
左目のみ編集を行うため、3Dビューポートのヘッダーにある**「メッシュの対称」**が無効になっていることを確認します。編集によるテクスチャの歪みなどを確認するため、3Dビューポートのヘッダーにある**［シェーディング］**切り替えボタンで**［マテリアルプレビュー］**を有効にします（228ページのテクスチャペイントにて設定した**［マテリアルプレビュー］**のレンダーパスが**［ディフューズ色］**になっている場合は、レンダーパスを**［総合］**に変更します）。
編集は3Dビューポートのヘッダーにあるアイコンを左クリックして**「プロポーショナル編集」**を有効にし、各頂点を移動（G キー）しながら少しずつ変形していきます。
最終的に**「プロポーショナル編集」**を無効にして、周辺のメッシュも含めて微調整し、形状を整えていきます。

⚠ 編集の際は、分割や結合などメッシュ構造の変更はしないようにします。

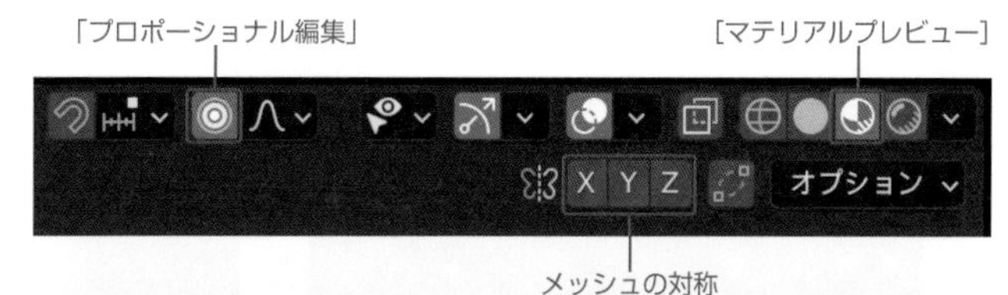

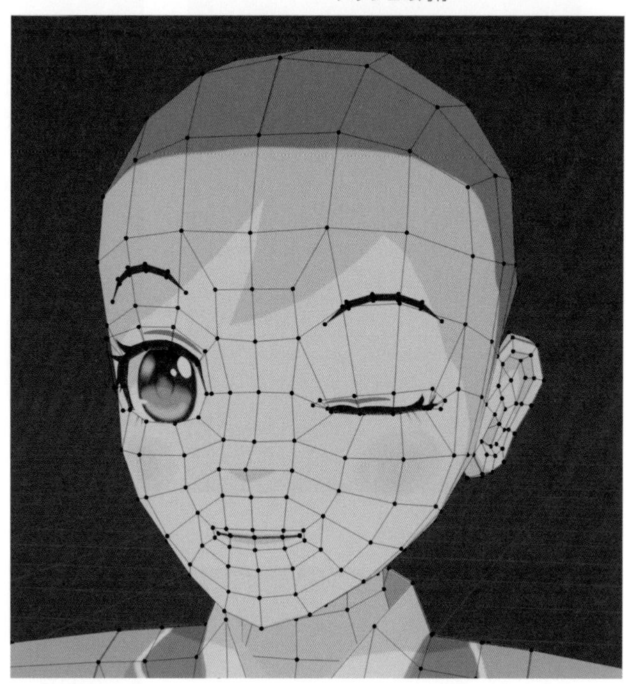

⚠ 必要に応じて、髪の毛のオブジェクトを（アウトライナーにて）非表示にします。

D 眉毛は、3Dビューポートのヘッダーにあるアイコンを左クリックして**「スナップ」**を有効にし、**「スナップ先」**メニューから**［面］**を選択して頭部のメッシュに吸着させて編集を行います。
編集後は頭部と眉毛が重ならないように**「スナップ」**を無効にし、眉毛を前方に移動（G キー ➡ Y キー）して頭部と若干隙間をつくります。

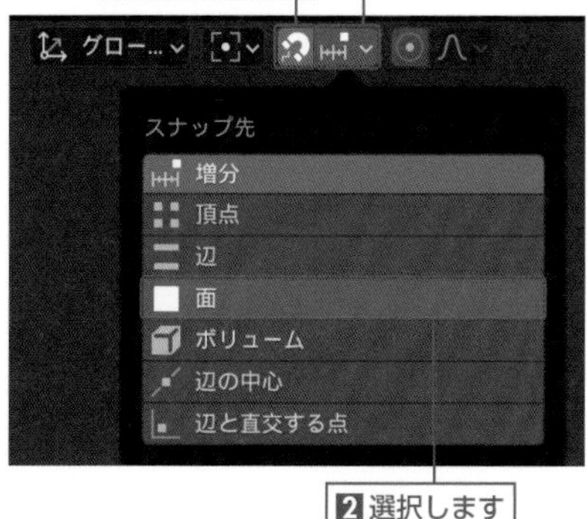

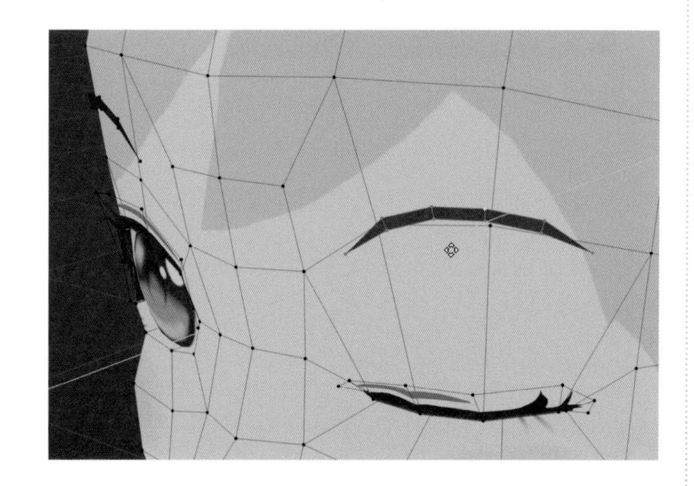

E **オブジェクトモード**（Tabキー）に切り替えます。
「シェイプキー」パネルにある“Blink_L”の**[値]**を変更すると、メッシュが変形して左目を開閉することができます。

STEP 02 ウインク（右目）の設定

A 左右対称の形状であれば、シェイプキーを反転することができます。右目のウインクは、左目のウインクを反転してシェイプキーを作成します。
「シェイプキー」パネルの "Blink_L" の **[値]** を "1.000" にして左目を閉じた状態にします。
「シェイプキー」パネルの右側にある アイコンを左クリックして **[新規シェイプをミックスから作成]** を選択すると、現在の形状（左目を閉じた状態）を記録したシェイプキーが作成されます。

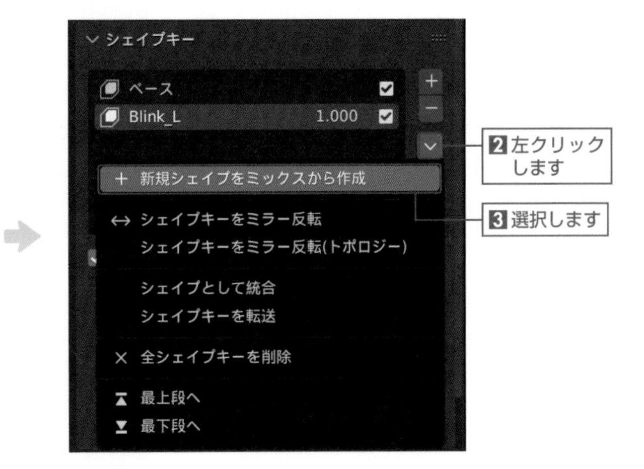

B シェイプキー名をダブルクリックして、"Blink_R" に変更します。
シェイプキー "Blink_R" を選択して**「シェイプキー」**パネルの右側にある アイコンを左クリックし、**[シェイプキーをミラー反転]** を選択すると、シェイプキーが反転されて右目を開閉することができます。

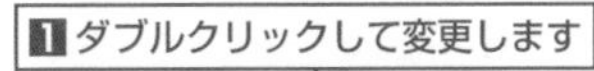

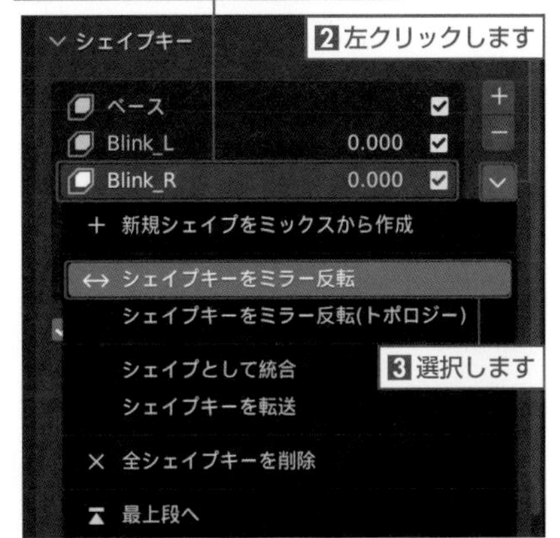

STEP 03 まばたきの設定

A まばたきができるように、両目を閉じたシェイプキーを作成します。
シェイプキー "Blink_L" と "Blink_R" の **[値]** を "1.000" にして、両目を閉じた状態にします。
「シェイプキー」パネルの右側にある ⌄ アイコンを左クリックして **[新規シェイプをミックスから作成]** を選択すると、両目を閉じた状態を記録したシェイプキーが作成されます。

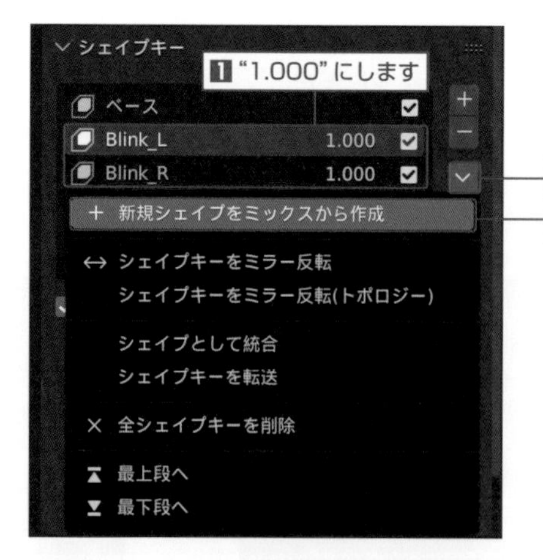

B シェイプキー名をダブルクリックして "Blink" に変更します。

⚠ シェイプキー "Blink" を確認する際は、シェイプキー "Blink_L" と "Blink_R" の [値] を "0.000" にします。

SECTION 5.2 口の開閉

VRM形式のリップシンクに対応するため、母音の口の動きを再現した形状にメッシュを編集してシェイプキーとして記録します。

STEP 01 母音の設定

A すべてのシェイプキーの **[値]** を "0.000" にし、**「シェイプキー」** パネルの + を左クリックしてシェイプキーを作成します。シェイプキー名をダブルクリックして "A" に変更します。

B シェイプキー "A" を選択して、**編集モード**（Tab キー）に切り替えます。
編集モードでメッシュを変形させ、**「あ」** を発声したときの口に編集します。
左右対称の編集を行うため、3Dビューポートのヘッダーにある X（X軸対称）を有効にします。
編集は3Dビューポートのヘッダーにある ◎ アイコンを左クリックして **「プロポーショナル編集」** を有効にし、各頂点を移動（G キー）しながら少しずつ変形していきます。
最終的に **「プロポーショナル編集」** を無効にして、周辺のメッシュも含めて微調整し、形状を整えていきます。

上下の開閉については、下唇や顎を真下に移動するのではなく、側面から見て少し斜め後ろに向かって移動するようにします。
左右の開閉については、口角を真横に移動するのではなく、輪郭に沿って移動するようにします（次ページ参照）。

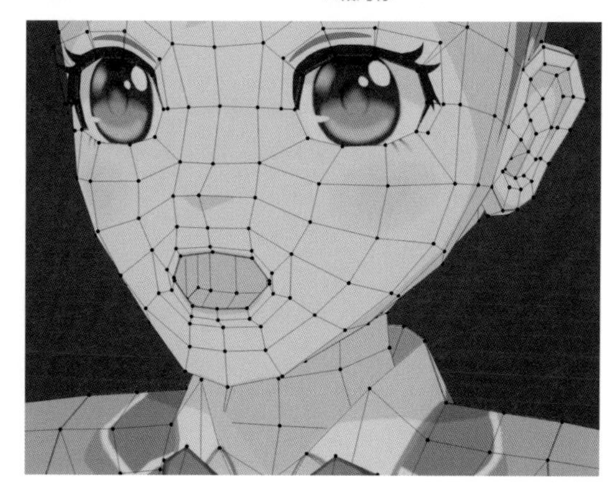

⚠ 編集の際は、分割や結合などメッシュ構造の変更はしないようにします。

⚠ 必要に応じて、髪の毛のオブジェクトを（アウトライナーにて）非表示にします。

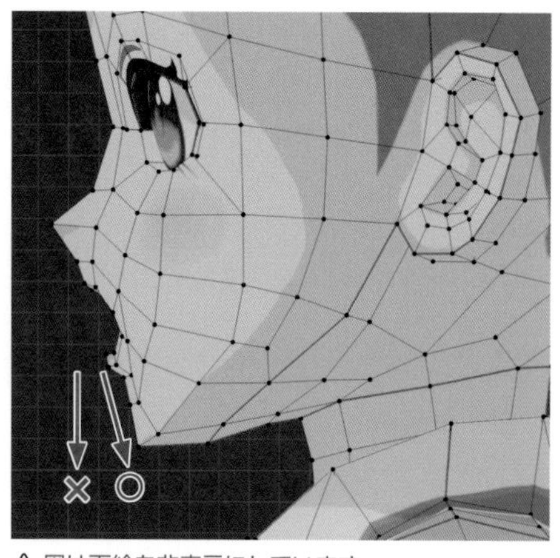

⚠ 図は下絵を非表示にしています。

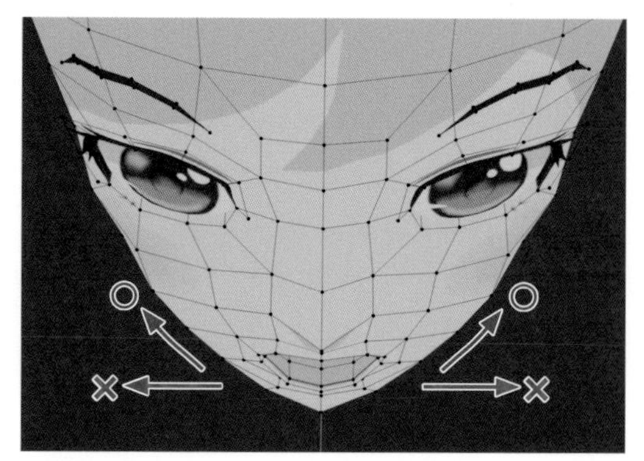

⚠ 図は一部メッシュを非表示にしています。

C 同様の操作でシェイプキー "I（「い」の発声）"、"U（「う」の発声）"、"E（「え」の発声）"、"O（「お」の発声）" を作成します。

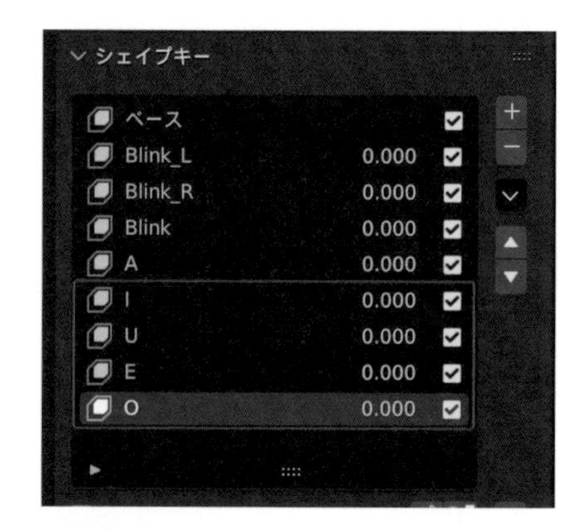

"I（「い」の発声）"

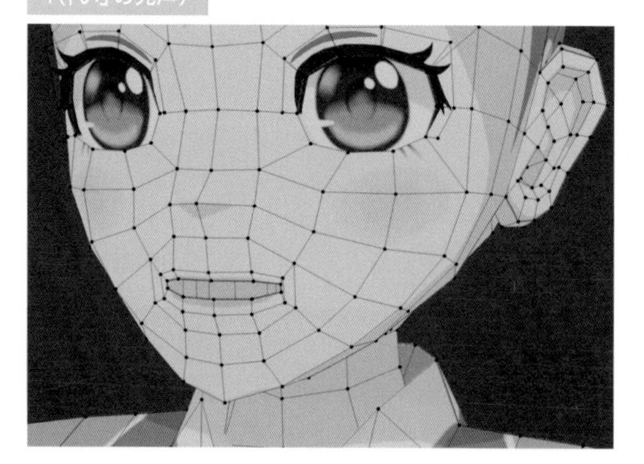

"U（「う」の発声）"

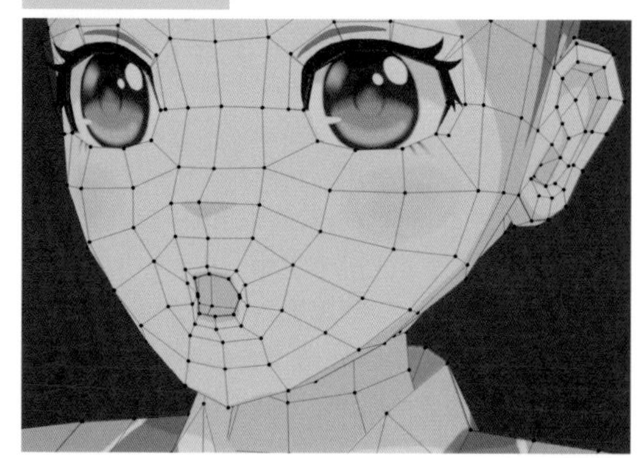

"E（「え」の発声）"

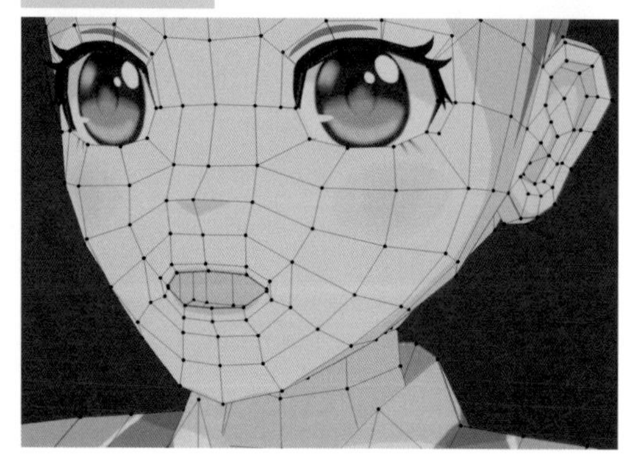

"O（「お」の発声）"

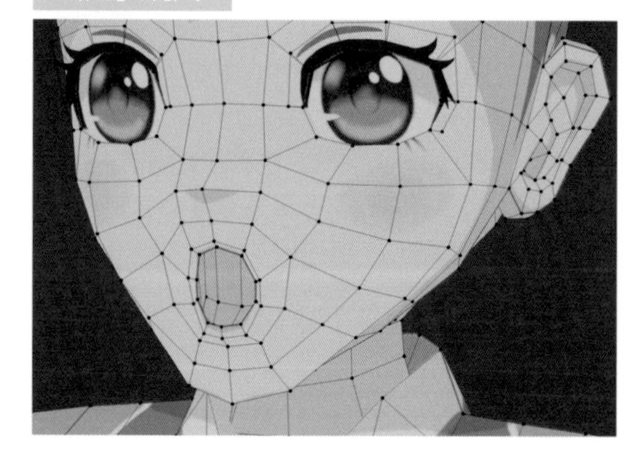

SECTION 5.3 表情の設定

VRM形式では、プリセットとしてJoy（喜び）、Angry（怒り）、Sorrow（悲しい）、Fun（楽しい）の4種類の表情を設定することができます。

PART 5

STEP 01 「喜び」の表情の設定

A 上記の４種類の表情についても、まばたきなどと同様にそれぞれ表情の形状にメッシュを編集して、シェイプキーとして記録します。
「Joy（喜び）」のシェイプキーを作成します。
オブジェクトモードでプロパティの**［オブジェクトデータプロパティ］**を左クリックし、**「シェイプキー」**パネルの＋を左クリックしてシェイプキーを作成します。シェイプキー名をダブルクリックして "Joy" に変更します。

⚠ 表情は未設定でもフェイストラッキングやリップシンクに影響はありません。また、VRM形式の書き出しも可能です。

オブジェクトデータプロパティ
1 左クリックします
2 左クリックします
3 ダブルクリックして変更します

B シェイプキー "Joy" を選択して**編集モード**（Tabキー）に切り替えます。編集モードでメッシュを変形させて、**「喜び」**の表情に編集します。
左右対称の編集を行うため、3Dビューポートのヘッダーにある X（X軸対称）を有効にします。
編集は3Dビューポートのヘッダーにある◎アイコンを左クリックして**「プロポーショナル編集」**を有効にし、各頂点を移動（Gキー）しながら少しずつ変形していきます。最終的に**「プロポーショナル編集」**を無効にし、眉毛やまつ毛なども含め微調整して形状を整えます。
眉毛は、3Dビューポートのヘッダーにあるアイコンを左クリックして**「スナップ」**を有効にし、**「スナップ先」**メニューから**［面］**を選択して、頭部のメッシュに吸着させて編集を行います。
編集後は頭部と眉毛が重ならないように**「スナップ」**を無効にし、眉毛を前方に移動（Gキー ➡ Yキー）して頭部と若干隙間をつくります。

⚠ 編集の際は、分割や結合などのメッシュ構造は変更しないようにします。
⚠ 必要に応じて、髪の毛のオブジェクトを（アウトライナーにて）非表示にします。

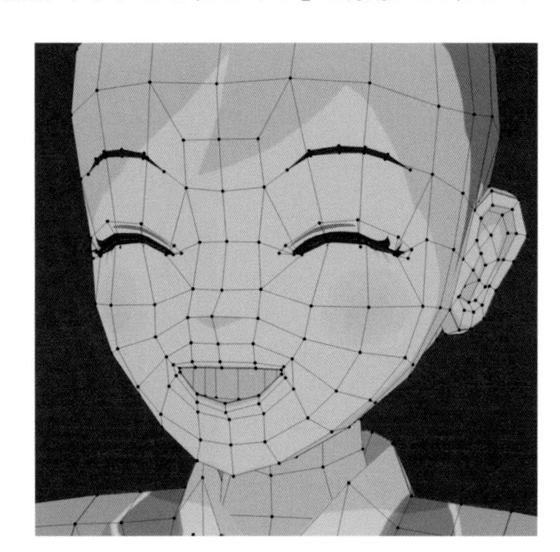

「スナップ」「プロポーショナル編集」

「スナップ先」メニュー

X軸対称

C 同様の操作で、シェイプキー "Angry（怒り）"、"Sorrow（悲しい）"、"Fun（楽しい）" を作成します。

"Angry（怒り）"

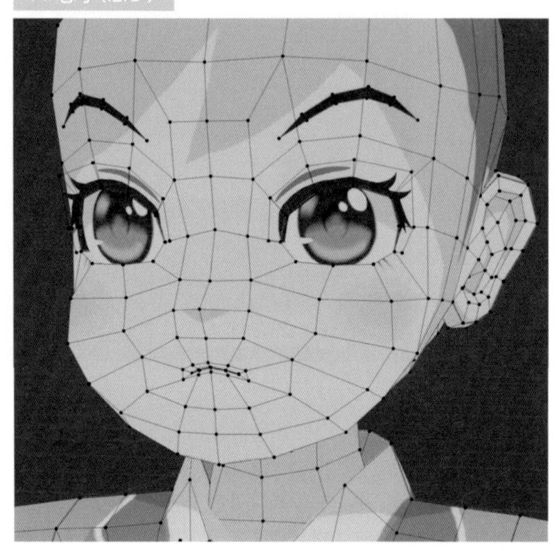

"Sorrow（悲しい）"

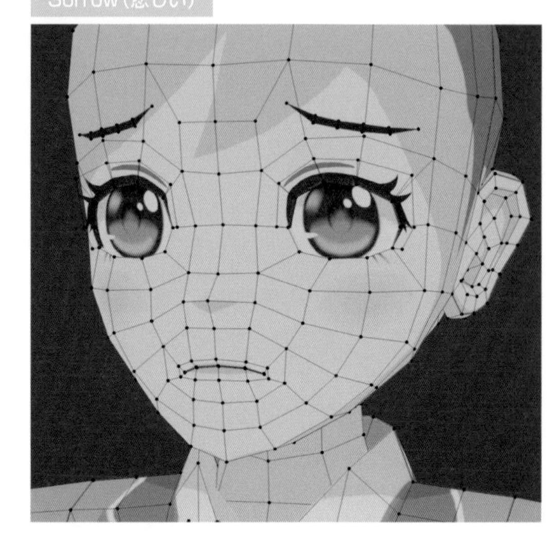

"Fun（楽しい）"

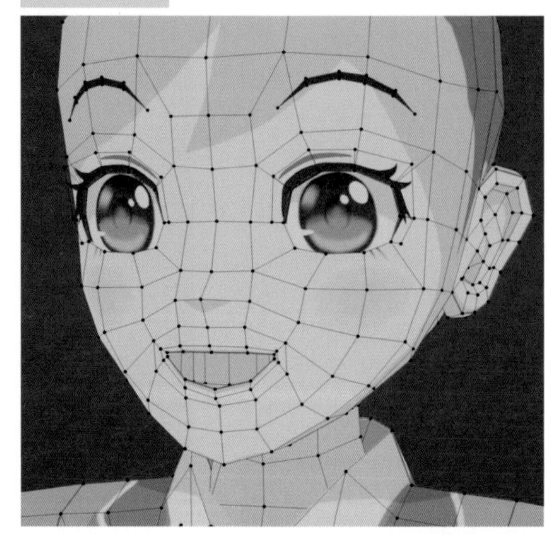

Blender
3D Avatar
Making Technique

PART 6

リギング

作成したキャラクターを人間と同じように動かすため、骨格を作成してメッシュと連動させることで、各関節で曲げたり捻ったりできるような仕組みを構築します。これらの工程を「リギング」といいます。キャラクターのポージングやアニメーションの制作には、必要不可欠な工程となります。

SECTION 6.1 リギングの基礎知識

キャラクターを自由自在に動かすために必要不可欠な工程「リギング」。ここでは簡単な形状に対して実際にリギングを行いながら、手順や操作方法などリギングの基礎知識を紹介します。

アーマチュアとは

キャラクターの腕や脚を曲げるなどしてポージングやアニメーション制作を行う際に、その都度メッシュを移動や回転など編集していては、とても面倒で手間が掛かってしまいます。

そこで、実際の人間と同じように腕や脚などカラダに沿ってボーン（骨）を作成し、それらのボーンとそれぞれメッシュの該当部分を関連付けることで、ボーンをコントロールしてメッシュを変形させられるようにします。

Blenderでは、骨格となるボーンの集合体を**「アーマチュア」**と呼びます。

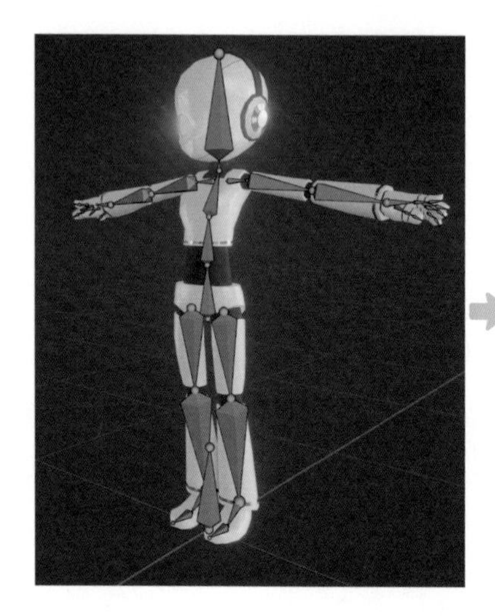

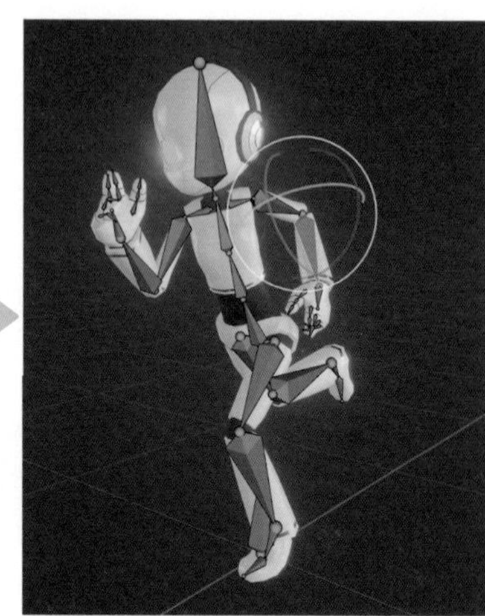

ボーンの部位

骨格の役割となるアーマチュアは、つなぎ合わさった複数のボーンで構築されています。ボーンの根元を**「ヘッド」**、先端を**「テール」**、それらをつなぐ本体部分を**「ボディ」**といいます。

関節を曲げたり捻ったりする場合は、ボーンのヘッドが基点となります。

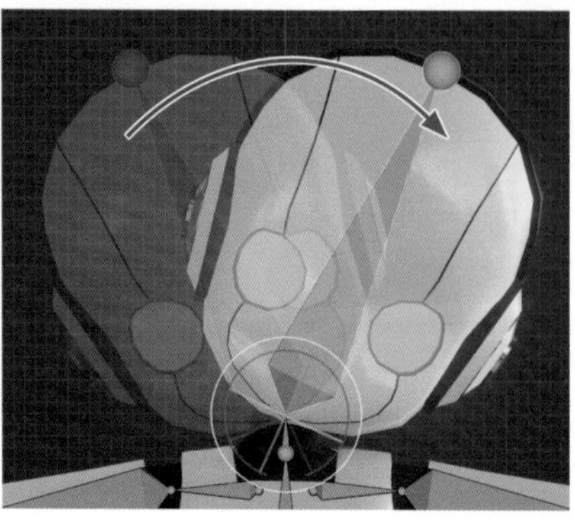

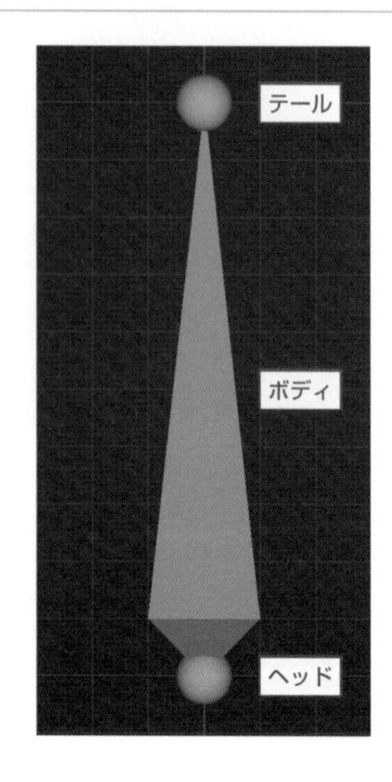

リギングの工程

STEP 01 アーマチュアの作成

A 人型のキャラクターでリギングを行う前に、練習を兼ねて簡単な形状に対してリギングを行いながら、各機能や一連の流れを紹介します。
円柱状のオブジェクトが配置されているBlenderファイル"SECTION6-1s1.blend"を用意しました。このオブジェクトをアーマチュアで変形できるようにします。

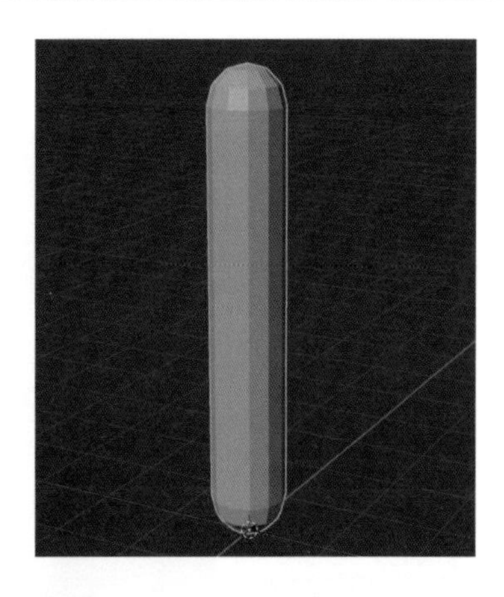

B 関節部分を把握するため、オブジェクトモードでもメッシュ構造がわかるようにします。
オブジェクトを選択してプロパティの「**オブジェクトプロパティ**」を左クリックし、「**ビューポート表示**」パネルにある[**ワイヤーフレーム**]を有効にします。

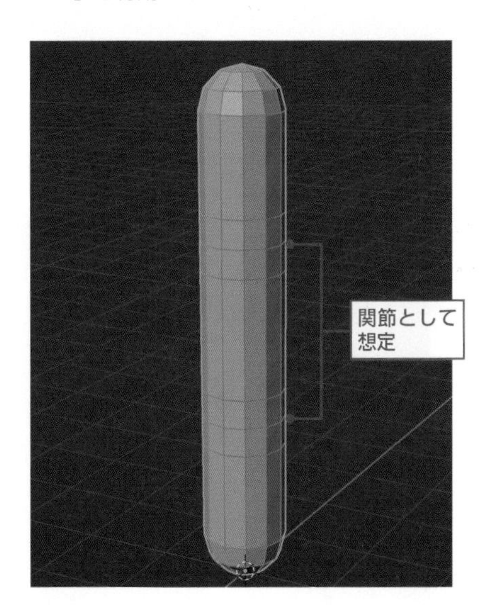

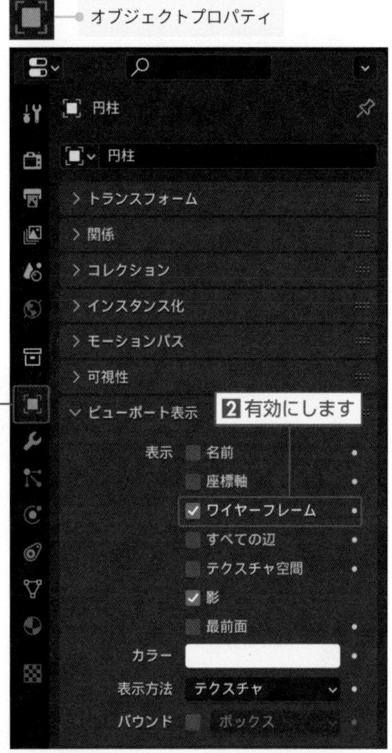

C 3Dビューポートのヘッダーにある[**追加**](Shift + A キー) ➡ [**アーマチュア**]から[**単一ボーン**]を選択してシーンにボーンを追加します(この時点ではオブジェクトに隠れてボーンが見えないはずです)。

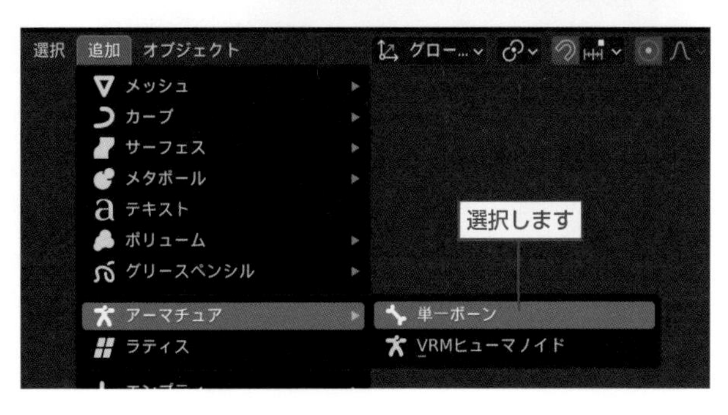

D オブジェクトに隠れてボーンが見えないので、透けて見えるように設定します。ボーンが選択された状態（追加した直後は選択状態です）で、プロパティの**「オブジェクトプロパティ」**を左クリックして**「ビューポート表示」**パネルにある**[最前面]**を有効にします。

⚠ ボーンの選択を解除してしまった場合は、アウトライナーで選択します。

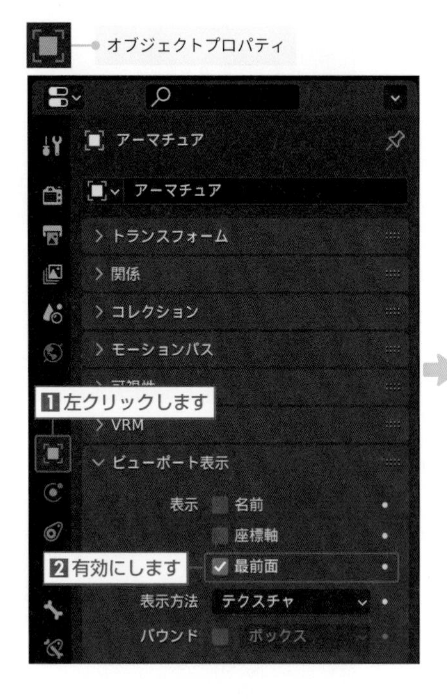

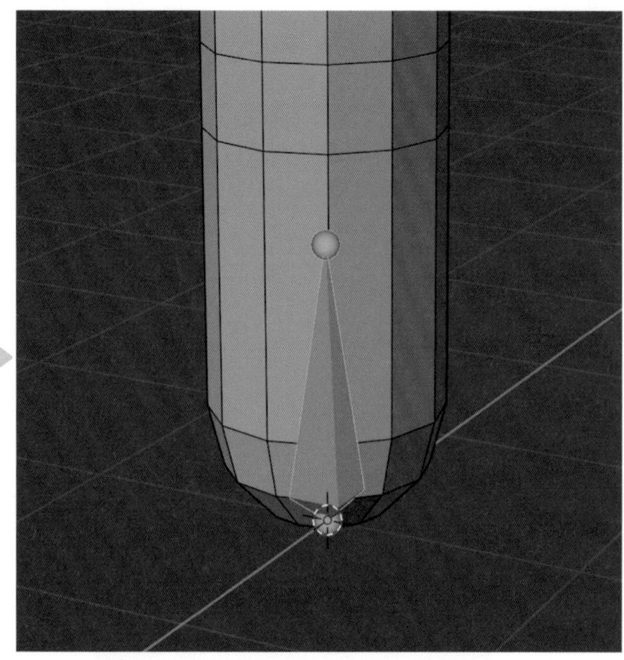

E ボーンを選択して**編集モード**（Tabキー）に切り替え、フロントビュー（テンキー1）に切り替えます。テールを選択して上方向に移動（Gキー ➡ Zキー）し、関節の位置に合わせてボーンを拡大します。

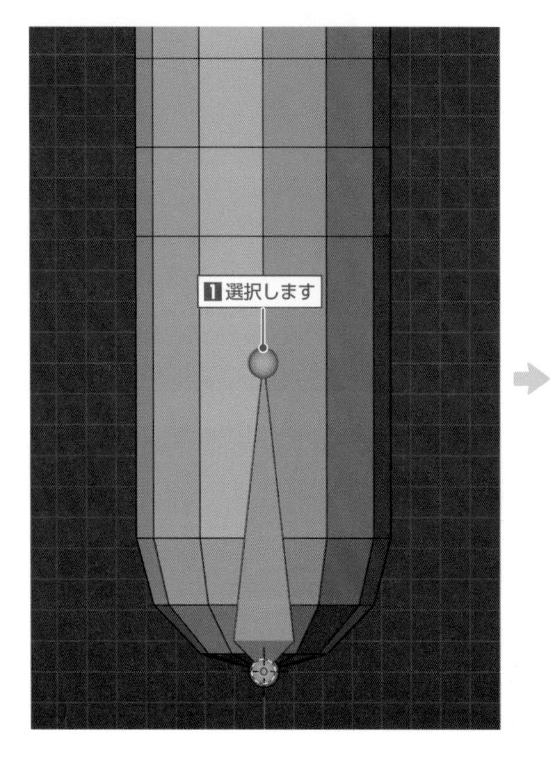

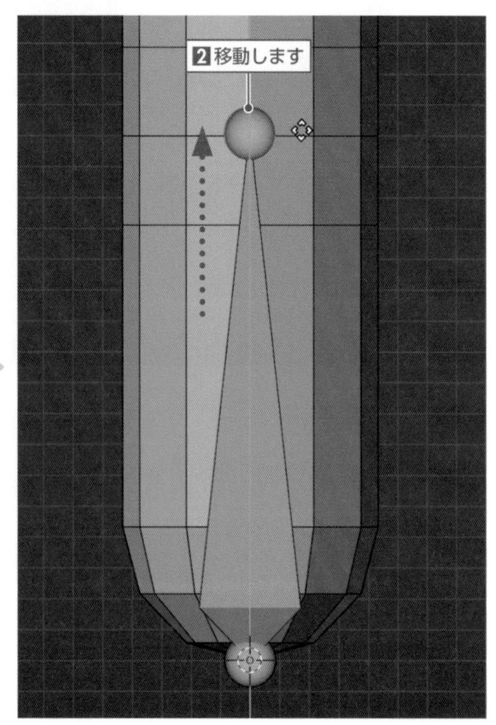

F テールを選択して**「押し出し」**ツールを有効にします。
ライン先端にある＋をマウス左ボタンでドラッグして、関節の位置まで上方向にボーンを押し出します。

［押し出し］ツール

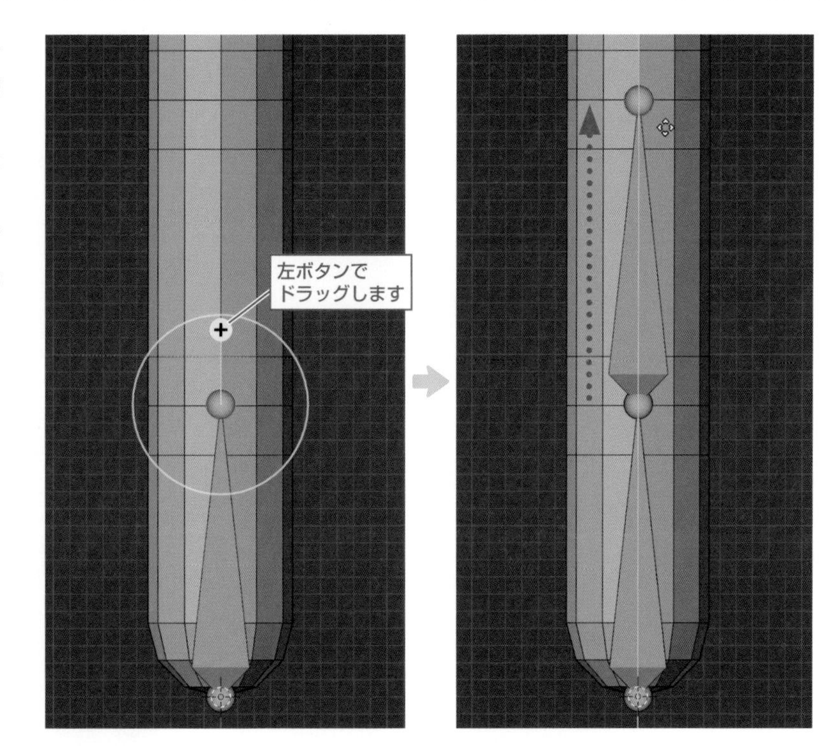

G さらに同様の操作を繰り返して、円柱の先端の位置まで上方向にボーンを押し出します。

PART 6

STEP 02 ペアレントの設定

A **オブジェクトモード**（Tabキー）に切り替えて、円柱のオブジェクト、アーマチュアの順に複数選択します。

⚠ ここではオブジェクトがひとつですが、複数ある場合はアーマチュアを最後に選択します。

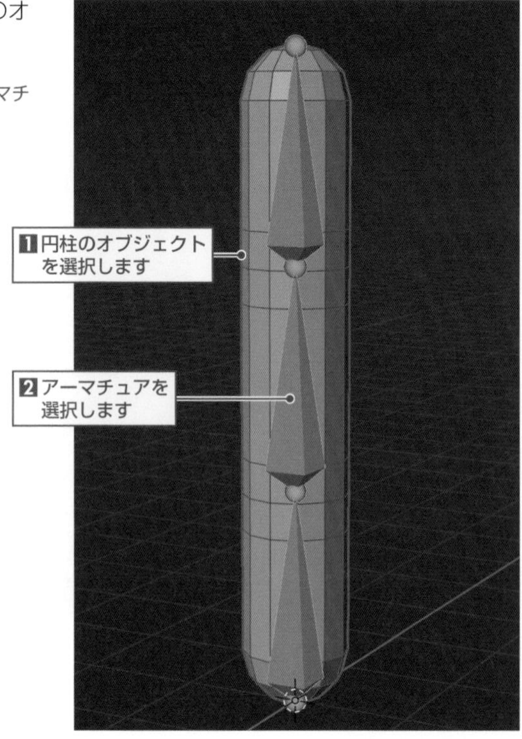

B 3Dビューポートのヘッダーにある **[オブジェクト]** ➡ **[ペアレント]**（Ctrl＋Pキー）から **[自動のウェイトで]** を選択します。

ウェイトとは、各ボーンに対してのメッシュ（各頂点）の影響度を示す値です。メッシュのウェイト値が高い部分ほどボーンの動きに連動します。ここではそのウェイトの値をボーンとの距離などに応じて自動で設定します。

C アーマチュアを選択し、プロパティの **[オブジェクトデータプロパティ]** を左クリックして **「ビューポート表示」** パネルにある **[名前]** を有効にすると、ボーンの名前が表示されます。

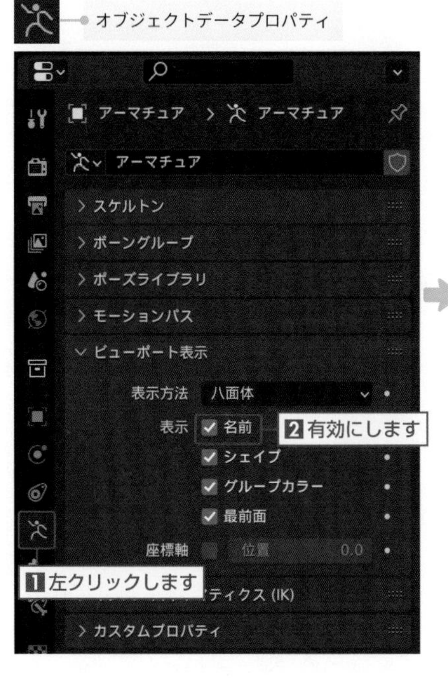

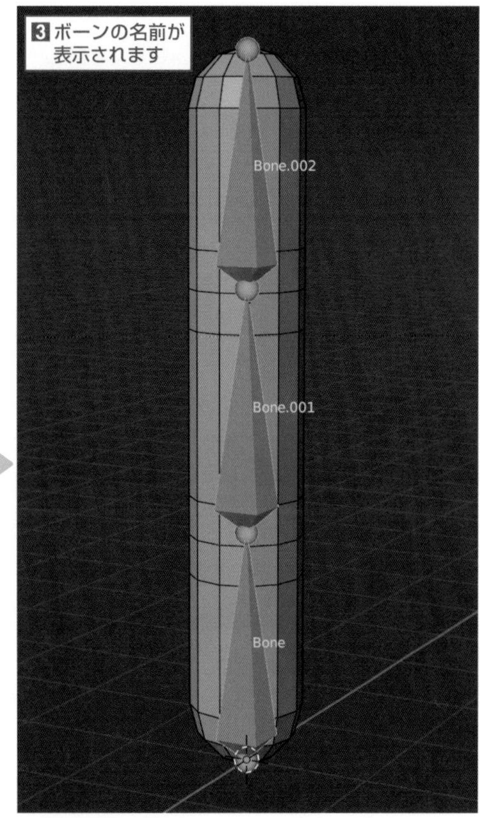

D 円柱のオブジェクトを選択し、プロパティの **[オブジェクトデータプロパティ]** を左クリックして **「頂点グループ」** パネルを表示します。
[自動のウェイトで] によって **「頂点グループ」** パネルには、ボーンと同名の頂点グループが作成されます。

この頂点グループは **「ウェイトグループ」** ともいわれ、各ボーンに対してどの頂点がどれだけ連動するか、それら影響度、影響範囲となるウェイト値の情報が記録されています。

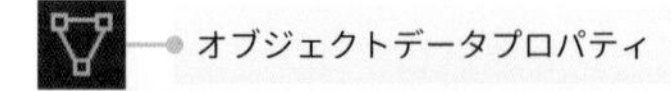

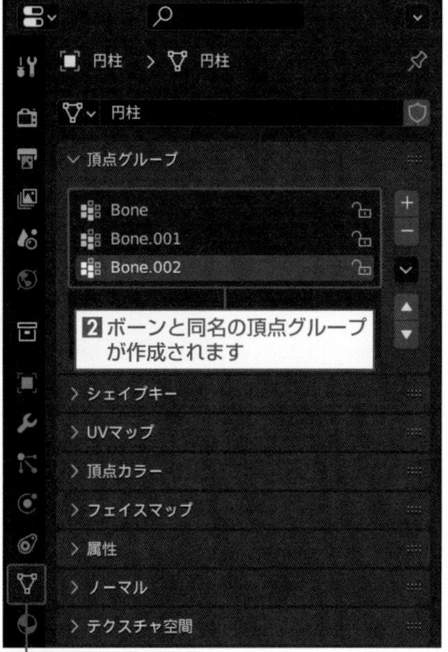

E これで、アーマチュアと円柱のオブジェクトとの関連付けが完了したので確認します。
アーマチュアを選択して、3Dビューポートのヘッダーにあるモード切り替えメニューから **[ポーズモード]** を選択します。
各ボーンを選択して回転（R キー）すると、円柱のオブジェクトが連動していることが確認できます。

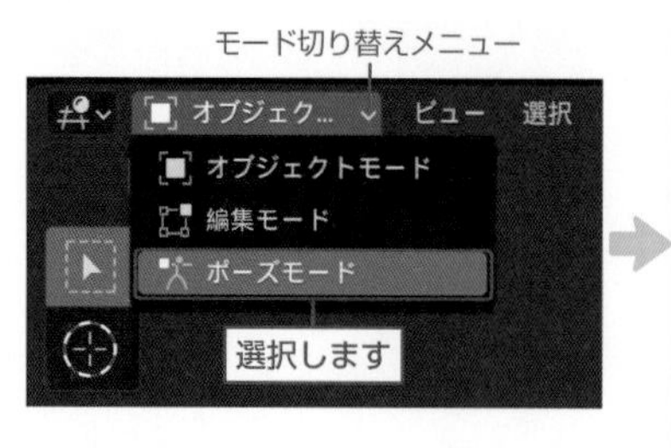

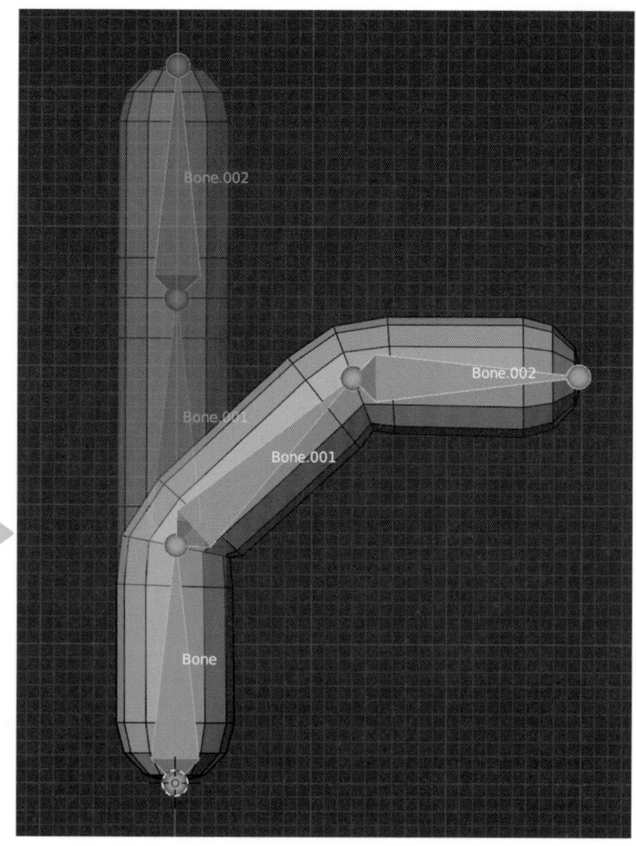

F すべてのボーンを選択し、3Dビューポートのヘッダーにある **[ポーズ]** ➡ **[トランスフォームをクリア]** から **[回転（または [すべて]）]**（Alt + R キー）を選択すると、デフォルトの状態に戻ります。

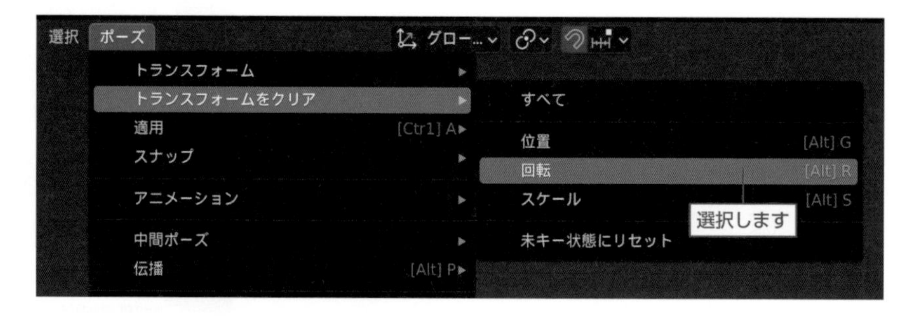

STEP 03 ウェイトの編集（ウェイトペイントモード）

A 複雑な形状や複数のオブジェクトなどの自動ウェイト設定では、必ずしも満足のいく結果が得られるとは限りません。
そのような場合は、自動設定後の修正や手動でのウェイト編集が必要となります。ここでは、手動でのウェイト編集方法を紹介します。

まずは、すでに設定されている円柱のオブジェクトとアーマチュアのペアレントを解除します。
オブジェクトモード（Tabキー）に切り替えて円柱のオブジェクトを選択し、3Dビューポートのヘッダーにある **[オブジェクト] ➡ [ペアレント]**（Alt＋Pキー）から **[親子関係をクリア]** を選択します。

B プロパティの **[オブジェクトデータプロパティ]** を左クリックし、**「頂点グループ」** パネルにある **「矢印」** アイコンを左クリックして **[全グループを削除]** を選択します。

これで、円柱のオブジェクトとアーマチュアのペアレント設定が解除されます。

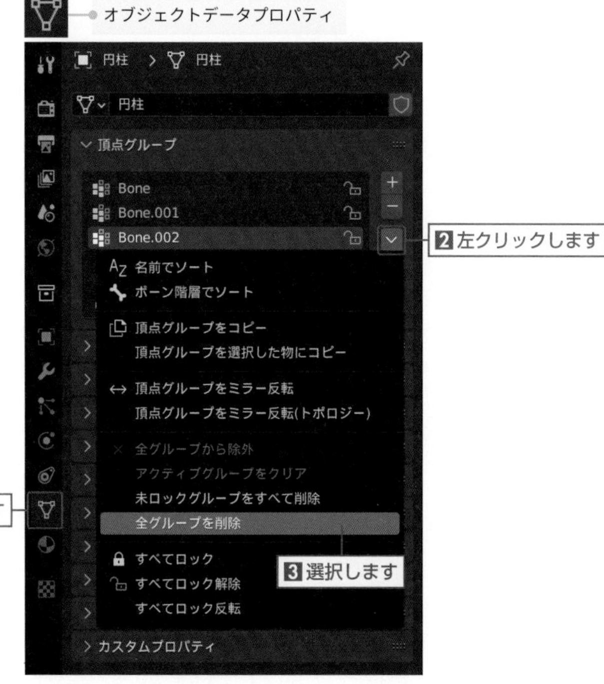

C 円柱のオブジェクト、アーマチュアの順に複数選択し、3Dビューポートのヘッダーにある **[オブジェクト]** ➡ **[ペアレント]**（Ctrl + P キー）から **[空のグループで]** を選択します。
この時点では、空の（ウェイトが設定されていない）頂点グループのため、ボーンとメッシュは連動していません。

D 各頂点グループにウェイトを設定します。
アーマチュア、円柱のオブジェクトの順（ペアレントとは逆）に複数選択し、3Dビューポートのヘッダーにあるモード切り替えメニューから **[ウェイトペイントモード]** を選択します。
ウェイトペイントモードは、ブラシによるペイントで直感的にウェイト編集を行うことができます。

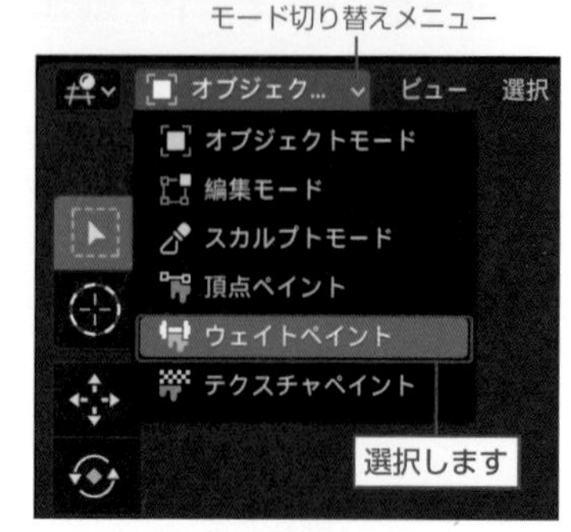

E 下段のボーン "Bone" を Ctrl キー+左クリックで選択します。プロパティの **[オブジェクトデータプロパティ]** を左クリックし、**「頂点グループ」** パネルにある "Bone" を左クリックしても選択できます。

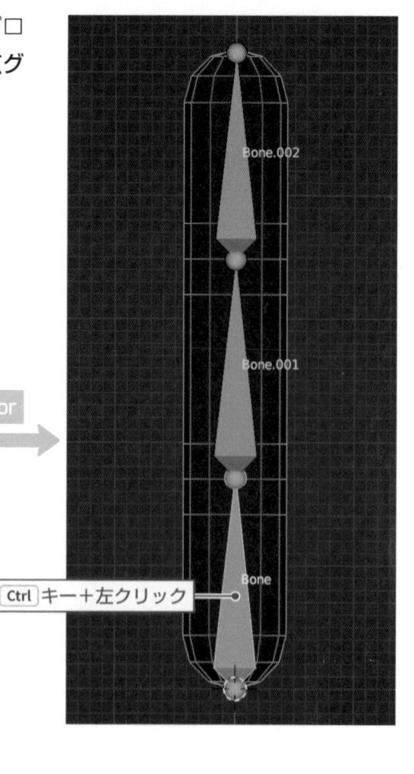

F 「ドロー」 ツールを有効にし、3Dビューポートのヘッダーにある [ウェイト] を "1.000 (影響度100%)"、[強さ] を "1.000" に設定します。

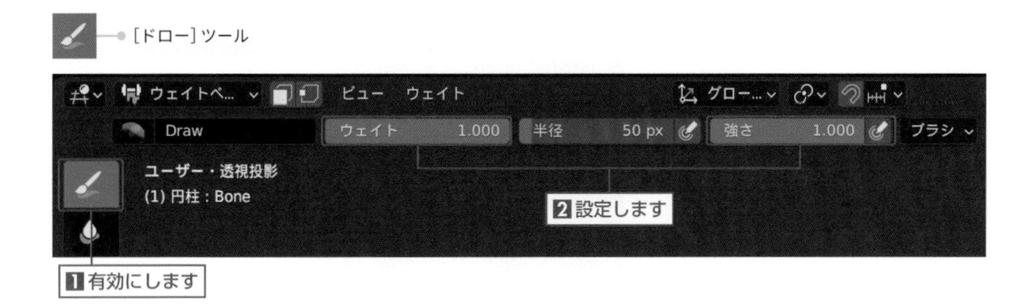

G ボーン "Bone" に連動させる部分をマウス左ボタンのドラッグで図のようにペイントします (裏側も忘れずにペイントします)。
ペイントは面ではなく頂点に対して行います。誤ってペイントしてしまった場合は、[ウェイト] を "0.000" に設定して該当箇所をペイントします。
[ウェイト] "1.000" でペイントした部分は赤色で表示されます。

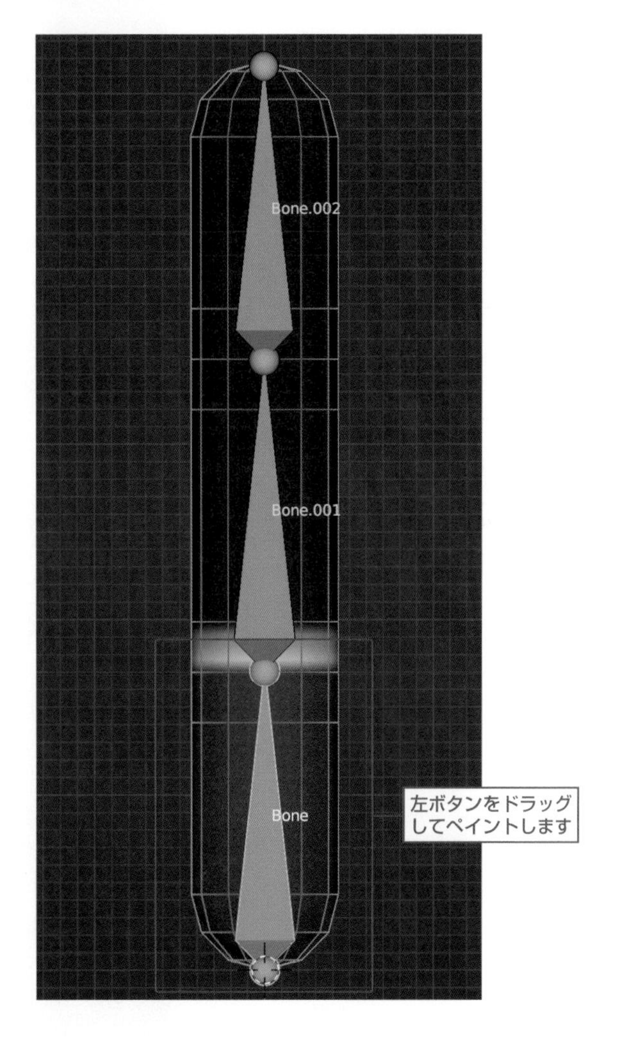

H 中段のボーン "Bone.001" を Ctrl キー+左クリックで選択します。
ボーン "Bone.001" に連動させる部分をマウス左ボタンのドラッグで図のようにペイントします。

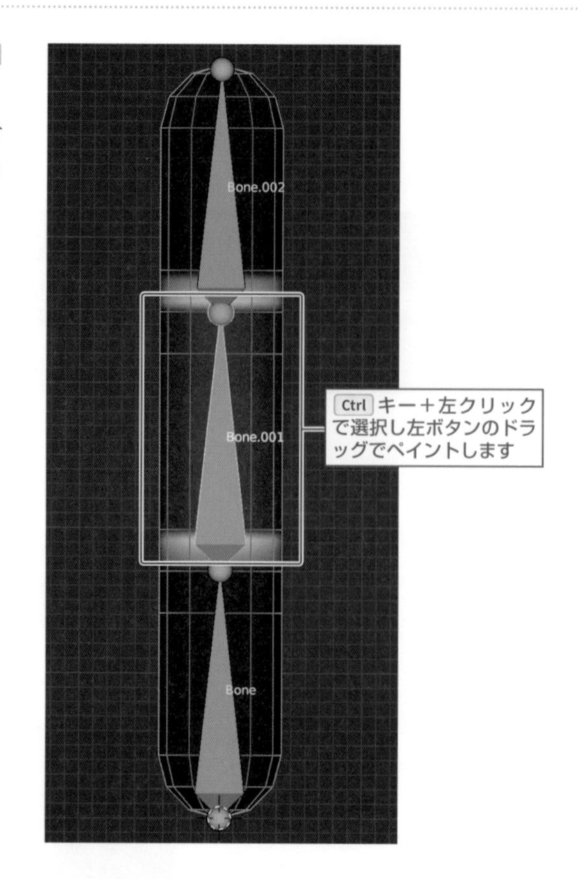

I 上段のボーン "Bone.002" を Ctrl キー+左クリックで選択します。
ボーン "Bone.002" に連動させる部分をマウス左ボタンのドラッグで図のようにペイントします。

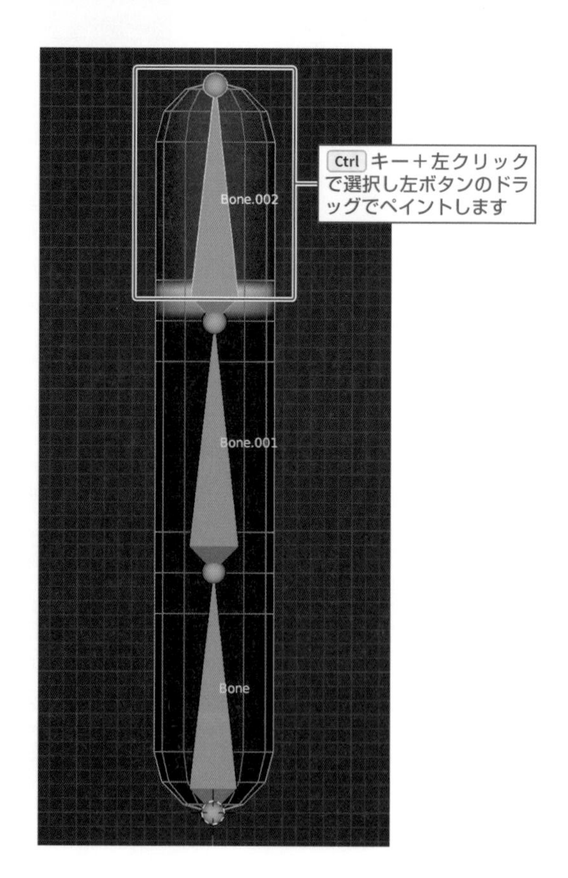

J これで、アーマチュアと円柱のオブジェクトとの関連付けが完了したので、確認します。
オブジェクトモードに切り替えてアーマチュアを選択し、3Dビューポートのヘッダーにあるモード切り替えメニューから **[ポーズモード]** を選択します。
各ボーンを回転（R キー）して、ウェイトを確認します。

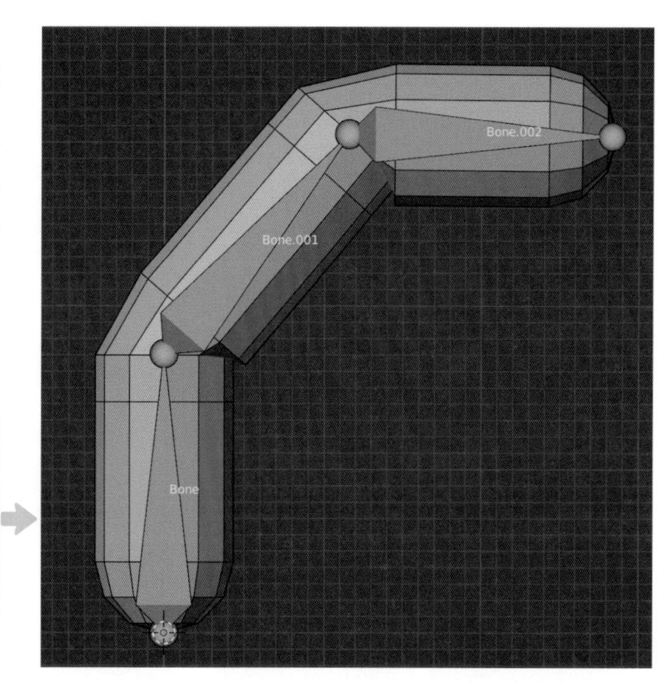

K 関節部分の連動が滑らかではないので、ウェイトを修正します。
すべてのボーンを選択（A キー）し、3Dビューポートのヘッダーにある **[ポーズ]** ➡ **[トランスフォームをクリア]** から **[回転（または [すべて]）]**（Alt + R キー）を選択します。

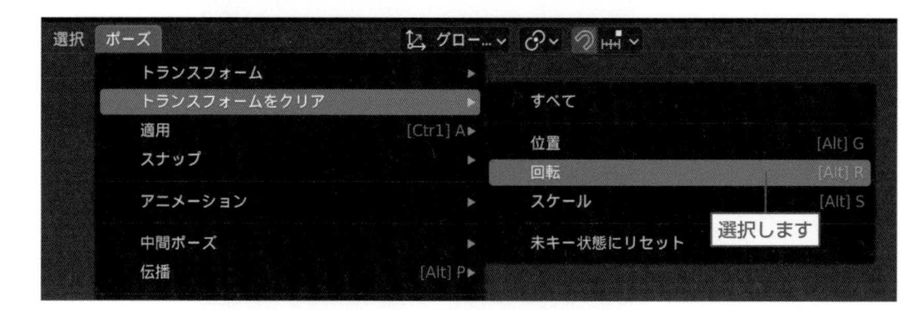

L **オブジェクトモード**に切り替えてアーマチュア、円柱のオブジェクトの順に複数選択し、3Dビューポートのヘッダーにあるモード切り替えメニューから **[ウェイトペイント]** を選択します。

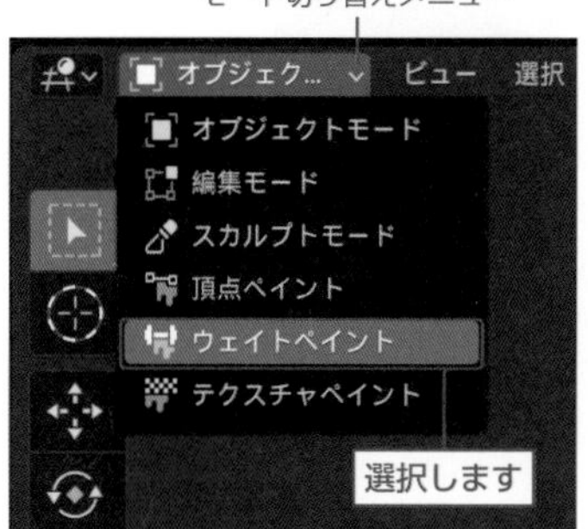

M 3Dビューポートのヘッダーにある **「オプション」** から **[自動正規化]** を有効にします。

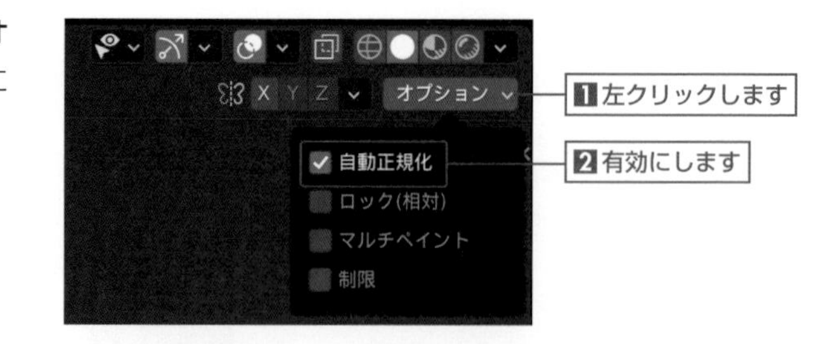

N 中段のボーン “Bone.001” を Ctrl キー+左クリックで選択します。
「ドロー」 ツールを有効にし、3Dビューポートのヘッダーにある **[ウェイト]** を “0.500（影響度50%）” に設定して図のように関節部分をペイントします。

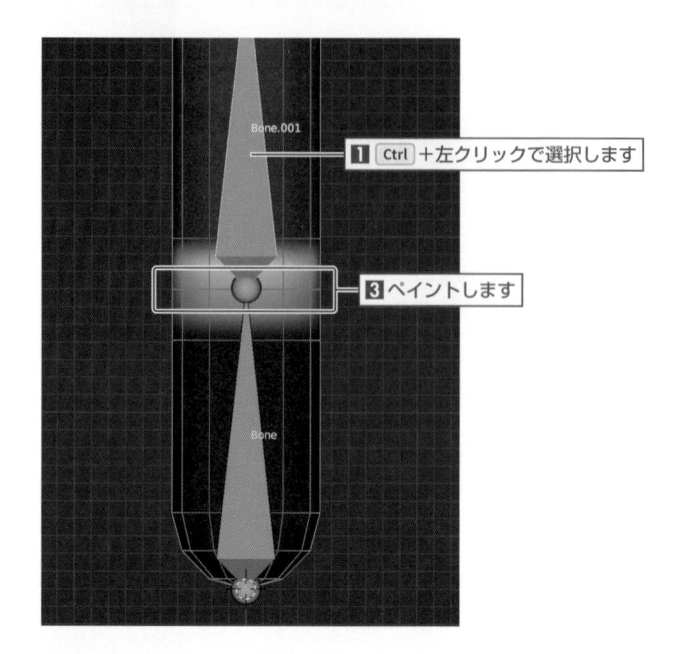

O 下段のボーン “Bone” を Ctrl キー+左クリックで選択します。
図のように手順 G で **[ウェイト]** “1.000” でペイントしたはずの赤色の箇所が、緑色（**[ウェイト]** “0.500”）に編集されています。
これは **[自動正規化]** を有効にしているため、**[ウェイト]** の合計が “1.000” になるように自動的に編集されたことによるものです。

[自動正規化] が有効の場合、ウェイトが設定されていない頂点に対して “1.000” 以下のペイントを行っても強制的に “1.000” がペイントされます。また、他の頂点グループで “0.200” に設定されている頂点に対して “0.400” のペイントを行うと、もう一方が “0.600” に編集されます。

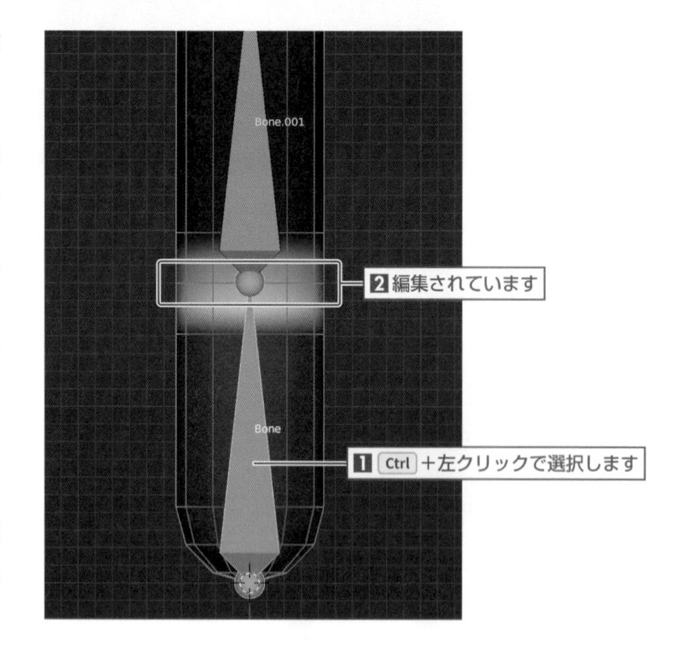

P 上段のボーン"Bone.002"を Ctrl キー+左クリックで選択します。
同様に、図のようにペイントします。

⚠ 編集が完了したら、[自動正規化]を無効にします。

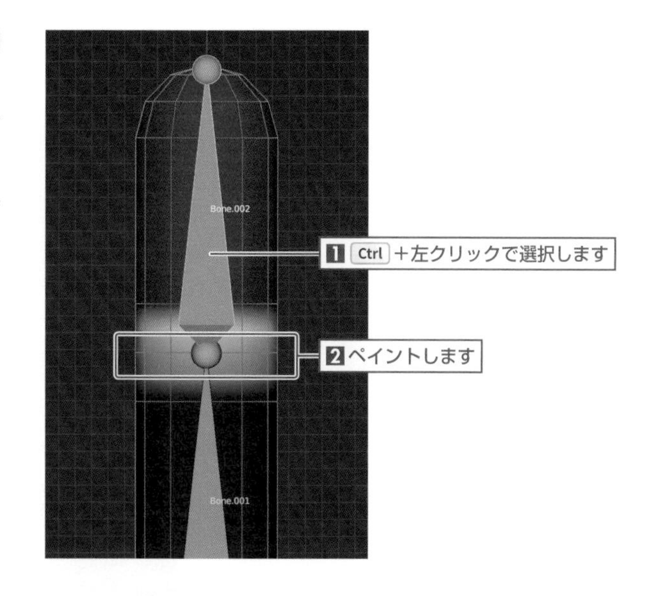

Q **オブジェクトモード**に切り替えてアーマチュアを選択し、3Dビューポートのヘッダーにあるモード切り替えメニューから**[ポーズモード]**を選択します。
各ボーンを回転(R キー)してウェイトを確認します。
それぞれ2本のボーン(各頂点グループ)が影響度を分け合うことで、関節部分の連動が滑らかになります。

⚠ ウェイトの確認が完了したら、すべてのボーンを選択し、3Dビューポートのヘッダーにある[ポーズ]➡[トランスフォームをクリア]から[回転(または[すべて])](Alt + R キー)を選択してデフォルトの状態に戻します。

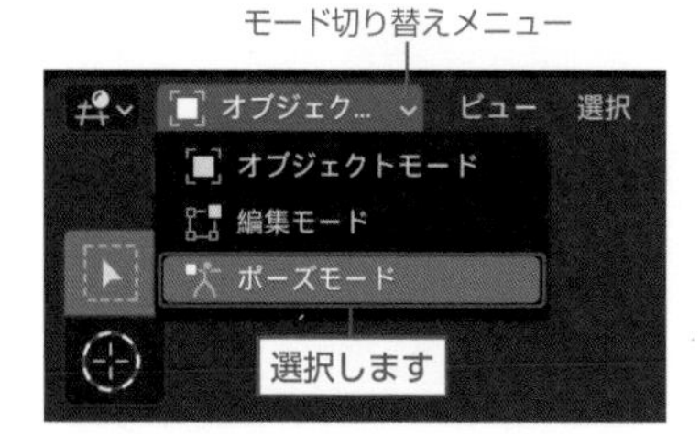

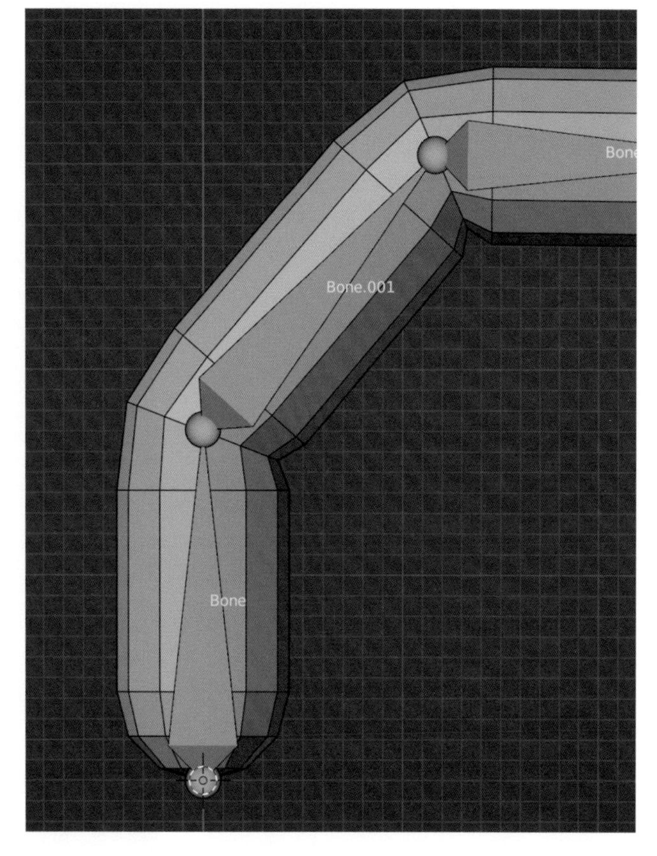

PART 6

STEP 04 ウェイトの編集（編集モード）

A ウェイトペイントモードだけでなく、編集モードでもウェイトの編集を行うことができます。
すでに設定されている円柱のオブジェクトとアーマチュアのペアレントを解除（281ページ参照）します。
オブジェクトモードで円柱のオブジェクト、アーマチュアの順に複数選択し、3Dビューポートのヘッダーにある **[オブジェクト] ➡ [ペアレント]**（Ctrl＋Pキー）から **[空のグループで]** を選択します。

B 円柱のオブジェクトを選択して **[編集モード]**（Tabキー）を切り替え、プロパティの **[オブジェクトデータプロパティ]** を左クリックし、**「頂点グループ」** パネルにある“Bone”を左クリックで選択します。
さらに、3Dビューポートで下段のボーン“Bone”に連動させる部分の頂点を選択します（裏側も忘れずに選択します）。

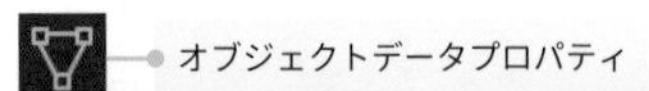

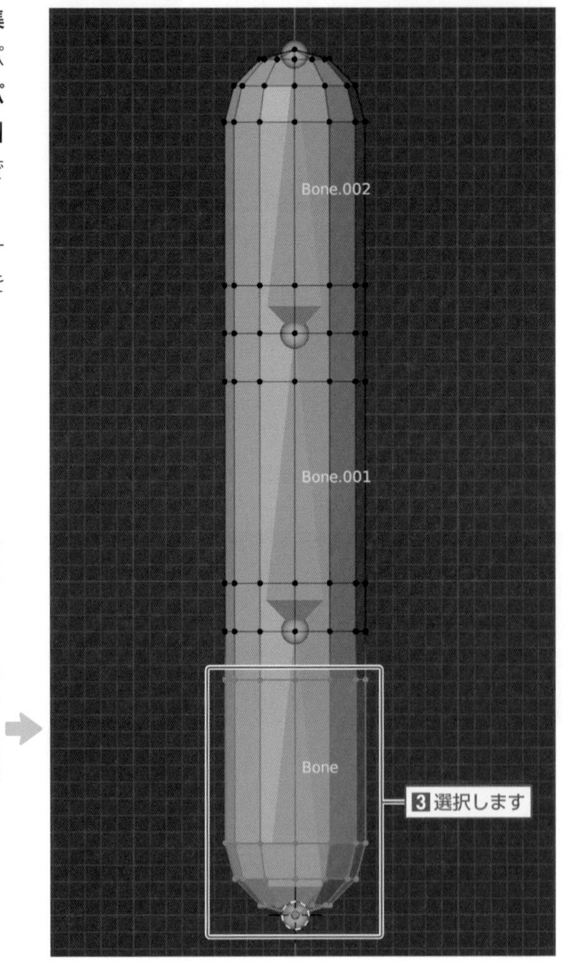

C **「頂点グループ」**パネルにある**［ウェイト］**を"1.000"に設定して**［割り当て］**を左クリックすると、選択している頂点に**［ウェイト］**"1.000"が割り当てられます。

D 関節部分の頂点を選択（裏側も忘れずに選択します）し、**「頂点グループ」**パネルにある**［ウェイト］**を"0.500"に設定して**［割り当て］**を左クリックします。

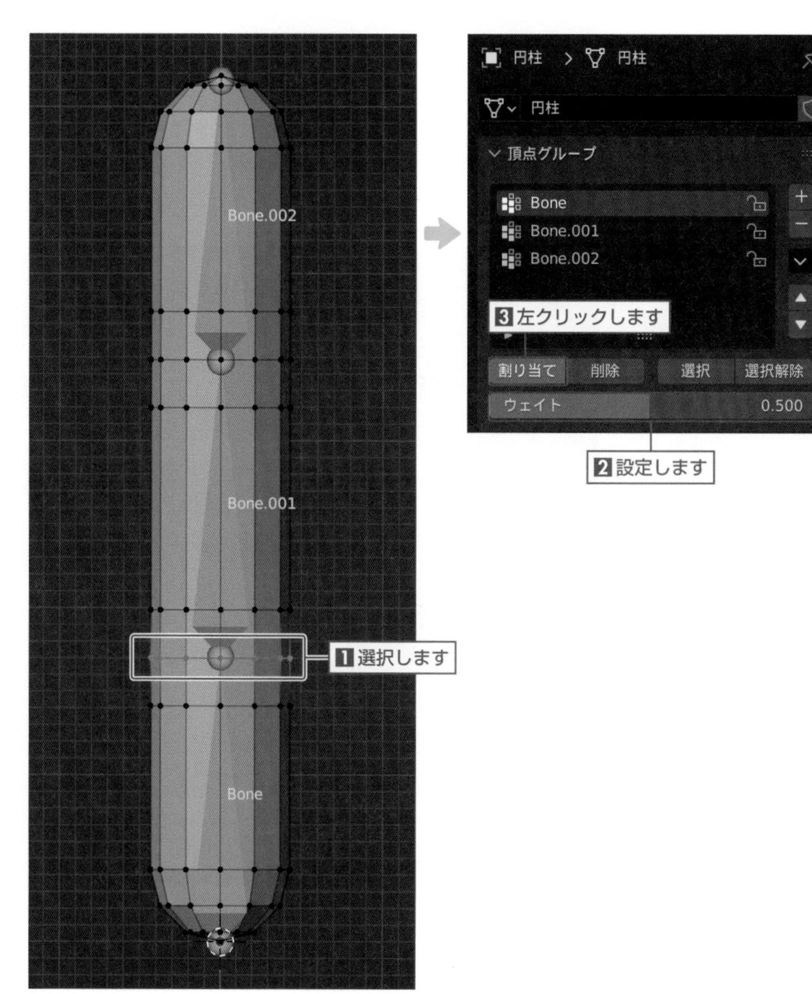

E 同様に“Bone.001”と“Bone.002”もそれぞれウェイトを割り当てます。

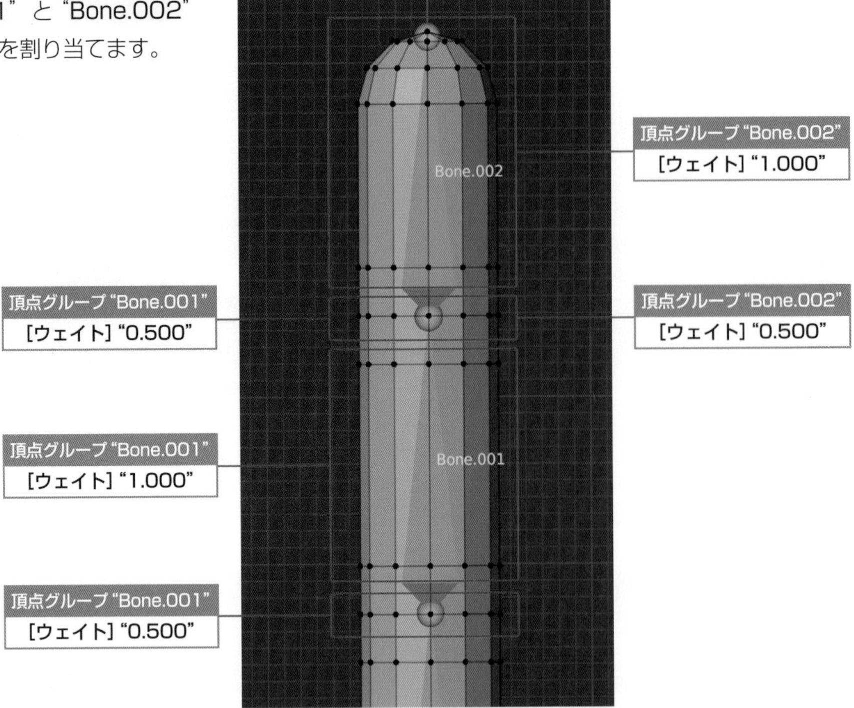

F オブジェクトモードでアーマチュアを選択してポーズモードに切り替え、各ボーンを回転（Rキー）してウェイトの確認をします。
ウェイトペイントモードでの編集と同様の結果になったことが確認できます。

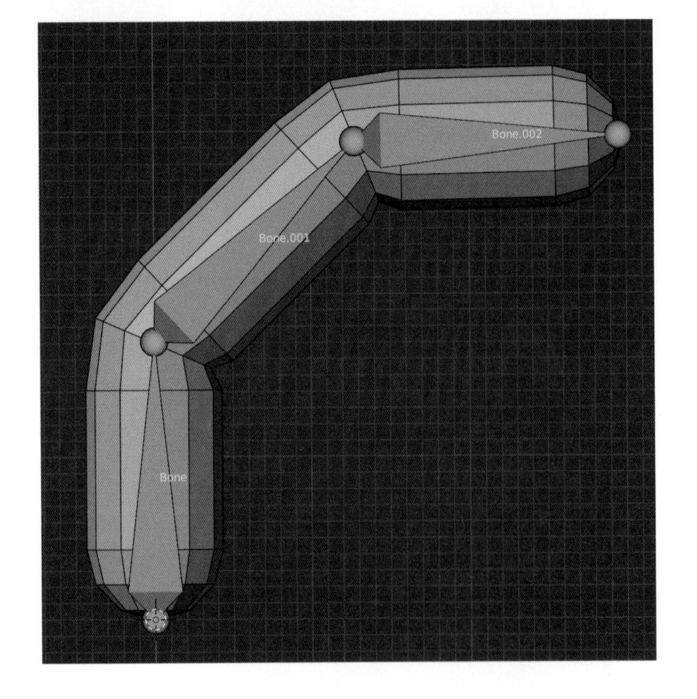

TIPS アーマチュアの動きの伝達

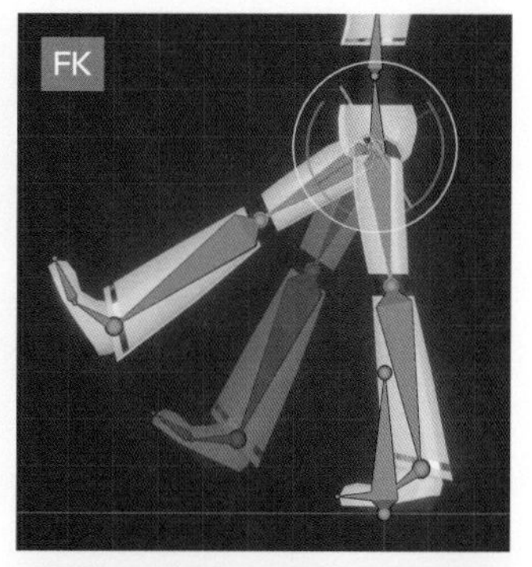

通常、アーマチュアには親子関係が設定されており、親から子へ動きが伝わります。例えば太もものボーンを回転すると、その先の膝から下も連動して回転します。
これは、太ももが親でその先は子という関係になっており、親から子へ動きが伝わっていることを示しています。この仕組みをFK（フォワード・キネマティクス）と呼びます。

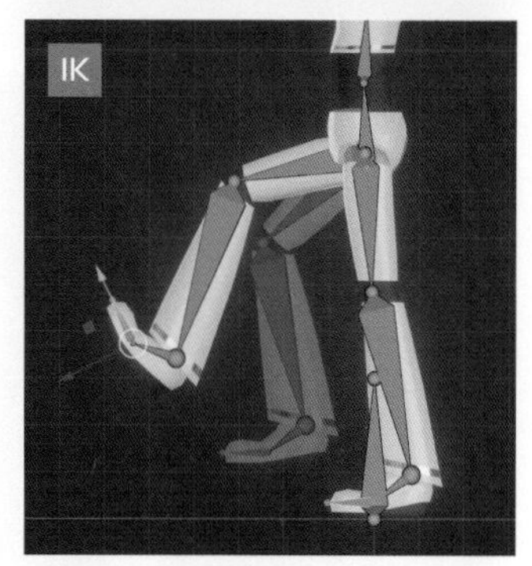

FKとは逆に、子から親へ動きが伝わる仕組みをIK（インバース・キネマティクス）と呼びます。手足を動かすアニメーションやポージングを行う際には、このIKがよく用いられています。
デフォルトではFKが用いられており、IKを用いるには設定が必要となります。ここでは、VRM形式の書き出しを想定しており、特にBlenderで手足を動かす設定は行わないので、デフォルトのFKのままにします。

ボーンの表示切り替え

アーマチュアを選択してプロパティの **[オブジェクトデータプロパティ]** を左クリックし、**「ビューポート表示」** パネルの **[表示方法]** から希望のボーン形状を選択できます。

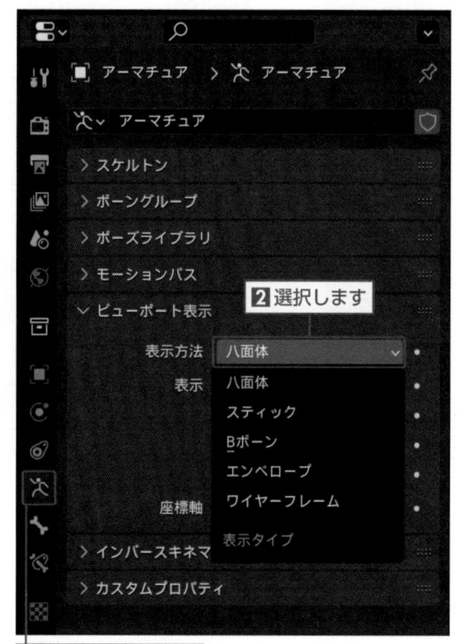

ボーン作成やウェイトペイントなど、編集内容によって切り替えることができます。

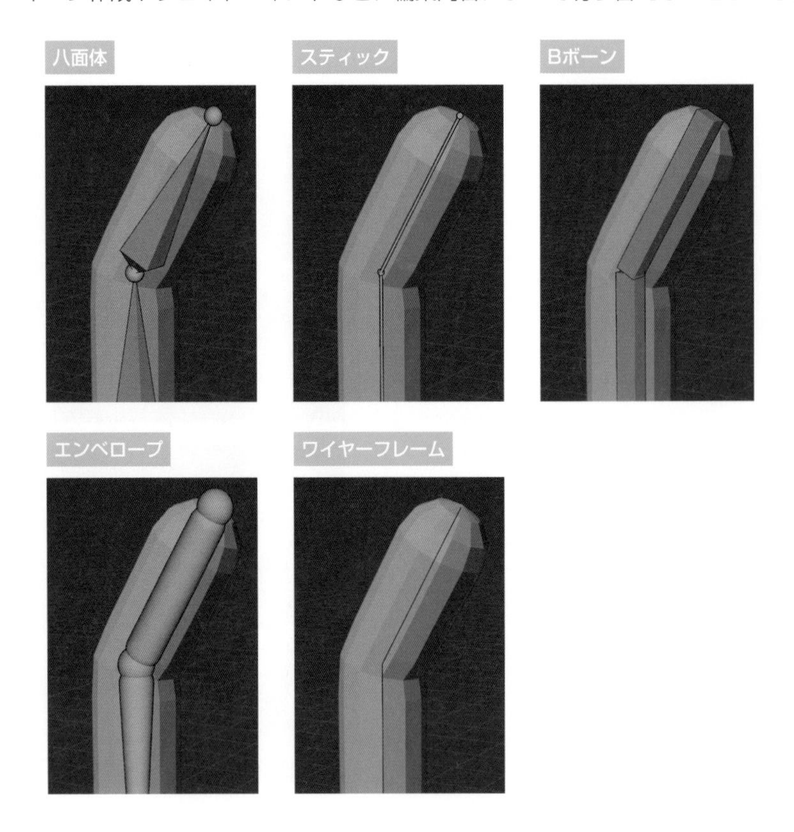

例えば、1本のボーンを分割して捻ることができる**「Bボーン（ベンディボーン）」**など、特殊な機能を持ったボーンもあります。

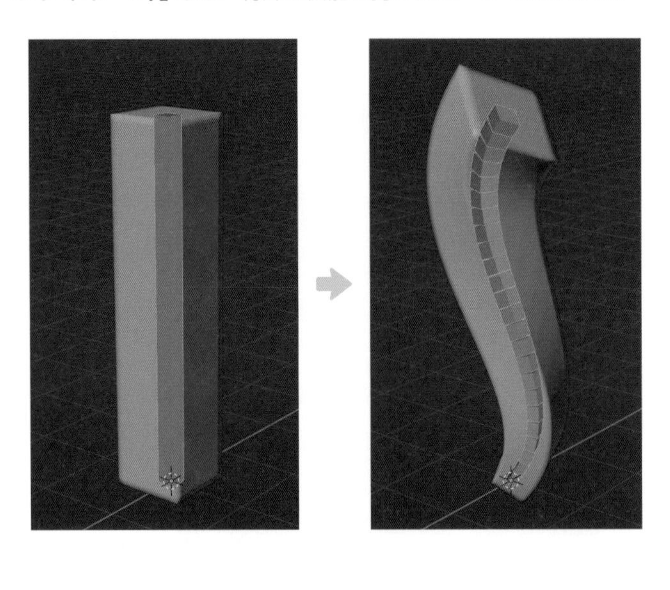

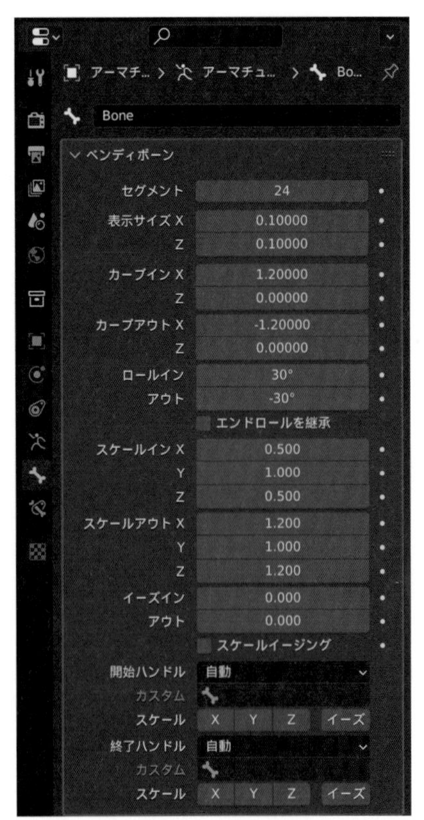

SECTION 6.2 アーマチュアの作成

マテリアルの設定の際にインストールしたアドオン「VRM Add-on for Blender」には、VRM形式向けの人型アーマチュアが用意されています。ここではそのアーマチュアを使用して、作成したキャラクターに合わせて編集します。

STEP 01 アーマチュアの変形

A アドオン **「VRM Add-on for Blender」** に用意されているVRM形式向けの人型アーマチュアを使用します。
Blenderデフォルトのボーンからアーマチュアを作成した場合は、VRM形式にエクスポートする際に各ボーンが何処の部位に該当するか設定する必要がありますが、アドオンのアーマチュアを使用すれば、設定は不要で自動的に指定されます。

3Dビューポートのヘッダーにある **[ビュー]** から **[サイドバー]**（Nキー）を選択し、**[VRM]** タブを左クリックします。

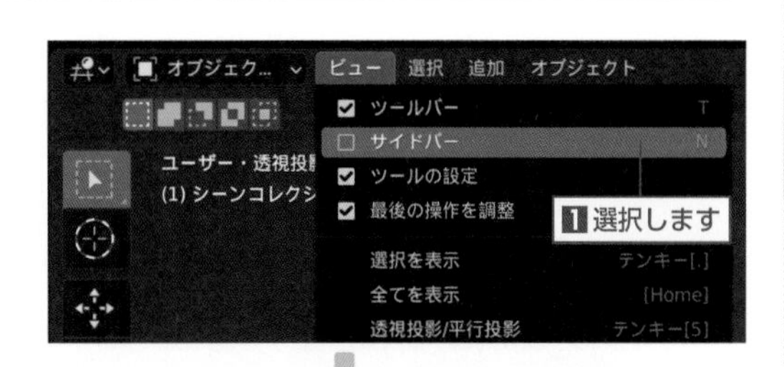

B **「オペレーター」** パネルの **[VRMモデルを作成]** を左クリックすると、シーンに人型のアーマチュアが作成されます。

C キャラクターの大きさや形状に合わせてアーマチュアを変形します。
アーマチュアが選択された状態で、プロパティの「**オブジェクトデータプロパティ**」を左クリックして、「**ビューポート表示**」パネルにある［**最前面**］を有効にします。

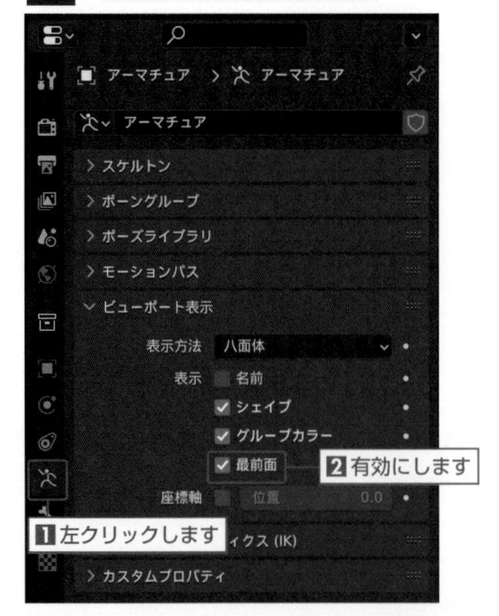

D 下絵の"sketch_F（正面）"および"sketch_S（側面）"は不要なので、アウトライナーのを左クリックして非表示（Hキー）にします。

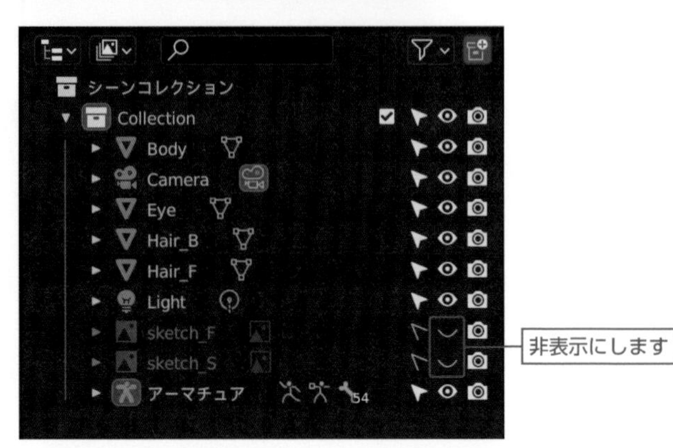

E アーマチュアを選択して［**編集モード**］（Tabキー）を切り替え、フロントビュー（テンキー1）に切り替えます。
キャラクターの太もも周辺がスカートに隠れてしまったり、関節部分がわかりづらいので、3Dビューポートのヘッダーにある「**3Dのシェーディング**」の［**ワイヤーフレーム**］を有効にします。

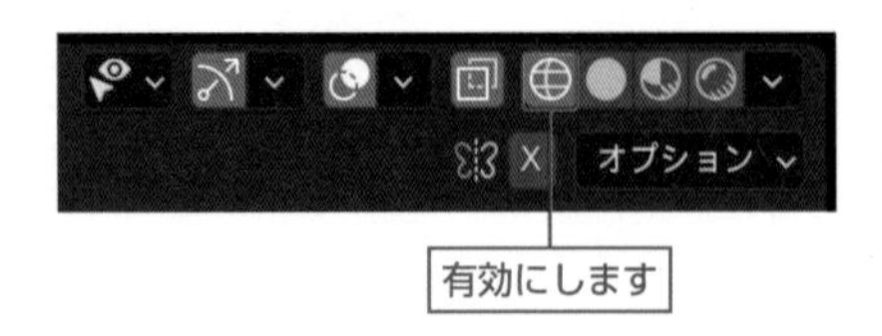

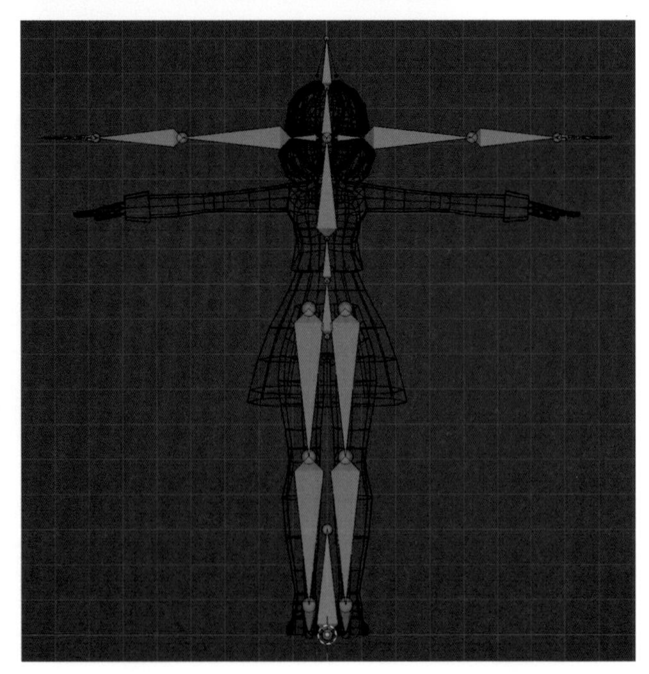

F 3Dビューポートのヘッダーにある X を有効にします。これにより左右対称のボーンいずれかを編集すると、連動して反対側のボーンも編集されます。

G 正面から見て腕や脚など各パーツの中心を通るように、ボーンの接続部分(ヘッドおよびテール)または本体部分(ボディ)を左クリックで選択して移動(G キー)します。各関節とボーンの接続部分が重なるようにします。
頭部や首、胴体のボーンは左右中央から外れないように、Z軸に制限をかけて移動(G キー ➡ Z キー)します。手の指先は、後述で調整します。

⚠ 眼球のボーンは使用しませんが、ここでは位置だけ合わせておきます。

⚠ 左右中央の足元のボーン "root" はデフォルトのままにします。

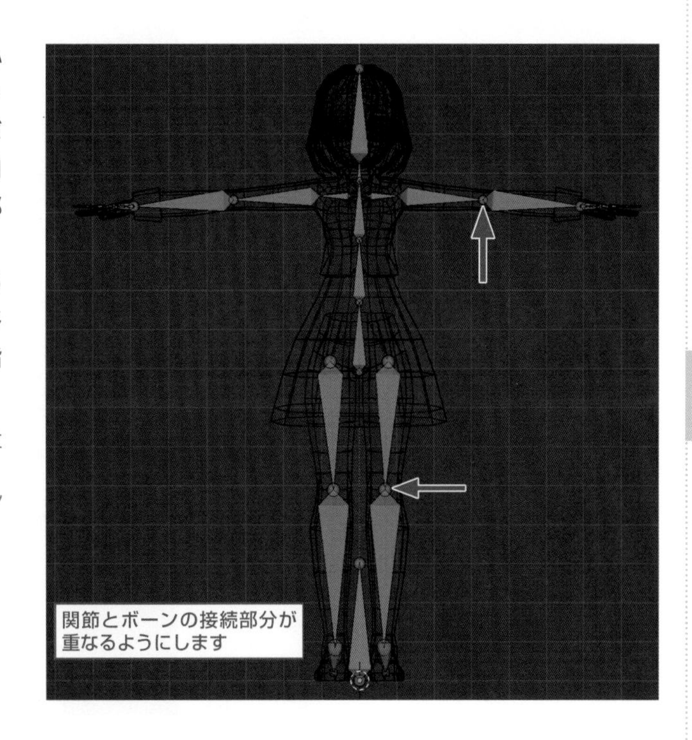

H ライトビュー(テンキー 3)に切り替えて頭部から首、胴体、脚、つま先までの中心を通るように、ボーンの位置を調整します。
調整の際は、フロントビューで編集した高さからズレないようにY軸に制限をかけて移動(G キー ➡ Y キー)します。

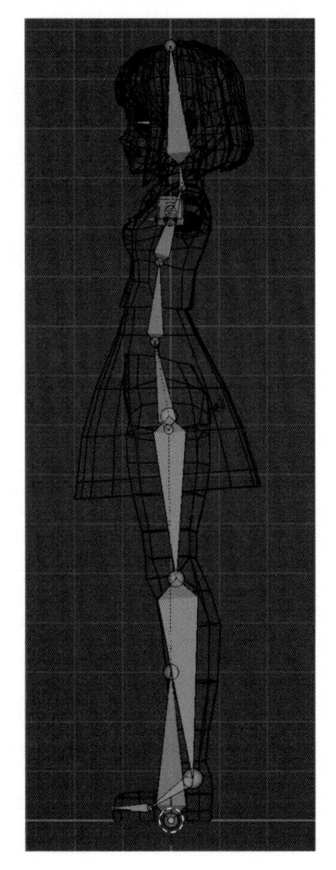

I トップビュー（テンキー[1]）に切り替え、腕の中心を通るようにボーンの位置を調整します。
調整の際は、フロントビューで編集した位置からズレないようにY軸に制限をかけて移動（[G]キー ➡ [Y]キー）します。

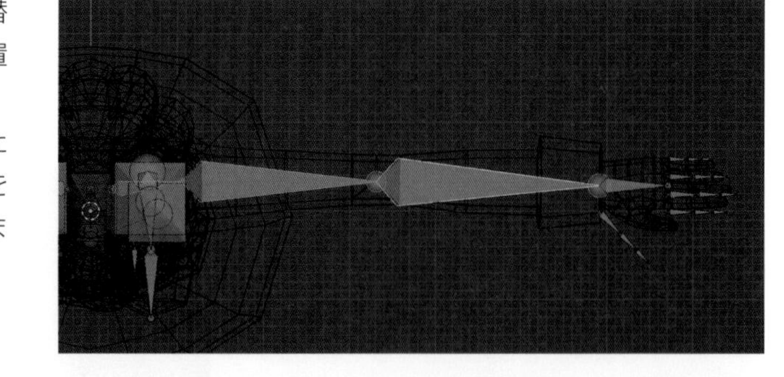

J 指の中心を通るようにボーンの位置を調整（[G]キー）します。これまでと同様に、各関節とボーンの接続部分が重なるようにします。

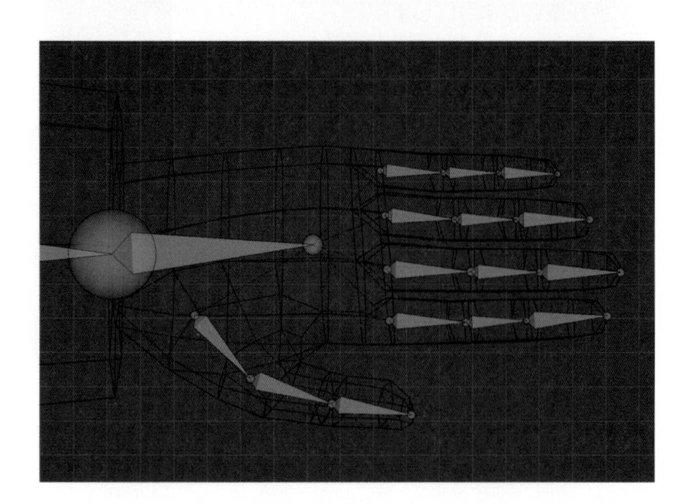

K 人差し指以外の指のボーンを選択し、[H]キーを押して非表示にします。

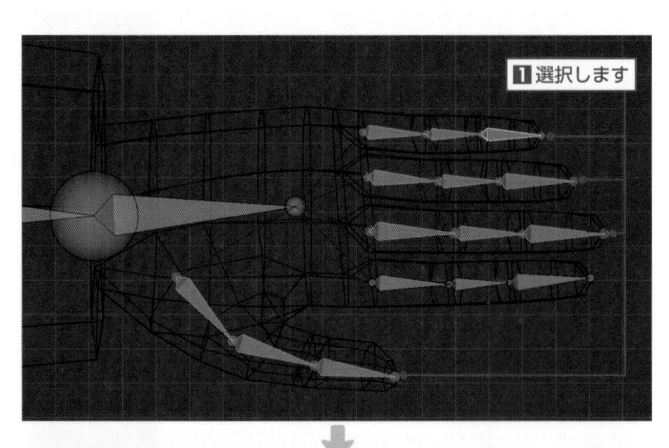

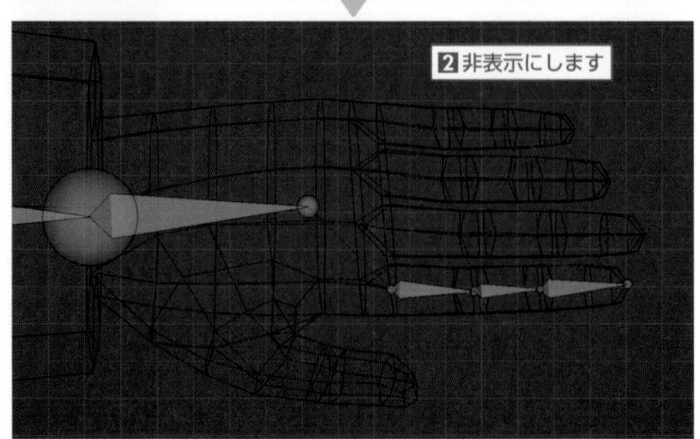

L フロントビュー（テンキー 1 ）に切り替え、手の甲や指の中心を通るようにボーンの位置を調整します。
調整の際は、トップビューで編集した位置からズレないようにZ軸に制限をかけて移動（ G キー ➡ Z キー）します。

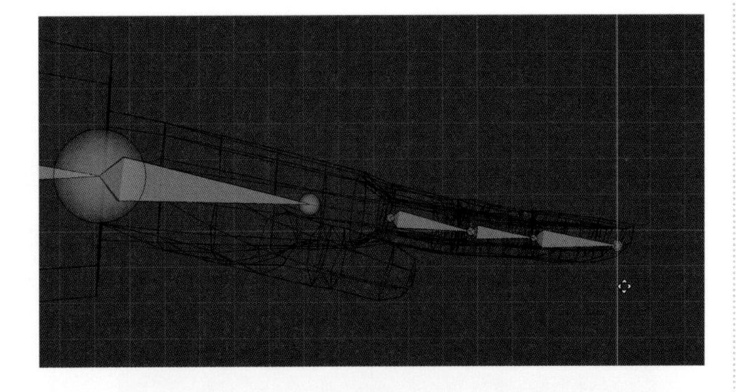

M Alt ＋ H キーを押してすべての指のボーンを表示します。
同様の操作で、その他の指のボーンの位置も調整（ G キー ➡ Z キー）します。

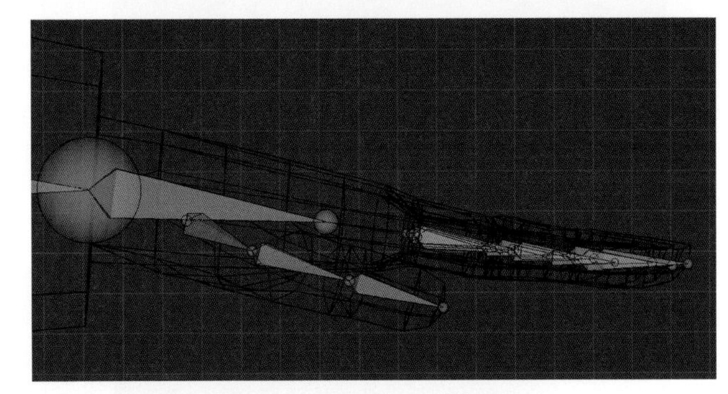

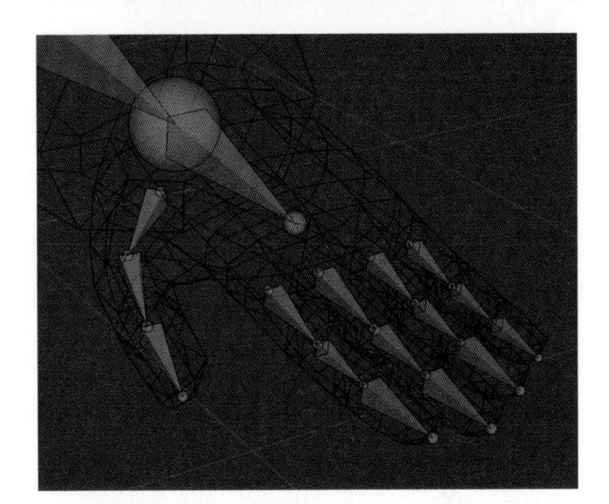

N 親指のボーンの回転軸を調整します。
3Dビューポートのヘッダーにある **［ビュー］** から **［サイドバー］**（ N キー）を選択して **［アイテム］** タブを左クリックします。
親指の各ボーンを選択して **「トランスフォーム」** パネルの **［ロール］** の値を変更し、親指のメッシュに合わせてボーンの回転軸を調整します（1本ずつ編集します）。
ボーンの回転軸は、関節の曲がる方向に影響します。

⚠ 調整の際、右回り左回りどちらに回転してもVRM形式書き出し後のキャタクターの動きに支障はありません。

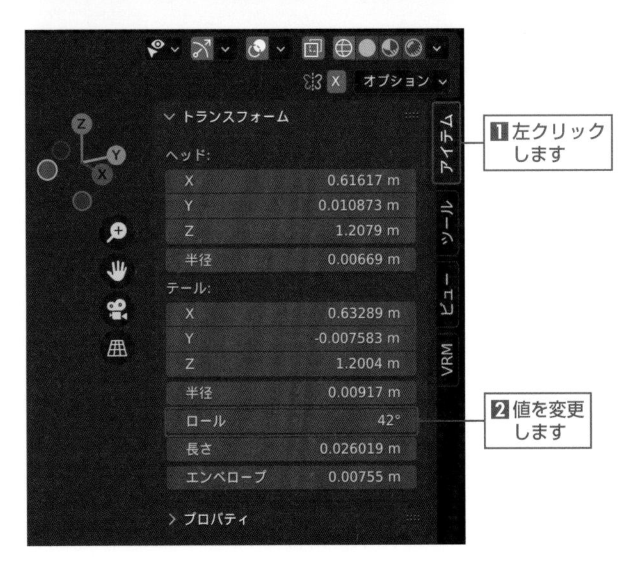

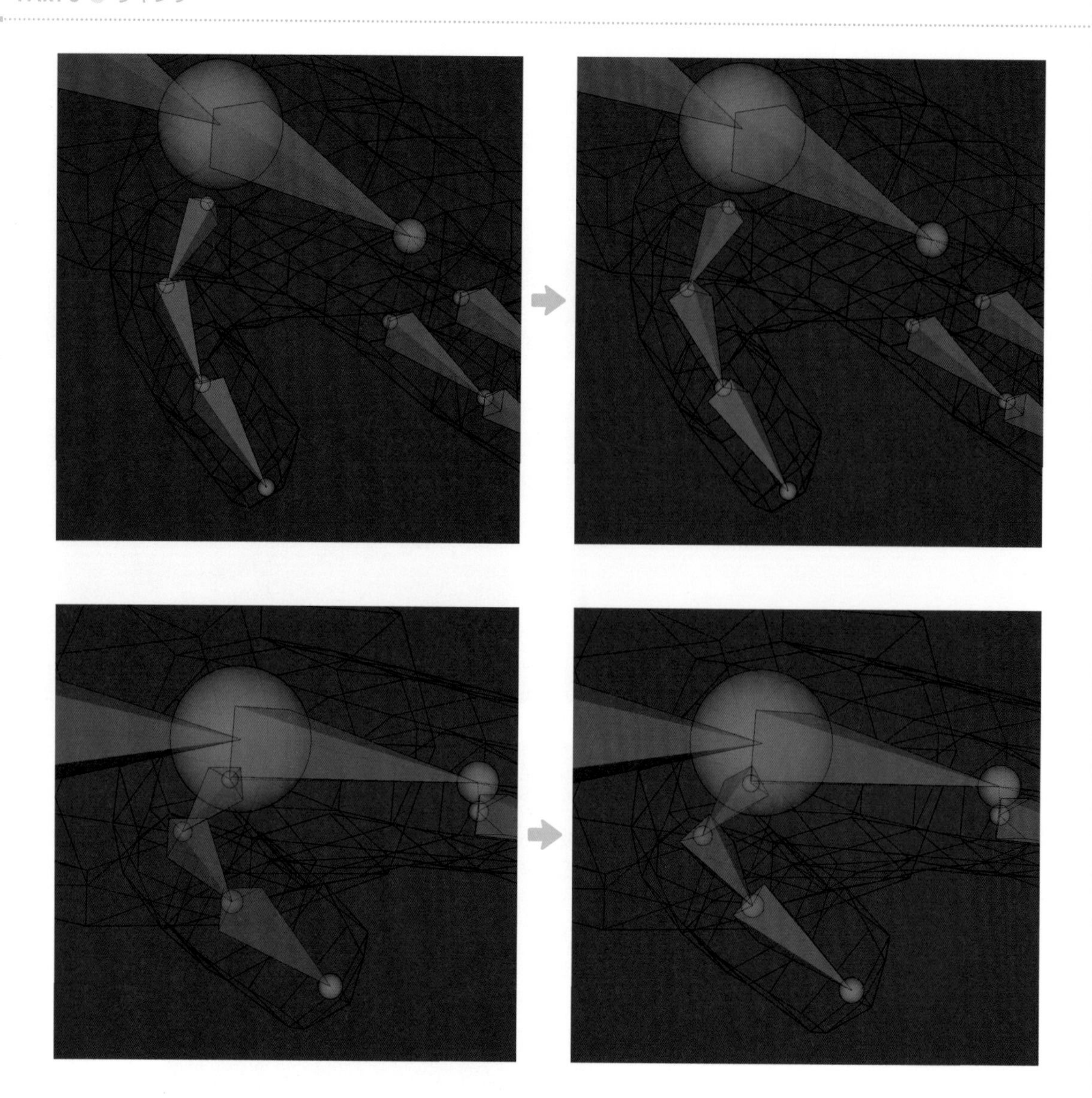

STEP 02 ボーンの追加

A VRM形式には、キャラクターの動きに合わせて髪の毛やスカートなどが揺れる**「スプリングボーン」**という機能が設定できます。スプリングボーンを設定するには、ボーンが必要となります。
ここでは、スカートに対してスプリングボーンを設定するため、スカートに合わせてボーンを追加します。

B 3Dビューポートのヘッダーにある X を無効にし、フロントビュー（テンキー 1 ）に切り替えます。
左脚太ももを選択して3Dビューポートのヘッダーにある**［アーマチュア］**から**［複製］**（ Shift ＋ D キー）を選択し、適当な位置に複製します。

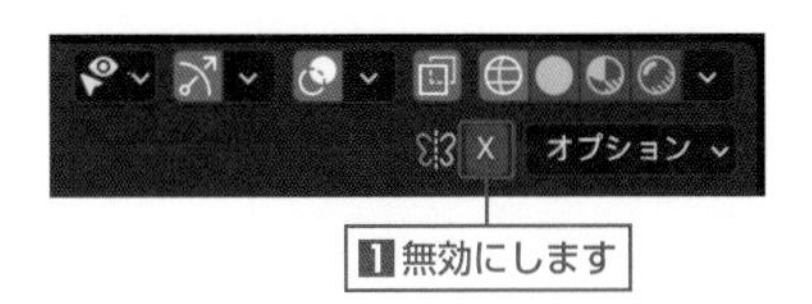

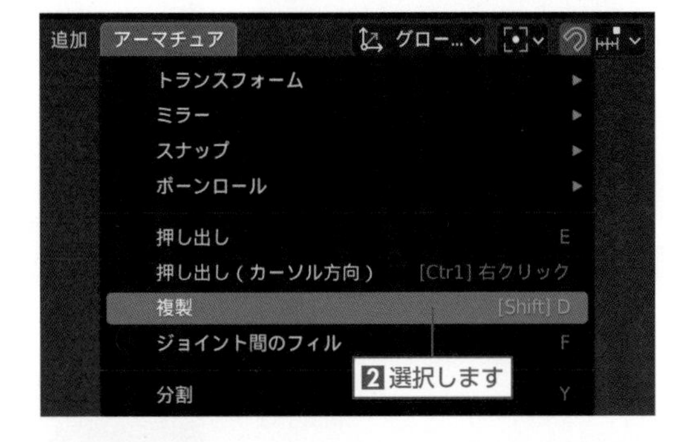

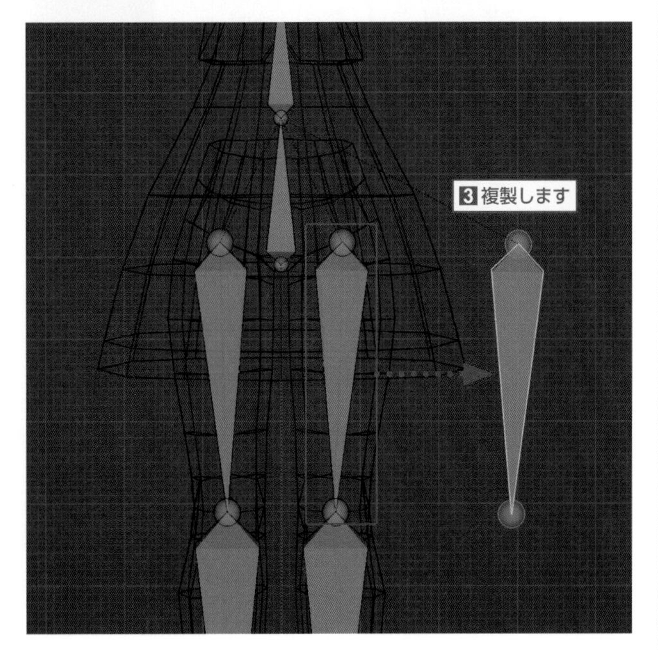

C 複製したボーンをスカートの側面に沿うように移動（G キー）します。
ヘッドがスカートの丈半分ぐらいの位置、テールがスカートの裾の位置になるようにします。

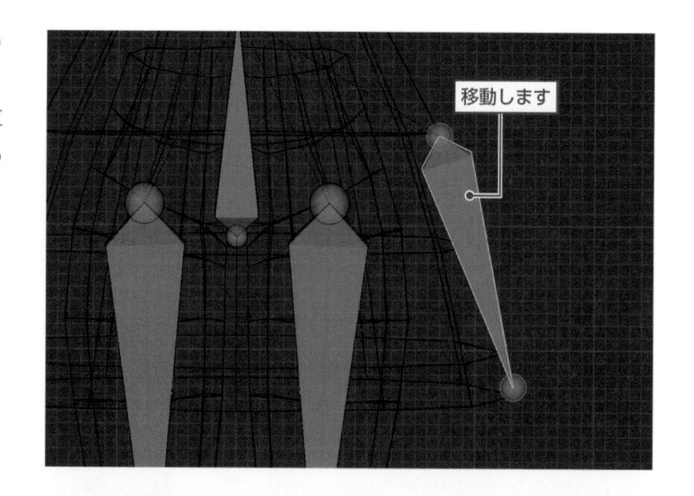

D スカートのボーンを選択（ボーンのボディを左クリック）して3Dビューポートのヘッダーにある **[アーマチュア]** から **[細分化]** を選択し、2本のボーンに分割します。

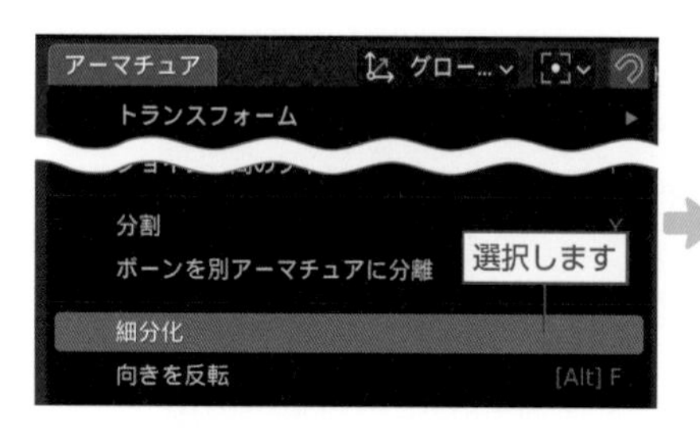

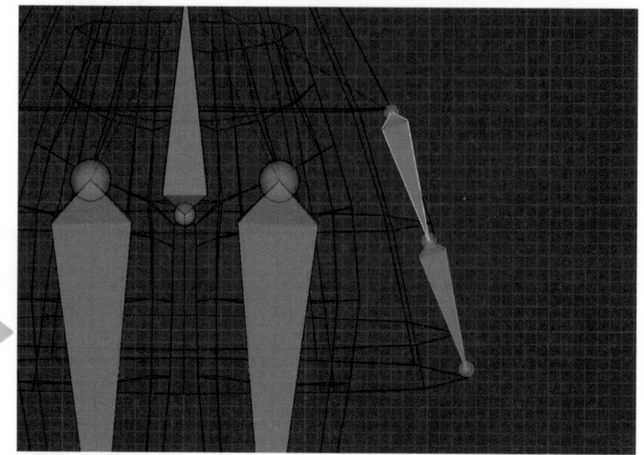

E トップビュー（テンキー 7）に切り替えて3Dビューポートのヘッダーにある **[アーマチュア]** から **[複製]**（Shift + D キー）を選択し、斜め前と斜め後ろの位置に複製します。

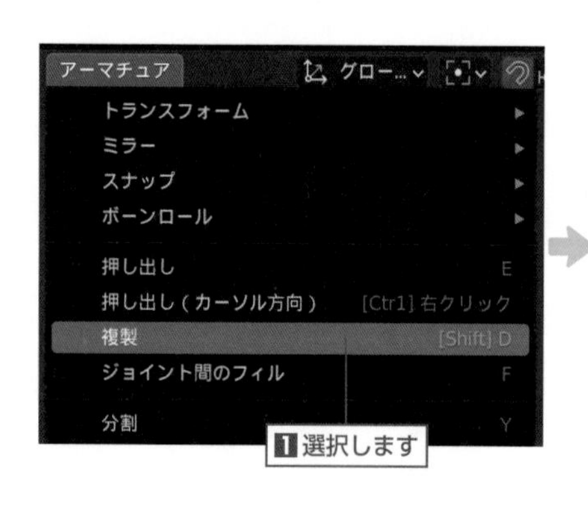

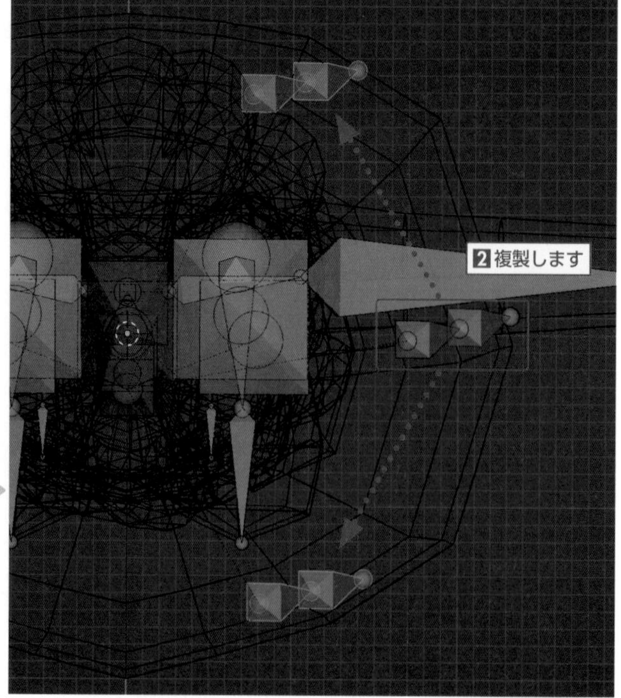

F トップビュー(テンキー7)やライトビュー(テンキー3)など各視点から確認しながら、各ボーンがスカートに沿うように位置を調整(Gキー)します。

トップビュー

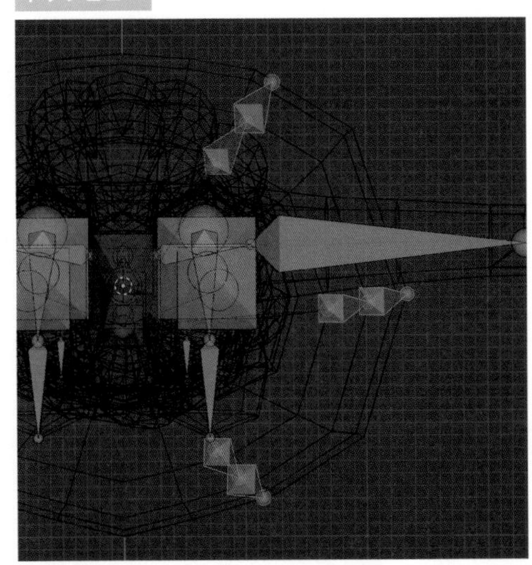

ライトビュー

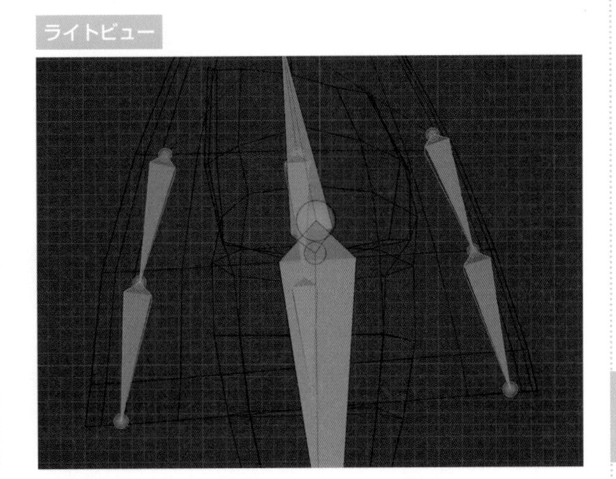

G トップビュー(テンキー7)に切り替え、3Dビューポートのヘッダーにある**[ビュー]**から**[サイドバー]**(Nキー)を選択して**[アイテム]**タブを左クリックします。
スカートのボーンをそれぞれ選択して**「トランスフォーム」**パネルの**[ロール]**の値を変更し、スカートに合わせて回転軸を調整します(1本ずつ編集します)。

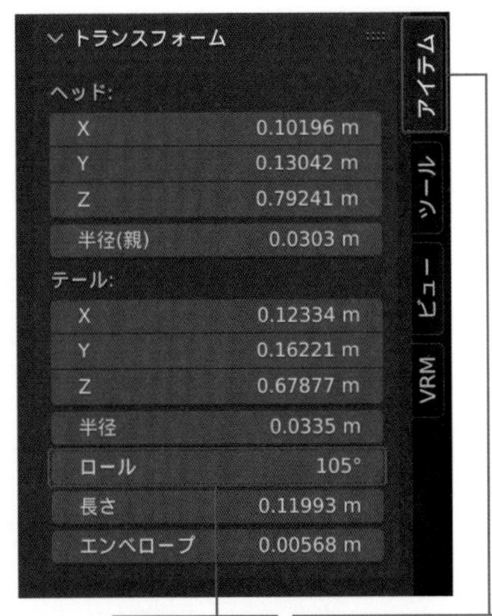

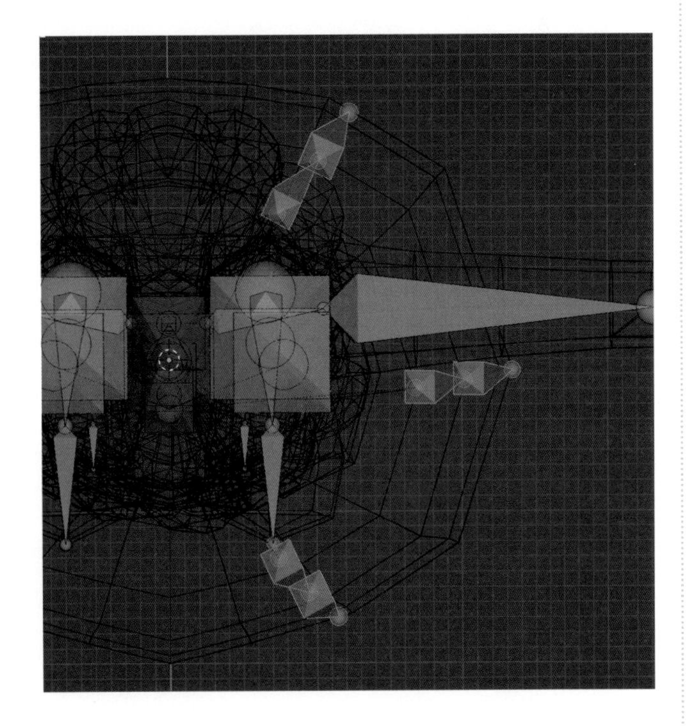

H 3Dビューポートのヘッダーにある「**3Dのシェーディング**」の［**ソリッド**］を有効にします。
太ももやスカートのボーンには、ヒップのボーンとつながる点線が表示されています。これは、親子関係を表しています。スカートのボーンを選択してプロパティの「**ボーンプロパティ**」を左クリックすると「**関係**」パネルが表示されます。「**ペアレント**」に"hips"と表示されているとおり、ヒップのボーンが"**親**"であることを表しています。
また、［**接続**］が無効になっていることが確認できます。［**接続**］を無効にすることで、親子関係を維持したまま離れた位置に配置することができます。

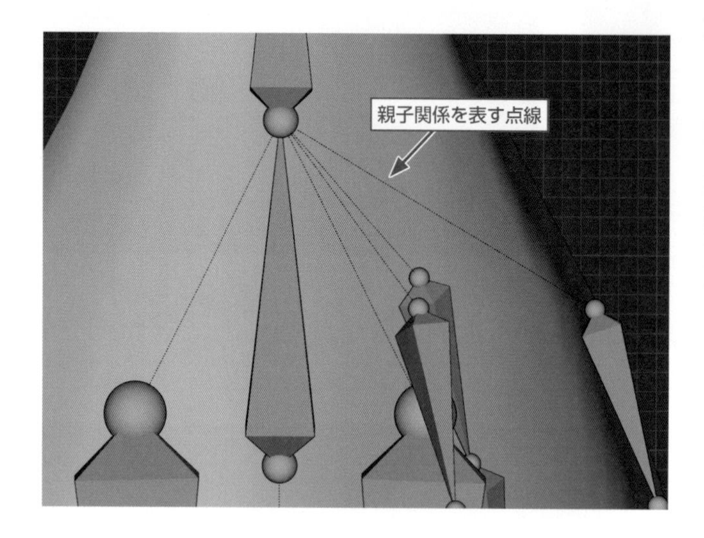

I プロパティの［**オブジェクトデータプロパティ**］を左クリックし、「**ビューポート表示**」パネルにある［**名前**］を有効にします。
現在、スカートのボーンの"**親**"はヒップのボーン"hips"に設定されているため、ヒップのボーンに連動します。
スカートにスプリングボーンを設定した際、脚がスカートを貫通してしまうのを軽減するため、スカートのボーンが太もものボーンに連動するように親子関係を変更します。

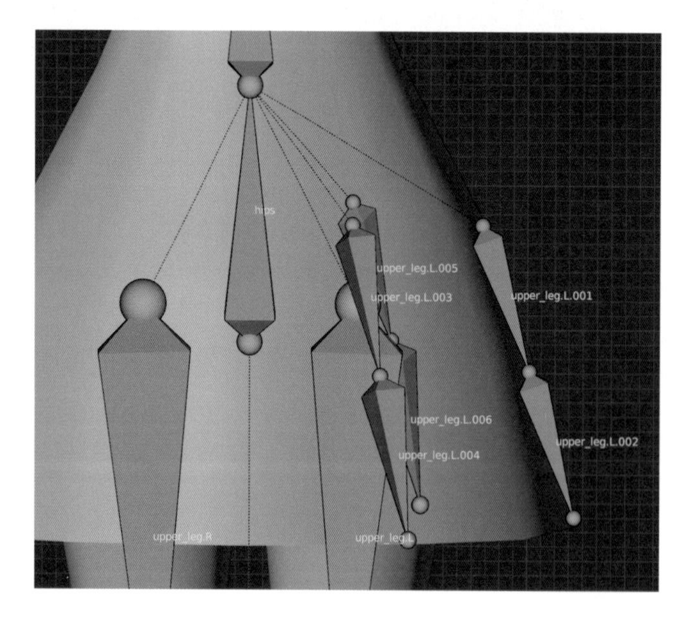

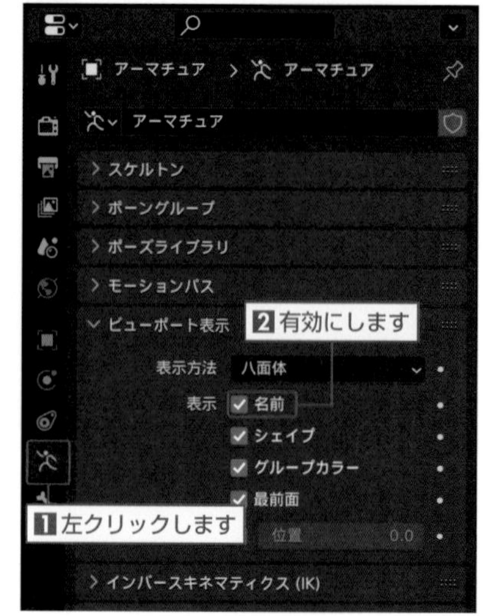

J スカート斜め前上部のボーンを選択してプロパティの**「ボーンプロパティ」**を左クリックします。**「関係」**パネルにある**「ペアレント」**の“hips”を左クリックし、左脚太もものボーン“upper_leg.L”に変更します。左脚太もものボーンのテールと点線でつながります。

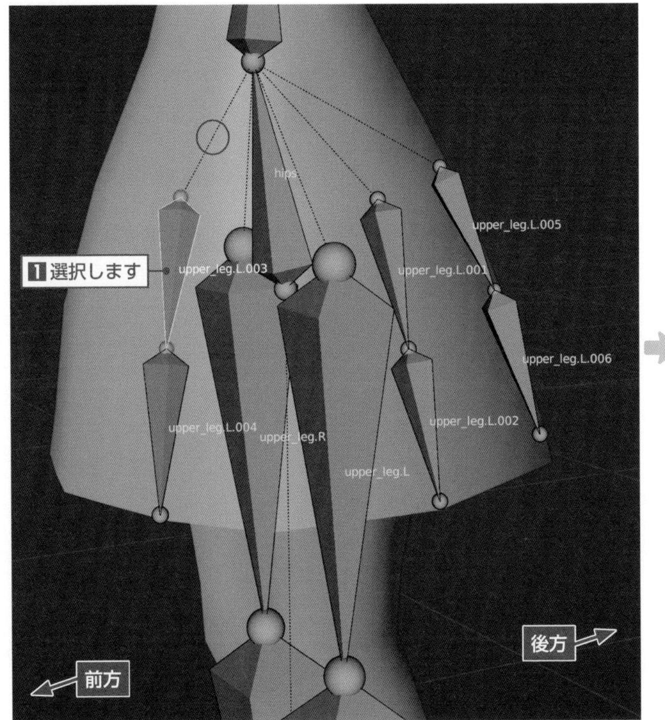

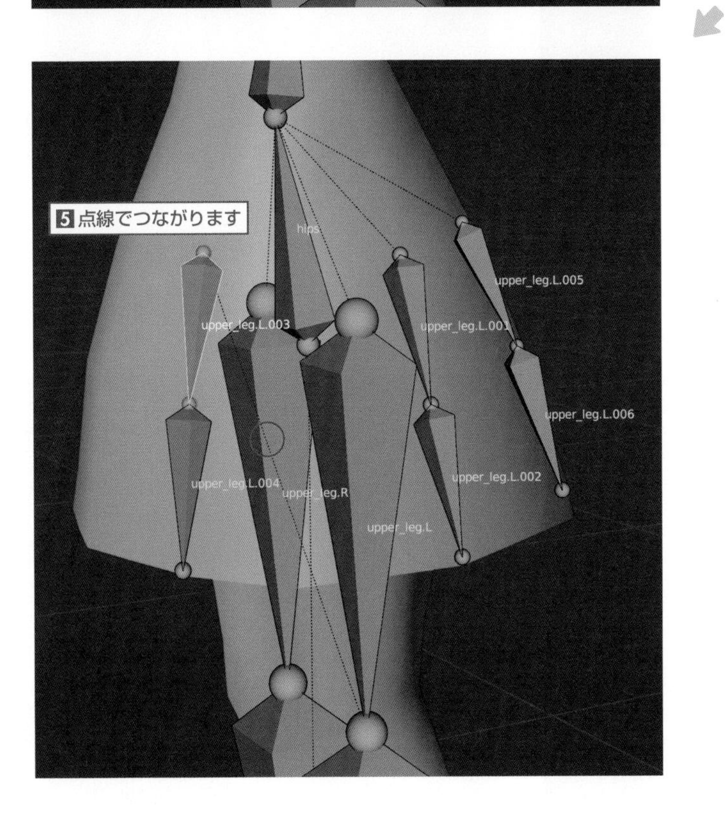

K 同様に斜め後上部のボーンも**「ペアレント」**で“**親**”を“upper_leg.L”に変更します。

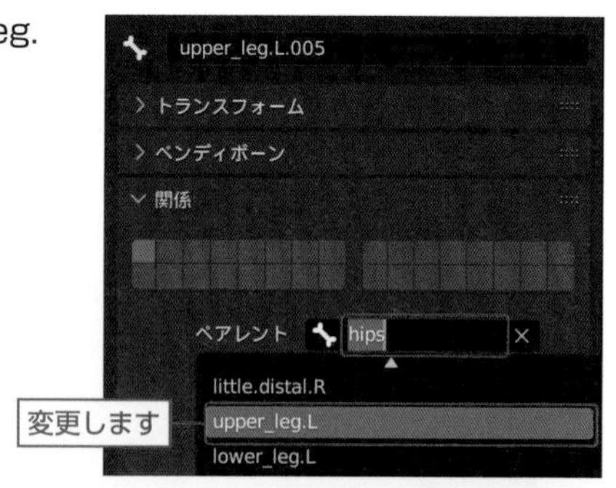

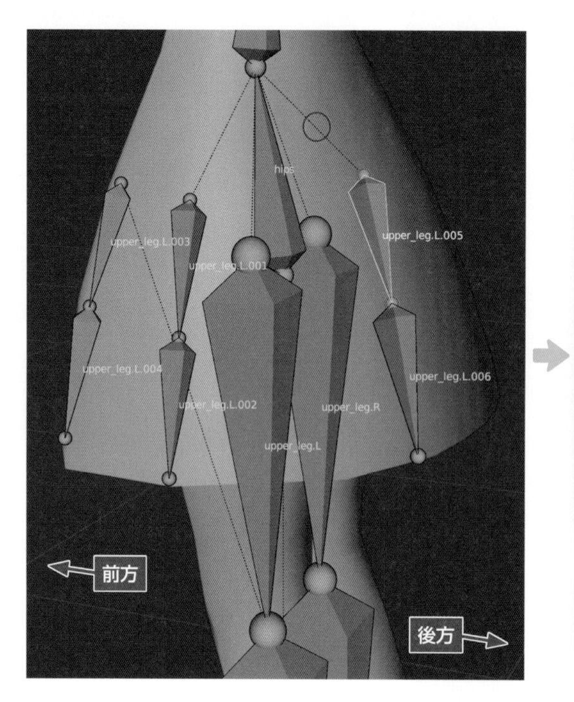

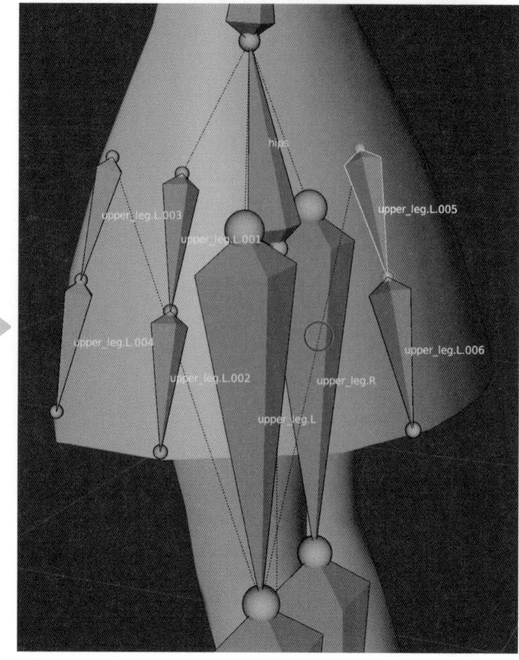

L ポーズモードに切り替えて左脚太もものボーン“**upper_leg.L**”を回転するとスカートの斜め前、斜め後のボーンが連動していることが確認できます。

⚠ 確認が完了したら、ボーンを選択し、3Dビューポートのヘッダーにある［ポーズ］➡［トランスフォームをクリア］から［回転（または［すべて］）］（Alt＋Rキー）を選択してデフォルトの状態に戻します。

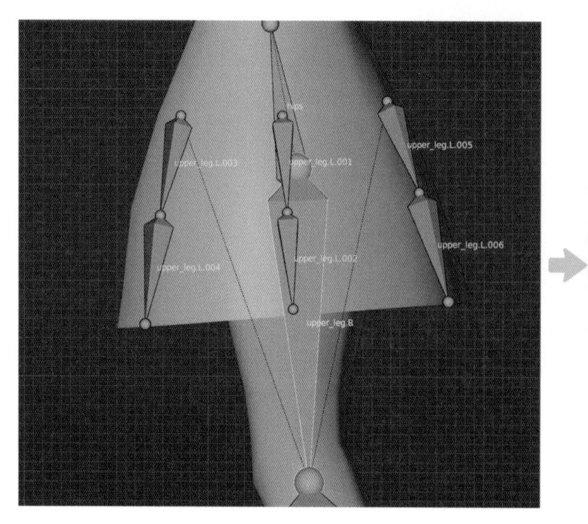

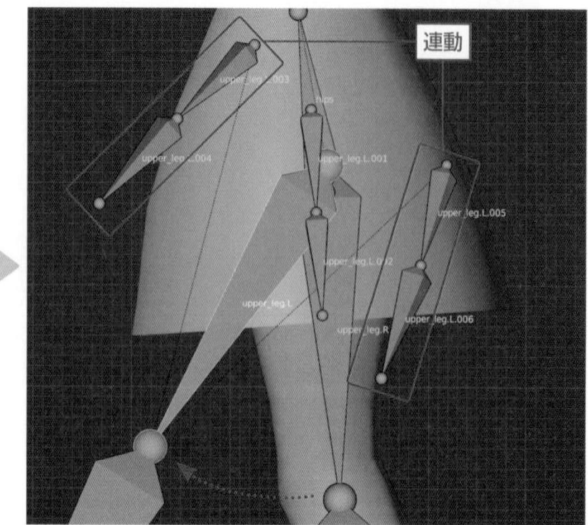

STEP 03 ボーンの対称化

A 作成したスカートの左側（向かって右側）のボーンを反対側に複製します。
反対側への複製には、**「対称化」**という機能を使います。**「対称化」**の条件としてボーン名の末尾に“.L”（または“_L”や“-L”）を付ける必要があります。

編集モードに切り替え、それぞれボーンを選択してプロパティの**［ボーンプロパティ］**を左クリックし、上部入力フォームでボーン名を入力します。ここでは右記のボーン名に設定します。

スカート側面（上から）
skirt_01.L
skirt_02.L

スカート左斜前（上から）
skirt_F01.L
skirt_F02.L

スカート左斜後（上から）
skirt_B01.L
skirt_B02.L

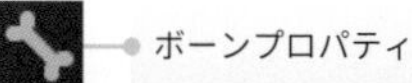

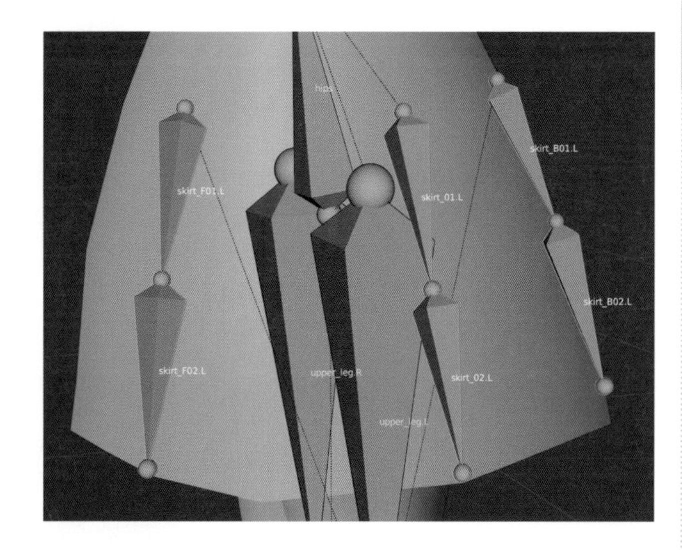

B スカートのボーンすべてを選択します。3Dビューポートのヘッダーにある**［アーマチュア］**から**［対称化］**を選択すると、反対側にボーンが複製されてボーン名の末尾が“.R”に変更されます。

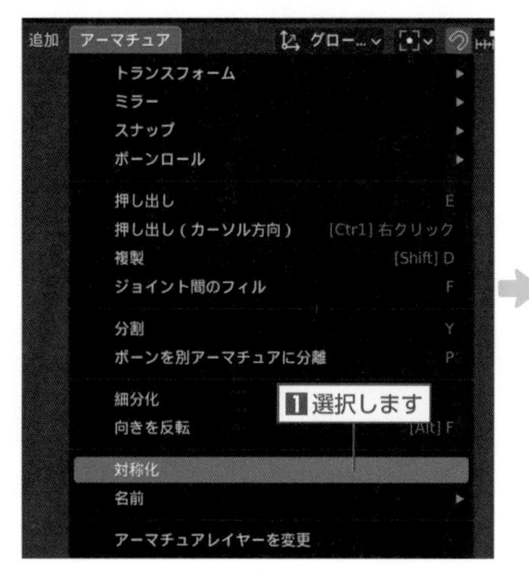

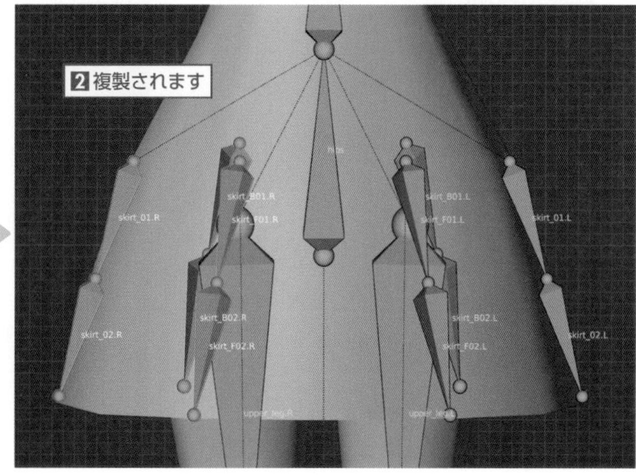

SECTION 6.3 スキニング

骨格となるアーマチュアを作成したので、続いてはメッシュとの関連付けを行い、アーマチュアをコントロールしてキャラクターを自在に動かせるようにします。この作業は「スキニング」と呼ばれ、リギングの仕上げとして大事な工程となります。

STEP 01 ペアレントの設定

A 作成したアーマチュアのうち、足元中央と眼球のボーンはキャラクターのメッシュと連動する必要がないので、関連付けを行わないように事前に設定します。

編集モードで足元中央のボーン "root"、眼球のボーン "eye.L" および "eye.R" をそれぞれ選択し、プロパティの **[ボーンプロパティ]** を左クリックして **「変形」** パネルを無効にします（1本ずつ編集します）。
無効にすることで、ペアレント設定の際、そのボーンは除外されます。

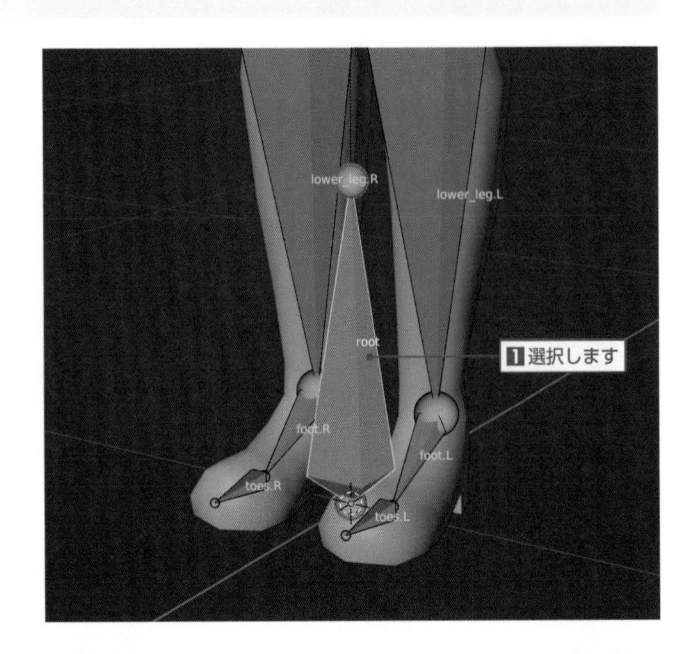

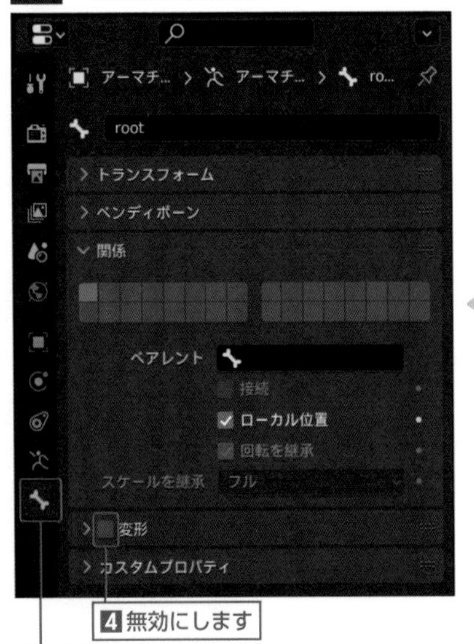

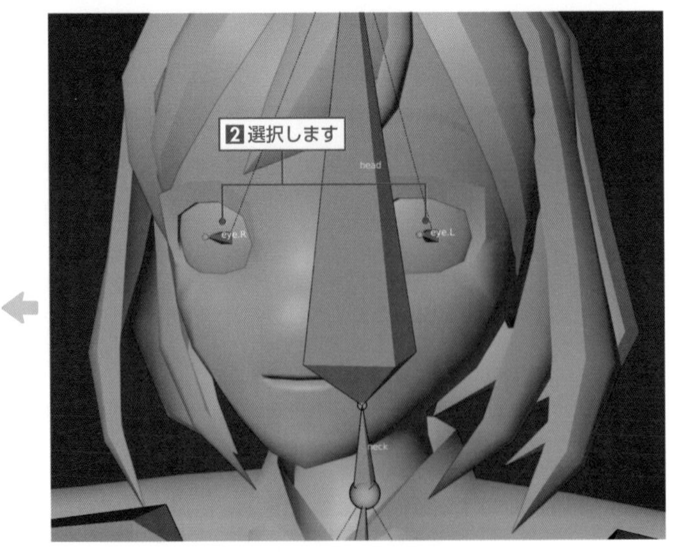

B **オブジェクトモード**に切り替えてキャラクターのすべてのオブジェクト（全身、前髪、後ろ髪、眼球）を選択し、最後にアーマチュアを選択します。
3Dビューポートのヘッダーにある **[オブジェクト] ➡ [ペアレント]**（Ctrl + P キー）から **[自動のウェイトで]** を選択します。

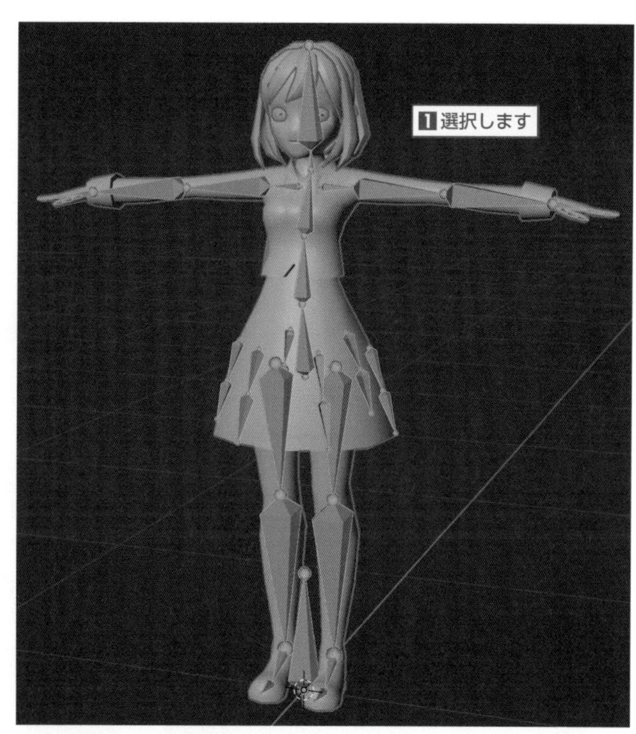

⚠ 図はボーン名を非表示にしています。

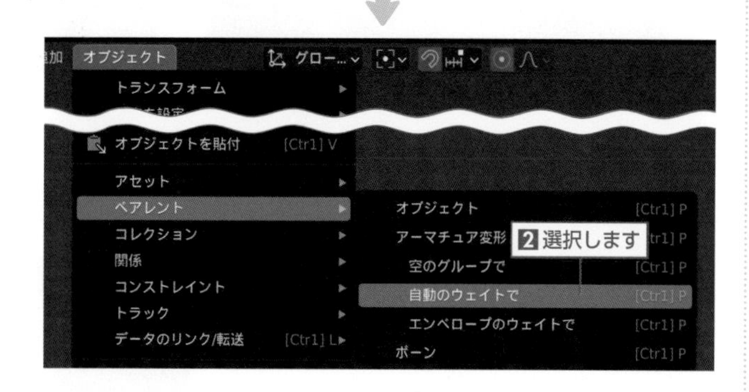

C アーマチュアを選択して、**ポーズモード**に切り替えます。
3Dビューポートのヘッダーにある **「トランスフォーム座標系」** から **[ローカル]** を選択します。デフォルトのグローバル座標はシーンの3D空間を基準とした座標ですが、ローカル座標は個々のオブジェクトやメッシュ、ボーンなどを基準とした座標となり、回転などを行う軸も個々によって変化します。

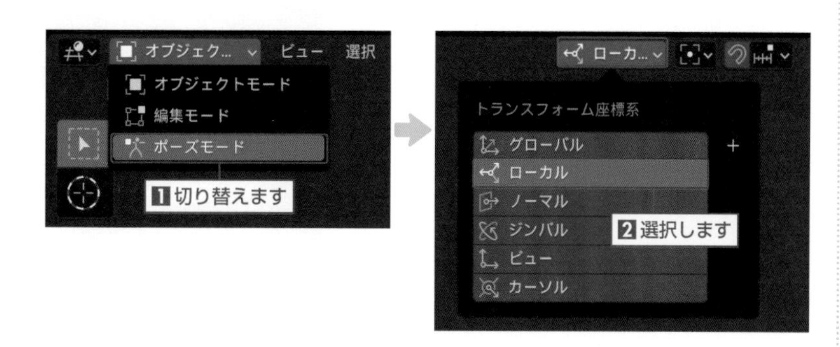

PART 6

D **「回転」**ツールを有効にして各ボーンを回転し、問題なく連動されているか確認します。

⚠ 確認が完了したらボーンを選択し、3Dビューポートのヘッダーにある［ポーズ］➡［トランスフォームをクリア］から［回転（または［すべて］）］（Alt＋Rキー）を選択して、デフォルトの状態に戻します。

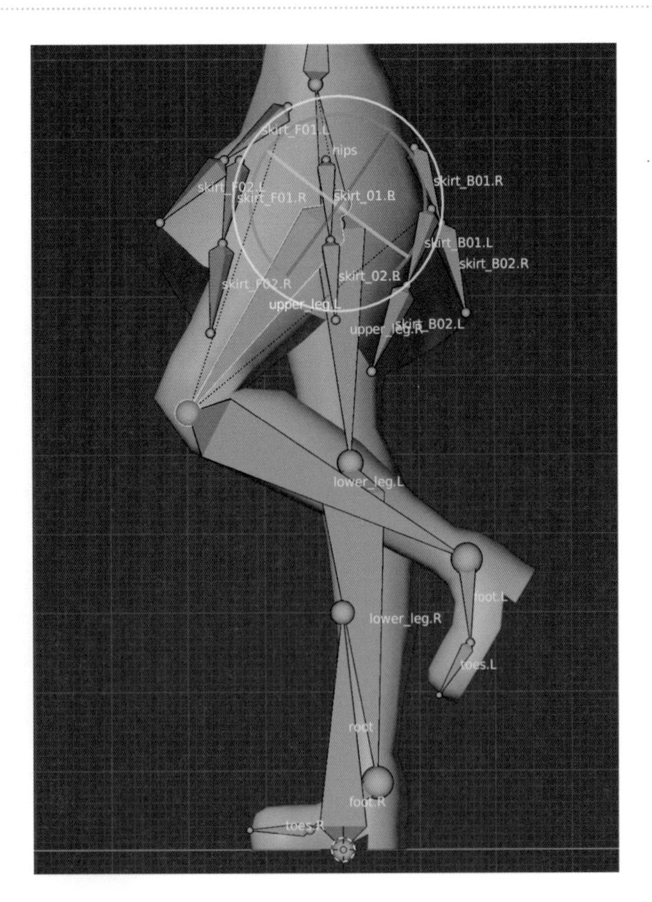

STEP 02 ウェイトの編集（編集モード）

A ここでは眉毛とリボンが連動されていなかったので、ウェイトの編集を行います。この作業は**編集モード**で行います。
眉毛とリボンが連動されていないことがわかるように、**ポーズモード**でボーンを回転します（ここでは、足元中央のボーン“root”を回転します）。
眉毛は頭部のボーン“head”、リボンは胸部のボーン“chest”に連動するようにします。

⚠ 自動ウェイトの結果が同じとは限りません。ここでの編集が不要な場合もあります。

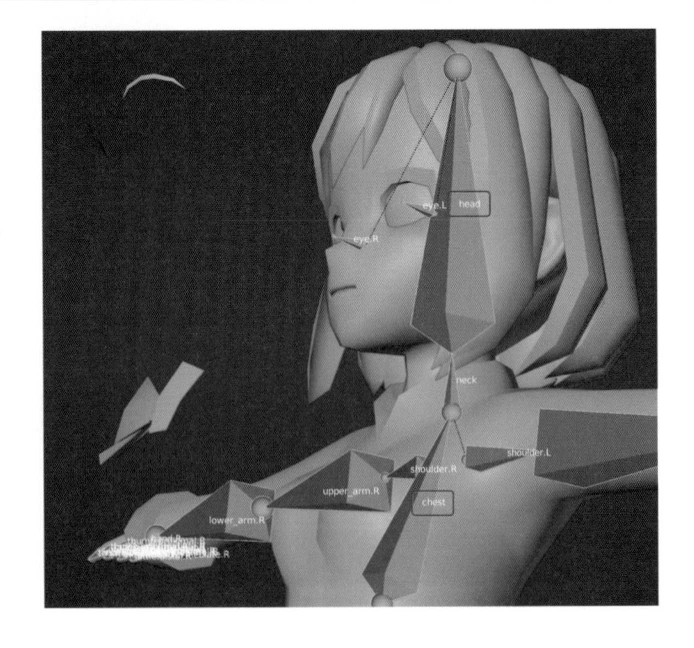

B **オブジェクトモード**に切り替えて全身のオブジェクトを選択し、**編集モード**に切り替えます。
編集モードではデフォルトの形状で表示されます。プロパティの［**モディファイアープロパティ**］を左クリックし、「**アーマチュア**」モディファイアーパネル上部にあるアイコンをすべて有効にすると、ポーズモードやオブジェクトモードと同様にアーマチュアと連動した形状で表示されます。

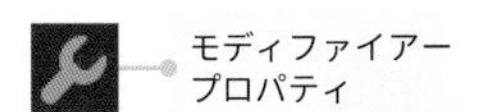

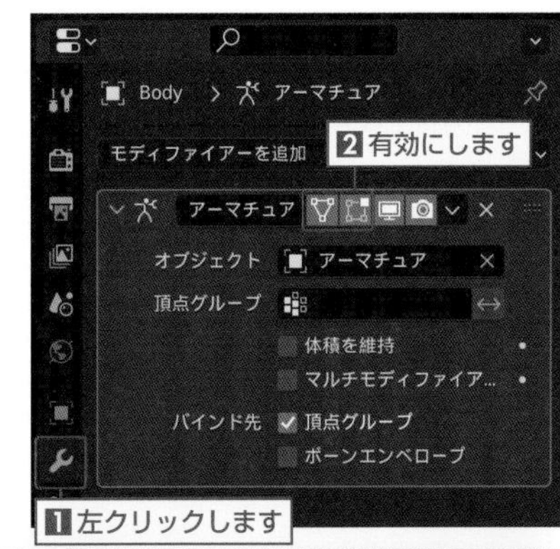

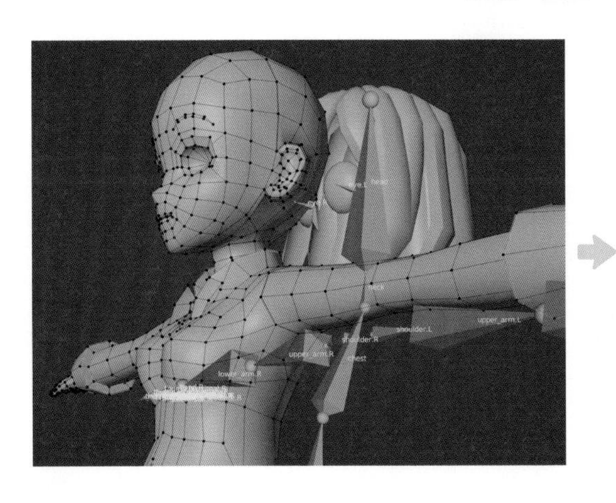

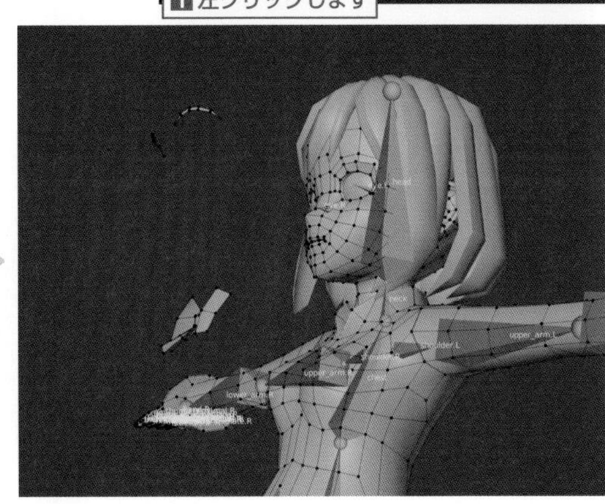

C 眉毛のメッシュを選択します。プロパティの［**オブジェクトデータプロパティ**］を左クリックし、「**頂点グループ**」パネルから“head”を左クリックで選択します。［**ウェイト**］を“1.000”に設定して［**割り当て**］を左クリックします。

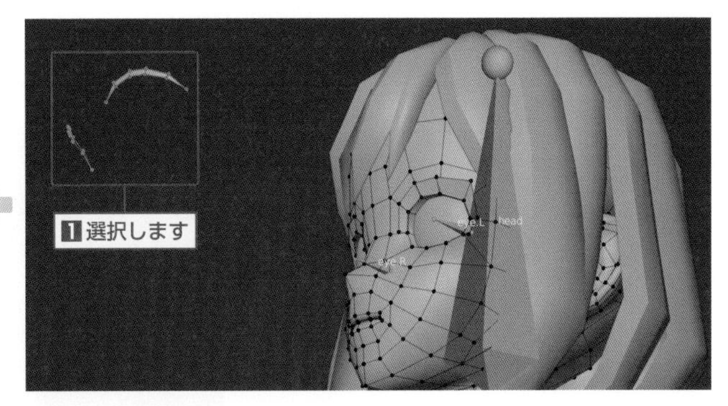

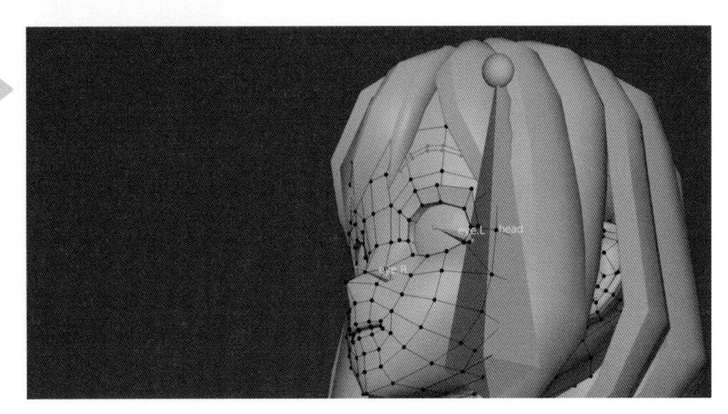

D リボンのメッシュを選択します。**「頂点グループ」**パネルから “chest” を左クリックで選択し、**[ウェイト]**を “1.000” に設定して**[割り当て]**を左クリックします。

⚠ 編集が完了したら、ポーズモードでボーンを選択し、3Dビューポートのヘッダーにある［ポーズ］➡［トランスフォームをクリア］から［回転（または［すべて］）］（Alt＋Rキー）を選択してデフォルトの状態に戻します。

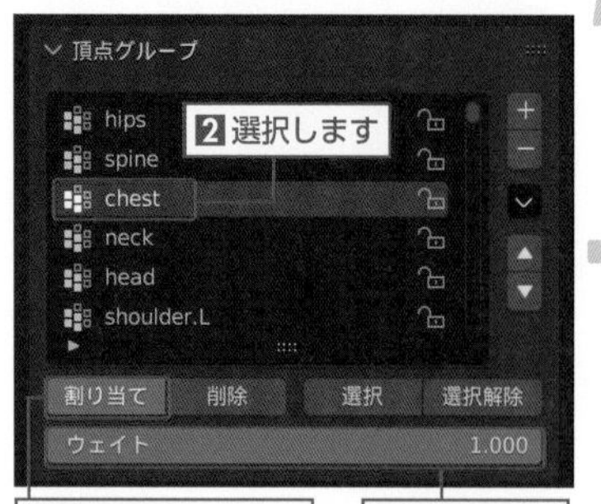

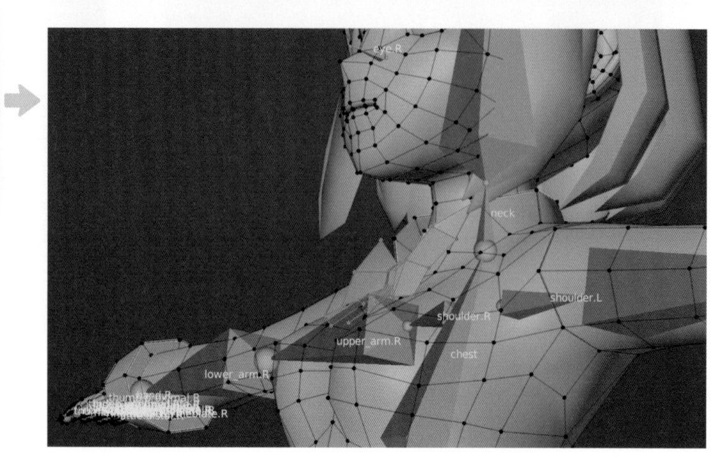

STEP 03 ウェイトの編集（ウェイトペイントモード）

A 太ももを曲げた際にスカートが極端に折れ曲がってしまうので、ウェイトの編集を行います。
この編集は**ウェイトペイントモード**で行います。

B アーマチュアが編集の邪魔になるので、**オブジェクトモード**でアーマチュアを選択してプロパティの［**オブジェクトデータプロパティ**］を左クリックし、「**ビューポート表示**」パネルにある［**表示方法**］から［**スティック**］など表示面積の少ない形状を選択します。
また、［**名前**］を無効にしてボーン名を非表示にします。

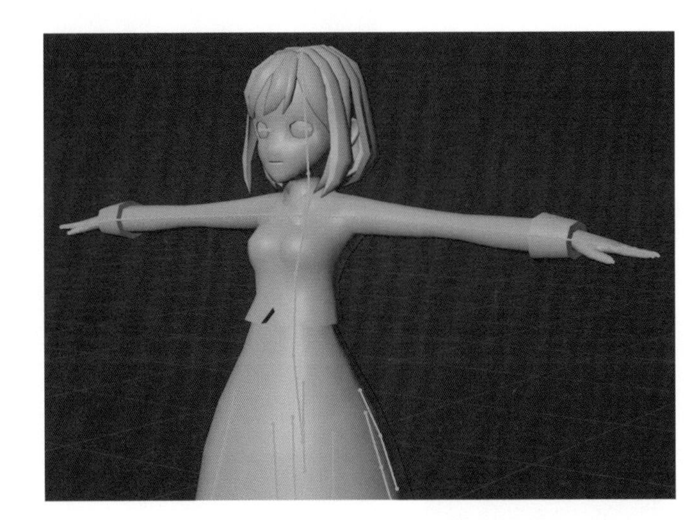

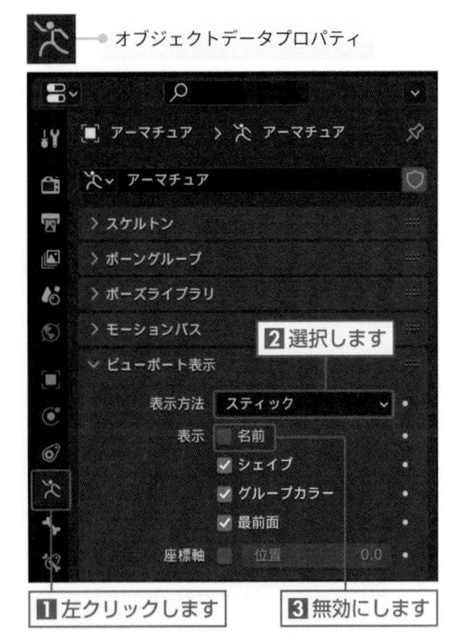

C アーマチュアを選択して**ポーズモード**に切り替え、スカートが極端に折れ曲がった状態になるように太もものボーンを回転します。

D **オブジェクトモード**に切り替えてアーマチュア、全身のオブジェクトの順に複数選択し、**ウェイトペイントモード**に切り替えます。
プロパティの「**オブジェクトプロパティ**」を左クリックして「**ビューポート表示**」パネルにある[**ワイヤーフレーム**]を有効にし、メッシュを表示して頂点の位置が判別できるようにします。

⚠ [シェーディング]の[ワイヤーフレーム]でもメッシュを表示することができます。

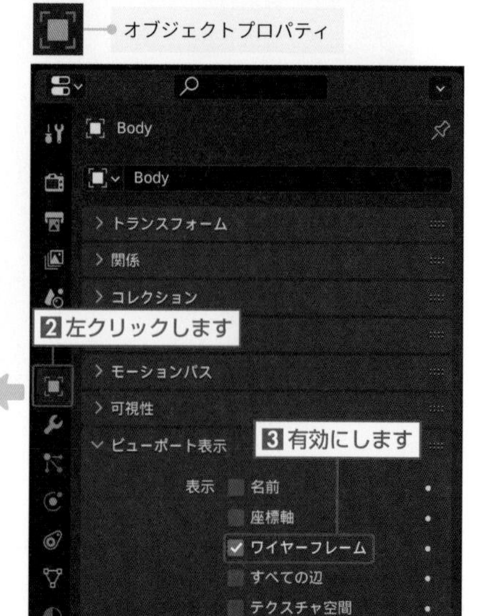

E 左右対称に編集を行うため、3Dビューポートのヘッダーにある対称メニューの[**頂点グループをミラー反転**]と[**X**]を有効にします。
[**頂点グループをミラー反転**]を無効にしていると、単純に左右対称にペイントされるため、片側のボーンに両側のメッシュが連動してしまうことになります。

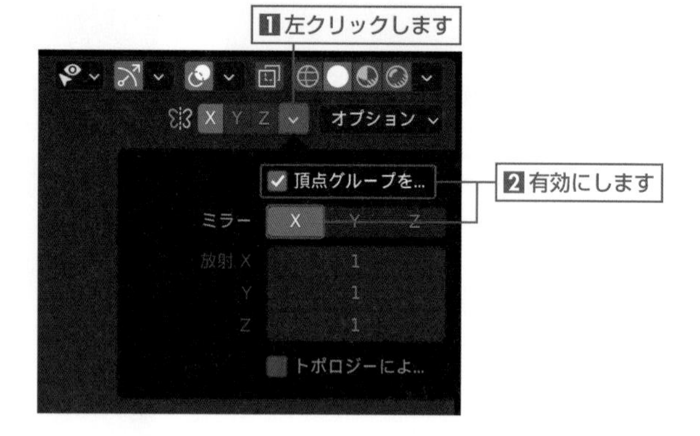

F 腰のボーンに対しての連動を強め、スカートのボーンに対しての連動を弱めます。
腰のボーン "hips" を Ctrl キー＋左クリックで選択します。プロパティの **[オブジェクトデータプロパティ]** を左クリックして表示される **「頂点グループ」** パネルからでも選択できます。

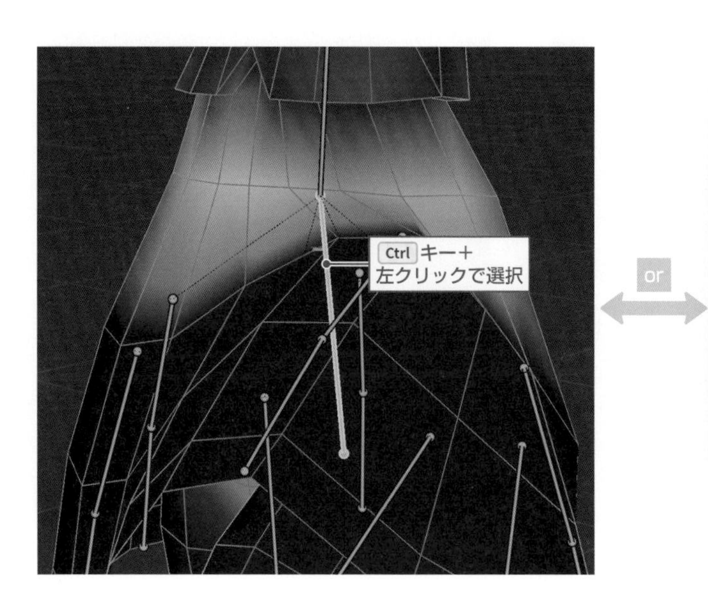

G 3Dビューポートのヘッダーにある **「オプション」** から **[自動正規化]** を有効にします。

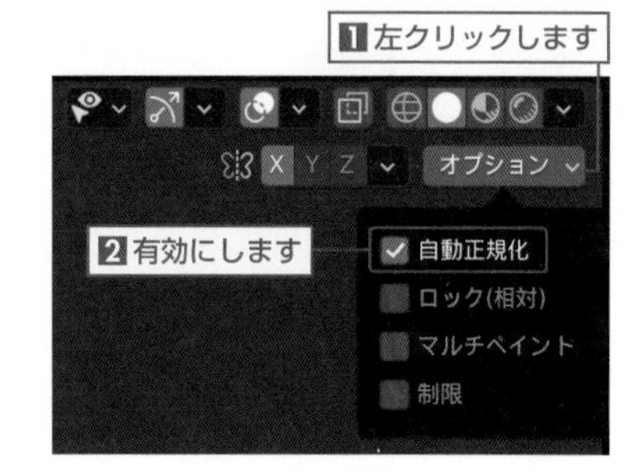

H **「ドロー」** ツールを有効にし、3Dビューポートのヘッダーにある **[ウェイト]** を "1.000"、**[強さ]** を "0.100" に設定します。

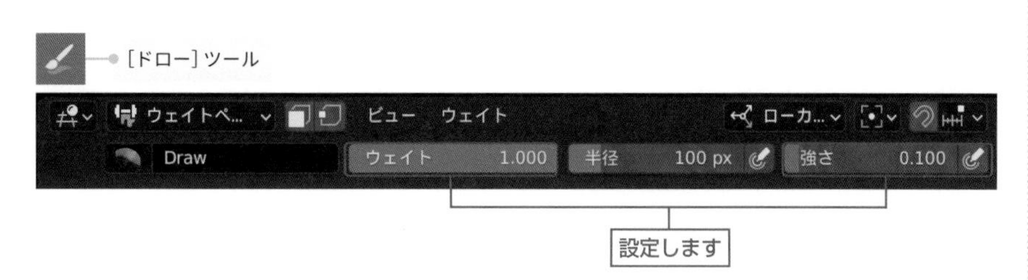

PART 6

I 重ね塗りの要領で、結果を確認しながら少しずつ編集します。
対称メニューの **[頂点グループをミラー反転]** と **[X]** が有効なため、左右どちらでもペイントできます。
また、**[自動正規化]** が有効なため、腰のボーンに対してのウェイト値を上げるだけでなく、同時にその分スカートのボーンに対してのウェイト値を自動的に下げます。

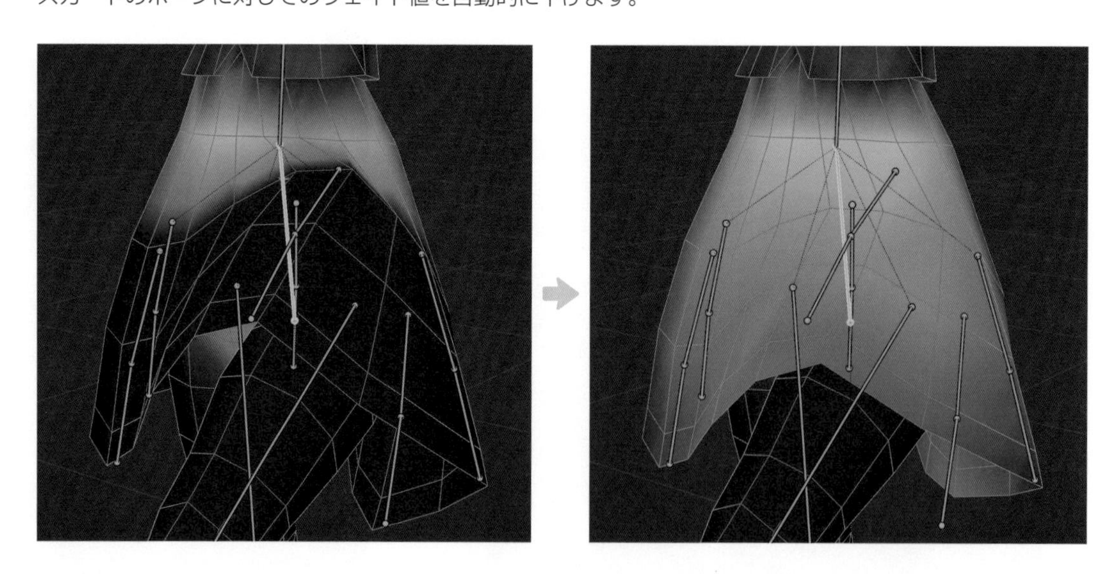

J 同様の操作で問題のある部分のウェイトを調整します。調整の際はボーンを変形した状態で行うと、結果を確認しながら編集できるので便利です。
連動を強める場合は **「ドロー」** ツールの **[ウェイト]** を "1.000"、**[強さ]** を "0.100" に設定し、該当のメッシュ（頂点）を少しずつペイントしてウェイトの値を上げます。連動を弱める場合は **[ウェイト]** を "0.000"、**[強さ]** を "0.100" に設定し、該当のメッシュ（頂点）を少しずつペイントしてウェイトの値を下げます。

⚠ 編集が完了したら、ポーズモードでボーンを選択し、3Dビューポートのヘッダーにある [ポーズ] ➡ [トランスフォームをクリア] から [回転（または [すべて]）]（Alt + R キー）を選択してデフォルトの状態に戻します。

Blender

3D Avatar
Making Technique

PART 7

VRMセットアップ

VRM形式のキャラクターには、キャラクター名や作者名だけでなく、商用利用や再配布などに関するライセンス情報を設定することができます。また、これまで作成した口の動きや表情、キャラクターの動きに合わせて揺れるスカートなど、ここではVRM形式へ書き出すためのさまざまな設定を行います。VRM形式のセットアップおよびエクスポートには、マテリアルの設定の際にインストールしたアドオン「VRM Add-on for Blender」が必要となります。

SECTION 7.1 メタデータの設定

キャラクター名や作者名、さらにアバターとして使用する際の条件、再配布・改変規定などVRM形式のキャラクターに関するメタ情報を設定します。

「VRM 0.x Mata」パネルの設定項目

オブジェクトモードでアーマチュアを選択します。

3Dビューポートのヘッダーにある**[ビュー]**から**[サイドバー]**（Nキー）を選択し、**[VRM]**タブを左クリックします。**「VRM 0.x Mata」**パネルでは、作成したキャラクターのメタデータ（付帯情報）を設定します。設定項目は以下のとおりです（デフォルトのままでもエクスポートは可能です）。

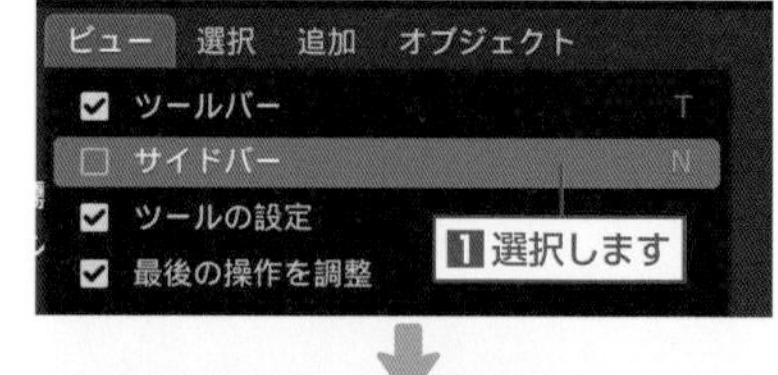

❶ Thumbnail

キャラクターのサムネイル画像（推奨解像度は2048×2048px）を設定します。

画像の設定方法は、**「サムネイル画像の設定方法」**（317ページ）を参照してください。

❷ タイトル

キャラクターの名前を入力します。

❸ バージョン

制作中や作り直しなどが認識できるように、キャラクターのバージョンを入力します。必ずしも数字である必要はありません。

❹ 作者

キャラクターの作者名を入力します。

❺ Contact Information

作者の連絡先を入力します。

❻ 参照

元となったキャラクターなど親作品に相当するものがあれば、そのURLなどを入力します。

以下は、使用許諾・ライセンス情報になります。デフォルトは最も厳しい設定になっています。

❼ Allowed User

このキャラクター（アバター）を使用して演じることに対しての許可を設定します。

- Only Author：作者のみ
- Explictly Licensed Person：許可された人のみ
- Everyone：全員に許可

⑧ Violent Usage

キャラクター（アバター）を使用して、暴力表現を演じることに対しての許可を設定します。

- Disallow：不許可
- Allow：許可

⑨ Sexual Usage

キャラクター（アバター）を使用して、性的表現を演じることに対しての許可を設定します。

- Disallow：不許可
- Allow：許可

⑩ Commercial Usage

キャラクター（アバター）の商用利用の許可を設定します。

- Disallow：不許可
- Allow：許可

⑪ Other Premission Url

上記許諾条件以外のライセンス条件がある場合のライセンス文書掲載のURLを入力します。

⑫ License

再配布・改変に関する許諾範囲のライセンスタイプを選択します。

- Redistribution Prohibited：再配布禁止
- CCO：著作権放棄
- CC_BY：Creative Commons CC BYライセンス
- CC_BY_NC：Creative Commons CC BY NCライセンス
- CC_BY_SA：Creative Commons CC BY SAライセンス
- CC_BY_NC_SA：Creative Commons CC BY NC SAライセンス
- CC_BY_ND：Creative Commons CC BY NDライセンス
- CC_BY_NC_ND：Creative Commons CC BY NC NDライセンス
- Other：その他

⚠ クリエイティブ・コモンズに関して詳しくは、以下のURLをご参照ください。
https://creativecommons.jp/

サムネイル画像の設定方法

A 画像エディターに切り替え、画像エディターのヘッダーにある **[画像]** から **[開く]**（Alt＋O キー）を選択します。

B **「Blender ファイルビュー」**ダイアログが開くので、画像を選択して**[画像を開く]**を左クリックします。

C 3Dビューポートに切り替えて、**「VRM 0.x Mata」**パネルの**[Thumbnail]**から読み込んだサムネイル画像を選択します。

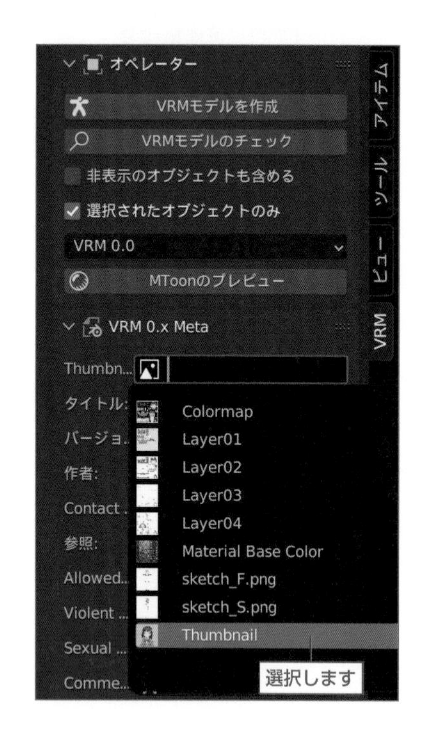

SECTION 7.2 シェイプキーの適用

Webカメラの顔認識によるフェイストラッキング・リップシンクで、まばたきや口の動きなど、作成したシェイプキーがキャラクターに反映させるように設定します。それらのシェイプキーの適用は、「VRM 0.x Mata」パネルで行います。

STEP 01 母音の設定

A リップシンクで口の動きがキャラクターに反映させるように設定します。
オブジェクトモードでアーマチュアを選択します。
3Dビューポートのヘッダーにある **[ビュー]** から **[サイドバー]**（Nキー）を選択し、**[VRM]** タブを左クリックします。
「VRM 0.x Blend Shape Proxy」 パネルにある **[A/a]** の▼アイコンを左クリックしてパネルを開きます。

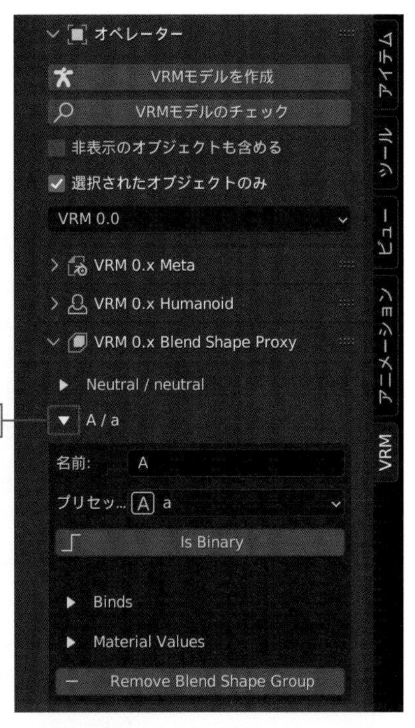

B [Binds] の▼アイコンを左クリックして表示された **[+ Add Blend Shape Bind]** を左クリックします。

C **[メッシュ]** から全身のオブジェクト "Body" を選択します。
続けて、**[Shape key]** から口の動き **「あ」** のシェイプキー "A" を選択します。

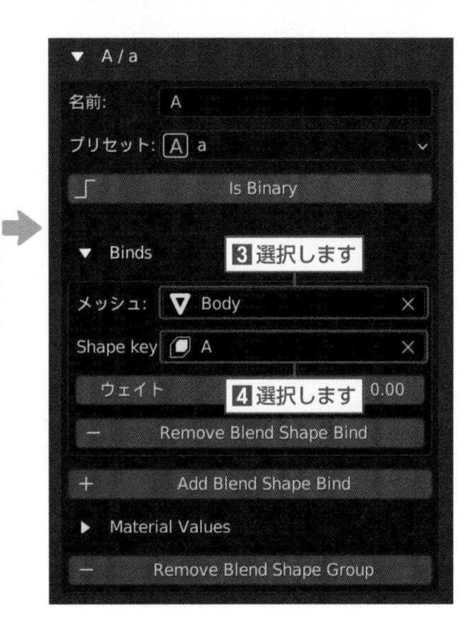

PART 7

D **[ウェイト]** でシェイプキーの変形の度合いを設定します。
ここでは、“1.00（100%）” に設定します。

E **[Is Binary]** を有効にすると、形状が変化する際に途中経過がなく、一瞬で切り替わるようになります。
ここでは、デフォルトの無効のままにします。

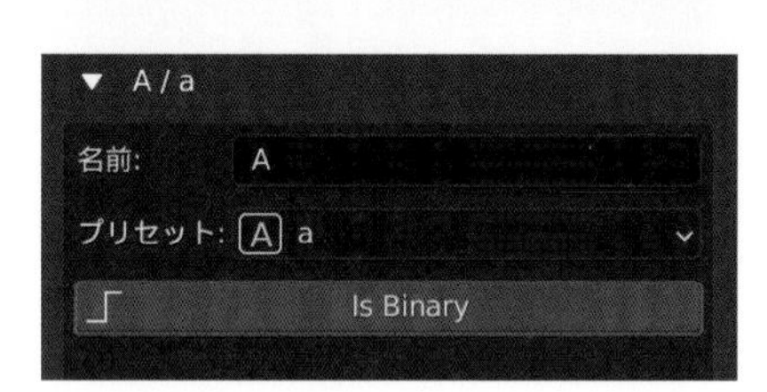

F 同様の操作で、その他の母音 [I/i]、[U/u]、[E/e]、[O/o] に対してもそれぞれシェイプキーを適用します。

I/i

U/u

E/e

O/o

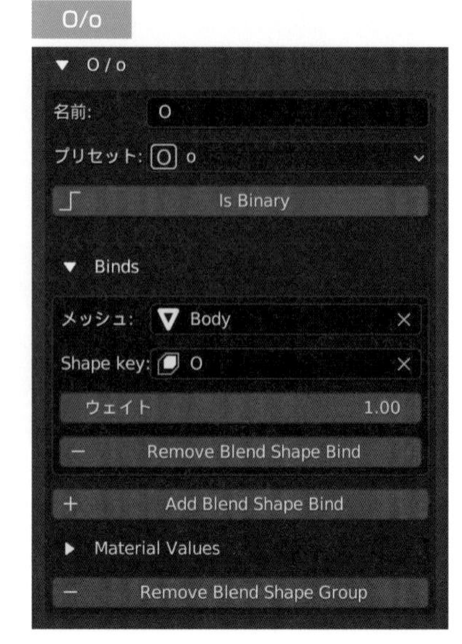

STEP 02 まばたき、ウィンクの設定

A フェイストラッキングでまばたきやウィンクがキャラクターに反映させるように設定します。
「VRM 0.x Blend Shape Proxy」パネルにある［Blink/blink］の▼アイコンを左クリックしてパネルを開きます。
［Binds］の▼アイコンを左クリックして、［+ Add Blend Shape Bind］を左クリックします。

B ［メッシュ］から全身のオブジェクト“Body”を選択し、続けて［Shape key］からまばたきのシェイプキー“Blink”を選択します。
［ウェイト］でシェイプキーの変形の度合いを設定します。
ここでは、“1.00（100%）”に設定します。

C 同様の操作で、ウィンク［Blink_L/blink_l］と［Blink_R/blink_r］に対しても、それぞれシェイプキーを適用します。

Blink_L/blink_l

Blink_R/blink_r

PART 7

STEP 03 表情の設定

A VRM形式では、標準でJoy（喜び）、Angry（怒り）、Sorrow（悲しい）、Fun（楽しい）の４種類の表情を設定することができます。

⚠ 表情は未設定でもフェイストラッキングやリップシンクに影響はありません。

「VRM 0.x Blend Shape Proxy」パネルにある［Joy/joy］の▼アイコンを左クリックしてパネルを開きます。
［Binds］の▼アイコンを左クリックして、［＋ Add Blend Shape Bind］を左クリックします。

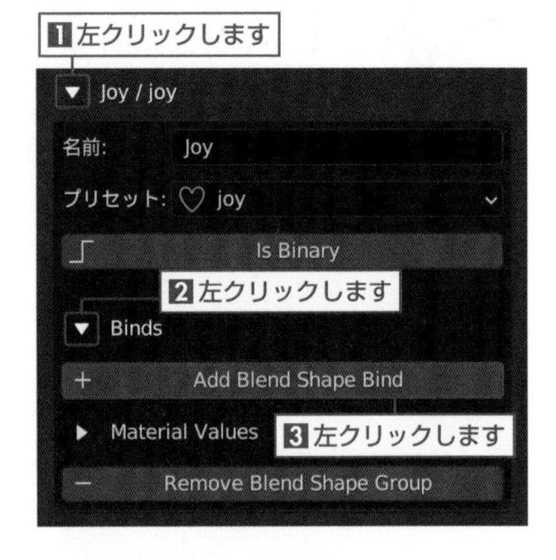

B ［メッシュ］から全身のオブジェクト“Body”を選択し、続けて［Shape key］から喜びの表情のシェイプキー“Joy”を選択します。
［ウェイト］でシェイプキーの変形の度合いを設定します。
ここでは“1.00（100%）”に設定します。

C 同様の操作で、［Angry/angry］、［Sorrow/sorrow］、［Fun/fun］に対してもそれぞれシェイプキーを適用します。

Angry/angry

Sorrow/sorrow

Fun/fun

SECTION 7.3 スプリングボーン

キャラクターの動きに合わせて揺れる「スプリングボーン」の設定を行います。
スプリングボーンを適用する箇所を指定し、その箇所の柔らかさや重力などの影響による揺れ具合いを設定します。さらにスプリングボーンとの貫通を軽減するための衝突判定の設定を行います。
それらのスプリングボーンの設定は、「VRM 0.x Spring Bone」パネルで行います。

STEP 01 衝突判定の設定

A ここでは、スカートに対してスプリングボーンを適用しますが、まずスカートを手と太ももが貫通するのを軽減するため、衝突判定となる「**Collider (コライダー)**」の設定を行います。
「**VRM 0.x Spring Bone**」パネルにある「**Collider Groups**」の [**+ Add Collider Group**] を左クリックします。

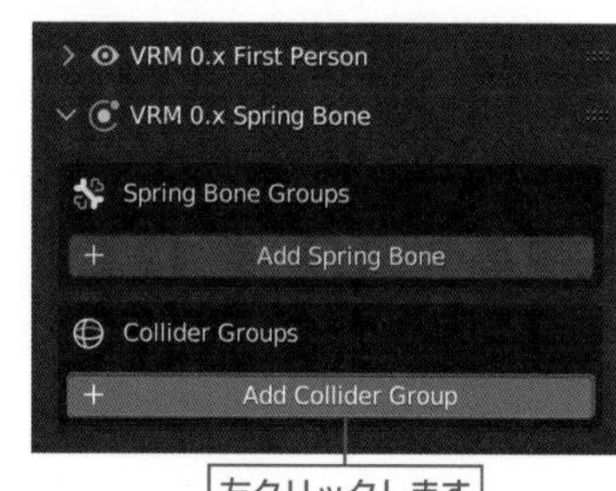

B ▼アイコンを左クリックして [**ボーン**] から左腕のボーン "lower_arm.L" を選択し、[**+ Add Collider**] を左クリックします。

C 左腕のボーンのテール部分に球体が表示されます。この球体がスカートと衝突することになります。
球体の大きさを調整します。ここでは、"**0.06m**" に設定します。

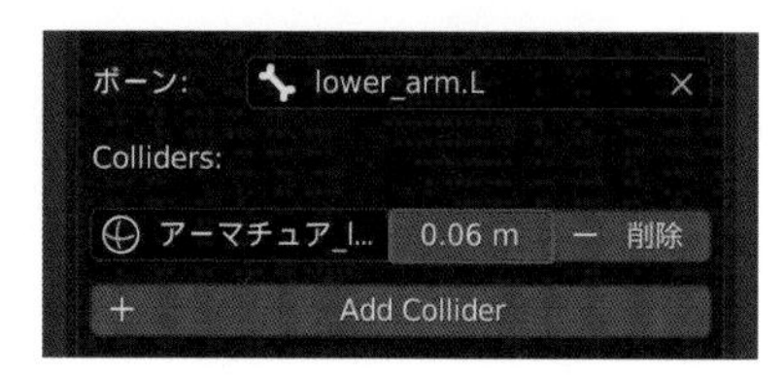

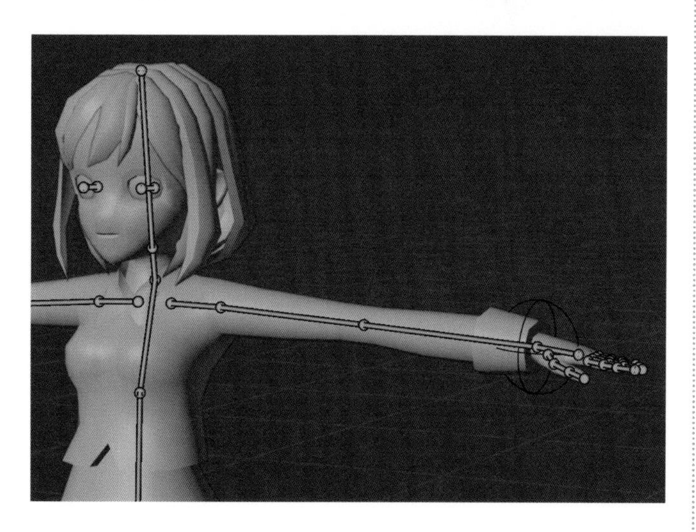

D 同様に **[+ Add Collider Group]** を左クリックして、右腕のボーン "**lower_arm.R**" にもColliderを設定します。

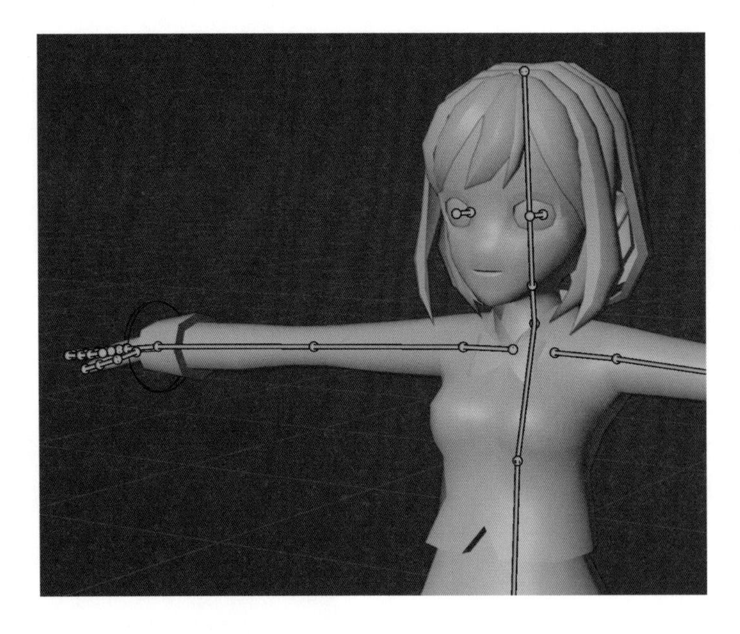

E **[+ Add Collider Group]** を左クリックして▼アイコンを左クリックし、**[ボーン]** から左太もものボーン "**upper_leg.L**" を選択します。
[+ Add Collider] を左クリックして大きさを調整します。ここでは、"**0.08m**" に設定します。

F フロントビュー（テンキー 1 ）に切り替えて3Dビューポートのヘッダーにある **「3Dのシェーディング」** の **[ワイヤーフレーム]** を有効にします。

オブジェクトモードでColliderを左クリックすると選択することができます。
図のように太もものボーンに沿って上方向に移動（G キー）します。

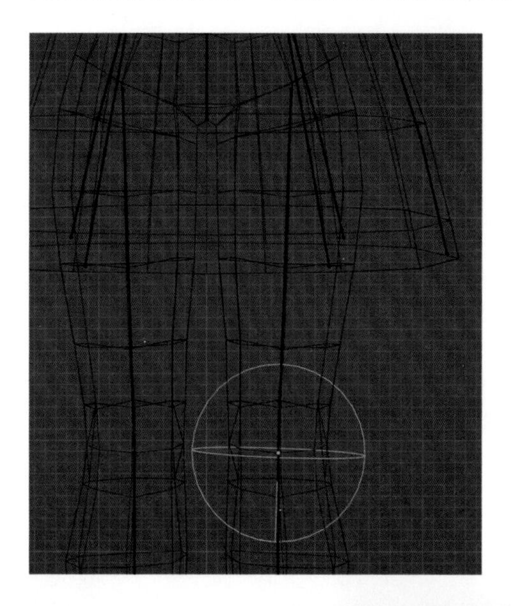

G Colliderを追加して、衝突判定の範囲を広げます。**[+ Add Collider]** を左クリックして大きさを調整します。ここでは、"0.07m"に設定します。

H Colliderを選択して、図のように太もものボーンに沿って上方向に移動（G キー）します。

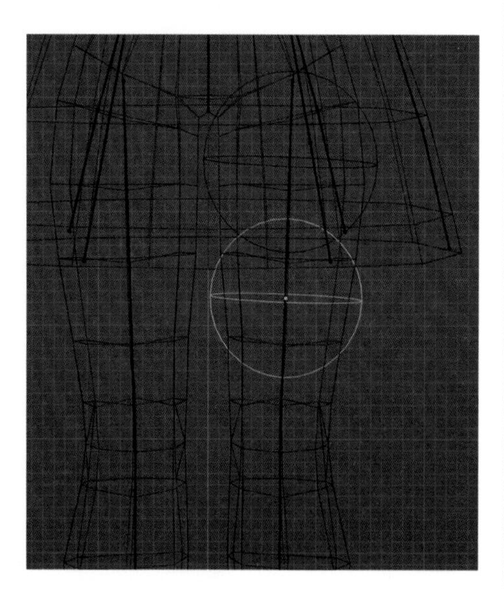

I サイドビュー（テンキー[3]）に切り替えて、Colliderの位置を太ももに合わせて調整（[G]キー ➡ [Y]キー）します。

J 同様に **[+ Add Collider Group]** を左クリックして、右太もものボーン "upper_leg.R" にも2つのColliderを設定します。

⚠ 編集が完了したら、「3Dのシェーディング」の［ソリッド］を有効にします。

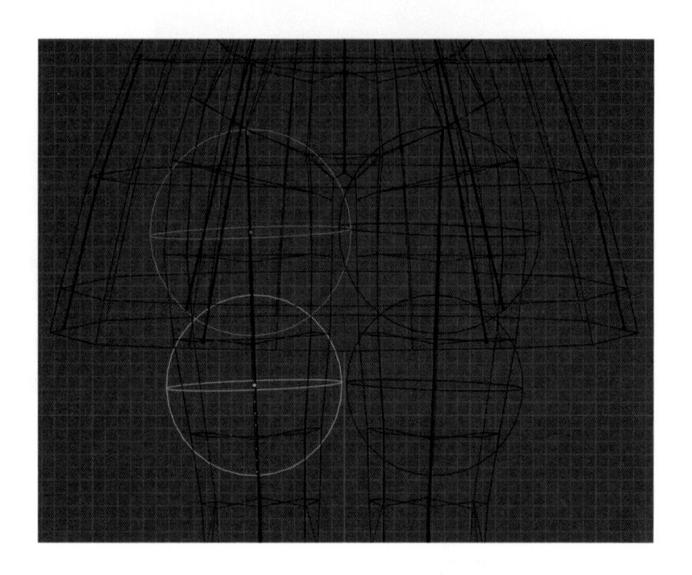

STEP 02 揺れ具合いの設定

A スカートの柔らかさや重力などの影響による揺れ具合いの設定を行います。
「Spring Bone Groups」の **[+ Add Spring Bone]** を左クリックします。

B ▼アイコンを左クリックして **「コメント」** にスプリングボーンのグループ名（任意）を入力します。
ここでは、“Skirt” に設定します。

C **[剛性]** は元の形状に戻ろうとする力の強さです。
[Drag Force] は抵抗力で、値が大きいほど揺れが鈍くなります。
[Gravity Power] は重力の強さで、**[Gravity Direction]** は重力の方向になります。
[Center Bone] でボーンを指定すると、そのボーンの動きによる揺れは除外され、それ以下（親子関係 “**子**”）のボーンの動きによる揺れのみが反映されます。
ここで大元の “root” を指定すると、キャラクター自体の移動では揺れが除外され、キャラクターの動き（歩くやダンスなど）による揺れは反映されます。

[Hit Radius] でColliderとの衝突判定の範囲を調整します。
値が大きいほど範囲が大きくなります。

ここでは、以下のように設定します。

剛性	“0.50”
DragForce	“0.05”
Gravity Power	“0.00”
Gravity Direction	“(X) 0.00、(Y) 0.00、(Z) -1.00”
Center Bobe	“root”
Hit Radius	“0.02”

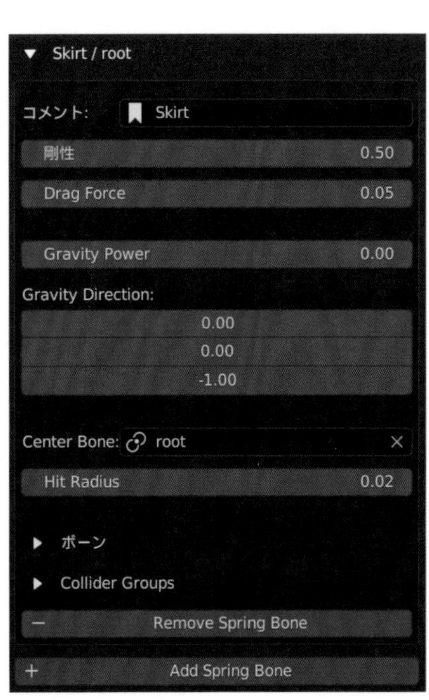

STEP 03 スプリングボーンの適用

A スプリングボーンとして設定するボーンを指定します。**オブジェクトモード**でアーマチュアを選択してプロパティの**[オブジェクトデータプロパティ]**を左クリックし、**「ビューポート表示」**パネルにある**[名前]**を有効にします。

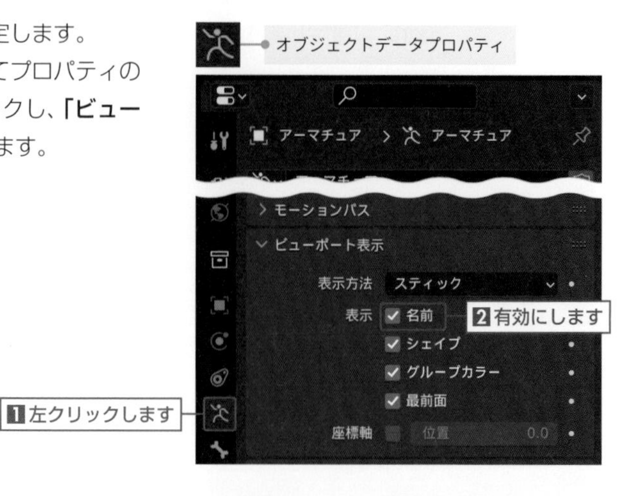

B サイドバーの**「VRM 0.x Spring Bone」**パネルにある**「ボーン」**左側の▼アイコンを左クリックして、**[+ ボーンを追加]**を左クリックします。

C **「ボーン」**アイコンを左クリックして、スカートのボーン"skirt_F01.L"を選択します。

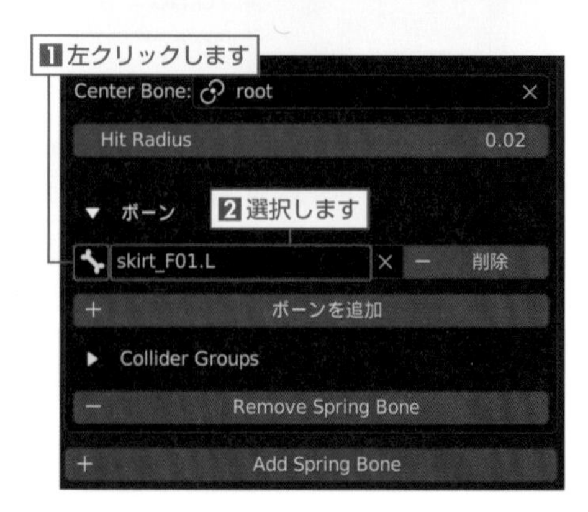

D 続けて **[+ ボーンを追加]** を左クリックし、**「ボーン」** アイコン を左クリックしてスカートのボーンすべてを指定します。ここでは、以下の12本のボーンを設定します。

"skirt_F01.L"	"skirt_F02.L"
"skirt_B01.L"	"skirt_B02.L"
"skirt_01.L"	"skirt_02.L"
"skirt_F01.R"	"skirt_F02.R"
"skirt_B01.R"	"skirt_B02.R"
"skirt_01.R"	"skirt_02.R"

STEP 04 コライダーの適用

A STEP 01 **「衝突判定の設定」** で作成した両腕、両太もものコライダーを適用します。
「Collider Groups」左側の ▼ アイコンを左クリックして、[+ Add Collider Group] を左クリックします。

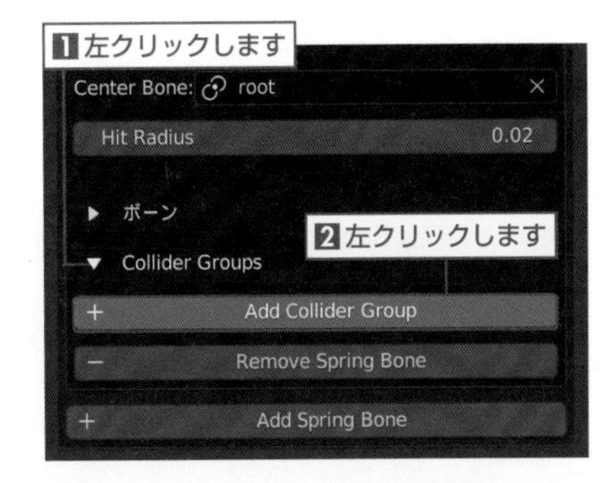

B フォームを左クリックして、作成したコライダー "lower_arm.L#～" を選択します。

C 続けて **[+ Add Collider Group]** を左クリックし、フォームを左クリックしてすべてのコライダーを指定します。
ここでは、以下の4つのコライダーを設定します。

"lower_arm.L#～"	"lower_arm.R#～"
"upper_leg.L#～"	"upper_leg.R#～"

SECTION 7.4 エクスポート

最後に、プラットフォーム非依存の3Dアバターファイルフォーマットである「VRM」形式のエクスポートを行います。

その他の設定項目

VRMファイルには、メタデータやシェイプキー、スプリングボーン以外にも**「人型ボーン」**や**「一人称」**の設定項目が用意されています。

●「VRM 0.x Humanoid」パネル

「VRM 0.x Humanoid」パネルでは、各ボーンが何処の部位に該当するかを設定します。

アドオンのアーマチュアを使用した場合は自動的に設定されますが、Blenderデフォルトのボーンからアーマチュアを作成した場合は設定が必要となります。

●「VRM 0.x First Person」パネル

「VRM 0.x First Person」パネルでは、一人称視点のカメラ位置を設定します。ここでは、デフォルトで設定されている頭部のボーン "**head**" のままにします。

「VRM 0.x Humanoid」パネル

「VRM 0.x First Person」パネル

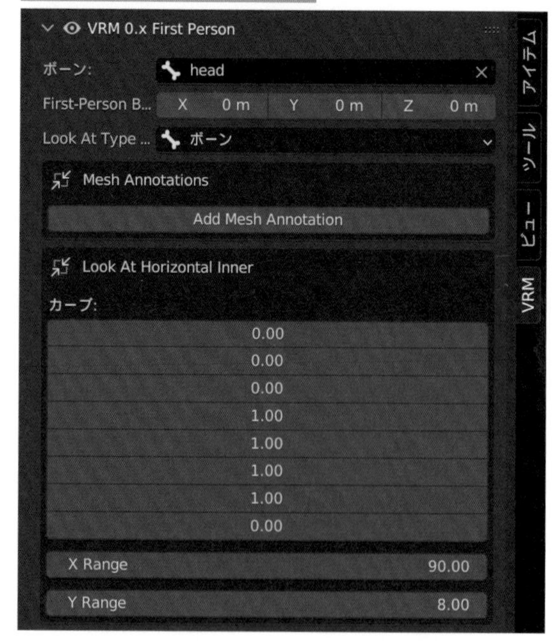

VRM形式エクスポートの手順

A **オブジェクトモード**でアーマチュアを選択し、**[サイドバー]**（Nキー）を開いて **[VRM]** タブを左クリックします。
「オペレーター」パネルの **[選択されたオブジェクトのみ]** を有効にします。

B すべてのオブジェクト（全身、前髪、後ろ髪、眼球、アーマチュア、コライダー）を選択して、ヘッダーの **[ファイル]** ➡ **[エクスポート]** から **[VRM(.vrm)]** を選択します。

⚠ アドオン「VRM Add-on for Blender」がインストールされていないと[VRM(.vrm)]は表示されません。

C **「Blenderファイルビュー」**ダイアログボックスが開くので、**[選択されたオブジェクトのみ]**を有効にします。保存先とファイル名を指定し、**[Export VRM]**を左クリックしてVRM形式のエクスポートを実行します。エクスポートしたVRMファイルには、リンクや埋め込みに関わらずテクスチャの情報も含まれるため、各アプリやサービスで利用する場合は、書き出したVRMファイルのみで問題ありません。

⚠ エクスポートの際に、メッシュの四角面が三角面に自動的に分割されます。

PART 8

VRMモデルの活用

仕上がりの確認も兼ねて、作成したキャラクターを3Dアバターとして使用してみましょう。VRM形式で書き出したオリジナルキャラクターは、ゲームや配信、メタバースといったさまざまなアプリやサービスで楽しむことができます。ここでは、Webカメラでまばたきや口の動きをキャラクターに反映できる配信ツール「3tene（ミテネ）」と、スマートフォンやPC、VR機器からバーチャル空間に集まって遊べるメタバースプラットフォーム「cluster（クラスター）」の2つのアプリを紹介します。

SECTION 8.1 3teneで配信する

作成したオリジナルキャラクターを読み込み、表情やポーズなどの演出、Webカメラの顔認識によるフェイストラッキング・リップシンクを手軽に扱える配信ツール「3tene FREE V3」は、個人であれば商用・非商用問わず、制限なく利用することができます。

3teneを導入する

3tene（ミテネ）は、高価な機材や複雑な操作は不要です。Webカメラさえあれば、オリジナルキャラクターで簡単に配信が可能です。

これまで諦めていた方も、オリジナルキャラクターでVtuberデビューも夢ではありません。

STEP 01 ダウンロード

A 「3tene FREE V3」を入手するには、下記の公式Webサイトにアクセスしてホームの［3tene FREE V3］をクリックします。

https://3tene.com/

⚠ 原稿執筆時点とは、サイトのデザインやダウンロード方法が異なっている場合があります。

B ページをスクロールして **「3tene 無料ダウンロードはこちら」** から環境に合ったボタンをクリックします。
ここでは、Windows版で解説を行います。

STEP 02 インストール

A ダウンロードしたインストーラーのアイコンをダブルクリックして、インストーラーを実行します。
表示されたウィンドウ内の指示に従って、インストールを行います。

B 使用許諾契約書について、同意する場合は **[使用許諾契約書に同意します]** にチェックを入れ、**[次へ]** ボタンをクリックして次に進みます。

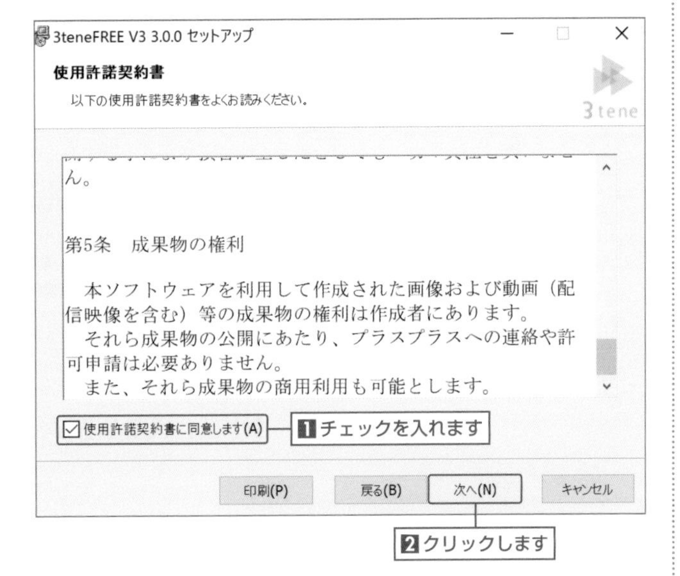

PART 8

C 「3tene FREE V3」のインストール先を確認し、**[次へ]** ボタンをクリックして次に進みます。
インストール先を変更する場合は、**[変更]** ボタンをクリックして指定します。

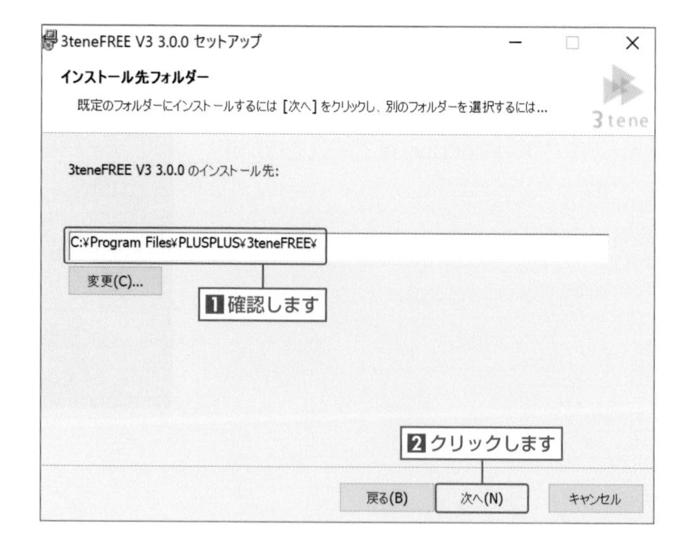

D **[インストール]** ボタンをクリックし、インストールを実行します。指定先に「3tene FREE V3」のインストールが開始されるので、完了するまで数分待ちます。

⚠ インストーラーを実行する際、「ユーザーアカウント制御」ウィンドウが表示される場合があります。その際は、[はい] ボタンを選択してインストールを続行してください。

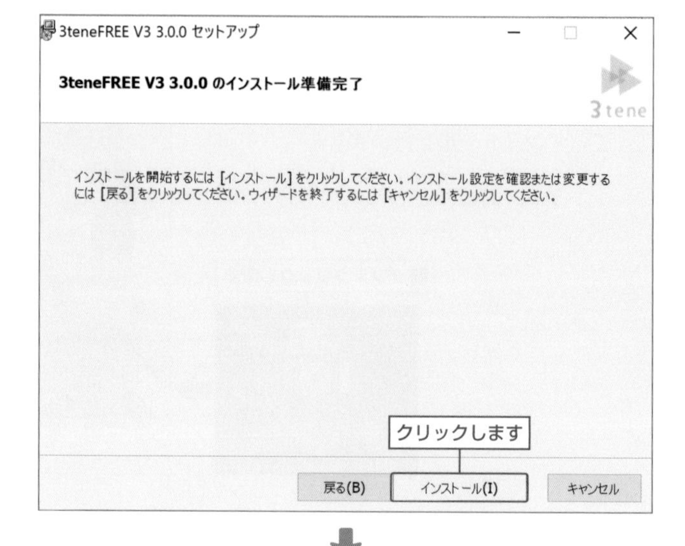

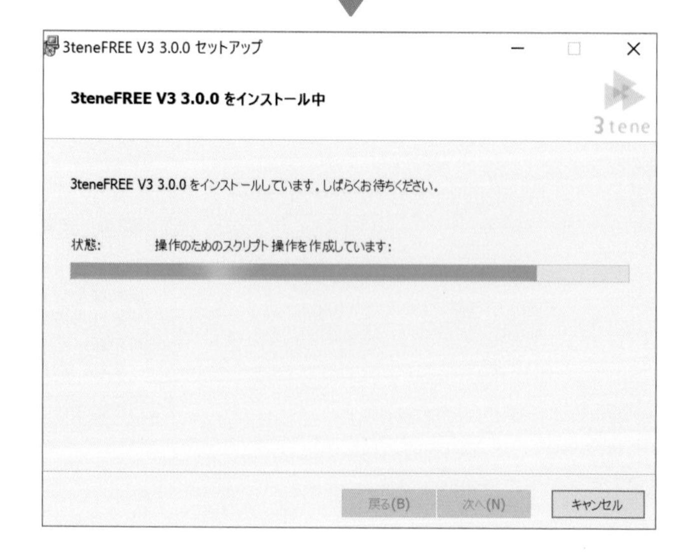

E **[完了]** ボタンをクリックして、インストールを終了します。
インストールが完了したら、インストーラーは削除してもかまいません。

F 指定したインストール先に生成された「3teneFREE」フォルダ内にある "**3tene.exe**" をダブルクリックすると **「3tene FREE V3」** が起動します。
デスクトップに追加されたショートカットアイコンやスタートメニューの **「3tene FREE V3」** からでも起動できます。

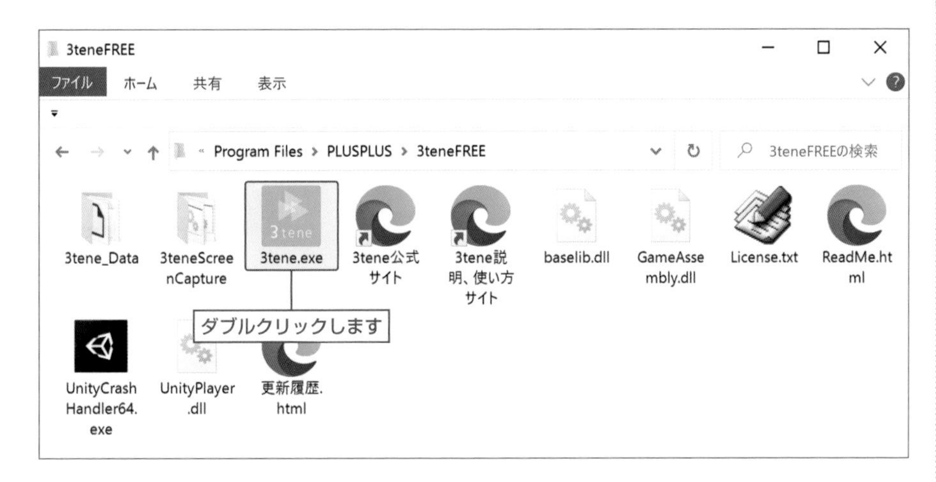

3teneの基本操作

STEP 01 オリジナルキャラクターの追加

A **「3tene FREE V3」**を起動して左側のメニューの**「アバターの選択」**をクリックします。

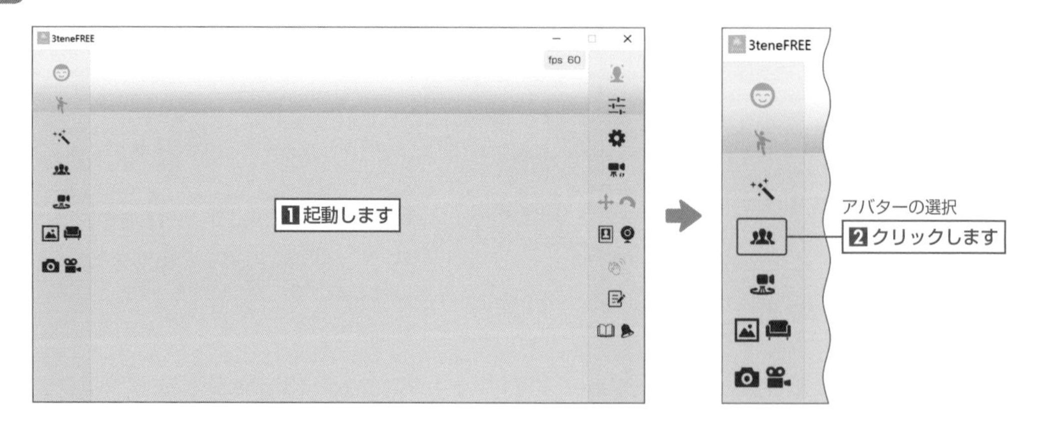

B **「アバターの選択」**ウィンドウが開くので、➕をクリックします。

C 作成したVRM形式のオリジナルキャラクターを指定して、**[選択]**をクリックします。

「使用許諾・ライセンス情報」ウィンドウが開きます。内容を確認して同意する場合は、**[同意する]**をクリックします。

D **[同意する]**をクリックすると、シーンに3Dアバターとして表示されるので、**「アバターの選択」**ウィンドウ右上の☒をクリックします。

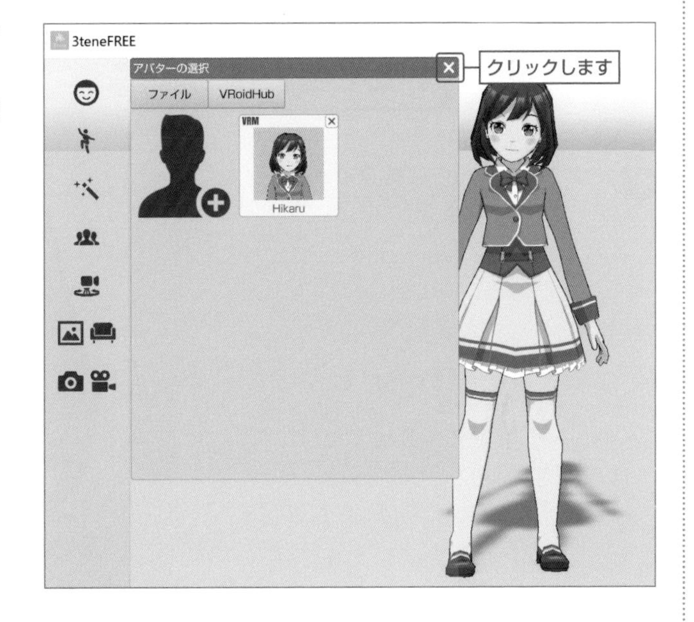

E 3Dアバターを削除する場合は**「アバターの選択」**ウィンドウでアバター右上の☒をクリックし、確認ダイアログで**[はい]**を選択します。

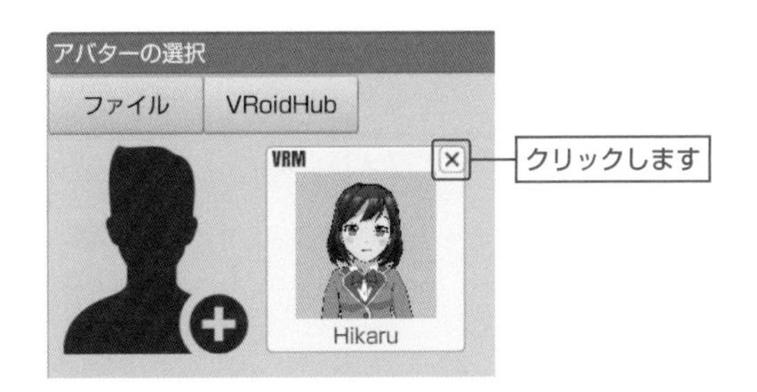

STEP 02 視点変更

A 視点変更は、右側のメニューの **「シーンカメラの操作方法」** にて行います。
左側の✚アイコンを左クリックしてから、画面をマウス右ボタンでドラッグすると平行移動することができます。右側の↷アイコンを左クリックしてから、画面をマウス右ボタンでドラッグすると、視点回転することができます。

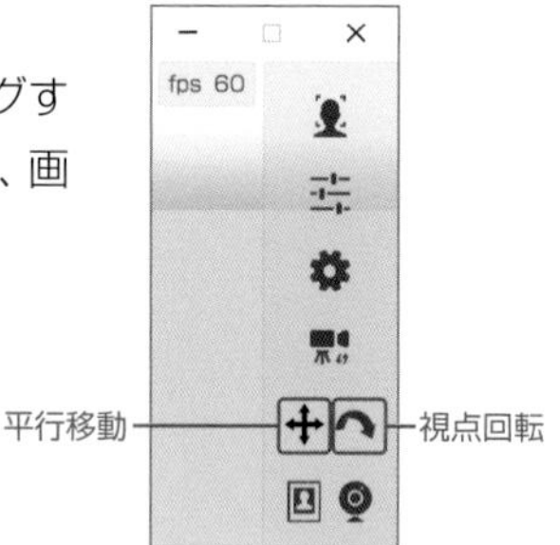

平行移動

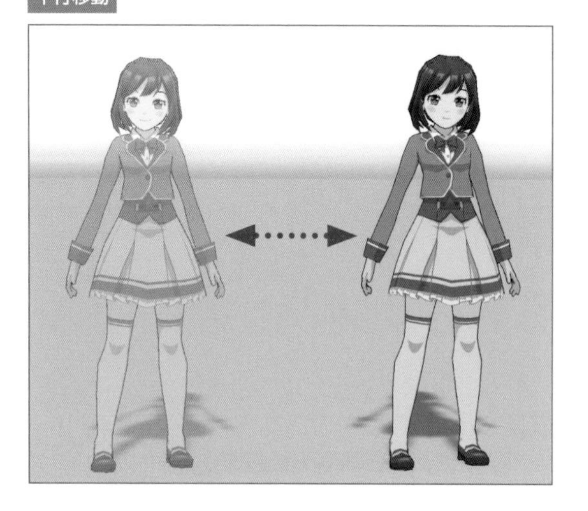

視点回転

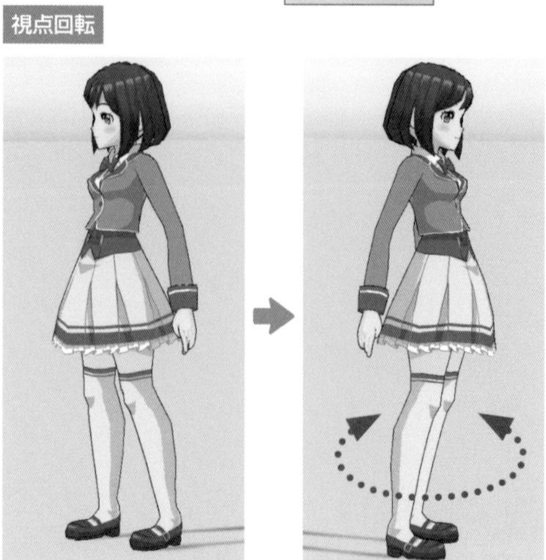

B マウスホイールの回転でズームイン／ズームアウトします。

C 右側のメニューの **「シーンカメラのリセット」** をクリックすると、カメラの位置や向きがリセットされて、デフォルトの視点に切り替わります。

STEP 03 表情とモーションの設定

A 左側のメニューの **「表情」** をクリックすると、まばたきやウィンク、母音発声の口の動き、さらにシェイプキーで作成した **「喜び」** や **「怒り」** などの各表情に切り替えることができます。

B 左側のメニューの **「モーション」** をクリックすると、さまざまなモーションやポージングに切り替えることができます。歩くや走る、ダンスなど数多くのモーションやポージングが用意されています。

STEP 04 フェイストラッキングとリップシンク

A 右側のメニューの「**トラッキング**」をクリックすると、「**トラッキングの開始**」ウィンドウが開きます。
それぞれ［**開始**］を有効にして、右上の☒をクリックします。

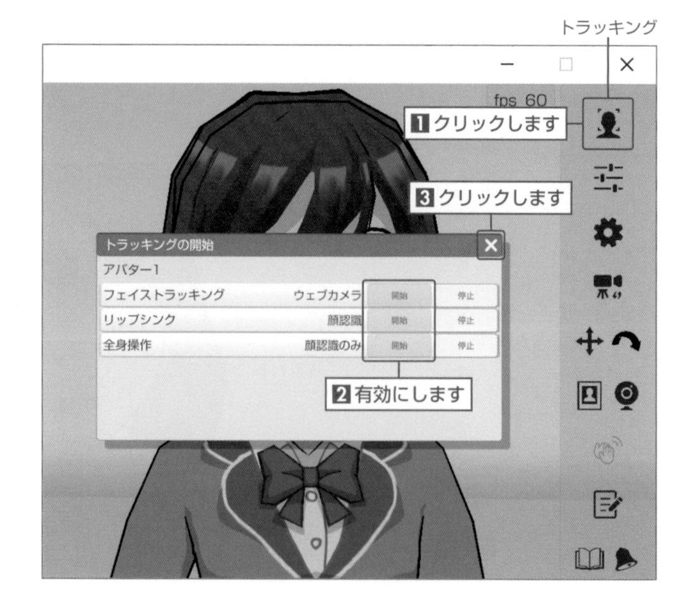

B フェイストラッキングとリップシンク、頭部の連動が開始されます。
Webカメラによる顔認識でまばたきや口の動きがキャラクターに反映され、Webカメラに映る人物の動きに合わせて頭部が動きます。

STEP 05 録画

A 左側のメニューの**「録画の開始」**をクリックすると、シーンを録画することができます。
録画中は右上に**[REC]**の文字が表示されます。左右のメニューは、録画した動画には表示されません。
もう一度クリックすると、録画が停止されます。

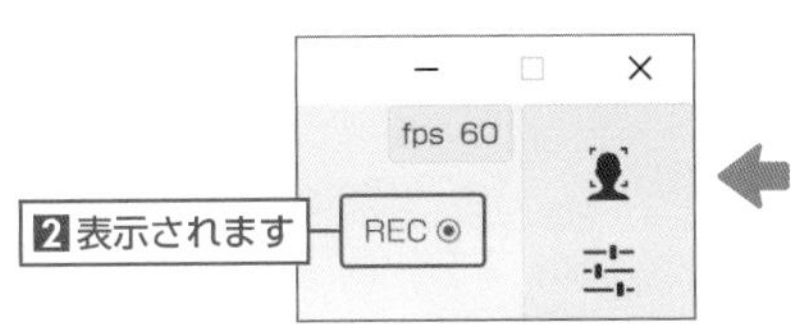

B 動画の保存先は、**「設定」**をクリックして**[録画]**から確認、変更することができます。

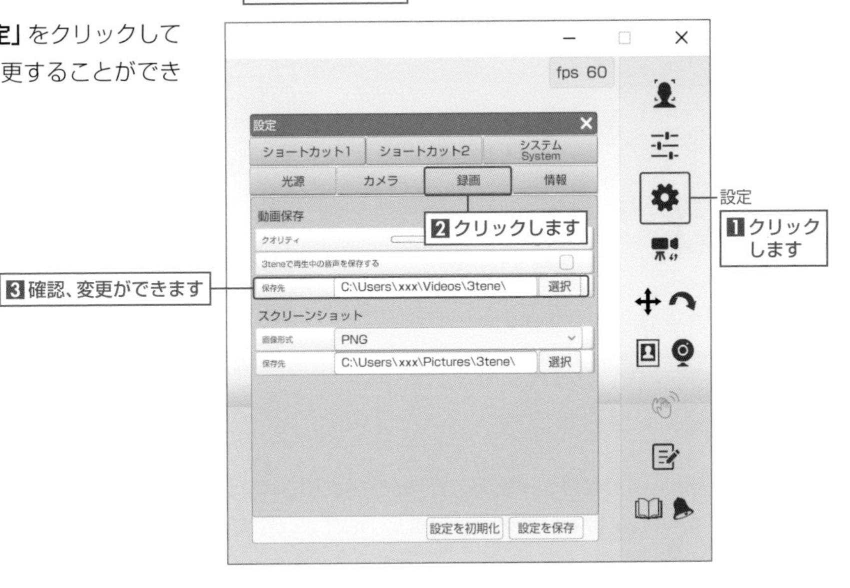

C 右側のメニューの**「説明サイト」**をクリックして表示されるWebサイトでは、さらに詳しい操作方法が紹介されています。

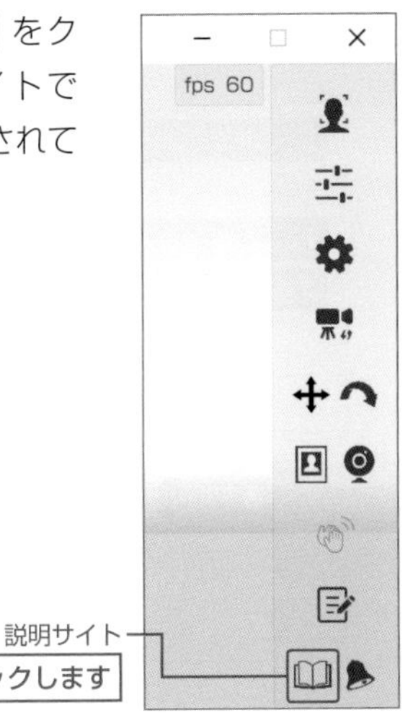

PART 8

SECTION 8.2 clusterで遊ぶ

スマートフォンやPC、VR機器などさまざまな環境からバーチャル空間に集まって遊べるメタバースプラットフォーム「cluster」は、音楽ライブや発表会などのイベントの他、いつでも参加できるバーチャルワールドでチャットやゲームを無料（App内課金有り）で楽しめます。

clusterを導入する

cluster（クラスター）では、さまざまな人と出会うことができ、フレンドになればさらなるコミュニケーションを楽しめます。

オリジナルのアバターでバーチャルワールドを散策すればアピール度抜群です。

STEP 01 ダウンロード

「cluster」を利用するには、下記の公式Webサイトにアクセスして環境に合ったボタンをクリックします。ここでは、Windows版で解説を行います。

https://cluster.mu/

⚠ 原稿執筆時点とは、サイトのデザインやダウンロード方法が異なっている場合があります。

STEP 02 インストール

A ダウンロードしたインストーラーのアイコンをダブルクリックしてインストーラーを実行し、表示されたウィンドウ内の指示に従ってインストールを行います。

⚠ インストーラーを実行する際、「ユーザーアカウント制御」ウィンドウが表示される場合があります。その際は、[はい] ボタンを選択してインストールを続行してください。

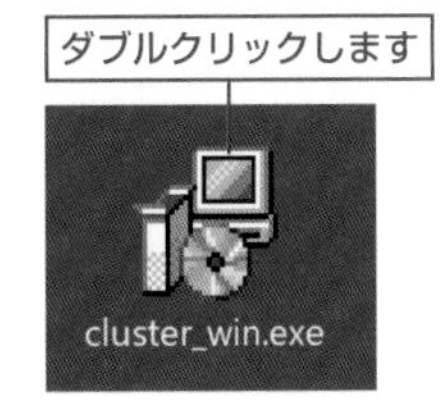

B インストール時に使用する言語を選択し、**[OK]** ボタンをクリックして次に進みます。

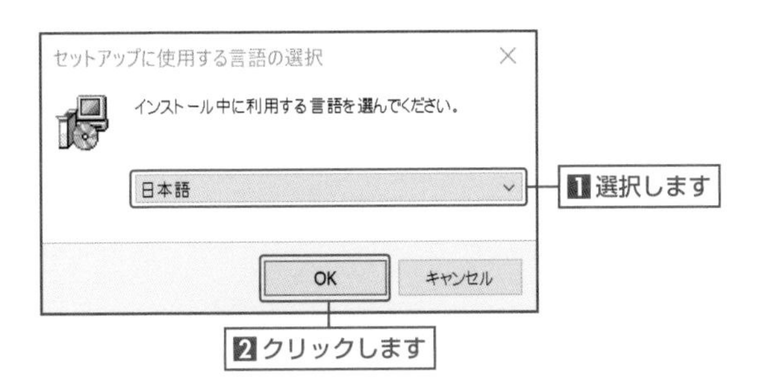

C 「cluster」のインストール先を確認し、**[次へ]** ボタンをクリックして次に進みます。
インストール先を変更する場合は、**[参照]** ボタンをクリックして指定します。

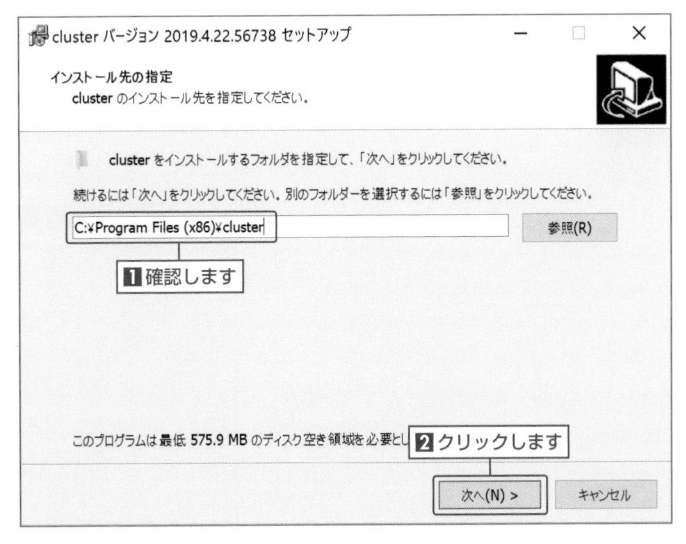

D **「cluster」**を起動するための(ショートカット)アイコンをデスクトップ上に作成する場合はチェックを入れて**[次へ]**ボタンをクリック、不要な場合はチェックを入れずに**[次へ]**ボタンをクリックして次に進みます。

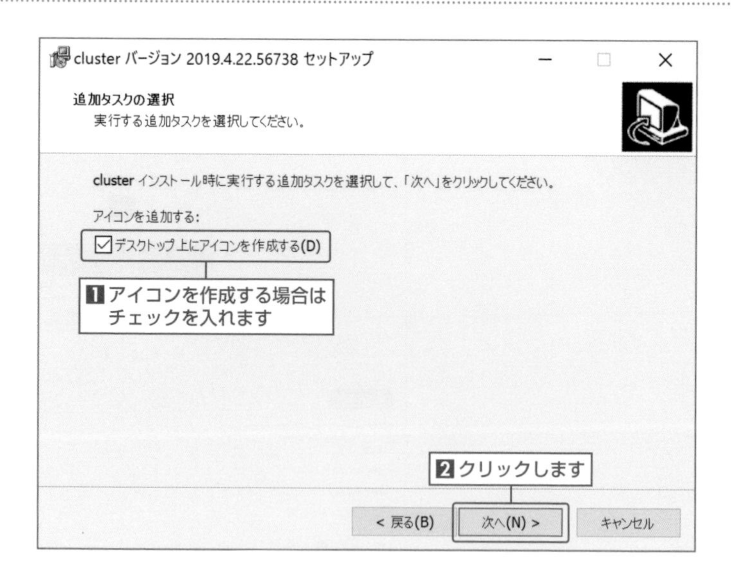

E **[インストール]**ボタンをクリックし、インストールを実行します。指定先に**「cluster」**のインストールが開始されるので、完了するまで数分待ちます。

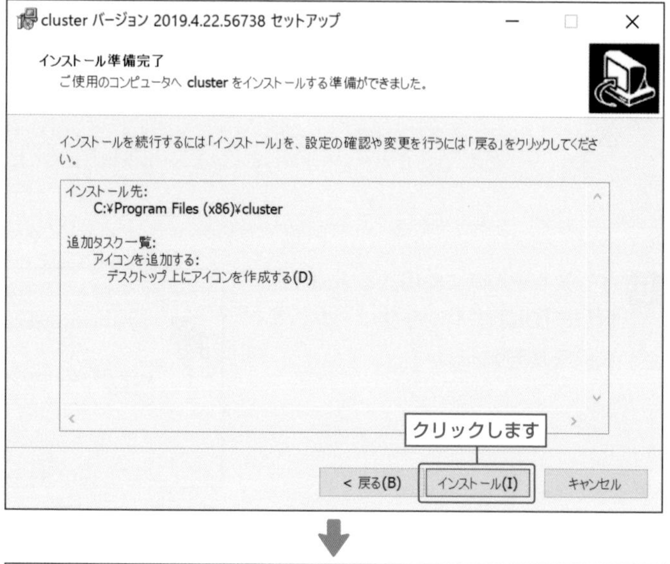

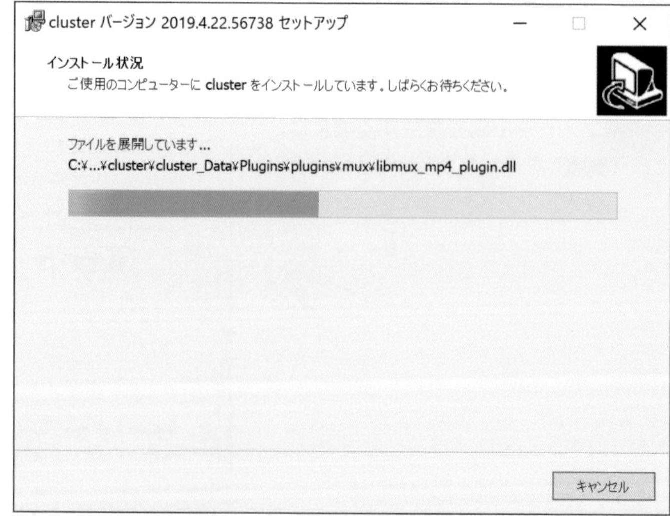

F **[完了]** ボタンをクリックして、インストールを終了します。
インストールを終了すると、自動的に **「cluster」** が起動します。
インストールが完了したら、インストーラーは削除してもかまいません。

G 次回起動する場合は、指定したインストール先に生成された「cluster」フォルダ内にある “cluster.exe” をダブルクリックします。
デスクトップに追加されたショートカットアイコンやスタートメニューの **「cluster」** からでも起動できます。

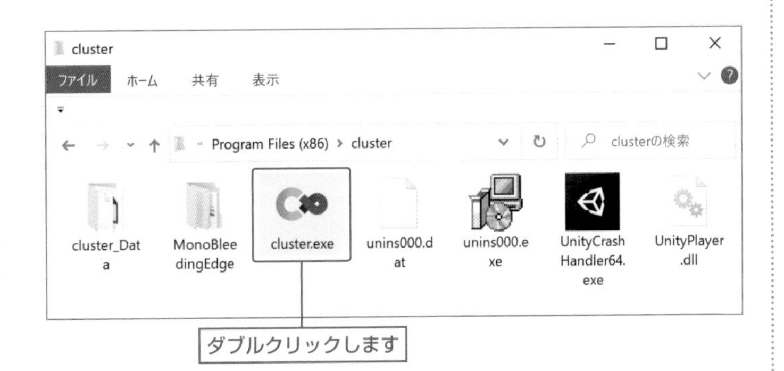

PART 8

STEP 03 ログイン

A 画面右下の **[新規登録]** をクリックします。

B 利用規約を読んで同意する場合は、連携するアカウントとしてTwitter、Facebook、Google、Appleのいずれかを選択します。

⚠ 2022年7月現在、メールアドレスでの新規登録は対応しておりません。

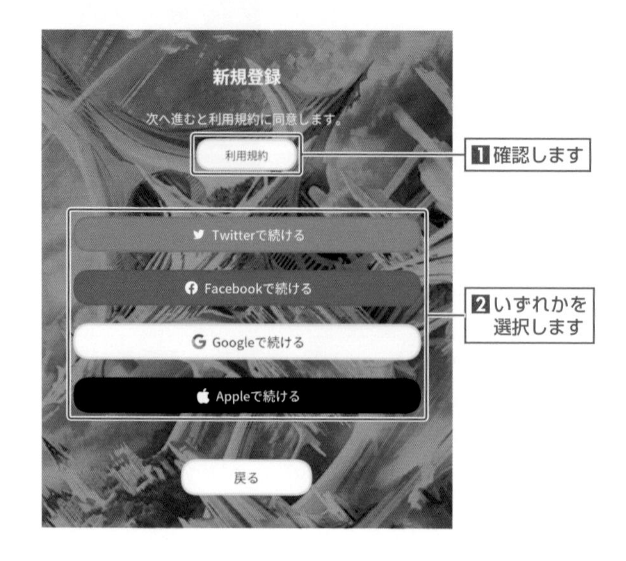

C IDとパスワードを入力して、**[ログイン]** ボタンをクリックします。

D 登録のメールアドレスへ **「確認コード」** が送信されるので、フォームに入力して **[送信]** ボタンをクリックします。

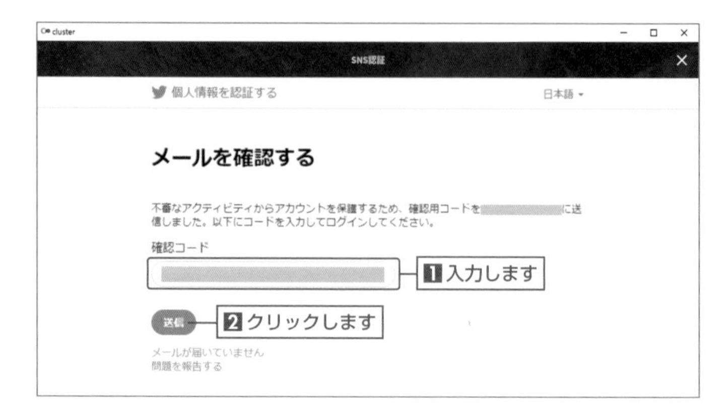

E 選択したアカウントとclusterの連携を許可する場合は、**[連携アプリを認証]** をクリックします。

F プロフィール設定として **「表示名」** と **「ユーザーID」** を入力し、**[次へ]** ボタンをクリックします。

⚠ 他のユーザーがすでに登録している「ユーザーID」は使用できません。

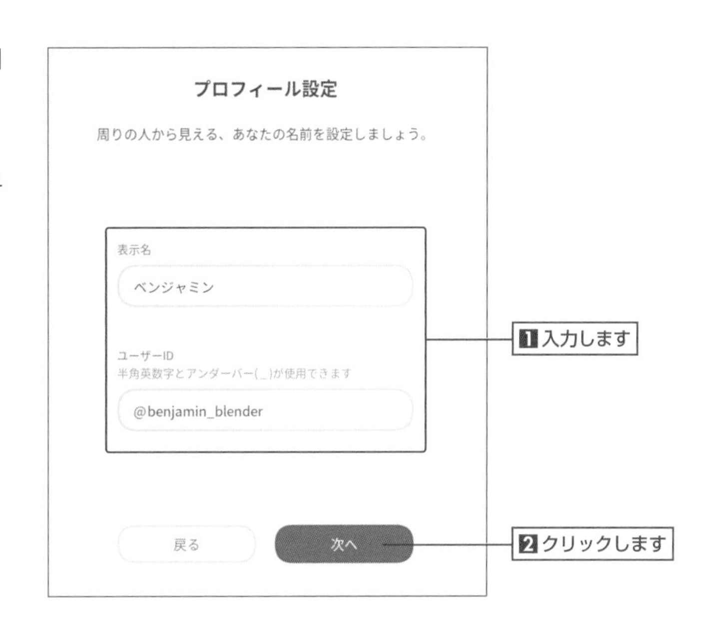

G ご利用の環境を選択します。

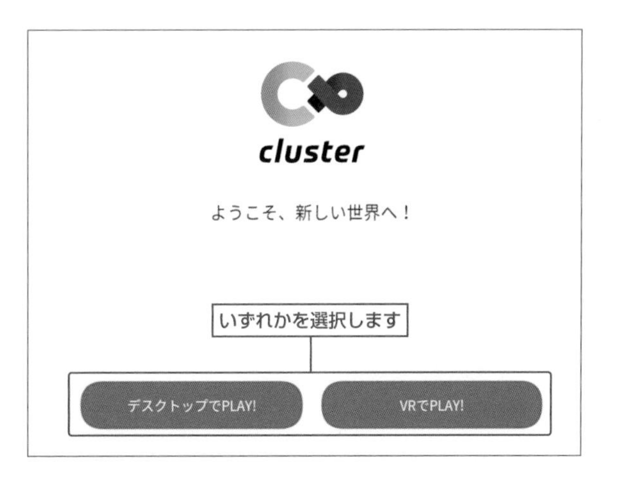

H アバターを設定して保存すると、ログイン完了です。

I ログイン時に操作方法などが表示されるので、しっかり確認しましょう。

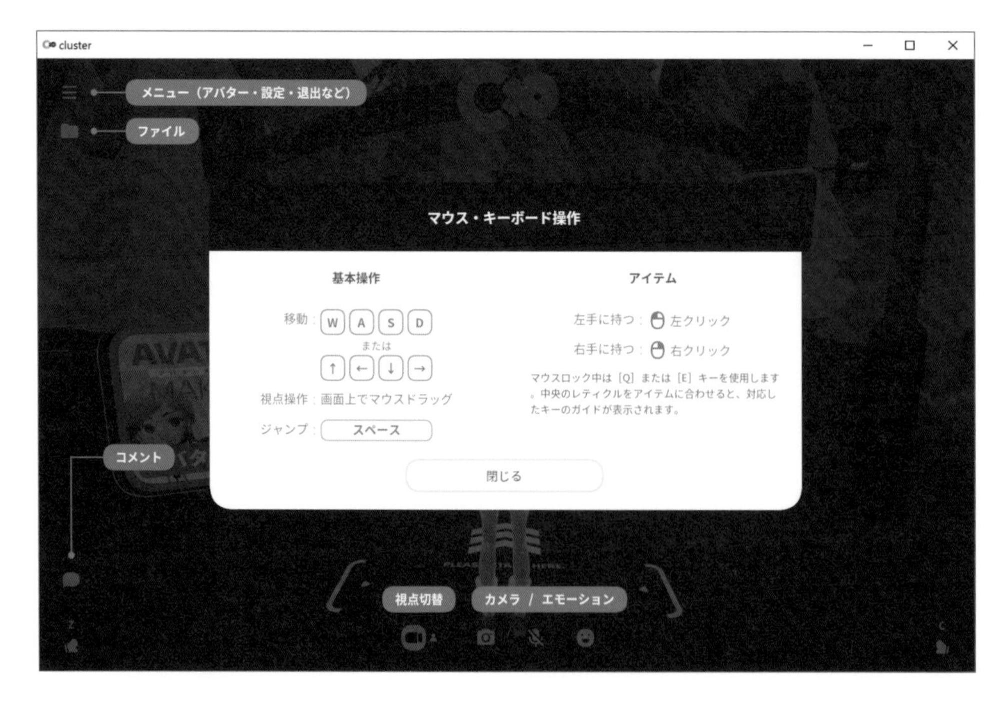

カスタムアバターをアップロードする

STEP 01 アバターのアップロード

A 左上のメニューから **[退出]** を選択して、ホームから退出します。

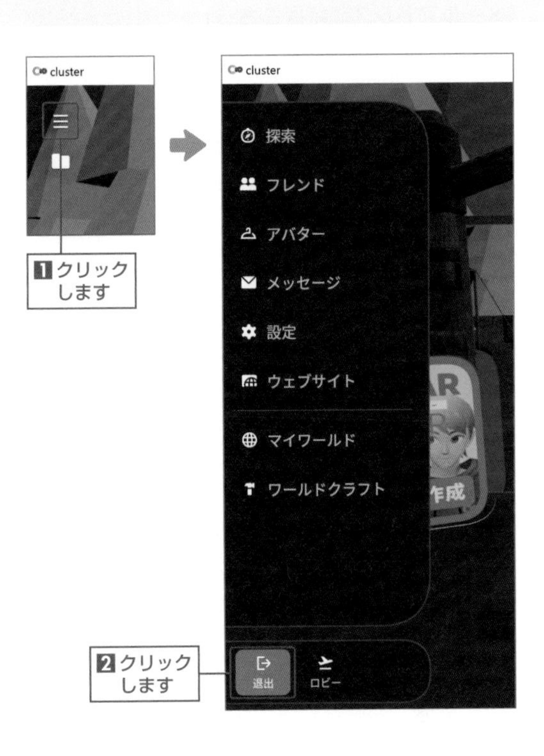

B 右上にある **[アプリを終了]** をクリックして、アプリを終了します。

C 下記の公式Webサイトにアクセスし、右上の **「プロフィール」** アイコンをクリックして **[アバター]** を選択します。

https://cluster.mu/

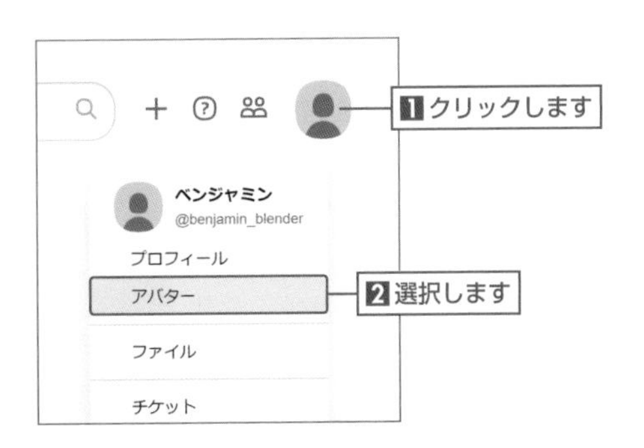

D オリジナルのアバターを使用（登録）するには、メールアドレスの認証が必要です。
［メールアドレス認証はこちら］をクリックして、画面の指示に従ってメールアドレスの認証を行います。

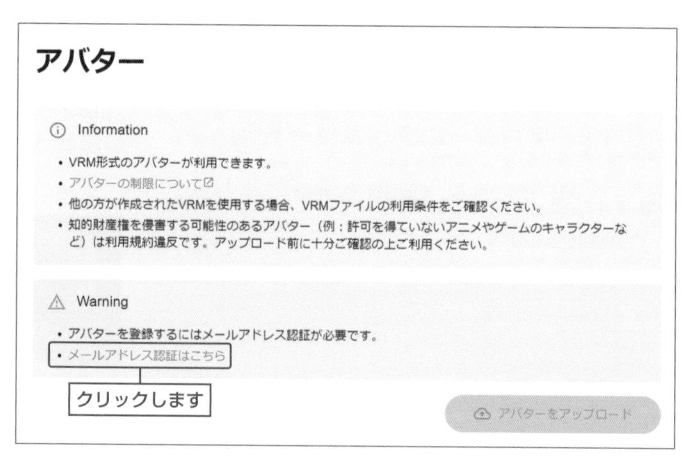

E メールアドレスの認証が完了すると**［アバターをアップロード］**ボタンが有効になるので、クリックします。

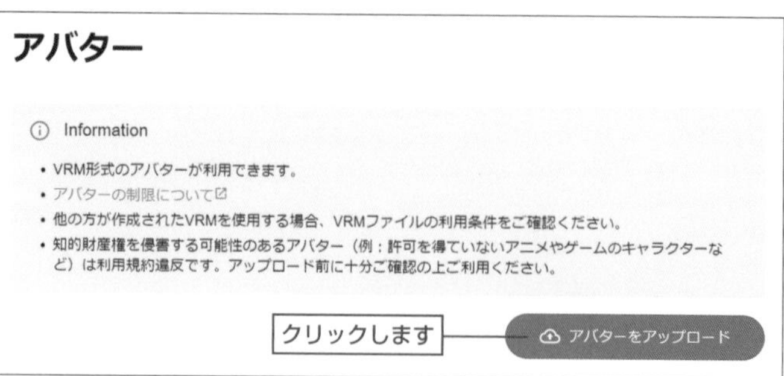

F 作成したVRM形式のオリジナルキャラクターを選択して、**［開く］**ボタンをクリックします。

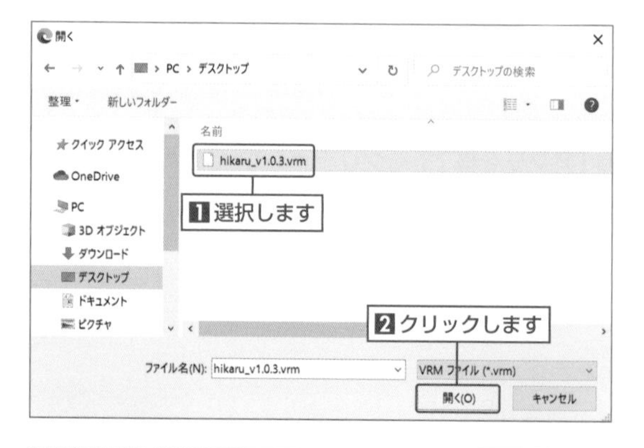

G 選択したVRM形式のオリジナルキャラクターが表示されるので、**［アップロード］**ボタンをクリックします。

H アプリを起動して、**[ホームへ入る]** ボタンをクリックします。

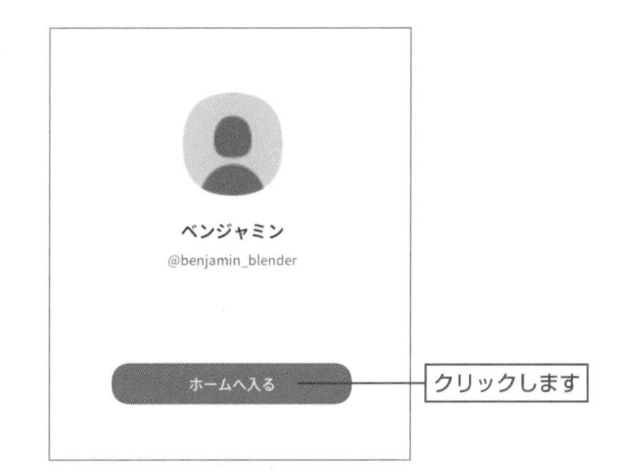

I アップロードしたアバターのサムネイルをクリックして、ご利用の環境を選択します。

J アップロードしたオリジナルキャラクターがアバターとして反映されます。

ワールドを楽しむ

STEP 01 ワールドの探索

A カスタムアバターの設定が完了したので、いよいよメタバースの世界を探索してみましょう。
左上のメニューから **[探索]** を選択します。

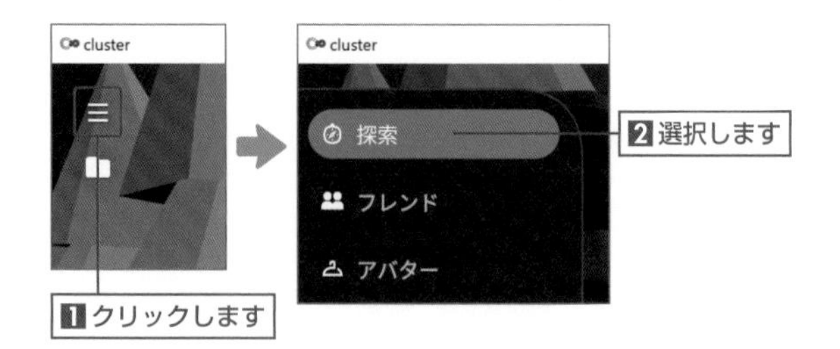

B メタバースプラットフォーム **「cluster」** には、音楽ライブや発表会などが行われる“**イベント**”と、ゲームがプレイできたりアート作品が鑑賞できるバーチャル空間“**ワールド**”が存在します。
左側のメニューからカテゴリーを選択すると、各種イベントやワールドが表示されます。

初めての方は、公式が用意したワールド **「Cluster Lobby」** がおすすめです。
左上のメニューから **[検索]** を選択し、“cluster lobby”と入力して **[検索]** をクリックします。
検索結果から **「Cluster Lobby クラスター公式」** をクリックします。

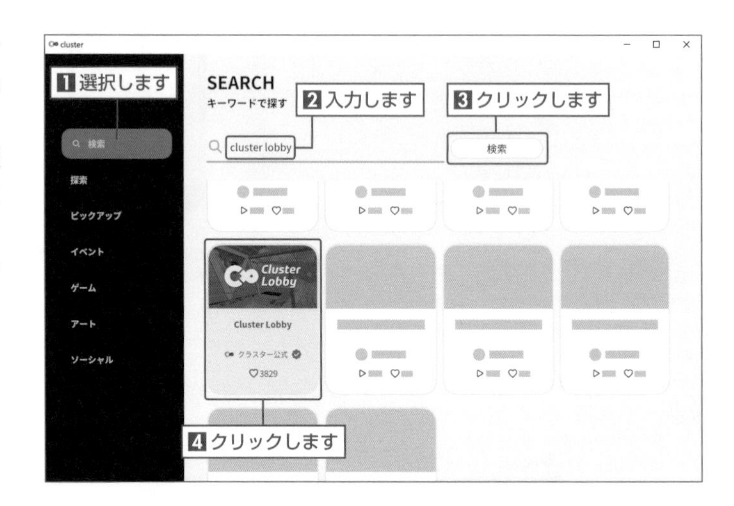

C **[遊びに行く]** をクリックすると、ワールドに移動します。

D ひとつのワールドには、同時に25人が参加できます。
「Cluster Lobby クラスター公式」では、イベントの告知や人気ワールドの発表など各種インフォメーションが表示されています。発表されている人気ワールドなどに直接移動することもできます。
また、他の参加者とコミュニケーションをとったり、友人との待ち合わせとしても利用できます。

オリジナルのアバターでメタバースを楽しみましょう。

主に使用するショートカットキー

Macの場合　Ctrl キー ➡ control キー（一部の機能は command キー）
Alt キー ➡ option キー

基本操作

操作内容	ショートカットキー
新規ファイルを開く	Ctrl + N
Blenderファイルを開く	Ctrl + O（アルファベット：オー）
保存	Ctrl + S
別名保存	Shift + Ctrl + S
Blenderの終了	Ctrl + Q
操作の取り消し	Ctrl + Z
操作のやり直し	Shift + Ctrl + Z
画像をレンダリング	F12
レンダリング画像の保存	Alt + S

画面操作

操作内容	ショートカットキー
ワークスペースの切り替え	Ctrl + Pageup ／ Ctrl + Pagedown
オブジェクトモードと編集モードの切り替え	Tab
四分割表示	Ctrl + Alt + Q
エリアの最大化	Ctrl + Space
ツールバー	T
サイドバー	N
3Dカーソルを原点へ移動	Shift + C
シェーディング・パイメニュー	Z
モード・パイメニュー	Ctrl + Tab

視点操作

操作内容	ショートカットキー
視点切り替え（フロント（前）ビュー）	テンキー 1
視点切り替え（ライト（右）ビュー）	テンキー 3
視点切り替え（トップ（上）ビュー）	テンキー 7
視点切り替え（バック（後）ビュー）	Ctrl +テンキー 1
視点切り替え（レフト（左）ビュー）	Ctrl +テンキー 3
視点切り替え（ボトム（下）ビュー）	Ctrl +テンキー 7
視点を下に15度回転	テンキー 2
視点を左に15度回転	テンキー 4
視点を右に15度回転	テンキー 6
視点を上に15度回転	テンキー 8
視点を下に平行移動	Ctrl +テンキー 2

操作内容	ショートカットキー
視点を左に平行移動	Ctrl +テンキー 4
視点を右に平行移動	Ctrl +テンキー 6
視点を上に平行移動	Ctrl +テンキー 8
視点を反時計回りに回転	Shift +テンキー 4
視点を時計回りに回転	Shift +テンキー 6
視点切り替え（カメラビュー）	テンキー 0
視点切り替え（選択中のオブジェクトを中心に表示）	テンキー .
平行投影と透視投影の切り替え	テンキー 5
ズームイン	テンキー +
ズームイン	テンキー -
ビュー・パイメニュー	@（アットマーク）

選択

操作内容	ショートカットキー
全選択	A
選択解除	Alt + A
ボックス選択	B
サークル選択	C
反転	Ctrl + I（アルファベット：アイ）
「選択」ツールの切り替え	W

操作内容	ショートカットキー
頂点選択	1
辺選択	2
面選択	3
ループ選択	Alt +左クリック
つながったメッシュの選択	Ctrl + L
ミラー選択	Shift + Ctrl + M

オブジェクトの編集など

操作内容	ショートカットキー
オブジェクトの追加	Shift + A
削除	X
非表示	H
再表示	Alt + H
移動	G
回転	R
拡大縮小	S
複製	Shift + D
リンク複製	Alt + D
ミラー（反転）	Ctrl + M
オブジェクトの統合	Ctrl + J
編集の適用	Ctrl + A
移動のクリア	Alt + G
回転のクリア	Alt + R
拡大縮小のクリア	Alt + S
座標系・パイメニュー	,（カンマ）
ピボットポイント・パイメニュー	.（ピリオド）

UVマッピング

操作内容	ショートカットキー
UV展開	U
ピン止め	P
ピンを外す	Alt + P
整列	Shift + W

テクスチャペイントモード

操作内容	ショートカットキー
スポイト（色の抽出）	S
新規パレットカラー追加	S +左クリック
ブラシサイズ変更	F +マウスポイターの左右移動

メッシュの編集など

操作内容	ショートカットキー
収縮／膨張	Alt + S
押し出し	E
ループカット	Ctrl + R
ナイフ	K
ベベル	Ctrl + B
面を差し込む	I（アルファベット：アイ）
オブジェクトの分離	P
メッシュの分離	Y
マージ（メッシュの結合）	M
リップ（切り裂き）	V
頂点をスライド	Shift + V
辺／面の作成	F
頂点の連結	J
面を三角化	Ctrl + T
三角面を四角面に結合	Alt + J
フィル	Alt + F
面の向きを外側に揃える	Shift + N
面の向きを内側に揃える	Shift + Ctrl + N
プロポーショナル編集	O（アルファベット：オー）
プロポーショナル編集の減衰・パイメニュー	Shift + O（アルファベット：オー）
スナップ・パイメニュー	Shift + S

リギング

操作内容	ショートカットキー
ペアレント	Ctrl + P
親子関係をクリア	Alt + P
ボーンのトランスフォーム（位置）をクリア	Alt + G
ボーンのトランスフォーム（回転）をクリア	Alt + R
ボーンのトランスフォーム（スケール）をクリア	Alt + S
ボーン選択（ウェイトペイントモード）	Ctrl +左クリック

INDEX

拡張子

数字

B

C

F

I

M

N

R

S

T

U

V

あ

い

Blenderについて

オープンソースのソフトウェアとして開発・無償配布されているBlenderの著作権は、Blender Foundation（http://www.blender.org/）が所有しています。Blenderの最新情報やインストーラーを入手する際にもお役立てください。

ソフトウェアの使用・複製・改変・再配布については、**GNU General Public License**（GPL）の規定にしたがう限りにおいて許可されています。GPLについての詳細は、「GNU オペレーティング・システム」（http://www.gnu.org/）を参照してください。

サンプルデータについて

以下のサポートサイトでは、本書の内容をより理解していただくために、作例で使用するBlenderファイルや各種データのアーカイブ（ZIP形式）をダウンロードできます。本書と合わせてご利用ください。

●本書のサポートページ

http://www.sotechsha.co.jp/sp/1304/

●解凍のパスワード

blend3Davator

※パスワードは半角英数字で入力

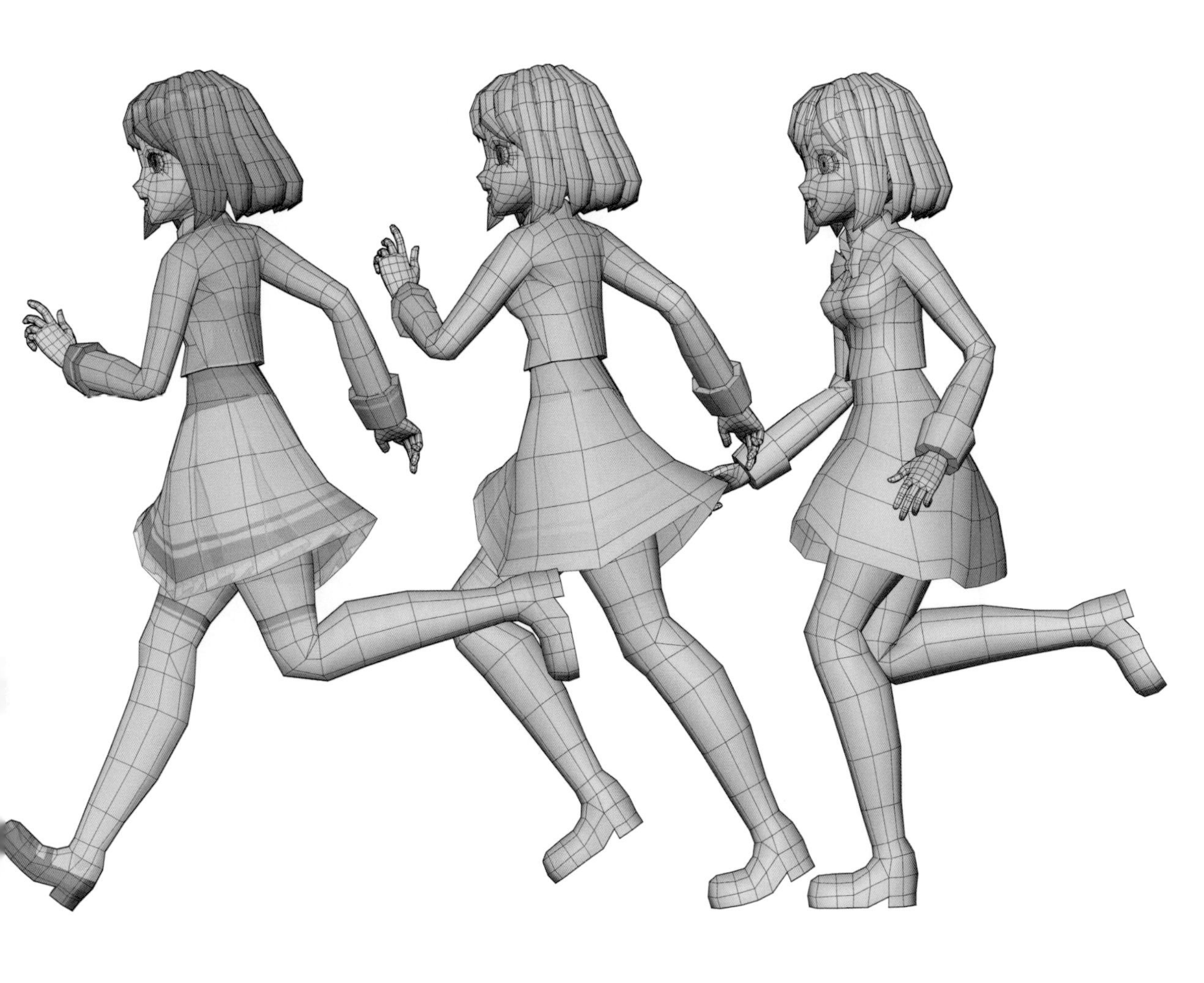

ソーテック社 映像制作シリーズ 好評発売中！

プロが教える！
Premiere Pro デジタル映像編集講座 CC対応

SHIN-YU（川原健太郎・鈴木成治・月足直人）著
B5判・オールカラー・296ページ
定価：3,278円（本体：2,980円＋税）
ISBN978-4-8007-1200-4

プロが教える！
Final Cut Pro X
デジタル映像編集講座
月足直人 著
はじめての人でも大丈夫！
Macによるムービー編集から動画の書き出しまでしっかりマスター！
撮影のコツからカット編集、シーンの合成やエフェクト、
MotionとCompressorの操作方法についても解説。

プロが教える！
Final Cut Pro X デジタル映像編集講座

月足直人 著
B5判・オールカラー・416ページ
定価：3,520円（本体：3,200円＋税10%）
ISBN978-4-8007-1216-5

プロが教える！
After Effects デジタル映像制作講座
CC/CS6対応

SHIN-YU（川原健太郎・月足直人）著
B5判・オールカラー・304ページ
定価：3,278円（本体：2,980円＋税）
ISBN978-4-8007-1156-4

プロが教える！
After Effects モーショングラフィックス入門講座
CC対応

SHIN-YU（川原健太郎・鈴木成治）著
B5判・オールカラー・416ページ
定価：3,520円（本体：3,200円＋税10%）
ISBN978-4-8007-1248-6

著者紹介

Benjamin (ベンジャミン)

デザイン事務所、企業内デザイナーを経て、2003 年にフリーランスとして独立。
ポスターやパンフレットなど紙媒体のデザインの他、Web サイトのアートディレクションおよびデザイン、イラスト制作に従事。最近では、3DCG を活用してのグラフィック・Web デザインも行っている。
個人ブログの「Project-6B」(http://6b.u5ch.com/) や「Blender Snippet」(http://blender.u5kun.com/) では、主に Blender を使用した 3DCG 作品、それらの制作過程を公開している。
著書に「Blender 2.9 3DCG モデリング・マスター」「Blender 2.8 3DCG スーパーテクニック」(ソーテック社) などがある。

Blender(ブレンダー) 3D(スリーディー)アバター メイキング・テクニック

2022年9月20日　初版　第1刷発行

著　者	Benjamin
装　幀	広田正康
カバーイメージ	Benjamin
発行人	柳澤淳一
編集人	久保田賢二
発行所	株式会社ソーテック社 〒102-0072　東京都千代田区飯田橋4-9-5　スギタビル4F 電話(注文専用) 03-3262-5320　FAX03-3262-5326
印刷所	大日本印刷株式会社

Printed in Japan
ISBN978-4-8007-1304-9